"十三五"国家重点出版物出版规划项目

能源革命与绿色发展丛书

普通高等教育"十一五"国家级规划教材

# 燃烧理论与污染控制

## 第 2 版

岑可法　姚　强

骆仲泱　高　翔　编著

徐通模　主审

机械工业出版社

本书是根据高等学校能源动力领域人才培养的要求编写的。污染控制是燃烧理论发展的一个重要方面，本书在传统燃烧理论的基础上着重增加了这方面的内容，以供各个学校在教学中选用。本书共 10 章，前 7 章主要讨论燃烧学的基础理论、着火、火焰传播、湍流燃烧、液体燃料和固体燃料的燃烧等内容，第 8 章和第 9 章主要介绍了燃烧过程产生的主要污染物 $SO_2$、$NO_x$、颗粒物和重金属的形成及控制理论，第 10 章主要介绍了最近发展较快的一些燃烧技术的新进展。

本书可作为能源与动力工程专业本科生燃烧学的基本教材，也可作为其他相关专业的燃烧学和环境污染方面的教材，还可供相关科学技术工作者学习与参考。各专业可根据本专业的需要选择其中的有关章节。

## 图书在版编目（CIP）数据

燃烧理论与污染控制/岑可法等编著. —2 版. —北京：机械工业出版社，2019.7

（能源革命与绿色发展丛书）

"十三五" 国家重点出版物出版规划项目　普通高等教育 "十一五" 国家级规划教材

ISBN 978-7-111-62944-3

Ⅰ.①燃⋯　Ⅱ.①岑⋯　Ⅲ.①燃烧理论-高等学校-教材②燃烧-空气污染控制-高等学校-教材　Ⅳ.①O643.2②X510.5

中国版本图书馆 CIP 数据核字（2019）第 115653 号

机械工业出版社（北京市百万庄大街 22 号　邮政编码 100037）
策划编辑：蔡开颖　责任编辑：蔡开颖　段晓雅　刘丽敏
责任校对：张晓蓉　封面设计：张　静
责任印制：孙　炜
保定市中画美凯印刷有限公司印刷
2019 年 9 月第 2 版第 1 次印刷
184mm×260mm · 23.75 印张 · 588 千字
标准书号：ISBN 978-7-111-62944-3
定价：59.80 元

电话服务　　　　　　　　　　网络服务
客服电话：010-88361066　　机 工 官 网：www.cmpbook.com
　　　　　010-88379833　　机 工 官 博：weibo.com/cmp1952
　　　　　010-68326294　　金 书 网：www.golden-book.com
封底无防伪标均为盗版　　　　机工教育服务网：www.cmpedu.com

# 第 2 版前言

从本书第 1 版出版到现在已经有 15 年了，在这十余年时间内，燃烧科学和技术取得了快速发展，特别是在燃烧技术方面取得了许多新的进展，如极端条件下的燃烧、燃烧的数值模拟、燃烧污染物的控制以及燃烧过程中二氧化碳的捕集等。

作为一门科学，燃烧科学的基本理论和框架没有明显的变化，所以本书在第 1 版的基础上力图保持科学理论的完整性及稳定性，同时也力图反映燃烧理论特别是燃烧技术上的最新发展成果。

本书作者岑可法、姚强、骆仲泱、高翔在第 1 版的基础上，对内容进行了充实，并对一些章节进行了适度的调整：第 1~7 章体例上保持不变，对内容进行了精简，并增加了部分方向的一些最新研究成果；第 8 章是在第 1 版第 9 章的基础上根据燃烧过程中氮氧化物控制的最新进展改写而成的；第 9 章合并了第 1 版第 8 章及第 10 章的内容，并增加了与燃烧有关的其他污染物的生成、迁移及控制机理的内容；第 10 章为新增内容，主要介绍了近年来发展起来的以二氧化碳控制为目的的新型燃烧技术。

本书参考了浙江大学同事们及研究生们的研究资料，并得到他们多方面的帮助；本书还参考了大量国内外同行发表的相关论著，在此，向他们表示衷心的感谢。同时，真诚感谢科学技术部、国家自然科学基金委员会等部门给予的研究经费资助，研究所取得的许多成果已反映在本书中。

燃烧科学是一门既古老又年轻的科学，目前仍处于不断发展的阶段，而燃烧技术的发展更是日新月异，所以本书在反映燃烧科学与技术的完整性及最新进展方面不免存在不全面与不充分的问题，敬请各位读者批评指正。

作　者

# 第 1 版 前 言

　　燃烧是物质剧烈氧化而发光、发热的现象，是人们利用能源的最主要方式。一方面，能源的需求还在不断地增加，另一方面，燃料中存在的有害物质在燃烧过程中会散发出来，包括烟尘、灰粒、炭黑粒子、氮氧化物、硫氧化物、一氧化碳、二氧化碳等，还会有噪声、臭味，还有未燃尽的碳氢化合物、微量有害元素等。这些排放物会污染环境，是目前影响全球环境的酸雨、"温室效应"等的主要因素，危害着人们的健康，动植物的生长，甚至整个生态的平衡。因此，积极开展对燃烧污染物形成机理的研究、探索通过改变燃烧工艺、精心控制燃烧过程是减少或消除污染物排放的有效方法。近年来燃烧科学与技术的发展在很大程度上是这一需求的必然结果。浙江大学是我国进行燃烧理论与技术研究和开发的重要基地，也是培养这方面高层次人才的重要基地，特别是近年来在煤与生物质的燃烧、煤浆燃烧、煤粉燃烧、燃烧过程数值计算、催化燃烧等方面进行了大量深入的研究，承担了国家基础研究发展规划项目、国家自然科学基金项目、国家科技攻关项目、国家攀登计划等项目的研究，并取得了多项具有国际先进水平的研究成果。同时本书中很多材料来自于国内外近期的科学研究成果。这些成果都在我们的日常教学工作中得到了体现，也都反映在本书中。

　　本书由岑可法院士组织并负责统稿，由岑可法、姚强、骆仲泱、高翔共同编写。本书中参考了浙江大学同事们及研究生们的研究资料，并得到他们多方面的帮助；本书还参考了大量国内外同行发表的相关论著，在此，向他们表示衷心的感谢。同时，也特别感谢西安交通大学徐通模教授，他在百忙之中审阅了本书，并提出了许多宝贵的意见，这些意见已反映在本书中。真诚感谢国家科技部、国家自然科学基金会各部门给予的研究经费资助，研究所取得的许多成果已反映在本书中。

　　作者长期工作在科研和教学的一线，对本书也尽了很大的努力，但疏漏和错误仍在所难免，敬请各位读者批评指正。

作　者

# 目录

# 第 1 章

# 导论、化学热力学和化学动力学基础

## 1.1 燃烧科学的发展、应用和研究方法

### 1.1.1 燃烧科学的发展简史

燃烧是物质剧烈氧化而发光、发热的现象，这种现象又称为"火"。按考古学的发现，人类最早使用火的时代可以追溯到距今 $140 \sim 150$ 万年以前，火给人类带来了进步。火的使用是人类出现的标志之一。第一次工业革命在英国出现，其标志就是蒸汽机的产生，这是人类对"火"（燃烧）现象的长期认知和经验积累的结果。人类的物质文明史与燃烧技术的发展是不可分割的，可以说，火的历史也就是人类社会进步的历史。

人类在征服和利用火的过程中，也开始了对火的认识过程。在古希腊的神话中，火是神的贡献，是普罗米修斯为了拯救人类的灭亡，从天上偷来的。在我国，燧人氏钻木取火的故事更为感人，也更加切合实际。但这些离火的本质相距甚远。

17 世纪末，德国的施塔尔（G. E. Stahl）提出燃素论作为燃烧理论，可以说是让燃烧成为一门科学的最早努力。虽然这一理论不久以后就被证明是完全错误的，但以施塔尔为代表的一代科学家注意观察和理论总结的研究方法，为后代科学家提供了一个范例。也正是这种精神，使后来正确的燃烧学说得到很快的发展。按照燃素学说，一切物质之所以能够燃烧，都是由于其中含有被称为燃素的物质。当燃素逸至空气中时就引起了燃烧现象，逸出的程度越强，就越容易产生高热、强光和火焰。物质易燃和不易燃的区别，就在于其中含有燃素量的多少。这一学说对于许多燃烧现象给予了说明，但是，一些本质问题尚不清楚。如燃素的本质是什么，为什么物质燃烧后质量反而增加，为什么燃烧使空气体积减小。1772 年 11 月 1 日，法国科学家拉瓦锡（A. L. Lavoisier）发表了关于燃烧的第一篇论文，其要点是由燃烧而引起的质量增加，并不限于锡、铝等金属，硫、磷的燃烧也相同，只是它们的燃烧产物为气体或粉末。这种燃烧后质量增加的现象，即燃素论所认为的怪事，绝不是两三个特殊情况，而是极其普遍的现象。拉瓦锡根据实验进一步提出，这种"质量的增加"是由于可燃物同空气中的一部分物质化合的结果。燃烧是一种化合现象，当时，拉瓦锡尚未完全弄清楚空气中的这一部分是什么物质。1774 年，普里斯特利（J. Priestley）发现了氧，并且他与拉瓦锡有了接触。拉瓦锡很快在实验中证明，这种物质在空气中的比例为 1/5，并命名这一物质为"氧"（原义为酸之源）。这样，拉瓦锡正确的燃烧学说得到确立，并因此而引起了化学界的一大革新。但这仅仅是揭示燃烧本质的开始。

19 世纪，由于热力学和热化学的发展，燃烧过程开始被作为热力学平衡体系来研究，从而阐明了燃烧过程中一些最重要的平衡热力学特性，如燃烧反应的热效应，燃烧产物平衡组分，绝热燃烧温度等。热力学成了燃烧现象认识的重要而唯一的基础。直到 20 世纪 30 年代，美国化学家刘易斯（B. Lewis）和苏联化学家谢苗诺夫（Semenov）等人将化学动力学的机理引入燃烧的研究，并确认燃烧的化学反应动力学是影响燃烧速度的重要因素，并且发现燃烧反应具有链反应的特点，这才初步奠定了燃烧理论的基础。随着 20 世纪初各学科的迅猛发展，在 20 世纪 30 年代到 50 年代，人们开始认识到影响和控制燃烧过程的因素不仅仅是化学反应动力学因素，还有气体流动、传热、传质等物理因素，燃烧则是这些因素综合作用的结果，从而建立了着火、火焰传播、湍流燃烧的规律。20 世纪 50 年代到 60 年代，美国力学家冯·卡门（Von Karman）和我国力学家钱学森首先倡议用连续介质力学来研究燃烧基本过程，并逐渐建立了所谓的"反应流体力学"，学者们开始以此为基础，对一系列的燃烧现象进行了广泛的研究。计算机的出现为燃烧理论与数值方法的结合带来了极大的便利。斯波尔丁（D. B. Spalding）在 20 世纪 60 年代后期首先得到了层流边界层燃烧过程控制微分方程的数值解，并成功地接受了实验的检验，但在进一步研究中遇到了湍流问题的困难。斯波尔丁和哈洛（F. H. Harlow）在继承和发展了普朗特（Prandtl）、雷诺（Reynolds）和周培源等人研究工作的基础上，将"湍流模型方法"引入燃烧学的研究，提出了一系列的湍流输运模型和湍流燃烧模型，并成功地对一大批描述基本燃烧现象和实际的燃烧过程进行了数值求解。到 20 世纪 80 年代英、美、苏、日、德、中、法等国相继开展了类似的研究工作，逐渐形成了所谓的"计算燃烧学"，用它能很好地定量预测燃烧过程，开发燃烧技术，使燃烧理论及其应用达到了一个新的高度。同时，燃烧过程测试手段的发展，特别是先进的激光技术、现代质谱、色谱等光学、化学分析仪器的发明和运用，改进了燃烧实验的方法，提高了测试精度，可以更深入地、全面地、精确地研究燃烧过程的各种机理，使燃烧学在深度和广度上都有了飞速的发展。

### 1.1.2 燃烧科学的应用

如上所述，燃烧学是一门内容丰富、发展迅速、既古老又年轻且实用性很强的交叉学科。

在世界和我国的能源结构中，矿物燃料占主导地位。表 1-1 所示为世界一次能源的消费结构比重。在世界总体能源结构中，以燃烧方式提供的矿物燃料所占比例在 80%~85% 之间，占绝对主导地位。其中，石油又占矿物燃料的 50% 左右，成为能源的主要来源。

表 1-1　世界一次能源的消费结构　　　　　　　　　　　　　　　　（%）

|  | 煤 | 石油 | 天然气 | 矿物燃料总量 | 水电 | 核能 | 新能源 |
|---|---|---|---|---|---|---|---|
| 1990 年全世界 | 27.3 | 38.6 | 21.7 | 87.6 | 6.7 | 5.7 | 0 |
| 2000 年全世界 | 23.48 | 39.08 | 22.91 | 85.47 | 7.39 | 6.40 | 0.74 |
| 预计 2020 年全世界 | 33.7 | 21.2 | 19 | 73.9 | 7.6 | 13.4 | 5.1 |

从发展趋势看，即使到 2020 年，由于石油资源的下降和新能源的开发，矿物燃料所占比例将有所下降，但仍高达 73.9%，矿物燃料仍然是能源的主要构成。

在我国，1992 年初，已探明的煤炭储量为 9667.6 亿 t，约占世界总量的 30%，而可开采的量达 1145 亿 t。如表 1-2 所示，我国以煤为主的能源结构多年来和在多年以后都不会有大的变化。从表中看出，我国一次能源的消费中，以燃烧方式的矿物燃料总量占 95% 左右，而其中绝大部分（70%～80%）是由煤来提供的，虽然到 21 世纪，水电、核电及新能源比重将有所增加，但以煤为主的能源结构不会有根本改变。

表 1-2　我国一次能源的消费结构　　　　　　　（%）

|  | 煤 | 石油 | 天然气 | 矿物燃料总量 | 水电 | 核能及新能源 |
|---|---|---|---|---|---|---|
| 1953 年 | 94.33 | 3.81 | 0.02 | 98.16 | 1.84 | 0 |
| 1980 年 | 72.2 | 20.7 | 3.1 | 96 | 4.0 | 0 |
| 1993 年 | 75.8 | 20.3 | 2.1 | 98.2 | 1.8 | 0 |
| 2000 年 | 63.88 | 26.42 | 3.01 | 93.31 | 6.20 | 0.44 |
| 预计 2020 年 | 59 | 15 | 10 | 84 | 7 | 9 |
| 预计 2050 年 | 30 | 15 | 15 | 60 | 5 | 35 |

综上所述，现代社会的动力来源，主要来自于矿物燃料的燃烧，其应用遍及各个领域，如火力发电厂的锅炉、工厂的工业用蒸汽、各种交通工具的发动机等，都是以固体、液体和气体燃料的燃烧产生的热能为动力的。

在冶金、化工、玻璃、化肥、水泥、陶瓷、石油化工等生产过程中，都是以燃料的燃烧来提供热源的。在人们日常生活中的采暖、食物制作等，都离不开燃料的燃烧产生的热源。在喷气、火箭技术高速发展的今天，迫切要求制造出热强度高、运行范围广的燃烧装置，并越来越趋向于在高温、高压、高速下进行燃烧的装置。

所有这些，都对燃烧过程的研究提出了更高的要求，如何高效经济地控制燃烧过程，是燃烧学研究的一个重要方向。

另一方面，火促进了人类文明的发展，但也能给人类带来灾难。世界上，每年都要发生各种情况的火灾，造成了无法估量的损失。为预防和减少因火灾造成的损失，对燃烧科学的研究者提出了更多更高的要求，同时也提出了多个研究方向。

燃烧科学的应用极其广泛，涉及人民生活、工业生产、国防、航空航天等各个领域。因此，就需要培养出一批有志于为燃烧科学的发展和燃烧技术的应用做出持续努力的科学家和工程技术人员。

### 1.1.3　燃烧造成的污染

燃料中存在的有害物质，在燃烧过程中会散发出来，包括烟尘、灰粒、炭黑粒子、氮氧化物、硫氧化物、一氧化碳、二氧化碳等，同时燃烧还伴随着噪声、臭味、未燃尽的碳氢化合物、微量有害元素等。这些排放物会污染环境，是目前影响全球环境的酸雨、"温室效应"等的主要来源，危害着人们的健康、动植物的生长，甚至整个生态系统的平衡。因此，积极开展对燃烧污染物形成机理的研究，来探索通过改变燃烧工艺、精心控制燃烧过程以减少或消除污染物生成的有效方法，研究洁净的燃烧技术，把污染消灭在燃烧之中，已成为目前燃烧科学研究的一个重要方向。

所谓**大气污染**，通常是指由于人类活动和自然过程引起某些物质进入大气中，在一定的时间内达到足够的浓度，并保持足够长的时间因此而危害了人体的舒适、健康或危害了环境。这些物质也就是污染物，主要包括粉尘、烟、飞灰、黑烟、液滴、轻雾、雾等气溶胶状态污染物，以及含硫、碳、氮、碳氢、卤素等气体状态污染物。

表 1-3 所示为气体污染物的来源、发生量、背景体积分数和主要反应。对主要大气污染物的分类统计分析表明，其主要来源有三大方面：①燃料燃烧；②工业生产过程；③交通运输。实际上，工业生产过程及交通运输的污染物主要归结为燃料燃烧。

表 1-3 气体状态大气污染物来源、发生量、背景体积分数和主要反应

| 物质 | 主要污染源 | 自然源 | 发生量/(t/年) | | 大气中背景体积分数 | 推算的在大气中的留存时间 | 迁移中的反应和沉降 | 备注 |
|---|---|---|---|---|---|---|---|---|
| | | | 污染源 | 自然源 | | | | |
| $SO_2$ | 煤和油的燃烧 | 火山活动 | $146 \times 10^6$ | 未估计 | $0.2 \times 10^{-9}$ | 4 天 | 由于臭氧或固体和液体气溶胶的吸而被氧化为硫酸盐 | 与 $NO_2$ 和 CH 化学氧化，使 $SO_2$ 迅速转化为 $SO_4^{2-}$ |
| $H_2S$ | 化学过程污水处理 | 火山活动、沼泽中的生物作用 | $3 \times 10^6$ | $100 \times 10^6$ | $0.2 \times 10^{-9}$ | 2 天 | 氧化为 $SO_2$ | 只有一组背景体积分数是可用的 |
| CO | 机动车和其他燃烧过程排气 | 森林火灾、海洋、萜烯反应 | $304 \times 10^6$ | $33 \times 10^6$ | $0.1 \times 10^{-6}$ | <3 年 | 很可能是土壤中有机体 | 海洋提供的自然源可能是小的 |
| $NO/NO_2$ | 燃烧过程 | 土壤中的细菌作用 | $53 \times 10^6$ | $NO:430 \times 10^6$ $NO_2:658 \times 10^6$ | $NO:(0.2\sim2)$ $\times 10^{-9}$ $NO_2:(0.5\sim4)$ $\times 10^{-9}$ | 5 天 | 由于固体和液体的气溶胶的吸着、CH 和光化学反应被氧化为硝酸盐 | 关于自然源，所做的工作很少 |
| $NH_3$ | 废物处理 | 生物腐烂 | $4 \times 10^6$ | $1160 \times 10^6$ | $(6\sim20) \times 10^{-9}$ | 8 天 | 与 $SO_2$ 反应形成 $(NH_4)_2SO_4$，被氧化为硝酸盐 | $NH_3$ 的消除主要是形成铵盐 |
| $N_2O$ | 低温燃烧过程 | 土壤中的生物作用 | 无 | $590 \times 10^6$ | $0.25 \times 10^{-6}$ | 4 年 | 在平流层中光离解，在土壤中的生物作用 | 还未提出用植物吸收 $N_2O$ 的报告 |
| $C_mH_n$ | 燃烧和化学过程 | 生物作用 | $88 \times 10^6$ | $CH_4:1.6 \times 10^9$ 萜烯$:200 \times 10^6$ | $CH_4:1.5$ $\times 10^{-6}$ 非 $CH_4 < 1$ $\times 10^{-9}$ | 4 年 $(CH_4)$ | 与 $NO/NO_2$、$O_2$ 发生光化学反应；$CH_4$ 必然大量消除 | 从污染源排出的"活性"$C_mH_n$ 为 $27 \times 10^6 t$ |
| $CO_2$ | 燃烧过程 | 生物腐烂海洋释放 | $1.4 \times 10^{10}$ | $10^{12}$ | $320 \times 10^{-6}$ | $2\sim4$ 年 | 生物吸附和光合作用，海洋的吸收 | 大气中含量增长率为 $0.7 \times 10^{-9}$/年 |

根据我国对烟尘、$SO_2$、$NO_x$ 和 CO 四种量大面广的污染物的统计结果，燃料燃烧、工业生产和机动车产生的大气污染物所占的体积比例分别是 70%、20% 和 10%。在直接燃烧的燃料中，煤炭所占比例最大，为 70.6%，液体燃料（包括汽油、柴油、重质燃料油等）占 17.2%。气体燃料（天然气、煤气、重质燃料油气等）占 12.2%。造成我国大气污染严重有三个方面的原因。

1）直接燃煤是我国大气污染严重的根本原因。长期以来，一次能源的构成没有大的变化，煤炭一直是我国的主要能源。目前我国煤炭总消耗量已经超过 38 亿 t。近几年的统计资料表明，燃煤排放的大气污染物数量约占燃料燃烧排放量的 96%。其中，燃煤排放的 $SO_2$ 约占燃料燃烧排放量的 93%，占各类污染源总排放量的 89%；燃煤排放的烟尘相应占 99% 和 60%，燃煤排放的 $NO_x$ 相应占 81% 和 67%；CO 的排放量则分别占 97% 和 71%。

2）能源浪费严重，燃烧方式落后，加重了大气污染。在我国 57 万台工业锅炉中，小锅炉占 80% 左右，热效率很低；锅炉和炉窑的烟囱普遍偏低，污染物不易扩散。由于我国民用燃料气化低（只占城市人口的 40%），民用小火炉的热效率更低，其分布面广，低空排放，特别是冬季，在人口稠密的居民区，大气污染尤为严重。

3）交通污染源集中于城市，也是大气污染的原因之一。例如车流量大的地区，往往是大气污染最严重的地区，交通干道的十字路口，CO 和 $NO_x$ 的浓度往往为一般交通线的 4～25 倍。

通过本课程的学习，可以深入了解燃烧过程及其伴随的污染物的产生过程，从而了解如何提高燃料能源的利用率和减少燃烧过程产生的污染物，进而了解对燃烧过程进行有效控制的手段，最终实现洁净燃烧的目的。

### 1.1.4　燃烧科学的研究方法

应该说，燃烧科学目前正在从一门传统的经验科学成为一门系统的、涉及热力学、流体力学、化学动力学、传热传质学、物理学的以数学为基础的综合理论学科。从以上所分析的燃烧科学应用的领域看，其重点在于研究燃料和氧化剂进行激烈化学反应的发热发光的物理化学过程及其组织。

燃烧科学的研究由此分成两个大的方面而展开，一是燃烧理论方面的研究，主要以燃烧过程涉及的基本过程为研究对象。如燃烧反应的动力学机理，燃料的着火、熄灭，火焰传播及火焰稳定，预混火焰和扩散火焰，层流和湍流燃烧，催化燃烧、液滴燃烧和碳粒燃烧，煤的热解和燃烧，燃烧产物的形成机理等。另一方面是燃烧技术的研究，主要是应用上述理论研究的结果来解决工程技术中的各种实际问题，包括燃烧方法的改进，燃烧过程的组织，新的燃烧方法的建立，提高燃料利用率，拓宽燃烧利用范围，改善燃烧产物的组成，实现对燃烧过程的控制，控制燃烧过程污染物的形成与排放等。

对于燃烧科学研究的方法，由于上述内容的复杂性，使燃烧科学的研究方法具有多样性。总的来说，燃烧科学发展的最重要的形式是理论的更替，而理论的更替正是科学实践的结果，也就是研究方法的更替。从燃烧学发展的简史可以看出，仅有实验并不能完全决定理论正确与否，如燃素说的基础也是实验，但得到的却是错误的理论。因此，与一般科学研究的方法相一致，燃烧理论的建立是实验研究和理论总结的结合。由于燃烧过程的复杂性，到目前为止，燃烧科学的研究仍然以实验研究为主，但理论和数学模型的方法显得越来越重要。

　　燃烧过程的数学方法，是在流体力学、反应动力学和其他物理化学方程的基础上，提出化学流体力学的全套方程组。但是，由于方程和现象的复杂性，目前的数学尚无法求得这组方程的通解，或无法论证解的存在性，这与在一般条件下通过燃烧方程的解与实验研究对比的方法来检验和发展理论的过程不一致，致使燃烧学长期停留在实验、总结的阶段。数学模型方法，得益于近年来计算机技术的迅猛发展，从而提供了一套在一般条件下求解上述方程组的数值方法，可以求出各种理论数学模型的解。通过把该解与相应的实验研究结果对比、检验，发展和优化理论模型进而深入认识现有的燃烧过程，预示新的燃烧现象，进一步揭示燃烧规律。这样，就把燃烧理论与错综复杂的燃烧现象有机地联系起来，使燃烧学科上升到系统理论的高度。

## 1.2　化学平衡

### 1.2.1　基本概念

#### 1.2.1.1　热力学函数与热力学平衡判据

　　燃烧化学反应所属体系一般是非孤立的，通常必须同时考虑环境熵变。因此，在判别其变化过程的方向和平衡条件时，不能简单地用熵函数判别，而需要引入新的热力学函数，利用体系自身的函数值变化来判别自发变化的方向，无须考虑环境的变化，这就是亥姆霍兹（Helmholtz）自由能和吉布斯（Gibbs）自由能，分别定义为：

$$F = U - TS \tag{1-1}$$

$$G = H - TS \tag{1-2}$$

式中　$F$——亥姆霍兹自由能，单位为 J；

　　　　$U$——内能，单位为 J；

　　　　$T$——热力学温度，单位为 K；

　　　　$S$——熵，单位为 J/K；

　　　　$H$——焓，单位为 J；

　　　　$G$——吉布斯自由能，单位为 J。

　　由于 $U$、$T$、$S$、$H$ 为状态函数，故 $F$、$G$ 也是状态函数，根据状态函数的特性和特点可判别过程变化的方向和平衡条件，可概括如下：

　　（1）熵判别　对孤立体系或绝热体系

$$dS \geqslant 0 \tag{1-3}$$

　　在孤立体系中，如果发生了不可逆变化，则必定是自发的，自发变化的方向是熵增方向。当体系达到平衡态之后，如果有任何自发过程发生，必定是可逆的。此时，$dS = 0$，熵值不变。由于孤立体系的 $U$、$V$ 不变，所以熵判据也可写作

$$(dS)_{U,V} \geqslant 0 \tag{1-4}$$

式中　下标 $V$——表示体积。

　　（2）亥姆霍兹自由能判据　在定温、定容、不做其他功的条件下，对体系任其自然，则自发变化总是朝向亥姆霍兹自由能减少的方向进行，直到体系达到平衡状态。其判据也可

写作

$$(\mathrm{d}F)_{T,V} \leq 0 \tag{1-5}$$

（3）吉布斯自由能判据　在定温、定压、不做其他功的条件下，任其自然，则自发变化总是朝向吉布斯自由能减少的方向进行，直至体系达到平衡。

$$(\mathrm{d}G)_{T,p} \leq 0 \tag{1-6}$$

式中　下标 $p$——表示压力。

### 1.2.1.2　化学势

定义

$$\mu_i = \left(\frac{\partial G}{\partial n_i}\right)_{T,p,\sum n_i} \tag{1-7}$$

为化学势，即在定温、定压条件下，体系中 1mol $i$ 组分的吉布斯自由能。

式中　$n_i$——组分 $i$ 的物质的量，单位为 mol。

化学势是平衡态的性质，类似有

$$\mu_i = \left(\frac{\partial F}{\partial n_i}\right)_{T,V,\sum n_i} \tag{1-8}$$

$$\mu_i = \left(\frac{\partial H}{\partial n_i}\right)_{S,p,\sum n_i} \tag{1-9}$$

$$\mu_i = \left(\frac{\partial U}{\partial n_i}\right)_{S,V,\sum n_i} \tag{1-10}$$

且四个特征函数所定义的化学势均相等。特征微分方程如下：

$$\mathrm{d}U = T\mathrm{d}S - p\mathrm{d}V + \mu_i \mathrm{d}n_i \tag{1-11}$$

$$\mathrm{d}H = T\mathrm{d}S + V\mathrm{d}p + \mu_i \mathrm{d}n_i \tag{1-12}$$

$$\mathrm{d}F = -S\mathrm{d}T - p\mathrm{d}V + \mu_i \mathrm{d}n_i \tag{1-13}$$

$$\mathrm{d}G = -S\mathrm{d}T + V\mathrm{d}p + \mu_i \mathrm{d}n_i \tag{1-14}$$

### 1.2.1.3　吉布斯自由能与压力和温度的关系

对于定温过程 $\mathrm{d}T = 0$，可知

$$\mathrm{d}G = V\mathrm{d}p \tag{1-15}$$

若气体为理想气体，则

$$\Delta G_{T,p} - \Delta G^p_{T,p_0} = RT\ln\frac{p}{p_0} \tag{1-16}$$

式中　$R$——气体常数，单位为 kJ/(kmol·K)；

　　　$p_0$——初始压力，单位为 Pa。

对于定压过程，$\mathrm{d}p = 0$，可知

$$\mathrm{d}G = -S\mathrm{d}T \tag{1-17}$$

$$\left(\frac{\partial G}{\partial T}\right)_p = -\Delta S = \frac{\Delta G - \Delta H}{T} \tag{1-18}$$

式（1-18）称为吉布斯-亥姆霍兹方程，可改写为以下形式

$$\left[\frac{\partial\left(\dfrac{\Delta G}{T}\right)}{\partial T}\right]_p = -\frac{\Delta H}{T^2} \tag{1-19}$$

$$\left[ \frac{\partial \left( \frac{\Delta G}{T} \right)}{\partial \frac{1}{T}} \right]_p = - \Delta H \qquad (1\text{-}20)$$

根据实验 $\frac{\Delta G}{T} \sim \frac{1}{T}$ 曲线，可以测定出反应焓 $\Delta_r H$。

#### 1.2.1.4 标准摩尔反应吉布斯自由能

吉布斯自由能可作为化学变化的平衡和自发性的判据。$\Delta G$ 的符号可以反映化学反应能否自发进行。根据标准摩尔反应吉布斯自由能还可算出化学反应的平衡常数。因此，确定标准摩尔反应吉布斯自由能很重要。但由于无法知道各种物质的吉布斯自由能绝对值，因此选定某种状态作为标准而取其相对值。

一般规定，在指定的反应温度及 101.325kPa 下，最稳定单质的吉布斯自由能为零。根据这个规定，由标准状态下的理想气体或 101.325kPa 下纯液体或纯固体的稳定单质，生成 1mol 化合物时的吉布斯自由能，称为该化合物的**标准摩尔生成吉布斯自由能**，以符号 $\Delta_f G_m^\ominus$ 表示。物质状态不同，也会引起标准摩尔生成吉布斯自由能的变化，所以必要时应标明物态，通常以角标 g 表示气体，l 表示液体，s 表示固体。各种化合物的标准摩尔生成吉布斯自由能见表 1-4，温度取为 298.2K。根据这个表，就可计算反应在 298.2K 时的吉布斯自由能。

任何反应的标准吉布斯自由能 $\Delta_r G_m^\ominus$ 是标准状态下反应物转化成生成物时吉布斯自由能的变化，由于吉布斯自由能具有热力学性质，与转化时所循路径无关，所以可用简单代数运算方法求得。即

$$\Delta_r G_m^\ominus = \sum_{生成物} \Delta_f G_m^\ominus - \sum_{反应物} \Delta_f G_m^\ominus \qquad (1\text{-}21)$$

表 1-4　物质标准摩尔生成吉布斯自由能

| 气　　体 | | | 气态有机化合物 | | |
|---|---|---|---|---|---|
| 物　　质 | 分子式 | $\Delta_f G_m^\ominus /$（kJ/mol） | 物　　质 | 分子式 | $\Delta_f G_m^\ominus /$（kJ/mol） |
| 水 | $H_2O$ | -228.61 | 甲烷 | $CH_4$ | -50.79 |
| 臭氧 | $O_3$ | 163.43 | 乙烷 | $C_2H_6$ | -32.89 |
| 氯化氢 | HCl | -95.27 | 丙烷 | $C_3H_8$ | -23.47 |
| 溴化氢 | HBr | -53.22 | n-丁烷 | $C_4H_{10}$ | -15.69 |
| 碘化氢 | HI | 1.30 | 异-丁烷 | $C_4H_{10}$ | -17.99 |
| 二氧化硫 | $SO_2$ | -300.37 | n-戊烷 | $C_5H_{12}$ | -8.20 |
| 三氧化硫 | $SO_3$ | -370.37 | 异-戊烷 | $C_5H_{12}$ | -14.64 |
| 硫化二氢 | $H_2S$ | -33.01 | 辛-戊烷 | $C_5H_{12}$ | -15.06 |
| 一氧化二氮 | $N_2O$ | 104.18 | 乙烯 | $C_2H_4$ | 68.12 |
| 一氧化氮 | NO | 86.69 | 乙炔 | $C_2H_2$ | 209.2 |
| 二氧化氮 | $NO_2$ | 51.84 | 1-丁烯 | $C_4H_8$ | 72.05 |
| 氨 | $NH_3$ | -16.61 | 顺-2-丁烯 | $C_4H_8$ | 65.86 |
| | | | 反-2-丁烯 | $C_4H_8$ | 62.97 |
| | | | 异-丁烯 | $C_4H_8$ | 58.07 |
| 一氧化碳 | CO | -137.28 | 1，3-丁二烯 | $C_4H_6$ | 150.67 |
| 二氧化碳 | $CO_2$ | -394.38 | 氯甲烷 | $CH_3Cl$ | -58.58 |

（续）

| 气体原子 | | | 液态有机化合物 | | |
|---|---|---|---|---|---|
| 物　质 | 分子式 | $\Delta_f G_m^{\ominus}/(\text{kJ/mol})$ | 物　质 | 分子式 | $\Delta_f G_m^{\ominus}/(\text{kJ/mol})$ |
| 氢 | H | 203.26 | 甲醇 | $CH_3OH$ | −166.23 |
| 氟 | F | 59.41 | 乙醇 | $C_2H_5OH$ | −174.77 |
| 氯 | Cl | 105.39 | 醋酸 | $C_2H_4O_2$ | −392.46 |
| 溴 | Br | 82.38 | 苯 | $C_6H_6$ | 129.70 |
| 碘 | I | 70.17 | 氯仿 | $CHCl_3$ | −71.55 |
| 碳 | C | 673.00 | 四氯化碳 | $CCl_4$ | −68.62 |
| 氮 | N | 340.87 | | | |
| 氧 | O | 230.08 | | | |

## 1.2.2 标准平衡常数

### 1.2.2.1 标准平衡常数与标准摩尔反应吉布斯自由能的关系

由于燃烧反应中大都是气体反应，为简单起见，这里仅以气体均相反应为例，建立化学平衡常数与标准反应吉布斯自由能的关系。

现假定反应物和产物均为理想气体，其化学反应式可表示为

$$aA(g,p_A)+bB(g,p_B)\longrightarrow cC(g,p_C)+dD(g,p_D) \tag{1-22}$$

式中　g——表示该物质为气体状态。

如反应物和产物为液体或固体，分别以 l 或 s 标明。

利用定温条件下，吉布斯自由能与压力的关系式（1-16），即

$$\Delta G=nRT\ln\frac{p}{p_0}$$

来求吉布斯自由能的变化。为了计算反应式（1-21）中的 $\Delta_r G_m^{\ominus}$，可在此反应式的 $\Delta G$ 上，再加每种反应物和生成物从已知分压力变化到 0.1MPa 时的 $\Delta G$ 值，即

$$\Delta_r G_m^{\ominus} = \Delta G+\Delta G_A+\Delta G_B+\Delta G_C+\Delta G_D$$

$$= \Delta G+aRT\ln\left(\frac{p_A}{1}\right)+bRT\ln\left(\frac{p_B}{1}\right)+cRT\ln\left(\frac{p_C}{1}\right)+dRT\ln\left(\frac{p_D}{1}\right)$$

$$\Delta G = \Delta G+\Delta G_A+\Delta G_B+\Delta G_C+\Delta G_D$$

$$= \Delta G+aRT\ln\left(\frac{p_A}{1}\right)+bRT\ln\left(\frac{p_B}{1}\right)+cRT\ln\left(\frac{p_C}{1}\right)+dRT\ln\left(\frac{p_V}{1}\right) \tag{1-23}$$

将式（1-23）化简，可得

$$\Delta_r G_m^{\ominus} = \Delta G-RT\ln\frac{(p_C)^c(p_D)^d}{(p_A)^a(p_B)^b} \tag{1-24}$$

由于反应是在定温定压下进行的，如果式（1-24）中的压力是平衡时的压力，则

$$\Delta G=0 \tag{1-25}$$

因此

$$\Delta_r G_m^{\ominus} = -RT\ln\frac{(p_C)^c(p_D)^d}{(p_A)^a(p_B)^b} \tag{1-26}$$

$\Delta_r G_m^{\ominus}$ 是标准状态下摩尔反应吉布斯自由能的变化，在一定温度下为定值，$R$、$T$ 也都是常数，所以括号中压力之比也为常数，以 $K^{\ominus}$ 表示，称为标准平衡常数，故有

$$\Delta_r G_m^{\ominus} = -RT\ln K^{\ominus} \tag{1-27}$$

如果反应的 $\Delta_r G_m^{\ominus}$ 数值可知，即可求出 $K^{\ominus}$ 值。附录 A 列出了 17 种气体反应及其标准平衡常数。

#### 1.2.2.2 温度和压力对标准平衡常数的影响

##### 1. 温度对标准平衡常数的影响

将吉布斯自由能与标准平衡常数的关系式对温度微分，则有

$$-\frac{\mathrm{d}(\Delta_r G_m^{\ominus})}{\mathrm{d}T} = R\ln K^{\ominus} + RT^2\frac{\mathrm{d}\ln K^{\ominus}}{\mathrm{d}T} \tag{1-28}$$

并与吉布斯-亥姆霍兹方程式（1-18）联立，则有

$$\Delta_r H_m^{\ominus} = RT^2\frac{\mathrm{d}\ln K^{\ominus}}{\mathrm{d}T} \tag{1-29}$$

或

$$\frac{\mathrm{d}\ln K^{\ominus}}{\mathrm{d}T} = \frac{\Delta_r H_m^{\ominus}}{RT^2} \tag{1-30}$$

当已知标准平衡常数 $K^{\ominus}$ 时，根据式（1-30）可以计算出标准摩尔反应焓 $\Delta_r H_m^{\ominus}$。对式（1-30）分离变量并积分，则

$$\ln K^{\ominus} = -\frac{\Delta_r H_m^{\ominus}}{RT} + C \tag{1-31}$$

式中　$C$——常数。

这个方程称为范特霍夫（Van't Hoff）方程，它给出了标准平衡常数与温度的关系。

##### 2. 压力对标准平衡常数的影响

将吉布斯自由能与平衡常数关系式（1-27）对压力微分，则

$$\frac{\partial\ln K^{\ominus}}{\partial p} = -\frac{1}{RT}\frac{\partial(\Delta_r G_m^{\ominus})}{\partial p} \tag{1-32}$$

由于 $\Delta_r G_m^{\ominus}$ 是在 0.1MPa 下确定的量，为一常数，因此，等式右边为 0。方程（1-32）表明，标准平衡常数 $K^{\ominus}$ 与压力无关。然而应该注意，这种说法并不意味着平衡组成与总压力无关。平衡系统的组成取决于总压力，并受气体的分压力所支配。惰性气体的存在并不影响标准平衡常数的数值，但却影响平衡的组成，即可使平衡发生移动。

当总压力一定时，惰性气体的存在实际起了稀释作用，它和减少反应气体的总压力效果是一致的。

## 1.3　热化学

化学反应常常伴有能量的释放或吸收，燃烧反应更不例外，是放热反应。化学反应的热效应数据，对自然科学的研究、工业生产、燃料的利用及确定设备条件都是很重要的。

### 1.3.1　化合物的生成焓和标准摩尔生成焓

任何化合物都可看成是由单质合成的。如果在室温（298K）和 101.325kPa 下，由最稳

定的单质合成某种化合物，反应中焓的增量 $\Delta H$ 即定义为化合物的生成焓。例如

$$H_2(g) + \frac{1}{2}O_2(g) \longrightarrow H_2O(l) + \Delta H$$

由实验测出 $\Delta H = -285.85\text{kJ/mol}$。这就是说在室温和 $101.325\text{kPa}$ 下，$1\text{mol}$ 液体水由组成它的单质合成时的生成焓为 $-285.85\text{kJ/mol}$。在热力学范围内，无法知道内能和焓的绝对值大小，为解决实际问题的需要，规定在室温（298K）和 $101.325\text{kPa}$（即标准状态）下，各元素最稳定的单质的生成焓为零。有了这个规定，化合物的焓相对于组成它的单质的焓称为标准状态摩尔生成焓或标准摩尔生成焓，以 $\Delta_f H_m^{\ominus}$ 表示，单位为 $\text{kJ/mol}$。某些物质的标准摩尔生成焓列于附录 B 中。例如

$$C(s) + O_2(g) \longrightarrow CO_2(g)$$

反应的标准摩尔生成焓 $\Delta_f H_m^{\ominus} = -393.51\text{kJ/mol}$。有了化合物的标准摩尔生成焓，就为化学反应热效应的计算提供了方便。

### 1.3.2　标准摩尔反应焓

在标准压力、任何温度下，几种单质或化合物的相互反应生成产物时，放出或吸收的热量称为该化学反应的标准摩尔反应焓。它可由生成物和反应物的标准摩尔生成焓差来确定，即

$$\Delta_r H_{m,T}^{\ominus} = \sum_{PR} n_i \Delta_f H_{m,T_i}^{\ominus} - \sum_{PR} \Delta_f H_{m,T_i,j}^{\ominus} \tag{1-33}$$

式中　$\Delta_r H_{m,T}^{\ominus}$——表示温度为 $T$ 时，$101.325\text{kPa}$ 下的反应焓；

　　　　P、R——分别代表生成物和反应物。

例如，计算下列反应的标准摩尔反应焓

$$CH_4(g) + 2O_2(g) \longrightarrow CO_2(g) + 2H_2O(l)$$

从附录 B 中分别查出生成物和反应物的标准摩尔生成焓，则标准摩尔反应焓为

$$\Delta_r H_{m,T}^{\ominus} = [-393.51 - 571.70 - (-74.85)]\text{kJ/mol} = -890.36\text{kJ/mol}$$

计算出的标准摩尔反应焓为负，表明该反应为放热反应。如果反应是单质，其生成物是 $1\text{mol}$ 的化合物，则标准摩尔反应焓与标准摩尔生成焓的数值相等。

### 1.3.3　根据键能计算标准摩尔反应焓

当化合物的标准摩尔生成焓未知时，可用键能来计算标准摩尔反应焓。

化学反应的实质，是反应物分子中的原子或原子团重新排列组合，就是化合物原键的拆散和新键的形成过程，在此过程中伴有能量的变化，并以反应焓形式表现出来。若知道分子中各原子的键能，再根据反应前后键能的变化就可以计算出反应焓的大小。在热化学中，键能是指化合物中联接各原子间能量的平均值。例如，水分子中的键能：

$$H\!-\!O\!-\!H(g) \longrightarrow H(g) + O\!-\!H(g)$$

$$\Delta_r H_{m,1}^{\ominus} = 501.87\text{kJ/mol}$$

$$O\!-\!H(g) \longrightarrow H(g) + O(g)$$

$$\Delta_r H_{m,2}^{\ominus} = 423.38\text{kJ/mol}$$

式中，$\Delta_r H_{m,1}^{\ominus}$ 和 $\Delta_r H_{m,2}^{\ominus}$ 都是氧氢键的摩尔分解能，但由于拆散的先后过程不同，所需要的

能量也就不同。为了方便，热化学中就取其平均值。

$$\varepsilon_{O-H} = \frac{501.87 + 423.38}{2} kJ/mol = 462.63 kJ/mol$$

式中　　$\varepsilon$——摩尔键能；

下标 O—H——表示氧氢键。

　　由此可见，用键能计算标准摩尔反应焓不很精确，但在缺少热化学数据时，用键能估算标准摩尔反应焓也是解决问题的一种方法。表 1-5 给出了几种不同原子间的键能。例如，根据键能计算乙烯氢化生成乙烷的标准摩尔反应焓，反应式如下：

表 1-5　平均键能　　　　　　　　　　　　　　　　（单位：kJ/mol）

| 键 | 键能 | 键 | 键能 |
|---|---|---|---|
| C—C | 355.64 | O—H | 465.06 |
| C=C | 598.31 | O—N | 627.6 |
| C≡C | 828.43 | N—H | 368.19 |
| C—H | 410.03 | P—P | 20.08 |
| C—O | 359.82 | S—S | 209.2 |
| C=O | 723.83 | Cl—Cl | 238.49 |
| C—N | 338.90 | Br—Br | 192.46 |
| C≡N | 878.64 | I—I | 150.62 |
| C—Cl | 326.35 | F—F | 150.62 |
| C—Br | 283.33 | H—Cl | 430.95 |
| C—I | 267.78 | H—Br | 368.19 |
| C—F | 426.77 | H—I | 301.25 |
| C—S | 267.78 | H—F | 564.84 |
| O—O | 138.07 | H—P | 317.98 |
| O=O | 489.53 | H—S | 338.96 |
| N—N | 251.04 | P—Cl | 326.35 |
| N≡N | 941.4 | P—Br | 267.77 |
| H—H | 430.95 | S—Cl | 251.04 |

$$\begin{array}{ccc} H & H & \\ | & | & \\ C = C + H + H \longrightarrow & H-C-C-H \\ | & | & \\ H & H & \end{array}$$

从反应式可以看到，C=C 和 H—H 键要拆开，C—C 和 C—H 键要合成。分裂时的键能为

$$\varepsilon_{C=C} + \varepsilon_{H-H} = (598.31 + 430.95)kJ/mol = 1029.3kJ/mol$$

合成时的键能为

$$\varepsilon_{C=C} + \varepsilon_{H-H} = (355.64 + 2 \times 410.03)kJ/mol = 1175.7kJ/mol$$

$$\Delta_r H_m^\ominus = 输入键能 - 输出键能 = -146.4kJ$$

　　由于 $\Delta_r H_m^\ominus$ 为负值，这表示 1mol 乙烯氢化合成乙烷时要放出 146.4kJ 的热量。根据乙烯和乙烷的生成焓所计算出的标准摩尔反应焓 $\Delta_r H_m^\ominus = -137.23kJ$。数值是近似的，因此用键能

方法计算标准摩尔反应焓虽不精确，但仍有参考价值。

### 1.3.4　任意温度下摩尔反应焓的计算——基尔霍夫（G. Kirchhoff）定律

前面所述由标准摩尔生成焓计算标准摩尔反应焓，都是在标准条件下进行的。但在实际
应用中，常用到任意温度和等压条件下摩尔反应焓的计算问
题。下面讨论在任意温度下的摩尔生成焓。

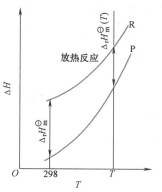

对于理想气体，在等压下，焓只与温度有关。图 1-1 给出
了焓随温度变化的函数关系。

一般说来，由于物质的热容量是温度的函数，因此物质的
焓与温度的关系是呈非线性的。令反应物为 R，化学计量数为
$\nu_R$，经化学反应后，得到生成物 P，化学计量数为 $\nu_P$，即有

$$-\nu_R R \longrightarrow \nu_P P$$

摩尔反应焓 $\Delta_r H_m^{\ominus}(T)$ 就等于该反应中焓的变化，故有

$$\Delta_r H_m^{\ominus}(T) = -\nu_P \Delta H_m(P) + \nu_R \Delta H_m(R)$$

图 1-1　焓与温度的关系曲线

$\Delta_r H_m^{\ominus}(T)$ 随温度的变化由下式给出

$$\left.\frac{\mathrm{d}\Delta_r H_m^{\ominus}(T)}{\mathrm{d}T}\right|_p = -\nu_P \left.\frac{\mathrm{d}\Delta H_m(P)}{\mathrm{d}T}\right|_p + \nu_R \left.\frac{\mathrm{d}\Delta H_m(R)}{\mathrm{d}T}\right|_p$$

根据定压热容的定义可知

$$\left.\frac{\mathrm{d}\Delta_r H_m^{\ominus}(T)}{\mathrm{d}T}\right|_p = -\nu_P C_{p,m}(P) + \nu_R C_{p,m}(R) \tag{1-34}$$

上式表明，摩尔反应焓随温度的变化率等于生成物和反应物的定压热容差，这个关系式
就称为基尔霍夫定律。积分式（1-34），可得

$$\Delta_r H_m^{\ominus}(T) = \int_{298}^{T} \left[-\nu_P C_{p,m}(P) + \nu_R C_{p,m}(R)\right] \mathrm{d}T + \Delta_r H_m^{\ominus}(298) \tag{1-35}$$

式中　$\Delta_r H_m^{\ominus}(298)$——标准状态下的摩尔反应焓。

根据热容量 $C_{p,m}(P)$、$C_{p,m}(R)$ 随温度的变化可求得任意温度下的摩尔反应焓。若
$C_{p,m}(P)$ 和 $C_{p,m}(R)$ 与温度无关，则

$$\Delta_r H_m^{\ominus}(T) = \left[-\nu_P C_{p,m}(P) + \nu_R C_{p,m}(R)\right](T-298K) + \Delta_r H_m^{\ominus}(298) \tag{1-36}$$

反应物和生成物不止一种时，基尔霍夫定律可以推广，如下面反应

$$A+B+C \longrightarrow M+N+O+\cdots$$

这时需将热容取为平均值，即

$$C_{p,m}(P) = \nu_A C_{p,m}(A) + \nu_B C_{p,m}(B) + \cdots = \sum_i \nu_i C_{p,m}(i)$$

$$C_{p,m}(R) = \nu_M C_{p,m}(M) + \nu_N C_{p,m}(N) + \cdots = \sum_j \nu_j C_{p,m}(j)$$

式中　$\nu_i$、$\nu_j$——分别代表反应物和生成物的化学计量数。

在计算摩尔反应焓时，除应注明反应物和产物所处的状态（气、液、固，分别用 g、l、
s 表示）外，还应注意固态物质的晶形。不同的结晶形式，摩尔反应焓也不同。例如，碳的
同素异形体——石墨和金刚石，在燃烧时标准摩尔反应焓是不同的。

$$C(金刚石) + O_2(g) \longrightarrow CO_2(g)$$

的标准摩尔反应焓 $\Delta_r H_m^{\ominus} = -392.92kJ/mol$；

$$C(石墨)+O_2(g) \longrightarrow CO_2(g)$$

的标准摩尔反应焓 $\Delta_r H_m^{\ominus} = -395.39kJ/mol$。因而

$$C(金刚石) \longrightarrow C(石墨)$$

的标准摩尔反应焓 $\Delta_r H_m^{\ominus} = [(-392.92)-(-395.39)]kJ/mol = 2.47kJ/mol$，这表明在定压下，1mol 金刚石转化成石墨时，要吸收 2.47kJ 的热量。

### 1.3.5 标准摩尔燃烧焓

标准摩尔燃烧焓是指 1mol 的燃料完全燃烧时所释放的热量，用 $\Delta_c H_m^{\ominus}$ 表示。要注意标准摩尔燃烧焓与标准摩尔生成焓的区别。标准摩尔燃烧焓是针对反应而言的，而标准摩尔生成焓是针对生成物的。一些物质的标准摩尔燃烧焓列于附录 C 中。

### 1.3.6 热化学定律

1840 年，俄国化学家盖斯（Hess）在大量实验基础上指出，反应的热效应只与起始状态和终了状态有关，而与变化的途径无关，这就是盖斯定律，也称热效应总值一定定律。盖斯定律只对定压或定容过程才是正确的。前面已经说明，定压热效应与焓相对应，定容热效应与内能相对应，而焓与内能都是状态函数，只与始态和终态有关，而与反应所经过的途径无关。所以说盖斯定律是热力学第一定律的必然结果。

盖斯定律的作用在于，当一个化学反应的热效应不易被准确测出或根本不可能测定时，利用盖斯定律却很容易确定下来。例如反应：$C+\frac{1}{2}O_2 \longrightarrow CO$，当碳燃烧时不可能全部生成 CO，而总会产生一部分 $CO_2$，所以不可能用实验方法测定上述反应的热效应。按下列步骤可容易地确定反应的热效应。

$$C+O_2 \xrightarrow{\Delta H_1} CO_2$$

$$C+\frac{1}{2}O_2 \xrightarrow{\Delta H_2} CO$$

$$CO+\frac{1}{2}O_2 \xrightarrow{\Delta H_3} CO_2$$

已知 $\Delta H_1 = \Delta_r H_{m,1}^{\ominus} = -393.51kJ/mol$　　$\Delta H_3 = \Delta_r H_{m,3}^{\ominus} = -282.92kJ/mol$，所以碳和氧反应生成 CO 的反应焓 $\Delta H_2 = \Delta_r H_{m,2}^{\ominus} = \Delta H_1 - \Delta H_3 = -110.59kJ/mol$。从这个例子可以看出，热化学方程可以像代数方程式那样进行运算，从而由一些容易测定的反应数据求出一些难以测定的反应数据。根据盖斯定律，还可以从已知反应物和生成物的标准摩尔燃烧焓确定标准摩尔反应焓。例如求 $C_2H_4+H_2 \longrightarrow C_2H_6$ 的标准摩尔反应焓，需先写出乙烯、氢和乙烷的燃烧反应：

$$C_2H_4+3O_2 \longrightarrow 2CO_2+2H_2O \quad \Delta_c H_m^{\ominus} = -1411.26kJ/mol$$

$$H_2+\frac{1}{2}O_2 \longrightarrow H_2O \quad \Delta_c H_m^{\ominus} = -285.77kJ/mol$$

$$C_2H_6+\frac{7}{2}O_2 \longrightarrow 2CO_2+3H_2O \quad \Delta_c H_m^{\ominus} = -1541.39kJ/mol$$

根据盖斯定律，可以用前两式之和减去第三式，即可求出反应的标准摩尔反应焓 $\Delta_r H_m^{\ominus} = -155.64\text{kJ/mol}$，由此可见盖斯定律给实际应用带来了很多方便。

### 1.3.7 绝热燃烧温度

现假定在一孤立系统内，气体混合物发生了燃烧反应，并有放热现象。若该混合物（从规定的初始温度和压力下）经绝热定压过程达到化学平衡，该系统最终达到的温度称为定压绝热火焰温度，以 $T_f$ 表示。该温度取决于初始温度、压力和反应物的成分。

由于系统是绝热的，因此反应物经过燃烧反应生成平衡产物的过程中，反应所释放出的热量都用于提高系统内气体混合物的温度。以 $\Delta H_R$ 表示反应物的总焓，$\Delta H_P$ 表示平衡条件下生成物的总焓。由于是绝热的，故有

$$\Delta H_R = \Delta H_P \tag{1-37}$$

燃烧产物在最终态时的总焓是各组分的摩尔生成焓之和加上燃烧产物从标准状态达到最终状态时焓的增加量，即

$$\Delta H_P = \sum_P n_i \Delta_f H_{m,i} + \sum_P \int_{298}^{T_f} n_i C_{p,i} \, dT \tag{1-38}$$

式中 $n_i$——$i$ 组分的物质的量。

而反应物的总焓应为全部反应物的摩尔生成焓之和，即

$$\Delta H_R = \sum_R n_j \Delta_f H_{m,j} \tag{1-39}$$

式中 $n_j$——$j$ 组分的物质的量。

代入式（1-37），有

$$\sum_P \int_{298}^{T_f} n_i C_{p,i} \, dT = \sum_R n_j \Delta_f H_{m,j} - \sum_P n_i \Delta_f H_{m,i} \tag{1-40}$$

该式的右边即为已知的反应焓，但符号相反。上式中，如能知道最终产物的成分，则未知数只有一个 $T_f$。由于最终产物的成分又取决于所求的绝热火焰温度 $T_f$，这样，在系统中存在两个相互依赖的未知量，即平衡成分和最终温度 $T_f$。

## 1.4 化学反应速率

### 1.4.1 基本定义

化学反应速率是指在化学反应中，单位时间内反应物质（或燃烧产物）的浓度改变率，一般常用符号 $w$ 来表示。

反应物质（或燃烧产物）的浓度可用该物质在单位体积中的物质的量来表示，即

$$c = \frac{n}{V} \tag{1-41}$$

式中 $c$——反应物质（或燃烧产物）的浓度，单位为 $\text{mol/m}^3$；

$n$——反应物质（或燃烧产物）的物质的量，单位为 $\text{mol}$；

$V$——反应物质（或燃烧产物）所占体积，单位为 $\text{m}^3$。

假如在时刻 $\tau$ 时，反应物质的浓度为 $c$，在时间 $d\tau$ 以后反应物质浓度由于化学反应减少

到 $c-dc$，则反应速率 $w$［单位为 $mol/(m^3 \cdot s)$］定义为

$$w = -\frac{dc}{d\tau} \tag{1-42}$$

式中　负号——表示反应物质的浓度随时间的增加而减少。

假如所有的反应物质共占有体积 $V$（单位为 $m^3$），则在单位时间内，其反应物质总浓度的变化称为总反应速率 $\bar{w}_z$（单位为 $mol/s$），故而

$$\bar{w}_z = -\int_V \frac{dc}{d\tau} dV \tag{1-43}$$

如果反应速率在整个体积 $V$ 都相同，则

$$\bar{w}_z = -\frac{dc}{d\tau} V \tag{1-44}$$

即

$$\bar{w}_z = wV \tag{1-45}$$

化学反应速率既可用单位时间内反应物浓度的减少来表示，也可用单位时间内生成物（燃烧产物）浓度的增加来表示。即在反应过程中，反应物浓度不断降低，而生成物的浓度不断升高。所以反应速率亦可由下式表示

$$w = \frac{dc'}{d\tau} \tag{1-46}$$

式中　$c'$——表示在其时刻 $\tau$ 的生成物的浓度，单位为 $mol/m^3$。

某一化学反应的反应物质为 $A_1$，$A_2$，$A_3$，$\cdots$，而其生成物为 $B_1$，$B_2$，$B_3$，$\cdots$，此反应的化学方程式有下列形式：

$$a_1 A_1 + a_2 A_2 + a_3 A_3 + \cdots = b_1 B_1 + b_2 B_2 + b_3 B_3 + \cdots$$

即

$$\sum a_i A_i = \sum b_k B_k \tag{1-47}$$

式中　$a_i$——表示某 $i$ 反应物在反应过程中消耗的化学计量数；

　　　$b_k$——表示某 $k$ 生成物在反应过程中生成的化学计量数。

故而式（1-47）给出了反应物物质的量和生成物物质的量的比例关系。

对于某 $i$ 种反应物的浓度降低速率与某 $k$ 种生成物的浓度增加速率之间的关系为

$$-\frac{1}{a_i} \frac{dc_i}{d\tau} = \frac{1}{b_k} \frac{dc'_k}{d\tau} \tag{1-48}$$

或

$$-\frac{dc_i}{d\tau} = \frac{a_i}{b_k} \frac{dc'_k}{d\tau} \tag{1-49}$$

式中　$c_i$、$c'_k$——分别表示某 $i$ 种反应物和某 $k$ 种生成物的浓度，单位为 $mol/m^3$。

式（1-49）即表示化学反应的某反应物浓度的降低速率与某生成物形成速率成正比。

### 1.4.2　质量作用定律

化学反应速率与各反应物质的浓度、温度、压力，以及各物质的物理化学性质有关。

质量作用定律是说明化学反应速率在一定温度下与反应物质浓度的关系。

按照质量作用定律：当温度不变时，某化学反应的反应速率是与该瞬间各反应物浓度的乘

积成正比的，如果该反应按某化学反应方程式的关系一步完成，则每种反应物浓度的方次即等于化学反应方程式中的反应化学计量数，所以由式（1-47）可写出其反应速率的关系式为

$$w = -kc_{A_1}^{a_1} c_{A_2}^{a_2} c_{A_3}^{a_3} \cdots \tag{1-50}$$

式中　$k$——反应速率常数，它与反应物的浓度无关，其单位由反应物浓度的单位来决定。

当各反应物浓度均为 1 时，则速率常数 $k$ 在数值上等于反应速率，所以 $k$ 亦称为比速率，数值 $k$ 取决于反应的温度以及反应物的物理化学性质。

质量作用定律亦可在气体分子运动理论的基础上利用分子之间碰撞次数的计算来论证。

例如，对下列一步完成的化学反应来讲：

$$2A+B \longrightarrow D$$

由于 2 个 A 分子及 1 个 B 分子同时相碰撞的机会是与它们的浓度乘积成正比的，如果化学反应是由于分子之间相碰撞而引起的，那么对于一步完成的化学反应 2A+B＝D 来讲，其化学反应速率与 2 个 A 分子和 1 个 B 分子同时相碰撞的机会成正比，所以亦就论证了化学反应速率与各反应物浓度的乘积成正比的质量作用定律。

其化学反应速率表示为

$$-\frac{dc_A}{d\tau} = kc_A c_A c_B = kc_A^2 c_B \tag{1-51}$$

式中　$c_A$——表示 A 分子的浓度，单位为 $mol/m^3$；

$c_B$——表示 B 分子的浓度，单位为 $mol/m^3$。

在应用质量作用定律时应注意：要正确地判断反应物浓度对反应速率影响的程度，必须由实验方法来测出反应物浓度所影响反应速率的方次，以及由试验了解其化学反应的机理，所以在明确了该化学反应的真实过程、并能写出反映反应过程的动力反应式后，才能应用质量作用定律来判断该动力反应式中浓度对反应速率的影响。

应该指出，除了一步完成的简单的化学反应以外，还有所谓复杂反应。在复杂反应中，所形成的最终产物是由几步反应所完成的，故而化学反应方程式并非表示整个化学反应的真正过程，所以无法用质量作用定律直接按照该化学反应方程式来判断其反应物浓度对反应速率的影响关系。

### 1.4.3　反应级数

当由实验测得化学反应的反应速率与浓度的关系为下列关系式时，即

$$w = -\frac{dc}{d\tau} = kc \tag{1-52}$$

这说明反应速率只与反应物浓度一次方成正比，这个反应称为一级反应。

若以 $n$ 表示化学反应级数，则对一级反应的化学反应来讲，$n=1$。

如由实验测得化学反应的反应速率与浓度的关系为

$$w = -\frac{dc_{A1}}{d\tau} = kc_{A1} c_{A2} \quad 或 \quad w = -\frac{dc_{A2}}{d\tau} = k' c_{A1} c_{A2} \tag{1-53}$$

或当 $c_{A1} = c_{A2}$ 时，则

$$w = -\frac{dc_{A1}}{d\tau} = kc_{A1}^2 \quad 或 \quad w = -\frac{dc_{A2}}{d\tau} = k' c_{A2}^2 \tag{1-54}$$

式（1-53）及式（1-54）表示出反应速率与各反应物浓度之间的关系，其各反应物浓度的方次之和为 2，这种反应为二级反应，即反应级数 $n=2$。

依此类推。对于一般情况，如果由实验所测得的反应速率与反应物 $A_1$，$A_2$，$A_3$，…浓度的关系为

$$w = kc_{A1}{}^a c_{A2}{}^b c_{A3}{}^c \cdots \tag{1-55}$$

则反应级数 $n$ 即为各浓度方次之和，即

$$n = a+b+c+\cdots \tag{1-56}$$

应该指出，化学反应的反应级数是由实验测得的，而化学反应方程式并非代表化学反应的真正过程，所以在化学反应方程式中所表示的反应物分子数 $\Sigma a_i$，并不与该反应的反应级数 $n$ 相等，不过对某些化学反应来讲，由实验测得的反应级数与化学反应方程式中所表示的反应物分子数 $\Sigma a_i$ 是相等的，但这仅仅是巧合。

例如，$H_2$ 和 $Br_2$ 相互作用的化学反应方程式为

$$H_2 + Br_2 = 2HBr$$

可见，在此化学反应中所表示的反应物分子数等于 2，但实际上由实验测得的反应级数为 3/2。

由典型的化学静力学可知，参加化学反应的分子数必为简单数的整数倍，即参加反应的总和分子数必为整数，但是化学反应的反应级数则时常出现分数。因而必须将反应级数和参加反应的分子数区分开。

反应级数概念的提出，对各类反应的反应级数的研究是很有意义的，因为由实验测得的反应级数，不仅可以知道其反应速率与浓度之间的关系，而且还可以获得这个反应的反应机理的一些信息，从而加深对物质结构及化学变化的了解。

下面介绍一种由实验来测得反应级数的方法。

在一般情况下，化学反应速率 $w$ 由式（1-55）所表示，为了便于说明起见，假如该化学反应仅有两个反应物参加反应，则反应速率改写为

$$w = kc_{A1}{}^a c_{A2}{}^b \tag{1-57}$$

式中的各反应物的浓度方次 $a$ 及 $b$ 由实验方法测出。

首先若取 $A_1$ 的浓度远远超过 $A_2$ 的浓度，即 $c_{A1} \gg c_{A2}$，则在反应进行过程中，可认为反应物 $A_1$ 的浓度实际上是不变的，这时反应速率公式，即式（1-57），可改写为

$$w_{A2} = k' c_{A2}^b \tag{1-58}$$

在实验中，根据不同的浓度 $c_{A2}$ 数值，测出相应的反应速率 $w_{A2}$ 值。

然后使 $A_2$ 的浓度远远超过 $A_1$ 的浓度，即 $c_{A2} \gg c_{A1}$，则可认为反应物 $A_2$ 在反应过程中浓度是不改变的，这时，反应速率为

$$w_{A1} = k'' c_{A1}{}^a \tag{1-59}$$

同样根据不同的浓度 $c_{A1}$ 数值，测出相应的反应速率 $w_{A1}$ 值，其中

$$k' = kc_{A1}{}^a \ \text{及} \ k'' = kc_{A2}{}^b$$

求解式（1-58）和式（1-59）可求得 $a$ 和 $b$，则反应级数

$$n = a+b$$

### 1.4.4 一级反应

所谓一级反应，其反应速率与浓度之间的关系为

$$w = -\frac{dc}{d\tau} = kc \tag{1-60}$$

若假定反应速率常数 $k$ 为常数，且有初始条件 $\tau = 0$ 时，反应物的浓度 $c = c_0$，则有

$$c = c_0 e^{-k\tau} \tag{1-61}$$

式（1-61）即给出了在一级反应中，反应物浓度随时间的变化规律。

在实际应用中，反应物浓度与时间的关系常用另外一种形式来表示。

若以 $c_x$ 表示在 $\tau$ 时刻时，反应物消耗的浓度，则在 $\tau$ 时刻时，反应物浓度降低为 $c = c_0 - c_x$，则有

$$-\frac{dc}{d\tau} = \frac{dc_x}{d\tau} \tag{1-62}$$

初始条件为 $\tau = 0$ 时，$c_x = 0$，则有

$$c_x = c_0(1 - e^{-k\tau}) \tag{1-63}$$

由以上分析可知：

1）由式（1-61）可知，若采用坐标（$\ln c$，$\tau$）时，则反应物浓度的对数 $\ln c$ 与时间 $\tau$ 的关系为一直线，若实验的数据符合这个规律，便可确定它是一级反应，直线的斜率即为反应速率常数 $k$，单位为 $s^{-1}$。

2）由式（1-61）可知，当时间 $\tau \to \infty$，则 $c \to 0$。说明在一级反应中，要使反应物全部耗尽，则必须经过无限长的时间。

3）从式（1-61）还可看出一级反应的另一特征，即不论反应物的初始浓度 $c_0$ 为多少，只要经历时间 $\tau$ 相同，某瞬时间浓度 $c$ 和初始浓度 $c_0$ 的比值 $c/c_0$ 保持不变。换言之，若要保持 $c/c_0$ 比值相同，则必须经过相同的时间。

若经过一定时间 $\tau$ 后，反应物的浓度降为初始浓度 $c_0$ 的一半时，即 $c = (1/2)c_0$，则由式（1-61）可知

$$\tau_{1/2} = \frac{1}{k}\ln\frac{c_0}{(1/2)c_0} = \frac{\ln 2}{k} = \frac{0.6932}{k} \tag{1-64}$$

假定反应速率常数 $k$ 不变时，则不论反应物的初始浓度为多少，其降低一半浓度所需的时间 $\tau_{1/2}$ 均为相同，一般称 $\tau_{1/2}$ 为半衰期。式（1-64）亦说明，半衰期只与反应速率常数成反比关系。

## 1.4.5 二级反应

二级反应可有两种情况：

1）当 $c_{A1} \neq c_{A2}$ 时，由式（1-53）可知，反应速率

$$w = -\frac{dc_{A1}}{d\tau} = kc_{A1}c_{A2}$$

或

2）当 $c_{A1} = c_{A2}$ 时，由式（1-54）可知，则反应速率

$$w = -\frac{dc_{A1}}{d\tau} = kc_{A1}^2$$

1. 首先来分析第二种情况

式（1-54）可改写为

$$-\frac{\mathrm{d}c_{A1}}{c_{A1}^2} = k\mathrm{d}\tau \qquad (1\text{-}65)$$

初始条件为：当 $\tau = 0$ 时，$c_{A1} = c_{A1,0}$，其中 $c_{A1,0}$ 为反应物质 $A_1$ 的初始浓度。则有

$$\frac{1}{c_{A1}} - \frac{1}{c_{A1,0}} = k\tau \qquad (1\text{-}66)$$

同样，如果在某时刻 $\tau$ 时，反应物浓度 $c_{A1}$ 用 $c_{A1,0} - c_x$ 来代替，则式（1-66）可改写为

$$k = c_x / [\tau c_{A1,0}(c_{A1,0} - c_x)] \qquad (1\text{-}67)$$

由以上二级反应的第一种情况来看，可知

1）由式（1-66）可知，若用坐标 $\left(\dfrac{1}{c_{A1}}, \tau\right)$ 来表示，则反应物浓度与时间的关系为一直线，若试验数据符合这个关系，则可确定该反应为二级反应，直线的斜率即是反应速率常数 $k$，若时间单位为 s，浓度单位为 $\mathrm{mol/m^3}$，则 $k$ 的单位是 $\mathrm{m^3/(mol \cdot s)}$。

2）当时间 $\tau \to \infty$ 时，则 $c \to 0$，说明在二级反应中，要使反应物全部耗尽，亦必须经过无限长的时间。

3）若以 $c_{A1} = (1/2)c_{A1,0}$ 代入式（1-66），则得半衰期 $\tau_{1/2}$ 的表示式为

$$\tau_{1/2} = \frac{1}{kc_{A1,0}} \qquad (1\text{-}68)$$

所以在二级反应中，半衰期 $\tau_{1/2}$ 将不是常数，而与反应物的初始浓度 $c_{A1,0}$ 成反比。

2. 现在分析第一种情况

如果两个参加反应的物质 $A_1$ 及物质 $A_2$，其初始浓度及瞬时浓度并不相等，则反应速率的表达式如式（1-53）所示。

假定在反应过程中，反应物 $A_1$ 及反应物 $A_2$ 所消耗的浓度 $c_x$ 是相等的，则可把式（1-53）改写为

$$w = -\frac{\mathrm{d}c_{A1}}{\mathrm{d}\tau} = k(c_{A1,0} - c_x)(c_{A2,0} - c_x) \qquad (1\text{-}69)$$

初始条件为：当 $\tau = 0$ 时，$c_x = 0$，则有

$$k\tau = \frac{1}{c_{A1,0} - c_{A2,0}} \left[ \ln \frac{c_{A1,0}(c_{A1,0} - c_x)}{c_{A1,0}c_{A2,0} - c_x} \right] \qquad (1\text{-}70)$$

由以上二级反应的第一种情况来看，可知：

1）由式（1-70）可知，若采用坐标 $\left[ \ln \dfrac{c_{A2,0}\ (c_{A2,0} - c_x)}{c_{A2,0}\ (c_{A2,0} - c_x)}, \tau \right]$ 时，则可以得到一条直线，其斜率为 $\dfrac{1}{k\ (c_{A1,0} - c_{A2,0})}$。若由实验测得的数据符合这个关系，则为二级反应。若时间的单位为 s，浓度的单位为 $\mathrm{mol/m^3}$，则反应速率常数的单位为 $\mathrm{m^3/(mol \cdot s)}$。

2）当 $\tau \to \infty$ 时，则 $c_{A1,0} = 0$，或 $c_{A2,0} = 0$，说明必须经过无限长的时间 $\tau$ 后，初始浓度比较小的反应物才全部耗尽。

3）对于第一种情况二级反应的半衰期，亦可以同样求得。假如反应物 $A_1$ 的初始浓度

大于反应物 $A_2$ 的初始浓度，即 $c_{A1,0} > c_{A2,0}$，则在反应所消耗的浓度相等的条件下，反应物 $A_2$ 必然先达到其初始浓度的一半。

令 $c_x = c_{A2,0}/2$，则得半衰期 $\tau_{1/2}$ 为

$$\tau_{1/2} = \frac{1}{k(c_{A1,0} - c_{A2,0})} \ln \frac{c_{A1,0} - c_{A2,0}}{c_{A1,0}} \tag{1-71}$$

反过来，如果反应物 $A_1$ 的初始浓度小于反应物 $A_2$ 的初始浓度，则半衰期 $\tau_{1/2}$ 为

$$\tau_{1/2} = \frac{1}{k(c_{A1,0} - c_{A2,0})} \ln \frac{c_{A2,0}}{c_{A2,0} - c_{A1,0}} \tag{1-72}$$

可见，对二级反应来讲，半衰期不再是常数，而与反应物的初始浓度有关。

### 1.4.6　复合反应

复合反应的动力学较为复杂，它往往是由一系列简单反应所构成的。下文将讨论某些较为简单的情况。

#### 1.4.6.1　对行反应

最简单的对行反应可由下式来表示

$$A \xrightarrow{\ k\ } B$$
$$A \xleftarrow{\ k'\ } B \tag{1-73}$$

假如两个方向的化学反应都为一级时，则其反应速率的关系式可如下表示：

令 $c_{A,0}$ 表示反应开始时反应物 A 的初始浓度，且产物 B 的初始浓度为 0。经过时刻 $\tau$ 后，反应物 A 消耗了 $c_x$ 浓度，这时反应物的浓度变成 $c_{A,0} - c_x$。若假定反应物 A 每消耗一个单位浓度，即同时形成一个单位浓度的产物 B，对于逆反应若消耗一个单位浓度的 B，即产生一个单位浓度的 A。故而经过时刻 $\tau$ 后，即形成 $c_x$ 浓度产物 B。这样，在某时刻 $\tau$，对行反应的反应速率为

$$-\frac{d(c_{A,0} - c_x)}{d\tau} = k(c_{A,0} - c_x) - k' c_x$$

即

$$-\frac{dc_x}{d\tau} = kc_{A,0} - (k + k') c_x \tag{1-74}$$

式中　$k$、$k'$——分别表示正向及逆向的反应速率常数。

有初始条件，$\tau = 0$ 时，$c_x = 0$，则式（1-74）可解

$$\ln \frac{kc_{A,0}}{kc_{A,0} - (k + k') c_x} = (k + k') \tau \tag{1-75}$$

此即为对行反应的反应速率积分式。

若对行反应达到平衡时，反应物 A 的浓度将不再随时间而变化，这时产物 B 的浓度为 $c_e$（下标 e 表示平衡浓度），则有

$$kc_{A,0} = (k + k') c_e \tag{1-76}$$

将式（1-76）代入式（1-75）有

$$\ln \frac{c_e}{c_e - c_x} = (k + k') \tau \tag{1-77}$$

式（1-77）可以写成指数形式

$$c_x = \frac{kc_{A,0}}{k+k'}\left[1-e^{-(k+k')\tau}\right] \tag{1-78}$$

当 $\tau \to \infty$ 时，有

$$c_\infty = \frac{kc_{A,0}}{k+k'}c_e \tag{1-79}$$

可见，在对行反应中，即使经过了无限长的时间以后，反应物 A 的浓度仍不会趋向于 0，而是等于它的平衡浓度。

#### 1.4.6.2　平行反应

现讨论最简单的平行反应中反应物浓度与时间的关系。

若平行反应有如下的形式

$$A \xrightarrow{k_1} B$$

同时

$$A \xrightarrow{k_2} C \tag{1-80}$$

表示反应物 A 经反应后形成产物 B 的同时，又形成产物 C，这两个反应是平行进行的，在进行过程中没有任何关联。

假设这两个平行反应都是一级反应，反应物 A 的初始浓度为 $c_{A,0}$，在经过时刻 $\tau$ 后，反应物 A 消耗了 $c_x$ 浓度，与此同时，所形成的产物 B 的浓度为 $c_{x1}$，产物 C 的浓度为 $c_{x2}$，则有

$$c_x = c_{x1} + c_{x2} \tag{1-81}$$

在某时刻 $\tau$，形成产物 B 的反应速率为

$$\frac{dc_{x1}}{d\tau} = k_1(c_{A,0} - c_x) \tag{1-82}$$

式中　$k_1$——形成产物 B 的反应速率常数。

同理有

$$\frac{dc_{x2}}{d\tau} = k_2(c_{A,0} - c_x) \tag{1-83}$$

式中　$k_2$——形成产物 C 的反应速率常数。

总的反应速率即为两个平行反应的反应速率之和，即

$$-\frac{d(c_{A,0} - c_x)}{d\tau} = \frac{dc_x}{d\tau} = \frac{dc_{x1}}{d\tau} + \frac{dc_{x2}}{d\tau} \tag{1-84}$$

将式（1-82）和式（1-83）代入式（1-84），有

$$\frac{dc_x}{d\tau} = (k_1 + k_2)(c_{A,0} - c_x) \tag{1-85}$$

初始条件为：当 $\tau = 0$ 时，$c_x = 0$，解得

$$c_x = c_{A,0}\left[1 - e^{-(k_1+k_2)\tau}\right] \tag{1-86}$$

将式（1-86）代入式（1-82）和式（1-83）分别求解，可以得到两个平行反应的解

$$c_{x1} = \frac{k_1}{k_1+k_2} c_{A,0} \left[ 1-e^{-(k_1+k_2)\tau} \right] \tag{1-87}$$

$$c_{x2} = \frac{k_2}{k_1+k_2} c_{A,0} \left[ 1-e^{-(k_1+k_2)\tau} \right] \tag{1-88}$$

将上两式相除得到

$$\frac{c_{x1}}{c_{x2}} = \frac{k_1}{k_2} \tag{1-89}$$

式（1-89）表示，在任何时刻，产物 B 及产物 C 的浓度均有一定的比值 $k_1/k_2$。

### 1.4.6.3　连续反应

下式表示一种最简单的连续反应

$$A \xrightarrow{k_1} B \xrightarrow{k_2} C \tag{1-90}$$

即反应物 A 经反应后形成产物 B，与此同时，产物 B 又反应而形成另一产物 C，并且各个反应互不相关。

假定在连续反应中，都为一级反应。在反应开始时，反应物的浓度为 $c_{A,0}$，经过时刻 $\tau$ 后，反应物 A 消耗了 $c_x$ 浓度，与此同时，有部分产物 B 又反应成产物 C，此时，形成的产物 C 的浓度为 $c_y$，则产物 B 的浓度为 $c_x-c_y$。

在某时刻 $\tau$，反应物 A 的反应速率为

$$-\frac{\mathrm{d}c_A}{\mathrm{d}\tau} = -\frac{\mathrm{d}(c_{A,0}-c_x)}{\mathrm{d}\tau} = \frac{\mathrm{d}c_x}{\mathrm{d}\tau} = k_1(c_{A,0}-c_x) \tag{1-91}$$

此时产物 C 的形成速率为

$$\frac{\mathrm{d}c_y}{\mathrm{d}\tau} = k_2(c_x-c_y) \tag{1-92}$$

产物 B 的形成速率为

$$\frac{\mathrm{d}(c_x-c_y)}{\mathrm{d}\tau} = k_1(c_{A,0}-c_x) - k_2(c_x-c_y) \tag{1-93}$$

有初始条件 $\tau=0$，$c_x=0$，解式（1-91），得

$$c_x = c_{A,0}(1-e^{-k_1\tau}) \tag{1-94}$$

将式（1-93）代入式（1-92），得

$$\frac{\mathrm{d}c_y}{\mathrm{d}\tau} + k_2 c_y = k_2 \left[ c_{A,0}(1-e^{-k_1\tau}) \right] \tag{1-95}$$

有初始条件 $\tau=0$，$c_y=0$，则最终可求得

$$c_y = c_{A,0} \left[ 1 - \frac{k_2}{k_2-k_1} e^{-k_1\tau} + \frac{k_1}{k_2-k_1} e^{-k_2\tau} \right] \tag{1-96}$$

$$c_x-c_y = \frac{c_{A,0} k_1}{k_2-k_1} \left( e^{-k_1\tau} - e^{-k_2\tau} \right) \tag{1-97}$$

图 1-2 所示的曲线即表示反应物 A、产物 B 和 C 随时间 $\tau$ 变化的关系。

由图 1-2 可知，随着时间的增加，反应物 A 的浓度从初始浓度 $c_{A,0}$ 很快地减少而逐渐趋向于零。产物 C 的浓度从零逐渐增加，最后应趋向于 $c_{A,0}$，而产物 B 的浓度则开始一段时间

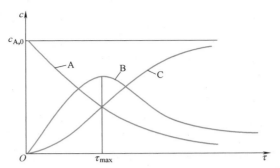

图 1-2 反应物 A、产物 B 及产物 C 随时间 $\tau$ 变化的关系

内是增加的，然后又逐渐减少。在一定的时刻，B 的浓度达到最大值，其最大值可由式（1-97）求导而得。B 的浓度达到最大时的时刻

$$\tau_{max} = \frac{\ln(k_1/k_2)}{k_1 - k_2} \tag{1-98}$$

产物 B 的最大浓度则为

$$(c_x - c_y)_{max} = c_{A,0} \frac{k_2}{k_1} \frac{k_2}{k_1 - k_2} \tag{1-99}$$

## 1.5 各种参数对化学反应速率的影响

### 1.5.1 温度对化学反应速率的影响——阿累尼乌斯（Arrhenius）定律

试验表明，大多数的化学反应速率是随着温度升高而上升很快，范特霍夫由试验数据归纳了反应速率随温度升高而增加的近似规律，即对于一般反应来讲，当温度升高 10K，则化学反应速率在其他条件不变的情况下将增至 2～4 倍，即为范特霍夫反应速率和温度的近似关系。

如果化学反应在反应物浓度相等的条件下来比较其反应速率与温度的关系，则可用反应速率常数 $k$ 来表示。范特霍夫的数学表示式为

$$\eta_T = \frac{k_{T+10K}}{k_T} \approx (2 \sim 4) \tag{1-100}$$

式中 $\eta_T$——反应速率的温度因数；

$k_T$、$k_{T+10K}$——分别为温度 $T$ 和 $T+10K$ 时的反应速率常数。

例如，当温度比原有温度增加 100K 时，则反应速率将随之增加 $2^{10} \sim 4^{10}$ 倍，即平均要增加 $3^{10} = 59049$ 倍，可见温度对反应速率的影响是很巨大的。

但应该指出，并非所有的化学反应都遵循此规律，有些化学反应的反应速率却是随温度的升高而降低的。如图 1-3 所示，其中仅有图 1-3a 符合范特霍夫规律，而图 1-3b、1-3c、1-3d 则不然。但大多数化学反应都能近似地符合范特霍夫规律，而以下的讨论只限于该类反应。

阿累尼乌斯在一系列定温条件下，用实验方法测定反应物浓度随时间的变化关系，

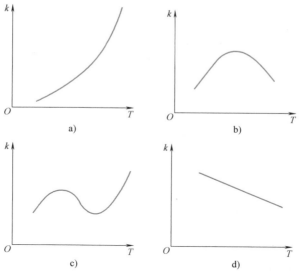

图 1-3 反应速率常数与热力学温度之间的关系

发现速率常数与温度有关，进而建立了著名的阿累尼乌斯定理。此定理通常可用下列形式表示

$$k = k_0 e^{-\frac{E_a}{RT}} \qquad (1\text{-}101)$$

上式称为阿累尼乌斯定律的指数式。

式中　　$k$——反应温度 $T$（单位为 K）时的反应速率常数；

$k_0$、$E_a$——分别称为频率因子和活化能，均是由反应特性决定的常数，它们与反应温度及浓度无关。

关于阿累尼乌斯定律和活化能的物理意义，将在 1.6 节反应速率理论中进一步讨论。

### 1.5.2　压力对反应速率的影响

压力对各级反应的反应速率的影响是不同的。现假定在一定温度的条件下，分析其压力对反应速率的影响。

例如，在温度 $T$ 时，系统中各反应物的浓度分别为 $c_{Ai}$（$i = 1, 2, \cdots, n$）（单位为 mol/m³），则各反应物的分压力可表示为

$$p_{Ai} = c_{Ai} RT \quad (i = 1, 2, \cdots, n) \qquad (1\text{-}102)$$

式中　　$p_{Ai}$——某 $i$ 种反应物在系统中的分压力，单位为 Pa。

系统的总压力 $p$ 为各分压力之和，即

$$p = \sum_{i=1}^{n} p_{Ai} \qquad (1\text{-}103)$$

将式（1-102）代入式（1-103），得

$$p = RT \sum_{i=1}^{n} c_{Ai} \qquad (1\text{-}104)$$

令 $c = \sum_{i=1}^{n} c_{Ai}$，表示系统中单位体内总的反应物物质的量，则式（1-104）可写为

$$p = RTc \qquad (1\text{-}105)$$

将式（1-105）代入式（1-102）可得各反应物的分压力为

$$p_{Ai} = \frac{c_{Ai}}{c} p = A_i p \quad (i = 1, 2, \cdots, n) \qquad (1\text{-}106)$$

式中　$A_i$——表示某 $i$ 种反应物的相对浓度，$A_i = c_{Ai}/c$，且

$$\sum_{i=1}^{n} A_i = 1 \qquad (1\text{-}107)$$

## 1.6　反应速率理论

阿累尼乌斯发现速率常数与温度间存在指数关系后，经过推理，提出了基元反应过程存在着活化状态和活化能的概念。尔后，刘易斯根据活化能概念并结合气体分子运动学说提出了有效碰撞理论。而 1935 年艾伦（Allen）和波拉尼（Polanyi）又创立并发展了过渡状态理论。本节将介绍有效碰撞理论。关于过渡状态理论，读者可以参看有关文献。

在一定的温度下，气体分子总是处于运动之中，随着温度升高，其运动速率亦越来越大。分子在运动的过程中，不断地相互碰撞，例如，在 0.1MPa 和 273K 时，1s 中每个分子平均要与其他分子碰撞 $10^{10}$ 次。假如化学反应在这样简单的相碰后就会发生并形成产物的话，那么化学反应将进行得非常迅速。而实际上，由实验测得的反应速率是有限的。

某化学反应表示为

$$a_1 A_1 + a_2 A_2 \underset{k_2}{\overset{k_1}{\rightleftharpoons}} b_1 B_1 + b_2 B_2 \qquad (1\text{-}108)$$

式中　$k_1$、$k_2$——分别表示正向和逆向的反应速率常数，则反应速率为

$$w = k_1 c_{A1}^{a_1'} c_{A2}^{a_2'} - k_2 c_{B1}^{b_1'} c_{B2}^{b_2'} \qquad (1\text{-}109)$$

达到平衡时，$w = 0$，则

$$K^{\ominus} = \frac{k_2}{k_1} = \frac{c_{A1}^{a_1'} c_{A2}^{a_2'}}{c_{B1}^{b_1'} c_{B2}^{b_2'}} \qquad (1\text{-}110)$$

式中　$K^{\ominus}$——标准平衡常数。

由范特霍夫公式可知

$$\frac{d\ln K^{\ominus}}{dT} = \frac{Q}{RT^2} \qquad (1\text{-}111)$$

式中　$Q$——该化学反应的热效应。

令　$Q = E_2 - E_1$，则有

$$\frac{d\ln k_2/k_1}{dT} = \frac{E_2 - E_1}{RT^2}$$

即

$$\frac{d\ln k_2}{dT} - \frac{d\ln k_2}{dT} = \frac{E_2}{RT^2} - \frac{E_1}{RT^2} \qquad (1\text{-}112)$$

从式（1-112）可得反应速率常数与温度的关系

$$k_2 \propto \exp\left(-\frac{E_2}{RT}\right) \tag{1-113}$$

$$k_1 \propto \exp\left(-\frac{E_1}{RT}\right) \tag{1-114}$$

这就是前面所述的阿累尼乌斯定律的表达式。

利用分子运动学的理论进一步分析式（1-113）和式（1-114）的物理意义，参加反应的不是所有的分子，而只是其中的活化分子。所谓活化分子，即其所具有的能量比系统平均能量大 $E_1$（或 $E_2$）的分子，而 $E_1$（或 $E_2$）即为活化能。

阿累尼乌斯由试验证实，一般地可写出式（1-101）的形式

$$k = k_0 \exp\left(-\frac{E_a}{RT}\right)$$

这就是阿累尼乌斯的数学一般式。

要使两个分子发生反应，则首先应使它们相互接近到一定程度。由于分子之间配对电子的相斥和两核间的斥力，一个分子在接近另一个分子时，势能往往会增高，这就需要外界的能量才能做到，并在形成新的化合物之前，原来分子中的若干链需要减弱或破坏，亦需要能量，故而活化能 $E_a$ 可理解为：使两个分子接近和破坏或减弱键所需的能量。

由两个因次的麦克斯韦（Maxwell）速度分布定律可知，如果气体每单位体积的分子数为 $n_0$，而具有速度在 $u$ 和 $u+\mathrm{d}u$ 的分子数目为 $\mathrm{d}n$，则有

$$\frac{\mathrm{d}n}{n_0} = \frac{M}{RT}\exp\left(-\frac{Mu^2}{2RT}\right)u\mathrm{d}u \tag{1-115}$$

式中　$M$——单位体积气体的质量；

　　　　$u$——分子运动速度。

分子动能为

$$E_k = \frac{1}{2}Mu^2 \tag{1-116}$$

即

$$\mathrm{d}E_k = Mu\mathrm{d}u \tag{1-117}$$

将式（1-116）和式（1-117）代入式（1-115），整理得

$$\frac{\mathrm{d}n}{n_0} = \frac{1}{RT}\exp\left(-\frac{E_k}{RT}\right)\mathrm{d}E_k \tag{1-118}$$

式（1-118）即为具有能量在 $E_k$ 和 $E_k+\mathrm{d}E_k$ 之间的分子数。

将式（1-118）从 $E_k \rightarrow \infty$ 积分，有

$$\frac{\mathrm{d}n_{E_k}}{n_0} = \frac{1}{RT}\int_{E_k}^{\infty}\exp\left(-\frac{E_k}{RT}\right)\mathrm{d}E_k = \exp\left(-\frac{E_k}{RT}\right) \tag{1-119}$$

式中　$n_{E_k}$——表示具有能量 $E_k$ 和 $E_k$ 以上的分子数（以单位体积计）。

式（1-119）表示在某温度 $T$ 时，气体中具有能量为 $E_k$ 和 $E_k$ 以上的分子数与总分子数之比值。

以一个二级反应的化学反应为例，假如其反应物在某时刻的浓度不相等，分别为 $c_{A1}$ 及 $c_{A2}$，其对应分子数为 $n_{A1}$ 和 $n_{A2}$，则由式（1-119）得

$$\frac{n_{A1}'}{n_{A1}} = \exp\left(-\frac{E_{k,A1}}{RT}\right) \tag{1-120}$$

$$\frac{n_{A2}'}{n_{A2}} = \exp\left(-\frac{E_{k,A2}}{RT}\right) \tag{1-121}$$

假如该化学反应是由于具有高于能量 $E_{k,A1}$ 的 $A_1$ 反应物和高于能量 $E_{k,A2}$ 的 $A_2$ 反应物的分子相碰撞所引起的话，这些分子称为反应物 $A_1$ 和反应物 $A_2$ 的活化分子。

如果化学反应速率是由于在单位时间内活化分子的相互碰撞所引起的，则

$$w = z \tag{1-122}$$

式中　$z$——有效碰撞次数，单位为 $1/(m^3 \cdot s)$。

由分子运动理论，有

$$z = \pi r^2 n_{A1}' n_{A2}' \sqrt{u_{A1}^2 + \overline{u_{A2}^2}} \tag{1-123}$$

式中　$r$——反应物 $A_1$ 分子半径与 $A_2$ 分子半径之和；

$u_{A1}$、$u_{A2}$——分别为反应物 $A_1$、$A_2$ 分子热运动速度。

将式（1-123）、式（1-120）和式（1-121）代入式（1-122）整理后，即有

$$w = \pi r^2 \sqrt{u_{A1}^2 + \overline{u_{A2}^2}}\, n_{A1} n_{A2} \exp\left(-\frac{E_{k,A1} + E_{k,A2}}{RT}\right) \tag{1-124}$$

令 $k_0 = \pi r^2 \sqrt{u_{A1}^2 + \overline{u_{A2}^2}}$，则有

$$w = k_0 n_{A1} n_{A2} \exp\left(-\frac{E_{k,A1} + E_{k,A2}}{RT}\right) \tag{1-125}$$

由分子运动理论可知 $k_0 \propto \sqrt{T}$，则反应速率常数 $k$ 为

$$k = k_0 \exp\left(-\frac{E_{k,A1} + E_{k,A2}}{RT}\right) = k_0 \exp\left(-\frac{E_k}{RT}\right) \tag{1-126}$$

由式中可知，对于两种反应物浓度不相等的二级化学反应来讲有

$$E_k = E_{kA1} + E_{kA2} \tag{1-127}$$

故而要使该化学反应得以进行，则活化能必须超过一定的数值。

上述的二级化学反应过程可用图 1-4 来表示。图 1-4 中的 $a$ 点表示在某一温度 $T$（单位为 K）时，开始时系统中的气体所具有的平均能量，以符号 $E_a$ 来表示。由以上所述，要使两个分子发生反应，则首先应使它们相互接近，在接近到一定距离后，分子之间的各种斥力不断增加，势能亦随之提高。故而必须有一定的能量来克服该势能，才能使两个分子接近到一定程度，原来分子的链破坏而发生反应，该时的势能如图 1-4 中曲线的 $b$ 点所示。$b$ 点处的能量与 $a$ 点处能量之差即为活化能，即

$$E_a = E_b - E_a \tag{1-128}$$

在一定温度 $T$，具有一定能量足以克服势能而达到 $E_b$ 能量水平的活化分子即起化学反应，然后沿图 1-4 曲线达到终态 $c$，在 $c$ 点的能量水平 $E_c$，从 $b$ 点降到 $c$ 点所放出热量为 $E_b - E_c$，而气体真正放热为 $E_a - E_c$，用 $Q$ 来表示，称为反应的热效应。

由于初态的能量水平 $E_a$ 与终态的能量水平 $E_c$ 之差为正值，所以此反应称为放热反应。

而图 1-5 所表示的曲线，其动态的能量水平 $E_a$ 与终态的能量水平 $E_c$ 之差为负值，故为吸热反应。

一般地说，活化能在一定的温度范围内是与温度无关的常数，而与反应物的物理化学性质和各种类型的反应有关，随着反应的种类、反应物的化学结构，以及环境的不同而改变。

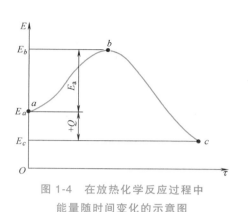

图 1-4 在放热化学反应过程中
能量随时间变化的示意图

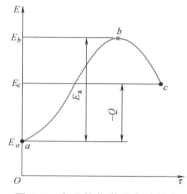

图 1-5 在吸热化学反应过程中
能量随时间变化的示意图

## 1.7 链反应

### 1.7.1 基本理论

如上所述，阿累尼乌斯定律在分子运动理论的基础上，建立了化学反应速率和许多重要参数的关系。但是化学反应的种类很多，特别是燃烧过程的化学反应，都是些很复杂的化学反应，即使看似简单的"单分子反应"，都无法用阿累尼乌斯定律和分子运动理论来解释，有些化学反应即使在低温的条件下，其化学反应速率亦会自动加速引起着火燃烧。由于这些不能用阿累尼乌斯定律和分子运动理论来解释的现象的存在，不得不寻求化学动力学的新理论——催化作用及链反应（又称为连锁反应）理论。

催化作用是由于在反应物中加入其他物质，使反应速率得以改变。使反应速率改变的这种物质称为催化剂。催化剂亦可以参与反应，但在反应最终，其本身的化学性质并不发生变化，也不消耗。

按照阿累尼乌斯和范特霍夫的理论，化学反应速率只取决于一般分子所具有的能量为大的活化分子数目，且其值由麦克斯韦-玻耳兹曼定律所决定。但是，假如将每一个活化分子的反应看作是单元反应的话，则每一次单元反应后放出 $E_a+Q$ 的能量。并且，每一单元反应所放出的能量集中在为数不多的产物分子上，当这些具有富裕能量的产物分子与一般普通分子相碰撞的时候，即将多余的能量转移给普通分子而使其活化，或者甚至与其反应。在此情况下，该反应产物本身即为活化分子。这样，反应本身即能创造活化分子，并且在某些情况下，这种反应本身所创造的活化分子数目大大超过了由麦克斯韦-玻耳兹曼定律所决定的活化分子数目。按照链反应理论，由于单元反应所产生的活化分子过程即为链的传递过程，促使反应能够继续得以发展，所以链反应是具有活化分子再生功能的化学反应。

如此，活化分子，即为比一般分子所具有的能量较大的化学饱和分子，而链的传递过程即是由于具有富裕能量的化学饱和活化分子的不断再生过程，这种键称为能量键。

波登斯坦因用能量键的概念来解释 $Cl_2$ 和 $H_2$ 的反应机理：

1）$Cl_2'$（初始活化分子）$+H_2 \longrightarrow HCl'$（产物）$+HCl'$（富裕能量的活化分子）

2）HCl′+Cl$_2$ ——→HCl（产物）+Cl$_2$′（富裕能量的活化分子）

……

依此类推，形成链反应。

在许多试验中，在反应区域中发现有大量的自由原子和自由基，且试验测出了这些自由原子和自由基的浓度对化学反应速率的影响。因此，在继续反应中，正是这些自由原子和自由基的高度化学活泼性，才是导致化学反应以高速率进行的主要原因，因此，链的传递过程是化学不饱和的分子"碎片"——自由原子和自由基——的再生过程，这种链称为化学链或"自由基链"——物质链。

乃尔斯特用物质链的概念来解释 Cl$_2$ 和 H$_2$ 的反应机理：

1）Cl（初始自由原子）+H$_2$ ——→HCl（产物）+H（物质链）

2）H+Cl$_2$ ——→HCl+Cl（物质链）

……

依此类推，形成链式反应。

但是，在有的链化学反应中，链的传递是由于自由基和能量链相混合的混合链的不断传递过程。例如，上述 H$_2$ 和 Cl$_2$ 的反应中就可能存在这种混合链。

氯分子和自由氢原子反应是放热反应，$Q = 190.5 \text{kJ/mol}$，即

$$H（自由原子）+Cl_2 ——→HCl（产物）+Cl（自由原子）+190.5 \text{kJ/mol}$$

开始时该反应的放热集中在产物 HCl，则可认为 HCl 是具有富裕能量的活化分子，则有下列反应

$$HCl（富裕能量的活化分子）+Cl_2 ——→HCl（产物）+2Cl（自由原子）-239.4 \text{kJ/mol}$$

此为一吸热反应。但是，由于具有富裕能量的 HCl 分子和 Cl$_2$ 带来的 190.5 kJ/mol，所以在具有富裕能量的 HCl 分子和 Cl$_2$ 相碰撞时，Cl$_2$ 的分解就只需 （239.4−190.5） kJ/mol = 48.9 kJ/mol。这样，即得到所谓"便宜"的自由原子——氯原子。可见，在该分子继续反应中是自由原子和能量链二者相混合的所谓混合链的不断传递。

## 1.7.2　不分支的链反应——氯和氢的结合

氯和氢相互化合的化学反应方程式为

$$Cl_2 + H_2 ——→2HCl$$

由实验表明，氯和氢的相互化合是按照不分支的链反应机理进行的，本节将介绍其反应机理。

### 1.7.2.1　链的激发过程

氯分子由于热力活化或光子的作用而形成活化分子，有

$$Cl_2 ——→2Cl \qquad ①$$

### 1.7.2.2　链的传递过程

氯原子很容易与氢分子相化合

$$Cl+H_2 ——→HCl+H \qquad ②$$

该反应所需的活化能为 25kJ/mol，而反应

$$Cl_2 + H_2 ——→2HCl$$

所需活化能却为 167kJ/mol。可以看出，相比较而言，反应②的反应速率很大，由反应②所

产生的氢原子很快又与氯分子相化合而产生氯原子。即

$$H+Cl_2 \longrightarrow HCl+Cl \qquad ③$$

且反应③的速率比反应②还要快。这样，由于链的传递，化学反应得以连续下去，而且氯原子的浓度可看成不变，形成产物 HCl 的反应过程得以很快地进行。

### 1.7.2.3 链的中断过程

活化的中间产物（活化分子）如氯原子或氢原子与器壁相碰，或者与容器中的惰性气体相碰而失去能量，即活化分子的消失

$$Cl+Cl \longrightarrow Cl_2 \qquad ④$$

$$H+H \longrightarrow H_2 \qquad ⑤$$

即链被中断。

按照上述机理，可写出反应产物 HCl 的形成速率

$$w = \frac{dc_{HCl}}{d\tau} = k_2 c_{Cl} c_{H_2} + k_3 c_H c_{Cl_2} \qquad (1\text{-}129)$$

式中　　　　　　$k_2$——表示反应②的反应速率常数；

$k_3$——表示反应③的反应速率常数；

$c_{Cl}$、$c_H$、$c_{H_2}$、$c_{Cl_2}$——分别为 $\tau$ 时刻氯原子、氢原子、氢分子、氯分子的浓度；

$c_{HCl}$——氯化氢在 $\tau$ 时刻的浓度。

由于氯原子和氢原子的浓度很难测量，用式（1-129）来计算反应速率实际上是困难的，因此需要加以简化。

由于氯原子和氢原子的浓度很小，可以假定在短时间后，它们的形成与消耗速率已达到相等，即它们的浓度不再随时间变化，即

$$\frac{dc_{Cl}}{d\tau} = k_1 c_{Cl_2} + k_3 c_H c_{Cl_2} - k_2 c_{Cl} c_{H_2} - k_4 c_{Cl}^2 = 0 \qquad (1\text{-}130)$$

及

$$\frac{dc_H}{d\tau} = k_2 c_{Cl} c_{H_2} - k_5 c_H^2 = 0 \qquad (1\text{-}131)$$

式中　$k_1$、$k_2$、$k_3$、$k_4$、$k_5$——分别表示反应①、②、③、④及⑤的反应速率常数，这种方法即所谓"静态法"。

由以上的链的传递过程中，反应②和反应③是以很快的反应速率相继进行的，而氯原子的浓度可认为不变，故有

$$\frac{dc_{Cl}}{d\tau} = k_3 c_H c_{Cl_2} - k_2 c_{Cl} c_{H_2} = 0 \qquad (1\text{-}132)$$

由式（1-132）可知氢原子的浓度为

$$c_H = \frac{k_2 c_{Cl} c_{H_2}}{k_3 c_{Cl_2}} \qquad (1\text{-}133)$$

比较式（1-132）和式（1-130），有

$$k_1 c_{Cl_2} - k_4 c_{Cl}^2 = 0 \qquad (1\text{-}134)$$

即得氯原子的浓度为

$$c_{Cl} = \sqrt{\frac{k_1}{k_4} c_{Cl_2}} \qquad (1\text{-}135)$$

将式（1-133）和式（1-135）代入式（1-129），则有

$$\frac{dc_{HCl}}{d\tau}=k_2 c_{Cl} c_{H_2}+k_3 c_H c_{Cl}=2k_2 c_{Cl} c_{H_2}=2k_2 c_{H_2}\sqrt{\frac{k_1}{k_4}c_{Cl_2}} \tag{1-136}$$

式（1-136）表明，氯和氢的链反应的反应级数为1.5。

将反应②与反应③相加，得

$$Cl+H_2+Cl_2 \longrightarrow 2HCl+Cl$$

上式说明一个活化分子——氯分子在产物形成过程中仍形成一个活化分子，这种链反应即称为不分支链反应，可用图1-6来表示。

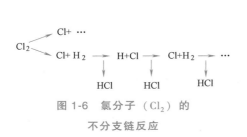

图 1-6　氯分子（$Cl_2$）的
不分支链反应

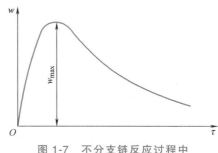

图 1-7　不分支链反应过程中
反应速率与时间的关系

根据不分支链反应的特点，可以作出反应速率与时间之间的关系曲线，如图1-7所示。该曲线表示，在一定温度工况下，反应速率在达到可能的最大值之前，反应速率的增加是与氯原子及氢原子的浓度在反应初期的增加有关的；反应速率达到最大值以后，由于反应物质浓度的降低，使链反应的速率逐渐减慢。

### 1.7.3　分支链反应——氢和氧的化合

氢和氧相化合的化学反应方程式为

$$2H_2+O_2 \longrightarrow 2H_2O$$

实际上，氢和氧相互化合的过程要复杂得多。下文将阐述氢和氧的相互化合的分支链反应机理。

#### 1.7.3.1　链的激发过程

氢分子由于热力活化或其他的激发作用后，开始形成最初的活化分子，即

$$H_2 \longrightarrow 2H \tag{①}$$

#### 1.7.3.2　链的传递过程

氢原子与氧分子相化合有

$$H+O_2 \longrightarrow OH+O-71.2kJ/mol \tag{②}$$

反应②是吸热反应，其热效应 $Q=-71.2kJ/mol$，该反应所需之活化能为75.4kJ/mol。

在反应②中所产生的氧原子与氢分子相化合后，形成

$$O+H_2 \longrightarrow OH+H+2.1kJ/mol \tag{③}$$

反应③为放热反应，其热效应 $Q=2.1kJ/mol$，该反应所需之活化能为25.1kJ/mol。

OH 游基与氢分子相化合后，形成

$$OH+H_2 \longrightarrow H_2O+H+50.2kJ/mol \qquad ④$$

反应④亦为放热反应，其热效应 $Q=50.2kJ/mol$，该反应所需之活化能为42kJ/mol。

可见，吸热反应②所需的活化能为最大，因而反应②的反应速率最慢，它限制了整个反应的反应速率，并且认为在氢的燃烧反应中，OH 游基起了突出的作用。

链的传递过程不断重复而使链反应持续下去。

### 1.7.3.3　链的中断过程

链的中断是由于活化分子与器壁或惰性分子相碰销毁而造成的

$$H+OH \longrightarrow H_2O \qquad ⑤$$
$$H+H \longrightarrow H_2 \qquad ⑥$$
$$O+O \longrightarrow O_2 \qquad ⑦$$

总的链传递过程可将反应②、反应③及反应④相加而得

$$H+3H_2+O_2 \longrightarrow 3H+2H_2O$$

可见，在氢与氧的燃烧反应过程中，链传递的每一个循环，一个氢原子可转变为三个氢原子，因此，如果活化分子的产生速率超过活化分子的销毁速率，则反应速率会很快地增加而引起爆炸，这即称为分支链反应，可用图1-8的图解来表示。

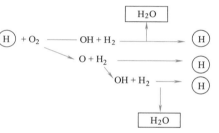

图 1-8　氢燃烧的分子链反应

H₂O 表示反应产物——水蒸气

H 表示活化分子——氢

在推演氢分子燃烧反应的速率前，先作如下的假定：

1）对于具有爆炸性质的氢分子反应来讲，在反应开始阶段，由于热力活化及其他外界作用而产生氢原子的初始浓度，与在分支链反应过程中所产生的活化分子浓度相比，则氢原子的初始浓度可忽略不计。换言之，即反应①所产生的氢原子浓度对整个反应速率的影响很小，故可忽略不计。

2）认为 OH 自由基对链的传递起着很大的作用，所以在计算总的反应速率时，只考虑 OH 自由基的销毁速率。

这样，根据反应④及反应⑤可写出水蒸气分子 $H_2O$ 的形成速率为

$$w = \frac{dc_{H_2O}}{d\tau} = k_4 c_{OH} c_{H_2} + k_5 c_H c_{OH} \qquad (1-137)$$

同样应用"静态法"，假定氢原子浓度、氧原子浓度及 OH 自由基浓度都已达到平衡，则有

$$\frac{dc_H}{d\tau} = -k_2 c_H c_{O_2} + k_3 c_O c_{H_2} + k_4 c_{OH} c_{H_2} - k_5 c_H c_{OH} = 0 \qquad (1-138)$$

$$\frac{dc_O}{d\tau} = k_2 c_H c_{O_2} - k_3 c_O c_{H_2} = 0 \qquad (1-139)$$

$$\frac{dc_{OH}}{d\tau} = k_2 c_H c_{O_2} + k_3 c_O c_{H_2} - k_4 c_{OH} c_{H_2} - k_5 c_H c_{OH} = 0 \qquad (1-140)$$

式中　$k_2$、$k_3$、$k_4$、$k_5$——反应②、③、④、⑤的反应速率常数。

由式（1-139），可得氧原子的浓度 $c_O$ 为

$$c_O = \frac{k_2 c_H c_{O_2}}{k_3 c_{H_2}} \tag{1-141}$$

由式（1-138）和式（1-140）可得 OH 自由基的浓度 $c_{OH}$ 为

$$c_{OH} = \frac{k_2 c_H c_{O_2}}{k_4 c_{H_2}} \tag{1-142}$$

将式（1-139）代入式（1-138）可得氢原子浓度 $c_H$ 为

$$c_H = \frac{k_4 c_{H_2}}{k_5} \tag{1-143}$$

将式（1-142）和式（1-143）代入式（1-137）得反应产物 $H_2O$ 的形成速率为

$$w = \frac{dc_{H_2O}}{d\tau} = 2k_2 c_H c_{O_2} \tag{1-144}$$

$$w = \frac{2k_2 k_4}{k_5} c_{O_2} c_{H_2} \tag{1-145}$$

由实验可知，在温度 $T$ 的工况下

$$2k_2 = 10^{-11}\sqrt{T}\exp\left(-\frac{1800}{RT}\right) \tag{1-146}$$

将式（1-146）代入式（1-144），有

$$w = \frac{dc_{H_2O}}{d\tau} = 10^{-11}\sqrt{T}\exp\left(-\frac{1800}{RT}\right)c_H c_{O_2} \tag{1-147}$$

由式（1-147）可知，反应产物的形成速率与活化分子——氢原子的浓度成正比。在反应开始的时候，活化分子——氢原子的初始浓度很低，产物的形成速率很不显著，只有在经过一定的时间之后，由于分支链反应的链传递过程中，氢原子浓度不断地增加，这样反应速率得以自动加速直到很大的数值，而以后由于反应物的浓度不断降低，当氢原子的销毁速率超过其形成速率，以及氧分子的浓度消耗到一定程度以后，反应速率即开始下降。如图 1-9 所示为在一定温度工况下氢燃烧的反应速率和时间的关系曲线。图中 $\tau_{res}$ 称为分支链反应的感应期，在这段时期内，反应速率很不显著而难以观察到。$w_{res}$ 表示一个最小的但能够被观察到的反应速率，在经过感应期后，反应才自动加速到最大的速率值。

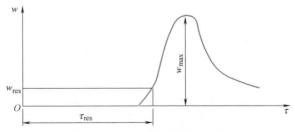

图 1-9　在分支链反应过程中氢燃烧的反应速率与时间的关系

氢原子的浓度是不会无限增加的，其原因有二：

1）由于氧分子及普通分子与氢原子相碰，使氢原子失去能量，如下列过程

$$H + O_2 + X \longrightarrow HO_2 + X$$

式中　X——普通分子。

2）氢原子和普通分子相碰而失去能量，即反应①的逆反应。

因此，氢原子的浓度在达到一定数值以后就不再增加。与此同时，氧原子和 OH 自由基

的浓度亦达到稳定值，因此，此时的反应速率可看为稳定。

实际上，反应速率不可能稳定，因为当反应速率达到最大值后，反应物浓度消耗很快，活化分子的浓度亦相应减少，反应速率即很快下降，而曲线的下降速率要比开始曲线上升的速率要慢。

## 思考题与习题

1-1　试用下列参量表示第 $i$ 种组分的浓度 $c_i$：

①　$\rho_i$，$\mu_i$；②　$c$，$A_i$；③　$p$，$T$，$A_i$

1-2　对于反应速率表达式 $-\dfrac{dc_A}{d\tau} = k c_A^2 c_M$。式中，M 表示混合物的所有成分。则：

1）该反应的反应级数为多少？

2）试阐明反应速率是如何依赖于压力 $p$ 的。已知，反应物 A 的相对浓度为 $A_i$。

1-3　对于一个二级反应，若两个参加反应的反应物分别为 $A_1$ 和 $A_2$，其初始浓度并不相等，分别为 $c_{A1,0}$ 和 $c_{A2,0}$；反应过程中两者消耗的浓度相等，均为 $c_x$；反应过程中的瞬时浓度分别为 $c_{A1}$ 和 $c_{A2}$。试确定该二级反应半衰期 $\tau_{1/2}$ 的表达式，并分析影响半衰期的因素。

1-4　设某一反应当温度由 400℃ 增至 410℃ 时，反应速率将增加至原来的 e（e=2.718）倍，试计算出该反应的活化能 $E_a$，并简要说明反应活化能的物理意义及其影响因素。

1-5　对于反应序列：

$$N_2O_5 \xrightarrow{k_1} NO_2 + NO_3$$

$$NO_2 + NO_3 \xrightarrow{k_2} N_2O_5$$

$$NO_2 + O_3 \xrightarrow{k_3} NO_3 + O_2$$

$$2NO_3 \xrightarrow{k_4} 2NO_2 + O_2$$

1）写出 $N_2O_5$、$NO_2$、$NO_3$、$O_2$、$O_3$ 浓度变化速率的方程。

2）假定组分 $NO_2$ 和 $NO_3$ 处于稳定状态，求出它们的浓度。

3）就 NO 的生成速率而言，稳定假设的结果意味着什么？

1-6　试分析一级、二级、三级及 $n$ 级反应中压力对化学反应级数的影响。

1-7　若三级反应 $\alpha A + \beta B = \gamma D$ 的反应速率可表示为

$$w = -\frac{dc_A}{d\tau} = k c_A^2 c_B$$

且反应物 A 和 B 中均无惰性气体，试说明反应物 A 的相对浓度 $A_1$ 对反应速率 $w$ 的影响情况、定性地画出变化曲线（若反应过程中温度与压力均保持不变），并求出反应速率达到最大值时相对浓度 $A_1$ 的值。

1-8　在低压下，若假设没有壁面反应，则 $H_2 + O_2 \longrightarrow H_2O$ 的反应可以认为是按下面的下述机理进行的：

$$H_2 + O_2 \xrightarrow{k_1} 2OH$$

$$OH + H_2 \xrightarrow{k_2} H_2O + H$$

$$H + O_2 \xrightarrow{k_3} OH + O$$

$$O + H_2 \xrightarrow{k_4} OH + H$$

$$H+OH+M \xrightarrow{k_5} H_2O+M$$

试采用"静态法"推导 $H_2O$ 生成速率$\dfrac{dc_{H_2O}}{d\tau}$。（用 $c_{H_2}$，$c_{O_2}$ 表示）

$$\left\{ 答案：\frac{dc_{H_2O}}{d\tau}=2k_2c_{O_2}c_{H_2}\left(\frac{k_1}{k_2}+\frac{k_3}{k_5c_M}\right) \right\}$$

1-9 在火箭的燃烧室中含有 H 原子和 OH 自由基，其浓度均为 $4\times10^{-6}\,mol/cm^3$，温度为 3000K，总的气体浓度为 $4\times10^{-4}\,mol/cm^3$。若这些气体是在 1000K 的温度下从燃烧室排出，此时 $H_2O$ 基本上不离解，密度是燃烧室内气体密度的 1/40，若排气以 3048m/s 的速度流动。试计算在下游中多远的地方能测出 H 和 OH 已有 99%再化合。假设除 $H+OH+M \longrightarrow H_2O+M$ 外 $[\,k=10^{16}\,cm^6/(mol^2\cdot s)$，且与温度无关$]$，不考虑其他的再化合反应。

$\{$答案：$x=30.8m\}$

1-10 从化学平衡、活化能方面分析为什么

$$CO+\frac{1}{2}O_2 \Longrightarrow CO_2$$

及

$$H_2+\frac{1}{2}O_2 \Longrightarrow H_2O$$

的分解反应在高温下变得严重。

1-11 当一个反应由很多中间步骤完成时，反应速率是由各步骤中的哪些步骤决定的？

1-12 化学反应的反应级数能由化学反应方程式确定吗？若不能，则应如何确定？

# 第 2 章

# 燃料的着火理论

## 2.1 燃烧过程的热力爆燃理论

燃烧过程一般可分为两个阶段，第一个阶段为着火阶段，第二个阶段为着火后的燃烧阶段。在第一阶段中，燃料和氧化剂进行缓慢的氧化作用，氧化反应所释放的热量只是提高可燃混合物的温度和累积活化分子，并没有形成火焰。在第二阶段中，反应进行得很快，并发出强烈的光和热，形成火焰。

有两种使可燃混合物着火的方法：自燃着火和强迫着火。

1. 自燃着火

自燃着火是依靠可燃混合物自身的缓慢氧化反应逐渐积累热能和活化分子，从而自行加速反应，最后导致燃烧。所以自燃着火有两个条件：

1）可燃混合物应有一定的能量储存过程。

2）在可燃混合物的温度不断提高，以及活化分子的数量不断积累后，从不显著的反应自动地转变到剧烈的反应。

例如，柴油机将液体燃料喷射到可以使其自燃的高温高压的空气中，进行自燃，就是利用可燃混合物自燃着火的性质。

在着火过程中产生爆燃，分析研究爆燃过程的理论即为爆燃理论。

在可燃混合物的着火过程中，主要依靠热能的不断积累而自行升温，最终达到剧烈反应的爆燃称为热力爆燃。

如果可燃混合物的着火过程主要依靠链分支而不断积累活化分子，最终达到剧烈反应而释放热量的爆燃称为链爆燃。

所以，热力爆燃和链爆燃是两种不同类型的着火过程。在炉内的燃烧过程中，对链反应来说，由于燃烧反应所释放的热量使可燃混合物温度提高，使热力活化得以加强，从而增加活化分子数目，强化其链反应。即使开始时链反应是在低温下进行，由于反应后所放出的热量使可燃物温度提高，这样也会强化热力活化，而使链反应进一步加速引起爆燃。这种既有升温而使可燃混合物反应加速，也有分支链反应加强而使可燃混合物反应加速，最终达到剧烈反应和释放热量的爆燃称为链热力爆燃。

2. 强迫着火

强迫着火是有一外加的热源向局部地区的可燃混合物输送热量，使之提高温度和增加活化分子的数量，迫使局部地区的可燃混合物完成着火过程而达到燃烧阶段，然后以一定的速度向其他地区扩展，导致全部可燃混合物燃烧的方式。例如，靠电火花或炽热物体来加热局部区域的可燃混合物的着火方式就属于强迫着火。锅炉中的燃气、油雾炬或煤粉气流靠高温烟气的回流和炉墙的辐射换热而达到着火条件，形成燃烧区域，并以一定的速度向未燃的气流扩展，使燃烧器喷出的可燃混合物连续地着火和燃烧的方式，也属于强迫着火。

### 2.1.1 谢苗诺夫的可燃气体混合物的热力着火理论

#### 1. 热力着火理论

如有一体积为 $V$（$m^3$）的容器，其中充满了均匀可燃气体混合物，其摩尔浓度为 $c$（$mol/m^3$），容器的壁温为 $T_0$（K），容器内的可燃气体混合物正以速率为 $w$ [$mol/(m^3 \cdot s)$] 在进行反应。化学反应后所放出的热量，一部分加热了气体混合物，使反应系统的温度提高，另一部分则通过容器壁传给了周围环境。

为了简化计算，谢苗诺夫采用"零维"模型，即不考虑容器内的温度、反应物浓度等参数的空间分布，而是把整个容器内的各参数都按平均值来计算。假定：

1）容器内各处的混合物浓度及温度都相同。

2）在反应过程中，容器内各处的反应速率都相同。

3）容器的壁温 $T_0$ 及外界环境的温度在反应过程中保持不变（决定传热强度的温度差就是壁温和混合物之间的温差）。

4）在着火温度附近，反应所引起的可燃气体混合物浓度的改变是忽略不计的。如以 $Q_1$ 表示在单位时间内由于化学反应而释放的热量（J/s），则

$$Q_1 = wqV \tag{2-1}$$

式中　$w$——化学反应速率，单位为 $mol/(m^3 \cdot s)$；

　　　$q$——化学反应的摩尔热效应，单位为 $J/mol$；

　　　$V$——容器的体积，单位为 $m^3$。

化学反应速率 $w$ 为

$$w = k_0 \exp\left(-\frac{E_a}{RT}\right) c^n \tag{2-2}$$

若取反应级数 $n=1$，则

$$w = k_0 \exp\left(-\frac{E_a}{RT}\right) c \tag{2-3}$$

将式（2-3）代入式（2-1），有

$$Q_1 = qVk_0 \exp\left(-\frac{E_a}{RT}\right) c \tag{2-4}$$

令　$A = qVck_0$，由以上各假定，$A$ 为常数，则式（2-4）可写为

$$Q_1 = A\exp\left(-\frac{E_a}{RT}\right) \tag{2-5}$$

在单位时间内由容器传给周围环境的热量 $Q_2$ 为

$$Q_2 = \alpha S(T - T_0) \tag{2-6}$$

式中 $\alpha$——表面传热系数,单位为 $W/(m^2 \cdot K)$;

$S$——容器的表面积,单位为 $m^2$;

$T$——某时刻 $\tau$ 时容器内混合物的温度,单位为 K;

$T_0$——容器壁温,单位为 K。

表面传热系数 $\alpha$ 与容器的形状、大小及材料有关,对于一定形状、大小的容器来讲,$\alpha S$ 为一常数,令 $B = \alpha S$,则式 (2-6) 可写成

$$Q_2 = B(T - T_0) \tag{2-7}$$

(1) 散热强度对着火的影响　如图 2-1 所示。$Q_1$ 表示式 (2-5) 为一指数曲线,$Q_2'$、$Q_2''$、$Q_2'''$ 都为直线,其斜率为 $\alpha S$,分别表示式 (2-7) 在三种不同散热条件下的情况。现在来分别讨论这三种不同散热强度条件下的情况:

1) 当散热强度很大,即如图 2-1 中的散热直线 $Q_2'$ 的情况。随着容器内可燃混合物的化学反应不断进行,温度不断提高。由式 (2-5) 可知,可燃混合物燃烧所放出的热量 $Q_1$ 是按指数的关系随温度的增加而增加的;而由式 (2-7) 可知,散热量 $Q_2'$ 随温度 $(T-T_0)$ 的增加而增加。

在开始时,如图 2-2 所示的 0-1 段,反应所放出的热量大于向外散发的热量,因此容器内的可燃混合物的温度增加。到温度为 $T_1$ 时,即散热线 $Q_2'$ 与放热曲线 $Q_1$ 相交处,达到热量平衡,散发的热量恰好等于反应放出的热量。如温度再升高时,散发的热量大于放出的热量,结果又使状态回到原来的点 1 处。在点 1 处,温度仍很低,释热率也很小,容器中的可燃混合物将永远处于 $T_1$ 的温度水平,反应只不过是缓慢的氧化作用,不可能导致自行爆燃。一般燃料与空气的长期安全贮存情况下,都处于这种状态,燃料成分在有限时间内几乎不发生变化。

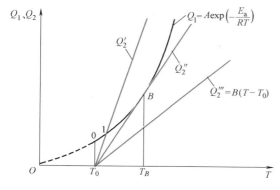

图 2-1　化学反应放热
和对流散热与温度的关系

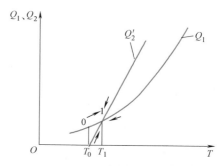

图 2-2　稳定在低温度范围时的氧化反应

至于散热曲线 $Q_2'$ 与放热曲线 $Q_1$ 的另一交点 2 处,如图 2-3 所示,虽然也是 $Q_1 = Q_2'$,但点 2 的状态是很不稳定的。因为当温度略低于 $T_2$ 时,就会因 $Q_1 < Q_2'$ 而回到点 1;如当温度略高于 $T_2$ 时,就会因 $Q_1 > Q_2'$ 使反应加速得非常剧烈,一直到容器内的可燃混合物烧完为止。在缓慢的氧化过程中,可燃混合物自 $T_0$ 逐渐升高温度时,不可能自动越过点 1,因为如果温度略大于 $T_1$,就会自行回到点 1 的状态,因此不可能自行到达点 2 而转为爆燃。

2）当散热强度很小时，如图 2-1 中的散热直线 $Q_2'''$ 所示的情况。在这种情况下，反应所放出的热量永远大于散发的热量，即 $Q_1 > Q_2'''$。容器内可燃混合物的温度将不断提高，化学反应随温度的升高而加速，这样即会导致可燃混合物爆燃。

3）当散热强度按图 2-1 中的直线 $Q_2''$ 进行时的情况。在这种情况下，从温度 $T_0$ 开始，反应所放出的热量大于散发的热量，即 $Q_1 > Q_2''$。容器内的可燃混合物温度不断增加，当温度升高而达到 $B$ 点时，散热线与放热曲线正好相切，这时，反应所放出的热量恰好等于散发的热量，即 $Q_1 = Q_2''$。但是 $B$ 点也是不稳定的，假如散热稍许少一些的话，就会使可燃混合物导向高温区域，反应就会剧烈加速而发生爆燃。相反，如果散热稍许大一些，就会使反应永远停留在低温的氧化区。因此处于临界状态的 $B$ 点称为着火点，其相应的温度 $T_B$ 称为着火温度，相应的周围介质温度 $T_{0K}$（图 2-4）就是可能引起可燃混合物爆燃的最低温度，称之为自燃温度。而爆燃感应期 $\tau$ 就是指从初始状态由反应速率到达 $B$ 点所对应的反应速率所需的时间。也可以说，爆燃感应期 $\tau$ 是从初始温度提高到着火温度 $T_B$ 所需的时间。

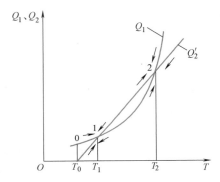

图 2-3　放热与散热的关系

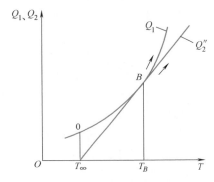

图 2-4　处于临界状态的
放热与散热的关系

（2）不同壁温 $T_0$ 对着火的影响　如图 2-5 所示，当壁温为 $T_0'$ 时，反应系统将稳定在点 1 处，即可燃混合物处于低温的氧化区。当壁温增加到 $T_0'''$ 时，这时可燃混合物燃烧释放出来的热量将永远大于向环境散发的热量，使可燃混合物的温度不断提高而导致高温燃烧区域发生爆燃现象。当壁温为 $T_0''$ 时，散热线与放热曲线在点 $B$ 处相切，相应于点 $B$ 处的状态条件，即为临界着火条件。

（3）不同压力对着火的影响　如果不改变可燃混合物向外界环境的散热条件，而改变容器内可燃混合物的压力时，则反应速率将随着压力的

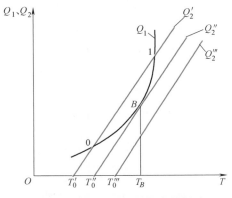

图 2-5　改变壁温 $T_0$ 对着火的影响

增加而增加，反应的放热强度也随压力的增加而增加。如图 2-6 所示，在不同的可燃混合物压力的情况下，也存在着放热曲线 $Q_1''$ 与散热线 $Q_2$ 相切的情况。图 2-6 中所表示的临界着火条件的可燃混合物压力为 $p_2$。当压力低于 $p_2$ 时，如 $p_3 < p_2$，则可燃混合物将停留在低温的氧

化区。当压力高于 $p_2$ 时，如 $p_1 > p_2$，则可燃混合物将被引向高温的燃烧区域，即发生燃烧现象。

临界着火条件实际上是一种极限情况。当可燃混合物的放热总要比散热来得大时，由于热量的不断积累，使可燃混合物的温度不断提高，反应速率自动加速，最后导致爆燃，所以临界着火条件也是可燃混合物的反应从缓慢的反应自动转变到剧烈反应的临界条件。

由以上的分析可知，可燃混合物的着火温度不仅由可燃混合物的性质来决定，而且与周围介质的环境温度、换热条件、容器的形状和尺寸等因素有关。

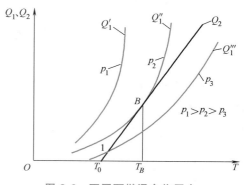

图 2-6　不同可燃混合物压力对着火的影响

2. 爆燃临界条件的定量关系

散热曲线 $Q_2$ 与放热曲线 $Q_1$ 相切的数学条件为

1）散热与放热相等，即

$$Q_1 = Q_2 \tag{2-8}$$

2）在两曲线相切点 $B$ 处的斜率应相等，即

$$\frac{\mathrm{d}Q_1}{\mathrm{d}T} = \frac{\mathrm{d}Q_2}{\mathrm{d}T} \tag{2-9}$$

在 $B$ 点处的可燃混合物温度为 $T_B$，相应的自燃温度为 $T_{0K}$，将式（2-5）及式（2-7）代入式（2-8），得

$$A\exp\left(-\frac{E_a}{RT_B}\right) = B(T_B - T_{0K}) \tag{2-10}$$

将式（2-5）及式（2-7）代入式（2-9），得

$$A\exp\left(-\frac{E_a}{RT_B}\right)\frac{E_a}{RT_B^2} = B \tag{2-11}$$

将式（2-10）代入（2-11），并整理得

$$RT_B^2 - E_a T_B + E_a T_{0K} = 0 \tag{2-12}$$

则解得

$$T_B = \frac{E_a \pm \sqrt{E_a^2 - 4RE_a T_{0K}}}{2R} \tag{2-13}$$

如上式中取"+"号，则 $T_B$ 可达 10000K 以上，这与实际不相符合，所以取"-"号，得

$$T_B = \frac{1 - \sqrt{1 - \dfrac{4R}{E_a}T_{0K}}}{2\dfrac{R}{E_a}} \tag{2-14}$$

将式（2-14）按二项式展开，得

$$T_B = \frac{2\dfrac{RT_{0K}}{E_a} + 2\left(\dfrac{RT_{0K}}{E_a}\right)^2 + 4\left(\dfrac{RT_{0K}}{E_a}\right)^3 + \cdots}{2\dfrac{R}{E_a}} \tag{2-15}$$

一般情况下，$E_a \approx 200\mathrm{kJ/mol}$，$T_{0K} = 500 \sim 1000\mathrm{K}$，于是 $E_a \gg RT_{0K}$，可略去上式中的高于二次方的各项，有

$$T_B = T_{0K} + \frac{RT_{0K}^2}{E_a} \tag{2-16}$$

令 $\Delta T_B = (T_B - T_{0K})$，则由上式可知

$$\Delta T_B = \frac{RT_{0K}^2}{E_a} \tag{2-17}$$

式中　$\Delta T_B$——加热程度，单位为 K。

在通常条件下，活化能 $E_a = 1 \times 10^5 \sim 2.5 \times 10^5 \mathrm{J/mol}$，当 $T_{0K} = 700\mathrm{K}$ 时，则加热程度 $\Delta T_B$ 为 $16 \sim 40\mathrm{K}$，即一般情况下，$T_B$ 很接近 $T_{0K}$。

在着火温度 $T_B$ 时的可燃混合物反应速率 $w_B$ 可由式（2-2）求得

$$w_B = k_0 \mathrm{e}^{-\frac{E_a}{RT_B}} c^n \tag{2-18}$$

将式（2-16）代入式（2-18），得

$$w_B = k_0 \exp\left(-\frac{E_a}{RT_{0K}} \frac{1}{1 + \dfrac{RT_{0K}}{E_a}}\right) c^n \tag{2-19}$$

将 $\dfrac{1}{1 + \dfrac{RT_{0K}}{E_a}}$ 按二次式展开，有

$$\frac{1}{1 + \dfrac{RT_{0K}}{E_a}} = 1 - \frac{RT_{0K}}{E_a} + \left(\frac{RT_{0K}}{E_a}\right)^2 - \cdots \tag{2-20}$$

同样由于 $E_a \gg RT_{0K}$，则

$$\frac{1}{1 + \dfrac{RT_{0K}}{E_a}} \approx 1 - \frac{RT_{0K}}{E_a} \tag{2-21}$$

将式（2-21）代入式（2-19）后得

$$w_B = k_0 \exp\left(1 - \frac{E_a}{RT_{0K}}\right) c^n \tag{2-22}$$

即

$$w_B = \mathrm{e}w_0 \tag{2-23}$$

式中　$w_0 = k_0 \exp\left(-\dfrac{E_a}{RT_{0K}}\right) c^n$——$T_{0K}$ 温度下的可燃混合物反应速率。

可见，着火温度 $T_B$ 时的反应速率等于自燃温度 $T_{0K}$ 时的反应速率的 e 倍。

为了讨论爆燃临界状态下的温度与可燃混合物压力之间的关系，将式（2-17）代入式

（2-10），得

$$qVk_0c^n\exp\left[-\cfrac{E_a}{RT_{0K}\left(1+\cfrac{RT_{0K}}{E_a}\right)}\right] = \alpha S\cfrac{RT_{0K}^2}{E_a} \tag{2-24}$$

即

$$qVk_0c^n\exp\left(1-\cfrac{E_a}{RT_{0K}}\right) = \alpha S\cfrac{RT_{0K}^2}{E_a} \tag{2-25}$$

对上式取对数得

$$\ln\left(\cfrac{c^n}{T_{0K}^2}\right) = \cfrac{E_a}{RT_{0K}} - \ln\cfrac{qVk_0E_a}{\alpha SR} - 1 \tag{2-26}$$

令 $b = -\left(1+\ln\cfrac{qVk_0E_a}{\alpha SR}\right)$，又因 $c = \cfrac{p_K}{RT_{0K}}$，则式（2-26）变为

$$\ln\left(\cfrac{p_K^n}{R^nT_{0K}^{n+2}}\right) = \cfrac{E_a}{RT_{0K}} + b \tag{2-27}$$

或者

$$\cfrac{p_K^n}{R^nT_{0K}^{n+2}\exp\left(\cfrac{E_a}{RT_{0K}}\right)} = e^b \tag{2-28}$$

对于一定的容器和条件，$e^b = $ 常数，则得爆燃临界条件下的 $p_K^n$ 与 $T_{0K}$ 之间的关系为

$$\cfrac{p_K^n}{R^nT_{0K}^{n+2}\exp\left(\cfrac{E_a}{RT_{0K}}\right)} = 常数 \tag{2-29}$$

按式（2-29）可做出图 2-7 所示的爆燃区，理论分析的结果与实验在定性上是一致的。

1）对于一定成分的可燃混合物，在某一压力和 $\cfrac{\alpha S}{V}$ 值下，只有外界温度达到图 2-7 中 $K$ 点相应的温度 $T_{0K,K}$ 时，可燃混合物才会爆燃。如外界温度低于临界温度 $T_{0K,K}$ 时，可燃混合物就不可能燃烧，而只能处于低温氧化状态。同理，可燃混合物在 $T_{0K,K}$ 温度下，如压力低于 $K$ 点相应的临界压力 $p_{K,K}$ 时，可燃混合物也不会发生爆燃。如果可燃混合物原来处于不爆燃区域，如图 2-7 中的 1 点，在施以绝热压缩后，可燃混合物的温度和压力将同时上升，在到达 $K$ 点后，即发生爆燃（如图 2-7 的 1-$K_1$ 线）。这就是工程中常用的加压方法，可使可燃混合物发生爆燃。

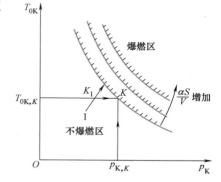

图 2-7 爆燃临界条件下的温度与压力的关系

2）在图 2-7 中还表示出了随着散热强度 $\cfrac{\alpha S}{V}$ 增大，爆燃临界曲线则向上移动。

3）在一定压力下，可燃混合物中可燃物和氧化剂的相对成分不同时，发生爆燃的自燃温度也有所不同。例如在双分子二级反应中，可燃混合物中可燃物 A 的浓度为 $c_A$，它相应

的分压力为 $p_A$，而氧化剂 B 的浓度为 $c_B$，分压力为 $p_B$，则有

$$p_A = c_A RT, \qquad p_B = c_B RT \tag{2-30}$$

$$p = p_A + p_B \tag{2-31}$$

式中　$p$——可燃混合物的全压力，单位为 Pa。

则式（2-24）可写成

$$qVk_0 c_A c_B \exp\left[ -\frac{E_a}{RT_{0K}\left(1 + \dfrac{RT_{0K}}{E_a}\right)} \right] = \alpha S \frac{RT_{0K}^2}{E_a} \tag{2-32}$$

或写成

$$qVk_0 c_A c_B \exp\left( \frac{1 - E_a}{RT_{0K}} \right) = \alpha S \frac{RT_{0K}^2}{E_a} \tag{2-33}$$

在发生爆燃情况下，式（2-31）中的 $p$ 达到 $p_K$，则上式可写成

$$qVk_0 c_A c_B \exp\left( \frac{1 - E_a}{RT_{0K}} \right) \frac{p_A(p_K - p_A)}{(RT_{0K})^2} = \alpha S \frac{RT_{0K}^2}{E_a} \tag{2-34}$$

式（2-34）可由图 2-8 表示，在 $p_A$ 很小或 $p_A$ 很大时，对应的自燃温度 $T_{0K}$ 均增大。在某一临界值 $T_{0K,1}$ 下，有两个临界分压力 $p_A'$ 及 $p_A''$，或相应的两个临界浓度 $c_A'$ 及 $c_A''$，可燃物的浓度只有在（$c_A'$ - $c_A''$）范围内才能爆燃。也就是说，在一定的温度下，可燃物的浓度过稀或过浓都不会发生爆燃。对于可燃物为液体燃料蒸气、氧化剂为空气组成的可燃混合物，此浓度界限即称为贫油限和富油限。因此，图 2-8 中所表示的 $c_A'$ 及 $c_A''$，即为一定温度下的爆燃浓度限。

在图 2-8 中还表示有不同散热强度 $\alpha S/V$ 下的爆燃临界曲线，随着散热强度的增加，爆燃临界曲线将上移，在一定温度下爆燃浓度限将缩小。

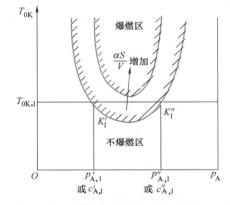

图 2-8　爆燃与燃料浓度关系示意图

### 2.1.2　爆燃感应期

可燃混合物在达到着火点前，有一爆燃感应期 $\tau_i$。

开始时，可燃混合物的反应速率为 $w = 0$，在着火之时的反应速率 $w_B = k_0 e^{-\frac{E_a}{RT}} c_B^n$，其中 $c_B$ 为可燃混合物在着火点 B 的浓度，在自燃过程中，反应速率是很低的，所以从开始 $\tau = 0$ 到 $\tau = \tau_i$ 这段感应期内的平均反应速率 $w_i$ 可取为

$$w_i = \frac{1}{2} w_B = \frac{1}{2} k_0 \exp\left( -\frac{E_a}{RT_B} \right) c_B^n \tag{2-35}$$

可燃混合物浓度 $c_0$ 降到 $c_B$ 所经历的时间即为爆燃感应期 $\tau_i$，即有

$$\tau_i = \frac{c_0 - c_B}{w_i} \tag{2-36}$$

由于（$c_0 = -c_B$）正比于（$T_B = -T_{0K}$），由式（2-16）知

$$(T_B - T_{0K}) \propto \frac{RT_B^2}{E_a}$$

所以式（2-36）可写成

$$\tau_i \propto \frac{RT_B^2}{E_a} \frac{2}{k_0 \exp\left(-\dfrac{E_a}{RT_B}\right) c_B^n} \quad (2\text{-}37)$$

同样，将 $c_B = \dfrac{p_K}{RT_0}$ 代入上式，则得爆燃感应期 $\tau_i$ 与着火温度 $T_B$ 和爆燃临界压力 $p_K$ 的关系

$$\frac{\tau_i p_K^n}{T_B^{n+2} \exp\left(\dfrac{E_a}{RT_B}\right)} = 常数 \quad (2\text{-}38)$$

图 2-9 为戊烷和空气所组成的可燃混合物，在过量空气系数 $\alpha = 0.86$ 时，所测得的爆

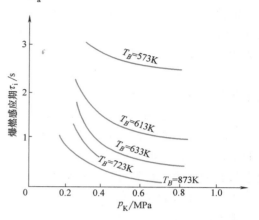

图 2-9 戊烷与空气，在 $\alpha = 0.86$ 时的爆燃感应期与不同压力 $p_K$ 及温度 $T_B$ 的实验曲线

燃感应期 $\tau_i$ 与温度 $T_B$ 和压力 $p_K$ 的关系，证明实验曲线与理论分析基本上是一致的。

## 2.2 链爆燃理论

可燃混合物爆燃过程中的不少问题可由热力爆燃理论来解释，与实验结果也较符合。但是对于可燃混合物的初始温度 $T_0$ 较低或压力低于大气压的一些反应，就无法用热力爆燃理论来解释。

图 2-10 所示为由实验测得的 3.8%（体积分数）正丁烷和空气的混合物的热力爆燃界限，但是在实验过程中发现，即使温度较低（280～400℃）或压力低于大气压的情况下，可燃混合物也会发生爆燃现象，因此，为了补充热力爆燃理论，又提出了着火过程的链爆燃理论。

链爆燃是可燃混合物在低温低压下，由于分支链反应使反应加速，最终导致可燃混合物爆燃。实际上，大多数碳氢化合物燃料的燃烧过程都是极复杂的链反应，真正简单的双分子反应并不多。链爆燃理论的实质是由于链反应的中间反应是由简单的分子碰撞所构成的，对于这些基元反应热爆燃理论是可以适用的。但整个反应的真正机理不是简单的分子碰撞反应，

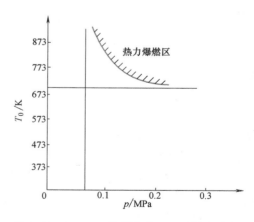

图 2-10 3.8%（体积分数）正丁烷和空气的混合物的热力爆燃临界界限

而是比较复杂的链反应。图 2-11 给出了氢-氧混合物的典型实验结果。由图可见，曲线呈现 S 形，有着两个或两个以上的爆燃界限，出现了所谓"着火半岛"的现象，这就是由于燃烧

反应中的链分支的结果而引起的。

## 2.2.1 链分支反应的发展条件（链爆燃条件）

由前述可知，简单反应的反应速率随反应物浓度的不断消耗而逐渐减小，但在某些复杂的反应中，反应速率却随着生成物的增加而自行加速，这类反应称为自动催化反应，链反应就属于这种更为广义的自动催化反应。链反应的速率受到中间某些不稳定产物浓度的影响。例如，氢和氧之间的反应，氢原子就是这种活性催化作用的中间产物——活化中心。在某种外加能量使反应产生活化中心以后，链的传播就不断地进行下去，活化中心的数目因分支而不断增多，反应速率就急剧加快，直到最后形成爆炸。但是，在链反应过程中，不但有导致活化中心形成的反应，也有使活化中心消灭

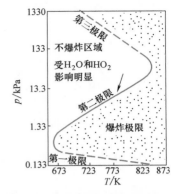

图 2-11 球形容器中按化学计量数
配比的氢-氧混合物的爆炸极限

和链中断的反应。所以链反应的速率是否能得以增长以致爆炸，还得取决于这两者之间的关系，即活化中心浓度增大的速率。

在链反应中，活化中心浓度增大有两种因素：一是由于分子热运动的结果而产生。例如在氢氧爆炸反应中氢分子与别的分子碰撞使氢分子分解成氢原子，显然它的生成速率与链反应本身无关。二是由于链反应分支的结果。例如上例中一个氢原子反应生成两个新的氢原子，此时氢原子生成的速率与氢原子本身的浓度成正比。另外，在反应的任何时刻都存在着活化中心被消灭的可能（如与器壁相撞或与其他稳定的分子、原子或基相撞），它的速率也与活化中心本身浓度成正比。

若设 $w_1$ 为因外界能量的作用而生成原始活化中心的速率，即链的形成速度；$w_2$ 为链分支速率，它是由系统里最慢的中间反应来决定的；而 $w_3$ 为链的中断速率，则活化中心形成的速率就可写成如下形式

$$\frac{dc}{d\tau} = w_1 + w_2 - w_3 \tag{2-39}$$

或

$$\frac{dc}{d\tau} = w_1 + fn - gn \tag{2-40}$$

式中    $c$——活化中心的瞬时浓度；

       $\tau$——时间；

  $f$、$g$——与温度、活化能以及其他因素有关的分支反应的速率常数和链中断的速率常数；

       $n$——反应物质（或燃烧产物）的物质的量。

令 $\phi = f - g$ 为链分支的实际速率常数，则式（2-40）可改写为

$$\frac{dc}{d\tau} = w_1 + \phi c \tag{2-41}$$

这里 $w = \phi c$ 为链分支的实际速率。

在通常温度下，$w_1$ 值很小，它对反应的发展影响不大，所以链的分支和中断的速率就成为影响链发展的主要因素。$f$ 和 $g$ 随着外界条件（压力、温度和容器尺寸）改变而改变，

但这些条件对 $f$ 和 $g$ 的影响程度是不相同的。在活化中心消失的反应中活化能很小，所以链的中断速率实际上与温度无关；但链的分支速率却由于其活化能较大，温度对其影响就十分显著，温度越高，分支速率就越大。这样，随着温度的变化，因为 $f$ 和 $g$ 的变化不同，$\phi$ 的大小亦就不同。

下面分析一下当 $\phi$ 改变时，活化中心浓度，即整个反应的反应速率的变化。为此，对微分方程式（2-41）在下列初始条件下

$$\tau = 0, \quad c = 0, \quad \left(\frac{dc}{d\tau}\right)_{\tau=0} = w_1$$

进行求解，得

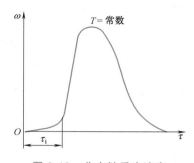

图 2-12　分支链反应速率
在等温下随时间的变化规律

$$c = \frac{w_1}{\phi}(e^{\phi\tau} - 1) \tag{2-42}$$

如果令 $a$ 为一个活化中心参加反应后而生成的最终产物的分子数，如上述的氢氧反应例子中，$a$ 值为 2（因生成两个分子 $H_2O$），那么整个分支链反应的速率就可表示为

$$w = afc = \frac{afw_1}{\phi}(e^{\phi\tau} - 1) \tag{2-43}$$

从上两式可看出，分支链反应中的反应速率和活化中心的浓度随时间的变化关系，即使在等温下，也差不多按指数函数关系急剧地增长。相反，若是不分支链反应，则因为 $f=0$，$\phi=-g$，则从式（2-42）可导出活化中心浓度当时间 $\tau$ 趋于无限长时将接近一极限值 $c=w_1/g$，因而反应速率就不能无限增长而维持一定值，所以，不分支链反应是永远不会爆炸的。分支链反应在等温下即使初始反应速率接近零，过了一段时间（感应期）后亦会按指数函数的规律在瞬间急剧地上升形成爆燃（图2-12），而后则由于反应物浓度下降而减慢，以致最后降到接近于零。这情况有些类似于简单热力反应在绝热情况下的热力爆燃。

## 2.2.2　不同温度时分支链反应速率随时间的变化

在低温时，由于链的分支速率很缓慢，而链的中断速率却很快，即 $f<g$，则 $\phi<0$，故由式（2-42）、式（2-43）可知，当时间趋于无限长时，活化中心浓度和反应速率都将趋于一个定值，即当 $\tau\to\infty$ 时，

$$c = \frac{w_1}{|\phi|} = \frac{w_1}{g-f} \tag{2-44}$$

$$w = \frac{afw_1}{|\phi|} = \frac{afw_1}{g-f} \tag{2-45}$$

也就是说，最终将得到一个稳态反应。

随着温度的增高，链的分支速率不断增加而中断速率却几乎没有改变，$\phi=f-g$ 值就逐渐增大，且成为正值，并随着温度升高越来越大。这时，由式（2-42）、式（2-43）可看出，活化中心浓度和反应速率都随着时间增长而急剧地增长。当时间趋于无限长时，两者都趋向于无限大，故反应就会由于活化中心不断积累而自行加速产生所谓链自燃现象。显然，这时

的反应属非稳态。因为 $w_1$ 值很小,故感应期内反应很缓慢,甚至观察不到。而后由于活化中心迅速增加导致速率猛烈地增长形成爆燃,如图 2-13 所示。当然在活化中心不断积累,反应自行加速的同时还伴随着自行加热。

当温度增加到某一数值时,恰好有链的分支速率等于其中断速率,即 $f=g$ 或 $\varphi = 0$,则此时活化中心浓度和反应速率均以直线规律随时间增长,即

$$c = w_1\tau \tag{2-46}$$

$$w = afw_1\tau \tag{2-47}$$

直至反应物全部耗尽为止。在这种情况下,反应是不会引起自燃的⊖。若稍微提高一些温度,即 $\phi = f-g > 0$,则反应就会因活化中心的不断积累而致产生爆燃;但若温度稍低一些,即 $\phi = f-g < 0$,则反应速率趋于一极限值而达到一稳态反应。所以 $f=g$ 这一情况正好代表由稳态向自行加速的非稳态过渡的临界条件。常把 $f=g$(即 $\phi=0$)称为链着火条件,而相当于 $f=g$ 的混合气温度则称为链自燃温度。此时($\phi = 0$)的临界压力和温度就是链自燃的爆燃界限。对于氢氧混合气来说,链自燃温度 $t_i = 550℃$。链自燃温度与热自燃温度一样都不是表明可燃混合气特性的物性常数。

图 2-13 为上述三种情况下的分支链反应速率随时间的变化规律。

链自燃(或称链着火)现象在实验中可以观察到,例如在低压、等温下氢与氧可以无须反应放热而可由链反应的自行加速产生自燃,这就是所谓的"冷焰"现象。

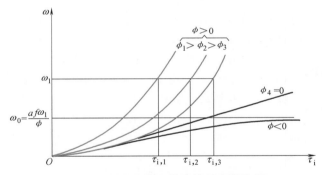

图 2-13 不同 $\phi$ 值下分支链反应的发展

### 2.2.3 感应期的确定

链自燃感应期的确定在实践中具有很大的实用意义,尤其对于可燃混合气在燃烧室中有限定时间的情况下燃烧更为重要。

根据链反应的性质,在反应开始时速度很低(图 2-12),过了一段时间后,速率才开始上升到可被察觉出的程度。所谓感应期就是指反应速率由几乎为零增大到可以察觉到的一定数值 $w_{\tau_i}$ 时所需的时间。按此定义,感应期就可由式(2-43)求得,当 $w=w_{\tau_i}$ 时

$$w_{\tau_i} = \frac{afw_1}{\phi}(e^{\phi\tau_i} - 1) \tag{2-48}$$

---

⊖ 这一结论仅在 T = 常数时是正确的。当温度增加时,反应特性依 $f$ 的改变而改变。

因在感应期内 $\phi$ 较大，故 $e^{\phi \tau_i} \gg 1$，同时可认为 $\phi \approx f$，则上式就可写成

$$w_{\tau_i} \approx a w_1 e^{\phi \tau_i} \tag{2-49}$$

或

$$\tau_i \approx \frac{1}{\phi} \ln \frac{w_{\tau_i}}{w_1 a} \tag{2-50}$$

事实上对一定的反应，在一定组成、温度和压力下，$\ln \dfrac{w_{\tau_i}}{w_1 a}$ 几乎为定值，它受外界的影响变化很小，所以

$$\tau_i = \frac{C}{\phi} \tag{2-51}$$

或

$$\phi \tau_i = C \tag{2-52}$$

式中 $C$——表示常数。

这一结论已为实验所证实，如对一般可燃混合气着火而言，就有

$$\tau_i p^a \exp\left(-\frac{E_a}{RT}\right) = C$$

式中 $a$——幂指数；

$p^a \exp\left(-\dfrac{E_a}{RT}\right)$——相当于式（2-52）中的 $\phi$。

在图 2-13 中也反映出式（2-52）所示的规律。

最后需指出，在链自燃感应期内温度可以不变化，仅由于链的分支而导致反应自行加速，但爆燃以后，也会因反应中急剧的放热来不及向外散失而使温度升高。这就不同于热力自燃中那样，在感应期内必须由温度的升高才可能发生爆燃。

## 2.3 热力着火的自燃范围

无论是均相气体燃料还是固体燃料，当周围介质温度 $T_0$ 达到一定值后，即出现热力着火，其临界自燃条件如式（2-8）和式（2-9）所示，此时周围介质的温度即为自燃温度。但实验亦表明，在一定的炉内压力下，可燃混合物的浓度变化时，其自燃温度也不相同，例如设可燃混合物中氧化剂 A 与燃料 B 是二级反应，其分压力各为

$$p_A = c_A RT \quad p_B = p_0 - p_A = c_B RT \tag{2-53}$$

式中 $p_0$——炉内压力。

把它代入式（2-33），有

$$q k_0 \exp\left[-\frac{E_a}{RT_0\left(1 + \dfrac{RT_0}{E_a}\right)}\right] \frac{1}{(RT_0)^2} p_A(p_0 - p_A) = \frac{\alpha S}{V} \frac{RT_0^2}{E_a} \tag{2-54}$$

可见，每对应一个 $p_A$ 值，即一个可燃物的浓度，就有一个相应的自燃温度 $T_0$。当 $p_A$ 或 $p_B = p_0 - p_A$ 减小时，$T_0$ 均将增大。也就是说在一定的压力 $p_0$ 下，对应于每一温度 $T_0$ 只有在一定燃料浓度范围之内才能发生自燃，即存在着低燃料浓度和高燃料浓度自燃极限。

通过式（2-54）可以做出 $T_0 = -p_A$ 图来，如图 2-14 所示，该曲线把 $T_0 - p_A$ 图划分成两

个区域：自燃区与非自燃区。对于一定组成的可燃混合气，在一定的压力和散热条件 $\left(\dfrac{\alpha S}{V}\right)$ 下，只有当外界温度达到曲线上相应点 1 的温度 $T_{0,1}$ 值时才能发生自燃，否则不可能自燃，而只能长期处于低温氧化状态。同理，对于一定的温度，若其压力未能达到临界值的话，亦不可能发生自燃。所以，对于简单热力反应来说，欲在压力很低时达到着火要求，就必须要有很高的温度，反之亦然。这些分析与结论都已为实验结果所证实。

在图 2-14 中还绘出了在不同的散热程度 $\dfrac{\alpha S}{V}$ 时的自燃临界曲线。随着 $\dfrac{\alpha S}{V}$ 值增大，曲线向右上方移动，自燃区就越来越小。

如果对式（2-54）取对数并整理，则可得出与实验公式相似的谢苗诺夫方程如下

$$\ln\left(\frac{p_A}{T_0^2}\right) = \frac{E_a}{2RT_0} + \ln\left(\frac{\alpha S R^3}{qVk_0 x_A^2 E_a}\right)^{\frac{1}{2}} \qquad (2\text{-}55)$$

式中　$x_A$——物质 A 的摩尔分数。

若把式（2-55）所示的函数关系画在 $\ln\left(\dfrac{p_A}{T_0^2}\right)$-$\dfrac{1}{T_0}$ 坐标图上，则所得出的曲线显然是条直线，如图 2-15 所示。这一图线已为许多双分子反应所证实。由于该直线的斜率为 $E_a/(2R)$，因此，它提供了一个测定热力反应活化能的简便方法。

在式（2-55）中，如果取 $p_A$ = 常数，则可得到临界温度 $T_0$ 与混合气组成的关系曲线，如图 2-16 所示。若取 $T_0$ = 常数，则可得到另一条临界着火压力 $p_A$ 与混合气组成的关系曲线，如图 2-17 所示，这些曲线统称为着火界限（或自燃界限和范围）。

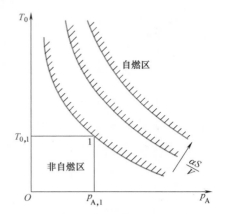

图 2-14　临界着火条件中
温度与压力的关系

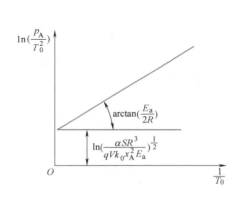

图 2-15　临界着火压力与温度的关系

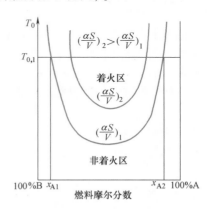

图 2-16　着火界限（一）

一般地说，这些图线都呈 U 形，U 形里为着火区，U 形外为非着火区。

从这些图线的分析中可得出一个很有实际意义的结论，即从着火来说，在一定的温度（或压力）下，并非所有混合气组成都能引起着火，而存在着一个着火界限。着火上限统指

含燃料量较多的混合气组成，即一般统称为富油限（或富燃料限）；而**着火下限**则指含燃料量较少的混合气组成，即所谓贫油限（或富空气限）。凡可燃混合气中燃料含量高于给定温度（或压力）下的着火上限或低于着火下限的话，都不可能引起自燃，只能处于不同程度的缓慢氧化状态。

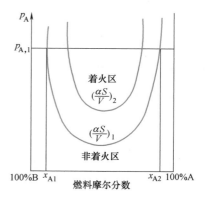

图 2-17　着火界限（二）

随着温度（或压力）的降低，着火的上下界限逐渐彼此靠近，即着火范围变窄。因此当温度（或压力）降低到某一数值以后，着火界限就会消失，此时，对混合气的任何组成来说都不可能引起着火。所以对于每一种可燃混合气，在给定的散热条件 $\frac{\alpha S}{V}$ 下就存在着这样一个极限的温度（或压力），低于这一极限温度（或压力）的话，混合气的任何组成都无法着火。**这一最小的极限着火压力**（或温度）对低压燃烧，特别是对喷气发动机的高空燃烧具有特别重要的意义。

从图 2-16 和图 2-17 的图线上还可看出一点，即当温度或压力高于某一数值后，着火界限实际上已没有多大的变化，此时混合气的组成对着火的影响就不大了。

此外，着火界限还随着散热条件 $\frac{\alpha S}{V}$ 的增大而缩小，如图 2-16 和图 2-17 所示。

综上所述，为了使可燃混合物易于迅速着火，不论是提高温度或压力（或两种都提高）都是有效的。

由式（2-55）深入分析知，在着火条件下，容器（燃烧室）的直径与可燃混合气的压力成反比，即

$$d = 2r \propto (p_A)^{-1} \tag{2-56}$$

因此，在低压下燃烧就不宜采用小直径燃烧室。例如在航空发动机上，由于小直径燃烧室的表面积与其体积之比很大，单位热损失较大，但随着压力的降低，散热损失却没有很大的变化，然而放热速度却明显地减小，这样就造成了可燃混合气的温度下降和反应速率减慢，从而影响了着火。

在表 2-1 中列出了几种可燃气体的着火范围，而着火温度是在特定的散热条件下得出的，仅有参考意义，因为它不是一个恒定值。

表 2-1　几种可燃气体的着火范围

| 名称 | 着火温度/℃ | 可燃物着火的摩尔分数范围（%） | |
|---|---|---|---|
| | | 低限 | 高限 |
| 氢（$H_2$） | 571 | 4.0 | 74.2 |
| 一氧化碳（CO） | 609 | 12.4 | 73.8 |
| 甲烷（$CH_4$） | 632 | 4.6 | 14.6 |
| 乙烷（$C_2H_6$） | 472 | 2.9 | 14 |
| 丙烯（$C_3H_6$） | 504 | 2.08 | 10.6 |
| 乙炔（$C_2H_2$） | 305 | 2.5 | 80 |

（续）

| 名称 | 着火温度/℃ | 可燃物着火的摩尔分数范围(%) | |
|---|---|---|---|
| | | 低限 | 高限 |
| 硫化氢($H_2S$) | 290 | 4.3 | 45.5 |
| 氨($NH_3$) | 651 | 15.5 | 26.6 |
| 高炉煤气 | 700~800 | 46 | 68 |
| 焦炉煤气 | 650~750 | 60 | 30.0 |
| 发生炉煤气 | 700~800 | 20.7 | 73.7 |
| 生活用煤气 | 560~750 | 5.3 | 31.0 |
| 天然气 | 530 | 4.5 | 13.5 |

## 2.4 强迫着火的基本概念

### 2.4.1 实现强迫着火的条件

在讨论热力着火时，当可燃混合物自身放热曲线和向外界散热曲线相切时，热力着火现象就会出现。但燃烧技术中，为了加速和稳定着火，往往由外界对局部的可燃混合物进行加热，并使之着火，之后火焰传播到整个可燃混合物中，这种使燃料着火的方法称为强迫着火。

通常，实现强迫着火的方法有：组织良好的炉内空气动力结构，使高温烟气向火炬根部回流，来加热由喷嘴喷出的燃料；采用炉拱、卫燃带或其他炽热物体，保证炉内高温水平，向火炬根部辐射热量；采用附加的重油或其他的点火火炬，或应用电火花点火。可见，强迫着火和热力着火在本质上并没有差别，只不过前者要求在可燃物某部分体积中首先进行高速的化学反应，高速化学反应的原因也是由于可燃物被加热至一定温度后，燃料放热量大于其向周围散热量而产生的自动加速效应。之后，和热力着火有所不同，由于局部着火源的火焰开始向其他可燃物扩散。因此，强迫着火不但与点火源的特性有关，而且与火焰传播的特性有关。

下面讨论可燃物是如何强迫着火的：设有一炽热的点火物体（可以理解成炽热的燃烧稳定器，或高温回流烟气团等），放在充满可燃物的容器中，那么在这个炽热体附近的可燃物受到加热，当炽热体温度为 $T_1$ 时，如果其周围是惰性气体，则按照传热规律在气体中温度按曲线 $A_1$ 变化（图2-18a）。如果在炽热体周围充满了可燃物，那么在曲线 $A_1$ 基础上应加上可燃物化学反应的热效应，使温度提高至 $A_2$ 曲线。由 $A_2$ 温度分布曲线可知，越远离炽热物体（横坐标 $x$ 越大），温度越低，因此可燃物只能处于低温氧化状态而不着火。当把炽热物体温度提高至 $T_2$ 时（图2-18b），惰性气体的温度分布变成 $A_3$ 曲线，对于可燃物来说，由于在 $T_2$ 温度下，炽热体附近的可燃物进行较剧烈的化学反应，所放出的热量向周围扩散，使可燃物本来像图2-18a中曲线 $A_2$ 一样下降的趋势得以制止，使温度水平提高到和 $A_4$ 曲线一样。再稍微提高炽热温度至 $T_3$，则周围可燃物的放热大于其散热量，着火过程不可避免地出现，在离开炽热体后，可燃物因着火使温度不断提高，如图2-18c中曲线 $A_6$ 所示。温度 $T_2$ 一般称为临界点燃温度。由此可见，要实现强迫着火的临界条件为：在炽热体附近可

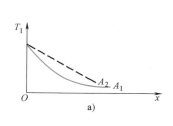
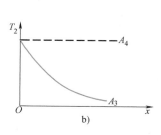
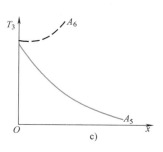

图 2-18 燃料强迫着火过程

燃物的温度梯度等于零，即

$$\left(\frac{\mathrm{d}T}{\mathrm{d}n}\right)_c = 0 \tag{2-57}$$

式中　$n$——垂直于炽热体的法线方向。

当着火以后，出现 $\left(\dfrac{\mathrm{d}T}{\mathrm{d}n}\right)_c > 0$ 情况。

但实验往往发现，临界的点燃温度 $T_2$ 通常比热力着火理论所求出的临界着火温度 $T_i$ 高几百摄氏度，即如果把炽热体温度提高至 $T_i$ 仍点燃不起来，此时在炽热体附近的可燃物会着火，但这局部火焰不能传播到整个可燃物内，原因如下：第一，没有满足条件式 (2-57)，此时虽然 $T_1 \geqslant T_i$，但远离炽热体后温度即迅速下降（图 2-18a）；第二，由于反应作用，使壁面附近的可燃物浓度降低到很小的数值，以致火焰不能再往外传播。可见要实现强迫着火，其临界点燃温度必须比燃料热力着火温度高。点燃温度和热力着火温度 $T_i$ 一样并不是一个物理常数。例如，点火源或高温烟气回流量过小，传给可燃物的热量较小，因此要求较高的点燃温度才能着火，反之，如果高温烟气的温度不变，当喷燃器设计不佳，使得烟气回流卷吸量过小时，燃料不可能被点着。作为例子可以引用一球形炽热物体的强迫着火实验数据加以说明：炽热的球体以 4m/s 的速度抛入有可燃物的容器中，测量出不同球体尺寸和临界点燃温度的关系，典型的变化曲线如图 2-19 所示。当球体尺寸增大

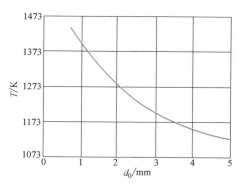

图 2-19 点燃温度和炽热球体直径的关系

时，为保证可燃混合物着火所需的球体温度（点燃温度）可显著降低，可以推论，在燃烧室中，由于燃烧产物（高温烟气）的温度变化不大，故对于难燃的燃料，要求回流卷吸量较大，才能保证稳定着火。

## 2.4.2　强迫着火的热理论

假定用来点火的某一炽热物体的温度不变，当可燃物流过此炽热体附近时，根据上述强迫点火过程叙述可知，由于传热及化学反应作用，使炽热物体附近的可燃物温度不断上升。可以设想，如果在炽热体附近某一层厚度为 $\xi$ 的可燃物由于炽热体的加热作用使得化学反应

产生的热量 $q_2$ 大于从这层可燃物往外散失的热量 $q_1$，那么在这瞬间以后，这层内可燃物反应的进行将不再与炽热物体的加热有关，即此时尽管把炽热物体撤走，这层内可燃物仍能独立进行高速的化学反应，使火焰扩展到整个可燃物中，这样临界的着火条件变成

$$q_1 = q_2 \tag{2-58}$$

要保证实现条件式（2-58）的炽热体温度，即为临界点燃温度，此时

$$\left. \begin{array}{l} q_2 = - \lambda \left( \dfrac{\mathrm{d}T}{\mathrm{d}x} \right)_\xi \\[2mm] q_1 = \alpha ( T_\xi - T_0 ) \end{array} \right\} \tag{2-59}$$

式中　$\left( \dfrac{\mathrm{d}T}{\mathrm{d}x} \right)_\xi$——在 $\xi$ 层可燃物厚度内的温度梯度；

　　　　$q_2$——在 $\xi$ 层内由于化学反应作用而能够向周围可燃物导出的热量；

　　　　$\lambda$——热导率；

　　　　$\alpha$——表面传热系数；

　　　　$T_\xi$——炽热体附近边界层的温度；

　　　　$\xi$——炽热体附近的边界层；

　　　　$T_0$——可燃物的初温。

　　负号代表往可燃物方向的温度梯度是负的。

　　当由 $\xi$ 层内所能导出的热量等于或大于由这层往周围可燃物散失的热量时，在 $\xi$ 层内的火焰便能不断传播下去。现在的问题在于怎样确定 $q_2$ 值。在炽热体附近的边界层内，可以应用有化学反应的一元导热微分方程式，即

$$\lambda \frac{\mathrm{d}^2 T}{\mathrm{d}x^2} + Qw(c, T) = 0 \tag{2-60}$$

式中　$Q$——燃料的反应热，单位为 J/mol；

　$w(c, T)$——燃料反应速率，有

$$w(c, T) = k_0 \exp\left( - \frac{E_a}{RT} \right) f(c) \tag{2-61}$$

式（2-60）没有考虑燃料本身温度升高时的吸热量。

　　设 $y = \dfrac{\mathrm{d}T}{\mathrm{d}x}$，则式（2-60）可改写成

$$\frac{\mathrm{d}^2 T}{\mathrm{d}x^2} = y \frac{\mathrm{d}y}{\mathrm{d}T} = \frac{1}{2} \frac{\mathrm{d}y^2}{\mathrm{d}T} = - \frac{Qw(c, T)}{\lambda} \tag{2-62}$$

解之可得

$$y = - \sqrt{\frac{2Q}{\lambda} \int_{T_\xi}^{T_h} w(c, T) \mathrm{d}T} \tag{2-63}$$

即

$$q_2 = - \lambda y = - \lambda \frac{\mathrm{d}T}{\mathrm{d}x} = \sqrt{2\lambda Q \int_{T_\xi}^{T_h} w(c, T) \mathrm{d}T} \tag{2-64}$$

式中　$T_h$——炽热体的温度；

　　　　$T_\xi$——在所研究的 $\xi$ 层内的可燃物温度。

把式（2-64）、式（2-60）代入式（2-58），并考虑到 $T_h \approx T_\xi$，则

$$\alpha(T_\xi - T_0) \approx \alpha(T_h - T_0) = \sqrt{2\lambda Q \int_{T_\xi}^{T_h} w(c, T)\mathrm{d}T} \qquad (2\text{-}65)$$

即

$$\frac{\alpha}{c_p} = \frac{\sqrt{2\lambda Q \int_{T_\xi}^{T_h} w(c, T)\mathrm{d}T}}{c_p(T_h - T_0)} = m \qquad (2\text{-}66)$$

式中　$c_p$——比定压热容，单位为 J/（kg·℃）；

　　　$m$——火焰传播的质量流率，单位为 kg/（m²·s）。

式（2-66）中分子表示在 $\xi$ 层内可燃物化学反应所能往外传出的热量，分母表示把周围可燃物加热至和 $\xi$ 层内有同样温度所需的热量，那么周围可燃物也能着火并继续往外传播，把式（2-66）整理成

$$\frac{\lambda}{c_p}\frac{Nu}{d} = \psi m = \psi\rho u_H \qquad (2\text{-}67)$$

或

$$Nu = \psi\frac{u_H d}{a} = \psi S \qquad (2\text{-}68)$$

式中　$Nu$——努塞尔数；

　　　$\psi$——考虑理论和实验可能出现偏差所引进的修正系数；

　　　$\rho$——密度；

　　　$d$——炽热体尺寸；

　　　$a$——热扩散率；$a = \dfrac{\lambda}{c_p\rho}$；

　　　$u_H$——火焰正常法线传播速度；

　　　$S = \dfrac{u_H d}{a}$——稳定准则。

式（2-68）的物理意义在于：对一定的可燃物及炽热体尺寸，当努塞尔数 $Nu$ 达到和式（2-68）所算得的结果相等时，可燃物点燃才能成功，火焰才能不断传播。如果考虑到 $Nu = A_1 Re^n$，则可得出要保证着火的临界雷诺数与稳定准则之间的关系

$$Re_{cr} = A\left(\frac{u_H d}{a}\right)^{\frac{1}{n}} = AS^{\frac{1}{n}} \qquad (2\text{-}69)$$

根据对各种不同类型炽热体的大量实验，总结成如下的经验公式

$$Re_{cr} = 1.45S^2 \qquad (2\text{-}70)$$

即 $n = 0.5$，这和一般热质交换的数值十分相近。

### 2.4.3　各种点燃方法的分析

点燃的方法是多样的，目前工程实际中直接使用的点燃方法也有多种，而且还有不断新产生的方法，这里介绍几种典型的方法。

### 2.4.3.1 热球点火

用高温炽热的球投入到可燃气体混合物中，如果球温 $T_S$ 超过临界温度，则反应物就会着火。一般地，对于 $n$ 级反应，热球尺寸和其他参数的关系式是

$$d = \left[ \frac{Nu^2\lambda(T_C - T_0)\exp\left(-\dfrac{E_a}{RT_C}\right)}{qk_0c_0^n} \right]^{\frac{1}{2}} \tag{2-71}$$

式中　$d$——热球直径；

　　　$Nu$——努塞尔数；

　　　$\lambda$——热导率；

　　　$T_C$——点燃温度；

　　　$c_0$——可燃物初始浓度。

谢尔费等的实验结果反映了几乎同样的规律，其结果如图 2-20 所示，图中表明，球的尺寸越大，临界温度越小。

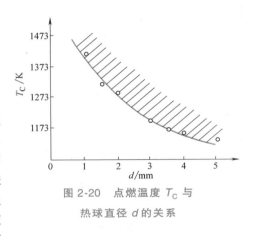

图 2-20　点燃温度 $T_C$ 与
热球直径 $d$ 的关系

### 2.4.3.2 电火花点火

电火花点火是工程上常见的点燃着火方式，广泛应用于汽油机、燃气轮机、民用锅炉、煤气灶具等装置上。电火花可以是由电容放电产生，即快速释放电容器中贮藏的能量而产生；或者用感应放电，即断开包括变压器、点火线圈和磁铁在内的电路而产生。电火花在可燃混合气中产生自身有传播能力的火焰。从放电开始到形成稳定火焰的整个过渡期就是点火过程。电火花的作用是在混合气中形成一个瞬时火焰核心。如果这个火焰核心成长起来并形成稳定的火焰传播，点火便成功。反之，在某些条件下，火焰便会熄灭，点火就失败。因此，电火花点火取决于电火花性质和混合气状况两个方面。

关于电火花点燃的机理目前有两种看法：一种是着火的热理论，认为电火花是一个外加的高温热源，由于它的存在使靠近它的局部可燃混合气温度升高，达到着火临界状态而被点燃着火，然后再借助火焰传播使整个容器内混合气着火燃烧；另一种是着火的电理论，认为可燃气的着火是由于靠近火花部分的气体被电离而形成活化中心，提供了产生链反应的条件，链反应的结果促使可燃混合气着火燃烧。实验表明，这两种机理同时存在，一般来说，在压力很低时电离的作用是主要的，但当压力提高时，尤其是高于 0.01MPa 后，则主要是热的作用。

图 2-21 所示的是电火花通过可燃混合气后，混合气温度随时间的变化特征。其中，图 2-21a 表示电火花处着火出现局部高温；图 2-21b 表示由于热量向外扩散，因此，局部高温的峰值下降，高温区范围有所扩展；图 2-21c 表明，由于电火花附近的可燃混合气温度升高，反应加剧，其释放的能量使该处温度进一步增高；图 2-21d 所示的是，电火花源处的温度已经下降，而周围反应层变成了高温区，表明火焰开始向外传播。

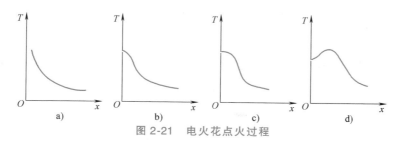

图 2-21　电火花点火过程

电火花可以看成是一个加热时间为 $t_0$ 的脉冲加热，其数学描述可由下式表示

$$\frac{\partial T}{\partial t} = a\frac{\partial^2 T}{\partial x^2} + qk_0\exp\left(-\frac{E_a}{RT}\right) \tag{2-72}$$

其边界条件为

$$x = 0 \begin{cases} q\left(T,\dfrac{\partial T}{\partial x},t\right) = 0 & \text{当 } t<t_0 \\[2mm] \dfrac{\partial T}{\partial x} = 0 & \text{当 } t>t_0 \end{cases} \tag{2-73}$$

如果 $t_0 > t_{0,\mathrm{cr}}$，则反应物被点燃。反之，反应物无法被点燃。

对于 $t_{0,\mathrm{cr}}$，可以用泽利多维奇（Zel'dovich）条件计算

$$q(X_{\mathrm{ign}},\ t_{0,\ \mathrm{cr}}) = 2^{\frac{1}{2}}\left[\lambda qk_0\frac{RT_S^2}{E_a}\exp\left(-\frac{E_a}{RT_S}\right)\right]^{\frac{1}{2}} \tag{2-74}$$

式（2-74）表示，当用电火花点燃时，只有当电火花停止时，从反应区传出的热量要小于上式所述的临界值，反应物才能被点燃。换言之，反应物被点燃的条件是要产生一个一定厚度的热反应层，若在这一层形成之前电火花中止，则点燃无法实现。

式（2-72）的量纲为一的形式为

$$\frac{\partial \theta}{\partial \tau} = \frac{\partial^2 \theta}{\partial \xi^2} + \exp\left(\frac{\theta}{1+\beta\theta}\right) \tag{2-75}$$

为了求解此方程，先假设量纲为一的温度 $\theta$ 的分布，考虑到火焰面很薄，设 $\theta$ 在火焰内沿厚度方向呈线性分布，如图 2-22 所示，火焰面位置取火焰厚度的中点 $\xi_m$，与 $\xi_m$ 相对应的 $\theta_m$ 则为 $1/2$，用式（2-73）的边界条件，则有

$$\int_0^\infty \frac{\partial \theta}{\partial \tau}\mathrm{d}\xi = \int_0^\infty \frac{\partial^2 \theta}{\partial \xi^2}\mathrm{d}\xi + \int_0^\infty \exp\left(\frac{\theta}{1+\beta\theta}\right)\mathrm{d}\xi \tag{2-76}$$

因为

$$\int_0^\infty \frac{\partial \theta}{\partial \tau}\mathrm{d}\xi = \frac{\mathrm{d}}{\mathrm{d}\tau}\int_0^\infty \theta\,\mathrm{d}\xi \tag{2-77}$$

及

$$\int_0^\infty \frac{\partial^2 \theta}{\partial \xi^2}\mathrm{d}\xi = \left(\frac{\partial \theta}{\partial \xi}\right)_{\xi=\infty} - \left(\frac{\partial \theta}{\partial \xi}\right)_{\xi=0} = 0 \tag{2-78}$$

及

$$\int_0^\infty \exp\left(\frac{\theta}{1+\beta\theta}\right)\mathrm{d}\xi = \int_1^0 \frac{\exp[\theta/(1+\beta\theta)]}{(\mathrm{d}\theta/\mathrm{d}\xi)}\mathrm{d}\theta = \delta \tag{2-79}$$

故有

$$\frac{\mathrm{d}}{\mathrm{d}\tau}\int_0^\infty \theta \mathrm{d}\xi = \delta \tag{2-80}$$

参照图 2-22，上式可写成

$$\frac{\mathrm{d}\xi_m}{\mathrm{d}\tau} = \delta \tag{2-81}$$

同理，将式（2-75）对 $\xi$ 从 $\xi_m$ 积分到 $\infty$，由于 $\xi_m$ 是个变动量，故有

$$\frac{\mathrm{d}}{\mathrm{d}\tau}\int_{\xi_m}^\infty \theta \mathrm{d}\xi + \theta_m \frac{\mathrm{d}\xi_m}{\mathrm{d}\tau} = -\left(\frac{\partial \theta}{\partial \xi}\right)_{\xi=\xi_m} + \int_{\xi_m}^\infty \exp\left(\frac{\theta}{1+\beta\theta}\right)\mathrm{d}\xi \tag{2-82}$$

根据前面已做的假定，即 $\xi > \xi_m$ 处，$q = 0$

$$则 \quad \int_{\xi_m}^\infty \exp\left(\frac{\theta}{1+\beta\theta}\right)\mathrm{d}\theta \Rightarrow 0 \tag{2-83}$$

从图 2-22 有
$$\int_{\xi_m}^\infty \theta \mathrm{d}\xi = \frac{\delta}{8}, \quad \left(\frac{\partial \theta}{\partial \xi}\right)_{\xi=\xi_m} = -1/\delta, \quad \theta_m = \frac{1}{2}$$

则
$$\frac{1}{8}\frac{\mathrm{d}\delta}{\mathrm{d}\tau} + \frac{1}{2}\frac{\mathrm{d}\xi_m}{\mathrm{d}\tau} = \frac{1}{\delta} \tag{2-84}$$

将式（2-81）代入上式，即有

$$\frac{1}{16}\frac{\mathrm{d}\delta^2}{\mathrm{d}\tau} + \frac{1}{2}(\delta^2) = 1 \tag{2-85}$$

若 $\tau = 0$，$\delta = 0$，则

$$\delta = \left[2(1 - e^{-8\tau})\right]^{\frac{1}{2}} \tag{2-86}$$

当 $\tau \to \infty$，$\delta \to \sqrt{2}$，即稳定的火焰量纲为一时厚度要达到 $\sqrt{2}$。

实际的电火花要看到球形火焰的核心，该电火花的能量应使直径相当厚度为 $\sqrt{2}$（量纲为一）的球状气体的温度上升到 $T_m$，即

$$E_{min} \approx \frac{\pi}{6}\rho \delta_x^3 c(T_m - T_\infty)$$

$$= \frac{\pi}{6}\rho c(T_m - T_\infty)\left(\frac{2D}{u_H}\right)^3 \tag{2-87}$$

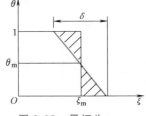

图 2-22　量纲为一
的温度分布

式中　$D$——由电火花将温度 $T_\infty$ 提高到 $T_m$ 的球形混合气直径；
　　　$u_H$——稳定火焰传播的速度。

$E_{min}$ 即为点火成功所需的最小点火能。尽管实际点火能与用上式预测出的值不尽相同，但此关系的定性是正确的，即如果可燃混合物的状态使火焰传播速度 $u_H$ 下降，则最小点火能会增加；若可燃混合气的密度下降，则由于 $u_H$ 对混合气密度一般不敏感，而 $D$ 与 $\rho$ 成反比，有 $E_{min} \propto \rho^{-2}$，即最小点火能随气体密度的下降而增加。

以电容器放电为例，则以 $U_1$ 和 $U_2$ 分别表示产生电火花前后电离容器的电压，则放电的能量为

$$E_C = \frac{1}{2}C_1(U_1^2 - U_2^2) \tag{2-88}$$

式中　$C_1$——电容器电容。

将相距为 $d$ 的电极放入一定组成的可燃气体中。实验证明，电极间距一定时，只有当放电能量大于极限值 $E_{min}$ 时才能点燃。图 2-23 所示为点火能量随 $d$ 的变化规律，从图中可以看出，存在一定 $E_{min}$ 的最小值，对应的 $d$ 有一个最佳值，显然 $d$ 太小和太大，都对点火不利，不同的燃料和点火器方式有不同的 $d$ 值。在 $d$ 小于某个值 $d_0$ 时，则不管能量多高，都无法点燃可燃混合气，这与上面的理论分析一致，这个最小距离称为熄火距离 $d_0$。因此，熄火距离 $d_0$ 可以是定义为两个固体表面间能够进行火焰传播的最小距离。它与 $E_{min}$ 一样，主要取决于可燃混合气的物理化学性质、压力、温度、速度以及电极的几何形状等。

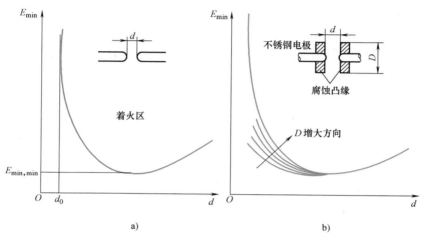

图 2-23　点火能量 $E$ 与电极间隙距离 $d$ 的函数关系
a) 最小点火能量与熄火距离　b) 凸缘直径的影响

从 $d_0$ 开始，随 $d$ 增大，点火能量减少，到最小值 $E_{min,min}$ 后，点火能量又开始增加。图 2-24 表示，可燃气体混合物中不同燃料含量（体积分数）都对最小点火能量产生影响，曲线上方为着火区域。曲线表明含氢量高的城市燃气比天然气易于点火。而图 2-25 表示熄火距离 $d_0$ 随可燃气体混合物中天然气含量（体积分数）的变化曲线。曲线的形式显然与 $E_{min}$ 规律一致。

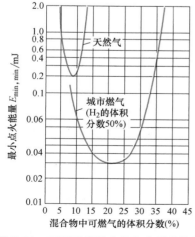

图 2-24　不同可燃混合物点火能量比较

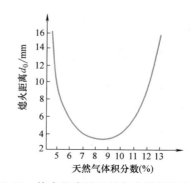

图 2-25　熄火距离随天然气含量的变化曲线

实验证明，$E_{\text{min,min}}$ 和 $d_0$ 存在以下关系

$$E_{\text{min, min}} = kd_0^2 \qquad (2-89)$$

式中 $k$——常数。

表2-2示出了在常温和大气压下，按化学计量配比的混合物的熄火距离和最小点火能量。显然，$E_{\text{min}}$ 和 $d_0$ 与物质密切相关，从表中还可看出，对于各类烃类燃料/空气混合物，$k = 17\text{J/m}^2$。

表2-2 常温和大气压下，按化学计量配比的混合物的熄火距离和最小点火能量

| 燃料 | 氧化剂 | $d_0$/mm | $E_{\text{min,min}}$/ $\times10^{-5}$J | 燃料 | 氧化剂 | $d_0$/mm | $E_{\text{min,min}}$/ $\times10^{-5}$J |
|---|---|---|---|---|---|---|---|
| 氢 | 空气 | 0.64 | 2.01 | 乙烯 | 氧 | 0.19 | 0.25[1] |
| 氢 | 氧 | 0.25 | 0.42[1] | 丙烷 | 空气 | 2.03 | 30.52 |
| 甲烷 | 空气 | 2.55 | 33.07 | 丙烷 | 氩+氧[2] | 1.04 | 7.70[1] |
| 甲烷 | 氧 | 0.30 | 0.63[1] | 丙烷 | 氦+氧[2] | 2.53 | 45.33 |
| 乙炔 | 空气 | 0.76 | 3.01 | 丙烷 | 氧 | 0.24 | 0.42[1] |
| 乙炔 | 氧 | 0.09 | 0.04[1] | 异丁烷 | 空气 | 2.20 | 34.41 |
| 乙烷 | 空气 | 1.78 | 24.03 | 苯 | 空气 | 2.79 | 55.05 |
| 乙烯 | 空气 | 1.25 | 11.09[1] | 异辛烷 | 空气 | 2.84 | 57.40[1] |

① 估计值。

② 分别以氩、氦代替空气中的氮。

## 2.5 煤的着火理论

上面已经详细阐述和介绍了燃料的着火理论，这些理论主要是针对气体燃料的，但对于其他燃料也同样适用的，只是由于具体燃料不同，其本身的着火特性有较大差异。另外，加热方式、燃料的形态及混合状况等都将大大影响燃料的着火过程。而煤的结构、种类极其复杂，其燃烧方式也繁多，因此，在本节中将专门对其各种着火状况的理论和试验研究的发展情况加以介绍。

### 2.5.1 煤的着火及其判据

煤的着火是一个特别复杂的问题，到目前为止，还无法给出恰当的描述和归纳。

煤的着火特性取决于煤粒的布置方式与形态。可以区分为三种布置方式：①单颗煤粒；②煤堆与煤粉层；③煤粉云。

对于单颗煤粒来说，不产生颗粒的相互作用问题。这种布置方式提供了基础资料，而且对于非常稀疏的煤粉火焰可能提供实际的了解。煤堆或煤粉层存在于移动床、固定床、储煤堆及煤粉层中。煤粉云存在于煤粉燃烧器、工业锅炉、悬浮式气化器，煤矿的粉尘爆炸以及流化床系统（后者更为稠密），这些不同形态情况下的煤的着火特性差别很大。

对于煤的着火来说似乎没有一个合适的简单定义。由于氧在煤表面上的作用，煤粒可以进行缓慢的反应，从而导致煤堆的自燃。这可以从气体火焰的存在得到证明。

在惰性的或反应的热气体中，当煤粒温度增加时，煤可以在内部发生反应、软化及挥

发，在这个过程中释放出气体和焦油物没有可见火焰，且这一过程不叫"着火"，但这一热解的开始是一个类似于着火的过程。释放出来的这些气体和焦油物也能被周围的氧化剂所点燃，进而，其残余焦炭能够由于表面反应过程而在氧中被点燃。这一反应物还可能是 $CO_2$、$H_2O$ 或 $H_2$，而且可能不存在可见火焰，但煤的反应却在继续进行。

着火通常用时间来表征，即在特定的一组条件下，达到某一温度或出现可见火焰或达到燃料的一定消耗量所需的时间，然而不存在唯一不变的着火时间。影响煤的着火温度和着火时间的变量包括：煤种、系统压力、挥发分含量、气体成分、煤粒尺寸、煤中水分含量、煤粒尺寸分布、停留时间、气体温度、煤的浓度或质量、表面温度、气体速度、矿物质质量分数、磨煤后煤的老化。控制着火过程的各种变量主要取决于煤粒的形态。

煤的着火依然可以采用2.1节中所描述的各种着火理论来描述，如按照谢苗诺夫热力着火理论，着火点可以用临界条件

$$Q_1 = Q_2 \tag{2-90}$$

及

$$\frac{dQ_1}{dT} = \frac{dQ_2}{dT} \tag{2-91}$$

来判别，所得到的热力着火温度为临界着火点煤粒与周围气体的温度。而在强迫着火过程中，环境温度很高，远高于临界着火温度，因此，在颗粒温度达到环境温度时，反应已进行得相当剧烈，即 $Q_1 \gg Q_2$。这就要求必须在更高的温度点达到生成热和散热的平衡，这个温度实际上就是温度曲线的转变点温度，也就是实际强迫点火着火温度的下限。

如果假定着火前质量消耗忽略不计，即 $m = m_0$ 为常数，则煤粒的方程为

$$m_0 c \frac{d^2 T}{dt^2} = \left[ \left( \frac{dQ_1}{dT} \right) - \left( \frac{dQ_2}{dT} \right) \right] \frac{dT}{dt} \tag{2-92}$$

即

$$\frac{d^2 T}{dt^2} = \frac{Q}{(m_0 c)^2} \frac{dQ}{dT} \tag{2-93}$$

式中

$$Q = Q_1 - Q_2 = m_0 c \frac{dT}{dt} \tag{2-94}$$

式中  $c$——比热容。

谢苗诺夫的临界条件可以表示为

$$\frac{dT}{dt} = 0 \tag{2-95}$$

及

$$\frac{d^2 T}{dt^2} = 0 \tag{2-96}$$

如图 2-26 所示，考虑煤粒温度（量纲一的温度 $\theta$）在着火过程中的变化规律。式（2-95）和式（2-96）所示的状况相当于图中的曲线 I，可理解为一冷的煤粒投入温度为 $T_i$（临界着火点气体温度）的空气中，满足 $dT/dt = d^2 T/dt^2 = 0$ 的条件。

图 2-26 所示中的曲线 II，满足 $dT/dt = 0$，但 $d^2 T/dt^2 \neq 0$，相当于一冷煤粒投入温度低

于 $T_i$ 的空气中，未能着火，最后停留在一个较低水平的平衡之中。而曲线Ⅲ，相当于冷煤粒投入温度高于 $T_i$ 的空气中，即通常的热点火工况。此时，环境温度远高于着火温度，$Q_2<0$，$Q=Q_1-Q_2>0$ 恒定，即 $\mathrm{d}T/\mathrm{d}t>0$，着火显然成立。一般地可定义温度曲线的转折点，即 $\mathrm{d}^2T/\mathrm{d}t^2=0$ 的点为着火点，此点的温度为着火温度。由此，着火条件应为

$$\frac{\mathrm{d}T}{\mathrm{d}t}\geq 0 \tag{2-97}$$

$$\frac{\mathrm{d}^2T}{\mathrm{d}t^2}=0 \tag{2-98}$$

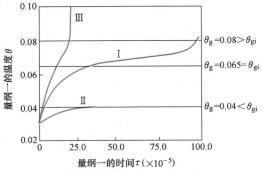

图 2-26　在不同气流的温度下，100μm 颗粒在热气流中的温度随时间变化

Ⅰ—谢苗诺夫着火条件　Ⅱ—无着火曲线
Ⅲ—$\mathrm{d}^2T/\mathrm{d}\tau^2=0$ 但 $\mathrm{d}T/\mathrm{d}\tau>0$

该转折点实际上就是在各种具体加热条件下煤的着火温度。据此可以设计各种试验方法来确定着火温度，并能较容易测量到煤的着火温度，但也必须注意到正是这一点使着火温度随试验条件而相异，而且缺少可靠的可比性。因此，在使用着火温度数据时，必须注意其试验条件。对于煤粒，尚在单颗粒的燃烧试验中，通过记录煤粒的升温历程，就可用在曲线上找到一转折点，从而确定着火温度。

以上对均温均质系统是有效的着火判据，但实际情况远比上述的情况复杂。例如，单颗粒煤在升温过程中，周围存在温度分布与浓度分布，如果发生挥发分的均相着火，着火点的确定就不是这样简单地用前面的谢苗诺夫判据。对于各种实际的研究过程中，人们采用了各种不同的试验手段，也采用不同的着火判据。下面将各种着火判据归纳如下：

1）谢苗诺夫判据。这是最常用的判据，即式（2-97）和式（2-98）所确定的判据，如文献所进行对煤粉群着火时的着火温度的判别，采用的是这一方法。

2）绝热判据（范特霍夫判据）。对于点火时，用 $\mathrm{d}T/\mathrm{d}t=0$ 即当在可燃物温度场中的温度梯度由于可燃物的燃烧出现 $\mathrm{d}T/\mathrm{d}t=0$，即燃烧释放的热量在局部"积累"而无法传出时，则为出现爆燃现象。

3）煤总体质量消耗率跃迁判据。当煤的质量消耗率发生突变，使反应状态由动力控制转变为扩散控制时，该转折点即为着火点，该判据对于同时考虑非均相反应和均相反应的着火模型时很方便，可以避免上述方法带来的实质上的困难，如文献所示的着火机理研究中采用了此法。

4）气体可燃物浓度判据。混合可燃气体的浓度 $f_{\mathrm{mix}}$ 高于混合气体可燃浓度极限 $f_{\mathrm{min}}'$ 时，达到着火。从这个定义看出，这个判据用于均相着火。

5）恒温壁面系统超温判据，即 $T_g>T_w$，当气流温度高于当地壁面温度时，气流将放热给壁面，定义此点为着火点，该判据相当于 $Q_1>Q_2$，在一维着火试验中，常用此判别方法。

6）闪光法。随着光学检测系统的完善，现代燃烧研究利用燃烧发光这一本质而采用出现"闪光"作为着火的判据已经成为着火的主要判据之一，特别是在高强度高速加热条件下的着火研究，更是必须用光学方法才可能进行精确测量，如激光点火的研究中。

7）其他。判断着火的方法除了上面几种，还有如爆炸法，以群体发生爆炸作为着火点；

压力突升法，以容器内可燃物压力突升为着火判据等。

## 2.5.2　煤的着火模式

应该说早期的研究都认为煤的着火总是在气相中发生，即煤粒加热后，释放出的挥发分与空气中的氧混合后，在一定条件下着火，然后迅速燃尽，挥发分燃烧产生的热量使残留炭骸被加热，达到炭骸的着火温度后，炭骸才开始燃烧直至燃尽。

霍华德（Howard）等首先从实验中推出上述结论并不全部适用。他们对 100μm 的烟煤颗粒的着火进行研究，发现着火是在表面上发生，而挥发分的大量析出是在可见火焰峰面后 30~40ms 才发生的。后来，托马斯（Thomas）等用高速摄影方法对气流中的褐煤粒的着火做了仔细观察，表明对于 1000μm 这样大的颗粒似存在非均相着火。后来，采用准稳态着火理论假设表面着火使结果和试验更相符合，进一步证明褐煤、无烟煤和烟煤粒都存在非均相着火。

但对暴露在振动的热氧气中的煤粒的着火进行的研究，对着火后的煤粒的结构及对着火温度与临界温度（相应最大挥发分析出率时的温度）进行分析，则认为这些试验的结果是气相均相中发生着火的。在后来的试验中加入一些阻燃剂，阻燃剂显然抑制了气相反应，并表明阻燃剂对着火温度没有影响。据此，开始认为可能着火发生在煤粒的表面。而韦克（Wicke）在这一点上有不同的观点，这种阻燃剂覆盖了煤的反应活性表面而影响非均相反应动力学，也可能导致表面着火温度的变化。

霍华德指出存在一个一定的颗粒临界尺寸，此处火焰固定于颗粒表面上，这个事实表明对于小于这一尺寸的颗粒，就不会存在气相燃烧。通过将斯泊尔丁用于反向射流扩散火焰的理论扩展到煤粒和液滴的火焰的气相灭火过程的研究，获得了一个临界的尺寸，这个临界尺寸是在火焰建立后的灭火的条件下得到的，但这也不导致在着火前决定气相着火发生的条件。

目前，这两种煤粒的着火机理已为人们所普遍接受，在一特定条件下，究竟出现何种着火方式，则取决于颗粒表面的加热和挥发分释放速率的相对大小。若颗粒表面加热速率高于颗粒整体热解速率，着火发生在颗粒表面，称之为非均相着火。反之，着火则发生在颗粒周围的气体边界层中，称之为均相着火。

20 世纪 70 年代中期，云特根（Juntgen）等人用电加热栅网的方法详细考察了煤粒的着火过程及着火方式随直径及加热速率转变的条件，给出了一种典型的烟煤的着火模式图谱，如图 2-27 所示，将由挥发分火焰直接引燃炭骸的着火方式称为联合着火方式。由图可见，在低加热速率（<10K/s）下，小颗粒煤粉（<100μm）以非均相方式着火，而大颗粒煤粉或煤粒（>100μm）则以均相方式着火。随着加热速率的升高，它们均向联合着火方式转变，直至加热速率达到 $10^3$K/s 以上时，联合着火即成为唯一可能的着火方式。

云特根着火图谱问世后，对于这一图谱的解释及定量预报并没有很好地得到解决。1989 年埃森海（Essenhigh）在他的著名综述中，明确地将对这一图谱的定量预报列为这一领域的一项重要研究目标。

### 2.5.2.1　均相着火模型

所谓均相着火，是指煤粒升温时，析出挥发分，挥发分在空间达到一定的浓度和温度时，发生着火。由于都是气相反应，故称之为均相着火模型。均相着火的思想，最早提出时

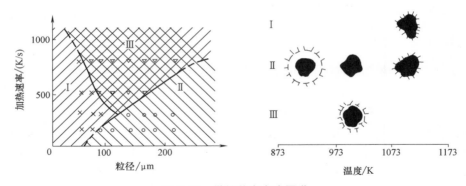

图 2-27　煤粉着火方式图谱

Ⅰ—非均相着火　　Ⅱ—均相着火　　Ⅲ—联合着火

未做定量的分析，后来通过火焰层近似，提出了完整的均相着火模型。火焰层近似类似于油滴燃烧中的薄膜理论，认为反应只在离煤粒一定距离的薄层中进行，而在煤粒表面至反应层之间，反应是冻结的。模型示意图大致如图 2-28 所示。该模型以绝热条件即 $dT/dt = 0$ 为着火判据。

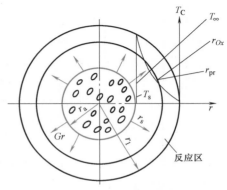

图 2-28　火焰层近似模型

　　均相着火模型被认为是煤的唯一的着火机理而被长期广泛地采用，时至今日，有的研究者依然应用它来确定着火的条件。该模型所预测的结果与单颗粒实验是一致的，如随着挥发分的含量增加，着火温度降低；随粒径增大，着火温度也降低。但火焰层近似的均相着火模型对氧含量温度的关系的预测与实际情况是矛盾的，随氧含量的升高，着火温度也是升高的。另外，由于火焰层近似，相当于着火发生于纯扩散燃烧状态，这显然过高地估计了着火温度，与实验值差别较大。

### 2.5.2.2　非均相着火模型

　　煤非均相着火的思想早在 1912 年就由惠勒（Wheeler）提出，但非均相着火的模型还是由霍华德等提出的。他们指出，煤的着火不一定是由挥发分先着火燃烧，然后引燃整个颗粒，有时是在煤表面上直接着火，整个煤粒包括挥发分和焦炭同时以固相形式反应。文章利用油滴燃烧模型，分析出维持均相着火需要一定的挥发分含量，低于这一最低含量，就会直接在表面燃烧，即发生非均相反应。将这一极限值置换成临界直径，此直径为 $28\mu m$，即低于 $28\mu m$ 时必然发生非均相着火。这一分析与实验值相近，实验表明直径 $15\mu m$ 的煤粉其着火方式是非均相的。

　　非均相着火模型所采用的一般为谢苗诺夫热力着火理论，着火温度可通过求解温度曲线的临界点或转折点而得到。现行工程应用中所使用的煤的着火温度，均是按照热力着火理论求得的煤粒非均相着火温度，但在机理分析中，极少见到其他非均相着火的理论分析。大量考虑焦炭表面氧化的挥发分着火模型，其实质是均相模型，即使忽略挥发分的空间燃烧，表面反应依然是焦炭的反应，这与煤整体的表面燃烧是不同的。大量的研究者只承认表面的非均相反应，如 $2C + O_2 \rightarrow 2CO$，$C + CO_2 \rightarrow 2CO$，却不考虑非均相着火。

非均相着火模型一开始就正确预测了各种因素对着火的影响，尤其对氧含量，非均相着火模型是氧含量升高，着火温度降低，如图2-29所示。

大量实验表明，在快速加热，小颗粒等情况下，倾向于非均相着火。

### 2.5.2.3 均相-非均相联合着火模型

云特根通过实验指出，在有的情况下，均相着火与非均相着火同时存在，并给出了一种典型烟煤煤粉的着火方式图谱，如图2-27所示。图中将由挥发分火焰直接引燃炭的着火方式称之为**联合着火方式**。由图可见，在低加热速率或煤粒（100μm）以均相方式着火，随加热速率的升高，这两种联合着火即成为唯一可能的一种着火方式。

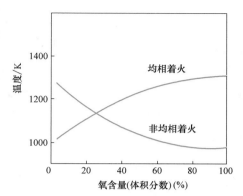

图 2-29 火焰层模型与非均相模型对氧含量和着火温度的预测

由于联合模型中存在两步着火，从数学上考虑联合着火方式还缺乏统一标准。在均相模型中，就已考虑了表面反应，称为**完全模型**，并分别在挥发分燃烧为零，表面氧化为零，以及两者均考虑的情况下进行了计算，得到了不同的着火点，其趋势与实验结果是一致的。在完全模型中，经计算，发现有两个质量消耗率突升点，如图2-30所示。前一个在795K处，实际上是表面氧化所致，并未发生从动力反应到扩散反应的转折，后一个点在975K处，是挥发分燃烧所致，是动力反应到扩散反应的转折，是着火点，并以气温为着火温度。因此，按照这一计算结果，在同时存在均相和非均相着火的联合着火中，是先由表面氧化导致均相燃烧，并使总的着火温度比单一均相时低，如图2-30所示。着火的顺序显然与云特根所描述的联合着火方式的顺序相反。由此可见，联合着火的机理与数学描述，都还有待于进一步认识和完善。

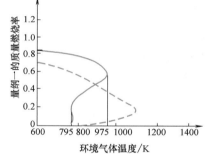

图 2-30 100μm 颗粒在空气中燃烧的质量曲线
—— 空间反应加表面氧化
--- 空间反应

章明川教授和徐旭常院士专门对煤粉颗粒着火模式进行了研究，在他们文献所述的均相着火温度计算方法的基础上，直接利用了可燃气体着火温度极限的概念，建立了适用于工程应用的另一类型的煤粉均相数学模型。其要点是：煤粉颗粒由于热解及表面氧化反应产生可燃的挥发物质及氧化反应一次产物CO，这些气态的反应产物以扩散方式离开颗粒表面，并在其边界层内建立起一定的浓度梯度。应用可燃气体混合物可燃浓度极限的概念，可以合理地假定当颗粒表面的可燃气体混合物浓度低于其可燃物浓度极限下限时，边界层内可燃气体的氧化反应可以忽略；而当这些可燃气体混合物的浓度达到其可燃浓度极限下限，且温度达到瞬时着火温度时，所积累的可燃气体被点燃，并在颗粒表面附近迅速燃尽，这些可燃气体的燃烧反应效应使颗粒温度升高，其结果使热解及表面氧化反应速率进一步提高。由于可燃气体被点燃而引起的反应并自加速的过程即为**煤粉颗粒的均相反应**。对于碳粒的非均相着火，采用谢苗诺夫的热力着火理论为基础提出了一种称为移动火焰峰面的碳粒燃烧的理论模

型。在此基础上，他们进行了计算，模型预测的结果如图2-31所示，从图中可以看出，这一预报结果很好地解释了云特根给出的典型的着火方式图谱的左半部分。由于该模型对热解过程的处理没有考虑颗粒内部导热扩散的影响，以致在大粒径范围内的预测能力是有限的，但对于一般煤粉燃烧已经足够。

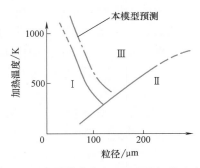

图 2-31　临界转变直径 TRD 随加热速率的变化-模型预报与云特根着火图谱的比较
Ⅰ—非均相着火　Ⅱ—均相着火　Ⅲ—联合着火

### 2.5.3 谢苗诺夫热力着火理论用于碳粒着火的分析

根据谢苗诺夫热力着火理论，可以认为当燃料颗粒由于化学反应所产生的热量大于燃料颗粒通过对流辐射等方式散给周围空气的热量时，燃料颗粒才能着火，下面以纯碳粒子作为例子来讨论。

在一定温度下，氧与碳表面产生化学反应，设反应为一级。同时不考虑碳中毛细孔内部反应的影响，此时，由式（2-3），与碳粒反应氧浓度消耗的速率为

$$\omega = kc_f = k_0 \exp\left(-\frac{E_a}{RT}\right) c_f \tag{2-99}$$

其中，$c_f$ 必然比周围空气的氧浓度 $c_0$ 低，这样就导致氧气不断从周围向碳粒表面扩散，其扩散的速率为 $g$

$$g = \beta(c_0 - c_f) \tag{2-100}$$

式中　$\beta$——物质交换系数。

当燃烧反应稳定时，通过碳表面上边界层的氧气扩散速率应等于氧在碳表面上反应消耗的速率，即

$$g = \omega$$

从式（2-99）、式（2-100）中消去 $c_f$，可得

$$\omega = \frac{1}{\dfrac{1}{k} + \dfrac{1}{\beta}} c_0 \tag{2-101}$$

这说明碳的燃烧可分为三种工况：

1）**动力燃烧工况**：动力燃烧工况发生在低温区域。由于在低温区域化学反应速率很低，在碳表面上氧的消耗速率很慢。碳表面附近的氧浓度不会有显著的降低，即 $c_f$ 接近 $c_0$，如图2-32中曲线1所示，燃烧反应单纯受化学阻力的控制，燃烧速度可以认为完全取决于化学反应速率。在这种情况下可以看作对流物质交换系数 $\beta \to \infty$，于是式（2-101）简化成

$$\omega = kc_0 = k_0 \exp\left(-\frac{E_a}{RT}\right) c_0 \tag{2-102}$$

由式（2-102）可知，反应速率急剧地随温度成指数函数关系变化，如图2-33的曲线1所示。此时流体力学因素对燃烧速度没有影响，提高温度是强化燃烧的有效办法。

2）**扩散燃烧工况**：扩散燃烧工况发生在高温区域，由于在高温区域，化学反应速率很高，在碳表面上氧的消耗速率很快，碳表面附近的氧浓度接近于零，即 $c_f \to 0$，如图2-32曲

线 2 所示。此时燃烧反应完全受扩散阻力的控制。整个过程速度取决于氧向碳表面的扩散速率，在这种情况下可以看作化学反应速率常数 $k \to \infty$，因而式（2-101）可简化成

$$w \approx \beta c_0 \tag{2-103}$$

在给定 $c_0$ 下，反应速率随风速增加、碳粒尺寸 $d$ 减少、$\beta$ 增加而增加，如图 2-33 中曲线 2 所示。强化燃烧，必须提高风速，加强碳粒和氧气的混合强度。

3）过渡燃烧工况：在过渡燃烧工况下，氧的扩散速率与碳粒的反应速率较为接近，即 $k$ 值与 $\beta$ 值相比都不能忽视，燃烧反应同时受化学及扩散阻力的控制，此时碳表面附近的氧浓度 $c_f$ 大于 0 而小于 $c_0$，如图 2-32 曲线 3 所示。如果提高气流速度或减小碳粒尺寸，都可以提高氧的扩散速率，使其实际的燃烧速度接近于在该温度工况下由化学反应速率所决定的可能达到的燃烧速度，因而使总的燃烧过程移向动力燃烧区域的一边。与此相反，如果提高反应系统的温度，由于化学反应速率的急剧增高，而使总的燃烧过程移向扩散燃烧区域的一边。所以，过渡燃烧工况是最一般的燃烧工况，而动力燃烧

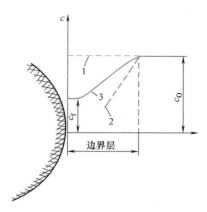

图 2-32　非均相燃烧时边界层中反应气体浓度分布

1—动力燃烧　2—扩散燃烧　3—过渡燃烧

与扩散燃烧无非是过渡燃烧的两极限工况。因此只有把关于燃烧过程的流体力学因素和化学

动力学因素结合起来加以分析，才能做出燃烧过程实际情况的结论，此时反应速率应以式（2-101）来表示，图 2-33 中曲线 3 亦即表示这种燃烧工况。

从上述分析可知，不同的燃烧工况取决于不同的 $c_f/c_0$ 比值，亦即取决于化学反应能力与物质扩散能力之比，如以化学反应速率常数 $k$ 表示化学反应能力，物质交换系数 $\beta$ 表示物质扩散能力，则两者之比称为谢苗诺夫准则 $S_m$，即

$$S_m = \frac{\beta}{k} \tag{2-104}$$

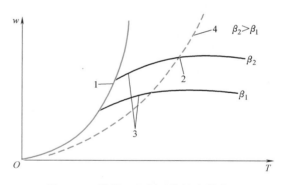

图 2-33　燃烧工况与系统温度的关系

1—动力工况　2—扩散工况　3—过渡工况
4—过渡工况与扩散工况的分界线

可以用 $S_m$ 值来表示燃烧工况。

通常认为，三种工况的大体分界线如表 2-3 所示。

表 2-3　碳粒燃烧工况

| 参数 | 动力工况 | 过渡工况 | 扩散工况 |
| --- | --- | --- | --- |
| $c_f/c_0$ | >0.9 | 0.1~0.9 | <0.1 |
| 谢苗诺夫准则 $S_m$ | >9.0 | 0.11~9.0 | <0.11 |

如果碳粒的燃烧速度是以单位时间内每单位碳粒反应表面积上所消耗碳的质量（单位为 kg）来表示，则应把式（2-101）换算成碳的燃烧速度，如令 $\mu$ 表示单位时间内每燃烧 1kg 氧所烧掉的碳质量，则很明显，如 $C + O_2 \to CO_2$，则 $\mu = 0.375 kg/kg$，如完全形成 CO，即

$2C+O_2 \rightarrow 2CO$，则 $\mu = 0.75kg/kg$，实际碳的燃烧过程在 $\mu = 0.375 \sim 0.75kg/kg$ 之间，设 $K_S^C$ 代表碳的比燃烧速度 [单位为 $kg/(m^2 \cdot s)$]，则式（2-101）变成

$$K_S^C = \frac{\mu}{\dfrac{1}{k_0 e^{-\frac{E_a}{RT}}} + \dfrac{1}{\beta}} c_O^n \tag{2-105}$$

当碳粒落入温度 $T_0$ 的周围介质中，且 $T_0$ 足够高时，开始产生化学反应，周围空间氧浓度 $c_O$ 可用其他容易测量的参数来表示

$$c_O = \frac{p\varphi_{O_2}}{RT_c}$$

式中　$\varphi_{O_2}$——氧气的体积分数（%）；

　　　　$p$——周围介质压力；

　　　　$R$——气体常数；

　　　　$T_c$——碳粒燃烧表面温度。

如果知道碳的发热量为 $Q_{net}$，则 $Q_1$（单位为 $kW/m^2$）可写成

$$Q_1 = K_S^C Q_{net} = \varphi \frac{k_0 \exp\left(-\dfrac{E_a}{RT}\right)\beta}{k_0 \exp\left(-\dfrac{E_a}{RT}\right) + \beta} \left(\frac{p_{O_2}}{RT_c}\right)^n Q_{net} \tag{2-106}$$

与此同时，碳粒不断向周围散热，设散热主要通过对流和辐射方式，则 $Q_2$ 可写成

$$Q_2 = \alpha(T_c - T_0) + \varepsilon\sigma_0(T_c^4 - T_0^4) \tag{2-107}$$

式中　$\varepsilon$——煤粉和包壳所组成的相对黑度；

　　　　$\sigma_0$——斯忒藩-玻耳兹曼常数。

$$\sigma_0 = 5.7 \times 10^{-11} kW/(m^2 \cdot K^4)$$

　　　　$\alpha$——表面传热系数。如果认为热质交换的机理相同时，可以把 $\alpha$ 和扩散系数 $\beta$ 通过努塞尔数 $Nu$ 和扩散准则 $Nu_d$ 联系起来

$$\beta = \frac{D}{\lambda}\alpha \tag{2-108}$$

式中　$D$、$\lambda$——分子扩散系数和热导率。

把上述结果代入临界着火条件式（2-90）及式（2-91）。此时，$T_c$ 变为碳粒表面的着火温度 $T_i$，经过不复杂的微分整理，最后可得固体碳粒的临界着火条件表达式

$$\varphi \frac{k_0 \exp\left(-\dfrac{E_a}{RT_i}\right)\dfrac{D}{\lambda}\alpha}{k_0 \exp\left(-\dfrac{E_a}{RT_i}\right) + \dfrac{D}{\lambda}\alpha} \left(\frac{p_{O_2}}{RT_i}\right)^n Q_{net} = \alpha(T_i - T_0) + \varepsilon\sigma_0(T_i^4 - T_0^4) \tag{2-109}$$

$$\varphi \frac{k_0 \exp\left(-\dfrac{E_a}{RT_i}\right)\dfrac{D}{\lambda}\alpha}{k_0 \exp\left(-\dfrac{E_a}{RT_i}\right) + \dfrac{D}{\lambda}\alpha} \left(\alpha\frac{p_{O_2}}{RT_i}\right)^n \left(\frac{\dfrac{E_a}{RT_i^2}\dfrac{D}{\lambda}\alpha - \dfrac{n}{T_i}k_0\exp\left(-\dfrac{E_a}{RT_i}\right)\dfrac{n}{T_i}\dfrac{D}{\lambda}\alpha}{k_0\exp\left(-\dfrac{E_a}{RT_i}\right) + \dfrac{D}{\lambda}\alpha}\right) Q_{net} = \alpha + 4\varepsilon\sigma_0 T_i^3$$

$$\tag{2-110}$$

这里，用 $T_i$ 表示满足上述临界条件时的着火温度，可以清楚地看出和均相可燃混合物一样，碳粒的着火温度并非一物理化学常数，而是随着反应强度和散热强度变化，对于同一种燃料不同的炉内工况其着火温度可以是不同的。要从上述公式准确解出 $T_i$ 是比较困难的，必须进行一些简化，热力着火过程是化学反应由缓慢转变成高速的过程。因此在着火以前，可以假设碳反应是处于动力区，即碳表面氧浓度和周围介质氧浓度是相同的，并且近似保持不变，此时临界着火条件可简化成

$$\varphi k_0 \exp\left(-\frac{E_a}{RT_i}\right)\left(\frac{p_{O_2}}{RT_i}\right)^n Q_{net} = \alpha(T_i - T_0) + \varepsilon\sigma_0(T_i^4 - T_0^4) \tag{2-111}$$

$$\varphi k_0 \exp\left(-\frac{E_a}{RT_i}\right)\left(\frac{p_{O_2}}{RT_i}\right)^n\left(\frac{E_a}{RT_i} - \frac{n}{T_i}\right)Q_{net} = \alpha + 4\varepsilon\sigma_0 T_i^3 \tag{2-112}$$

这样，只要知道煤种（即给定活化能 $E_a$，频率因子 $k_0$）和炉内介质参数 $p$、$T_0$、$O_2$ 等的浓度，就能求得热力着火温度 $T_i$ 及出现热力着火所相应的临界表面传热系数 $\alpha$。必须指出，由于热力着火理论系建立在热平衡的基础上，因此，第一，只能适应既有放热过程，又有散热过程的工况，而在锅炉燃烧过程中，煤粒在着火前处于低温状态（此炽热烟气、火炬、炉壁等温度低），在这阶段煤粒受外界加热（起主要作用）及本身化学反应放热而着火，一般很难出现向外界散热条件，这样受外界加热至着火的工况通常称为强迫着火，因此在讨论时应区分热力着火和强迫着火两种不同的概念。第二，热力着火只考虑热平衡状态的条件，丝毫没有涉及达到平衡状态所需的时间。因此应用热力着火理论不能直接决定燃料着火所需的时间。但是由于热力着火具有比较明确的物理意义，由热力着火所得的一些结论定性上可以解释燃烧技术中一些问题，因而对它进行定性讨论是有意义的。

### 2.5.4 影响煤粒着火的因素分析

理论分析表明，影响煤粒着火的主要变量包括煤种（挥发分含量、灰分、水分、岩相结构等）、粒径、传热条件、加热速率、氧化剂含量、初始温度、压力等。从物理化学角度讲，主要是来自气体和热颗粒对煤的加热速率，煤的热解速率，气体燃料和氧化剂组分的扩散速率以及热解产物与氧的气相反应速率，下面分别分析这些因素的影响。

#### 2.5.4.1 辐射与对流散热对煤粒着火的影响

从式（2-112）可以计算出不同介质温度下散热对临界着火的影响，图 2-34 所示为碳粒在临界着火状态下对流和辐射散热与介质温度之间的关系。可以发现，在通常应用的炉温范围内对流散热量（$Q_d$）远大于辐射散热量（$Q_r$），并且随着炉温的升高对流散热份额就越大。例如当炉温为 800 ℃时，辐射散热量（$Q_r$）占总散热量（$Q_t$）的 5.55%；当炉温至 1050 ℃时，辐射散热量下降至 3.5%。因此，作为近似分析有时可把式（2-111）、式（2-112）中辐射项略去，使问题得到简化。

图 2-35 示出了气流速度对着火延迟时间的影响的实验结果。可以看到存在一个最佳的气流速度（对流散热条件），其着火时间最短，也就是说最易着火，条件是环境温度 $T_\infty$ 为 1000K，从式（2-112）可以分析出，当 $T_\infty < T_i$ 时，就是图示状况。如果 $T_\infty > T_i$ 时，不管对流速度多大，在着火前总是环境给颗粒传热利于着火，可能上述结果就不准确，曲线为单调下降，当然这有待于实验的证实。

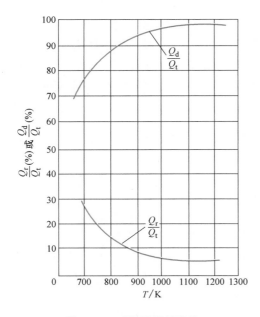

图 2-34　对流及辐射散热
与介质温度的关系

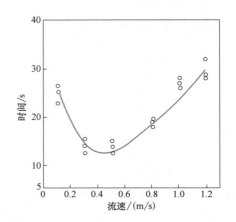

图 2-35　流速对着火延迟时间的影响
$T_\infty = 1000\mathrm{K}$, $d = 10\mathrm{mm}$, $\varphi_{0,\infty} = 21\%$（体积分数）

### 2.5.4.2　介质温度对煤粒着火的影响

如果在式（2-111）及式（2-112）中略去辐射项，两式相除化简可得

$$T_i = \frac{(nRT_0 + E_a) - \sqrt{(nRT_0 + E_a^2) - 4RE_a(1+n)T_0}}{2R(1+n)} \tag{2-113}$$

由于 $E_a \gg nRT_0$，故式（2-113）实际上可写为

$$T_i = A + BT_0 \tag{2-114}$$

系数 $A$、$B$ 与活化能及反应级数有关。这里可以看出，临界着火温度与介质温度近似呈线性关系，在图 2-36 中示出考虑了辐射散热时临界着火温度随 $T_0$ 的变化规律，和式（2-114）所预料的结果相近似。其理由由图2-37可清楚看出。当介质温度为 $T_0$ 时，$Q_2'$和 $Q_1$ 有一临界着火点 $T_{i,cr}$；当介质温度升至 $T_0''$时，如果对流散热仍保持不变（等于 $\alpha_1$），则 $Q_1$ 将大于 $Q_2''$，即出现爆燃状况。可见，随着介质温度的升高，要达到临界状态必须增加对流散热至 $\alpha_2$，即可容许在高一次风速下着火，

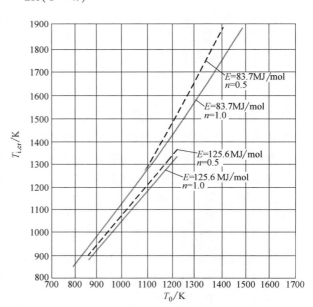

图 2-36　碳粒临界着火温度与介质温度的关系

而此时所得的着火温度 $T_i'' > T_i'$。

但这并不意味着介质温度提高，煤粒反而难于着火，而只是着火温度有所提高，图2-38 示出了采用脉冲点火方式考察气流介质温度对着火可能性的影响。从图中可以看出，随着介质温度的提高，煤粒更容易着火，对于煤粒，大于 500 ℃ 时就一定着火，可能着火的区域是 450~500 ℃；对于焦粒，其可能着火区域提高到 525~600 ℃，但各介质温度提高到 600 ℃ 以上时，着火就一定出现。

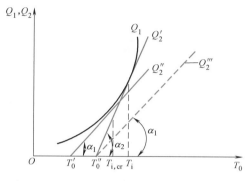

图2-37 着火温度与介质温度的关系

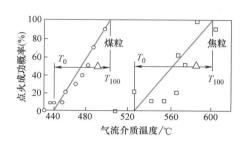

图2-38 煤粒及其焦粒 （63~90μm） 的脉冲点火实验结果

## 2.5.5 煤粉空气混合物的着火

### 2.5.5.1 引言

对煤的早期研究实际上就是对煤粉空气混合物进行的，由于作为其基础的机理知识的缺乏，大多数研究都是实验性的，几乎没有实用价值。后来，又将这一研究集中到单颗粒着火的理论和实验上，这些都在上面几节中进行了分析。近年来，人们开始认识到单颗粒煤和煤粉气流中的煤粉着火存在差异，即所谓的浓度效应的重要性。

将单颗粒煤粉的研究成果应用到实际煤粉气流中会出现较大的偏差，仅就着火温度而言，由于颗粒间的相互影响，煤焦和煤粉颗粒群着火温度在 620~700K 之间，而对应的单颗粒着火温度则为 1050~1200K。因此，仅研究单颗粒的着火对实际应用来说是远远不够的，必须专门对煤粉气流的着火特性进行研究。

### 2.5.5.2 颗粒间的相互作用——浓度效应

实际和理论研究都表明，油滴燃烧的影响可达到 $l/a = 25$ （$l$ 为距离，$a$ 为液滴半径）的地方。只有当 $l/a > 25$ 时，才能认为发生的是单液滴燃烧，这一尺寸概念相当于边长为 2mm 立方体的空间内只有一个颗粒。对于煤粉，虽然热解产物可能没有那么多，但由于挥发分析出时的喷射和氧向表面的扩散，单颗粒所能影响的距离可能与此相当。而这种情况在实际过程中是很少存在的，因此在分析煤粉颗粒的着火和燃烧时必须考虑到相邻颗粒对它的影响，即要将混合物中的煤粉作为一个整体加以研究。

颗粒间的相互影响包括很多方面：改变阻力系数、流场和着火行为，因浓度变化而延长或缩短着火时间，对热量和氧量的竞争，改变颗粒周围的气体分布等。

事实上，人们从一开始研究煤颗粒着火时就注意到这个问题。如早期采用少量的空气携带尽可能少的煤粉喷入较大空间的滴管炉，以消除颗粒间相互作用来研究单颗粒的着火特性。此后的许多研究都沿袭了这一方法。表2-4是采用静止单颗粒技术和喷射少许颗粒技术所测得的着火温度，可以看出两者相差很大，这除了煤样、加热条件等不同之外，主要应是由于采用喷射少许煤粉技术难以实现单颗粒的状态。

一个煤颗粒所受周围颗粒影响的大小除自身因素外，主要取决于影响到它的周围颗粒数及其与这些颗粒间的距离，即取决于整个煤粉气流中的煤粉浓度。煤粉浓度决定了颗粒间相互作用的程度，在煤粉气流着火过程中起主要作用，这就是所谓的浓度效应。

表 2-4 实验方法和着火温度

| 方法 | 颗粒尺寸/μm | 燃料 | $O_2$ 的体积分数（%） | 着火温度/℃ |
|---|---|---|---|---|
| 铂丝固着 | 60~225 | 无烟煤、烟煤、褐煤 | 21 | 900~1350 |
| 石英丝固着 | 100~600 | 无烟煤、烟煤、烟煤焦 | 21 | 350~900 |
| 喷注 | 60~230 | 无烟煤、烟煤、3种煤焦 | 21 | 350~450 |
| 喷注 | 60~230 | 无烟煤（高灰分 A=50%） | 21 | 350~450 |
| 喷注 | 60~230 | 无烟煤、烟煤、3种煤焦 | 0~70 | 350~450 |

## 思考题与习题

2-1 煤堆自燃会导致能源浪费和设备损伤，因此必须防止。现有下列四种现象，请用自燃热力着火模型加以解释：

1）褐煤和高挥发分烟煤容易自燃。

2）煤堆在煤场上日久后易自燃。

3）如在煤堆装上若干通风竖井深入煤层深处，可防止自燃。

4）如用压路机碾压煤堆，使之密实，也可防止自燃。

2-2 热自燃或热爆炸与链爆炸有什么区别？为什么？

2-3 有一燃用褐煤的煤粉炉上常见到暗红灼热的煤粉从风扇磨煤机的粗粉分离器出口法兰处漏出。该磨煤机出口乏气温度常达150℃，但尚能运行，并不爆炸。请用自燃热力着火理论解释为什么煤粉会显暗红灼热（约700℃），再用强迫着火理论解释煤粉管内已有暗红色煤粉但仍未爆炸的原因。

2-4 当乏气送粉而乏气量过大时，可用一分离器使气流中的煤粉浓缩，煤粉浓度很小的部分乏气排入炉膛上部。作为一次风的气体量减小而煤粉浓度较高。请问这样对煤粉着火有何影响？

2-5 请解释为什么发动机在高原、冬季难以发动。

2-6 煤粉炉作低负荷运行时着火稳定性下降，请归纳分析其原因（至少要举出两点理由）。

2-7 请用热理论解释电火花点火的试验曲线。

2-8 试从下列各种条件中选出可使可燃混合气易于着火的有利条件：

1）低的火焰温度。

2）低的初始可燃气温度。

3）高的燃烧热值。

4）低的化学反应速率（平均值）。

5）低的比热容。

6）高的热导率。

7）高的可燃混合气总压力。

8）可燃混合气的组分接近于化学计量数。

9）低的气流速度。

10）高的湍流强度（若流动是湍流的话）。

2-9 德国有一种观点称为着火三角形，认为角置直流煤粉燃烧器上一、二次风射流要相交，交点应该在煤粉着火以后。相交的交角则根据煤种来选择，挥发分高的煤种选用大一些的交角。试分析其理由。

2-10 硼作为推进系统中的固体燃料的潜力已被人们所认识，因为它具有很高的燃烧热（57.6MJ/kg）。固体硼粒子可以作为悬浮式燃料的组成部分或作为固体推进剂的配料引入燃烧系统。考虑一个特殊的情况，来研究单个球形硼粒子在如图 2-39 所示的气体氧化性环境中的着火和燃烧。

为了便于从理论上分析这个问题，下面列出一些实验中观察到的现象：

1）一般情况下硼粒子进入燃烧室环境中时是低温度的固体颗粒。上面覆盖着一层极薄的固体氧化硼，其厚度的数量级为 $10 \times 10^{-10} \mathrm{m}$。

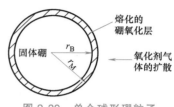

图 2-39 单个球形硼粒子
着火示意图

2）来自气体的热交换使颗粒温度上升，氧化物覆盖层在大约 720K 时熔化。

3）硼和（或）氧化剂气体扩散越过氧化层，当颗粒温度上升时，反应变得更加迅速。

4）随着一级着火之后化学反应速率的增加，光亮度也增加。

5）随着氧化层变厚，反应物扩散的速率减小，反应速率降低。

6）当颗粒温度进一步增加时，较易挥发的氧化物的蒸发速率增加，这反过来又减小了氧化层的厚度。

7）最后达到一个工况（≈1900K），此时氧化物的蒸发速率相当大，以至于氧化层的大部分都脱落了，并且可以观察到二级着火以及随后更为迅速的硼的氧化反应。

8）如果环境温度或反应速率相当高，硼粒子就会熔化（≈2450K）。

9）研究发现，液相 $B_2O_3$ 和气相 HOBO 是由湿火焰中的非均相反应形成的，反应方程为

$$2B+2O_2+H_2 \longrightarrow 2HOBO（气） \qquad \Delta_r H_m = -1151 \mathrm{kJ/mol}$$
$$\longrightarrow B_2O_3（液） \qquad \Delta_r H_m = -1468 \mathrm{kJ/mol}$$

大约有三分之一的能量是 HOBO（气）产生时释放的，其余的是 $B_2O_3$（液）产生时释放的。

应用上面给出的信息，建立硼粒子着火和燃烧的不稳态一维理论模型，写出凝聚相硼、熔化的硼氧化层以及颗粒周围气体的控制方程、边界条件和初始条件，列出所做的假设；画出所预测的浓度和温度随半径变化的分布曲线。

# 第3章

# 火焰传播与稳定理论

## 3.1 火焰传播的基本方式——火焰正常传播与爆燃

在燃烧技术中，希望燃料在容器的一处着火后，无须再由外界供给热量，着火就能够毫无延迟地向燃料的未燃部分传播，使容器内的燃烧过程能自行持续下去，但是，并非在任何情况下燃料在容器的一处着火后，都可以传播。

要使着火具备传播的可能，首先必须构成一个足够高温度的燃烧策源地，并且燃烧本身必须有一定的化学反应能力，能不经过明显的准备阶段就燃烧起来。

从目前已经知道的一些气体燃料的性质来看，它们都具有能快速从开始状态过渡到燃烧状态的能力，所以可以把火焰看成是一个非常狭窄的区域。在这个区域中，燃料在一定的热源条件下很快地完成其燃烧过程，所以着火的传播可看作火焰的传播，分为三种类型：

1）当气体燃料在管子开口处的一端着火后，火焰就会以一定的速度向管内未燃的燃料部位均匀地移动，并且认为对于给定的燃料和给定的压力及温度，该火焰的传播速度是不变的。如图3-1所示，管内的气体压力可认为是常数，火焰传播速度低于30m/s。

2）图3-1所示的火焰传播方式，能维持在离开管子开口处的一段距离（约为管子直径的10倍的一段距离），但是当管子足够长时，火焰在经过这段距离后就不再保持均匀的移动，而产生火焰的振荡运动，这时候火焰就显得非常不稳定。如果火焰振荡的振幅非常大，就会产生熄火现象，或者产生新的传播形式，即所谓爆炸波的传播。

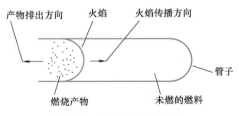

图3-1 燃烧过程示意图

3）以爆炸波的形式来传播的火焰速度一般在1000m/s以上，但是爆炸波的概念是有些不肯定的，它可以相对于好几种不同的火焰传播工况而言。如今将具有1000～4000m/s的火焰传播速度，并且具有性质非常稳定的爆炸波的现象称为爆燃。

以上所列的为三种火焰传播的典型工况。第一种工况——在管子开口端附近的火焰传播及第三种工况——爆燃，都具有稳定的火焰传播，而第二种工况——振荡传播为过渡过程，该工况是非常不稳定的，所以从第一种工况过渡到第三种工况可认为是突变的。

综上所述，稳定的火焰传播形式有两种：

第一种是在管子开口端附近的火焰传播，这种火焰传播的形式称为**正常火焰传播**。在这种正常火焰传播的过程中，燃烧产物以自由膨胀的方式向管外逸出，所以管内的压力可认为是常数。由于火焰传播的速度不大，故火焰传播完全依靠气体分子热运动的导热方式将热量从高温的燃烧区（即火焰前沿）传给与火焰临近的低温未燃气体燃料，使未燃的新鲜气体燃料的温度提高到着火温度而燃烧，这样，燃烧的火焰就会一层层地传播到整个容器。依靠导热而使火焰传播的正常火焰传播速度是有限的，每秒仅几米。

第二种是**爆燃**。其火焰的传播速度超过了声速，一般可达 $1000 \sim 4000 \mathrm{m/s}$。爆燃主要是由于气体燃料受冲击波的绝热压缩而引起的。

下面对这两种火焰传播形式建立数学描述。先假定：

1）预混可燃气体是一维稳定流动，忽略黏性力和体积力，管壁为绝热。

2）预混可燃气体和燃烧产物为理想气体，比定压热容为常数，摩尔质量保持不变。

3）燃烧波（化学反应波）是稳定的，预混可燃气体不断流向燃烧波，无穷远处预混气流速度就是燃烧波传播速度。

则有：

1）连续方程

$$\rho_0 u_0 = \rho_r u_r = q_m \tag{3-1}$$

式中　　$\rho$——密度，单位为 $\mathrm{kg/m^3}$；

　　　　$u$——速度，单位为 $\mathrm{m/s}$；

　　　　$q_m$——质量流量，单位为 $\mathrm{kg/s}$；

下标"0"——预混可燃气体参数；

下标"r"——燃烧产物的参数。

2）动量方程

$$p_0 + \rho_0 u_0^2 = p_r + \rho_r u_r^2 = 常数 \tag{3-2}$$

式中　　$p$——压力，单位为 $\mathrm{Pa}$。

3）能量方程

$$h_0 + \frac{1}{2} u_0^2 = h_r + \frac{1}{2} u_r^2 = 常数 \tag{3-3}$$

式中　　$h$——比焓，单位为 $\mathrm{kJ/kg}$。

4）状态方程

$$\frac{p}{\rho} = RT \tag{3-4}$$

式中　　$T$——热力学温度，单位为 $\mathrm{K}$；

　　　　$R$——气体常数，单位为 $\mathrm{J/(kg \cdot K)}$。

5）焓方程

$$h_0 = c_p T_0 + h_{\mathrm{f},0}^{\ominus} \tag{3-5}$$

$$h_r = c_p T_r + h_{\mathrm{f},r}^{\ominus} \tag{3-6}$$

式中　　$c_p$——比定压热容，单位为 $\mathrm{kJ/(kg \cdot K)}$；

$h_{\mathrm{f},0}^{\ominus}$——标准比生成焓，单位为 kJ/kg；

$h_{\mathrm{f,r}}^{\ominus}$——标准比燃烧焓，单位为 kJ/kg。

6）反应热方程

$$q = h_{\mathrm{f,\,0}}^{\ominus} - h_{\mathrm{r,\,0}}^{\ominus} \tag{3-7}$$

将式（3-5）~式（3-7）代入式（3-3），得

$$c_p T_{\mathrm{r}} + \frac{u_{\mathrm{r}}^2}{2} - q = c_p T_0 + \frac{u_0^2}{2} \tag{3-8}$$

由式（3-1）和式（3-2），得

$$\frac{p_{\mathrm{r}} - p_0}{\dfrac{1}{\rho_{\mathrm{r}}} - \dfrac{1}{\rho_0}} = -\rho_0^2 u_0^2 = -\rho_{\mathrm{r}}^2 u_{\mathrm{r}}^2 = -q_m^2 \tag{3-9}$$

式（3-9）在 $\left(p, \dfrac{1}{\rho}\right)$ 平面上是一条直线，斜率为 $-q_m^2$，该直线称为瑞利线或米海里松线。由式（3-9）和式（3-3），得

$$h_{\mathrm{r}} - h_0 = \frac{1}{2}(p_{\mathrm{r}} - p_0)\left(\frac{1}{\rho_{\mathrm{r}}} + \frac{1}{\rho_0}\right) \tag{3-10}$$

将式（3-4）及 $c_p/R = \gamma/(\gamma-1)$ 代入式（3-10），得

$$\frac{\gamma}{\gamma - 1}\left(\frac{p_{\mathrm{r}}}{\rho_{\mathrm{r}}} - \frac{p_0}{\rho_0}\right) - \frac{1}{2}(p_{\mathrm{r}} - p_0)\left(\frac{1}{\rho_0} + \frac{1}{\rho_{\mathrm{r}}}\right) = q \tag{3-11}$$

式中 $\gamma$——比热容比，$\gamma = c_p/c_V$。

且有

$$\gamma Ma_1 = \frac{\dfrac{p_{\mathrm{r}}}{p_0} - 1}{1 - \dfrac{1/\rho_{\mathrm{r}}}{1/\rho_0}} \tag{3-12}$$

式中 $Ma_1$——马赫数。

式（3-11）称为于戈尼奥（Hugoniot）方程。这个方程其实是在给定 $q$ 值条件下，对某一给定的 $\left(\dfrac{1}{\rho_0}, p_0\right)$ 值所得到的所有可能的 $\left(\dfrac{1}{\rho_{\mathrm{r}}}, p_{\mathrm{r}}\right)$ 值的一条曲线，称之为于戈尼奥曲线，如图 3-2 所示。点 $\left(\dfrac{1}{\rho_0}, p_0\right)$ 称为点 $S$，通过点 $S$ 与代表一族解的曲线相切成两条切线。对于不同的 $q$ 可以得到不同的曲线。图中两条虚线为通过点 $S$ 的水平线和垂直线，这样曲线分成了三个部分，以切点（点 $J$ 和点 $K$）再进一步划分区域 I 和 II。

在区域 I 中，$p_{\mathrm{r}} \gg p_0$，因此，两者之比是一个远大于 1 的数。此外，在该区域，$\dfrac{1}{\rho_{\mathrm{r}}}$ 略小于 $\dfrac{1}{\rho_0}$（图 3-2），因此，两者的比例接近并略小于 1。从方程式（3-12）中可以看出，马赫数 $Ma_1$ 将大于

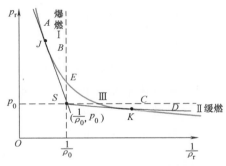

图 3-2 分为 $A \sim E$ 五个部位的于戈尼奥曲线

1。于是在区域 I 会发出超声波，该区域称为 爆燃区。这样，把靠燃烧释放的能量来维持的超声波定义为 爆燃波。

同样，在区域 II 里，由于 $p_r$ 比 $p_0$ 小一点，方程中的分子便是一个比 1 小的负数。$\frac{1}{\rho_r}$ 比 $\frac{1}{\rho_0}$ 大得多，从而分母是一个比 1 大的负数。在区域 II 中，从方程式（3-12）可以看出，$Ma_1$ 趋近于 1。于是在区域 II 会发出亚声波，该区域称为 缓燃区。这样，把靠燃烧维持的亚声波定义为 缓燃波。

区域 III 未给出物理上的真实解，因为 $Ma_1 < 0$ 无意义。

在于戈尼奥曲线上的 J、K 两点处，可以证明 $Ma_1 = 1$。从曲线上可以看出，在缓燃区里压力变化很少。实际上，在寻求单值缓燃波速度的办法是假定压力为常数或略去动量方程。

本书中将不讨论 爆燃波，有兴趣的读者可参看有关文献。把缓燃波定义为靠燃烧维持的亚声波是唯一严谨的定义。其他定义只在某一方面描述火焰。例如可以把火焰看作是发生在反应区内快速的、自持的化学反应；此时可以把反应物引入反应区里，或者反应区可以向反应物移动，究竟如何选择，要看未燃气流速度是大于还是小于火焰的速度而定。

## 3.2　可燃气体的火焰正常传播

由于火焰是一个很狭窄的燃烧区域，燃料的化学反应只在该区域内进行，在这种情况下，可近似地把它当作一个数学表面。这一表面把未燃的新鲜燃料和燃烧产物分开，而所有的火焰传播看作是在此表面上进行的。

如图 3-3 所示，图中阴影部分为燃烧产物。假如容器内的可燃气体是静止不动的，则在某瞬时的火焰表面 $F$（即火焰前沿）是空间坐标及时间的函数，其数学表示式为

$$F(x,\ y,\ z,\ \tau) = 0 \tag{3-13}$$

经过很短的时间 $\Delta\tau$ 后，火焰前沿将传播一个很小的距离，如图 3-3 的表面 $F'$ 所示。如果表面 $F'$ 上任意一点 $P$ 的法线方向为 $n$，当表面移动到 $F'$ 的位置时，火焰前沿在法线 $n$ 方向上移动一个距离 $\Delta n$，则火焰前沿在点 $P$ 处的移动速度 $u_H$ 为

$$u_H = \lim_{\Delta\tau \to 0} \frac{\Delta n}{\Delta\tau} = \frac{dn}{d\tau} \tag{3-14}$$

可见，火焰前沿的移动速度 $u_H$ 是对静止的未燃气体而言的。假如容器内的气体燃料以速度矢量 $w$ 运动时，并且在一般情况下，$w$ 的方向与火焰前沿的移动速度 $u_H$ 的方向不相同，

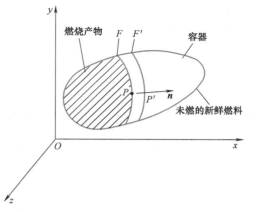

图 3-3　火焰正常传播

则火焰前沿 $F$ 相对于静止坐标（即相对于容器）而言的运动速度 $u_p$（单位为 m/s）为

$$u_p = u_H \pm w_n \tag{3-15}$$

式中　$w_n$——可燃气体速度矢量在火焰前沿法线方向的投影，单位为 m/s；

+——火焰前沿的移动方向与可燃气体的移动方向相同;

–——上述两者的移动方向相反;

$u_p$——火焰前沿的传播速度。

当用实验方法测量某种可燃气体混合物的火焰前沿移动的正常速度 $u_H$ 时,应该测量火焰前沿在其法线方向上相对于冷的未燃气体的移动速度。根据本生（Bunsen）灯的锥形火焰来测量火焰传播速度的方法较为简单和可靠。在一般实验室用的本生灯中,预先把可燃气体燃烧所需的空气混合好,并且使可燃气体混合物在本生灯的管子中保持运动,如图 3-4 所示。

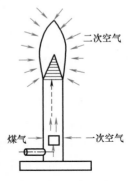

图 3-4　本生灯示意图

本生灯的锥形表面即为其火焰前沿。假如火焰前沿以分子热运动的导热方式将燃烧区的热量传给自本生灯流出的未燃气体混合物,并且正好将未燃气体混合物加热到着火温度而燃烧,这样就意味着气流在锥形表面某点处的法线方向上的分速度 $w_n$ 即等于火焰前沿移动的正常速度 $u_H$,所以锥形的火焰前沿将静止不动。

如图 3-5 所示,取锥形火焰前沿的一段 MN,设 $dS$ 表示火焰前沿微元面的面积,$d\sigma$ 表示与微元面相应的气流微元面积,$n$ 表示微元面的法线方向,可见,在 $dS$ 及 $d\sigma$ 之间有下列关系

$$d\sigma = dS\cos\theta \tag{3-16}$$

式中　$\theta$——法线方向与该处可燃物速度矢量 $w$ 之间的交角。

由于火焰前沿达到平衡,所以火焰前沿的传播速度 $u_p$ 等于零。这样由式（3-15）可知,火焰前沿移动的正常速度 $u_H$ 为

$$u_H = w_n = w\cos\theta \tag{3-17}$$

将式（3-16）代入式（3-17）中,得

$$wd\sigma = u_H dS \tag{3-18}$$

如将上式积分,并假定在火焰前沿的各处的正常速度为常数时,则由式（3-18）可知

$$\int_\sigma wd\sigma = u_H = \int_S dS = u_H S_L \tag{3-19}$$

图 3-5　本生灯的火焰前沿

式中　　$S_L$——火焰前沿的总表面积,单位为 $m^2$;

积分 $\int_\sigma wd\sigma$——通过本生灯整个管子断面的可燃混合物流量 $q_V$,单位为 $m^3/s$。

因此式（3-19）可改写为

$$u_H = \frac{q_V}{S_L} \tag{3-20}$$

由上式可知,火焰前沿移动的正常速度亦可理解为在单位火焰前沿的表面上,其所能燃烧的可燃气体混合物的流量。

火焰的形状可简化为图 3-6 所示的锥。圆形本生灯的喷嘴半径为 $r_0$,锥形的高度为 $h$,设锥形的表面积即为锥体表面积,则

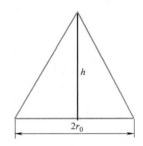

图 3-6　本生灯的火焰内锥表面

$$S_L = \pi r_0 \sqrt{h^2 + r_0^2} \qquad (3\text{-}21)$$

将式（3-21）代入式（3-20），得火焰前沿的移动的正常速度为

$$u_H = \frac{q_V}{\pi r_0 \sqrt{h^2 + r_0^2}} \qquad (3\text{-}22)$$

在实验过程中，只要测出可燃气体混合物在单位时间内流过半径为 $r_0$ 的喷嘴的流量，再用摄影法或屏蔽法（用刻有比例尺的镜子）测得火焰锥体的高度 $h$，即可根据式（3-22）计算出该火焰前沿移动的正常速度。

但是，按照上述实验方法来测定速度 $u_H$ 是有缺点的。其测得 $u_H$ 的数值并非真正代表该可燃气体混合物的正常速度，其原因是：

首先，把火焰前沿各处的正常速度看为常数的假定是与实际不符的。进一步的实验证明，靠近管壁处火焰前沿的正常速度要比其他地方低，如图 3-7 所示（图中可燃气体混合物是体积分数为 4.18% 丙烷的空气混合物），在火焰锥体的顶端具有最大的正常速度，故火焰前沿并非直角锥体。

其次，在上述的正常速度计算中，都假定火焰前沿是一个数学表面。实际上，当可燃气体混合物在剧烈燃烧之前，存在着一个很薄的加热层，因此，火焰前沿锥体的形成要离喷嘴出口一段距离，并且要比喷嘴的出口宽度略微扩大。所以实验资料表明，对于给定的可燃气体混合物来讲，其燃烧火焰的正常速度将与喷嘴的直径有关。只有在采用相当大直径的喷嘴时，其正常速度的数值才与其喷嘴尺寸无关。一般推荐喷嘴直径不应小于 7cm。

再次，当可燃气体混合物中的含氧量不同时，外界介质将影响火焰锥体的形状，特别是在可燃气体混合物中的含氧量不足时，外界介质的影响更为显著。

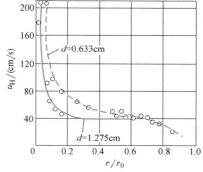

图 3-7　在本生灯火焰中各区域的
火焰正常传播速度

用本生灯来测量可燃气体混合物的正常传播速度虽有上述缺点，但是该方法很简便，并且数值较准确，所以仍被广泛地采用。

表 3-1 是在温度为 293K 及压力在 101kPa 下可燃气体和空气混合物的火焰前沿移动的正常传播速度。

表 3-1　可燃气体和空气混合物在 293K 及 101kPa 下的火焰前沿移动的正常传播速度

| 可燃气体 | 火焰正常传播速度 $u_H$/(m/s) | 可燃气体 | 火焰正常传播速度 $u_H$/(m/s) |
|---|---|---|---|
| $H_2$ | 1.6 | $C_2H_2$ | 1.0 |
| CO | 0.30 | $C_2H_4$ | 0.5 |
| $CH_4$ | 0.28 | | |

## 3.3　火焰正常传播的理论

研究火焰正常传播的理论的目的，就是为了找到层流火焰速度 $u_H$。

### 3.3.1 用于简化近似分析的热理论

温度为 $T_0$、密度为 $\rho_0$ 的未燃可燃气体混合物以速度 $u_0$ 进入燃烧室，如图 3-8 所示，并且其初速度 $u_0$ 使可燃气体混合物维持层流流动工况。假如未燃的可燃气体混合物的初速度 $u_0$ 恰好使火焰前沿静止不动，则初速度 $u_0$ 即为火焰前沿移动的正常传播速度。

由于燃烧区内可燃气体混合物经化学反应后所析出的热量不断地以分子热运动的导热方式传递给未燃气体混合物，使后者的温度自初温 $T_0$ 不断地升高，如图 3-8 所示，未燃气体混合物的温度沿着横坐标自 $-\infty$ 到 0 的范围内不断升高，假如在 $x=0$ 处可燃气体混合物的温度达到着火温度 $T_i$，则气体混合物即开始化学反应。

关于可燃气体混合物在开始着火之前的温度升高规律可由下列关系求得。

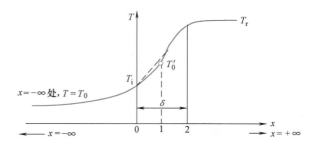

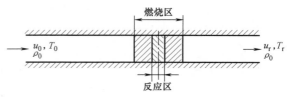

图 3-8 在各区中的温度分布

$-\infty < x \leqslant 0$—预热区　$0 \leqslant x \leqslant \delta$—反应区　$\delta \leqslant x \leqslant +\infty$—产物区

$T_0$—可燃气体混合物的初温　$T_r$—可燃气体混合物的燃烧温度

在稳定工况下，计及系统中有化学反应时的一元导热微分方程式为

$$\frac{d}{dx}\left(\lambda \frac{dT}{dx}\right) - c_p \rho_x u_x \frac{dT}{dx} + Qw = 0 \tag{3-23}$$

式中　$\lambda$——介质的热导率，单位为 W/(m·K)；

$c_p$——介质的比定压热容，单位为 J/(kg·K)；

$u_x$——在 $x$ 处介质的流速，单位为 m/s；

$\rho_x$——在 $x$ 处介质的密度，单位为 kg/m³；

$w$——可燃气体混合物的化学反应速率，单位为 L/s；

$Q$——可燃气体混合物的化学反应热效应，单位为 J/m³。

假定燃烧室内的流通截面不变时，则由介质的连续方程式（3-1）可知

$$\rho_0 u_0 = \rho_x u_x \tag{3-24}$$

将式（3-24）代入式（3-23）可知

$$\frac{d}{dx}\left(\lambda \frac{dT}{dx}\right) - c_p \rho_0 u_0 \frac{dT}{dx} + Qw = 0 \tag{3-25}$$

$x$ 在 $-\infty \sim 0$ 范围内，可燃气体混合物并没有发生化学反应，故式（3-25）可改写为

$$\frac{d}{dx}\left(\lambda \frac{dT}{dx}\right) - c_p \rho_0 u_0 \frac{dT}{dx} = 0 \tag{3-26}$$

故可燃气体混合物在 $-\infty \sim 0$ 范围内的温度变化规律可由式（3-26）求解获得。其边界条件为

1）在 $x = -\infty$ 处 $\qquad\qquad \dfrac{\mathrm{d}T}{\mathrm{d}x} = 0$ 及 $T = T_0$ $\qquad\qquad$ (3-27)

2）在 $x = 0$ 处 $\qquad\qquad\qquad T = T_\mathrm{i}$ $\qquad\qquad\qquad$ (3-28)

对式（3-26）进行积分，并令 $x = 0$ 处的温度梯度为 $\left(\dfrac{\mathrm{d}T}{\mathrm{d}x}\right)_{x=0}$，得

$$\int_0^{\lambda\left(\frac{\mathrm{d}T}{\mathrm{d}x}\right)_{x=0}} \mathrm{d}\left(\lambda\,\frac{\mathrm{d}T}{\mathrm{d}x}\right) = + c_p\,\rho_0 u_0 \int_{T_0}^{T} \mathrm{d}T$$

即 $\qquad\qquad \lambda\left(\dfrac{\mathrm{d}T}{\mathrm{d}x}\right)_{x=0} = + c_p\,\rho_0 u_0\,(T - T_0)$ $\qquad\qquad$ (3-29)

再对式（3-29）进行积分，得

$$\int_{T_0}^{T} \frac{\lambda\,\mathrm{d}T}{T - T_0} = + c_p\,\rho_0 u_0 \int_{-\infty}^{x} \mathrm{d}x$$

即 $\qquad\qquad T = T_0 + (T_\mathrm{i} - T_0)\,\exp\left(\dfrac{\rho_0 u_0 c_p}{\overline{\lambda}}x\right)$ $\qquad\qquad$ (3-30)

式中 $\overline{\lambda}$——表示介质在 $x = -\infty$ 到 $x$ 之间内的平均热导率，单位为 W/（m·K）。

从式（3-30）可知，可燃气体混合物在着火前的温度变化是按指数的规律升高的。

当可燃气体混合物着火后，其温度曲线即平稳上升，从可燃气体混合物初温 $T_0$ 升高到燃烧产物的温度 $T_\mathrm{r}$，在化学反应过程中，其可燃物的浓度亦相应改变。将 $T_\mathrm{i} \sim T_\mathrm{r}$ 之间的区域称为燃烧区，即图 3-8 所示的 0~2 的区域。应当指出，在整个燃烧区域中，其可燃气体混合物的化学反应速率是不同的。由于化学反应速率 $w$ 不仅与温度有关，并且还与可燃物的浓度有关。在着火处附近，虽然可燃物的浓度最大，但是该处的温度较低，所以可燃混合物在着火后的一段距离内只进行缓慢的化学反应；而在燃烧区的末端，其温度虽然已达到很高的数值，但可燃物可看作完全消耗掉了，所以在燃烧区域的末端必然没有化学反应。可见，化学反应速率达到最大时的温度是燃烧温度 $T_\mathrm{r}$。如图 3-8 所示，反应速率最大的区域为略低于燃烧温度 $T_\mathrm{r}$ 的某一温度 $T_\mathrm{i}$ 附近，该区域称为反应区。

现近似地假定在燃烧区域内的温度按直线规律升高，如图 3-8 中的虚线所示，则在燃烧区域中的温度梯度（单位为 K/m）为

$$\left(\frac{\mathrm{d}T}{\mathrm{d}x}\right)_{\substack{x=0\\x=\delta}} = \frac{T_\mathrm{r} - T_\mathrm{i}}{\delta}$$ (3-31)

式中 $\delta$——表示燃烧区的宽度，单位为 m。

式（3-31）所表示的燃烧区域中的温度梯度可近似地代替式（3-29）中 $x = 0$ 处的温度梯度，即得

$$u_0 = \frac{\overline{\lambda}}{c_p\,\rho_0}\,\frac{1}{\delta}\,\frac{T_\mathrm{r} - T_\mathrm{i}}{T_\mathrm{i} - T_0}$$ (3-32)

假定在单位时间内流入燃烧区的可燃气体混合物完全在该区域中进行化学反应，故可写出下式

$$\overline{w}\delta = u_0 c_0$$ (3-33)

式中 $\overline{w}$——可燃气体混合物在燃烧区域中的平均化学反应速率，单位为 mol/（m³·s）；

$c_0$——可燃气体混合物的初始浓度，单位为 $mol/m^3$。

将式（3-33）代入式（3-32），得

$$u_0 = \sqrt{\frac{\overline{\lambda}}{c_p \rho_0 c_0}\left(\frac{T_r - T_i}{T_i - T_0}\right)\overline{w}} \tag{3-34}$$

如果令介质的平均热扩散率 $\overline{a} = \dfrac{\overline{\lambda}}{c_p \rho}$，可燃气体混合物在燃烧区域中的化学反应时间为 $t$，则 $t \propto \dfrac{1}{w}$，故式（3-34）可近似地写为

$$u_H = u_0 \propto \sqrt{\frac{\overline{a}}{t}} \tag{3-35}$$

从以上所得的结果来看，对于给定的可燃气体混合物，如果不考虑燃烧室以及外界的影响，则其火焰前沿移动的正常传播速度可看作可燃混合物的主要物理化学特征。虽然该结果的前提有一系列的近似假定，但还能做出如下定性的结论：

1）火焰前沿移动的正常传播速度与其平均热导率的平方根成正比，而与其比定压热容 $c_p$ 的平方根成反比。因此，火焰正常传播速度与气体混合物的物理常数有关。例如，由于氢气的热导率要比其他气体大6倍左右，所以在条件相同的情况下，氢气应有最大的燃烧速度。

2）一方面，火焰正常传播速度随着差值（$T_i - T_0$）的减小而增加，因此，如果将气体预先加热后再送入燃烧室，则其火焰正常传播速度就能得以提高；若将气体混合物预先加热到 $T_i$，则火焰正常传播速度就趋向于无限大。另一方面，火焰正常传播速度随着燃烧室中燃烧温度 $T_r$ 的降低而减小。这是由于燃烧区内放出的热量不足以去加热未燃的可燃混合物，因此，在 $T_r = T_i$ 的条件下，火焰正常传播速度等于零。

3）可燃气体混合物的热效应及化学反应速率亦显著地影响着火焰正常传播速度。从结论2）及式（3-34）可知，在可燃气体混合物的热效应及化学反应速率降低的情况下，火焰正常传播速度数值亦会变小。

4）由以上的分析可知，可燃气体混合物的过量空气系数亦将影响其火焰正常传播速度。当可燃混合物中的空气含量不足（$\alpha < 1$）或过多时（$\alpha > 1$），都会使燃烧温度 $T_r$ 降低，因而亦降低火焰正常传播速度。

关于影响火焰正常传播速度的因素将在下节中详细分析。

### 3.3.2　泽利多维奇等的分区近似解法

泽利多维奇将火焰分为两个区域——预热区和反应区。但与前面的分析不同的是将组分守恒方程与能量方程联立，而不是仅考虑能量方程，其基本假定是：

1）压力不变。

2）反应过程中物质的量不变。

3）物性参数 $c_p$ 和 $\lambda$ 为常数。

4）$\dfrac{\lambda}{\rho c_p} = D$，即 $Le = 1$。

5）火焰为一维稳定火焰。

如图 3-9 所示，在预热区中，其热量方程为

$$\rho_0 u_H c_p \frac{dT}{dx} = \frac{d}{dx}\left(\lambda \frac{dT}{dx}\right) \tag{3-36}$$

边界条件为 $x \to -\infty$ 时，$T \to T_0$，$\frac{dT}{dx} \to 0$。

假定 $T_b$ 代表预热区边界处的温度，则对式 (3-36) 进行积分，有

$$\rho_0 u_H c_p (T_b - T_0) = \lambda\left(\frac{dT}{dx}\right)_b \tag{3-37}$$

反应区的近似能量方程为

$$\frac{d}{dx}\left(\lambda \frac{dT}{dx}\right) + wq = 0 \tag{3-38}$$

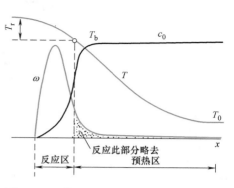

图 3-9 一维层流火焰结构的泽利多维奇-
弗兰克 (Frank)-卡梅涅茨基
(Kamenetsky) 热理论模型

根据基本假定 3)，有 $\lambda =$ 常数，则

$$\frac{d}{dx}\left(\frac{dT}{dx}\right) = \frac{dT}{dx}\frac{d}{dT}\left(\frac{dT}{dx}\right) = \frac{1}{2}\frac{d}{dT}\left[\left(\frac{dT}{dx}\right)^2\right] \tag{3-39}$$

反应区初始边界条件是：$T = T_b$，$\frac{dT}{dx} = \left(\frac{dT}{dx}\right)_b$。对式 (3-39) 在反应区中积分，有

$$\left(\frac{dT}{dx}\right)_b = \sqrt{\frac{2}{\lambda}\int_{T_b}^{T_r} wq dT} \tag{3-40}$$

比较式 (3-40) 和式 (3-37)，则

$$u_H = \frac{\lambda}{\rho_0 c_p (T_b - T_0)}\sqrt{\frac{2}{\lambda}\int_{T_b}^{T_r} wq dT} = \sqrt{\frac{2\lambda}{\rho_0^2 c_p^2 (T_b - T_0)}\int_{T_b}^{T_r} wq dT} \tag{3-41}$$

要从上式求解 $u_H$，必须已知 $T_b$，根据

$$\int_{T_0}^{T_b} wq dT = 0$$

则有

$$\int_{T_b}^{T_r} wq dT = \int_{T_b}^{T_r} wq dT$$

在分析中，泽利多维奇等提出：着火温度与火焰温度非常接近，即

$$T_b - T_0 \approx T_r - T_0$$

则火焰传播速度 $u_H$ 也可表示为

$$u_H = \sqrt{\frac{2\lambda\int_{T_0}^{T_r} wq dT}{\rho_0^2 c_p^2 (T_r - T_0)}} \tag{3-42}$$

设化学反应为 $n$ 级反应，由于反应速率为

$$w = k_0 c^n \exp\left(-\frac{E_a}{RT}\right) \tag{3-43}$$

且有

$$\frac{c}{c_0} = \frac{T_r - T}{T_r - T_0}\rho$$

则

$$w = k_0 c_0^n \rho^n \left( \frac{T_r - T}{T_r - T_0} \right)^n \exp\left( -\frac{E_a}{RT} \right)$$

对上式进行指数展开，并对式（3-42）中的积分项求解，则有

$$\int_{T_b}^{T_r} wq\mathrm{d}T = w_0 \left( \frac{T_0}{T_r} \right)^n \exp\left[ -\frac{E_a}{R} \left( \frac{1}{T_r} - \frac{1}{T_0} \right) \right] (T_r - T_0) \frac{n!}{B^{n+1}} \tag{3-44}$$

其中

$$B = \frac{E_a}{RT_r^2}(T_r - T_0)$$

将式（3-44）代入式（3-42），则得到

$$u_H = \sqrt{ \frac{2n!}{B^{n+1}} \frac{\lambda w_{S0} q}{\rho_0 c_p (T_r - T_0)} \left( \frac{T_0}{T_r} \right)^n \exp\left[ -\frac{E_a}{R} \left( \frac{1}{T_r} - \frac{1}{T_0} \right) \right] } \tag{3-45}$$

其中

$$w_{S0} = \frac{w_0 (T_r - T_0)}{\rho_0 c_p q}$$

此式对于 $n \neq$ 整数时，无法得出正确值。但该式可以用来分析各种因素对火焰传播速度的影响，预测出火焰传播速度的变化趋势。

## 3.4 火焰正常传播速度

### 3.4.1 影响火焰正常传播速度的主要因素

上面的理论分析已经证明，火焰正常传播速度 $u_H$ 是可燃气体的一个物理化学特性参数，它受到可燃混合气本身的特性、压力、组成结构、温度、惰性气体含量、添加剂等各种因素的影响。

#### 3.4.1.1 过剩空气系数的影响

可燃气体混合物的正常传播速度 $u_H$ 将随着过剩空气系数 $\alpha$ 的改变而改变。对于各种可燃气体混合物，其最大的火焰正常传播速度并非处于可燃气体混合物的过剩空气系数 $\alpha$ 等于1的情况。实验表明，可燃气体混合物最大的火焰正常传播速度发生在含可燃物体积分数比化学计量数大的混合物中（即 $\alpha < 1$）。这一现象至今尚未有令人满意的解释。一般认为可能的原因有：最高燃烧温度 $T_r$ 也是偏向富燃烧区的；在燃料比较富裕的情况下，火焰中自由基 H、OH 等浓度较大，链反应的链断裂率较少，因而反应速率较快。实验表明，一般的碳氢化合物 $u_{Hmax}$ 的值发生在 $\alpha = 0.96$ 处，且该 $\alpha$ 值不随压力和温度而改变。

图 3-10 示出了各种典型燃料在空气中的火焰正常传播速度的实验值。图中所示结果证实了以上结论，对于任何燃料都存在一个最大的 $u_{Hmax}$。

#### 3.4.1.2 燃料化学结构的影响

从图 3-10 可以看出，不同的燃料对火焰正常传播速度影响很大，从图中可以看出一个

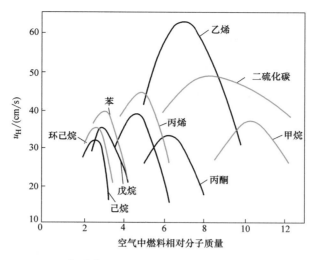

图 3-10　各种典型燃料在空气中的层流火焰传播速度

规律，燃料的相对分子质量越大，可燃性的范围就越窄。图 3-11
显示了三族燃料的最大火焰速度与其分子中的碳原子数的关系，
即对于饱和碳氢化合物（烷烃类），其最大火焰速度（0.7m/s）
几乎与分子中的碳原子数 $n$ 无关；而对于一些非饱和碳氢化合物
（无论是烯烃还是炔烃类），碳原子数较小的燃料，其层流火焰速
度却较大。当 $n$ 增大到 4 时，$u_H$ 的值将陡降，然后，随着 $n$ 进一
步增大而缓慢下降，直到 $n \geqslant 8$ 时，就接近于饱和碳氢化合物的
$u_H$ 值。

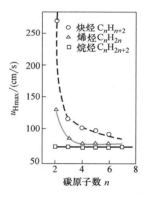

图 3-11　分子中碳原子数
对最大火焰速度的影响

　　由上面结果可以看出，燃料分子结构对 $u_H$ 有很显著的影响。
各种燃料中的碳原子数对层流火焰速度的影响不是通过火焰温度
来实现的。因为大多数燃料的绝热火焰温度都在 2000K 左右，其
活化能也在 167kJ/mol 左右，因此，$u_H$ 的差异是由热扩散性不同
所造成的，这种热扩散性是燃料相对分子质量的函数。

### 3.4.1.3　添加剂的影响

　　采用添加剂的主要目的是提高着火温度及缓和过早着火和爆燃的趋势，添加剂对火焰速
度只有轻微的影响。但对潮湿一氧化碳所做的研究表明，只要添加少量的氢或含氢燃料，火
焰速度就会明显提高。坦福特和皮斯就曾发现，少量水的存在对 CO 的反应有着显著的影
响。抗爆燃的化合物常用来减缓低温下的氧化反应，同时还可作为稀释剂。用来控制高温反
应的添加剂，对火焰速度则无太大影响。一般，把几种不同的燃料混合起来对 $u_H$ 的影响也
不大。但是，如果添加的惰性物质能改变燃料的扩散系数 $\alpha$，则会对火焰速度产生明显
影响。

　　图 3-12 则示出了在 CO/空气的混合气中加入 $CH_4$ 后的 $u_0$ 变化规律，从图中可以看出，仅
当体积分数为 5% 的 CO 被 $CH_4$ 取代时，$u_0$ 曲线增加最多。反过来，若主要成分为 $CH_4$ 时，加
入少量 CO 对 $u_0$ 的影响就不是很大。所以，不是任何反应添加剂都能提高火焰传播速度，而要
看其加入后能否激发更多的活性粒子。

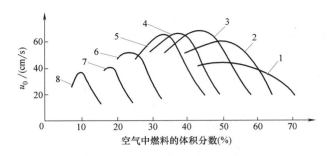

| 曲线 | | 1 | 2 | 3 | 4 | 5 | 6 | 7 | 8 |
|---|---|---|---|---|---|---|---|---|---|
| 体积分数 (%) | CO | 100 | 96 | 95 | 90 | 85 | 70 | 50 | 0 |
| | $CH_4$ | 0 | 4 | 5 | 10 | 15 | 30 | 50 | 100 |

图 3-12　$CH_4$ 对 CO/空气火焰传播速度的影响

若有两种以上具有相同火焰传播速度的混气互相混合时，不论其混合比例如何，混合后的气体火焰速度仍能保持不变。而当原来混气火焰速度不同时，若各燃料的性质相差又不太大，则混合后气体火焰速度应当介于原来各混气传播速度之间。

### 3.4.1.4　混合可燃物初始温度 $T_0$ 的影响

提高可燃物初始温度 $T_0$ 可以大大促进化学反应速率，从而增大 $u_H$。图3-13定性地给出了 $T_0$ 对 $u_H$ 的影响。

$$u_H \propto \exp\left(-\frac{E_a}{2RT_r}\right) \tag{3-46}$$

混合气初温 $T_0$ 对 $u_H$ 的影响通过燃烧温度 $T_r$（$T_r = T_0 + qc_0/c_p$）对反应速率的影响反映出来。实践结果证明了这一论断，多戈尔等人对三种混合物进行了一系列试验以揭示 $u_H$ 与 $T_0$ 的关系。图 3-14 表明，对所有这三种碳氢化合物而言，$u_H$ 都随 $T_0$ 的升高而增大。实验结果可以用如下关系式表示

$$u_H \propto T_0^m \tag{3-47}$$

式中　$m$——1.5~2。

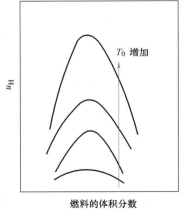

图 3-13　温度对 $u_H$ 的影响

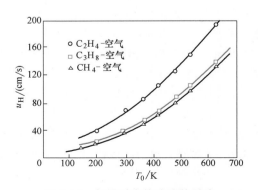

图 3-14　初温对火焰速度的影响

$u_H$ 随 $T_0$ 的升高而增大的原因主要是由于预热的影响。一般说来，对反应物的预热不会明显地改变 $T_r$，这是由于释热项 $a_0 q / \rho_0$ 基本上为定值，并且此项要比 $c_p T_0$ 大得多。从 $T_r$ 计算式可以看出，预热不会使 $T_r$ 变化太大。实际上，即使 $T_r$ 有微小变化也会明显地改变 $u_H$，这将在下面讨论。

### 3.4.1.5 火焰温度的影响

图 3-15 表示几种混合物的最大火焰速度与火焰温度的关系。显然，$T_r$ 对 $u_H$ 的影响是很强的。可以说 $u_H$ 主要取决于 $T_r$。

实践证明，当 $T_r$ 超过 2773K 时，这时火焰温度的影响已经不符合热力理论了。因为在高温下，离解反应易于进行，从而使自由基的浓度大大增加。作为链载体的自由基的扩散，既促进了反应，又增强了火焰传播。而且，基团相对原子质量之和越小的自由基扩散越容易，因而对火焰传播的影响也越大。许多实际火焰的数据都证明，H 原子浓度的增加对增大火焰传播速度的作用十分显著。例如，加水蒸气或加氢的 $CO/O_2$ 火焰的传播速度要比一般的 $CO/O_2$ 火焰的传播速度快得多，原因就在于自由基 H 和 OH 的扩散。火焰中自由基浓度比同样温度下未反应的燃料或氧化剂中的自由基浓度要高得多。图 3-16 表示 H 原子浓度对各种可燃物火焰传播速度的影响。

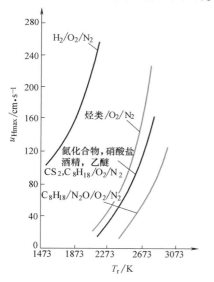

图 3-15 火焰温度对
火焰传播速度的影响

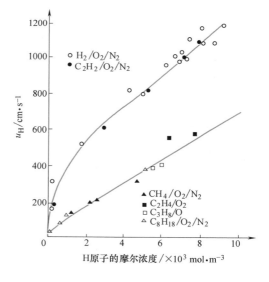

图 3-16 可燃预混气中 H 原子浓度对层
流火焰传播速度的影响

### 3.4.1.6 压力的影响

研究压力对燃烧过程的影响在工程应用中具有很重要的实际意义。因为增加压力一般都能提高燃烧强度，缩小燃烧设备的体积；另外，一些高空飞行器的燃烧室又都在低压下工作，所以讨论压力对火焰传播速度的影响有助于解决在不同压力下复杂的工程燃烧问题。

因为火焰传播速度与化学反应速率有关，而压力的改变会影响化学反应速率的大小，因而亦就影响了 $u_H$ 值。

著名学者刘易斯（B. Lewis）根据实验结果分析，假设火焰传播速度 $u_H$ 与压力具有下

列关系

$$u_H \propto p^m \qquad (3\text{-}48)$$

式中　$m$——刘易斯压力指数，对于各种不同碳氢化合物的可燃混合气，可由图 3-17 给出 $m$ 值。

从图 3-17 可看出，当火焰传播速度较低时，即 $u_H < 50\text{cm/s}$ 时，$m < 0$，所以火焰传播速度随着压力下降而增大；当 $50\text{cm/s} < u_H < 100\text{cm/s}$ 时，因 $m = 0$，故火焰传播速度与压力无关；而当 $u_H > 100\text{cm/s}$ 时，因 $m > 0$，则火焰传播速度随着压力而增大。

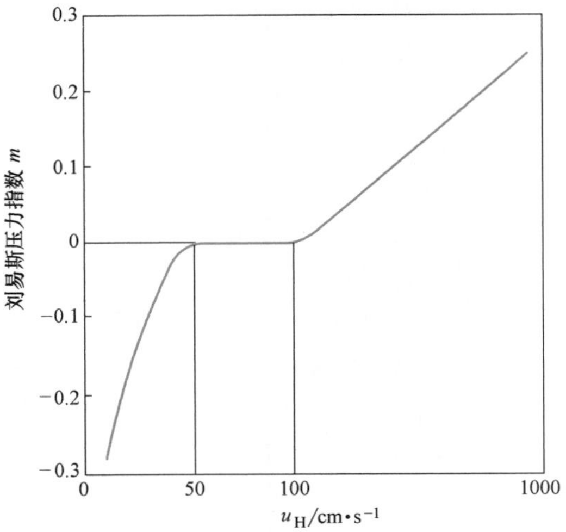

此外，根据火焰传播热力理论可导出 $u_H$，得

$$u_H \rho_0 \propto \overline{w}^{1/2}$$

由化学动力学知：$\overline{w} \propto p^n$，式中指数 $n$ 为总反应级数。因此

$$u_H \rho_0 \propto p^{n/2} \qquad (3\text{-}49)$$

即燃烧的质量速度总是随着压力的增加而增大。考虑到 $p \propto \dfrac{\rho_0}{RT}$，则

$$u_H \propto p^{\frac{n}{2}-1} \qquad (3\text{-}50)$$

图 3-17　压力对火焰传播速度的影响

式（3-50）表明了火焰传播速度与压力的关系。根据这一关系式，前述的三种压力对 $u_H$ 的影响可归纳在表 3-2 中。

表 3-2　压力对 $u_H$ 的影响

| 速度 $u_H/\text{cm} \cdot \text{s}^{-1}$ | 压 力 指 数 $m$ | 变 化 关 系 | 相应的总反应级数 $n$ |
|---|---|---|---|
| <50 | $m < 0$ | $u_H$ 随压力下降而增大 | $n < 2$ |
| 50~100 | $m = 0$ | $u_H$ 不随压力变化 | $n = 2$ |
| >100 | $m > 0$ | $u_H$ 随压力升高而增大 | $n > 2$ |

实验表明，一般轻质碳氢燃料在空气中燃烧，其总反应级数 $n \leqslant 2$。例如，汽油在空气中燃烧，其总反应级数在 1.5~2 之间。因此，它们的火焰传播速度 $u_H$ 随压力下降而略有增加。但需要指出，此时可燃混合气的着火和火焰稳定性能会恶化。当压力增大时，虽然 $u_H$ 有所下降，但流过火焰面的可燃混合气质量流量 $\rho u_H$ 却是增加的，因而在同样大小的火焰锋面内每单位时间内燃烧的燃料量将是增多的。

### 3.4.2　火焰传播界限

若可燃气体混合物中的可燃物含量过多或过少，即使在容器的一处着火后，其火焰仍不能传播到整个容器，因而对于每种可燃气体混合物来讲，都有火焰传播的含量（体积分数）

界限。

可燃物在混合物中的体积分数低于某值而使火焰正常传播速度为零的含量值称为下限，而高于某值而使火焰正常传播速度为零的含量值称为上限。

由实验可知，对于各种不同的可燃气体混合物，其含量接近于上限或下限时，火焰的正常传播速度都为 0.03~0.08m/s。火焰的正常传播速度更小的燃烧情况没有被发现过，故认为正常传播速度低于 0.03m/s 的燃烧是不可能发生的。这是由于燃烧区向外界的热量损失使燃烧区的温度降低到不足以促进化学反应。即使在容器的一处依靠外界的热源来点火时，其火焰仍不能传播到整个容器，待外界的点火热源移走后，即行熄灭。

表 3-3 列出几种气体燃料在与空气混合时的火焰传播含量（体积分数）极限及火焰传播速度。

表 3-3　几种气体燃料在 0.1MPa、293K 时与空气混合时的火焰传播含量（体积分数）极限及火焰传播速度

| 气体 | 含量（体积分数）下限（%） | 含量（体积分数）上限（%） | 最高火焰传播速度 | | $\alpha=1.0$ 时的火焰传播速度/(m/s) |
| --- | --- | --- | --- | --- | --- |
| | | | 所处体积分数（%） | 速度/(m/s) | |
| $H_2$ | 6.5 | 65.2 | 42 | 2.67 | 1.60 |
| CO | 16.3 | 70.9 | 43 | 0.42 | 0.30 |
| $CH_4$ | 6.3 | 11.9 | 10.5 | 0.37 | 0.28 |
| $C_2H_2$ | 3.5 | 52.3 | 10 | 1.35 | 1.0 |
| $C_2H_4$ | 4.0 | 14.0 | 7 | 0.63 | 0.5 |

在某些可燃气体中，如 $H_2$ 和 CO，其火焰传播的含量极限范围是很广的，但在某些气体中，此范围却很小，以至于很难遇到能和空气产生火焰传播的含量。

可燃气体混合物的初始温度 $T_0$ 对于火焰传播的极限含量值也有影响。例如，$CH_4$ 和空气的混合物，当其初始温度从 293K 变到 973K 时，能使含量下限扩大到 3.25%（体积分数），而含量的上限扩大到 18.75%（体积分数）。对于 CO 及 $H_2$ 两种可燃气体的混合物，其火焰传播的含量上、下限与温度 $T_0$ 的关系如图 3-18 所示。

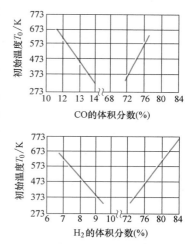

图 3-18　不同气体含量时的着火上限及下限与温度的关系

### 3.4.3　火焰正常传播速度的测量

火焰传播的理论只能提供火焰传播速度的定性结果，而火焰传播速度必须通过实验来确定。

测量火焰传播速度的基本方法有本生灯法、圆柱管法、定容球法、肥皂泡法、粒子示踪法和平面火焰燃烧器法等。而目前随着激光测试技术开始被应用到火焰的测量之中，由于用激光测试可以不破坏流场的结构，因而对测量与研究火焰传播速度提供了更精确且有效的实验方法。

关于本生灯的测量方法，已经在第 3.2 节中做了介绍，这里介绍其他几种测量方法。

#### 3.4.3.1 圆柱管法

一内径大于猝熄距离⊖的水平玻璃管，如图 3-19 所示，在管 1 中装满了均匀的可燃混合气体，点燃后火焰将沿管运动，并通过平衡容器 4，使火焰在管内做匀速直线运动，从而得到一个稳定的火焰形状。

根据燃烧产物的平衡关系可写出

$$u_H A = u_r A_f$$

$$u_H = u_r \frac{A_f}{A} \tag{3-51}$$

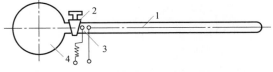

图 3-19　用圆柱管法测定火焰传播速度的装置

1—玻璃管　2—阀门　3—火花点火器

4—装有惰性气体的容器

式中　$A$——火焰锋面表面积；

　　　$A_f$——管子横截面积。

因为火焰锋面是一个曲面，于是 $A > A_f$，

所以 $u_r > u_H$。总的来说，此法测得的结果与本生灯测量的结果相近。

#### 3.4.3.2 定容球法

一个其内充满可燃气体、直径通常为 30cm 的球形容器，在其中心处点火时，火焰就向四周传播，已燃气体的膨胀会使压力和温度由于绝热压缩而升高，温度升高又会使火焰速度自中心到球壁不断增加。如果在此方法中，同时记录已燃气体的球形域的尺寸和容器内的压力，则 $u_H$ 可用下式计算

$$u_H = \left(1 - \frac{R^3 - r^3}{3p\gamma r^2}\right) \frac{\mathrm{d}r}{\mathrm{d}t} \frac{\mathrm{d}p}{\mathrm{d}r} = \frac{\mathrm{d}r}{\mathrm{d}t} - \frac{R^3 - r^3}{3p\gamma r^2} \frac{\mathrm{d}p}{\mathrm{d}t} \frac{\mathrm{d}r}{\mathrm{d}t} \tag{3-52}$$

式中　$\gamma$——未燃混合气的比热容比，$\gamma = c_p / c_V$；

　　　$p$——$t$ 时刻的压力；

　　　$R$——球半径；

　　　$r$——球形火焰的瞬时半径。

从式（3-52）可看出，$u_H$ 是具有类似量级的两个量之差，故以上推导产生的误差，在 $u_H$ 的计算中会增大。

确定燃烧速度的另一种变通方法，是测定已燃气体质量分数 $Y$ 的变化率，即

$$u_H = \frac{1}{3} \frac{R^3}{r^2} \left(\frac{p_i}{p}\right)^{1/\gamma} \frac{\mathrm{d}Y}{\mathrm{d}t} \tag{3-53}$$

式中　$p_i$——初始压力，当 $Y$ 的值不大时，有

$$Y = \frac{p - p_i}{p_e - p_i}$$

式中　$p_e$——定容燃烧过程的压力，可以由理论计算得出。

上面所得的火焰速度假设了在火焰锋面后面的部分处于完全平衡态，并且没有热损失。实际上，在一个很大容积中，火焰锋面后部达到平衡状态是滞后的，因此会产生误差，所以用上述表达式计算所得的 $u_H$ 值常常会小于真实值。

#### 3.4.3.3 肥皂泡法（定压法）

这种方法是将一些均匀可燃混合物吹进附近有一对电火花塞极的肥皂泡中，点火后，其

---

　　⊖　为一临界直径，若小于此直径，燃烧就会发生猝熄。

火焰速度可用下式计算

$$u_H = \frac{v_f r_i^3}{r_f^3}$$ （3-54）

式中　$v_f$——球形火焰面的平均空间速度；

　　　$r_i$——肥皂泡的初始半径；

　　　$r_f$——已燃烟气球面的最终半径。

如果反应区域中的平均有效温度不变，则反应机理不会随成分的改变而变化。燃料和氧化剂浓度对火焰速度，即对总体反应速率的影响可用下式表示：

$$u_H^2 \propto x_f^a x_0^c$$ （3-55）

式中　$x_f$——未燃混气中燃料的摩尔分数；

　　　$x_0$——未燃混气中氧化剂的摩尔分数；

$a$、$c$——试验常数。

初始时刻，球形肥皂泡中的混合气被电火花点燃（图3-20），假定：

1）球形火焰沿径向传播；

2）压力保持不变；

3）用照相法确定火焰锋面的发展过程。

由于火焰锋面之前的质量流量与其后的流量相等，故

$$u_H A \rho_u = u_r A \rho_b$$ （3-56）

即

$$u_H = u_r \frac{\rho_b}{\rho_u} = u_r \frac{T_u}{T_b}$$ （3-57）

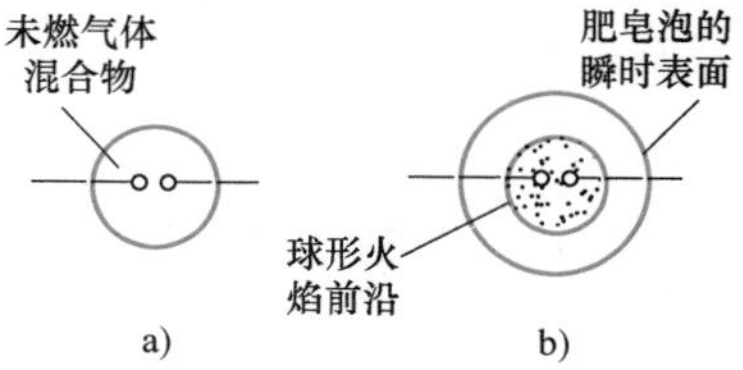

式中　$u_r$——记录得到的火焰速度；

　　　$\rho_u$——火焰锋面之前的可燃物密度；

　　　$\rho_b$——火焰锋面之后的可燃物密度。

图 3-20　肥皂泡法的实验布置

a）零时刻　b）$t$ 时刻

此方法的一个明显不足是难以确定温度比 $T_u/T_b$。虽然可以假定烟气具有理论火焰温度，但对比膨胀比的计算值与实测值，往往会出现严重偏差。而且在应用式（3-54）时，由于计算中要用到肥皂泡半径的三次方，所以必须很准确地知道肥皂泡的初始和最终尺寸，而实际上最终尺寸难以精确测量。此外，还有一些其他问题：

1）用此法研究干可燃物的火焰速度是不合适的，这是因为肥皂溶液的蒸发会使混合物变潮。

2）不可避免地会产生向电极的传热。

3）过于缓慢的燃烧，火焰锋面不可能保持球形，而且反应区会变厚。

4）过于快速的反应，由于火焰结构呈蜂窝状，火焰锋面不可能总是光滑的。

### 3.4.3.4　粒子示踪法

对于圆形喷口的锥形火焰，其表面常呈弧形，照相很困难。为了克服这些困难，刘易斯等利用矩形喷口进行了一项重要的研究。他们设计了一种粒子示踪法，将很细的氧化镁粒投入气流中，产生间歇性的光亮，对示踪粒子拍照便可显示它的方向，图3-21所示是所测得的典型结果。由一级连续照片还可确定出粒子的速度。

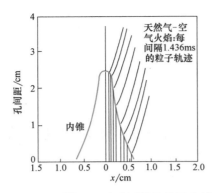

图 3-21　用粒子示踪法测得的粒子穿越
天然气-空气内锥面的轨迹

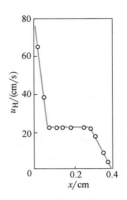

图 3-22　由图 3-21 所显示的粒子
流线所确定的燃烧速度

他们所采用的喷口宽度很小，只有 0.755cm，如果采用大的喷口，则燃烧速度的均匀分布会使火焰传播更快。他们指出，燃烧速度是一个不变的物理本征值（由图 3-22 上的水平段可以看出）。

这个方法的不足之处是引入固体粒子将对火焰表面起催化作用，以致影响燃烧过程，从而改变 $u_H$。此外，如果粒子太大，就不能准确地随气流流动，也会产生误差。用粒子示踪法对燃烧速度进行非常规测量是非常费力的。

### 3.4.3.5　平面火焰燃烧器法

平面火焰燃烧器法是由泡林（Powling）首先提出的，由于此法能产生最简单的火焰锋面，并且其阴影面、纹影和可见锋面的轮廓都相同，所以此方法是最精确的。如图 3-23 所示，将一多孔金属盘或一束直径小于或等于 1mm 的管子置于大管道的出口处，该燃烧器通常由一个水冷式多孔铜制（或不锈钢制）的喷嘴组成，在其周围，为了引入屏蔽气体（通常是氮气），布置了一组多孔罩环。这两个部件都安装在一个加工精度很高，冷却水、燃气和屏蔽气体集中布置的装置中。

气体混合物常常是在高速流动状态下被点燃的，然后调整流速直到形成平面火焰，利用栅格控制已燃烟气的流出率，就可以得到一个十分稳定的火焰。此法一般只适用于燃烧速度低于 15cm/s 的可燃气体，对于高燃烧速度 $u_H$，火焰锋面会远离喷口，形成锥面。斯泊尔丁（Spalding）和博塔（Botha）将采用冷却栓的方法推广用于高速火焰，冷却能使火焰锋面更接近喷口，使火焰稳定。

图 3-24 给出了火焰速度与冷却率之间的关系，并且外推到冷却率为零的地方，即可得到绝热火焰速度 $u_H$。这一方法对可燃极限范围内所有混合比例都适用。

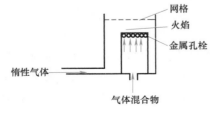

图 3-23　平面火焰装置

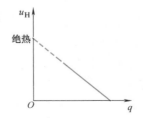

图 3-24　冷却率对层流火焰速度的影响

## 3.5 可燃气体层流动力燃烧和扩散燃烧

### 3.5.1 概述

在目前的锅炉设备中，已广泛地采用火炬燃烧方法来燃烧燃料。

在火炬燃烧中，火焰的形状与喷燃器结构形式、可燃气体和空气混合程度，以及喷燃器工作的空气动力结构有着密切的关系。

当可燃气体混合物从喷燃器出口流出而着火时，所产生的火焰形状是圆锥形的，在稳定的条件下，在圆锥体表面上的火焰传播速度等于气流的速度，这样，火焰即静止不动。

火焰的形状及其长短，对于一定的喷燃器形式来讲，取决于可燃气体与空气在喷燃器中的混合方法，图 3-25 表示了三种火焰的形状。

第一种为预先混合好的化学均匀可燃气体混合物的火焰形状。此火焰由内外两个圆锥体所组成，内部的稍暗、温度较低，外部的光亮、温度较高。在内圆锥体里面，可燃气体混合物不断得到加热，这种火焰的燃烧区宽度最薄，如图 3-25a 所示，这种火焰称动力燃烧的火焰。

第二种为气体可燃物与燃烧所需的部分空气预先混合好后，由喷燃器喷出、燃烧所形成的火焰，如图 3-25b 所示的火焰形状，此火焰由三个圆锥体所组成。在第三个圆锥体内靠着从周围空间的空气扩散进行燃烧，这种火焰称为扩散燃烧的火焰。

第三种为气体可燃物和空气不预先混合的情况下燃烧所形成的火焰，如图 3-25c 所示。气体可燃物燃烧时所需的空气完全由周围空间的空气扩散来供应，此火焰由两个圆锥体所组成，火焰的长度最长。这种火焰也称为扩散燃烧的火焰。

在锅炉设备中广泛采用扩散燃烧，并且往往利用人工的扰动和涡流的方法来加速其可燃物和空气的混合过程。

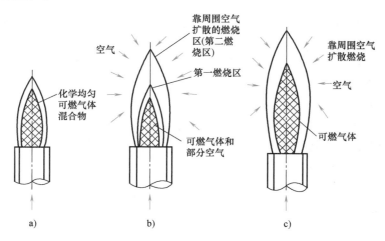

图 3-25　根据可燃气体与空气在喷燃器中不同混合
方法所表示的三种火焰形状

a）动力燃烧的火焰　b）、c）扩散燃烧的火焰

### 3.5.2 化学均匀可燃气体混合物的动力燃烧

对于在层流运动工况下化学均匀可燃气体混合物的火焰形状（即动力火焰的形状）可做如下的分析：

如图 3-26 所示，预先将可燃气体燃料及空气均匀混合后的可燃气体混合物送入喷燃器内，并且可燃气体混合物中的空气含量足以保证可燃气体燃料的完全燃烧。

可燃气体混合物在喷燃器的管内做层流运动，这时在管内任一截面上混合物的速度分布规律为

$$w = w_0\left(1 - \frac{r^2}{R^2}\right) \tag{3-58}$$

式中　$w$——在某一横截面上任意点的混合物流速，单位为 m/s；

　　　$r$——表示该点离开管子中心线的距离，单位为 m；

　　　$R$——表示管子的半径，单位为 m；

　　　$w_0$——表示管子中心线上的混合物流速，单位为 m/s，并且等于平均流速 $\overline{w}$ 的 2 倍，即 $w_0 = 2\overline{w}$。

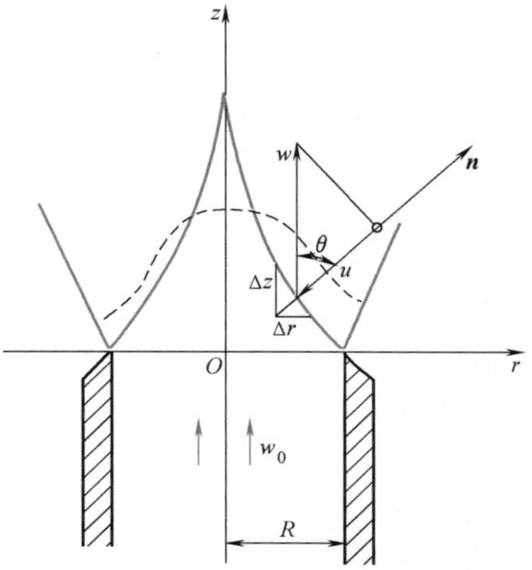

当可燃气体混合物流出喷燃器的出口时，将作层流的自由扩张，即为层流自由射流，则在喷燃器出口外的混合物的速度将不再按抛物线的规律来分布，米海立松认为在喷燃器出口处以外，靠近管壁处的混合物流速并不等于零，而建议如下的速度分布规律

图 3-26　动力燃烧的火焰形状

$$w = w_0\left(1 - \frac{r^2}{R^2}\right) + w_R \tag{3-59}$$

在管壁处，$r = R$ 混合物的流速 $w = w_R$ 说明靠近管壁处的混合物流速并不等于零，而具有某速度值 $w_R$。

在分析时，假定火焰前沿是一数学表面。在这一表面上，可燃气体混合物从初始状态突然过渡到剧烈燃烧，并在这一表面上完成其燃烧过程。所以，可认为在火焰前沿表面之前（即火焰表面内的核心中），混合物是在等温条件下流动的。

为了避免气体在横截面上产生对流（如图 3-26 所示），应将喷燃器垂直放置。

当火焰前沿在稳定不动的情况下，如前所述，在火焰前沿某点处的气体速度和火焰前沿移动的正常传播速度之间有如下的关系

$$u_{\mathrm{H}} = w\cos\theta \tag{3-60}$$

式中　$\theta$——流速与该处法线方向之间的夹角。

或写成

$$\cos\theta = \frac{u_{\mathrm{H}}}{w} \tag{3-61}$$

如果式（3-61）用坐标 $r$ 及 $z$ 的微分关系来表示时，则

$$\cos\theta = \frac{dr/dz}{\sqrt{1 + \left(\dfrac{dr}{dz}\right)^2}} = \frac{u_H}{w} \tag{3-62}$$

由此可得

$$\frac{dz}{dr} = \frac{\pm\sqrt{w^2 - u_H^2}}{u_H} = \pm\sqrt{\frac{w^2}{u_H^2} - 1} \tag{3-63}$$

由式（3-59）可知

$$w = w_0 + w_R - \frac{w_0}{R^2}r^2 \tag{3-64}$$

或

$$w = m - nr^2 \tag{3-65}$$

其中

$$m = w_0 + w_R$$

$$n = w_0/R^2$$

将式（3-65）代入式（3-63），得

$$\frac{dz}{dr} = \frac{1}{u_H}\sqrt{(m - nr^2 + u_H)(m - nr^2 - u_H)} \tag{3-66}$$

变换式（3-66）中的变数

令

$$\frac{nr^2}{m - n} = \sin^2\phi \tag{3-67}$$

$$\frac{m - n}{m + n} = K^2 \tag{3-68}$$

则

$$\frac{n}{m + n}r^2 = K^2\sin^2\phi \tag{3-69}$$

将式（3-67）、式（3-68）及式（3-69）代入式（3-66），得

$$dz = \cos^2\phi\,\frac{m - u_H}{n}\sqrt{\frac{m + u_H}{n}}\sqrt{1 - K^2\sin^2\phi\,d(d\phi)} \tag{3-70}$$

积分式（3-70）并假定正常传播速度 $u_H$ 为常数，得

$$z = C \pm M\left[\sin\phi\cos\phi\Delta\phi - \frac{1 - K^2}{K^2}F(\phi,\ K) + \frac{1 + K^2}{K^2}E(\phi,\ K)\right] \tag{3-71}$$

式中　$C$——积分常数。

$$M = \frac{m - u_H}{n}\sqrt{\frac{m + u_H}{n}}$$

$$\Delta\phi = \sqrt{1 - K^2 - \sin^2\phi}$$

而

$$F(\phi,\ K) = \int_0^\phi \frac{d\phi}{\Delta\phi}$$

$$E(\phi,\ K) = \int_0^\phi \Delta\phi\,d\phi$$

除了火焰锥体的顶点外，式（3-71）与火焰的形状很相符。为了简化计算，设

$$\left(\frac{w}{u_H}\right)^2 \gg 1 \tag{3-72}$$

故而由式（3-63）可得

$$\frac{\mathrm{d}z}{\mathrm{d}r} \approx \pm \frac{w}{u_H}(r > 0, \ 取 - 号, \ r < 0, \ 取 + 号) \tag{3-73}$$

若考虑 $r>0$ 的部分，则将式（3-59）代入式（3-73），得

$$\frac{\mathrm{d}z}{\mathrm{d}r} = \frac{w_R + w_0\left(1 - \dfrac{r^2}{R^2}\right)}{u_H} \tag{3-74}$$

积分式（3-74）

$$\int_0^z \mathrm{d}z = \int_r^R \frac{w_R + w_0\left(1 - \dfrac{r^2}{R^2}\right)}{u_H}\mathrm{d}r$$

得

$$z = \frac{1}{u_H}\left\{(w_0 + w_R)(R - r) - \frac{w_0}{3}\left(R - \frac{r^3}{R^2}\right)\right\} \tag{3-75}$$

按式（3-75）来进行计算火焰形状时，则当 $\dfrac{\overline{w}}{u_H} > 5$ 的情况下，其计算误差不会超过 2.5%，故对大部分实际情况来讲，式（3-75）可认为是满意的。

利用式（3-75）可以计算火炬着火区长度 $L_B$。

由于假定火焰前沿为一数学表面，所以火焰长度 $L_B$ 即为火炬中心线上（$r = 0$）$z$ 的数值，即

$$L_B = \mid z \mid_{r=0} = \left(\frac{2}{3}w_0 + w_R\right)\frac{R}{u_H} \tag{3-76}$$

由式（3-76）可知，当可燃气体混合物的流速及喷燃器管径越大时，则火炬长度 $L_B$ 越长；相反，当可燃气体混合物的正常传播速度越大时，则着火区长度 $L_B$ 越短。

由以上的计算结果来看，火焰锥体的顶部是尖角的，这是由于在计算过程中，假定了火焰前沿移动的正常传播速度在其表面的各处都是相同的，实际上在火焰锥体的顶部，其正常传播速度数值最大，其原因可认为：

1）在实际的火炬燃烧过程中，其火焰前沿不可能为一数学表面，所以在火焰锥体的内部，可燃气体混合物得到一定程度的预热，这样在喷管中心线上流动的混合物的预热程度较其他部分混合物的预热程度大，所以在喷管中心线上应具有最大的正常传播速度。

2）火焰的活泼中心从反应区域向火焰锥体的内部进行扩散，这样，在喷管中心轴线上所获得的活泼中心较其他部分更多，所以亦促使在中心轴线上的正常传播速度为最大。

由此可见，在火焰中心线上的正常传播速度最大，当该处的火焰前沿达到稳定不动时，则该处的正常传播速度 $u_H$ 必然与该处的混合物流速相同，即 $u_H = w$，因而在火焰锥体的顶部为 $\cos\theta = 1$，火焰锥体的顶部成为圆形，如图 3-26 中的虚线所示。

在靠近喷燃器管壁附近的气流速度最小，但由于在该处向外界的散热量亦多，其正常传播速度必然降低，得以维持该处火焰前沿的稳定，而不致缩到喷管以内去，这样，火焰锥体的母线在靠近喷燃器管壁附近就有变成水平的趋势。

由实验可知，在湍流工况下化学均匀可燃气体混合物的火焰形状差不多亦是圆锥体形

的，对于可燃气体混合物在湍流工况下火焰核心的长度亦可用式（3-76）相近的形式来表示，即

$$L_{B,T} \propto \frac{\overline{w_R}}{u_T} \tag{3-77}$$

式中　$\overline{w_R}$——表示湍流工况下的平均气流速度，单位为 m/s。

当气流速度增加时，则由式（3-77）可知，其火焰前沿移动的湍流速度 $u_T$ 亦成比例增加，故而其火焰核心的长度可能增加很少。

### 3.5.3　可燃气体的扩散燃烧

将气体燃料及空气分别由喷燃器送入炉膛内进行燃烧，此时的火焰称为扩散火焰。这时，气体燃料燃烧时所需的空气将从火焰的外界依靠扩散的方式来供给，故火焰的形状和火焰的表面积大小不再是取决于火焰传播的速度，而是取决于气体燃料和空气之间的混合速度。对于不同的气流流动工况，其混合过程亦不同：在层流工况下，混合过程是纯粹依靠分子热运动的分子扩散；而在湍流工况下，混合过程主要依靠微团扰动的湍流扩散。

扩散形式的火焰亦可以是在气体燃料和部分空气均匀混合后由喷燃器送入炉膛内，支持能够完全燃烧的部分空气从火焰的外界依靠扩散来供给燃烧从而形成的火焰。一般将预先和气体燃料相混合的那部分空气称为一次风，而将由外界扩散入火焰的那部分空气称为二次风。

对于气体燃料和空气分别由喷燃器送入炉膛内进行燃烧的扩散火焰形状和大小作如下分析：

如图 3-27 所示，气体可燃物及空气分别在管径为 $R_1$ 的内管和管径为 $R_2$ 的外管里作层流流动，这两个管子是同心的。这样，管径为 $R_2$ 的外管一方面可看做供给空气的"炉膛"，另一方面它限制了火焰向外扩散。为便于计算和分析，作如下的假定：

1）气体可燃物及空气是定常流动。

2）气体可燃物及空气的流速相同，都为 $w$（单位为 m/s）。

3）由于在燃烧区域中的化学反应速率都大，故燃烧速度只取决于空气和气体可燃物之间的扩散速度。

4）同样，由于火焰前沿的宽度很薄，可假定为一数学表面，因而火焰前沿将空气及气体可燃物分开，在火焰前沿中，过量空气系数 $\alpha = 1$。

5）在计算过程中不考虑气体由于受热而膨胀，以及不考虑燃烧产物的渗入。

为了避免气流在横截面上产生对流现象，将喷燃器垂直放置。空气和气体可燃物最先接

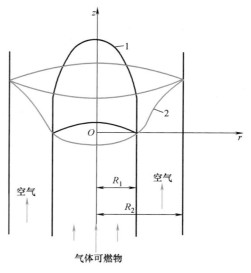

图 3-27　扩散燃烧的火焰形状

1—空气过剩时　2—气体可燃物过剩时

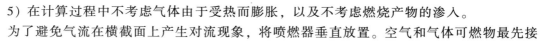

触是在内管的边缘，故管子边缘为火焰的开始处。

在圆柱坐标（$r$、$z$）中，对于定常流动下的物质交换方程式为

$$\frac{\partial c}{\partial z} = \frac{D}{w}\left[\frac{\partial^2 c}{\partial z^2} + \frac{1}{r}\frac{\partial}{\partial r}\left(r\frac{\partial c}{\partial r}\right)\right] \tag{3-78}$$

式中   $D$——扩散系数，单位为 $m^2/s$；

   $c$——表示在坐标为（$r$、$z$）处的可燃气体混合物的浓度，单位为 $mol/m^3$；

   $w$——表示在坐标为（$r$、$z$）处的可燃气体混合物的速度，单位为 $m/s$。

边界条件为：

1）在 $z=0$ 及 $r \leqslant R_1$ 处，则 $c=c_r$。其中，$c_r$ 表示由内管流出的气体可燃物的初始浓度。

2）在 $z=0$ 及 $R_1 \leqslant r \leqslant R_2$ 处，则 $c=c_k$。其中，$c_k$ 表示外管中流动的氧气的初始浓度。

3）在 $r=0$ 及 $r=R_2$ 处，则 $\dfrac{dc}{dr}=0$。即在任何横截面上，在管子中心线上以及在外管壁上沿坐标 $r$ 可燃气体混合物浓度梯度等于零。

火焰前沿处，过量空气系数 $\alpha=1$，亦即浓度 $c=0$。

利用边界条件解出式（3-78）的微分方程，可得出气体浓度在管内的分布情况，而在浓度 $c=0$ 处，即为火焰前沿。如图 3-27 所示，表面 1 为空气过量时的火焰前沿形状，表面 2 为气体可燃物过剩时火焰前沿的形状。

假定式（3-78）中，沿 $z$ 轴的气流方向上的扩散传递和在气流横向上（$r$ 方向）的扩散传递相比，可以忽略不计，即

$$\frac{\partial^2 c}{\partial z^2} \ll \frac{1}{r}\frac{\partial}{\partial r}\left(r\frac{\partial c}{\partial r}\right) \tag{3-79}$$

这样的假定对于具有一定长度的管道来说，是足够严格的。因此式（3-78）可改写成

$$\frac{\partial c}{\partial z} = \frac{D}{w}\left[\frac{1}{r}\frac{\partial}{\partial r}\left(r\frac{\partial c}{\partial r}\right)\right] \tag{3-80}$$

为了便于分析火焰的长度及其影响因素，变换式（3-80）中的各项。令

1）$r' = \dfrac{r}{R_2}$。

2）$c' = \dfrac{c}{c_0}$，其中 $c_0 = c_r + \dfrac{c_k}{i}$，$i$ 表示完全燃烧 1mol 气体可燃物所需氧气的物质的量。

3）$z' = \dfrac{D}{wR_2^2}z$，并代入式（3-80），则得

$$\frac{\partial c'}{\partial z'} = \frac{\partial^2 c'}{\partial r'^2} + \frac{1}{r}\frac{\partial c'}{\partial r'} \tag{3-81}$$

其边界条件 $r=0$，$r=R_1$ 及 $r=R_2$，分别变为 $r'=0$，$r'=\dfrac{R_1}{R_2}$ 及 $r'=1$，因此式（3-81）之解具有下列函数关系

$$c' = f\left(f'，\ z'，\ \frac{R_1}{R_2}\right) \tag{3-82}$$

或者写成

$$\frac{c}{c_0} = f\left(\frac{r}{R_2}, \ \frac{Dz}{wR_2^2}, \ \frac{R_1}{R_2}\right) = 0 \tag{3-83}$$

火焰前沿系在 $c=0$ 处，故火焰前沿形状的方程式由式（3-83）可得

$$f\left(\frac{r}{R_2}, \ \frac{Dz}{wR_2^2}, \ \frac{R_1}{R_2}\right) = 0 \tag{3-84}$$

当空气过量时，火焰长度即为 $r=0$ 时的 $z$ 的数值。而当气体可燃物过量时，火焰长度即为 $r=R_2$ 时 $z$ 的数值 $L_B$，故由式（3-84）可知

$$\frac{DL_B}{wR_2^2} = 常数 \tag{3-85}$$

火焰长度 $L_B$ 为

$$L_B \propto \frac{wR_2^2}{D} \tag{3-86}$$

由式（3-86）可知，当气流流动速度 $w$ 增加和喷燃器半径增大（成平方关系）时，则火焰长度亦增加。反之，当扩散系数 $D$ 增加时，火焰长度会减短。

将式（3-86）改写成

$$\frac{L_B}{R_2} \propto \frac{wR_2}{D} \tag{3-87}$$

对于层流工况来讲，假定 $D \approx \nu$，其中 $\nu$ 表示运动黏度。

则

$$\frac{L_B}{R_2} \propto Re \tag{3-88}$$

式中　$Re$——雷诺数，$Re = \dfrac{wR_2}{\nu}$。

可见此值 $\dfrac{L_B}{R_2}$ 系与 $Re$ 数成正比，这只适用于层流工况。

对于圆截面喷燃器，空气和气体可燃物在单位时间内的流量和与 $wR_2^2$ 成正比，故而由式（3-86）可知

$$L_B \propto \frac{q_V}{D} \tag{3-89}$$

式中　$q_V$——在单位时间内空气和气体可燃物的流量和，单位为 $\mathrm{m^3/s}$。

所以在圆截面喷燃器中，在一定的气体流量下，其火焰长度与速度、管径无关。

对于缝隙形喷燃器，则气体流量正比于 $wR_2$。故由式（3-86）可知，其火焰长度 $L_B$ 为

$$L_B \propto \frac{wR_2}{D} \tag{3-90}$$

式（3-90）中的 $R_2$ 应理解为喷燃器的宽度，单位为 m。

对于湍流流动工况，扩散燃烧时的火焰长度公式亦与式（3-86）相仿，只不过将式（3-86）中的扩散系数换成平均湍流扩散系数 $D_T$。即湍流工况下扩散燃烧的火焰长度 $L_{B,T}$ 为

$$L_{B,T} \propto \frac{wR_2^2}{D_T} \tag{3-91}$$

式中 $D_T$——平均湍流扩散系数，与 $Re$ 数的关系如下

$$D_T = 9 \times 10^{-3} pRe^{0.84} \tag{3-92}$$

由式（3-89）及式（3-90）可见，在湍流流动工况下，扩散燃烧的火焰核心的长度随气体速度及喷燃器管径增加而增加，但其增加程度比层流工况下小。

综合以上所述，不论气体的流动工况为层流或湍流，在化学非均匀的扩散燃烧过程中，其火焰的性质在很大程度上取决于气体的空气动力特性和混合过程的物理因素，而火焰核心的长度基本上与火焰传播的正常速度无关。

## 3.6 火焰稳定的基本原理和方法

在燃烧技术中，十分重要的问题是保证已着火了的燃料不再熄灭，即要求火焰前沿能稳定在某一位置，这样就能使燃烧过程稳定地继续下去。若火焰前沿不能稳定，被气体越"吹"越远，这样必然导致熄灭。要保证火焰前沿稳定在某一位置的必要条件是：可燃物向前流动的速度等于火焰前沿可燃物传播的速度。这两个速度方向相反，大小相等，因而火焰前沿就静止在某一位置上。如图 3-28 所示为本生灯火焰的形成机理，有四种不同工况。将壁面附近的气流速度和火焰传播速度的分布图进行比较，就可以分析出火焰是怎样稳定在喷嘴出口处的。当预混气体流量很小、使得出口断面上的流动速度 $w$ 总是小于 $u_H$ 时，火焰就会向管内传播，造成回火。另一方面，若流速过高、$w$ 总是大于 $u_H$ 时，则会"吹灭"火焰。只有当 $u_H$ 和 $w$ 两分布曲线在某一径向位置相切时，才能达到临界条件。图 3-28d 表示稳定的燃烧状态。

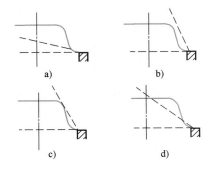

图 3-28 火焰锋面在本生灯壁面附近稳定
a) 回火 b) 吹灭 c) 临界 d) 稳定
--- 来流速度法向量的分布
—— 火焰速度分布

### 3.6.1 火焰稳定的几个特征

#### 3.6.1.1 火焰根部的形状

火焰由喷嘴喷出后，火焰锥的形状不可能是正锥形的，否则火焰就难以稳定在炉内某一位置。其理由如下：假设火焰是正锥形，那么根据 3.2 所述，在火焰锥中法向正常传播速度和气流速度之间的关系为

$$u_T = w\cos\phi = w_n \tag{3-93}$$

由图 3-29 可知，此时气流可分为两个分速，一个为垂直于火焰锥的 $w_n$，其大小刚好等于 $u_H$，另一个为平行于火焰锥的 $w_S$，这个分速不断地将前沿带离喷嘴。故着火后经过 $\tau_1$ 瞬间，火焰前沿被 $w_S$ 带至图 3-29b 的位置；在 $\tau_2$ 瞬间时，只有在火焰锥顶存在少许火焰前沿（图 3-29c），因此归根到底，火焰是要被吹走而熄灭的。

可以推想，对于稳定燃烧的火焰根部不会是正锥形。由试验发现，在火焰根部出现有一

圈 $w=u_H$ 的点火环，在点火环内 $\varphi$ 角等于零，这才能保证 $u_H=w\cos\varphi=w_n=w$；$w_S=w\sin\varphi=0$（图 3-30）。出现点火环的主要原因是：①对气流来说，靠近壁面的速度 $w\to0$；②由于管壁向外大量散热，其温度较低；③在管壁附近很多活化分子被中断，使链反应变慢。这些都导致 $u_H$ 的降低，因此在火焰根部总可以找出某一圆环，保证条件 $u_H=w$ 实现。

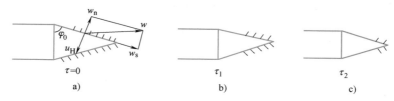

图 3-29　火焰根部的理想形状

试验经常发现，在湍流工况下的动力火焰稳定性较差。这是因为湍流运动的速度场在轴心分布较平坦，但其在管壁处速度梯度则比层流的高得多，因此使得形成 $u_H=w$ 的火焰根部圆环面积变小，再加上气流不断的脉动，就导致湍流动力火焰较难稳定。

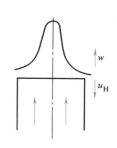

图 3-30　火焰的
正直形状

#### 3.6.1.2　火焰顶部的形状

试验发现，火焰顶部也不成尖锥形，而一般往往形成一个圆角。这可以用和上面相同的道理来解释，如果火焰锥不成圆角，则不能保证条件 $u_H=w$ 实现，因此火焰锥也就不可能稳定。

#### 3.6.1.3　火焰前沿的位置

对于动力火焰，火焰前沿的位置一般只取决于流体动力条件，即稳定在 $u_H=w\cos\phi$ 的表面内。对于扩散火焰，上述条件仍然要遵守，但是由于可燃物浓度成分不断变化，故 $u_H$ 并非常数，此时火焰前沿一般稳定在过量空气系数 $\alpha=1$ 的表面上。理由如下：假设在 $\alpha<1$ 表面存在有火焰前沿，由于这里氧气含量的不足只能部分燃烧。剩余未燃可燃物则继续往前运动，当遇到了迎面而来的氧气时，这些过剩可燃物和氧反应，使得本来供给火焰前沿的氧量越发减少，即越是 $\alpha<1$。这样，在火焰前沿能烧去的可燃物进一步减少，如此反复，火焰前沿在 $\alpha<1$ 处必然不可能存在，而向前移动至 $\alpha\approx1$ 的地方。同理亦可判断，火焰前沿也不可能稳定在 $\alpha>1$ 的表面上。

由上述可知，为了使火焰稳定，则气流速度和燃烧速度必须相等。一般工业用燃烧设备中往往都是气流速度大于燃烧速度，故为了使火焰能够稳定，可以采用下列原则：

1）在自由火焰边界层中实现火焰的稳定，如常用的自由射流火焰。

2）引入外界能源稳定火焰，如用电火花点火、煤粉火焰中应用重油辅助喷嘴等。

3）利用空气动力回流特性来稳定火焰，如旋转射流、绕非流线型物体流动等。

4）利用热流循环来稳定火焰，如利用炉壁拱等辐射。

关于各种稳定方法及其稳燃原理将在本节稍后加以分析。

### 3.6.2　火焰的回火和吹熄的临界条件

设有某一定成分的可燃物自喷嘴喷出后形成类似于自由射流的流动工况，在喷嘴边缘上和周围介质之间形成了边界层区域，此时燃烧速度和流动速度之间的分布如图 3-31 所示。

在喷嘴内部，火焰是不可能稳定的，在靠近喷嘴壁面处，散热较快，使可燃物温度降低。由试验得知，火焰法线正常传播速度 $u_H$ 近似与温度平方成正比，故此时在壁面附近经常会出现 $u_H < w$ 的条件。当可燃物喷离喷嘴后，由于没有金属壁的作用，散热损失显著减少，$u_H$ 升高，在Ⅲ截面上出现一点 $A$，在该点有 $u_H = w$；由于散热进一步减少，$u_H$ 继续提高，使得到Ⅳ截面时燃烧过程出现了大量介质，减小了可燃物的浓度，因而使燃烧速度 $u_H$ 也减小，故在Ⅴ截面上 $u_H$ 和 $w$ 曲线又重新出现一个交点；到Ⅵ截面时交点不再存在，之后火焰就难以稳定。可见在 $A$、$B$、$D$、$C$、$A$ 范围内存在着燃烧速度大于可燃物运动速度的条件，即存在使火焰往 $A$ 点运动的条件。即便由于某种原因使得气流速度瞬间大于 $u_H$ 时，火焰前沿便被带回 $ABDCA$ 范围内，但瞬时过后，又有 $u_H > w$，使得火焰前沿又回复到 $A$ 点。故可把 $A$ 点看成是不动的点火源，$A$ 点的位置与流体动力及可燃物特性等条件有关。

以上讨论是对简单的层流火焰进行的，对于工程上经常使用的湍流火焰，情况比较复杂，但基本原理是类似的。根据图 3-31 所示的模型，并假设在喷嘴壁面和边界层附近 $u_H$ 和 $w$ 近似为线性变化，刘易斯等提出了边界层速度梯度相等的火焰稳定理论。即要使火焰稳定能得到实现，气流速度和燃烧速度在该点处的梯度必须相等。如果 $w$ 和 $u_H$ 都是线性变化，则同时满足了 $u_H = w$ 的条件，对于层流火焰，一般得出抛物线的速度分布规律

$$w = w_0 \left( 1 - \frac{r^2}{R^2} \right) \tag{3-94}$$

此时，为了使火焰稳定在喷嘴口且不至于产生回火的条件为

$$\left( \frac{\mathrm{d}u_H}{\mathrm{d}r} \right)_{r=R} \leqslant \left( \frac{\mathrm{d}w}{\mathrm{d}r} \right)_{r=R} \tag{3-95}$$

对式（3-94）进行微分，可得

$$\left( \frac{\mathrm{d}u_H}{\mathrm{d}r} \right)_{r=R} = \left( \frac{\mathrm{d}w}{\mathrm{d}r} \right)_{r=R} = \frac{4q_V}{\pi R^3} \tag{3-96}$$

式中　$q_V$——流出喷嘴的体积流量；

　　　$R$——喷嘴直径。

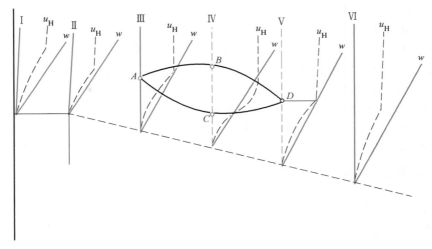

图 3-31　边界层中火焰稳定的模型

可见要使火焰稳定在喷嘴口而不在喷嘴内燃烧必须要满足式（3-96），此式即为不回火的临界条件，当可燃物流量 $q_{V1} < q_V$ 时，则会出现回火。目前理论上还很难准确求出 $\left(\dfrac{du_H}{dr}\right)$ 的变化规律，因此临界条件一般由试验决定。同理亦可求出临界脱火的条件，即当可燃物速度大于某一定值时，火焰会被吹熄，如图 3-31 中 $D$ 点，在该点处燃烧速度和气流速度梯度亦应相等。只要知道该点处的气流速度和燃烧速度分布规律，同样可求出类似于式（3-96）的脱火临界条件。格鲁尼埃（Grunier）等把刘易斯的模型推广到湍流工况中。作者认为在任何喷嘴的湍流流动仍会出现有层流边界层，而能量损失主要耗费在边界层上，根据牛顿摩擦定律可写出

$$\mu \frac{dw}{dr} \times 2\pi R = \left(\frac{\Delta p}{l}\right)\pi R^2 \tag{3-97}$$

式中　$\mu$——分子动力黏度；

　　　$l$——长度；

　　$\Delta p$——由阻力所产生的压力降，一般可用阻力系数 $\lambda$ 来表达。

$$\Delta p = \lambda \frac{1}{2R}\frac{\rho w^2}{2}$$

代入上式可求出边界层内速度梯度和流动参数的关系

$$\left(\frac{dw}{dr}\right)_b = \frac{\lambda \overline{w} Re}{16R} = \frac{\lambda q_V Re}{16\pi R^3} \tag{3-98}$$

式中　下角 b——"边界条件"；

　　　$\overline{w}$——气流平均流动速度；

　　　$q_V$——气流体积流量，$q_V = \pi R^2 \overline{w}$；

　　　$Re$——雷诺数。

$$Re = \frac{2wR}{\nu} = \frac{2q_V}{\pi R\nu} \tag{3-99}$$

得出气流速度梯度后，就有可能应用边界层上火焰稳定的临界条件式（3-98）。应当指出，式（3-98）对层流工况和湍流工况都同样适用，不同的只是阻力系数 $\lambda$ 值，在层流工况下，阻力系数和雷诺数有如下的关系

$$\lambda = \frac{64}{Re} \tag{3-100}$$

代入（3-98）可得

$$\left(\frac{dw}{dr}\right)_b = \frac{4q_V}{\pi R^3}$$

这和刘易斯所得式（3-96）完全一致，在湍流工况下阻力系数与 $Re$ 的关系主要由试验决定，例如对圆形喷嘴

$$\lambda = 0.316/Re^{0.25} \tag{3-101}$$

### 3.6.3　钝体后回流区火焰稳定原理

由于钝体（非流线型物体）广泛被用来稳定火焰，因此许多研究人员对它进行了研究。

火焰绕流钝体时会出现有回流区，在回流区内由于吸入大量高温烟气，使燃烧反应物温度升高，在区内某处实现了着火条件，因而产生了稳定的着火点。要使火焰熄灭（脱火）的条件是：稳定的着火点被吹至回流区界限以外，使着火不可能发生。如果认为回流区尺寸大小与形成回流区的钝体尺寸 $d$ 有关，并设 $L$ 表示所产生的稳定着火点与钝体的距离，则比值 $L/d$ 就是衡量是否会出现脱火的参数。这个比值与流动条件 $Re$ 和可燃物特性（$a$、$u_{\mathrm{H}}$）以及温度等因素有关，即

$$L/d = f\left(Re,\ a,\ \frac{T_{\mathrm{r}}}{T_0}\right) \tag{3-102}$$

式中　$T_0$、$T_{\mathrm{r}}$——可燃物初温及燃烧温度；

　　　$a$——可燃物的热扩散率。

　　因此，可认为着火过程所有准备工作在 $L$ 范围内完成，故

$$L = kw\tau$$

式中　$k$——比例系数；

　　　$\tau$——燃烧时间，可用下式近似计算

$$\tau \approx \frac{a}{u_{\mathrm{H}}^2}$$

式中　$a$——热扩散率。

则

$$\frac{L}{d} = k\frac{w\tau}{d} = k\frac{wa}{du_{\mathrm{H}}^2} = f\left(Re,\ a,\ \frac{T_{\mathrm{r}}}{T_0}\right)$$

把 $\dfrac{u_{\mathrm{H}}^2 d}{wa}$，定义为米海尔松准则，即

$$Mi = \frac{u_{\mathrm{H}}^2 d}{wa} = F\left(Re,\ a,\ \frac{T_{\mathrm{r}}}{T_0}\right) = 常数 \tag{3-103}$$

　　实际上，准则 $Mi$ 是有明确的物理意义的，由于钝体尺寸 $d$ 是与回流区长度成比例的，因此比值 $\dfrac{d}{w}$ 可看作是与可燃物在回流区内停留时间 $\tau_{\mathrm{r}}$ 成比例，即

$$\tau_{\mathrm{r}} \propto \frac{d}{w}$$

而比值 $\dfrac{a}{u_{\mathrm{H}}^2}$ 代表可燃物由开始准备至着火燃烧所需时间 $\tau_{\mathrm{i}}$，即

$$\tau_{\mathrm{i}} \approx \frac{a}{u_{\mathrm{H}}^2}$$

因此米海尔松准则实际上是代表可燃物在钝体后停留时间和可燃物燃烧所需时间之比值。

$$Mi = \frac{u_{\mathrm{H}}^2 d}{wa} \approx \frac{\tau_{\mathrm{r}}}{\tau_{\mathrm{i}}} \tag{3-104}$$

　　若可燃物停留时间小于燃烧时间（$\tau_{\mathrm{r}} \ll \tau_{\mathrm{i}}$），即 $Mi \ll 1$ 时，火焰就会被吹离回流区而熄灭。理论上准则 $Mi$ 越大越好，并且 $Mi \approx 1$ 时相应于临界稳定着火值，但由于推演过程中应

用了一些比例系数，并且 $\tau_r$、$\tau_i$ 还与可燃物特性、钝体形状等因素有关，故准则 $Mi$ 一般不为常数。例如，对汽油空气混合物 $Mi \approx 1.145$，对丙烷、丙烯 $Mi \approx 0.45$，因此可以由米海尔松准则出发来讨论保证着火所需回流区尺寸与各参数的关系。设为保证火焰稳定所必需的 $Mi$ 值不低于某一数值 $k$（一般 $k$ 根据具体情况由试验得出）

$$Mi = \frac{u_H^2 d}{aw} = k \qquad (3\text{-}105)$$

或写成

$$\frac{u_H^2 x}{aw} = k_1$$

这里 $x$ 代表回流区长度（$x \le d$），$k_1 = kx/d$，故

$$x = k_1 \frac{aw}{u_H^2} \qquad (3\text{-}106)$$

一般热扩散率和火焰正常传播速度可表达成

$$a = a_0 \frac{(T/T_0)^n}{p/p_0} \qquad (3\text{-}107)$$

$$u_H = u_{H,0} \frac{(T/T_0)^m}{(p/p_0)^s} \qquad (3\text{-}108)$$

式中　$u_{H,0}$——初始火焰速度。

通常对碳氢化合物可取

$$n = 1.75,\ m = 1.8,\ s = 0.25$$

将上值及式（3-107）、式（3-108）代入式（3-106）可得

$$x = k_1 \frac{a_0 w}{u_{H,0}^2} \frac{1}{(T/T_0)^{1.85}(p/p_0)^{0.5}} \qquad (3\text{-}109)$$

由此可见，为保证稳定着火所需的回流区尺寸随气流速度的升高、可燃混合物的温度及压力降低而增加，特别是温度因素对回流区尺寸影响较大。可燃物在这里也起很大的作用，燃烧得越快的可燃物（$u_{H,0}$ 值越大），要求的回流区尺寸越小。目前对保证着火所需回流区大小尚无可靠的估算方法。上述火焰稳定理论一般只是提供总结试验应用和方法，而没有直接计算各种参数对火焰稳定的影响。

上述的火焰稳定模型是以可燃物在回流区的停留时间及燃烧时间的比值来决定的。但是存在着另一种观点[一]，认为起主要作用的是回流区所能供应的热量 $q_2$ 是否大于或等于可燃混合物着火所需的热量 $q_1$，可燃混合物由 $T_0$ 加热至着火温度 $T_i$ 所需的热量为

$$q_1 \propto w\delta\rho c_p(T_i - T_0) \qquad (3\text{-}110)$$

式中　$w$——气流速度；

　　　$\rho c_p$——单位体积可燃物的热容；

　　　$\delta$——可燃物燃烧准备区厚度，按量纲分析：

$$\delta \propto \frac{a}{u_H} \qquad (3\text{-}111)$$

———————————

⊖　由威廉姆斯（G. Williams）和霍特尔（H. Hottel）提出。

式中　$a$——热扩散率，$a = \dfrac{\lambda}{\rho c_p}$

故
$$q_1 \propto w \frac{\lambda}{u_H} \ (T_i - T_0) \tag{3-112}$$

在回流区高温烟气对可燃物的传热量

$$q_2 \propto \alpha d(T_g - T_0) \tag{3-113}$$

式中　$d$——稳燃器的特征尺寸；

　　$(T_g - T_0)$——高温烟气和可燃物的温差；

　　$\alpha$——表面传热系数

$$\alpha \propto Re^n \frac{\lambda}{d} = \left(\frac{wd}{\nu}\right)^n \frac{\lambda}{d}$$

式中　$\lambda$，$\nu$——回流区内混合物的热导率和运动黏度。

很明显，当 $q_2 \geqslant q_1$ 时能稳定燃烧；$q_2 < q_1$ 时即会出现脱火；则 $q_2 = q_1$ 为稳定着火的临界条件，由式（3-112）及式（3-113）可得

$$\frac{w}{d^{\frac{n}{1-n}}} \propto \frac{1}{\nu^{\frac{n}{1-n}}} \left[\frac{u_H(T_g - T_0)}{(T_i - T_0)}\right]^{\frac{1}{1-n}} \tag{3-114}$$

即火焰稳定的临界气流速度与燃烧特性（$u_H$、$T_i$），回流区尺寸（通过稳燃器直径 $d$），可燃物压力（$p$）、温度（$T_0$）及烟气回流的温度（$T_g$）等有关，如表面传热系数的试验指数 $n = 0.5$ 时，则 $w \propto du_H^2$，即和式（3-105）的主要参数相类似，但式（3-114）考虑了更多参数对稳定着火的影响。总的来说，这些火焰稳定的模型是较粗糙的，只可供定性分析和总结试验时参考。

## 思考题与习题

3-1　在一长为 $L$、直径为 $D$ 的长圆管中，充满 $CH_4$ 和 $O_2$ 的预混气，点火前的气体压力为 0.1MPa，温度为 298K，用电火花在管的左端点火，火焰向右传播。若管道热损失不能忽略，则火焰面不会是一平面，而会是一抛物面形，如图 3-32 所示。

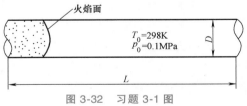

图 3-32　习题 3-1 图

1）若要研究火焰的瞬时传播过程和燃烧波的详细结构，为用公式描述这一问题，应做哪些假定？

2）写出控制方程。

3）在所列控制方程中，为了给出源项的表达式，应考虑哪些化学反应方程式？

4）给出必需的初始条件和边界条件。

5）需要哪些经验数据和关系式。

6）预期达到的结果：沿管中心线上各个时刻的轴向温度分布和浓度分布；火焰锋面附近的径向温度和浓度分布。

7）若管径变得很小，火焰传播还能进行吗？

3-2　为预测具有化学计量数配比的 $CH_4$-空气混合物的回火特性应对本生灯的层流预混火焰进行数值分析。试写出所求解问题的控制方程式以及相应的初始条件和边界条件，并列出所有的假设。

3-3 试列出几种常用的测量火焰正常传播速度的方法，并比较它们的优点与不足。

3-4 在下列各情况下，按火焰正常传播速度排序。

1）按化学计量数配比 $H_2$ 与 21% $O_2$-79% He；21% $O_2$-79% $N_2$；21% $O_2$-79% Ar（以上数据均指体积分数）。

2）在相同混合比下，湿 $CO$-$O_2$ 和干 $CO$-$O_2$。

3）单元燃料的分解火焰和烃类-氧火焰。

4）高压和低压下的烃类-空气火焰。

5）同等条件下的氢气、天然气（甲烷）、液化气（乙烷、丙烷的混合物）及电石气（乙炔）的火焰。

3-5 试对下列四种燃料在同样条件下本生灯火焰长度（内焰）的大小进行排序。

（a）氢气　　（b）天然气　　（c）液化气　　（d）电石气

3-6 甲烷与空气在化学计量数配比状态（$\alpha=1$）下用一直径为 10mm 的圆管作为甲烷或预混合后甲烷的喷管喷出燃烧。请分别就下面两种状态计算火焰长度。

1）预混火焰，混合物流速 1.5m/s。

2）扩散火焰，空气全部取自大气。

3-7 请全面比较预混火焰和扩散火焰的优缺点，并说明为什么工程上一般都不用一次空气为零的纯扩散火焰。

3-8 若本生灯的喷管不用钢管而用瓷管制造，则不易脱火，但更易回火，何故？

3-9 试列举出常用的火焰稳定的几种方法，并分析它们稳定火焰的机理及优缺点。

3-10 点燃煤气时一定要先放明火后开气阀，这是"火等气"的操作方式。决不允许用"气等火"的操作方式，因为那样极易爆炸，请分析原因。

3-11 矿山防爆电动机采用电动机外加一层细密网格，这样可防止在电动机的电刷打火引燃附近瓦斯而产生的火焰传播，从而达到防爆的目的，试说明这一做法的理论依据。

# 第 4 章

# 湍流燃烧理论及模型

上一章中，阐述了层流火焰传播的机理，证明了层流火焰传播速度是可燃混合物物理化学性质的反映。然而，实际的燃烧过程的流动通常是湍流，而湍流的出现不仅影响着流场的特征，影响着所有输运过程，也影响着燃烧速度。湍流过程十分复杂。到目前为止，对湍流问题的认识尚处于探索其机理的阶段，对湍流的本质缺乏深入的了解，对它实行数学描述，除了个别边界层问题尚缺乏突破。对于实际的湍流过程，不得不用近似和模型的方法来解决。其中，湍流的双方程模型和雷诺应力模型以其突出的实用性而被广泛使用。另一方面，对湍流理论的研究也在不断深入，这些都为解决湍流燃烧问题提供了基础。湍流燃烧问题就更为复杂，目前常用的方法也是模型方法。

## 4.1 湍流燃烧及其特点

以本生灯火焰为例，当 $Re < 2300$ 时，本生灯喷嘴火焰为层流火焰，它的火焰十分薄，一般只有 $0.01 \sim 1.0mm$。在湍流时，火焰根部前沿厚度增加不多，但在火焰锥顶部，火焰明显地变得很厚。在层流火焰中火焰前沿是很光滑的，并且基本上成正圆锥形。在湍流时，火焰前沿很明显出现了脉动和弯曲，实验发现由于湍流脉动的结果，使得湍流火焰的高度比层流短得多，如图4-1所示。而且，当脉动速度增大时，湍流火焰高度变得越来越小（图4-2），这是燃烧速度变快的结果。一般湍流燃烧速度用湍流火焰传播速度 $u_T$ 来表示，它意味着湍流火焰前沿往可燃混合物方向传播的速度。试验证明，$u_T$ 值比层流火焰传播速度 $u_H$ 大得多，并且与湍流参数及燃料的物理化学特性有密切关系。但是在某些方面湍流火焰传播的规律和层流是类似的，例如，$u_T$ 值随燃料浓度的变化规律和层流基本一样，即在过剩空气系数略小于1的地方达到最大值，过剩空气过大过小都会使燃烧温度降低，确定湍流火焰传播速度的方法有几种，通常和确定层流火焰传播速度的方法相同，如火焰锥的办法。

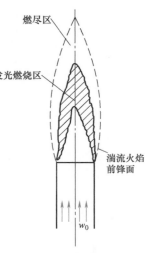

图 4-1 湍流火焰
$w_0$—喷嘴出口速度

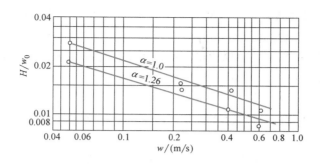

图 4-2　脉动强度对火炬相对高度的影响

对于层流工况，火焰传播速度可用计算火焰锥表面积来决定，即

$$u_H = w_0 \frac{F}{F_L} \tag{4-1}$$

式中　$F$——喷嘴横截面；

　　　$F_L$——层流火焰锥表面积；

　　　$u_H$——层流火焰传播速度，单位为 m/s；

　　　$w_0$——气流速度，单位为 m/s。

对于湍流火焰传播速度，上式仍可应用，但此时要准确知道湍流火焰锥外表面积 $F_T$，即

$$u_T = w_0 \frac{F}{F_T} \tag{4-2}$$

式中　$u_T$——湍流火焰传播速度，单位为 m/s；

　　　$F_T$——湍流火焰锥表面积。

但是湍流火焰前沿是很厚的，究竟取哪个表面来计算火焰锥的表面积存在较大的争论，因为它关系到火焰传播速度能否准确确定的问题。起初认为湍流火焰锥的内表面对应于火焰传播速度最大值区，即由此决定了湍流火焰传播速度，在火焰锥的外表面，燃烧最慢，相应于层流燃烧的火焰速度。这个概念起初没有被人们所接受，并认为采用这样的方法会得出偏高的 $u_T$ 值。博林格（Bollinger）应用了折中的办法，即采用内火焰锥表面的中间位置来决定 $u_T$，但没有足够的依据。卡尔洛维茨（Karlovitz）采用了较科学的办法，把火焰发光最强的表面定义为决定 $u_T$ 的锥面，因为发光最强的地方正是瞬间摆动的火焰前沿出现概率最多的地方，并且位于内外锥表面之间。肖尔（Shore）发现，发光最强的表面相应于氧浓度梯度变化最大的表面，表明在此表面内燃烧最强烈，因而此表面除了用光度计决定外，亦可用烟气分析法来决定。

研究湍流火焰过程中发展起来的方法，可以分为两类。一类为经典的湍流火焰传播理论，包括皱折层流火焰的表面燃烧理论与微扩散的容积燃烧理论。另一类是湍流燃烧模型方法，是以计算湍流燃烧速度为目标的湍流扩散燃烧和预混燃烧的物理模型，包括最新发展的概率分布函数的输运方程模型和 ESCIMO 湍流燃烧理论。

## 4.2　湍流气流中火焰传播的表面燃烧模型

此模型是在层流火焰传播理论的基础上发展起来的，即应用了火焰前沿的概念，并认为

在湍流工况中火焰传播速度之所以会增加是由于在气流脉动作用下使得火焰前沿表面产生弯曲，因而燃烧表面 $F_T$ 增加。在每个可燃物微团外表面上，火焰传播速度和层流火焰法线传播速度 $u_H$ 相同，因此湍流火焰传播速度比层流火焰传播速度的增大倍数应等于因气流脉动使火焰前沿表面积增大的倍数，即

$$u_T/u_H = F_T/F_L \tag{4-3}$$

可见，为了决定 $u_T$ 值，必须首先研究如何求出 $F_T$。根据气流脉动情况，一般可能会出现下列三种火焰前沿情况。

1）气流脉动速度不大，湍流标尺 $l_T$ 比层流火焰前沿厚度 $\delta_L$ 小（$w' \ll u_H$，$l_T < \delta_L$）。考虑到 $l_T$ 是表征微团的大小，又由于 $l_T < \delta_L$，故气流脉动对火焰前沿的歪曲不会很大，只能把光滑的层流火焰前沿变成波纹状（图4-3a）。

2）气流脉动不很大，湍流标尺大于层流火焰前沿厚度的情况（$w' < u_H$，$l_T > \delta_L$）。此时火焰前沿弯曲得很厉害，但由于 $w' < u_H$，火焰前沿还未被分裂（图4-3b）。

3）气流脉动及湍流标尺均较大的情况（$w' > u_H$，$l_T \gg \delta_T$）。此时火焰前沿四分五裂，而不再以连续状态出现（图4-3c）。

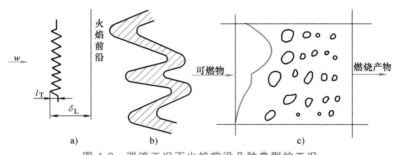

图4-3　湍流工况下火焰前沿几种典型的工况

a) $w' \ll u_H$，$l_T < \delta_L$　b) $w' < u_H$，$l_T > \delta_L$　c) $w' > u_H$，$l_T \gg \delta_L$

在三种典型工况下，火焰前沿表面积的计算方法也大不相同。艾库（K. U. Ekuh）提出了如下的计算方法。

第一种情况是 $w' \ll u_H$，$l_T < \delta_L$。此时只使火焰前沿起了微弱的褶皱，火焰传播速度的增长主要是由于前沿内传热传质过程变成湍流性质，因此仍可采用第3章3.3.1节中层流火焰传播理论公式（3-35）来计算，只不过此时应用湍流参数来代替。对层流参数而言，有

$$u_H \propto \sqrt{\frac{a}{\tau}}$$

在湍流工况下应变成

$$u_T \propto \sqrt{\frac{a+a_T}{\tau}} = u_H \sqrt{1+\frac{a_T}{a}}$$

整理可得

$$\frac{u_T}{u_H} \propto \sqrt{1+\frac{a_T}{a}} = \sqrt{1+\frac{w' l_T}{a}} \tag{4-4}$$

式中　$\tau$——化学反应时间；

$a$、$a_T$——分别为分子及湍流热扩散率；

$w'$——气流脉动速度，m/s；

$l_T$——湍流标尺。

第二种情况是 $w'<u_H$，$l_T>\delta_L$。如图 4-3b 所示，假设火焰前沿近似弯曲成圆锥形，由公式（4-3）可知，由于湍流脉动使火焰前沿由 $F_L=\dfrac{\pi l_T^2}{4}$ 增加至圆锥表面积 $F_T=\dfrac{\pi l_T^2}{4}\sqrt{1+\left(\dfrac{2H}{l_T}\right)^2}$（见图 4-4）。下面求出脉动火焰高度 $H$ 和 $w'$ 的关系：以 $u_H$ 的速度把尺寸为 $l_T$ 的湍流微团燃烧完毕所需时间为 $\tau\propto\dfrac{l_T}{2u_H}$，但在这段时间内火焰前沿以脉动速度 $w'$ 所运动的距离为

$$H\propto\tau w'=\frac{l_T}{2u_H}w' \quad \text{或} \quad H=B\frac{l_T}{2u_H}w'$$

式中 $B$——比例常数。

代入式（4-3）最后可得

$$\frac{u_T}{u_H}=\frac{F_T}{F_L}=\frac{\dfrac{\pi l_T^2}{4}\sqrt{1+\left(\dfrac{2H}{l_T}\right)^2}}{\dfrac{\pi l_T^2}{4}}=\sqrt{1+B\left(\frac{w'}{u_H}\right)^2} \tag{4-5}$$

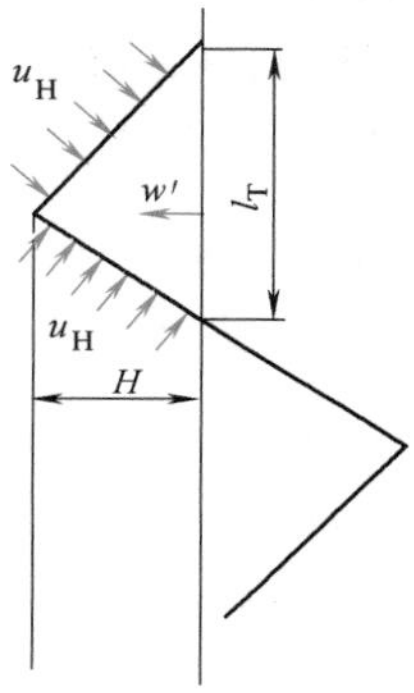

第三种情况是当脉动强度较大时，$w'>u_H$，$l_T\gg\delta_L$ 则 $B\left(\dfrac{w'}{u_H}\right)^2\gg1$，由式（4-5）可知

$$u_T\propto w' \tag{4-6}$$

图 4-4 脉动火焰前沿位置

即湍流火焰传播速度直接与脉动速度成正比，而与燃料种类及其物理化学特性关系不大。这是因为火焰前沿被脉动撕碎，表现火焰前沿（即反应区域）变得很宽，反应表面积得到很大的增加。这样不管可燃物的物理化学特性怎样，只要它们通过这样宽的反应区，就有可能被烧完。这样的观点目前还有争论。并且，以上理论和很多实验的趋势不相一致，按照上述理论，当脉动强度越大，湍流火焰传播速度与脉动速度的关系越密切；但实验表明，随着脉动强度的增加，$u_T$ 与 $w'$ 的关系有削弱的趋势，这可能由于：

1）计算时只采用了圆锥形火焰前沿的假定。实际上火焰前沿因脉动作用后会出现各种形式的图形，应对不同形状的火焰前沿进行修正，得出不同的计算公式。

2）只考虑了强烈脉动使反应表面积得到增长这一方面，而忽略了可燃物和燃烧产物因脉动而得到强烈混合这一方面。后者是个空间容积反应，这是湍流火焰表面燃烧理论的共有缺点。为了避开计算复杂的湍流火焰表面积，卡尔洛维茨应用了湍流扩散理论，并假定火焰仍从微团表面传播，得出了和实验趋势较为吻合的计算公式。设欧拉湍流标尺 $l_{Eu}$ 近似等于湍流微团的尺寸，而燃烧是由微团表面慢慢往微团内部传播，则要把这个微团烧光所花费的时间为

$$\tau_1=\frac{l_{Eu}}{u_H} \tag{4-7}$$

式中 $l_{Eu}$——欧拉湍流标尺。

在烧完这个微团的时间 $\tau_1$ 内，由于湍流脉动，火焰前沿向前移动（扩散）的平均统计

距离为 $\sqrt{\overline{Y^2}}$，即火焰前沿的传播速度可表达为

$$u_{\mathrm{T}} = \frac{\sqrt{\overline{Y^2}}}{\tau_1} \tag{4-8}$$

可分三种情况来计算 $\sqrt{\overline{Y^2}}$ 值。

1）当脉动强度不大时，可以应用公式

$$\sqrt{\overline{Y^2}} = w'_y \tau_1$$

代入式（4-8）求得

$$u_{\mathrm{T}} = \frac{w'_y \tau_1}{\tau_1} = w'_y \tag{4-9}$$

式中　$w'_y$——微团的横向脉动速度。

2）当脉动强度很大时，应用公式

$$\sqrt{\overline{Y^2}} = \sqrt{2 w'_y l_{\mathrm{La}} \tau_1}$$

代入式（4-8），得

$$u_{\mathrm{T}} = \sqrt{2 w'_y \frac{l_{\mathrm{La}}}{\tau_1}} = \sqrt{2 w'_y \frac{l_{\mathrm{La}}}{L_{\mathrm{Eu}}} u_{\mathrm{H}}}$$

式中　$l_{\mathrm{La}}$——拉格朗日标尺。

一般认为拉格朗日标尺和欧拉湍流标尺是同一数量级的，故

$$u_{\mathrm{T}} = \sqrt{2 w'_y u_{\mathrm{H}}} \tag{4-10}$$

3）当湍流强度和正常传播速度相差不大时（$\overline{w}_y \approx u_{\mathrm{H}}$），可以应用下式

$$\sqrt{\overline{Y^2}} = \sqrt{2 w'_y l_{\mathrm{La}} \tau_1} \left[ 1 - \frac{T_\tau}{\tau_1} \left( 1 - e^{\frac{\tau_1}{T_\tau}} \right) \right]^{\frac{1}{2}}$$

式中　$T_\tau$——特性时间，由下式确定

$$T_\tau = l_{\mathrm{La}} / w'_y \quad \text{即} \quad \frac{T_\tau}{\tau_1} = \frac{l_{\mathrm{La}} / w'_y}{l_{\mathrm{La}} / u_{\mathrm{H}}} \approx \frac{u_{\mathrm{H}}}{w'_y}$$

代入可得

$$u_{\mathrm{T}} = \frac{\sqrt{\overline{Y^2}}}{\tau_1} = \sqrt{2 w'_y u_{\mathrm{H}}} \left[ 1 - \frac{u_{\mathrm{H}}}{w'_y} \left( 1 - e^{\frac{w'_y}{u_{\mathrm{H}}}} \right) \right]^{\frac{1}{2}} \tag{4-11}$$

但实际上，当火焰前沿向可燃物脉动（扩散）时，除了具有速度 $u_{\mathrm{T}} = \dfrac{\sqrt{\overline{Y^2}}}{\tau}$ 外，还具有由火焰前沿不断以正常法线传播速度向可燃物燃烧的速度，因此总的湍流火焰传播速度应为这两部分之和，故式（4-9）、式（4-10）和式（4-11）可分别改写成

$$u_{\mathrm{T}} = u_{\mathrm{H}} + w'_y \tag{4-12}$$

$$u_{\mathrm{T}} = u_{\mathrm{H}} + \sqrt{2 u_{\mathrm{H}} w'_y} \tag{4-13}$$

$$u_{\mathrm{T}} = u_{\mathrm{H}} + \sqrt{2 u_{\mathrm{H}} w'_y} \left[ 1 - \frac{u_{\mathrm{H}}}{w'_y} \left( 1 - e^{\frac{w'_y}{u_{\mathrm{H}}}} \right) \right]^{\frac{1}{2}} \tag{4-14}$$

可以发现，和艾库的理论公式（4-4）、式（4-5）和式（4-6）的结论刚好相反，即随着脉动

强度增加，$u_T$ 与脉动速度的关系不是简单的正比关系。

## 4.3 湍流气流中火焰传播的容积燃烧模型

### 4.3.1 湍流扩散

湍流火焰表面燃烧理论的实质是：当燃烧表面扩大时，其燃烧反应速率比可燃气体和燃烧产物的混合速度快得多，即火焰折皱到哪里，就燃烧到哪里。这在湍流微团尺度不大、脉动速度较低时是较切合实际的，当微团脉动速度为 $w'$ 时，微团的存在时间为

$$t_T = \frac{l_T}{\sqrt{w'^2}}$$ (4-15)

式中　$l_T$——脉动微团的尺寸，即相应的湍流标尺。

当 $w'$ 较高时，$t_T$ 足够小，以致在一个微团的燃烧时间内，该微团已经受了多次脉动被分裂成多个新的微团。如果认为微团分裂到哪里，就烧到哪里，则会得出式（4-6），即 $u_T \propto w'$。显然，这大大高于试验所得数据。实际上 $u_T$ 是小于 $w'$ 的，因为火焰微团被 $w'$ 分裂，即使快速混合并被烧完，但下一个紧接而来的微团，因脉动速度有大有小（有一定频谱），当 $u_T$ 小于 $w'$ 时，火焰前沿就接不上。再者，可燃物的燃烧，除了要混合均匀、有一定温度和浓度等条件外，还需要有一定的感应周期时间。因此可以设想，当 $w'$ 足够大时，湍流微团着火后不久，即被湍流脉动分裂或合并，使整个可燃物微团的成分与温度产生变化，此时部分断裂的火焰前沿或高温烟气合并到新形成的微团内部。如图 4-5 中微团 B、C，通过混合、升温和感应周期，如在容器内达到着火条件，即在微团容积出现燃烧反应，若达不到着火条件，则只形成了一个新的浓度、温度不同的湍流微团。由此可见，容积

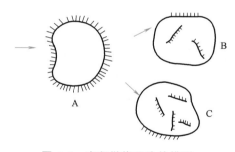

图 4-5　容积燃烧理论的模型

燃烧的观点认为 $u_T$ 既与湍流脉动的特性有关，也与可燃物特性及着火燃烧条件有关，这样就使得问题复杂化，目前只能通过一些简单的模型进行数值计算。例如图 4-6 示出了没有燃烧时最简单的湍流扩散模型，假定只有一个微团的浓度 $c_0 = 1$，其余为 0，根据扩散的统计，其横断面浓度分布是服从高斯（Gauss）分布规律的。

即

$$-\frac{c}{c_m} = \exp\left(-\frac{y^2}{2Y^2}\right)$$ (4-16)

式中　$c_m$——该截面处的最大浓度；

　　　　$Y$——横向移动的距离，即

$$Y = \frac{X}{w} w'_y$$

式中　$X$——纵向移动的距离。

在出口处可能偏差较大，但至一定距离后，已经十分接近高斯分布规律。

### 4.3.2 湍流容积燃烧模型的计算

为了示意说明容积燃烧模型的计算原理，如图4-7所示。高温燃烧产物（其温度为 $T_g$）和可燃混合物（其温度为 $T_0$）中间由隔板隔开，设两者流出的平均速度 $w$ 相等，平均脉动速度及脉动尺度相同。当出现燃烧时，假定湍流特性不受不等温和化学反应的影响，可燃物的浓度 $c = c_0$，燃烧产物中的可燃物浓度 $c = 0$，微团宽度为 $l$，两个微团向前运动的交界距离为 $X = \dfrac{l}{w'_y} w$。故微团 $B_0$ 和微团 $C_0$ 各自的一半同时到达 $\left( y = 0, x = \dfrac{l}{w'_y} w \right)$ 点，并混合成微团 $B_1$，在没有反应时，其可燃物浓度为 $c' = \dfrac{c_0}{2}$，温度 $T' = \dfrac{T_g + T_0}{2}$。在图4-7中 $T'$、$c'$ 和 $T''$、$c''$ 分别代表进入和离开微团的温度及浓度，任何一个微团的存在时间为

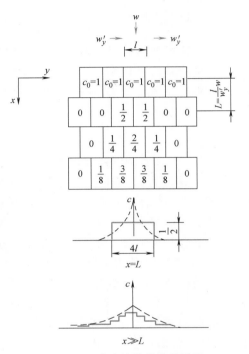

图 4-6 湍流扩散的简单模型

$$t_n = \frac{1}{w'_y} \tag{4-17}$$

其中，$w'_y$ 为横向脉动速度。在这一时间内，微团要着火燃烧，首先要充分混合均匀，其混合时间为 $t_{mix}$，然后经过一定的感应周期 $\tau_y$，最终达到相应的温度和浓度，即符合着火条件而燃烧。所剩的燃烧时间为

$$t_c = t_n - t_{mix} - \tau_y \tag{4-18}$$

通常可以认为

$$t_{mix} \ll t_n$$

设

$$t_{mix} + \tau_y = \tau'_y$$

很明显，当 $\tau'_y > t_n$ 时，微团温度逐渐升高，终于到达 $\tau'_y < t_n$ 而发生了着火，其温度和浓度的关系应为

$$Q_{net}(c' - c'') = c_p(T'' - T') \tag{4-19}$$

式中 $Q_{net}$——可燃物热值。

式（4-19）表明，如果知道进出微团的可燃物浓度的变化，即可确定离开微团的温度 $T''$。浓度变化可由可燃混合物反应速率方程算出，即

$$\overline{w} = \frac{dc}{dt} = k c_f c_0 \exp\left(-\frac{E_a}{RT}\right)$$

式中 $c_f$、$c_0$——分别为微团内氧浓度及可燃物浓度。

则燃烧时间为

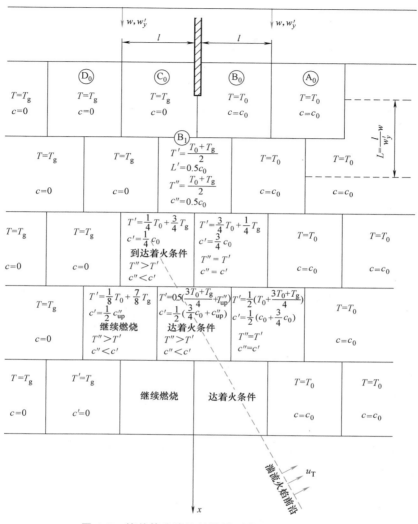

图 4-7 简单等分湍流扩散模型的燃烧计算原理

$$t_c = \int_{c''}^{c'} \frac{\mathrm{d}c}{kc_f c_0 \exp\left(-\dfrac{E_a}{RT}\right)} \tag{4-20}$$

　　由数值法联解式（4-18）、式（4-19）和式（4-20），即可确定在该微团内可燃烧的时间 $t_c$，离开微团的温度及浓度 $T''$、$c''$。其计算原理如图 4-7 所示。由此可确定湍流火焰前沿的位置、火焰传播速度及火焰厚度。

　　实际上，湍流燃烧的情况和上述的最简化情况有较大出入。测量表明，脉动微团是由不同的频谱所组成，如图 4-8 所示。微团内部成分都是均匀的。可将各微团内脉动速度的分布统计规律分为 5 个部分（c、b、a、b、c），微团的尺寸为 $l$，平均的横向脉动速度均为 $w_y'$。为简单起见，取出 9 个微团列于图 4-9 中。

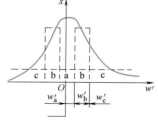

图 4-8 脉动谱各部分比例

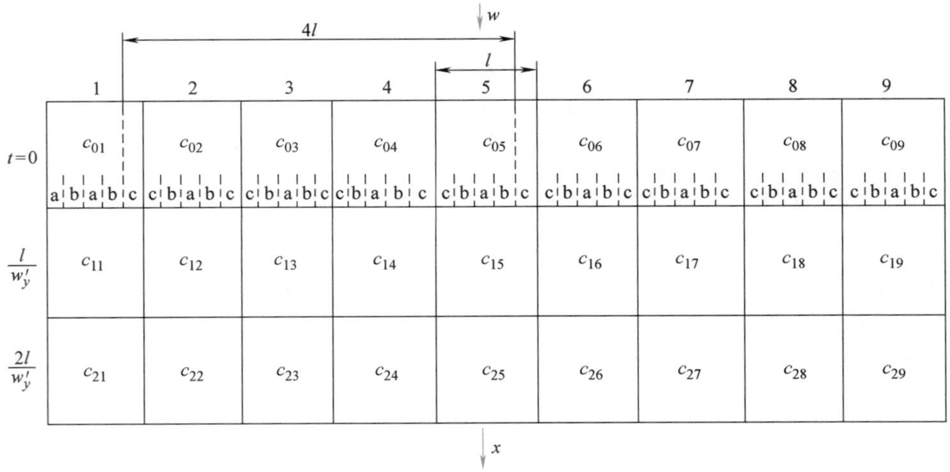

图 4-9　多分湍流扩散模型的扩散计算原理

设微团中 a 部分只具有气流平均速度 $w$，而其脉动速度 $w'=0$；b 部分则具有脉动速度 $w'$，而在 $\dfrac{l}{w'}$ 时间内横向移动一格距离；c 部分具有的脉动速度为 b 部分的一倍，则在 $\dfrac{l}{w'}$ 时间内横向移动两格距离。

各微团中的 a 部分，不论经过多长时间，仍在原来的气流平均速度方向上，和从别处迁移来的其他成分进行混合，一起形成新的微团。各微团的 b 部分，经过 $\dfrac{l}{w'_y}$ 时间后就进入邻近的微团并与之混合。各微团的 c 部分，在经过 $\dfrac{2l}{w'_y}=2w'_y$ 后（即 c 部分横移四格）才混合消失，并形成新的微团。

例如，以 $c_{05}$ 微团为例，$c_{05}$ 中的 b、c 部分，经过 $\dfrac{l}{w'}$ 时间后均已横向移离该微团，故在 $c_{05}$ 内只剩下 a 部分，还有从 4、6 微团内横向移来的 b 部分，故 $c_{05}$ 的浓度组成为

$$c_{05}=c_{04,b}+c_{05,a}+c_{06,b}$$

再经过 $\dfrac{l}{w'}$ 时间后，$c_{15}$ 中只剩下 $c_{15,b}$，还有从相邻微团横向脉动迁移来的 $c_{14,b}$ 和 $c_{16,b}$，此外还有从 $4l$ 处（即 1、9 微团）横向移来的 c 部分 $c_{01,c}$ 和 $c_{09,c}$，因此 $c_{25}$ 处的浓度为

$$c_{25}=c_{01,c}+c_{15,a}+c_{16,b}+c_{09,c}$$

根据同样原理可分别计算出各微团内的温度，如达到着火条件的则着火燃烧。根据上述容积理论模型进行数值计算，得出湍流火焰传播速度

$$u_{\mathrm{T}}\propto w'^{\frac{2}{3}}u_{\mathrm{H}}^{\frac{1}{2}} \tag{4-21}$$

和计算条件相近的实验表明，所测得的湍流火焰传播速度变化规律是比较接近的，这些物理模型还不够成熟，还有待进一步实验的验证和补充。上述计算假定湍流特性不受不等温和化学反应的影响看来和实验事实是不符的，因为不少实验资料证明，湍流火焰传播速度比气流脉动速度 $w'$ 往往要大好几倍，如果认为湍流火焰前沿的移动主要取决于气流向前

的脉动速度，那么，$u_T$ 比 $w'_y$ 大几倍就不容易解释了。因此阿格（Ahgay），卡尔洛维茨（Karlovitz）及斯卡洛克（Scarlock）等分别提出了设想：燃烧过程会使气流更加湍流化，这就是火焰自湍化理论。原来在湍流火焰前沿中，由于温度急剧升高、气流膨胀、可燃物浓度降低，这些都会导致在火焰前沿内产生很大的速度、温度及浓度梯度。脉动速度是与其平均参数的梯度成比例的，因此在火焰前沿内，$w'_y$ 大为增加，使得 $u_T$ 比火焰前沿的气流脉动速度大得多。

### 4.3.3 决定湍流火焰传播速度的实验结果

湍流燃烧过程是十分复杂的，目前尚未有完善的理论，而实验决定湍流火焰传播速度也遇到很大的困难，因为燃料的物理化学特性及气流的湍流结构都对火焰传播速度有影响。就目前所积累的实验资料来看，湍流火焰传播速度 $u_T$（m/s）与气流脉动速度 $w'$ 有着如下的关系：

$$u_T = K(w')^m u_H^n \tag{4-22}$$

对均相可燃物在常压下的燃烧可取

$$K = 2.5 \sim 5.3, \quad m = 0.8, \quad n = 0.2$$

对雾化液体燃烧可取

$$K = 3.3, \quad m = 1.0, \quad n = 0$$

对粉状固体燃料，可近似取为

$$K = 1.56, \quad m = 1.0, \quad n = 0 \text{（当挥发物含量较少时）}$$

及

$$K = 4.25, \quad m = 1.0, \quad n = 0 \text{（当挥发物含量较多时）}$$

由于决定 $u_T$ 值的方法还有争论，因此上述数据只能提供参考。至于湍流火焰传播速度与其他湍流参数（如湍流标尺，关联系数，脉动频率等）的关系，还有待进一步研究。

## 4.4 湍流燃烧的时均反应速率和混合分数

求出了湍流火焰传播速度，并没有解决湍流燃烧的全部问题，求解湍流燃烧现象，重要的是求解反应平均量的分布和平均热效应（热流），在接下来的几节中将介绍如何通过湍流燃烧模型来处理平均化学反应速率。平均化学反应速率不仅受到湍流混合的影响，也受到分子输运和化学反应动力学的影响。至今，尚没有普适的湍流燃烧模型可供使用。因而这里针对扩散燃烧和预混燃烧，介绍最常用的模型，还要介绍在1976年发展起来的概率分布函数的输运方程模型和ESCIMO湍流燃烧理论。在此之前，本节中将引入一些普遍采用的假设和概念。

### 4.4.1 时均反应速率

如前所述，对于简单的一步化学反应，反应速率可由阿累尼乌斯公式来表示，即

$$w = k_0 c_1 c_2 \exp\left(-\frac{E_a}{RT}\right) \tag{4-23}$$

此公式对于层流火焰是适用的。然而，当流动变为湍流后，温度、反应物浓度都将随时间和空间而脉动，此时，式（4-23）是描述了 $w$ 的瞬时值。与解决湍流问题一样，需要获得的是 $\bar{w}$ 的正确表达式。

为了找到 $\bar{w}$ 的表达式，可以对式（4-23）进行雷诺分解，即有

$$T = \bar{T} + T', \quad c_1 = \bar{c}_1 + c'_1, \quad c_2 = \bar{c}_2 + c'_2 \tag{4-24}$$

则对式（4-23）取平均有

$$\bar{w} = \overline{k_0 c_1 c_2 \exp\left(-\frac{E_a}{RT}\right)} = \overline{k_0 (\bar{c}_1 + c'_1)(\bar{c}_2 + c'_2) \exp\left[-\frac{E_a}{R(\bar{T}+T')}\right]} \tag{4-25}$$

指数项可表示为

$$A = \exp\left[-\frac{E_a}{R(\bar{T}+T')}\right] = \exp\left(-\frac{E_a}{R\bar{T}}\right) \times \exp\left[\frac{\dfrac{E_a T'}{RT \bar{T}}}{1+\dfrac{T'}{\bar{T}}}\right] \tag{4-26}$$

对上面引入级数展开，有

$$\bar{A} = \exp\left(-\frac{E_a}{R\bar{T}}\right)\left(1 + \sum_{n=2}^{\infty} \frac{P_n \overline{T'^n}}{\bar{T}^n}\right) \tag{4-27}$$

以及

$$A' = A - \bar{A} = \exp\left(-\frac{E_a}{R\bar{T}}\right)\left[P_1 + \sum_{n=2}^{\infty} \frac{P_n / \bar{T}_n}{T'^n / \overline{T'^n}}\right] \tag{4-28}$$

式中　$P_n$——（$E_a/R\bar{T}$）形式的 $n$ 次多项式

$$P_n = \sum_{k=1}^{\infty} \frac{(-1)^{n-k}\left(\dfrac{E_a}{R\bar{T}}\right)^k (n-1)!}{(n-k)!\,(k-1)!\,^2 k} \tag{4-29}$$

最后将上面几式代入式（4-25），则得到时间平均值结果

$$\bar{w} = k_0 \overline{c_1 c_2} \exp\left(-\frac{E_a}{R\bar{T}}\right) X \tag{4-30}$$

式中　$X$——关联系数，可表示为

$$X = 1 + \frac{\overline{c'_1 c'_2}}{\bar{c}_1 \bar{c}_2} + P_1 \frac{\overline{T'^2}}{\bar{T}^2} + P_2\left(\frac{\bar{T'}}{\bar{T}}\frac{\overline{c'_1}}{\bar{c}_1} + \frac{\bar{T'}}{\bar{T}}\frac{\overline{c'_2}}{\bar{c}_2} + \frac{\bar{T'}}{\bar{T}}\frac{\overline{c'_1 c'_2}}{\bar{c}_1 \bar{c}_2}\right) + \cdots \tag{4-31}$$

这一修正项 $X$ 不易确定，显然 $X \geq 1$。当为层流时，$X=1$；当为湍流时，$X>1$。

$X$ 是极复杂的，在式（4-31）中，三阶及以下的关联项就有八项之多，为了封闭方程式，对这些量必须进行模拟，包括：

1）$\overline{T'^2}$ 和 $\overline{T'^3}$ 的项。

2）$\overline{c'_1 T'}$ 和 $\overline{c'_2 T'}$ 的项。

3）$\overline{c'_1 T'^2}$ 和 $\overline{c'_2 T'^2}$ 的项。

4）$\overline{c'_1 c'_2}$ 项。

5）$\overline{c'_1 c'_2 T'}$ 项。

显然，解决带燃烧的湍流系统的封闭求解问题要比一般的湍流问题要复杂和困难得多。

实际上，由于这些关联项的值很难直接测量，对这些关联项用一般的模型方法进行模拟是不可能的，也是无法检验其正确性的。当然，对于二阶和三阶关联项，采用一些近似的方法来求解还是有可能的。下面介绍这些内容。

对于不同类型的燃烧反应，湍流与燃烧的相互作用具有不同的特性。一般地，为了研究其相互作用，通常定义两种时间尺度并比较这两种时间尺度来描述。一个是反应时间尺度 $t_r$，它被定义为：所关心的反应物组分完全反应，达到平衡值时所需的时间。另一个是湍流时间尺度 $t_T$，它被定义为：由于大涡旋湍流破碎成为小尺度涡旋的混合时间，即反应发生之前混合进行到接近分子水平所需要的时间。反应时间尺度是反应物完全反应成为产物所需要的时间。处理有化学反应（燃烧）的湍流燃烧系统通过对比这两个时间尺度间的关系来表征。

（1）化学反应时间尺度≫湍流时间尺度　此时，化学反应时间尺度 $t_r$ 比湍流时间尺度 $t_T$ 大得多，也就是说化学反应相对于局部湍流的变化是非常慢的。此时，当湍流脉动相对较小时，那么湍流脉动对反应速率的影响可以忽略。此时，时均反应速率为

$$\overline{w} = k_0 \overline{c}_1 \overline{c}_2 \exp(-E_a / R\overline{T}) \tag{4-32}$$

正如上面所讲，平均反应速率对温度脉动是高度敏感的。因此，即使反应速率很小，如果存在明显的温度脉动，那么时均反应速率与式（4-32）所给出的结果仍是不同的。然而，在目前的情况下，$t_r$ 比 $t_T$ 大得多，因此，反应物混合很快，而反应进行得却较慢。因为脉动通常是由反应程度不同的各种各样的涡旋所产生的，而且火焰限制了脉动的产生，因此，可以认为化学性质脉动在此类火焰中是相对小的。

所以，仅在这种局限情况下，时均反应速率可以用平均变量计算出来的反应速率来表示。这种方法在过去无法模拟关联项时常被使用，但这仅在有限的几种情况下是有效的。对于反应速率足够慢的某些非均相反应，就是属于这一种类型。

（2）反应时间尺度≪湍流时间尺度　可以说此型火焰状况对于燃烧情况是常见的，即称为快速反应。利比（Libby）和威廉姆斯对于反应率比湍流时间尺度较小的湍流与化学反应的相互影响进行了深入的研究。分子一旦被混合在一起，化学反应发生非常快。此时，化学反应速率由微观混合过程所控制，而不是由化学反应动力过程起控制作用。从总体来说，化学反应是快的，是可以认为处于局部瞬态平衡。在这类火焰中，湍流混合过程是控制反应速率的过程。反应在反应物作混合的瞬间即达到平衡。对于这些情况，可以用守恒量或叫混合分数来判别某处的"混合程度"。这种守恒量是局部瞬态当量比的一种度量，并且在瞬态守恒量和瞬态化学性质之间（例如组分、温度和密度）存在着唯一的函数关系。

一般地，局部湍流脉动的统计是由守恒量的统计学表征的，最容易的是用混合分数的概率密度函数（PDF）加以关联。将化学性质对 PDF 积分，并适当加入纯燃料或空气流的间歇就可以适当地计及湍流对化学反应的影响。这类火焰已获得较好的解决。而且对反应速率很大的可以用平衡化学的假定而使问题得到简化。对于不能用平衡化学假定时，只要反应速率足够快，这种方法依然得到了很好的使用。

（3）反应时间尺度≈湍流时间尺度　对于此种情形，被称为有限速率反应。化学动力学与湍流脉动两者必须被结合起来考虑。应该说这是在化学反应中常见的情形。不幸的是，这类化学反应是最复杂且是研究最缺乏的，对于这种类型的燃烧情况是需要进一步研究的。

### 4.4.2 简单化学反应系统

本章后面部分所涉及的燃烧模型，对于复杂的湍流过程的全部描述实际上是不可能的，即使是最简单的一元系统，其燃烧反应也十分复杂，要建立实用而有效的湍流燃烧模型，必须对实际复杂的燃烧流动过程进行简化。正如前面所述，无论多么复杂的燃烧系统，重点是其平均的反应速率和最终产生的热效应及由此而产生的温度、成分、流场的分布的变化。为此斯泊尔丁提出了一个"简单化学反应系统"（Simple Chemical Reaction System）的模型，其要点是：

1）燃料和氧化剂之间的反应可以用单步不可逆化学反应来表征；燃料和氧化剂按固定的质量比化合成单一产物，即

$$1kg（燃料）+Akg（氧化剂）\rightarrow（1+A）kg（产物）$$

式中 $A$——完全燃烧1kg燃料在理论上所需的氧化剂的质量，简称为燃料和氧化剂的反应质量比。

显然，$A$ 只与燃料和氧化剂的种类有关，而与它们的混合质量配比和状态无关。

2）化学反应系统中燃料（fuel）、氧化剂（oxidizer）和产物（products）的交换系数 $\Gamma_{fu}$、$\Gamma_{ox}$、$\Gamma_{pr}$ 彼此相等，且等于焓的交换系数 $\Gamma_h$，但交换系数可以随空间位置变化，也可以不是常数。

3）化学反应系统中各组分的比热容都相等，且与温度无关。此假设可以不用，只是为了数学上简化而言，在物理上并不会产生问题。

虽然上面的假设与实际情况有一定距离，但却使问题得到简化。目前，这一假定被广泛地应用在气体湍流燃烧的计算之中。随着计算机的发展和对所涉及问题分析计算精度的要求的提高，人们可以去掉以上的这些假定。

### 4.4.3 守恒量和混合分数

一般地，满足能量、质量、动量和组分守恒的微分方程称为守恒方程。在数学上，满足无源守恒方程的因变量通常被称为守恒量。守恒量的概念在湍流燃烧研究中显得十分重要。

考察如图4-10所示的理想化的燃烧室。燃料（fu）和氧化剂（ox）分别以质量流率 $f$ 和（$1-f$）流入，混合物（mix）以质量流率1流出。则在此过程中，任何一个无源、无汇的外延变量 $\phi$ 均满足关系式

图4-10 两股流混合过程示意图

$$f\phi_{fu}+（1-f）\phi_{ox}=\phi_{mix} \tag{4-33}$$

或者有

$$f=\frac{\phi_{mix}-\phi_{ox}}{\phi_{fu}-\phi_{ox}} \tag{4-34}$$

式中 $\phi$——守恒量。

可以证明，在燃烧反应过程中不参与化学反应的物质的质量分数是守恒量（如空气中的氮气）；守恒量的线性组合

$$\sum_{i=1}^{n} a_i \phi_i + b \tag{4-35}$$

也是守恒量，这不难从守恒量的定义中获得结论，式中，$a_i$、$b$ 均为常数。

在燃烧过程中，燃料、氧化剂和产物都参与了化学反应，因而它们的质量分数<sup>⊖</sup>不是守恒量。考察燃料和氧化剂的质量分数遵守的微分方程

$$\rho \frac{\mathrm{d}w_{\mathrm{fu}}^{*}}{\mathrm{d}t} = \mathrm{div}\ (\Gamma_{\mathrm{fu}} \mathrm{grad} w_{\mathrm{fu}}^{*})\ + S_{\mathrm{fu}} \tag{4-36}$$

$$\rho \frac{\mathrm{d}w_{\mathrm{ox}}^{*}}{\mathrm{d}t} = \mathrm{div}\ (\Gamma_{\mathrm{ox}} \mathrm{grad} w_{\mathrm{ox}}^{*})\ + S_{\mathrm{ox}} \tag{4-37}$$

式中　$w_{\mathrm{fu}}^{*}$——燃料的质量分数；

$w_{\mathrm{ox}}^{*}$——氧化剂的质量分数；

$S_{\mathrm{fu}}$、$S_{\mathrm{ox}}$——源项，分别表示各方程统一用式（4-36）、式（4-37）表示时的剩余项，及反应引起的生成或消失项。

显然，这是两个有源方程。

定义组合变量 $f$，即

$$f \equiv w_{\mathrm{fu}}^{*} - \frac{w_{\mathrm{ox}}^{*}}{A} \tag{4-38}$$

根据方程（4-36）和方程（4-37），并结合简单化学反应系统的假设，则可以导出组合变量 $f$ 遵守的方程

$$\rho \frac{\mathrm{d}f}{\mathrm{d}t} = \mathrm{div}\ (\Gamma_{\mathrm{f}} \mathrm{grad} f) \tag{4-39}$$

这是一个无源方程，组合变量 $f$ 通常被称为 混合分数，是一个守恒量。解无源方程比解有源方程要方便而简单。这样，为确定简单化学反应系统中各组分的浓度分布，只需求解一个有源方程式［式（4-36）或式（4-37）］和一个无源方程。对于前面论述的第（2）类反应，即 $t_{\mathrm{r}} \ll t_{\mathrm{T}}$ 的情形，燃料和氧化剂在空间任何一个点都不共存，求解过程可以进一步简化，只需求解一个关于组合变量 $f$ 的方程就可得到各个组分的浓度分布。即有

如果 $f>0$，则

$$w_{\mathrm{fu}}^{*} = f, \qquad w_{\mathrm{ox}}^{*} = 0, \qquad w_{\mathrm{pr}}^{*} = 1-f$$

如果 $f<0$，则

$$w_{\mathrm{fu}}^{*} = 0, \qquad w_{\mathrm{ox}}^{*} = -Af, \qquad w_{\mathrm{pr}}^{*} = 1+Af$$

如果 $f=0$，则

$$w_{\mathrm{fu}}^{*} = w_{\mathrm{ox}}^{*} = 0, \qquad w_{\mathrm{pr}}^{*} = 1$$

组合变量 $f$ 的定义式并不是唯一的，可以定义为

$$f \equiv w_{\mathrm{fu}}^{*} + \frac{w_{\mathrm{pr}}^{*}}{1+A} \tag{4-40}$$

或者

---

⊖　根据国家标准 GB 3100~3102—1993，质量分数的符号应采用 $w$。但在本书中，反应速率用 $w$ 来表示，为避免引起误解，质量分数采用 $w^{*}$ 表示。

$$f \equiv \frac{w_{\mathrm{ox}}^*}{A} + \frac{w_{\mathrm{pr}}^*}{1+A} \tag{4-41}$$

在燃烧过程计算中许多人喜欢用归一化的守恒量。把组合变量 $(w_{\mathrm{fu}}^* - w_{\mathrm{ox}}^*/A)$ 作为守恒量 $\phi$ 代入式（4-34），得到

$$f \equiv \frac{(w_{\mathrm{fu}}^* - w_{\mathrm{ox}}^*/A)_{\mathrm{M}} - (w_{\mathrm{fu}}^* - w_{\mathrm{ox}}^*/A)_{\mathrm{A}}}{(w_{\mathrm{fu}}^* - w_{\mathrm{ox}}^*/A)_{\mathrm{F}} - (w_{\mathrm{fu}}^* - w_{\mathrm{ox}}^*/A)_{\mathrm{A}}} \tag{4-42}$$

式中   $f$——混合分数；

 下标 M——代表混合物（mixture）；

 下标 F——代表"燃料"；

 下标 A——代表"氧化剂"。

若 $w_{\mathrm{fu,A}}^* = 0$，$w_{\mathrm{ox,F}}^* = 0$，则

$$f = \frac{(w_{\mathrm{fu}}^* - w_{\mathrm{ox}}^*/A)_{\mathrm{M}} + w_{\mathrm{ox,A}}^*/A}{1 + w_{\mathrm{ox,A}}^*/A} \tag{4-43}$$

若化学反应在燃烧室内全部结束，则出口混合物中燃料和氧化剂不能同时存在，则有

若 $f < f_{\mathrm{A}}$，则

$$w_{\mathrm{fu,M}}^* = 0, \qquad f = \frac{-w_{\mathrm{ox,M}}^*/A + w_{\mathrm{ox,A}}^*/A}{1 + w_{\mathrm{ox,A}}^*/A} \tag{4-44}$$

若 $f > f_{\mathrm{A}}$ 则

$$w_{\mathrm{ox,M}}^* = 0, \qquad f = \frac{w_{\mathrm{fu,M}}^* + w_{\mathrm{ox,A}}^*/A}{1 + w_{\mathrm{ox,A}}^*/A} \tag{4-45}$$

若 $f = f_{\mathrm{A}}$ 则

$$w_{\mathrm{ox,M}}^* = w_{\mathrm{fu,M}}^* = 0, \qquad f = \frac{w_{\mathrm{ox,A}}^*/A}{1 + w_{\mathrm{ox,A}}^*/A} \tag{4-46}$$

式（4-46）可视为 $f_{\mathrm{A}}$ 的定义式，下标 $A$ 表示反应质量比。

关于混合分数 $f$，有以下几个特点：

1）混合分数 $f$ 是守恒量。

2）$f$ 的取值范围是 $0 \sim 1$，即 $0 \leqslant f \leqslant 1$，空间任一点的 $f$ 值与两股流体在该点的混合比例相关，若在某点未发生混合，则 $f=0$ 或 $f=1$。

3）$f$ 不同于燃料和氧化剂的混合质量配比，$f$ 除了与燃料和氧化剂的局部浓度有关之外，还与进口条件有关。

4）$f_{\mathrm{A}}$ 不同于反应质量比 $A$，它不仅与燃料和氧化剂的种类有关，而且还受初始浓度的影响。

### 4.4.4 守恒量之间的线性关系

如上所述，任意一个化学反应系统，可以定义出各种不同形式的守恒量。下面推导出在一定条件下，守恒量之间的简单定量关系。

假定定义两个守恒量 $\phi_1$ 和 $\phi_2$，它们都应满足无源方程

$$\rho \frac{\mathrm{d}\phi}{\mathrm{d}t} = \mathrm{div}\ (\varGamma_\phi \mathbf{grad}\phi) \tag{4-47}$$

如果有：①$\phi_1$ 和 $\phi_2$ 的边界条件相同，如已知它们的某些边界值，尤其是边界上它们的梯度为零；②$\phi_1$ 和 $\phi_2$ 的交换系数相等，则可以定义出一个新的守恒量 $\phi_3$，$\phi_3$ 必然也满足方程式（4-47）。

$$\phi_3 = \frac{\phi_1 - \phi_{1,A}}{\phi_{1,F} - \phi_{1,A}} - \frac{\phi_2 - \phi_{2,A}}{\phi_{2,F} - \phi_{2,A}} \tag{4-48}$$

并有边界条件

$$\phi_{3,A} = 0, \quad \phi_{3,F} = 0$$

在其他边界上

$$\frac{\partial \phi_3}{\partial n} = 0$$

式中    $n$——表示边界的外法线；

下标 A、F——分别表示氧化剂和燃料的给定边界。

从 $\phi_3$ 的定义可以看出，对于定常问题或者 $\phi_3$ 初值为零的非定常系统，$\phi_3$ 在体系内部必然处处为零。这样，从式（4-48）式可得

$$\frac{\phi_1 - \phi_{1,A}}{\phi_{1,F} - \phi_{1,A}} = \frac{\phi_2 - \phi_{2,A}}{\phi_{2,F} - \phi_{2,A}} \tag{4-49}$$

式（4-49）即是守恒量 $\phi_1$ 和 $\phi_2$ 之间的线性关系。这个关系表明了这样一个事实，即通过解微分方程得到了一个守恒量（如 $\phi_2$）之后，便可以运用线性关系和另一个守恒量（如 $\phi_1$）的边界值，求出它在体系内部的分布。例如，在一个燃烧系统中，如果知道了混合分数 $f$ 的分布。在一定条件下不必再解微分方程就可以通过线性关系确定其他守恒量：元素质量分数 $w_a^*$，氮气质量分数 $w_{N_2}^*$ 和滞止焓 $\tilde{h}$ 的分布。如果采用快速反应的假定［即前面论述的第（2）类反应］，即在体系中的任何一点燃料和氧化剂不共存，这样，燃料、氧化剂和产物的质量分数都可表示为 $f$ 的

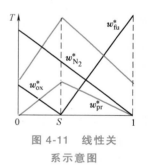

图 4-11 线性关系示意图

线性函数，图 4-11 所示即是系统中温度、各组分浓度与混合分数 $f$ 的关系，请注意，示于图中的量并不一定都是守恒量，如值 $w_{fu}^*$、$w_{ox}^*$ 和 $w_{pr}^*$ 都不是守恒量。

## 4.5 湍流扩散火焰的 $k$-$\varepsilon$-$g$ 模型

上一章中已经对层流扩散火焰进行了分析，其特点是化学反应速率大大超过燃料和氧化剂之间混合的速率。

实验表明，在分析湍流火焰时，仅考虑湍流的输运特性是不够的，必须考虑湍流的脉动特性对火焰的影响。在实验中，还发现，燃料和氧化剂在局部可以共存，这一点与快速反应模型相矛盾。而湍流脉动的特征很好地解决了这一矛盾：即快速反应假设是指燃料和氧化物的瞬时值而言，而实验测量得到的是一定时间内的平均值。也就是说它们的瞬时值不共存而平均值共存的现象是湍流燃烧的特点，正是湍流脉动导致某一局部上燃料和氧化剂出现在不同瞬间。因此，考虑这种脉动特性是正确分析湍流火焰的基础，在建立湍流燃烧模型中，必

须能够把混合过程的控制作用和湍流脉动的影响有机地统一起来。在介绍具体的模型之前，先介绍一下概率分布函数的概念。

所谓**概率分布函数**（又称概率密度函数），就是一个用于描述湍流燃烧系统中的因变量与函数。在湍流场中，所有的量都可以看成是一种随机量，是无规则的脉动量。对于随机量，要给出它在空间任一点的瞬时值是困难的，也是不必要的（就目前而言，只能这样）。当然随着对湍流本质的认识，人们正在逐步认识这种随机过程中的某些确定性信息，可能会获得真实的描述，关心的是某个量其平均值为多少，取得某个值的可能性有多大，即给出它取某个值的概率。

量纲一的混合分数的概率分布函数被定义为：

$P(f) \, \mathrm{d}f=f(t)$ 处于 $(f, f+\mathrm{d}f)$ 范围内的那段时间间隔 $t$ 的时间分数，即为**概率**。

式中 $P(f)$ ——瞬态混合分数 $f$ 的概率分布密度 PDF，$P(f)$ 有两个重要性质

$$\int_0^1 P(f) \mathrm{d}f = 1 \qquad (4\text{-}50)$$

$$\bar{f} = \int_0^1 f P(f) \mathrm{d}f \qquad (4\text{-}51)$$

$P(f)$ 是空间任何一点由于 $f$ 随时间脉动而形成的混合物分数的统计分布。$P(f)$ 分布的一阶矩就是时间平均的混合分数 $\bar{f}$；对平均量的二阶矩（方差）通常被定义为

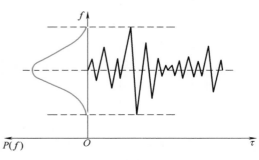

图 4-12　概率分布函数

$$g = \int_0^1 (f - \bar{f})^2 P(f) \mathrm{d}f \qquad (4\text{-}52)$$

典型的 $P(f)$ 可以由图 4-12 表示，图中还示出了 $f$ 随时间变化的函数。

斯波尔丁提出并发展了所谓的 $k\text{-}\varepsilon\text{-}g$ 模型。其要点是：

1）用 $k\text{-}\varepsilon$ 模型模拟湍流输运；

2）采用简单化学反应系统和快速反应的假定；

3）建立以 $g$ 为因变量的控制方程；

4）假设 $f$ 的概率分布函数的形式，根据求解微分方程得到的 $\bar{f}$ 和 $g$，确定 $f$ 的概率分布函数 $P(f)$。如果可能，把 $f$ 写成 $\bar{f}$、$g$ 和 $P(f)$ 的显函数形式；

5）根据快速反应假设，根据 $f$ 求出燃料和氧化物的质量分数的瞬时值，再用概率分布函数 $P(f)$ 得到燃料和氧化物质量分数的平均值，从而不需要对平均质量分数控制方程进行直接的模化和求解；

6）求解滞止焓 $\tilde{h}$。若 $\tilde{h}$ 为守恒量，则可利用 $\tilde{h}$ 和 $\bar{f}$ 之间的线性关系获得。

该模型的关键是如何求解 $P(f)$，目前的方法有三种。一，从对湍流脉动的认识出发人为地指定一种 $P(f)$，这是本节要介绍的内容；二，建立模型并求解以 $P(f)$ 为因变量的微分方程，这将在 4.7 节中介绍；三，根据 ESCIMO 理论计算出 $P(f)$。

最简单的分布规律，称之为城墙式（Battlement）分布规律，即 $f$ 可能取的值只有两个，即 $f^+$ 或 $f^-$，若 $f$ 等于 $f^-$ 的时间分数为 $\alpha$，那么 $f$ 等于 $f^+$ 的时间分数就必然是 $(1-\alpha)$，其对应

的 $P(f)$ 是双 $\delta$ 函数。

通过求解微分方程或其他方式，能得出 $\bar{f}$ 和 $g$ 值，因此，关键是找到 $f^-$、$f^+$ 和 $\alpha$，从而确定 $P(f)$。

根据概率分布函数的定义，变量 $\phi(f)$ 的平均值定义为

$$\bar{\phi} = \int_0^1 \phi(f) P(f) \, \mathrm{d}f \tag{4-53}$$

这样，$f^-$、$f^+$ 和 $\alpha$ 同 $\bar{f}$ 和 $g$ 可以关联起来，得

$$\bar{f} = \int_0^1 f P(f) \, \mathrm{d}f = \alpha f^- + (1 - \alpha) f^+ \tag{4-54}$$

$$g = \int_0^1 (f - \bar{f})^2 P(f) \, \mathrm{d}f = \alpha (f^- - \bar{f})^2 + (1 + \alpha)(f^+ - \bar{f})^2 \tag{4-55}$$

确定 $P(f)$，也就是确定 $\alpha$、$f^-$ 和 $f^+$。因此，除式（4-54）和式（4-55）之外，还需要一个条件，只要 $\alpha$、$f^-$ 和 $f^+$ 三个值中已知一个就可以算出其余两个，一个最简单也是最自然的选择是 $\alpha = 0.5$，即 $f$ 取 $f_1$ 和 $f^+$ 两个值的机会均等。则有

$$f^- = \bar{f} - \sqrt{\bar{f}'^2} = \bar{f} - g^{\frac{1}{2}} \tag{4-56}$$

$$f^+ = \bar{f} + \sqrt{\bar{f}'^2} = \bar{f} + g^{\frac{1}{2}} \tag{4-57}$$

上面计算出后应检查 $f^-$ 和 $f^+$ 在物理上是否合理，即应满足

$$f^- \geqslant 0 \tag{4-58}$$
$$f^+ \leqslant 1$$

若式（4-58）满足，则认为求出的 $f^-$、$f^+$ 和 $\alpha$ 合理，若不满足，则必须对 $f^-$、$f^+$ 和 $\alpha$ 的值进行修正，即，

若 $f^- < 0$，则取 $f^- = 0$。从式（4-54）和式（4-55）求得

$$\alpha = \left(1 + \frac{\bar{f}^2}{g}\right)^{-1} \tag{4-59}$$

$$f^+ = \bar{f} + \frac{g}{\bar{f}} \tag{4-60}$$

若 $f^+ > 1$，则取 $f^+ = 1$。从式（4-54）和式（4-55）求得

$$\alpha = \left[1 + \frac{g}{(1 - \bar{f})^2}\right]^{-1} \tag{4-61}$$

$$f^- = \bar{f} - \frac{g}{(1 - \bar{f})} \tag{4-62}$$

式（4-56）～式（4-62）即是求出的合理的 $f^-$、$f^+$ 和 $\alpha$，从而确定了概率分布函数 $P(f)$。

在确定了 $P(f)$ 后，再根据简单化学反应系统和快速反应的假设，或利用守恒量之间的线性关系，可以方便地求出 $\phi(f^-)$ 和 $\phi(f^+)$，各组分的质量分数和混合物的总焓均可用变量 $\phi$ 来表示。进一步可以从方程（4-53）求得这些量的平均值和脉动均方值：

$$\bar{\phi} = \alpha \phi(f^-) + (1 - \alpha) \phi(f^+) \tag{4-63}$$

$$\overline{\phi'^2} = \alpha [\phi(f^-) - \bar{\phi}]^2 + (1 - \alpha)[\phi(f^+) - \bar{\phi}]^2 \tag{4-64}$$

显然，上面所述的双 $\delta$ 函数形式的概率分布并不是唯一的，常见的分布还可以取礼帽形

分布、截断高斯分布、复合 $\delta$ 函数分布、$\beta$ 函数分布等。

值得注意的是 $\beta$ 函数形式的概率分布函数

$$P(f) = \frac{f^{a-1}(1-f)^{b-1}}{\int_0^1 f^{a-1}(1-f)^{b-1}\mathrm{d}f}, \ 0 \leqslant f \leqslant 1 \tag{4-65}$$

它的优点是既去掉了人为的截断过程，又使 $P(f)$ 中包含的常数 $a$ 和 $b$ 可以直接用 $\bar{f}$ 和 $g$ 表示出，而计算中不用迭代。

至此，根据所假定的 PDF 形式及已知的时均混合分数 $\bar{f}$、方差 $g$，混合过程就可以进行描述，而任意 $\phi(f)$ 的平均值和脉动均方值也就可以利用式（4-53）求得，即

$$\overline{\phi'^2} = \int_0^1 [\phi(f) - \bar{\phi}]^2 P(f)\mathrm{d}f = \int_0^1 [\phi(f)]^2 P(f)\mathrm{d}f - \bar{\phi}^2 \tag{4-66}$$

上面的分析，是假定 $\bar{f}$ 和 $g$ 已知求得的条件下获得的，$f$ 方程即式（4-39）为一个无源方程，是易于求解的。考虑一下 $g$ 方程，显然 $g$ 不是一个守恒量，通过推导 $g$ 满足的微分方程可以推导出为

$$\rho\frac{\mathrm{d}g}{\mathrm{d}t} = \mathrm{div}\ (\Gamma_g \mathbf{grad}g)\ + S_g \tag{4-67}$$

式中

$$S_g = C_{g1}\mu_e\ (\mathbf{grad}\bar{f})^2 - \frac{C_{g2}\rho\varepsilon g}{k} \tag{4-68}$$

式中　　$S_g$——源项，式中右边第 1 项为 $g$ 的生成项，第 2 项为 $g$ 的耗散项；

$C_{g1}$、$C_{g2}$——常数，其中 $C_{g1} = 2.8$。

求解方程（4-67）是复杂的，为了问题的简化，可以假设 $g$ 方程中的源项处于局部平衡状态，即其产生和耗散速率相等，即有 $S_g = 0$，则此时 $g$ 可由代数运算从 $\bar{f}$ 求出

$$g \approx \frac{C_{g1}k\mu_e}{C_{g2}\rho\varepsilon}\ (\mathbf{grad}\bar{f})^2 \tag{4-69}$$

或进一步简化 $k\text{-}\varepsilon$ 模型为普朗特的混合长度模型，则

$$g \approx \frac{C_{g1}C_\mu}{C_{g2}\rho C_D}\ (l_m\mathbf{grad}\bar{f})^2 \tag{4-70}$$

从这两个式中，就马上可以看出湍流脉动在湍流火焰计算的重要作用。

另一个值得讨论的现象是所谓的间歇作用。在湍流射流扩散火焰的边界附近，计算发现 $g$ 值变得比 $(\bar{f})^2$ 大得多，这意味着混合分数 $f$ 仅在相当短的时间比例内取有限值，而在相当长的时间比例内取零值，即脉动是不对称的，如图 4-13 所示 $f(t)$ 为"锯齿"形分布，$P(f)$ 为礼帽形分布的情况下的带有间歇现象的情形，其中，图 4-13a 为无间歇情形，图 4-13b 为燃料有间歇情形，而图 4-13c 为燃料和氧化剂（空气）均有间歇的情形。那么这些间歇现象是怎么产生的呢？目前常用的解释是用湍流的间歇性来解释，在扩散火焰边界附近，由于湍流的作用，使得火焰是脉动的，而且湍流的不连续，使得此处的射流不断卷吸周围环境的气体，而这些气体的 $f$ 值为零，处于非湍流状态。因此对于边界附近一个点，可以在某瞬间处于湍流状态，而另一瞬间则不处于湍流状态。造成 $f$ 为零的因素有两个，一个是处于湍流态时因脉动而成；另一个则是由于处在 $f$ 值为零的非湍流状态。把处于非湍流状态的比例定义为湍流的间歇性，下面根据 $f$ 的模型来估计一下这种间歇性。

在 $P(f)$ 的城墙式分布模型结果中，$f=f^-$ 的时间分数为 $\alpha$，而 $f=f^+$ 的时间分数是 $(1-\alpha)$，在扩散火焰的边界处有

$$g>\bar{f}^2，\ 则\ \begin{cases} f^-=0 \\ \alpha>\dfrac{1}{2} \end{cases}$$

$f$ 的零值由湍流脉动和间歇两部分组成。假设湍流脉动是对称的，即 $f=f_1$ 和 $f=f^+$ 的时间比例相同，均为 $(1-\alpha)$，则剩下的就是湍流间歇所占的比例，即为

$$1-2（1-\alpha）=2\alpha-1 \tag{4-71}$$

用 $g$ 和 $\bar{f}$ 来表示则为

$$2\alpha-1=(g-\bar{f}^2)/(g+\bar{f})^2 \tag{4-72}$$

显然，当 $\bar{f}\to0$ 时，$(2\alpha-1)\to1$，这和人们预见是一致的。

已有许多研究者运用上述湍流燃烧模型对湍流扩散燃烧射流进行了数值模拟，如斯波尔丁、哈里尔以及里希特（Richter）等人。文献曾运用 $k$-$\varepsilon$-$g$ 模型对自由湍流扩散火焰（丙烷-空气）进行了计算。在 $x$-$\psi$ 坐标系中控制方程的统一形式为

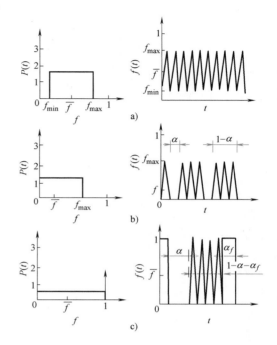

图 4-13　关于"锯齿"形 $f(t)$ 的概率密度函数 $P(f)$

a）没有间歇现象的情况　b）仅燃料有间歇的情况
c）燃料、空气均有间歇现象的情况

$$\frac{\partial\phi}{\partial x}=\frac{\partial}{\partial\Psi}\left(r^2\rho v_x\Gamma_\phi\frac{\partial\phi}{\partial\Psi}\right)+\frac{1}{\rho_\mu}S_\phi \tag{4-73}$$

式中　$\Psi$——流函数。

实际求解的微分方程和源项的具体表达式见表4-1。

表 4-1　实际求解的微分方程

| 方程式 | $\phi$ | $\Gamma_\phi$ | $S_\phi$ |
|---|---|---|---|
| $x$ 方向动量方程 | $v_x$ | $\mu_{eff}$ | $g(\rho_\infty-\rho)$ |
| 滞止焓方程 | $\tilde{h}$ | $\mu_{eff}/\sigma_h$ | $\dfrac{\partial}{\partial y}[(\mu_{eff}-\Gamma_h)]r\dfrac{\partial\left(\frac{1}{2}v_x^2\right)}{\partial y}$ |
| 湍流动能方程 | $k$ | $\mu_{eff}/\sigma_k$ | $\mu_{eff}\left(\dfrac{\partial v_x}{\partial y}\right)^2-\rho\varepsilon$ |
| 湍流耗散率方程 | $\varepsilon$ | $\mu_{eff}/\sigma_\varepsilon$ | $\dfrac{\varepsilon}{k}\left[C_1\mu_{eff}\left(\dfrac{\partial v_x}{\partial y}\right)^2-C_2\rho\varepsilon\right]$ |
| 混合物分数方程 | $\bar{f}$ | $\mu_{eff}/\sigma_f$ | $0$ |
| 浓度脉动方程 | $g$ | $\mu_{eff}/\sigma_g$ | $C_{g1}\mu_{eff}\left(\dfrac{\partial f}{\partial y}\right)^2-C_{g2}\rho\varepsilon g/k$ |

求解方程的边界条件为，在湍流扩散自由燃烧射流的外边界上流动属自由流边界，其边界条件为

$$v_x = 0, \qquad T = 300\text{K}, \qquad f = 0.232$$

$$v_x \frac{\mathrm{d}k}{\mathrm{d}x} = -\varepsilon, \qquad v_x \frac{\mathrm{d}\varepsilon}{\mathrm{d}x} = -\frac{C_2 \varepsilon^2}{k}, \qquad v_x \frac{\mathrm{d}g}{\mathrm{d}x} = -\frac{C_{g2} \varepsilon \rho}{k}$$

后面的三个条件可从上述微分方程中，运用在自由流边界上因变量跨越边界的梯度值为零的条件直接导出。在射流轴心线上，所有因变量在 $y$ 方向的梯度值为零。燃烧射流的出口条件假定为

$$v_0 = v_m \left(1 - \frac{y}{R}\right)^{1/7}, \qquad T_0 = 300\text{K}, \qquad \bar{f}_0 = -S$$

$$k_0 = (0.01u)^2, \qquad \varepsilon = \frac{0.164 k^{3/2}}{l}, \qquad g = 0.01 \, |f|$$

$l$ 可由尼库拉泽（Nikuradse）管流湍流尺度公式计算。

图 4-14 给出了丙烷-空气湍流扩散燃烧自由射流某截面上的速度、温度以及燃料和氧气含量的时均值分布的计算结果。从图中可见燃料和氧气含量的时均值在相当大的区域中仍然不同时为零。同时在湍流燃烧情况下，各个参数分布变化的梯度都比较平滑，这充分反映了湍流输运强烈的结果。

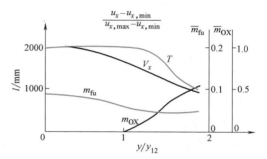

图 4-14　湍流扩散燃烧自由
射流截面上各参数分布

图 4-15 示出了丙烷-空气湍流扩散燃烧自由射流的火焰形状。一般认为在扩散火焰中，反应区位于 $f = f_{\text{stoich}}$[⊖]。而在考虑浓度脉动的情况下，认为反应区处于两条轴线：$f^+ = f_{\text{stoich}}$ 和 $f^- = f_{\text{stoich}}$ 之间。从图 4-15 中可见，湍流扩散燃烧射流反应区的厚度远远大于层流扩散火焰，并且火焰长度也增大。

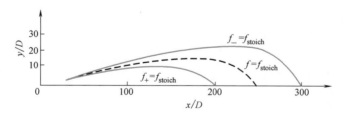

图 4-15　湍流扩散燃烧自由射流的火焰形状

## 4.6　湍流预混火焰模型

上一章中及本章早些时候已经证明，层流预混火焰以 $u_H$ 的传播速度向未燃气传播，其值只与可燃气体的物理化学性质有关。而湍流火焰传播速度 $u_T$ 则不仅是物理化学性质的函数，而且还与流动状态有关。湍流火焰峰面强烈脉动，无法观察到单一连续的火焰峰面，燃烧是在一定的空间进行，成为"容积燃烧"的状况。

---

[⊖]　下标 stoich 表示化学计量数。

在 4.4 节中，已经对湍流的时均反应速率进行了简单分析，显然可以通过对二阶、三阶的关联项进行模拟，从而使问题封闭，但由于涉及湍流和化学反应的相互作用，需要同时考虑湍流混合、分子输运及化学动力学三方面的因素，因此寻找一个通用的，把 $\bar{w}$ 和局部参数联系起来的公式是十分困难的。

为了求解湍流燃烧问题，另一个方法是分析影响 $\bar{w}$ 的主要因素，提出 $\bar{w}$ 的简化表达式，根据分析结果与实验数据对比，并不断改进，提出新的模型。这就是斯波尔丁等人发展湍流燃烧模型的基本思路。

### 4.6.1 涡旋破碎模型

最简单的湍流反应模型就是斯波尔丁提出的涡旋破碎模型（Eddy-Break-Up Model），它的基本思想是：把湍流燃烧区考虑成未燃气微团和已燃气微团的混合物；化学反应在这两种微团的交界面上发生；认为化学反应速率取决于未燃气微团在湍流作用下破碎成更小微团的速度；认为破碎速率与湍流脉动动能衰减的速度成正比。涡旋破碎模型给出的计算二维边界层问题湍流燃烧速度的公式为：

$$\bar{w}_{\mathrm{T}} = -C_{\mathrm{E}} \overline{\rho w_{\mathrm{fu}}^*} \left| \frac{\partial \bar{u}}{\partial y} \right| \tag{4-74}$$

也可以从 $k\text{-}\varepsilon$ 湍流模型得出 $\bar{w}_{\mathrm{T}}$ 表达式

$$\bar{w}_{\mathrm{T}} = -\frac{C_{\mathrm{R}} \rho g_{\mathrm{fu}}^{\frac{1}{2}} \varepsilon}{k} \tag{4-75}$$

式中 $C_{\mathrm{E}}$、$C_{\mathrm{R}}$——常数；

$g_{\mathrm{fu}}$——当地燃料质量分数脉动的均方值，即

$$g_{\mathrm{fu}} = \overline{w_{\mathrm{fu}}^{*\prime 2}} \tag{4-76}$$

$g_{\mathrm{fu}}$ 可以用与 $\overline{w_{\mathrm{fu}}^*}$ 或其梯度相关联的代数式来表示，如

$$g_{\mathrm{fu}} = C \left( \overline{w_{\mathrm{fu}}^*} \right)^2 \tag{4-77}$$

或者

$$g_{\mathrm{fu}} = l^2 \left( \frac{\partial \overline{w_{\mathrm{fu}}^*}}{\partial y} \right)^2 \tag{4-78}$$

$g_{\mathrm{fu}}$ 也可用解微分方程求得

$$\rho \frac{D g_{\mathrm{fu}}}{Dt} = \frac{\partial}{\partial y} \left( \Gamma_g \frac{\partial g_{\mathrm{fu}}}{\partial y} \right) + C_{g1} \mu_e \frac{\partial \overline{w_{\mathrm{fu}}^*}}{\partial y} - \frac{C_{g2} \rho g_{\mathrm{fu}} \varepsilon}{k} \tag{4-79}$$

其中

$$\Gamma_g = \frac{\mu_e}{\sigma_g}$$

式中 $\sigma_g$、$C_{g1}$ 和 $C_{g2}$——常数，其值通常取为：$C_{g1} = 2.8$，$C_{g2} = 1.79$，$\sigma_g = 0.7$。

对于边界层类型的燃烧问题，已经进行过的计算表明：式（4-74）比式（4-75）更为简便和准确，其中的常数 $C_{\mathrm{E}}$ 通常取为 $0.35 \sim 0.4$。

上述 EBU 模型中没有考虑温度对火焰传播速度的影响，鉴于在所研究的湍流燃烧系统中，可能存在这样一些区域，在这些区域速度梯度可能很大，但温度不高，即不符合快速反

应的假定，这样式（4-74）不能给出合理的燃烧速度。为克服这一缺欠，引入另一个以平均参数表示的阿累尼乌斯的燃烧速度公式，即

$$\overline{w}_{fu,A} = -\overline{k}\overline{w}_{fu}^{*}\,\overline{w}_{ox}^{*} \exp\left(-\frac{E_a}{R\,\overline{T}}\right) \tag{4-80}$$

而实际的燃烧速度 $\overline{w}_{fu}$ 取成 $\overline{w}_{fu,A}$ 和 $\overline{w}_{fu,T}$ 两者中绝对值较小的一个，即

$$\overline{w}_{fu} = -\min(\,|\,\overline{w}_{fu,A}\,|,\ |\,\overline{w}_{fu,T}\,|\,) \tag{4-81}$$

斯波尔丁应用上述模型对平面管道内火焰稳定器后面的流场进行了计算，其结果比只用式（4-80）得到的结果好得多。与实验数据符合较好。

### 4.6.2　拉-切-滑模型

涡旋破碎模型对于流动对燃烧速度的控制作用，给出了简单的计算公式，并为湍流燃烧过程的数学模拟开辟了道路。但该模型未能考虑分子输运和化学动力学因素的作用，因此它只适用于高湍流预混燃烧过程。

为了进一步体现分子扩散和化学反应动力学因素的作用，斯波尔丁于 1976 年提出了所谓的拉-切-滑模型（Stretch-Cut-And-Slide Model），它同样是把湍流燃烧区考虑成充满未燃气团和已燃气团，这些气团在湍流作用下受到拉伸和切割的作用，重新组合，不均匀性尺度下降；在未燃气团和已燃气团的界面上存在着连续的火焰面，它以层流火焰传播速度向未燃部分传播。

从以上的思想，气团尺度的变化过程如图 4-16 所示。在图中，考虑一个单位厚度的流体块，设其中每层的厚度为 $\delta$，则该流体块中共有 $1/\delta$ 层流体，在湍流作用下各层流体的厚度不断减少，同时流体块内的流体层数不断地增加。

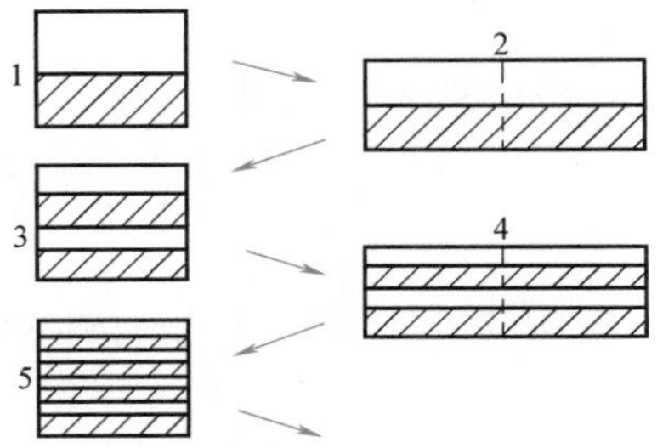

设流体层厚度 $\delta$ 减半所需要的时间为 $t_{\frac{1}{2}}$，也就是说，流体层的层数增加一倍所需的时间，则有

$$\frac{d}{dt}\left(\frac{1}{\delta}\right) = \frac{1/\delta}{t_{\frac{1}{2}}} \tag{4-82}$$

图 4-16　拉-切-滑模型示意图

化简得

$$\frac{d\delta}{dt} = -\frac{\delta}{t_{\frac{1}{2}}} \tag{4-83}$$

根据上述，流体层厚度减少的主要原因是湍流流场中的速度梯度带来的拉伸作用，其速率可以用流场的应变速率来表示，这样 $t_{\frac{1}{2}}$ 可以表示为与流场的局部应变率成反比，即对于二维问题有

$$t_{\frac{1}{2}} \propto \frac{1}{\dfrac{\partial u}{\partial y} + \dfrac{\partial v}{\partial x}} \tag{4-84}$$

代入式（4-83）有

$$\frac{d\delta}{dt} = -\left|\frac{\partial u}{\partial y} + \frac{\partial v}{\partial x}\right|\delta \tag{4-85}$$

假定在已燃气团和未燃气团的界面上的火焰面是以层流火焰传播速度 $u_H$ 向未燃气传播，则燃料的消耗速率可写成

$$\frac{dw_{fu}^*}{dt} = -\frac{(w_{fu}^{*-} - w_{fu}^{*+})\, u_H}{\delta} \tag{4-86}$$

式中 上标 $-$、$+$——分别表示未燃气团和已燃气团，从方程式（4-85）和式（4-86）可以导出二维湍流预混燃烧的速度公式

$$\overline{w}_T = -\frac{(w_{fu}^* - w_{fu}^*)\rho\left|\dfrac{\partial \overline{u}}{\partial y} + \dfrac{\partial \overline{v}}{\partial x}\right|}{\ln\left(1 + \delta^-\left|\dfrac{\partial \overline{u}}{\partial y} + \dfrac{\partial \overline{v}}{\partial x}\right| / u_H\right)} \tag{4-87}$$

对于二维边界层类型，即 $\dfrac{\partial u}{\partial x} \approx 0$ 则上式可简化为

$$\overline{w}_T = -\frac{(w_{fu}^{*-} - w_{fu}^{*+})\rho\left|\dfrac{\partial \overline{u}}{\partial y}\right|}{\ln\left(1 + \delta^-\left|\dfrac{\partial \overline{u}}{\partial y}\right| / u_H\right)} \tag{4-88}$$

对于管内钝体后的火焰区，上式中的主要参数可以表示为

$$\left|\frac{\partial \overline{u}}{\partial y}\right| \approx \frac{30}{d}$$

$$\delta^- = 0.1d$$

$$u_H = 0.3$$

$$\overline{w}_{fu}^{*+} = 0.1$$

则式（4-88）可简化为

$$\overline{w}_T = 0.4 w_{fu}^* \rho \left|\frac{\partial \overline{u}}{\partial y}\right| \tag{4-89}$$

比较式（4-89）与式（4-74）可知，涡旋破碎模型只是拉-切-滑模型的简化近似形式而言。

方程式（4-88）中，$\overline{w}_T$ 充分体现了流动 $\left(\dfrac{\partial \overline{u}}{\partial y}\right)$ 和化学动力学及分子输运（$u_H$）两个的相互作用，比涡旋破碎模型有了很大进步。进一步分析此式，当 $\left|\dfrac{\partial \overline{u}}{\partial y}\right|$ 越大，$\overline{w}_T$ 取决于流动的因素就越大；反过来，当 $\left|\dfrac{\partial \overline{u}}{\partial y}\right|$ 很小时，则如设 $\left|\dfrac{\partial \overline{u}}{\partial y}\right| \to 0$ 时，则

$$\overline{w}_T = -\frac{(w_{fu}^{*-} - w_{fu}^{+})\, \rho u_H}{\delta^-} \tag{4-90}$$

式（4-90）充分体现了层流火焰传播速度 $u_H$ 对湍流燃烧速度起着相当重要的作用，从而表明正确地计算 $u_H$ 是正确运用拉切滑模型的关键之一。

关于层流火焰传播速度 $u_H$ 的计算，上一章中已经给予了详细的阐述。它是由可燃气体混合物的物理化学性质表征的，对于一定的混合物，主要取决于其热力学状态（压力和温度）。一般来说，对于确定的可燃气体，$u_H$ 可表示为

$$u_H = f(T) \tag{4-91}$$

这样，求解 $u_H$ 的问题就转化为求解温度 $T$。显然这里的 $T$ 是表示未燃气团的温度，而火焰面附近存在强烈的温度脉动（一般可达 600K），也就是说已燃气团温度 $T^+$ 和未燃气团温度 $T^-$ 与实际的平均温度相差甚远，在应用上式时，主要要求得 $T^-$。

在上节湍流扩散火焰的研究中，已经知道在快速反应的条件下，可以用混合分数 $f$ 的均值 $\bar{f}$、脉动均方值 $g$ 和 $f$ 的概率密度函数 $P(f)$ 来确定其化学热力学状态。那么，在湍流预混火焰中，也可以用反应度 $\tau$ 的均值 $\bar{\tau}$，其脉动均方值 $\overline{\tau'^2}$ 和 $\tau$ 的概率分布函数 $P(\tau)$ 确定出火焰的化学热力学状态，反应度 $\tau$ 的定义为

$$\tau \equiv \frac{w_{fu}^* - w_{fu}^{*-}}{w_{fu}^{*+} - w_{fu}^{*-}} \tag{4-92}$$

$\tau$ 的值为 $0\sim1$，它的大小代表了反应进行的程度，其均值 $\bar{\tau}$ 为

$$\bar{\tau} = \frac{\overline{w_{fu}^*} - w_{fu}^{*-}}{w_{fu}^{*+} - w_{fu}^{*-}} \tag{4-93}$$

显然，$\bar{\tau}$ 和 $\overline{w_{fu}^*}$ 遵守同样的微分方程，只是源项差一个常系数。

反应度的脉动均方值 $g_\tau$ 为

$$g_\tau = \overline{\tau'^2} = \overline{(\tau - \bar{\tau})^2} = \frac{\overline{w_{fu}^{*\,'2}}}{(w_{fu}^{*+} - w_{fu}^{*-})^2} \tag{4-94}$$

同样，$g_\tau$ 应与 $\overline{w_{fu}^{*\,'2}}$ 遵守同一微分方程。

这样通过求解 $\bar{\tau}$ 和 $g_\tau$ 的方程以及假设 $\tau$ 的概率密度函数，就可以求出 $\tau^+$、$\tau^-$ 和 $\alpha$；也可求相应的 $w_{fu}^{*-}$ 和 $w_{fu}^{*+}$。这样，可写出温度的均值、瞬时值和脉动均方值的求解公式

$$\bar{T} = \frac{1}{c_p}\left(h - h_f\, \overline{w_{fu}^*} - \frac{1}{2}\bar{u}^2 - k\right) \tag{4-95}$$

$$T^+ = \frac{1}{c_p}\left(h - h_f\, w_{fu}^{*-} - \frac{1}{2}\bar{u}^2 - k\right) \tag{4-96}$$

$$T^- = \frac{1}{c_p}\left(h - h_f\, w_{fu}^{*+} - \frac{1}{2}\bar{u}^2 - k\right) \tag{4-97}$$

$$\sqrt{\overline{T'^2}} = \left[(T^+ - \bar{T})(\bar{T} - T^-)\right]^{\frac{1}{2}} \tag{4-98}$$

这样有了 $T^-$ 就可以求得 $u_H$，从而代入拉切滑公式可以求出 $\overline{w_T}$，就可以来求解湍流预混燃烧问题。

## 4.7 概率密度函数的输运方程模型

在 4.5 节中已经引入了概率密度函数的概念，对描述湍流问题时，用 PDF 的方法有其

突出的优点，对变密度、有对流、化学反应，及压力梯度等都不需要进行模化。在前面介绍的 PDF 是人为假定的，很明显带有很大的随意性。

燃烧过程的实验研究和对湍流问题的深入了解，人们开始意识到，因变量的概率分布形式是不同的，即使在同一个湍流场内，在不同区域，各个因变量的概率分布函数也不同，那么概率分布函数 PDF 本身是否也是一个受输运方程控制的因变量呢？回答是肯定的。伦德格伦（Lundgren）最先导出了速度的联合 PDF 的输运方程，后来，奥布赖恩（O'Brien）和波普（Pope）等导出了各组分标量的联合 PDF 的输运方程。其突出的优点是其处理非线性化学反应十分方便，因为此方法已经对湍流扩散火焰和湍流预混火焰进行了研究。

波普提出了单变量的概率分布函数的输运方程

$$\bar{\rho} \frac{D}{Dt} \overline{P(\phi)} = -\frac{\partial}{\partial x_i} \bar{\rho} \, \overline{P(\phi) u_i} - \frac{\partial}{\partial \phi} \left[ \overline{P(\phi) S(\phi)} + \frac{\partial}{\partial \phi} \overline{\bar{\rho} P(\phi) \Gamma \left( \frac{\partial \phi}{\partial x_i} \right)^2} \right] \quad (4\text{-}99)$$

式中 $S(\phi)$ ——变量 $\phi$ 的源或汇。

方程（4-99）中关联项 $\overline{P(\phi) u_i}$ 及 $\overline{P(\phi) \Gamma \left( \frac{\partial \phi}{\partial x_i} \right)^2}$，必须对其进行模化。式（4-99）右侧第一项为概率分布函数和脉动速度的二阶关联项，按照"梯度准则"进行模拟，物理意义即表示由于湍流而引起的概率分布函数的输运特性。即

$$\overline{P(\phi) u_i} = -C_3 \frac{k^2}{\varepsilon} \frac{\partial}{\partial x_i} \overline{P(\phi)} \quad (4\text{-}100)$$

式中 $C_3$ ——常数。

式（4-99）右侧第二项中 $\Gamma (\partial \phi / \partial x_i)^2$ 主要与微尺寸的小脉动相关联，而因子 $P(\phi)$ 主要受大尺度的大脉动控制，假设两者不相互关联，则

$$\overline{P(\phi) \Gamma \left( \frac{\partial \phi}{\partial x_i} \right)^2} = \overline{P(\phi)} \, \overline{\Gamma \left( \frac{\partial \phi}{\partial x_i} \right)^2} = \bar{P}(\phi) C_4 \frac{\varepsilon}{k} \overline{\phi'^2} \quad (4\text{-}101)$$

式中 $\overline{\phi'^2}$ ——表示 $\phi$ 的脉动均方值；

$C_4$ ——常数。

经过上式模化，方程（4-99）变为

$$\bar{\rho} \frac{D}{Dt} \overline{P(\phi)} = \frac{\partial}{\partial x_i} C_3 \bar{\rho} \frac{k^2}{\varepsilon} \frac{\partial}{\partial x_i} \overline{P(\phi)} - \frac{\partial}{\partial \phi} \left[ \overline{P(\phi) S(\phi)} + C_4 \bar{\rho} \frac{\varepsilon}{k} \overline{\phi'^2} \frac{\partial}{\partial \phi} \overline{P(\phi)} \right] \quad (4\text{-}102)$$

该方程就可以进行直接求解，最终解出所需要的概率分布函数，它是空间位置和变量 $\phi$ 的函数。

哈里尔曾用上述的方法对二维管道火焰稳定器后面的湍流预混火焰进行了计算，图4-17 给出了不同轴向位置的横截面上轴向速度的计算值和测量值。可以看出，计算结果与实验符合得较好；图中还示出了梅森（Mason）用 EBU 模型计算的结果，从图中可以看出两种方法进行计算的结果大体相同。但是 EBU 付出的计算时间和贮存量的代价要小得多。

由于 PDF 输运方程性能复杂，所以至今只有少量的湍流火焰获得了满意的结果。如雅妮卡（Janicka）等对 $H_2$-空气火焰中的 PDF 采用有限差分方法求解，然而他们计算的平均浓度和温度剖面并不比用假定的 PDF 所获得的结果好多少。看来，PDF 输运方程方法的使用仍需得到进一步改进，特别是对关联项的模化及物理意义的探索显得尤其重要。

波普在后来还提出了建立双变量（混合分数 $f$ 和反应度 $\tau$）的联合概率分布函数（Joint PDF）的输运方程。此方程更为复杂，需要更大规模的计算机存储量，因此一般的有限差分方法就不适用，为了克服这一困难，波普采用蒙特卡洛（Monte-Carlo）法来解多维的 PDF 方程。此方法的优点是只要求计算机具有中等的存储量，但其计算速度却牺牲了，其计算时间随 PDF 的标量维数增加而线性增多。波普及其合作者将此方法进入实用，并对一些简单的火焰状况进行了计算。看来已有了与实验相一致的一些结果。蒙特卡洛计算法给求解联合 PDF 方程带来了希望。对此，琼斯（W. P. Jones）等认为该方法的关键仍然在于对于各关联项的模化方法。目前，对各关联项的物理意义，模化方法的方向，及模型结果的可检验性等的探索将是该方法发展的关键所在。

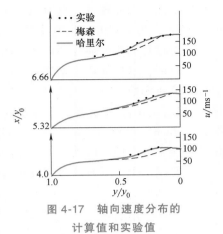

图 4-17　轴向速度分布的计算值和实验值

# 思考题与习题

4-1　$\beta$ 函数形式的概率分布函数为

$$P(f) = \frac{f^{a-1}(1-f)^{b-1}}{\int_0^1 f^{a-1}(1-f)^{b-1}\mathrm{d}f}$$

根据时均混合分数 $\bar{f}$ 和方差 $g$ 的定义

$$\bar{f} = \int_0^1 fP(f)\,\mathrm{d}f$$

$$g = \int_0^1 (f-\bar{f})P(f)\,\mathrm{d}f$$

试用 $\bar{f}$ 和 $g$ 表示概率分布函数中的常数 $a$ 和 $b$。

4-2　以扩散火焰为例演示守恒量法的应用。

1）试阐述所研究的问题（包括参考文献及来源）。

2）给出处理问题及方法。

3）获得哪些主要结果。

4）说明该方法的优缺点。

4-3　考虑两股湍流预混气体在一等截面通道中的混合与燃烧，$A$、$B$ 两股流有相同的燃料与氧化剂摩尔比，但两者的速度和温度不同：$U_A = 550\mathrm{m/s}$，$T_A = 600\mathrm{K}$；$U_B = 120\mathrm{m/s}$，$T_B = 2000\mathrm{K}$。列出所需的主要控制方程，说明边界条件、封闭方法和基本假设。

4-4　在三维球坐标情况下，推导守恒量 $f$（混合分数）的稳态、瞬态输送方程（提示：这种推导的两个最通常的起点雷诺输送理论或者围绕着任意微分单元与性质的平衡）。

4-5　由上一题的瞬态混合分数方程出发，推导湍流反应流的时均方程（对于脉动项的相互关联不代入任何湍流封闭近似）。

4-6　分析比较湍流表面燃烧模型和湍流容积燃烧模型的特点，并对两者更为适合的应用场合提出你的观点。

4-7　根据学过的湍流火焰和流体力学中湍流的特性，你认为应当怎样研究湍流火焰传播的问题？

# 第 5 章

# 液体燃料的燃烧

　　液体燃料是能产生热能或动能的液态可燃物质，主要含有碳氢化合物或其混合物。石油是一种天然液体燃料，工业上所使用的液体燃料主要指从石油炼制而得的各种石油产品。此外，利用化学方法从煤、石油和生物质提取的各种人造液体燃料和由煤制成的人工浆体燃料也是液体燃料的重要组成部分。

## 5.1　液体燃料的特性

### 5.1.1　石油的组成元素及化合物

#### 5.1.1.1　石油的组成元素

　　组成石油的元素主要有碳、氢、氧、氮、硫五种。其中，碳的含量占 84%～87%（质量分数），氢的含量占 11%～14%（质量分数）。石油中含的氧和氮的质量一般很小，氧的含量为 0.1%～1%（质量分数），氮的含量一般在 0.2%（质量分数）以下，很少超过 0.5%（质量分数）。除了上述五种主要元素外，石油还含有极微量的金属元素和其他非金属元素。金属元素有钒、镍、铁、铝、钙、钠、镁、钴、铜等，非金属元素中主要有氯、硅、磷、硒、砷等。

#### 5.1.1.2　石油的组成化合物

　　组成石油的化合物有碳氢化合物（烃类）和非碳氢化合物（胶状物质等）两类，其中烃类是石油的主要成分。

　　碳氢化合物（烃类）常见的有烷烃、烯烃、环烷烃和芳香烃等。

　　烷烃的分子通式是 $C_nH_{2n+2}$，在常温常压下烷烃类碳氢化合物可以以气态、液态和固态存在。一般来说，烷烃的氢/碳比较高、密度较低、单位质量热值高、热稳定性好。

　　烯烃的分子通式为 $C_nH_{2n}$，烯烃是不饱和烃，它们的分子结构中含氢的质量分数比较低，较易与很多化合物起反应，其化学稳定性和热稳定性比烷烃差。在高温和催化作用下，容易转化成芳香族碳氢化合物。

　　环烷烃的分子通式是 $C_nH_{2n}$，是饱和烃，分子结构中碳原子形成环状结构（而不是链状结构）。在化学稳定性、单位质量热值和冒烟积炭的倾向性等方面和烷烃很相似。

单环芳香烃的一般式为 $C_nH_{2n-6}$，芳香烃是环状结构，含有一个或更多个的含六个碳原子的环状结构。它们含的氢原子数少，因而单位质量的热值较低。

石油中非烃化合物质量含量最大的就是胶状物质。胶状物质又可分为中性胶质和沥青质。中性胶质的化学稳定性及热稳定性都较差，受热易分解或聚合。沥青质加热不熔融，但被加热到300℃以上时，开始分解，产生焦炭（质量分数约为70%）和气体。

### 5.1.2　燃油种类及石油炼制的方法

燃油主要是指从石油中炼制出的各种成品油。燃油的主要种类有：汽油、煤油、柴油、重馏分油和重油等。燃油可以概括地分为馏分油和含灰分油。馏分油基本不含灰，只要在贮运过程中处置得当，不存在什么杂质，从炼油厂出来可以直接使用。而含灰分油，如合成机油，通常含有 0.5%～1.5% 的灰分，这种油在燃气轮机中使用前必须进行相应处理，但在工业窑炉中使用时一般可不预处理。

将石油炼制成燃油的基本方法分为两种，即直接蒸馏法和裂解法。

直接蒸馏法是按石油中各组分的沸点不同，在常压下直接对石油加热（300～325℃）分馏，石油中各馏分按其沸点高低先后馏出。最先馏出的是沸点最低的馏分如汽油，然后依次为重汽油、煤油等，剩下沸点高的重质油则从分馏塔塔底排出，称之为常压重油。

裂解法就是使分子较大的烃类断裂分解成分子较小的烃类，以取得轻质石油产品。经裂化分解，取出气体、汽油和润滑油后，残留下的是高沸点的缩合物，称裂化重油或裂化渣油。裂化重油特性与所采用的裂化原料的性质、裂化深度和分馏情况有关。裂化所得燃油的黏度与相对密度均较普通直馏燃油大，且含有较多的固体杂质。与直馏油相比，裂化油较不易燃烧。

### 5.1.3　燃料油品物理和化学性能

燃料油品是一种复杂的混合物，它的物理和化学性能是组成油品的各类烃和非烃类相应活化性能的平均值。虽然燃料的活化性能不能确切地反映出它的化学组成，但黏度、闪点和凝固点等活化性能对其燃烧和使用有着很大影响。

#### 5.1.3.1　相对密度

燃料油品的相对密度 $\gamma_4^t$ 是用 $t℃$ 时油的密度和4℃时水的密度之比表示，即

$$\gamma_4^t = \gamma_4^{20} + K_r(20-t) \tag{5-1}$$

式中　$K_r$——温度修正系数，单位为 1/℃；

$\gamma_4^t$，$\gamma_4^{20}$——分别是 $t℃$ 和20℃时油的密度和4℃时纯水的密度比。

#### 5.1.3.2　黏度

燃料油的黏度大小表征油的输送和雾化难易程度。黏度越大，流动性能越差，雾化效果也越差。表征黏度的方法一般有动力黏度 $\mu$、运动黏度 $\nu$、恩氏黏度 $E$ 三种。运动黏度是液体的动力黏度与相同温度下的密度 $\rho$ 之比，即

$$\nu = \frac{\mu}{\rho} \tag{5-2}$$

式中　$\mu$——运力黏度，单位为 kg/(m·s)；

$\nu$——运动黏度，单位为 $m^2/s$。

恩氏黏度是用 200mL 温度为 $t℃$ 的燃油通过油品恩氏黏度测定仪的标准容器，全部流出时间与同体积、20℃的蒸馏水由同一标准容器中流出时间之比，称为该油在 $t℃$ 时的恩氏黏度，用符号 $E_t$ 表示。它和运动黏度的关系为

$$\nu_t = 7.31E_t - \frac{6.31}{E_t} \tag{5-3}$$

燃料油品的黏度与温度有关，一般随着温度的升高而降低。燃料的黏度是按汽油、宽馏分煤油、柴油以及重油的顺序递增。在压力较低时（1~2MPa），压力对黏度的影响较小，可以忽略不计。但在压力较高时，黏度则随压力升高而变大。

### 5.1.3.3 凝固点和沸点

燃油油品存在的状态可有固态、液态和气态，因而有相应的凝固点和沸点。燃油由各种烃类的复杂混合物组成，它们由液态变为固态是逐渐进行的，并不具有一定的凝固点。凝固点是指油样在倾斜45°的试管中冷却，1min 后油面能保持不变的温度。油的凝固点与它的组成有关。一般来说重质油较高，轻质油较低。

燃料油也没有恒定的沸点，而只有一个温度范围，它的沸腾从某一温度开始，随着温度升高而连续进行。实际上石油蒸馏时，就是收集不同沸点的馏出物。低于 200℃ 为汽油馏分，200~300℃为煤油馏分，270~350℃为柴油馏分，高于 350℃ 为润滑油及重油。

### 5.1.3.4 比热容和热导率

燃料油的比热容与温度有关，燃料油在 $t℃$ 的比热容可用下式计算

$$c_{pt} = 1.737 + 0.025t \tag{5-4}$$

一般，燃料油的热导率随温度升高而降低。对于运动黏度为 $2.0~13.5×10^{-5} m^2/s$ 的油可用下式计算

$$\lambda_t = \lambda_{20} - k_\lambda(t-20) \tag{5-5}$$

式中  $\lambda_{20}$——20℃ 时油的热导率，单位为 $W/(m \cdot ℃)$，对高黏度的裂化渣油 $\lambda_{20} \approx 0.158W/(m \cdot ℃)$，对低黏度的油 $\lambda_{20} \approx 0.145W/(m \cdot ℃)$；

$k_\lambda$——常数，对裂化渣油，$k_\lambda = 0.00018$，对直馏渣油，$k_\lambda = 0.00011$。

### 5.1.3.5 表面张力

表面张力是液体表面单位长度上，用来抵消液体表面面积增大的外拉力而呈现的内聚力，通常可以用双毛细管法测定。燃油表面张力取决于其化学成分和温度。燃油中含芳烃越多，烷烃越少，其表面张力越大。燃油的表面张力随温度的升高而降低。燃油温度在 50~110℃内，油的表面张力 $\sigma$ 为 0.025~0.034N/m。

### 5.1.3.6 热值

热值是燃料最重要的性质，是指单位质量或体积的燃料完全燃烧所放出的热量。由于油的碳氢含量远比煤多，因此油的热值也远比煤高。一般，油质越重，相对含氢量越少，热值也越低。因此，汽油的热值要高一些，而重油的热值则要低一些。和固体燃料一样，液体燃料的热值可用氧弹量热仪实测或根据元素分析用门捷列夫公式计算。通常燃油的热值为 38.5~44MJ/kg，例如，零号柴油的热值是 42.70~42.96MJ/kg。

### 5.1.3.7 闪点

闪点是指燃料在规定的试验条件下，使用某种点火源造成液体汽化而着火的最低温度。

它是有关燃油着火和防止火灾的一项主要技术指标。闪点越低，火灾的危险性越大。燃油的闪点与其组成有密切关系。只要含有少量相对分子质量小的轻质组分就会使其闪点显著降低。油的沸点越低，闪点也越低；压力升高，闪点也升高。典型油品种的闪点是：汽油 $-43 \sim -45℃$，轻柴油 $74 \sim 85℃$，直馏重柴油 $135 \sim 237℃$，裂解渣油 $185 \sim 243℃$。

#### 5.1.3.8 燃点

燃点是当燃油加热到此温度后，已汽化的燃油遇到明火能着火持续燃烧（不少于 5s）的最低温度。燃点一般要高于闪点 $10 \sim 30℃$（或更多）。闪点与燃点都是确定燃油中轻质油含量的一种间接方法。轻质油少，则闪点与燃点就高，防火安全性好。

#### 5.1.3.9 残炭率

残炭率是燃油在隔绝空气的条件下加热，蒸发出油蒸气后所剩下的固体炭素（以质量百分比表示）。残炭率高，则火焰黑度高，火焰辐射能力强，但残炭率高的燃油在燃烧时易析出大量固体碳粒而难以燃烧完全。重柴油残炭率不大于 $0.5\% \sim 1.5\%$，重油的残炭率较高，一般为 $10\%$ 左右。

### 5.1.4 浆体燃料的主要技术特性

浆体燃料主要是指从 20 世纪 70 年代石油危机中发展起来的一种新型低污染代油燃料——煤浆。它既保持某些煤的特性，又具有石油一样的流动性和稳定性。不同的煤浆产品是根据煤与不同流体的混合来命名的，主要有：油煤浆（COM）、煤油水浆（COW）、水煤浆（CWS）和煤-甲醇混合物（CMM）等。煤浆燃料除了具有煤和石油的某些特性外，还具有一些自身的特性。

#### 5.1.4.1 煤浆的质量分数

煤浆质量分数影响着煤浆的流变性、热力性、稳定性和燃烧性。煤浆的浓度采用质量分数 $w_m$ 来表示，即

$$w_m = \frac{m_c}{m_c + m_1} \tag{5-6}$$

式中　$m_c$ 和 $m_1$——分别是煤浆中颗粒和液体的质量，单位为 kg。

#### 5.1.4.2 煤浆的黏度

煤浆黏度是表征煤浆特性的重要参数（图 5-1）。它随剪切速率的增大而降低，随着煤浆浓度的提高而增大，而煤浆的 pH 值对黏度也会产生较大的影响。流体的黏度可表示为

$$\tau = \tau_0 + \mu \left(\frac{du}{dy}\right)^n \tag{5-7}$$

式中　$\tau_0$——初始切应力，单位为 $N/m^2$；

　　$\mu$——动力黏度系数，单位为 $kg/(m \cdot s)$；

　　$\dfrac{du}{dy}$——速度梯度，单位为 $1/s$。

在评定煤浆流动时，往往简化为用表观黏度 $\mu_0$ 来表示，即

$$\mu_0 = \frac{\tau_w}{\left(\dfrac{dw}{dy}\right)} \tag{5-8}$$

式中 $\tau_w$——壁面处的切应力，单位 N/m²。

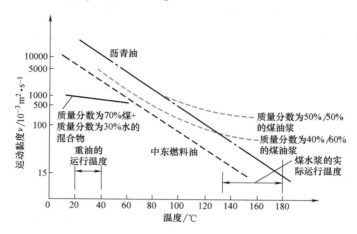

图 5-1 煤浆和重油的典型黏度范围

### 5.1.4.3 煤浆的比定压热容和热导率

煤浆的比热容可以由各组成成分的比热容来确定，其计算式为

$$c_{pm} = c_{pc} w_c + c_{p1} (1-w_c) \tag{5-9}$$

式中 $c_{pm}$、$c_{pc}$ 和 $c_{p1}$——分别是煤浆、煤和液体的比定压热容，单位为 J/(kg·K)。

根据沃斯泊（F. K. Wasp）的建议，两相流体煤浆的热导率 $\lambda_m$ 计算式为

$$\lambda_m = \lambda_c \frac{2\lambda_1 + \lambda_c - 2\phi(\lambda_1 - \lambda_c)}{2\lambda_1 + \lambda_c - 2\phi(\lambda_1 - \lambda_c)} \tag{5-10}$$

式中 $\lambda_c$ 和 $\lambda_1$——分别是煤和液体的热导率，单位为 W/(m·℃)；

$\phi$——煤浆中煤的体积含量。

### 5.1.4.4 煤浆的流变性

煤浆的流变性直接关系到煤浆的雾化和燃烧质量。研究表明，煤浆的流变特性主要与添加剂的种类和过程有关。绝大部分试验呈现为塑性应力，在大于 $10\mathrm{s}^{-1}$ 的剪切下，被观察到的流变特性有：牛顿型、宾汉塑性型，假塑性（拟塑性）流和凝固流。

### 5.1.4.5 煤浆的稳定性

煤浆的稳定性，即煤浆中的煤颗粒由于重力的作用而发生沉淀的难易程度。煤浆的稳定性主要取决于煤的密度、尺寸、浓度、表面特性、表面活性和形态。

## 5.2 液体燃料的燃烧过程概述

### 5.2.1 液体燃料燃烧的基本过程

液体燃料燃烧过程由液体燃料雾化、燃料液滴的汽化和蒸发、燃料与空气的混合和燃料液滴燃烧四个分过程组成。

雾化过程是液体燃料燃烧的前提，此过程可利用雾化喷嘴来完成。液体燃料的雾滴状态是加速汽化不可缺少的，雾滴的直径一般有数十至数百微米。

液体燃料汽化或蒸发过程是液体燃料燃烧的必经阶段。由于燃料着火温度往往高于液体燃料沸点，因此至燃烧反应之前必然存在汽化过程。只有完成了汽化过程，才能使燃料与空气中的氧最有效地接触，并最终完成燃料与空气的混合过程。轻质液体燃料的汽化是纯物理过程，重质液体燃料的汽化包括化学裂解过程，浆体燃料的汽化包括液体的蒸发和煤粒的挥发分析出过程。

混合过程包括液体燃料液滴与空气的混合、燃油蒸气与空气的混合及煤粒的挥发分与空气的混合。混合过程速度与喷嘴的特性、进气方式和燃烧室内湍流度等因素有关。

图 5-2 所示为液体燃料燃烧过程示意图。图5-2表明，液体的雾化在喷嘴出口下游的短距离内完成，紧接着是燃料液滴的受热和蒸发燃料与空气的混合。由图可见，蒸发过程结束之后，燃料和空气

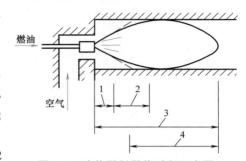

图 5-2　液体燃料燃烧过程示意图
1—雾化过程　2—蒸发过程
3—混合过程　4—燃烧过程

的混合仍要经历一段时间，因此火焰拖得较长。显然，为了强化燃烧、缩短火焰长度，必须设法加快混合过程。

## 5.2.2　液体燃料的燃烧特点

### 5.2.2.1　燃料油的燃烧特点

燃料油燃烧不同于煤粉的燃烧。燃料油在着火前实际上已先蒸发了，在燃料表面形成一层燃油蒸气。燃料油的燃烧是可看成燃油蒸气和空气的燃烧，是一种气态物质的均相燃烧过程。但对于重质油而言，因为油气会进行热分解，形成炭黑，因此可能同时进行气-气、气-固两相反应。

图 5-3 所示为液体燃料在其液面上的燃烧情况（即所谓液面燃烧）。由于液体燃料的蒸发在其表面上产生一层蒸气，这些燃油蒸气与空气混合并被加热着火燃烧形成火焰。当火焰与液体表面间的热交换达到稳定时，即建立了稳定状态。此时燃料的蒸发速度与燃烧速度相等，

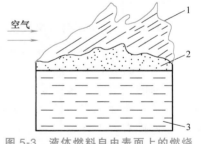

图 5-3　液体燃料自由表面上的燃烧
1—火焰　2—燃油蒸气　3—液体燃料

所以液体燃料的燃烧速度完全取决于液体自其表面蒸发的速度。

### 5.2.2.2　乳化油的燃烧特点

所谓乳化是指在某液体中把不能与其混合的其他液体以微粒状态均匀地分散存在。乳化油与纯油相比，在燃烧过程中具有二次雾化、减少炭黑析出和防爆性好等特点。

乳化油在燃烧过程中产生二次雾化是因为乳化燃料雾化炬中的分散油滴绝大部分是油包水型颗粒，一个油滴内有多个水珠，并均匀地分布在油滴内。在高温环境下，靠近液滴表面的水珠最先被加热、汽化，使油滴膨胀变形，水气在克服油的表面张力以后，将冲破油膜喷出，同时油膜被爆破。离表面较远的水珠，则由于包围的油膜较厚，需要克服更大的附加压力后油膜才会爆破。温度越高，油膜爆破越激烈。因油膜爆破引起微滴从大滴表面崩出的现象称为二次雾化。二次雾化能促进油雾与空气的强烈混合，加速燃烧过程。

乳化油在燃烧过程中减少炭黑的机理是乳化燃烧的二次雾化，使油滴细化，促进了油雾与空气的强烈混合，使燃烧更为完全，减少了炭黑的生成。此外，乳化油有利于增加油品的防爆性。因为与纯油燃烧相比，乳化油的火焰传播速度有所降低，爆炸下限有所提高，会部分抑制化学反应的产生及发展。

### 5.2.2.3 浆体燃料的燃烧特点

常见的浆体燃料主要指油煤浆和水煤浆。

#### 1. 油煤浆的燃烧特点

油煤浆的燃烧特性同时具有重油和煤粉燃烧的某些特点。在油煤浆的着火阶段与重油相似，均包括预热着火和继续蒸发形成扩散火矩等阶段；但油煤浆燃烧的后期与煤粉燃烧更接近，包括挥发分析出和焦炭燃烧等阶段。重油燃烧主要属气相反应，而油煤浆燃烧存在气-气相和气-固两相反应。其中，气-固两相反应在油煤浆总燃尽时间中占60%以上，而且在火矩燃烧中重油雾滴在气流中的扩散要比油煤浆快，因此重油燃烧燃尽时间短于油煤浆。而与煤粉燃烧相比，油煤浆中含有油的成分，油蒸发和着火温度均比煤粉挥发分析出和着火的温度低；油煤浆雾滴中的煤粒均被高温的油气扩散火焰包围，这就加速了焦炭的着火；油煤浆中可挥发物含量和含氢量均较煤粉高，因而也加速了油煤浆的燃烧速度。因此油煤浆的燃烧燃尽时间短于煤粉。

#### 2. 水煤浆的燃烧特点

水煤浆与一般煤粉和油燃烧相比都有明显的差别。

首先，水煤浆的着火温度高于油的着火温度，但低于煤粉的着火温度。因为，水煤浆的着火是建立在煤浆中的挥发分析出的基础上，而油的着火只需油滴的蒸发和汽化，煤的挥发分析出温度明显高于油滴的蒸发和汽化温度，因此水煤浆着火温度要高于油；但由于水煤浆滴在水分蒸发后形成多孔结构，煤粒的比表面积很大，致使析出挥发分的速度和数量要比普通煤粉大，因此水煤浆比普通粉更易着火。

其次，水煤浆中含有30%~40%的水分，在着火前必须有一个水分蒸发过程，致使水煤浆的着火热要明显高于油和煤粉。

再次，水煤浆以喷雾方式进入燃烧区域，为达到良好的雾化，出口速度往往高达200m/s左右，而煤粉则以一次风混合带入，速度较低，一般为20~30m/s。水煤浆雾矩本身具有很高的动量，计算表明，其动量可以与整个一、二次风的动量之和相当。因此水煤浆喷雾不仅达到一定细度的煤浆雾矩，还将对整个燃烧器区域和燃烧室流场的组织产生巨大的影响。

最后，水煤浆雾滴中含有的水分会在高炉温下发生爆裂现象从而增大反应的比表面积，促进水煤浆燃烧；但水煤浆雾滴中的煤粉颗粒也会出现熔融结团现象，这对燃烧会产生不利影响。研究表明，黏结性强的烟煤浆滴蒸发时易发生结团和爆裂，反之，黏结性弱的褐煤则不易发生结团和爆裂。

## 5.3 液体燃料的雾化

液体燃料的雾化是液体燃料喷雾燃烧过程的第一步。液体燃料雾化能增加燃料的比表面积、加速燃料的蒸发汽化和有利于燃料与空气的混合，从而保证燃料迅速而完全地燃烧。

### 5.3.1 雾化过程及机理

雾化过程就是把液体燃料碎裂成细小液滴群的过程。根据雾化理论，雾化过程可分为以下几个阶段：液体由喷嘴流出形成液体柱或液膜；由于液体射流本身的初始湍流以及周围气体对射流的作用（脉动、摩擦等），使液体表面产生波动、褶皱，并最终分离为液体碎片或细丝；在表面张力的作用下，液体碎片或细丝收缩成球形液滴；在气动力作用下，大液滴进一步碎裂。

从液体燃料分离出液滴是雾化的第一步，液滴分离的基本原理是，液体表面不断增大，直到它变得不稳定并破碎（见图5-4）。

液滴在气体介质中飞行时将受到两种力的作用：一是外力，它是由液体压力形成的向前推进力、气体的阻力和液滴本身的重力所组成，一般可略去不计；二是内力，有内摩擦力（宏观的表现是黏度）和表面张力，这两种力都将液滴维持原状。当液滴直径较大且飞行较快时，外力大于内力，液滴发生变形。因外力沿液滴周围分布是不均匀的，故变形首先从液滴被压扁开始，这样液滴就有可能被分离成小液，如分裂出来的小液滴所受到的力仍然是外力大于内力，则还可继续分裂下去。随着分裂过程的进行，液滴直径不断减小，质量和表面积也就不断减少，这就意味着外力不断减小而内力（表面张力）不断增加。最后内外力达到平衡时雾化过程就停止了。

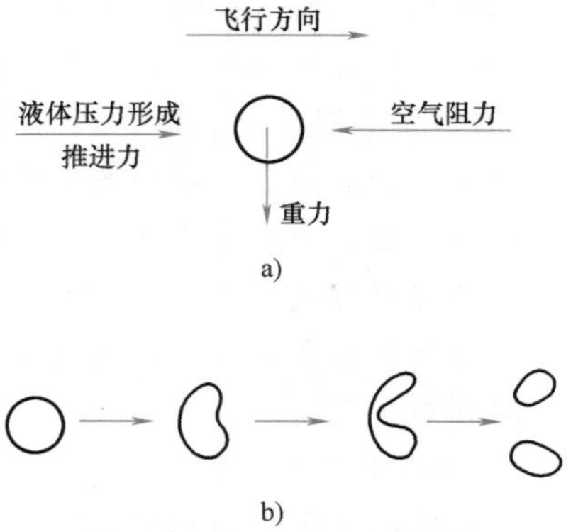

液滴的变形和碎裂的程度取决于作用在液滴上的力和形成液滴的液体表面张力之间的比值，此值常用韦伯（Weber）数（破裂准则）表示。其定义为

$$We = \frac{作用于液滴表面的外力}{液滴内力} \approx \frac{\rho_g \Delta u^2}{\sigma / d_1} \qquad (5\text{-}11)$$

则

$$We = \frac{\rho_g d_1 \Delta u^2}{\sigma} \qquad (5\text{-}12)$$

式中　$\rho_g$——气体密度，单位为 $kg/m^3$；

$\Delta u$——气液两相间的相对速度度，单位为 $m/s$；

$\sigma$——液体表面张力，单位为 $N/m$；

$d_1$——液滴的直径，单位为 $m$。

实验表明，$We$ 数增大，液滴破裂的可能性增加。对于油滴，当 $We > 14$ 时，油珠变形严重，以致碎裂。式（5-11）表明，燃烧室中的压力增高、相对速度增加以及液体的表面张力系数减小，均对雾化过程有利。

根据雾化过程和机理的分析可以看出，在工程中强化液化燃料雾化的主要方法有：第一，提高液体燃料的喷射压力，压力越高，雾化得越细。第二，降低液体燃料的黏度与表面张力，如提高燃油的温度可降低燃油的黏度与其表面张力。第三，提高液滴对空气的相对速度。

图 5-4　液滴的分裂过程

### 5.3.2 雾化方式和喷嘴

根据雾化的机理不同，工程上常见的雾化方式有压力式、旋转式和气动式（见图5-5）。

#### 5.3.2.1 压力式雾化喷嘴

压力式雾化喷嘴又称离心式机械雾化器。它可以使用在航空喷气发动机，燃气轮机以及锅炉和其他工业窑炉。根据使用的对象、容量以及其他具体情况，

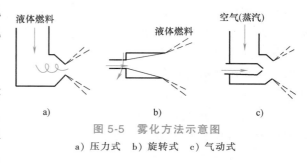

图 5-5 雾化方法示意图

a）压力式  b）旋转式  c）气动式

这种喷嘴可以采用不同的结构形式和使用压力范围（表5-1），但它们的基本工作原理是相同的。

表 5-1 压力或雾化喷嘴使用压力范围

|  | 工业炉、锅炉 | 燃气轮机 | 柴油机 | 航空发动机 |
|---|---|---|---|---|
| 压力范围/MPa | 2~3.5 | 5~8 | 15~30 | 100 |

这种雾化喷嘴根据其工作范围与结构特点可以大体分为简单离心式雾化喷嘴和可调节离心式雾化喷嘴。压力式雾化喷嘴的工作原理是：液体燃料在一定压力差作用下沿切向孔（或槽）进入喷嘴旋流室，在其中产生高速旋转获得旋转动量，这个旋转动量可以保持到喷嘴出口。当燃油流出孔口时，壁面约束突然消失，于是在离心力作用下射流迅速扩展，从而雾化成许多小液滴。离心喷嘴与旋转空气射流相配合，可以获得良好的混合效果，因此在工程上广为应用。

图5-6所示是简单离心式雾化喷嘴的基本结构。它主要由雾化片1、旋流片2和分流片3组成。液体燃料经过第一个分配器被分割成几股小液流，由背面的环形槽进入第二个旋流

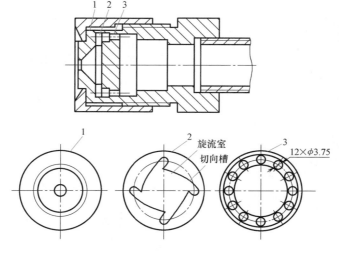

图 5-6 简单离心式机械喷嘴

1—雾化片  2—旋流片  3—分流片

片的三个小孔，再由切向槽进入中间的大孔，在大孔中产生旋转运行，最后油从第三个雾化片的中间小孔喷出。图 5-7 给出的中间回油式机械喷嘴是可调节离心式雾化喷嘴的一种。它在低油量时使部分液体燃料回至系统中，而不喷至燃烧室空间。因此在喷嘴内始终能保持较高的喷射压差和流速，从而保证了雾化质量。

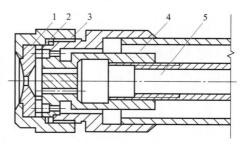

图 5-7 中间回油式机械喷嘴

1—雾化片 2—旋流片 3—分油嘴

4—进油管 5—回油管

离心式机械雾化喷嘴的优点是：结构简单、紧凑；操作方便，不需雾化介质；空气预热温度不受限制；噪声小。缺点是：加工精度要求高；小容量喷嘴易积炭堵塞；雾化细度受液压影响大，要求雾化得细，则油压要求很高。

### 5.3.2.2 旋转式雾化喷嘴

旋转式喷嘴把液体燃料供给旋转体，借助于离心力以及周围的空气动力使油雾化。旋转式喷嘴大体分为旋转体形和旋转喷口形两种。旋转体形喷嘴使液体在旋转体表面形成液膜，进而雾化成液滴。旋转喷口形喷嘴是在旋转体上开设数个喷口，液体从喷口中呈现射流状喷出。工程上旋转体形喷嘴应用较广。转杯式喷嘴也是一种旋转体形喷嘴（见图 5-8）。转杯式喷嘴的基本原理是：转杯高速旋转，液体从中空轴流入转杯内壁，在离心力作用下，转杯内表面形成液膜，由于液流运动路程长，液膜逐渐减薄，直至雾化成细粒脱离杯口，这是第一次雾化。细液粒脱离杯口后，与液流旋转方向相反的一次风相遇，在一次风的冲击下，细小的液粒再次雾化。显然，一次风能促使雾化和混合良好，限制雾化火炬扩张，使火焰稳

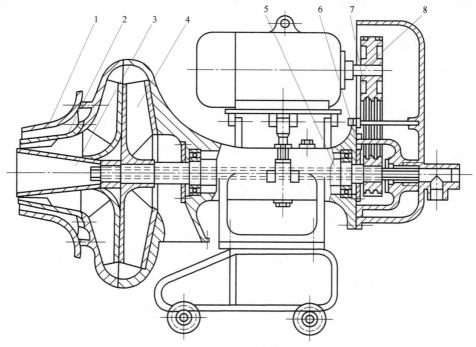

图 5-8 转杯式喷嘴

1—二次风嘴 2—一次风嘴 3—转杯 4—风机 5—转轴 6—进油管 7—进油体 8—电动机

定。通常要求一次风速大于液粒的旋转运动速度，一般取 50~100m/s。采用重油时，转杯内表面容易积炭结焦。这是因为在停止燃烧后，残留在中空轴内的油落入杯内，在炉内辐射烘烤下所形成的。

旋转式雾化喷嘴的特点是：结构比较简单；雾化特性良好，平均粒度较细（一般为45~50μm），均匀度好；流量密度分布均匀，喷雾锥角大（60°~80°）；火焰粗短，而且是旋转的，有利于炉内传热；对燃料和炉型适应性好；燃料的调节比值较大。缺点是噪声和振动大。

### 5.3.2.3 气动式雾化喷嘴

气动式雾化喷嘴又称介质式雾化喷嘴。它是利用空气或蒸汽作为雾化介质，将其压力能转化为高速气流，使液体喷散成雾化炬。这种喷嘴可按介质压力的不同分为两类：低压喷嘴和高压喷嘴。

低压喷嘴是以空气作为雾化介质，空气压力为 $3.0 \times 10^3 \sim 12.0 \times 10^3$ Pa。为保证雾化质量，低压喷嘴的空气喷口截面常做成可调的。低压喷嘴的喷头结构有直流式、旋流式（图5-9）；有单级、多级喷嘴。

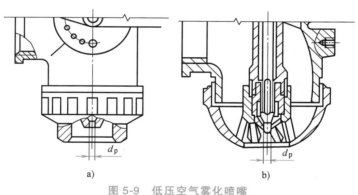

图 5-9　低压空气雾化喷嘴

a）直流式　b）旋流式

低压喷嘴的特点是：由于喷雾介质压力低，单个喷嘴的容量（喷液量）不宜过大。低压喷嘴的空气预热温度不宜太高，否则管内温度太高，容易产生热裂反应，生成炭黑，以致堵塞油管。

高压喷嘴一般用压缩空气（0.3~0.7MPa）或蒸汽（0.3~1.2MPa）作为雾化介质，也可能用氧气或高压煤气作为雾化介质。由于压力高，雾化介质喷出速度接近声速或超过声速，噪声较大，雾化介质用量少，仅占总流量的2%~10%（质量分数），因而液流雾化条件差，空气与液流的混合条件也差，形成较长的火焰，故一般适用于大型炉子。高压喷嘴与低压喷嘴相比有如下优点：可以采用较高的蒸汽过热度及

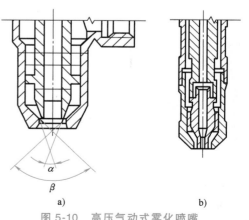

图 5-10　高压气动式雾化喷嘴

a）直流式　b）旋流式

空气预热温度，单个高压喷嘴的容量大，调节比大。高压气动式喷嘴的喷头结构有：直流式、旋流式喷嘴（图5-10），单级、多级喷嘴以及内混式、外混式喷嘴。

### 5.3.3 液体燃料雾化的性能

液体燃料雾化质量的好坏对燃烧过程和燃烧设备的工作性能有很大的影响。通常评定燃料雾化质量有如下一些指标：雾化角、雾化液滴细度、雾化均匀度、喷雾射程和流量密度分布等。

#### 5.3.3.1 雾化角

雾化角是指喷嘴出口到喷雾炬外包络线的两条切线之间的夹角，也称为喷雾锥角，以 $\alpha$ 表示。喷雾炬离开喷口后都有一定程度的收缩，但喷雾质量好的喷嘴不宜过分收缩。工程上常用条件雾化角来补充表示喷雾炬雾化角的大小。条件雾化角指以喷口为圆心、$r$ 为半径的圆弧和外包络线相交点与喷口中心连线的夹角，以 $\alpha_r$ 表示，如图5-11所示。对大流量喷嘴取 $r = 100 \sim 150\text{mm}$；对小流量喷嘴取 $r = 40 \sim 80\text{mm}$。雾化角的大小对燃烧完善程度和经济性有很大的影响。

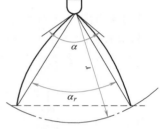

图5-11 雾化角示意图

实验表明，当喷嘴直径和喷射压力增加时，喷雾炬的雾化角增加，这是由于较大的雷诺数在紧靠喷口附近的下游处引起了较大的湍流度。在高喷射速度范围内，对于一定的喷口直径，当喷射速度增加时，雾化角几乎不变。

#### 5.3.3.2 雾化液滴细度

雾化液滴细度表示喷雾炬液滴粗细程度。由于雾化后的液滴大小是不均匀的，最大和最小有时可相差 $50 \sim 100$ 倍，因此只能用液滴的平均直径来表示颗粒的细度。因为采用的平均方法不同，所得的平均直径也不一样。在实用中，常采用如下两种平均直径方法。

**1. 索太尔平均直径（SMD）**

索太尔平均直径是假设每个液滴直径相等时，按所测得所有液滴的总体积 $V$ 与总表面积 $S$ 计算出的液滴直径，即

$$V = \frac{N}{6}\pi d_{\text{SMD}}^3 = \frac{\pi}{6}\sum N_i d_{1i}^3$$

$$S = N\pi d_{\text{SMD}}^3 = \pi \sum N_i d_{1i}^2$$

则
$$d_{\text{SMD}} = \frac{\sum N_i d_{1i}^3}{\sum N_i d_{1i}^2} \tag{5-13}$$

式中　$N$——燃油经雾化后液滴的总颗粒数；

$N_i$——相应直径为 $d_i$ 的液滴的颗粒数。

显然索太尔平均直径越小，雾化就越细。

**2. 质量中间直径（MMD）**

质量中间直径是一假设的直径，即大于这一直径的所有液滴的总质量等于小于这一直径的所有油滴的总质量，即

$$\sum M_{d1 \geqslant d_{1m}} = \sum M_{d1 \leqslant d_{1m}} \tag{5-14}$$

质量中间直径通常用实验方法求得，质量中间直径越小，雾化亦就越细。有实验证明，

在全部雾化颗粒中最大液滴的直径大约为质量中间直径 $d_{1m}$ 的两倍。

### 5.3.3.3　雾化均匀度

雾化均匀度是指燃料雾化后液滴颗粒尺寸的均匀程度。如果雾化液滴的尺寸都相同，称为理想均一喷雾。实际上要达到理想均一喷雾是不可能的。显然，液滴间尺寸差别越小，雾化均匀度就越好。

雾化均匀度可用均匀性指数 $n$ 来衡量，均匀性指数可从罗辛-拉姆勒（Rosin-Rammler）分布函数中求得

$$R = 100\exp\left(-b d_1^n\right)$$

或
$$R = 100\exp\left[-\left(\frac{d_{1i}}{d_{1m}}\right)^n\right] \tag{5-15}$$

式中　$R$——直径大于 $d_{1i}$ 的液滴质量（或体积）占取样总质量（体积）的百分数；

　　　$d_{1i}$——与 $R$ 相应的液滴直径；

　　　$d_{1m}$——液滴中间质量直径，相当于 $R=36.8\%$ 时的直径$\left[\text{即当式（5-15）中} \dfrac{d_{1i}}{d_{1m}}=1 \text{时的值}\right]$；

　　　$n$——均匀性指数，对于机械雾化器 $n=1\sim4$。

雾化均匀度较差，则大液滴数目较多，这对燃烧是不利的。但是，过分均匀也是不相宜的，因为这会使大部分液滴直径集中在某一区域，使燃烧稳定性和可调节性变差。

### 5.3.3.4　喷雾射程

喷雾射程指水平方向喷射时，喷雾液滴丧失动能时所能到达的平面与喷口之间的距离。雾化角大和雾化很细的喷雾炬，射程比较短；密集的喷雾炬，由于吸入的空气量较少，射程比较远。一般射程远的喷雾炬形成的火炬长度也长。

### 5.3.3.5　流量密度分布

流量密度分布特性是指在单位时间内，通过与燃料喷射方向相垂直的单位横截面上燃料液体质量（体积）沿半径方向的分布规律。图 5-12a、b 均是离心式机械雾化喷嘴喷出的燃料分布（图 5-12b 中雾化圆弧半径大于图 5-12a 中的，即 $r_b > r_a$）。由于离心式雾化器在其轴心部分存在空核心，在其轴线部分油量很少，而在其两侧各有一高峰，呈马鞍形分布。图 5-12c 是直流式机械雾化喷嘴喷出的燃料分布特性，其流量密度呈高斯（Gauss）型，轴向的流量密度最大。流量密度分布对

流量密度/[g/(cm²·s)]

a)　　　　　　　b)　　　　　　　c)

图 5-12　燃料分布特性

a)、b) 离心式机械喷嘴 $r_b > r_a$　c) 直流式机械喷嘴

燃烧过程影响较大。分布较好的液流能将液体燃料分散到整个燃烧空间，并能在较小的空气扰动下获得充分的混合与燃烧。

## 5.4　液滴的蒸发

燃料液滴的实际燃烧过程是相当复杂的，相互作用的因素很多。由前述可知，燃料液滴

的燃烧速度很大程度上取决于蒸发速度。本节着重分析与燃烧有关的液滴蒸发问题。

### 5.4.1 液滴蒸发时的斯蒂芬流

假定液滴在静止高温环境下蒸发，驱动力不仅与蒸气含量差有关，而且还与液滴的周围介质温差有关。液滴蒸发后产生的蒸气向外界扩散是通过两种方式进行的，即液滴蒸气的分子扩散和蒸气、气体以某一宏观速度 $u_{gs}$ 离开液滴表面的对流流动。

液滴在蒸发过程中周围的气体由其他气体和蒸汽组成，其含量分布是球对称的。空气和蒸气在液滴表面与环境之间存在含量梯度。由于含量梯度的存在，使蒸气不断地从表面向外扩散；相反地，空气 x 则从外部环境不断地向液滴表面扩散。在液滴表面，空气力图向液滴内部扩散，然而空气既不能进入液滴内部，也不在液滴表面在凝结。因此，为平衡空气的扩散趋势，必然会产生一个反向流动。根据质量平衡定理，在液滴表面这个反向流动的气体质量正好与向液滴表面扩散的空气质量相等。这种气体在液滴表面或任一对称球面以某一速度 $u_g$ 离开的对流流动被称为 斯蒂芬流 （Stefan）。这是以液滴中心为源的"点泉"流，其数学表达式为

$$\rho_g D \frac{\mathrm{d}w_{xg}^*}{\mathrm{d}r} - \rho_g u_g w_g^* = 0 \tag{5-16}$$

式中　$\rho_g$——混合气相密度，单位为 $kg/m^3$；

　　　$D$——气体的分子扩散系数，单位为 $m^2/s$。

上式表明，在蒸发液滴外围的任一对称球面上，由斯蒂芬流引起的空气质量迁移正好与分子扩散引起的空气质量迁移相抵消，因此空气的总质量迁移为 0。实际上不存在 x 组分的宏观流量，真的存在的流动是由于斯蒂芬流引起燃料蒸气向外对流，其数量为

$$q_{m1,0} = u_{gs}\rho_{gs}4\pi r_1^2 w_{1gs}^* \tag{5-17}$$

式中　$q_{m1,0}$——蒸气向外对流量，单位为 $kg/s$；

　　　$u_{gs}$——离开液滴表面的气体流速，单位为 $m/s$；

　　　$\rho_{gs}$——液滴表面混合气体的密度，单位为 $kg/m^3$；

　　　$r_1$——液滴半径，单位为 m；

　　　$w_{1gs}^*$——液滴表面的蒸气质量分数。

### 5.4.2 相对静止环境中液滴的蒸发

当周围介质的温度低于液体燃料沸点时，在相对静止环境中液滴的蒸发过程实际上是分子扩散过程。对于半径为 $r_1$ 的液滴比蒸发率与蒸发向外的流量相等，则液滴比蒸发率为

$$q_{m1,0} = -4\pi r^2 D\rho_g \frac{\mathrm{d}w_{1g}^*}{\mathrm{d}r}\bigg|_{r=r_1} = 4\pi r_1 D\rho_g (w_{1gs}^* - w_{1g}^*) \tag{5-18}$$

图 5-13 给出了高温下液滴蒸发的能量平衡图。液滴在高温气流介质中，不断受热升温而蒸发，但由于液滴温度的升高，致使液滴与周围介质之间温差减小，因而减弱了周围气体对液滴的传热量。另外，随着液滴温度的升高，液滴表面蒸发过程也会加速，蒸发过程中液滴所吸收的蒸发潜热也不断增多。这样，当液滴达到某一温度，液滴所得的热量恰好等于蒸发所需要的热量，于是液滴温度就不再改变，蒸发处于平衡状态，液滴在这一不变温度下继续蒸发直到汽化完毕。这一个温度就称为 液滴蒸发的平衡温度。如上节所述，在相对静止的

高温环境中，通过斯蒂芬流和分子扩散两种方式将蒸气迁移到周围环境，若含量分布为球对称，则液滴表面的蒸气比流速率为

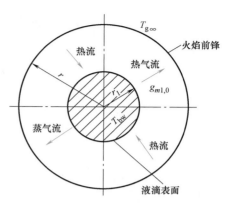

$$q_{m1,0} = -4\pi r^2 D\rho_g \frac{dw_{1g}^*}{dr}\bigg|_{r=r_1} + 4\pi r_1^2 \rho_{gs} u_{gs} w_{1gs}^*$$

$$(5-19)$$

对于任意半径的蒸气比流速率为

$$q_{m1,0} = -4\pi r^2 D\rho_g \frac{dw_{1g}^*}{dr} + 4\pi r^2 \rho_g u_g w_{1g}^* \quad (5-20)$$

图 5-13　高温下液滴蒸发的能量平衡图

根据 $\dfrac{dw_{xg}^*}{dr} = -\dfrac{dw_{1g}^*}{dr}$ 及式（5-16）可推得

$$q_{m1,0} = 4\pi r^2 \rho_g u_g (w_{xg}^* + w_{1g}^*) = 4\pi r^2 \rho_g u_g \qquad (5-21)$$

则式（5-20）可改写为

$$q_{m1,0} = -4\pi r^2 D\rho_g \frac{dw_{1g}^*}{dr} + q_{m1} w_{1g}^*$$

$$q_{m1,0} \frac{dr}{r^2} = -4\pi D\rho_g \frac{dw_{1g}^*}{(1-w_{1g}^*)} \qquad (5-22)$$

边界条件

$$r = r_1, \qquad w_{1g}^* = w_{1gs}^*$$

$$r = \infty, \qquad w_{1g}^* = w_{1g\infty}^*$$

对式（5-22）积分则可得在相对静止的高温环境中液滴的蒸发速率，即

$$q_{m1,0} = 4\pi r1 D\rho_g \ln(1+B) \qquad (5-23)$$

$$B = \frac{w_{1gs}^* - w_{1g\infty}^*}{1 - w_{1gs}^*} \qquad (5-24)$$

其中，$B$ 值的物理意义在于：在蒸发和燃烧的过程中，出现了斯蒂芬流后，就需用无因次迁移势来考虑；只有当 $B>1$ 时，斯蒂芬流的影响才可以不考虑。对不同的燃料在空气中的 $B$ 值近似是个常量。具体数值见表 5-2。

表 5-2　不同燃料的 $B$ 值

| 燃料种类 | 异辛烷 | 苯 | 正庚烷 | 甲苯 | 航空汽油 | 汽车汽油 | 煤油 | 粗柴油 | 重油 | 炭 |
|---|---|---|---|---|---|---|---|---|---|---|
| $B$ 值 | 6.41 | 5.97 | 5.82 | 5.69 | ~5.5 | ~5.3 | ~3.4 | ~2.5 | ~1.7 | 0.12 |

图 5-13 示出了以液滴为中心、$r$ 为半径的液滴蒸发热能量平衡图，平衡方程为

$$-4\pi r^2 \lambda_g \frac{dT}{dr} + q_{m1,0} c_{pg}(T_g - T_1) + q_{m1,0} L_{1g} + \frac{4}{3}\pi r_1^3 \rho_1 c_{p1} \frac{dT_1}{d\tau} = 0 \qquad (5-25)$$

式中　$-4\pi r^2 \lambda_g \dfrac{dT}{dr}$——在半径为 $r$ 的球面上由外部环境向内侧球体的导热量；

$q_{m1,0} c_{pg}(T_g - T_1)$——使液体蒸气从 $T_1$ 升温到 $T_g$ 所需要的热量；

$q_{m1,0} L_{1g}$——液滴蒸发消耗的潜热；

$\dfrac{4}{3}\pi r_1^3 \rho_1 c_{p1} \dfrac{dT_1}{d\tau}$——液体内部温度均匀，并等于 $T_1$ 所消耗的热量；

$\rho_1$——液滴密度，单位为 $kg/m^3$；

$c_{p1}$、$c_{pg}$——分别是液体和蒸气的比定压热容，单位为 $J/(kg \cdot K)$；

$T_g$、$T_1$——分别是控制球面和液滴的温度，单位为 K；

$L_{lg}$——液体的汽化热，单位为 $J/kg$；

$\tau$——时间，单位为 s。

在液滴达到蒸发平衡温度后，有

$$\frac{dT_1}{d\tau} = \frac{dT_{bw}}{d\tau} = 0 \tag{5-26}$$

式中　$T_{bw}$——液滴平衡蒸发温度，单位为 K。

则式（5-25）可简化成

$$\frac{q_{m1,0}}{4\pi r}\frac{dr}{r^2} = \frac{dT}{c_{pg}(T_g - T_{bw}) + L_{lg}} \tag{5-27}$$

边界条件
$$r = r_1, \qquad T = T_{bw}$$
$$r = \infty, \qquad T = T_{g\infty} \quad （外界环境温度）$$

可得

$$q_{m1} = 4\pi r_1 \frac{\lambda_g}{c_{pg}}\ln\left[1 + \frac{c_{pg}(T_{g\infty} - T_{bw})}{L_{lg}}\right] \tag{5-28}$$

由此可见，可以用式（5-23）或式（5-28）计算液滴的纯蒸发速率，但两式的应用条件不同。式（5-28）仅适用于计算液滴已达蒸发平衡温度后的蒸发，而式（5-23）却不受这个条件限制。实验表明，大多数情况下，特别是油珠比较粗大以及燃油挥发性较差时，油珠加温过程所占的时间不超过总蒸发时间的 10%，因此当缺乏饱和蒸气压力数据时，也可用式（5-28）来计算蒸发的全过程。若液滴周围气体混合物的 $Le = 1$，这里，$Le$ 数称为路易斯数，可表示为 $Le = \rho_g D c_{pg}/\lambda_g$，则有 $\lambda_g/c_{pg} = \rho_g D$，所以有

$$q_{m1,0} = 4\pi r_1 \rho_g D\ln(1 + B_T)$$
$$B_T = c_{pg}(T_{g\infty} - T_{bw})/L_{lg} \tag{5-29}$$

对比式（5-29）和式（5-23）可知，当平衡蒸发，且 $Le = 1$ 时，应有

$$B = B_T$$

$$\frac{w_{lgs}^* - w_{lg\infty}^*}{1 - w_{lgs}^*} = \frac{w_{pg}^*(T_{g\infty} - T_{bw})}{L_{lg}} \tag{5-30}$$

通过上述公式就可计算出液滴完全蒸发所需的时间，这个时间称为蒸发时间。对于半径为 $r_1$ 的液滴，存在

$$q_{m1,0} = -4\pi r_1^2 \rho_1 \frac{dr_1}{d\tau} \tag{5-31}$$

并求解 $d\tau$ 可得

$$d\tau = \frac{c_{pg}r_1\rho_1 dr_1}{\lambda_g\ln(1 + B_T)} \tag{5-32}$$

边界条件
$$\tau = 0, \qquad r_1 = r_{1,0}$$
$$\tau = \tau, \qquad r_1 = r_1$$

式中　$r_{1,0}$——液滴的初始粒径，单位为 m。

则对式（5-32）积分，可得

$$\tau=\frac{c_{pg}\rho_1\left(r_{1,0}^2-r_1^2\right)}{2\lambda_g\ln\left(1+B_T\right)}=\frac{d_{10}^2-d_1^2}{K_{1,0}} \tag{5-33}$$

式中　$K_{1,0}$——称为静止环境中液滴的蒸发常数，有

$$K_{1,0}=\frac{8\lambda_g\ln\left(1+B_T\right)}{c_{pg}\rho_1}=\frac{4q_{m1,0}}{\pi d_{1,0}\rho_1} \tag{5-34}$$

则在相对静止气氛中液滴安全蒸发时间为

$$\tau_0=\frac{d_{1,0}^2}{K_{1,0}} \tag{5-35}$$

从上列式中可看出，在给定温差和燃油物理特性后，初始直径越大，蒸发所需时间就越长。故要缩短液体燃料蒸发时间，就必须要求具有较小的雾化细度。

### 5.4.3　强迫气流中液滴蒸发的折算膜理论

实际过程中，液滴在蒸发和燃烧时，往往和气流有相对速度，即使在静止气流中蒸发和燃烧，由于油滴和气流存在着温差，也会出现明显的自然对流现象。当液滴喷射到炉内时，往往和气流存在有较大的相对速度，此时，液滴四周的边界层变成如图 5-14 所示的状况，即迎风面变薄，背风面变厚。其形状和相对速度的大小有密切关系，这使得蒸发和燃烧过程的计算十分困难，目前尚很难能用分析方法彻底解决这一复杂问题。球周围的流动是复杂的，当 $Re$ 数较高时（$>20$），球前面有边界层流动，球后面又有尾涡旋流动。把边界层的传热传质阻力近似看作通过球对称的边界层薄膜传热传质阻力，则其相应的折算薄膜半径用符号 $r_{sup}$ 表示。当液滴与气流有相对速度时，但不考虑蒸发过程，则折算薄膜半径 $r_{sup}$ 可用下式计算

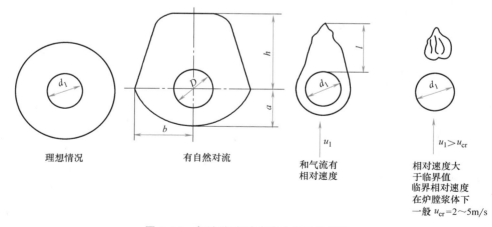

图 5-14　气流流速对液滴边界层的影响

$$4\pi r_1^2\alpha_s\left(T_{sup}-T_{bw}\right)=4\pi\frac{1}{\dfrac{1}{r_1}-\dfrac{1}{r_{sup}}}\lambda_g\left(T_{sup}-T_{bw}\right) \tag{5-36}$$

式中  $T_{\text{sup}}$——折算边界层温度，单位为 K；

$\qquad \alpha_{\text{s}}$——液滴的表面传热系数，单位为 $\text{W}/\text{m}^2 \cdot \text{K}$。即

$$\alpha_{\text{s}} = \frac{\lambda_1}{r_1} \frac{r_{\text{sup}}}{r_{\text{sup}} - r_1}$$

则
$$Nu_{\text{s}} = \frac{a_{\text{s}} d_1}{\lambda_{\text{g}}} = \frac{2}{1 - \dfrac{r_1}{r_{\text{sup}}}} \tag{5-37}$$

式（5-37）是 $r_{\text{sup}}$ 的定义式，在气流静止时，$r_{\text{sup}} \to \infty$，即 $Nu \to 2$，微小液滴在静止气流中传热的努塞尔特准则数取极限值。这样就大大简化了问题，可以沿用上节中的一些分析方法，只要积分范围是由原来的 $r_1 \to \infty$ 变成现在的 $r_1 \to r_{\text{sup}}$。则实际蒸发过程，当液滴达到热平衡时，液滴的蒸发速率为

$$
\begin{aligned}
q_{m1} &= 4\pi \frac{1}{\dfrac{1}{r_1} - \dfrac{1}{r_{\text{sup}}}} \frac{\lambda_{\text{g}}}{c_{pg}} \left[ 1 + \frac{c_{pg}(T_{\text{sup}} - T_{\text{bw}})}{L_{1\text{g}}} \right] \\
&= 4\pi \frac{\lambda_{\text{g}} Nu_{\text{s}} r_1}{c_{pg}} \ln \left[ 1 + \frac{c_{pg}(T_{\text{sup}} - T_{\text{bw}})}{L_{1\text{g}}} \right]
\end{aligned} \tag{5-38}
$$

若已知液滴在气流中的传热的努塞尔特准则数 $Nu_{\text{s}}$，则可得到液滴的蒸发速度。传质 $Nu_{\text{s}}$ 由折算薄膜的热平衡公式推得

$$Nu_{\text{s}} = Nu_{\text{s},0} + \xi \sqrt{\frac{\lambda_{\text{g},0}}{\lambda_{\text{g}}}} \sqrt{\frac{Nu_{\text{s},0}}{2(1+B)^{Le}}} \sqrt{Re} \sqrt{Pr} \tag{5-39}$$

式中  $Nu_{\text{s},0}$——液滴在静止气流中传热的努塞尔特准则数；

$\qquad \xi$——试验系数，$\xi = 0.6$；

$\qquad Pr$——液态混合物的普朗特准则数；

$\qquad \lambda_{\text{g},0}$——边界层内和边界层介质的热导率，$\text{W}/(\text{m} \cdot \text{K})$。

对于在静止气流中液滴的传热的努塞尔特准则数可由下式计算

$$Nu_{\text{s},0} = \frac{2Le}{(1+B)^{Le-1}} \ln(1+B) \tag{5-40}$$

对于汽油（型号为 0~80℃）、煤油（型号为 0~140℃），其 $\sqrt{\dfrac{\lambda_{\text{g},0}}{\lambda_{\text{g}}}} = 1$，比较式（5-39）和 W. E. Rang 的实验公式（$Re = 10 \sim 500$），二者是比较接近的。

$$Nu_{\text{s},0} = 2 + 0.6\sqrt{Pr}\sqrt{Re} \tag{5-41}$$

而在强迫对流气流中液滴完全蒸发时间也可写作式（5-34）形式，即

$$\tau_0 = \frac{d_{1,0}^2}{K_1} \tag{5-42}$$

式中  $K_1$——在强迫对流气流中液滴的蒸发常数，可由下式计算

$$K_1 = \frac{4\lambda_{\text{g}} Nu_{\text{s}}}{\rho_1 c_{pg}} \ln(1+B_T) \tag{5-43}$$

随着相对速度的增大，$Nu_{\text{s}}$ 数增大，使得 $K_1$ 增加，因而蒸发时间 $\tau$ 比在静止气流中明显

缩短。对油滴，当雷诺准则为 $Re = 0 \sim 200$ 时，则 $K_1$ 为

$$K_1 = K_{1,0}\left(1 + 0.3 Sc^{\frac{1}{3}} Re^{\frac{1}{2}}\right) \tag{5-44}$$

式中 $Sc$——施密特（Schmidt）准则，$Sc = \dfrac{\nu}{D}$。

**例 5-1** 在常压、150℃的环境温度下，对于直径为 $0.1mm$ 的汽油雾滴，分别计算在相对静止和强迫对流（$Re = 100$）条件下的完全蒸发时间。已知汽油密度 $\rho_1 = 820 kg/m^3$，$B_T = 5.3$；在 150℃ 和常压下汽油蒸气的混合气：比定压热容 $c_{pg} = 2.48 kJ/(kg \cdot K)$，热导率 $\lambda_g = 3.05 \times 10^{-5} kW/(m \cdot K)$。

**解** 在相对静止条件下，汽油的蒸发常数可根据式（5-34）计算，即

$$K_{1,0} = \frac{8\lambda_g \ln(1 + B_T)}{c_{pg}\rho_1} = \frac{8 \times 3.05 \times 10^{-5} kW/(m \cdot K) \times \ln(1 + 5.3)}{2.48 kJ/(kg \cdot K) \times 820 kg/m^3} = 2.21 \times 10^{-7} m^2/s$$

$$\tau_0 = \frac{d_{1,0}^2}{K_{1,0}} = \frac{(1 \times 10^{-4} m)^2}{2.21 \times 10^{-7} m^2/s} = 0.045 s$$

在相对静止条件下，汽油雾滴的完全蒸发时间可根据式（5-35）计算。

在 $Re = 100$ 的强迫对流条件下，根据式（5-41）计算 $Nu$ 数，

$$Nu_s = 2 + 0.6\sqrt{Pr}\sqrt{Re} = 2 + 0.6 \times \sqrt{0.7} \times \sqrt{100} = 7.02$$

汽油的蒸发常数可根据式（5-43）计算，则

$$K_1 = \frac{4\lambda_g Nu_s}{\rho_1 c_{pg}}\ln(1 + B_T)$$

$$= \frac{4 \times 3.06 \times 10^{-5} kW/(m \cdot K) \times 7.02 \times \ln(1 + 5.3)}{2.48 kJ/(kg \cdot K) \times 820 kg/m^3}$$

$$= 7.78 \times 10^{-7} m^2/s$$

$$\tau_0 = \frac{d_{1,0}^2}{K_1} = \frac{(1 \times 10^{-4})^2}{7.78 \times 10^{-7}} = 0.013 s$$

在 $Re = 100$ 的强迫对流条件下，汽油雾滴的完全蒸发时间性可根据式（5-42）计算。

### 5.4.4 液滴群的蒸发

在实际喷嘴雾化过程中所形成的液滴是由大小不同的液滴组成的。研究液滴群的蒸发对雾化燃料的蒸发以致燃烧是很重要的。

根据雾化均匀度分布函数式（5-15），可推得单位体积液雾具有直径 $d_1$ 的液滴颗粒的表达式为

$$dN_1 = -n\frac{6}{\pi}\frac{d_1^{n-4}}{d_{1m}^n}\exp\left[-\left(\frac{d_1}{d_{1m}}\right)^n\right]dd_1 \tag{5-45}$$

根据式（5-42），经过时间 $\tau$ 蒸发以后，所剩下的液滴直径为

$$d_1 = (d_{1,0}^2 - K_1\tau)^{1/2} \tag{5-46}$$

由上式可见，在时间 $\tau$ 以后，凡是颗粒直径小于 $(K_1\tau)^{1/2}$ 的油滴均已全部蒸发完。那

么此时的单个液滴体积为

$$V_\tau = \frac{\pi}{6}(d_1^2 - K_1\tau)^{3/2} \qquad (5\text{-}47)$$

即在时间 $\tau$ 以后没有蒸发完的所有液滴的总体积，可由式（5-45）和式（5-47）相乘并积分算得

$$V_\tau = \int_{(K_1\tau)^{1/2}}^{\infty} - n\frac{d_1^{n-4}}{d_{1m}^n}(d_1^2 - K_1\tau)^{3/2}\exp[-(d_1/d_{1m})^n]\,\mathrm{d}d_1 \qquad (5\text{-}48)$$

实验表明，当 $3<n<4$ 时，在蒸发过程中 $d_{1m}$ 和 $n$ 几乎保持不变。图5-15给出了式（5-48）的图解积分结果。同时，在图中亦给出了在时间 $\tau$ 后完全蒸发完的油滴颗粒直径数。

从式（5-48）中可看出，对于雾化均匀度差的油雾，在其蒸发初始阶段具有较快的蒸发速度；但当其60%（按体积计）的燃料被蒸发完后，蒸发速度就会变慢。但这时雾化均匀度好的油雾蒸发速度提高。因此，为了缩短蒸发时间及加速燃烧过程，应提高油雾的雾化均匀度的要求。

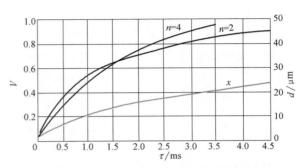

图 5-15　经过 $\tau$ 时间后无蒸发的不同尺寸液滴的百分含量（按体积计）和液滴直径数

## 5.4.5　液滴非稳态蒸发的数值计算

对于液滴非稳态蒸发过程，数值求解方法是随着计算机技术的发展而逐渐成熟的一项新方法。鲁科兹布鲁特（Reuksizbulut）在有对流的条件下对液滴的蒸发进行了数值计算，并提供了实验结果。

图 5-16 所示是鲁科兹布鲁特利用数值计算方法获得的甲醇液滴在 $Re = 100$ 和气流温度 $T_\infty = 800\mathrm{K}$ 时的流线和等温线。图中 $\theta$ 是量纲为一的温度，$\theta = \dfrac{T}{T_\infty}$；图的上半部显示了流线，下半部显示了等温线。由图可见，由于液滴蒸发的原因，液滴后流线显示的尾迹不是完全封闭在水平轴线附近，而是留有一些缝隙，并且还可明显看出液滴蒸发使一些流线产生于液滴

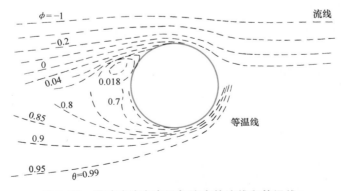

图 5-16　甲醇液滴在高温气流中的流线和等温线

表面。此外，液滴的迎流面等温线梯度较陡，因为此处传热速率明显较高。

## 5.5　燃料液滴的扩散燃烧

燃料液滴的燃烧是一个涉及同时发生热量、质量和动量交换以及化学反应的复杂过程，影响燃料液滴燃烧的主要因素是：液滴尺寸、燃料成分、周围气体成分、温度和压力及液滴和环境气体间的相对速度等。

### 5.5.1　相对静止环境中液滴的扩散燃烧

相对静止的燃料液滴燃烧时，可看成液滴被一对称的球形火焰包围，火焰面半径 $r_f$ 通常比液滴半径 $r_1$ 大得多。静止条件下的液滴燃烧属于扩散燃烧，如图 5-17 所示。燃料液滴蒸气从液滴表面向火焰面扩散，而空气则由外界向火焰面扩散。对于燃油，在 $r=r_1$ 处，油气混合物达到化学计量数配比（即 $\alpha=1$），在此处着火燃烧，形成了火焰锋面。理想情况下，可假设火焰锋面的厚度为无限薄，亦即反应速度无限快，燃烧在瞬间完成。由图可见，火焰面上，燃油蒸气和空气的质量分数（$w_{1g}^*$ 和 $w_{xg}^*$）为零。而燃烧产物的质量分数 $w_{pr}^*=1.0$。所以，火焰面把燃油蒸气和氧完全隔开。在火焰面内侧只有燃油蒸气，而没有氧气，燃油蒸气自液滴表面向外扩散，因而它的含量向着火焰面逐渐降低，在火焰面（燃烧区）上几乎等于零。在火焰面外侧，则相反，只有氧气而无燃油蒸气，氧气不断地向着火焰面扩散，故在火焰面上氧气含量亦几乎等于零。燃烧生成的高温燃烧产物则向火焰面内外两侧扩散，而燃烧产生

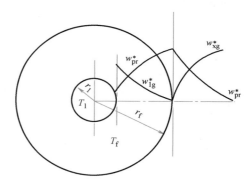

图 5-17　液体燃料扩散燃烧模型

的热量亦同时向火焰面两侧传递。液滴受到火焰传递来的热量使其温度升高并蒸发汽化，在平衡蒸发状态时，液滴温度几乎接近于燃油的沸点。在火焰面上温度为燃烧温度，该处温度最高。

从上述分析中可看出，液滴扩散燃烧速度完全取决于燃油蒸气从液滴表面向火焰面扩散的速度。所以，液滴的燃烧速度亦可由其蒸发速度来决定。这种液滴的燃烧速度可根据式（5-27）计算

$$q_{m1,0}=\frac{4\pi\lambda_g D}{c_{pg}}\frac{1}{\frac{1}{r_1}-\frac{1}{r_f}}\ln\left[1+\frac{c_{pg}(T_f-T_{bw})}{L_{1g}}\right] \tag{5-49}$$

式中　$q_{m1,0}$——液滴在静止环境的燃烧速度，单位为 kg/s。显然，在液滴扩散燃烧时，液滴的蒸发速度，亦即单位时间内的油气蒸发量，与周围向火焰面扩散的氧气量，或者说氧的扩散速度，有着如下关系

$$4\pi r^2\rho_{O_2}D_{O_2}\frac{dw_{O_2}^*}{dr}=\beta q_{m1,0} \tag{5-50}$$

式中　$D_{O_2}$——氧分子的扩散系数；

$w_{O_2}^*$——氧的质量分数；

$\beta$——氧与燃油的化学计量数之比。

对上式从 $r_f$ 积分到无穷远处，并考虑火焰锋面上的氧浓度为零，则火焰锋面半径为

$$r_f = \frac{\beta q_{m1,0}}{4\pi r^2 \rho_{O_2} D_{O_2} w_{O_2\infty}^*} \tag{5-51}$$

将 $r_f$ 代入式（5-49），经整理可得液滴的燃烧速度

$$q_{m1,0} = 4\pi r_1 \left\{ \frac{\lambda_g}{c_{pg}} \ln\left[ 1 + \frac{c_{pg}(T_f - T_{bw})}{L_{1g}} \right] + \frac{\rho_{O_2} D_{O_2} w_{O_2\infty}^*}{\beta} \right\} \tag{5-52}$$

液体液滴燃烧速度常数 $K_0$ 在稳定状态时可由下式计算

$$K_0 = \frac{8}{\rho_1} \left\{ \frac{\lambda_g}{c_{pg}} \ln\left[ 1 + \frac{c_{pg}(T_f - T_{bw})}{L_{1g}} \right] + \frac{\rho_{O_2} D_{O_2} w_{O_2\infty}^*}{\beta} \right\} \tag{5-53}$$

式中 $K_0$——静止环境中的燃烧速度常数，单位为 $m^2/s$。

液滴在燃烧过程中其直径在不断地缩小，因而减少的燃油质量应等于其比燃烧速度，即

$$q_{m1,0} = -\rho_1 \frac{dV}{d\tau} = -\frac{\pi d_1 \rho_1}{4} \frac{d(d_1^2)}{d\tau} \tag{5-54}$$

式中 $V$——球形液滴的体积，$V = \frac{1}{6}\pi d_1^3$。

根据式（5-52）、式（5-53）和式（5-54），可得到

$$d(d_1^2) = -K_0 d\tau \tag{5-55}$$

则从初始直径为 $d_{1,0}$ 的液滴燃烧到直径为 $d_1$ 时所需的燃烧时间应为

$$\tau = \frac{d_{1,0}^2 - d_1^2}{K_0} \tag{5-56}$$

从中可以发现液滴蒸发所需时间与液滴燃烧所需时间都遵循着同一个规律：直径平方—直线规律，亦就是液滴直径的平方随时间的变化呈直线关系。若令式（5-56）中的 $d_1$ 为零，则可求得液滴燃尽所需时间为

$$\tau_b = \frac{d_{1,0}^2}{K_0} \tag{5-57}$$

上式虽然形式与计算液滴完全蒸发时间的式（5-35）相同，但 $K_0$ 比 $K_{1,0}$ 多考虑了氧的扩散影响。通常 $K_0$ 值应根据具体燃烧条件用试验加以确定。由于试验条件不同所得的 $K$ 值相差颇大，在表 5-3 中示出了不同单颗燃料的实验结果供定性参考。当 $Le = 1$，$B_T = B$，则以上各种公式可代入 $B$ 值进行求解，比用 $K_0$ 值更能体现具体燃烧条件。

表 5-3 不同燃料的 $K_0$ 值

| 燃料种类 | 酒精 | 汽油 | 煤油 | 轻柴油 | 重柴油 |
|---|---|---|---|---|---|
| 燃烧常数 $K_0/(m^2/s)$ | $1.6\times10^{-5}$ | $1.1\times10^{-5}$ | $1.12\times10^{-5}$ | $1.11\times10^{-5}$ | $0.93\times10^{-5}$ |

研究发现，对于前述理想状态的相对静止环境中液滴的扩散燃烧，过程中在液滴火焰面处的烟温等于燃料燃烧的理论燃烧温度，即

$$T_f = T_a \tag{5-58}$$

式中　$T_f$、$T_a$——分别是燃料的火焰温度和理论燃烧温度，单位为 K。

### 5.5.2　强迫对流环境中液滴的扩散燃烧（折算薄膜理论）

实际燃烧过程中，燃料液滴和气流之间总是存在着相对运行，如当液滴从喷嘴喷出时，喷射速度不等于周围气流的速度；在湍流气流中（实际燃烧装置中多为湍流），液滴的质量惯性比气团大得多，因此液滴总是跟不上气团的湍流脉动，相互间存在着滑移速度。如图 5-18 所示，当液滴和气流间有相对运动时，前面关于球对称的假设是不适用的。也就是说，在对称球面上，浓度、温度等不再相等，斯蒂芬流也不再保持球对称。为处理这个复杂得多的问题，如上节所述，工程上常用所谓"折算薄膜"来近似处理。

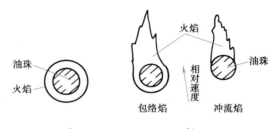

图 5-18　单个液滴的燃烧

a）没有相对运动的情况　b）有相对运动的情况

对不考虑辐射加热的稳定燃烧。由图 5-19 的液滴燃烧模型示意图可见，此时有两个折算边界层厚度，一为流动时折算边界层厚度 $r_{sup}$，另一为油气燃烧的火焰面厚度 $r_f$。因为燃烧过程取决于油气和氧气在 $\alpha=1$ 的面上的相互扩散，因而可以设想 $r_f<r_{sup}$，并且 $r_f$ 和 $r_{sup}$ 同时减少，则根据液滴蒸发的式（5-38），可得液滴在 $r_f$ 处的燃料速率计算公式

$$q_{m1}=4\pi \frac{\lambda_g}{c_{pg}}\frac{1}{\dfrac{1}{r_1}-\dfrac{1}{r_f}}\ln\left[1+\frac{c_{pg}(T_f-T_{bw})}{L_{1g}}\right] \tag{5-59}$$

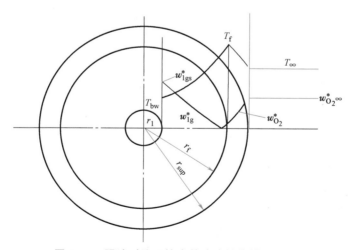

图 5-19　强迫对流环境中的液滴燃烧模型示意图

周围氧气向火焰面的扩散速率为

$$q_{m1}=4\pi \frac{\lambda_g}{c_{pg}}\frac{1}{\dfrac{1}{r_1}-\dfrac{1}{r_{sup}}}D_{O_2}\rho_{O_2}\ln(1+w^*_{O_2\infty}/\beta) \tag{5-60}$$

联立式 (5-59) 和式 (5-60) 可得

$$\frac{r_f-r_1}{r_{sup}-r_f}\frac{r_{sup}}{r_f}=\frac{1}{Le}\frac{1n\left[1+\dfrac{c_{pg}(T_f-T_{bw})}{L_{1g}}\right]}{1n\left(1+\dfrac{w_{O_2}^*\beta}{B}\right)} \tag{5-61}$$

若当速度不大，$Nu_{s,0}\approx 2$，$Nu_s=3.7$，则 $\dfrac{r_{sup}}{r_1}=\dfrac{1}{1-\dfrac{Nu_{s,0}}{Nu_s}}=2.17$。根据计算，式 (5-60) 右

边的数值常大于 13，则可推得 $r_{sup}$ 与 $r_1$ 数值接近，则式 (5-60) 可改写成

$$q_{m1}=4\pi\frac{Nu_s r_1}{2}\left\{\frac{\lambda_g}{c_{pg}}1n\left[1+\frac{c_{pg}(T_f-T_{bw})}{L_{1g}}\right]+\frac{\rho_{O_2}D_{O_2}w_{O_2\infty}^*}{\beta}\right\} \tag{5-62}$$

对于液滴直径在燃烧过程不断减少的轻油，燃烧速度常数 $K$ 为

$$K=\frac{4Nu_s}{\rho_1}\left\{\frac{\lambda_g}{c_{pg}}1n\left[1+\frac{c_{pg}(T_f-T_{bw})}{L_{1g}}\right]+\frac{\rho_{O_2}D_{O_2}w_{O_2\infty}^*}{\beta}\right\} \tag{5-63}$$

则液滴燃烧时间为

$$\tau=\frac{d_{1,0}^2-d_1^2}{K} \tag{5-64}$$

则燃尽时间为

$$\tau_0=\frac{d_{1,0}^2}{K} \tag{5-65}$$

对重油、渣油等，燃烧过程滴径变化不大，而只是其密度变化。则液滴的燃烧时间为

$$\tau=\frac{(\rho_{1,0}-\rho_1)c_{pg}d_{1,0}^2}{6\lambda_g Nu_s\ln\left[1+\dfrac{c_{pg}(T_f-T_{bw})}{L_{1g}}\right]} \tag{5-66}$$

### 5.5.3 液滴群的燃烧

液体燃料的液滴群燃烧是一个复杂的过程，主要可分为预蒸发式燃烧、液滴群扩散燃烧、复合式燃烧等三类。

预蒸发式燃烧是在液体燃料的汽化性强，雾化液滴细，相对速度高和进口气流温度高等情况下的燃烧。液滴群扩散燃烧是在液体燃料的汽化性差，雾化液滴粗，相对速度低，进口气流温度不高和液滴间距离较大等情况下形成液滴的扩散燃烧。复合式燃烧是在由大小不同的液滴组成的油雾中，较小的液滴由喷嘴出来后很快就蒸发汽化形成一定程度的预混火焰，而较大的液滴则按液滴群扩散方式进行燃烧。

实验研究表明，在液滴群燃烧时，液滴燃烧时间仍遵循着前述的直径平方—直线规律。不过此时燃烧速度常数值 $K$ 与孤立单滴燃烧时有所不同。某些研究表明，认为 $K$ 值与压力有关，提出了如下的关系式

$$d_{1,0}^2-d_1^2=f(p)K\tau \tag{5-67}$$

式中 $f(p)$——压力 $p$ 的函数，且 $f(p)\leqslant 1$，表 5-4 给出了液滴群燃烧时燃烧速度的常数值。

表 5-4 液滴群燃烧时燃烧速度的常数值

| 燃料 | $S/\text{mm}$ | $K/(\text{m}^2/\text{s})$ |
|---|---|---|
| n-庚烷 | $\infty$ | $0.97 \times 10^{-5}$ |
| | 9.5 | $1.28 \times 10^{-5}$ |
| | 8.5 | $1.16 \times 10^{-5}$ |
| | 7.5 | $1.23 \times 10^{-5}$ |
| 甲醇 | 5.8 | $1.28 \times 10^{-5}$① |
| | 3.6 | $0.78 \times 10^{-5}$② |
| | 8.7 | $1.04 \times 10^{-5}$ |
| | 7.5 | $1.09 \times 10^{-5}$ |
| | 5.8 | $1.08 \times 10^{-5}$① |
| | 3.6 | $0.64 \times 10^{-5}$②① |

① 火焰部分合并。

② 火焰完全合并，其余均为单独分开的火焰。

但在实际燃烧过程中，液滴群的流量密度和液滴直径是不均匀的（图 5-20）。因此，在同一时刻各个液滴的燃烧状况不一样，射流各断面上的燃烧状况也不相同。另外，液滴喷入燃烧室，各液滴将到达各个不同的位置，且在同一时间不同的空间，液滴的燃烧状况也不一样。因此不能简单地用同一个 $K$ 值来进行计算，目前还需借助实验研究。此外，液体燃料的液滴群燃烧的燃烧过程的扩展（即所谓火焰传播）主要是借助于液滴的不断着火、燃烧。液滴的着火是由于周围高温介质所传递的热量，靠液滴本身的蒸发和蒸气的扩散来实现。从图 5-21 中可以看出，液滴群燃烧的燃烧速度一般总比均匀混合气燃烧时小。这是因为液滴群中液滴的燃烧需经过传热、蒸发、扩散和混合等过程，以致所需时间相对较长。

液滴群燃烧还有一个显著的特点，就是具有比均匀可燃混合气燃烧更为宽广的着火界限和稳定工作范围（见图 5-21）。这对燃烧室的工作性能来说，具有很实际的意义。它可以在变化较大的工作范围内进行稳定的燃烧。液滴燃烧过程的扩展主要取决于液滴周围的液/气比例（质量比），即局部地区的过量空气系数。因此，若从燃烧室的整体来说，总的过量空气系数，虽已超出均可燃混合气可以燃烧的界限，但在局部地区仍会有适合液滴燃烧的液/气比（质量比），它可保证燃烧所需空气的及时供应各相邻间液滴的相互传热，以促进燃烧，这样就显然扩大了液滴群燃烧的稳定工作范围。

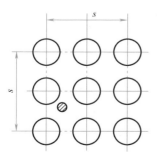

图 5-20 颗粒群分布图

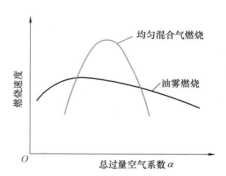

图 5-21 均匀混合气与油雾燃烧的速度与总过量空气系数间的关系

## 5.6　工业喷雾燃烧的技术基础

工业喷雾燃烧技术广泛地应用于锅炉、燃气轮机及柴油机等许多燃烧设备。它是液体燃料经喷嘴雾化后与空气混合形成燃料液滴，燃料蒸气和空气混合燃烧的现象。

### 5.6.1　常见喷雾燃烧系统

常见的喷雾燃烧系统有燃气轮机燃烧系统、燃油工业炉燃烧系统和发动机燃烧系统等。

#### 5.6.1.1　燃气轮机燃烧系统

图 5-22 所示为燃气轮机的基本循环路线图。空气压缩和燃气涡轮在同一转轴上。空气在压缩机内被压缩，压力升高，在其中膨胀并对涡轮做功。涡轮发出的功率用于驱动压气机。稳定工作时，涡轮输出功率等于压缩机消耗功率，于是转速恒定不变。离开燃气涡轮的燃烧产物，仍具有一定的压力和温度。因此可在动力涡轮中进一步膨胀做功，使动力涡轮发出所需功率，用于驱动发电机、螺旋桨或产生喷气推力。燃气从动力涡轮流出，进入热交换器，把剩余的热量传给压缩空气，以便提高进入燃烧室的空气温度。可见，

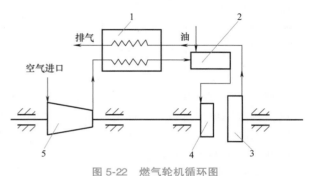

图 5-22　燃气轮机循环图

1—热交换器　2—燃烧室　3—动力涡轮　4—燃气涡轮　5—压缩机

图中的热交换器相当于余热回收装置，有利于提高燃气轮机的热效率。

#### 5.6.1.2　燃油工业炉燃烧系统

工业炉使用的液体燃料有柴油、原油和重油，但大多数是使用重油。喷入炉膛的油滴温度逐渐升高，低沸点成分首先蒸发，剩余的液滴中高沸点成分越来越多。当达到燃油的裂解温度（一般高于 600K）时，油珠裂解，生成较大的碳粒。此外，燃油蒸气在高温缺氧的条件下也会裂解，生成较为细小的碳粒。一般地说，如果在炉膛的后半部能够保持足够的高温和充足的空气，则已生成的碳粒可进一步烧掉，否则会被排到大气中形成黑烟，成为污染源。图 5-23 所示是高压雾化喷嘴燃烧器。

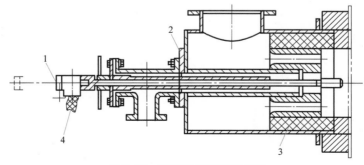

图 5-23　高压雾化喷嘴燃烧器

1—雾化器　2—观察孔　3—耐火衬里　4—软管

### 5.6.1.3 发动机燃烧系统

福特（FORD）公司开发的内燃机燃烧系统如图5-24所示。在压缩过程中将燃油喷入气缸内，由于喷嘴和火花塞呈V形布置，而且喷嘴口距火花塞很近，加上燃烧室内挤流对燃料喷雾的影响，都有利于分层进气的实现，在火花塞周围形成贫混合气。在上止点前火花塞点燃其附近的富混合气后，在气流作用下火焰前锋迅速向周围的贫混合气扩散传播。整个燃烧过程的进展取决于火焰的传播速度及燃烧室内混合气的总浓度。载荷调节是依靠改变喷嘴供油量来实现的。

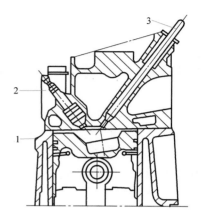

图 5-24 内燃机燃烧系统
1—燃烧室 2—火花塞 3—喷油器

### 5.6.2 液体燃料喷雾燃烧的组织

液体燃料喷雾燃烧经历雾化、蒸发、混合、着火和燃烧等多个阶段，油的雾化燃烧有以下两种类型：①易蒸发的细液滴和气流进口温度较高时，油雾在出喷口很短距离内就可蒸发完毕，这时的雾化燃烧类似于均相湍流扩散火焰；②不易蒸发的粗液滴，各液滴独立地进行燃烧，其燃烧接近于液滴群的扩散燃烧。通常雾化器喷雾的液滴粗细不均，细液滴在燃烧前已蒸发完毕，而粗液滴则边蒸发、边燃烧。因此，实际上两种燃烧情况兼而有之。为保证喷雾燃烧稳定、高效和强度大，则要求液体燃料必须能得到良好的雾化，即液滴具有雾化细度小和均匀度好的特点。对于实际喷雾燃烧过程，雾化质量越好，燃料的比蒸发面积越大，燃料的蒸发和燃烧速度越快。

提高液体燃料雾化质量的基本措施有：

1）降低燃料的黏度和表面张力。在雾化初始阶段，随着黏度的降低，燃料流过喷嘴后，雾化质量变好。在雾化中期，表面张力的影响将起主要作用，表面张力减小，分裂过程更容易进行，所形成的纤丝和液滴尺寸更小。在雾化后期，黏度和表面张力将同时起作用，这时已形成液滴的进一步分裂取决于液体燃料的表面张力、黏性力、液滴惯性力和空气动力的相互作用，减小表面张力和黏度，增大惯性力和空气动力都将有利于提高雾化质量。

2）选择适当的喷嘴前后压差。因为提高喷嘴前后压差会提高喷油速度，增加喷油量。对离心式机械喷嘴，油压越高，雾化角增大，雾化越细。但油压过高，旋转运动引起的摩擦损失增加很快，使油流中切向速度的增加赶不上轴向速度的增长，雾化角反而略有下降。

3）优化喷嘴结构。喷嘴结构是影响液体燃料雾化质量的重要因素，对于不同的燃料需设计不同形式的喷嘴，并且要求提高喷嘴的加工质量。

### 5.6.3 喷雾燃烧的合理配风

喷雾燃烧的合理配风就是合理组织空气流动，加速油雾与空气的混合过程，强化雾化燃烧以及提高燃烧完全程度。

#### 5.6.3.1 喷雾燃烧的配风原理

在喷雾燃烧过程中合理配风主要表现为，通过配风强化着火前的液气混合形成合适高温回流区和促进燃烧过程的液气混合。

强化着火液气混合是因为油雾在缺氧、高温情况下，会发生热分解，产生难燃的炭黑。为了减少炭黑的形成，在喷嘴出口到着火之前必须有一部分空气与油雾先行混合，混合速度要尽可能快。但是，如果空气流的扩散角过大，在喷嘴出口后空气流会移向油雾流的外侧。这时，空气流的扰动虽然很强烈，但若与油雾流并未混合，这种扰动对混合是无用的。显然，这样的空气流组织是不理想的。形成合适回流区，是为了保证燃油雾滴的着火，因为高温回流区的大小和位置对着火燃烧有影响，如果回流区过大，一直伸展到喷口，则不仅容易烧坏喷嘴，而且对早期混合也不利，使燃烧恶化。反之，如果回流区太小，或位置太后，会使着火推迟，火焰拉长，不完全燃烧损失增加。促进燃烧过程的液气混合是为解决从喷嘴中喷出的油雾分布的不均匀性。在雾化燃烧中，通过促进液气混合来避免发生热分解，产生不完全燃烧产物。为了使不完全燃烧产物在炉内完全燃烧，不仅要求早期混合强烈，而且还要求整个火焰直至火焰尾部混合都强烈。

#### 5.6.3.2　合理配风的基本方式

空气流的组织一般通过调风器来实现。调风器的功能是正确地组织配风、及时地供应燃烧所需空气量以及保证燃料与空气充分混合。燃油通过中间的雾化器雾化成细雾喷入燃烧室（炉膛），空气（或经过预热的热空气）经风道从调风器四周切向进入。因为调风器是由一组可调节的叶片所组成，且每个叶片都倾斜一定角度，故当气流通过调风器后就形成一股旋转气流。这时由雾化器喷出的雾状液滴在雾化器喷口外形成一股空心锥体射流，扩散到空气的旋流中去并与之混合、燃烧。由于气流的旋转，增大了喷射气流的扩展角和加强了油气的混合。叶片可调的目的是为了在运行中能借此来调节气流的旋转强度以改变气流的扩展角，使与由雾化器喷出的燃油雾化角相配合，保证在各不同工况下都能获得油与空气的良好混合。调风器主要由调风器叶片和稳焰器两部分组成（见图 5-25）。

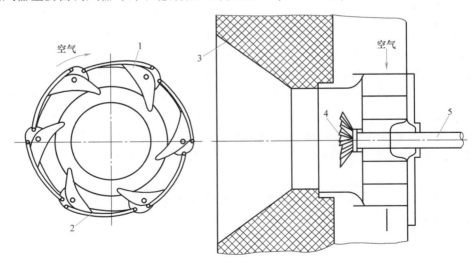

图 5-25　配有旋流式调风器的燃油喷燃器

1—叶片　2—叶片传动装置　3—扩口　4—稳燃罩　5—喷嘴

装设稳焰器的目的是用来稳定火焰，防止火焰吹脱。在雾化燃烧中最常见的稳焰器有旋流器型和稳焰板型两大类。旋流器型是利用旋流叶片使空气旋转，在喷口下游产生回流区，以稳定火焰。按旋流器结构可以分为轴流式、径流式及混流式，如图 5-26 所示。稳焰板型稳焰器是在稳焰板上沿径向开了几道狭缝，使少量空气沿稳焰板内表面流入，以冷却稳焰板和防止积炭、结焦，如图 5-27 所示。

图 5-26　旋流器形式

a）轴流式　b）径流式　c）混流式

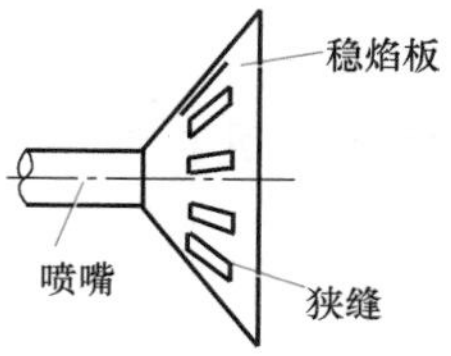

图 5-27　稳焰板型稳焰器

### 5.6.4　重质油的燃烧技术

#### 5.6.4.1　燃烧过程中应注意的问题

由于重质油具有分子结构复杂，黏度大，沸点高，灰分高等性质，使其燃烧过程与轻质油相比具有较大的差别。

首先，重质油在燃烧中应注意防止不完全燃烧产物的生成。因为重油液滴在燃烧时，如果空气供应不足，在一定的高温下极易分解出一些难燃烧的重碳氢化合物和固体炭黑。

其次，重质油燃烧过程中还应防腐，因为重燃料油一般含硫量较多，燃烧时生成 $SO_2$，是低温腐蚀的主要来源。

此外，如果在金属面上（如燃气轮机的叶片、内燃机活塞环等）产生结垢，能起到一种电介质的作用，造成电化学腐蚀。在这种腐蚀效应中，熔融状态的结垢可以部分地或全部地把腐蚀过程中产生的化合物从金属表面熔掉，从而暴露出新的金属表面，使腐蚀继续下去，这就是所谓的高温腐蚀。

最后，重质油燃烧过程中应防止结垢。重质油中的 S、Na、K、Pb、V 等元素在燃烧过程中会化合成为熔点较低的灰分，在流经温度较低的壁面时，逐渐形成一层熔融状态的灰垢。

#### 5.6.4.2　重质油燃烧技术

为防止上面问题出现，对于重质油的燃烧主要可采用低氧燃烧、燃油预热和燃油净化等方法。

低氧燃烧是一种减轻和防止低温腐蚀和高温腐蚀、减轻大气污染且较先进的燃油技术。在低氧燃烧技术中，过量空气系数 $\alpha$ 低于 1.03～1.05，烟气中过剩氧量仅在 0.6%～1% 以下，然而仍能保持燃烧完全。

燃油预热是将油的黏度降低到喷嘴允许的最大黏度以下，使雾化良好（见表 5-5）。

表 5-5　喷嘴前燃油黏度　　　　　　　　　　（单位：$^0E$）

| 形　式 | 最大黏度 | 推荐黏度 |
| --- | --- | --- |
| 蒸气雾化喷嘴 | 15 | 6 |
| 高、低压空气雾化喷嘴 | 10 | 5 |
| 机械雾化喷嘴 | 6 | 3.5 |

燃油净化是除去燃油中影响雾化质量和堵塞喷嘴的杂质，如可能引起喷嘴堵塞的 Na、S、V 等元素。

### 5.6.5 乳化燃料的燃烧技术

在燃烧过程中的乳化油与纯油相比具有明显优点。本节将对乳化燃料及燃烧技术进行介绍。

#### 5.6.5.1 乳化燃料

一般情况下，燃油和水是互不相容的。但在燃油中掺入少量乳化剂，再通过乳化装置的搅拌，则可获得稳定和均匀的油水乳化液。有两种类型的油水乳化液：一是使水成为分散相，被分裂成许许多多微细的水珠均匀地悬浮在油中（图 5-28a），称为**油包水型乳化液**；二是使油成为分散相，被分裂成许许多多微细的油珠均匀地悬浮在水中（图 5-28b），称为**水包油型乳化液**。从后面的讨论可知，对燃烧有实际意义的应当是油包水型的乳化液。

乳化油的类型主要取决于乳化剂的性质。乳化剂是否能溶解在水中或油中，取决于其中的亲水基团和亲油基团这两部分的相对浓度。一般用"亲憎平衡值" HLB 来表示，HLB 越大则亲水性越大，不溶于油。为了得到油包水型的乳化液，HLB 值应在 2~6 之间。如果此值高达 12~18 时，则将形成水包油型乳化液。乳化燃烧的特征是将燃料油（主要为重油、渣油等）与水混合、乳

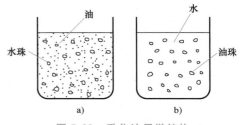

图 5-28 乳化油显微结构

化，然后进行燃烧。由于火焰温度降低而且均匀，不仅 $NO_x$ 发生量减少，而且烟尘的发生量也会降低。

#### 5.6.5.2 乳化燃料的燃烧技术

使用乳化燃烧情况下的烧嘴，完全可用普通的油烧嘴。但是，从煤油、轻油等的轻质油到 3 号重油的重质油。在含水率约 0.3% 的条件下，乳化燃料的燃烧状态与只是燃料油燃烧的状态相比，燃烧火焰呈现出不同的样子。乳化燃烧的火焰接近于燃烧气体燃料时的状态，图 5-29 为乳化油燃烧系统。可以看到，燃油经预混器、液压泵和乳化装置后完成乳化，可直接在喷嘴燃烧。

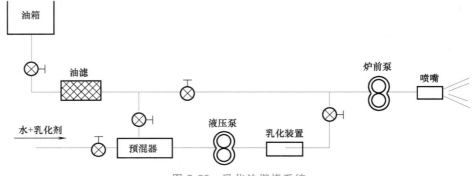

图 5-29 乳化油燃烧系统

目前，乳化燃烧法的应用场合主要有：燃烧易产生烟尘的重质油时，添加水分进行乳化，可使燃烧烟尘发生量减少；燃烧含水量多的废油；将含有机物的排水与燃料油进行乳化，可作为燃料烧掉。

## 思考题与习题

5-1 求液滴直径为 0.1mm 的轻柴油在 20℃ 的空气中变形并破裂的临界相对速度（已知：表面张力 $\sigma = 32.32 \times 10^{-3} \text{N/m}$，气体密度 $\rho_g = 1.205 \text{kg/m}^3$）。

5-2 试简述喷嘴的主要形式、基本原理及适用范围。

5-3 在常压、200℃ 的环境温度下，对于直径为 0.1mm 的煤油雾滴，分别计算在相对静止和强迫对流（$Re = 100$）条件下的完全蒸发时间（煤油：密度 $\rho_1 = 840 \text{kg/m}^3$，$B_T = 3.4$；在 200℃ 和常压下煤油蒸气的混合气：比定压热容 $c_{pg} = 2.47 \text{kJ/(kg·K)}$，热导率 $\lambda_g = 2.75 \times 10^{-5} \text{kW/(m·K)}$）。

5-4 根据表 5-3 分别计算直径为 0.05mm 和 0.1mm 的煤油液滴的燃尽时间，并分析纯氧和空气对燃尽时间产生的不同影响。

5-5 试计算燃烧速度常数在 $Re = 200$ 时与相对静止时的比值。

5-6 分析比较油品燃料和人工浆体燃料在燃烧机理上的差别。

5-7 比较说明常见喷雾燃烧理论模型的特点。

5-8 试简述稳焰器的主要型式和工作原理。

# 第 6 章

# 煤的热解及挥发分的燃烧

传统上的煤燃烧过程一般分为初始的挥发分析出及燃烧和挥发分析出后煤中其余成分形成的炭粒燃烧两个阶段。煤脱去挥发分本质上是煤在受热条件下所发生的化学热解现象。

煤热解时产生挥发分及挥发分的燃烧对于整个煤的燃烧过程有着重要的影响，有时甚至是决定性的影响。本章主要介绍煤的特性对热解的影响、煤的热解过程、煤热解产物——挥发分的组成，以及各种因素（如温度、压力、加热速率等）的影响，还介绍各种热解的数学模型以及挥发分的燃烧过程。

对于煤利用的要求为高效和低污染，而挥发分的析出和燃烧与此密切相关。研究表明，首先，煤热解所产生的挥发分在气相的着火是煤粉燃烧的主要着火机理，挥发分的燃烧对于煤粉火焰的稳定具有决定性的影响。加速煤燃烧时煤的热解过程能有效地提高总的燃烧效率。其次，煤的热解对于炭粒的进一步燃烧也有重要的影响，尤其是热解过程中所形成的不同颗粒内孔结构对于炭粒燃烧速度的影响已经被大量的理论和实验研究所证实。

煤燃烧时所产生的污染物质主要有粉尘、各种氮氧化物、硫氧化物、一氧化物以及各种有机碳氢化合物。而煤粉的热解过程又是这些污染物形成的最主要环节。例如，大部分的炭黑颗粒和有机碳氢化合物都是在热解中形成的，在煤粉燃烧所形成的氮氧化物中大约有60%（质量分数）是由热解所产生的挥发分中所含的氮转化而成。综上所述，研究煤的热解是研究煤燃烧的一个非常重要的组成部分。

## 6.1 煤的组成与特性

煤在化学和物理上是非均相的矿物或岩石，主要含有碳、氢和氧，还有少量的硫和氮，其他组成是成灰的无机化合物，它们以矿物质分散颗粒分布在整个煤中。本节主要介绍煤中有机化合物的特性，因为煤的热解主要与煤中的有机物有关。

### 6.1.1 煤岩学

由于煤是一种有机的沉积岩石，所以，煤岩学是利用通常研究岩石的方法来研究煤。煤岩学研究的目的是鉴定煤的物质成分和性质，以及认识煤的形成过程，并区别各种不同类型的煤。而不同种类的煤与挥发分的析出有很大的关系。

按照煤岩学理论，煤是由各种在光学显微镜下可辨别的微细颗粒——显微组分构成。这些显微组分从化学性质上可分为两大部分，即有机显微组分和无机显微组分。有机显微组分来源于成煤植物，无机显微组分则主要来源于地壳的岩石。植物的不同部分在炭化过程中会形成不同的有机显微组分，这些有机显微组分通常分为三大组：镜质组、壳质组和惰质组。各组有机显微组分具有不同的物理和化学性质，且这些性质随成煤程度而发生变化。煤中无机显微组分受成煤时的地质条件及地理环境的影响。不同的煤由于成煤地的地质条件和地理的不同，其无机显微组分也不同。因此，通过分析煤的显微组成及其性质，就可认识成煤作用，确定煤的类型。由此可见，煤本身的物质组成是不均一的。这种不均一性不仅体现在煤是由有机和无机两部分组成，而且还体现在无机和有机之中存在着可辨别的、性质不同的成分。显然，煤的性质将由其组成的显微组分的性质决定，而各种煤性质的差别正是由于所含显微组分（组成、含量、性质）不同所致，而这些成分与挥发分的析出、挥发分的成分以及挥发分的燃烧等密切相关。

有机显微组分和无机显微组分均有很多种类，鉴定它们的标志主要是根据颜色、形态、结构、突起和反光性等。

对煤中有机显微组分的命名和分类，目前还没有完全统一的形式，因为有机显微组分分子结构的复杂性和多样性使得准确划分十分困难，而不同的研究者根据各自的目的和要求来对有机显微组分进行命名和分类。目前，国内外对煤有机显微组分的分类有多种方案，但归纳起来可分为两种类型：一类侧重于成因研究，组分划分较细，常用透射光观察；另一类侧重于工艺性质及其应用的研究，分类较为简明，常用反射光观察。表6-1为国际煤岩学学术委员会的分类方案，该方案中将有机显微组分根据其反射率的分布分成三大组：惰质组（亮的）、壳质组或稳定组（暗的）和镜质组（两者之间），并根据各种成因标志在显微组分中进一步划分亚组分。该分类侧重于化学工艺性质，并已为众多利用煤岩学研究燃烧的研究者所采用。这个分类最适用于烟煤化程度的煤，但也可用于所有煤化程度的煤。

我国原煤炭工业部地质勘探研究所于1978年提出过烟煤显微组分划分和命名方案。该分类方案涉及成因和工艺两方面的分类原则，并接近于国际显微组分分类方案。但在命名和分类上有一定的差别。表6-2给出了它们的对应关系。

表 6-1　国际煤岩学学术委员会的煤显微组分分类方法

| 显微组分组 | 显微组分 | 显微亚组分 | 显微组分的种类 |
|---|---|---|---|
| 镜质组 | 结构镜质体 | 结构镜质体-1 | 科达树结构镜质体 |
| | | 结构镜质体-2 | 真菌质结构镜质体<br>木质结构镜质体<br>鳞木结构镜质体<br>封印木结构镜质体 |
| | 无结构镜质体 | 均质镜质体<br>胶质镜质体<br>基质镜质体<br>团块镜质体 | |
| | 碎屑镜质体 | | |

（续）

| 显微组分组 | 显微组分 | 显微亚组分 | 显微组分的种类 |
|---|---|---|---|
| 壳质组 | 孢子体 | | 薄壁孢子体<br>厚壁孢子体<br>小孢子体<br>大孢子体 |
| | 角质体<br>树脂体 | | |
| | 藻类体 | | 皮拉藻类体<br>轮奇藻类体 |
| | 碎屑稳定体 | | |
| 惰质组 | 微粒体<br>粗粒体<br>半丝质体 | | |
| | 丝质体 | 火焚丝质体<br>氧化丝质体 | |
| | 藻类体 | 真菌菌类体 | 薄壁菌类体<br>团块菌类体<br>假团块菌类体 |
| | 碎屑惰性体 | | |

　　目前的分类方法并不是针对燃烧过程的，大多研究者所使用的分类主要是如同表 6-1 的分类方式，但不涉及更细的亚组分，并将镜质组和壳质组归为一类，称为"活性成分"，而将惰质组称为"惰性成分"。但近期研究表明，按常规方法确定的惰质组在快速加热条件下大部分成为活性成分。因此，在燃烧领域如何确切命名和划分显微组分将是需要进一步研究的课题。在本书中，有机显微组分的命名和分类将仍采用表 6-1 的形式，并只考虑显微组分的组和一些组分，而不考虑更细的划分。

表 6-2　国际煤显微组分分类与我国烟煤显微组分分类的对应关系

| 国际煤显微组分分类 | | 我国烟煤显微组分分类 | |
|---|---|---|---|
| 组 | 显微组分 | 类 | 显微组分、亚组分 |
| 镜质组 | 结构镜质体<br>无结构镜质体<br>碎屑镜质体 | 镜质类 | 结构镜质体、结构半镜质体<br>无结构镜质体、无结构半镜质体<br>碎屑镜质体、碎屑半镜质体 |
| 壳质组 | 孢子体<br>角质体<br>树脂体<br>壳屑体<br>藻质体 | 稳定类 | 孢粉体<br>角质体<br>树脂体不定形体<br>树皮体 |
| | | 腐泥类 | 藻质体、腐泥基质体 |

（续）

| 国际煤显微组分分类 | | 我国烟煤显微组分分类 |
| --- | --- | --- |
| 惰质组 | 细粒体<br>粗粒体<br>半丝质体<br>丝质体<br>菌类体<br>惰屑体 | 丝质类 | 细粒体<br>半丝基质体、丝基质体<br>半丝质体、半镜木丝质体、镜半丝质体、半丝浑圆体<br>丝质体、木镜丝质体、镜丝质体、丝质浑圆体<br>半丝菌类体、丝质菌类体<br>碎屑丝质体 |

一般认为富壳质组类型的煤热值较高。用热显微镜研究发现，镜质组着火比丝质体快，而树脂体呈爆炸性膨胀，这些研究已引起燃烧界的重视。研究发现，煤的燃烧效率与煤的显微组分有关，并与煤中惰性微成分（丝质体、半丝质体、氧化镜质体）的含量成反比；未燃碳的形态结构特征与原煤中的惰性组分具有明显的类似性。

煤的结构是影响其物理和化学性质的根本因素。但由于煤组成的复杂性、多样性和不均一性，对煤的结构始终不能完全了解，而只是根据试验结果和分析推测提出了若干种煤的分子结构模型。但是，由于煤的显微组分是构成煤的基本微观结构单元，从它仍具有不同的来源及光学性质可知，它仍有不同的结构。因此，煤可看作是由具有不同结构的显微组分构成的，用同一种结构来描述就不一定确切。目前对各显微组分结构的研究开展得较少，仅对镜质组的结构了解较多一些。因为它在成煤过程中变化比较均匀以及矿物质含量很低，且通常为煤的主要成分，故常常作为煤结构研究的对象。后续分析中的煤分子结构模型亦以此为基础。

镜质组可看成是由三维空间结构大分子构成。这种大分子有如下特点：

1）大分子由许多结构相似但又不完全相同的结构单元通过桥键连接而成。

2）结构单元的核心为缩合芳香烃。

3）结构单元的外围为烷基侧链和官能团。

4）氧多存在于各种含氧官能团中，少量存在于杂环中。

5）有机硫与氮主要以环的形式存在。

对壳质组和惰质组分子结构的研究开展不多。对烟煤惰质组研究发现其芳香度较高，单元核大；而壳质组芳香度低，包含更多的脂肪烃和脂环结构。

对于显微组分的热解特性，研究表明，各种显微组分的热解行为是不同的（见图6-1），且产物的组成也有差别。研究发现，壳质组有最高的热解反应性，镜质组次之，各热解特征温度随惰质组、镜质组、壳质组而降低。显微组分的热解过程可分为三个阶段，每一个阶段可用一级反应描述。

实际燃烧的煤粉是相同类型各种微观岩颗粒的组合，但对相同类型微观岩的热解性质还缺少认识。研究发现，取自同一煤种的不同样的热解特性并不体现占优势的显微组分的特点，这表明显微组分之间相互作用的存在。由此

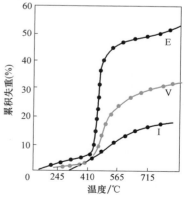

图6-1　高挥发分烟煤的壳质组（E）、镜质组（V）和惰质组（I）的累计失重曲线

也说明，不能简单地认为镜质组含量高的部分一定比惰质组含量高的部分的热解特性好。

## 6.1.2 煤化学

煤中的有机物质主要由碳、氢、氧、氮、硫以及其他微量元素组成。元素分析数据根本无法揭示煤的分子结构，但可以知道哪些结构是不可能存在的和哪些结构是可能存在的。

许多研究者对不同的煤种提出了假想的结构模型，如葛文（Given）提出了一个假想的结构模型，可作为含82%（质量分数）碳的烟煤镜质组中许多原子可能排列的一种组合。索罗曼（Soloman）等根据红外测量、核磁共振、元素分析和热解数据所得的信息为基础，提出了一个煤的化学有机结构模型，如图6-2所示。当然煤的结构无疑要比其更复杂些。

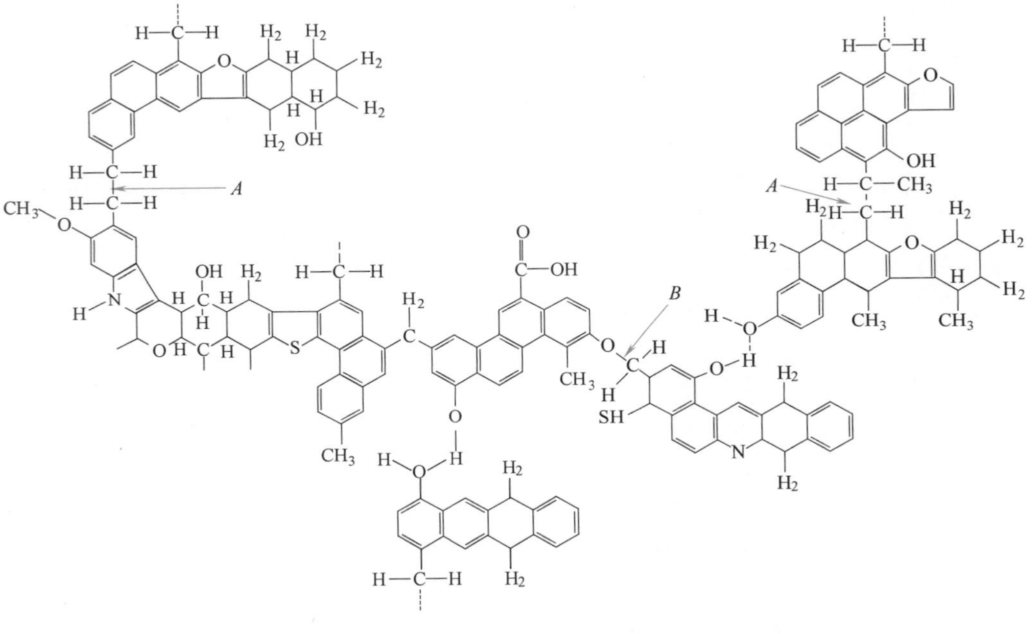

图 6-2　假想的煤大分子结构

海蒂（Heredy）和温特（Wender）根据煤的分析结果提出煤模型与分子的结构式的方法。海蒂和温特选择了含碳量为83%（质量分数）的烟煤做研究，该种煤的芳香度，即芳香碳原子的分数 fa 为 0.7。研究认为在模型分子中所包含的芳香族结构有五种，如图 6-3a 所示。这五种芳香族结构组成之间是用桥相互连接的，这种桥不少于五个，其中一个是芳香醚桥，其余四个是脂族烃桥结构。根据这种煤的物理和化学组成及上面的讨论可知，大部分脂族的构造是由氢化芳香族或综合氢化芳香族环所构成，他们最终提出煤的模型分子结构如图 6-3b 所示。

这个煤的"模型分子"是由两个键与煤结构的其余部分相连，因而是较大的大分子结构的一部分，分子的五种芳香族——氢化芳香族结构是由一个芳香族和四个脂族桥相互连接的。

X 射线的试验还表明随着煤阶的增高，每个芳香族中环数也增加，最后形成完全缩合的

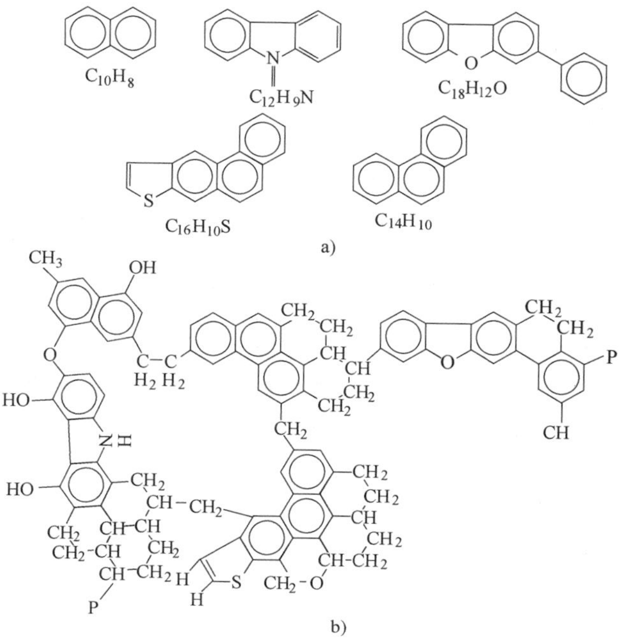

图 6-3 煤模型分子的基本结构和总体结构

a）设想的煤大分子中的五种基本结构 b）煤模型分子的结构

石墨结构。研究表明，煤中原子间距在某一维中比另外两维大 2~3 倍，这表明煤的层状结构中，有呈高度平面结构的聚合物分子，有相当大的内孔体积及表面积。事实上这种层状排列现象甚至存在于较大规则的较低煤阶煤的相互盘绕及交联键合结构中。

## 6.1.3  煤结构与热解反应的关系

从上述煤的结构可知，煤的热解过程实际上是煤的大分子在温度较高时，某些弱键发生断键，析出轻质的气态物质、焦油，残余的分子键再聚合生成稳定的主要由碳组成的大分子。

一般认为，当煤被加热升温时，在 200~400℃的温度区域内，开始热解之前，煤的内部首先发生的三个过程是：

1）氢链断裂。

2）非共价结合的分子相气化和传递。

3）这些分子相与煤中大于 10%（体积分数）的氧发生低温交联。

在热解的初期，最弱键发生解聚而生成小分子链。这些分子链从氢化芳香族或脂肪族中释放出氢从而使氢原子浓度增大。如果这些分子链足够小且在从碳颗粒蒸发和逸出之前不发生中温交联，它们便形成焦油，中温交联反应略比解聚反应慢，其生成物是 $CH_4$。

热解初期的另一个过程是官能团分解，析出以 $CO_2$ 为主含有轻质脂肪族和一些 $CH_4$、$H_2O$ 的气体物质。析出的 $CH_4$、$CO_2$ 和 $H_2O$ 会产生交联，对焦油的析出有重要的影响，当煤中的氢族或脂族部分所能提供的氢被耗尽时，热解的初始阶段也就结束了。

煤热解的第二阶段是官能团分解成 $CH_4$、$HCN$、$CO$、$H_2$ 等气体。

上述热解的各个环节反应过程因不同煤结构、煤颗粒大小及加热条件而有所不同，因而挥发分的产量、析出速率及产物的组成与上面三个因素有关，但其中最主要的还是煤的结构。煤颗粒大小及加热条件主要是由于加热速率不同，以及断键和官能团分解过程不同，从而影响挥发分的产量及产物组成。

### 6.1.4　物理因素

在煤的加热过程中，有许多因素与煤的热解相关，如煤的塑性行为、煤的内部结构以及传热传质过程。

#### 6.1.4.1　热塑性

煤的热塑性是指当煤在一定温度范围被加热到煤的软化点以上并保持一定时间后发生软化、变形，最后固化成半焦，具有塑性的煤也称为粉结煤。因为在塑性状态下，煤的颗粒为黏稠状液态物质，可聚集，固化后形成块状物。

煤的塑性状态的形成与热解有联系。在动力学上，塑性化与热解过程也有许多相似之处。塑性化的温度极限和持续时间取决于加热速度和其他条件。根据试验，在约 $0.05℃/s$ 的恒定加热速度下，塑性化区域在 $20\sim500℃$。当然其变化区域视煤种而变，随着加热速度提高，塑性化的区域将移向更高的温度。

#### 6.1.4.2　煤的内部结构

热解的煤及半焦的内部结构对热解反应也是很重要的。实际上，从任何煤所得到的半焦微结构（分子筛结构）的孔隙度随热解温度升高均稳定地增大。但是，这些孔对穿透分子的可通过性只有在温度低于 $500\sim600℃$ 时才增加，而后，在 $600\sim1000℃$ 时则急剧地下降。可通过的表面积的变化情况对非粘结煤有相似规律，但对粘结煤则明显不同，其尖锐的最低部分扩展到整个塑性区。

塑性煤热解时所发生的最明显的宏观变化是在液状物中有气泡的形成和流动。在热显微镜下可以观察到颗粒先是软化、变圆，然后膨胀，随着热解的继续进行，大气泡不断地冲破颗粒表面，最终形成的半焦具有较大的孔隙度，估计可能由截留的气泡所形成。

将塑性煤在氮气中用中等速度或快速加热，会膨胀形成称作煤胞的中空半焦颗粒。在煤胞形成过程中孔隙度的发展也达到极限，煤胞结构变化很大，但其特点是，连接的球形壳中一般有一个或几个大洞穴，经过显著膨胀，通常体积要比原来的煤粒大 40 倍。若煤胞表面不存在孔，说明原煤中任何大孔在塑性化区域均未留下通道。上述讨论说明，煤的内部结构会对煤中挥发分的析出产生较大的影响。

#### 6.1.4.3　传质过程

塑性煤挥发分析出时一般会产生气泡，在塑性化过程中形成的不能穿透的孔结构使流体扩散流动受阻时，颗粒内部将形成高压气体区，在克服黏液和其他力时膨胀而产生气泡，最后以细小射流形式冲出颗粒表面。非塑性孔隙结构可通过性的减少，估计也会形成高压区，但这些煤不能流动，并使最初形成的气泡膨胀。因而，可料想到，压力将上升，直至流体的流动速度与挥发物产生的速度相匹配，或煤粒爆裂时为止。实际上，后一种现象对于非塑性煤是可以观察到的，特别是有的褐煤被加热时会爆裂。

实际上在挥发分析出时，控制因素不一定是化学动力学，传热传质也有可能是挥发分析出的控制因素。试验结果表明，诸如挥发分析出速度等参数可能与粒径无关，但在一定的工况条件下可能又与粒径有关。一般来讲，对于小颗粒热解动力控制的可能性较大，对于较大颗粒传质因素可能会起较大作用。

## 6.2 煤的热解

由上一节的讨论可以知道，煤的热解过程实际上是煤中的大分子在温度较高时某些弱键发生断键从而形成轻质的气态物质和焦油的过程。

按煤的热解过程所处的环境分类，一般的热解过程可分为三类：

1）在惰性气体中加热时煤中挥发分的析出过程，如煤的气化、炼焦过程等均属此类。

2）在氧化性气氛中加热时煤中挥发分析出的过程，如煤的燃烧过程初期经历的热解就属于此类。

3）在氢气气氛中的热解，一般在化工过程采用，如着重于生产甲烷的加氢气化过程和着重于生产液体产物的加氢干馏过程。

这里主要介绍的热解是指前面两类过程。

### 6.2.1 概述

由于热解过程在工程及理论研究上的重要性，许多研究者在各种试验条件下对煤的热解进行了基础研究。由于各种工艺过程的条件差异非常大，对煤热解的研究范围也十分广。例如，同样是应用于煤的气化工艺，用于煤的地下气化的研究条件为加热速率为 0.02 ~ 0.2℃/s，颗粒粒度为 0.01~10m；而采用通常的气流床技术，颗粒粒径则≤100μm，升温速度一般为 1000~5000℃/s。所以各种试验的方法及工艺也是千差万别的。测量的方法本身也经常影响试验结果，试验的仪器、方法及条件对煤的热解及产物亦有较大的影响。本节主要介绍各种不同的试验方法。

试验方法一般可分为两大类，静态样品法和连续流动法。前者煤样是静止的（对煤来讲是间歇性试验），后者煤样为连续进料和出料，二者在分析上各有优缺点。

表 6-3 给出了煤热解的几种主要的试验方法及条件，煤热解失重分析中最典型的例子是挥发分标准工业分析，将1g左右的煤样（粒度为 200μm 以下）放入预先已加热到900℃的箱式电炉中加热 420s，扣除水分后的失重即为挥发分含量。

表 6-3　热解试验方法及条件

| 试验方法 | 分类 | 停留时间/s | 温度/℃ | 加热速度/(K/s) | 压力/(101325Pa) | 颗粒粒度/μm |
|---|---|---|---|---|---|---|
| 工业分析 | 静态 | 420 | 850 | 15 ~ 20 | 1.0 | ≤250 |
| 坩埚或吊篮 | 静态 | 300 ~ 1800 | 400 ~ 1800 | 0.05 ~ 250 | 1.0 | ≤400 |
| 固定床 | 静态 | 10 ~ 36000 | 400 ~ 1200 | 0.02 ~ 300 | 1 ~ 400 | 250 ~ 3600 |
| 固定床慢速 | 静态 | 1000 ~ 10⁶ | 400 ~ 1100 | 0.0001 ~ 0.5 | 1 ~ 70 | ≤2000 |
| 热天平 | 静态 | 1 ~ 7200 | 400 ~ 950 | ≤100 | 1 ~ 100 | 400 ~ 1000 |
| 电热栅 | 静态 | 0.1 ~ 1800 | 300 ~ 1500 | 100 ~ 15000 | 0.001 ~ 100 | 50 ~ 1000 |
| 流化床 | 流动 | 10 ~ 26000 | 400 ~ 1000 | | 1 ~ 50 | 100 ~ 1000 |
| 机械搅拌床 | 流动 | ≤0.5 ~ 10 | 600 ~ 1100 | 50 ~ 200 | 1.0 | 1000 ~ 15000 |

（续）

| 试验方法 | 分类 | 停留时间/s | 温度/℃ | 加热速度/(K/s) | 压力/(101325Pa) | 颗粒粒度/μm |
|---|---|---|---|---|---|---|
| 夹带流 | 流动 | 0.001~20 | 400~2000 | 1~200000 | 1~500 | 40~200 |
| 自由下落 | 流动 | 0.4~10 | 400~1500 | — | 1~500 | 40~300 |
| 粉煤火焰 | 流动 | 0~0.8 | 200~1550 | ≤22000 | 1.0 | ≤100 |
| 等离子加热 | 流动 | | 3000~15000 | | | |
| 激波加热 | 流动 | 0.001~0.002 | 400~900 | | | 40 |
| 闪光辐射 | 流动 | 0.002~0.008 | 100~400 | ~5×10$^6$ | | 5~10 |

固定床方法也是测量煤热解产物的一种常用方法。将试样放在一个固定床上，气体经计量后以恒定速度通过煤床，煤床在电炉中也以恒定速度被加热。煤层温度用床层中的热电偶进行监测。载气吹扫出的气体产物先经净化，再用气相色谱或质谱进行分析，这样就可以得到各种生成物如碳的氧化物、水、烷及烃生成速度的时间解析。固定床一般加热速度较慢，但试样量可以较大，从而提高测试精度。

热天平方法是研究煤热解的一种常规方法。热天平法的试样量可减少到数毫克，加上加热速度的提高，使热天平技术成为很有用的热解特性研究手段。由于这项技术容易规范化，目前已引起极大的重视，许多研究机构已将其列为常规煤质分析手段并代替了传统的工业分析方法。热天平采用一圆筒形金属网篮，内装有约 0.5g 煤样，放入已经预热的反应器内，连续记录样品重量。在目前的仪器水平下，能够达到的最大加热速度大约不高于每秒钟几百度，采用热天平通过计算可以得到热解反应的动力学参数。热天平还可以与红外、色质谱仪相连同时得到气体组分，对于研究挥发份析出的机理具有更大的帮助。

金属网栅加热方法一般采用不锈钢制成圆筒在一定的气氛下进行热解试验，用微量天平称量电热网栅及试样的重量变化，控制电热栅的加热速度就可做到在不同升温速度下煤热解特性。采用质谱分析还可以测得气体成分随时间的变化过程。采用这种方法的主要缺点为：①由于加热需要必须连接较重的导线，这样会妨碍转化率的连续测定。②由于热的金属网上的催化裂化可能会显著改变热解产物的成分，这在研究热解产物时应十分注意。例如某些煤样在 700~1000℃ 时表现出负失重的情况。据分析，这是由于热解产物在低于 700℃ 时从煤中逸出，在较高温度下，它们在金属网栅上发生裂解，大量炭再沉积所致。当然负失重可以用气体连续吹扫等方法排除，但气体成分的改变将很难消除。

流化床热解方法可以获得相当高的加热速度，其热解过程是一种典型的煤热解及气化方法。在进行流化床热解及气化过程机理性试验时，有其独特的优点。采用流化床方法还可以研究不同气氛下煤热解的气体成分随时间的变化过程。

机械搅拌方法与流化床热解方法有一定的类似之处，但由于采用机械桨连续搅拌，颗粒温度的测量存在着较大的困难，所以一般很少用作纯动力学试验，而用作同一工艺过程的机理性研究。

夹带流方法是指气体夹带煤粉颗粒流动通过加热的反应器，其主要目的是希望达到快速加热的同时能得到足够的产品，以便进行分析和研究。夹带流方法可以达到较高的升温速度，并可进行气体成分分析和挥发分的产率测量。挥发分的产量一般可以按下列三种方法测定：

1）根据半焦分析，用灰分作为示踪物进行灰分平衡而得到。采用这种方法，即使有半焦损失（如粘在或沉积在管壁、管路上）也没有关系。

2）根据气体分析，计算残留于固体中碳的质量分数，但此时需假设在测定的夹带流反应器的温度下已达到了平衡。

3）直接收集半焦进行称量。采用第一种方法测得的热解产率会高于第二种方法，其差值明显地可以代表热解产物在高温气流中裂解形成的炭黑。

自由沉降反应器是煤从反应器的顶端分散落下，以终端速度通过加热段，在加热段中被高速加热而热解，热解产生的气体被载气带出。该方法主要是进行煤热解产物组成成分分析，而较难进行动力学研究。这种方法的特点是在快速加热条件下能使煤热解而发生团聚现象。但由于煤粒膨胀或热解引起的煤粒相对密度的明显变化使对停留时间的估计十分困难，因而这种方法较难用于动力学研究。

等离子体高速加热煤粉热解的方法可以达到极高速加热的目的。等离子体一般采用低压高电流通过每个同心电极之间充气区域而形成，煤以夹带流的方法通过等离子体区域时快速热解。

激波管加热的方法也可以达到极高速加热的目的。激波管加热方式能够使颗粒周围的气体达到精确计算的温度-时间历程，包括基本上一步升到试验温度和快速冷却。快速冷却是随着激波发生的膨胀波引起的。煤颗粒的加热和冷却基本上是通过颗粒周围的气体边界层的热传导。在悬浮体中分散很广的颗粒能够使由颗粒产生的挥发物被周围气体所稀释，而与其他粒子没有明显的接触。

就观测初始热解产物而论，不论是激波管还是等离子体都可快速加热，但是，其缺点是，煤是由颗粒周围的热气体经热传导而间接加热的。这种方式为挥发物与周围的气体进行反应提供了极好的机会。作者曾经用过几种辐射加热技术来避免用气体作为热传递介质的不足。但也还允许在因其他理由需要时使用气体，因为通常形式的辐射能实际上能透过大多数气体。

采用闪光热解或激光照射的方法均可获得很高的加热速度，一般可用于煤热解成分的分析，特别是诸如一次生成产物和自由基生成等的研究上。

应该指出的是，在研究煤的热解特性时，热解是在各种不同的加热速率、气氛、压力等条件下进行的，热解产物必须和工业分析测定的挥发分含量仔细加以区别，因为后者仅是一种简便的标准。但当试验条件与工业分析条件相差很远时，很可能成为一个容易使人误解的指标。例如，经常错误地将工业分析挥发分与在气体中充分分散的粉煤的挥发物的可能收率相提并论。在工业分析中，煤粒在填充床中所逸出的挥发物会经受二次反应，包括裂化及固体表面上的炭沉积，然而这些反应在床层内进行的程度目前还不是很了解。

许多研究者的研究表明将惰性气体预热夹带细煤粒，并很快地加热至950℃或更高的温度，煤的挥发物收率会超过工业分析挥发分，但在大颗粒慢速加热时，往往挥发物收率会低于工业分析挥发分。若 $V^*$ 为煤样在无限长时间（$t \to \infty$）加热时挥发物最大收率，相当于较长停留时间的测定结果，而 VM 是工业分析挥发分，视煤种和工况不同，$V^*/VM$ 一般为 0.75~1.36，而不是所有煤在任何情况下，热解产率都会超过工业分析挥发分含量，而且一般 $V^*/VM$ 值很难超过 1.36。

### 6.2.2 温度对热解的影响

在通常的热解温度下，温度越高热解产物的生成量应越大，但曲线的形状随加热速率或煤种的不同而有所不同。

德赖顿（Dryden）用大量的美国和英国煤进行慢速干馏得到了挥发分产率与温度的关系图。如图6-4所示，按1000℃时的热解产物，做了归一化处理。这条曲线可以看作是一条适用于任何煤样的通用曲线。

当然图6-4并不能说明，在1000℃以上，合理的较长时间内，热解产物的收率与热解温度无关，实际上煤种不同或加热速率不同，曲线可以产生平移，但曲线形状基本保持不变。

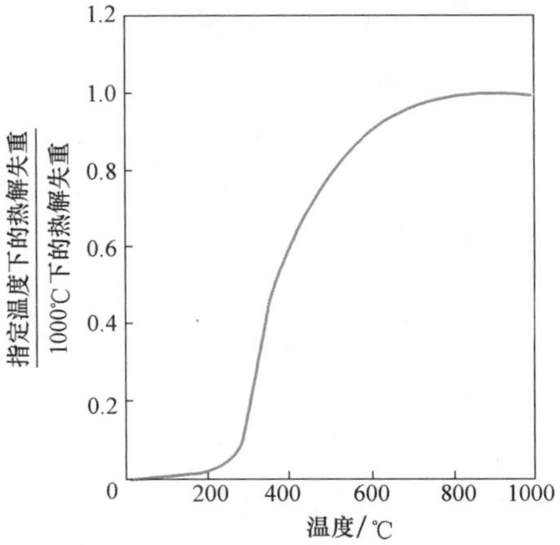

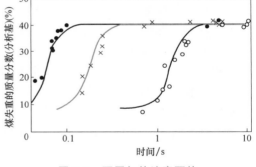

图6-4 温度对热解失重的影响

### 6.2.3 加热速率的影响

加热速率对热解产物的影响比较复杂。与类似于工业分析挥发分测定的慢速加热相比，煤快速热解确实可保持较高的挥发分产率，但许多研究者认为这并不一定是加热速率本身的影响。因为采用快速加热技术，煤必须均匀地铺在加热网或均匀分布在气流中，这样就可以避免某些用类似工业分析等方法时会有的裂解反应和炭沉积，因而提高了热解产物的收率。因此，许多研究者认为，有时产率的提高归结于加热速度，可能主要是由于采用了为达到快速加热而采用的试验条件有关。浙江大学在热天平升温速率范围内进行的试验也支持该结论。

图6-5 不同加热速率下热解失重量随时间的变化关系

但是，加热速度确实对热解的温度-时间历程有明显的影响。如果煤在炉内的停留时间一定，加热达到一定的温度后，维持该温度至一固定的停留时间，此时提高加热速度会使热解产物的产率增加。如果停留时间足够长，产率基本不变。不同加热速率下时间对热解产率的影响如图6-5所示。从图中可以看出，在试验的工况范围内，加热速度的增加并不影响最终的热解产率，但可以明显地缩短达到指定失重所需的时间，也就是说提高了热解产物析出的速率。

图6-6所示为不同温度下加热速度对热解产物生成量的影响关系。图中显示的温度是按一定的升温速率所达到的温度。由图6-6可以看出，随着升温速率的提高，达到一定的热解失重量的温度也随之提高。如果热解失重量为最终的90%所对应的温度，在升温速率1℃/s时为860℃，而升温速度为1000℃/s时为1200℃，升温速度为$10^5$℃/s时高达1700℃。从图中还可以看出，当加热速度提高时，不仅最高热解产物析出速度所对应的温度移向高温区，而且产生一定分数的热解产物的温度范围变宽，这反映了在给定温度下，热解产量与该温度下所经过的时间有关，即与加热速度有关。由于同样的理由，加热速度会影响到在达到

一定温度之前所产生的热解产物的累计量，后者又影响到在该温度下瞬间热解的速度。当二次反应是重要因素时，加热速度对温度-时间历程的影响会对热解产物的最终结果有明显的影响。

### 6.2.4　压力的影响

煤在热解时会发生二次反应，主要包括裂解及析炭沉积。二次反应可使焦油中的某些组分转化为较重和较轻的组分，当压力降低时，由于热解产物在煤粒中逸出时的阻力较小而不易发生，这样就会使煤在压力较低时热解失重量增大。

在研究煤的原始热解时，可以采用减压热解的方法。此时产生的焦油受二次反应的影响较小，即可以认为是一次热解的产物。

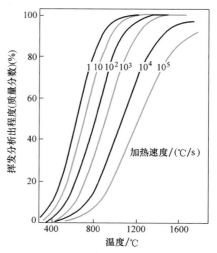

图 6-6　不同温度下加热速度
对热解失重的影响

图 6-7 所示为压力对热解产物析出的影响。试验用煤的工业分析挥发分为 41.5%（质量分数），实验温度为 1000℃。从图中可以看出，随着压力的增加，热解析出量是单一下降趋势。这说明由于压力的增大，煤粒内部裂化及炭沉积度增大，常压下热解析出量为 50%（质量分数），而在真空下可高达 57%（质量分数），10MPa 的压力下却仅为 37.2%（质量分数）。从图中还可以看出，在高压和低压下热解析出量均有一个渐近线。这是由于当煤粒的外部压力减至一定限度值以下时，热解过程中煤粒的内部压力就可能不受外部压力的影响，因而出现低压下的渐近线。如果压力增加，情况却正好相反，压力越高则可参与二次反应的组分消耗越大，而热解析出量减小，乃至高压下接近于极限失重。一般认为是由于对二次反应敏感的组分已经耗尽，此时压力的增大，不会再对热解析出量产生影响。可以认为高压极端渐近的最大失重值代表无活性热解产物的产量（$V_{nr}^*$），而减压至真空下，又增加的这部分失重量代表活性热解产物的产量（$V_r^{**}$）。

图 6-8 所示为与上述煤种相同的煤做原料时温度压力对热解的共同影响。从图中可以看出，仅在某一定温度之上时压力的影响才表现出来，在图上约为 600℃；在高于此温度时，较高压力下的失重率几乎与温度变化无关。鉴于上述对压力影响的解释，这些数据说明在低于某一温度下形成的挥发物在煤粒中的温度、时间及其他条件下对二次反应实际上是惰性的，而大部分煤粒在较高温度下又增加的挥发物都是活性挥发分。虽然这些描述可用作定

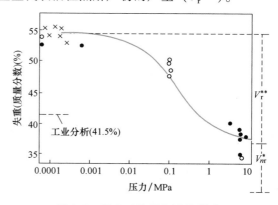

图 6-7　压力对热解失重的影响

量计算，明显地，从机理观点看却是近似的。此外，这里所得到的 600℃ 临界温度是加热速度及最终温度下持续时间两者的函数。对这部分的研究尚有待于进一步深化。

### 6.2.5　颗粒粒度的影响

　　许多研究人员研究了煤粒粒度对热解析出的影响，但由于不同颗粒在相同的外界条件下，内部的温度时间历程都不一样，甚至同一颗粒粒度下温度的微小变化所引起的热解产率的变化大于恒温下改变颗粒粒度所引起的变化。因此，增大颗粒粒度对热解产率的减少影响很小以至可以忽略。但由于颗粒粒度的改变经常导致升温速率放慢，如果停留时间一定，则可能导致热解产物量也降低。

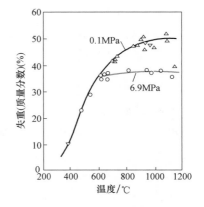

图 6-8　压力温度对热解失重的影响

　　由于大颗粒煤的热解产物逸出阻力较大，若考虑一次反应过程的阻力，则颗粒粒径增加时，二次反应和析炭沉积量会增加，从而造成热解产物析出量的减少。

　　拉诺茨（LaNauze）曾对煤粒在流化床内析出的特性进行了研究，认为热解产物析出的时间与粒径的 1.5~2.2 次方成正比。上述变化关系实际上主要反映了内部传热和热解产物扩散传质的影响。

### 6.2.6　煤种的影响

　　煤种对热解失重的影响是明显的，主要表现在不同煤种的工业分析挥发分有差别。这样，在热解失重上，不同煤阶的煤的热解失重变化就会很大。对于无烟煤，其热解失重量就很小；而烟煤就相对较高，而且挥发分含量越高，挥发分的析出速度就越快一些。根据德赖登（Dryden）的研究结论可知，若挥发分含量增加 10%（质量分数），则达到最终一定质量分数的失重量的温度将下降 50℃。

### 6.2.7　气氛的影响

　　煤热解所处的气氛也会对热解过程产生影响，在不同的工艺过程中，煤热解时所处的气氛也会不同。如，在煤燃烧时，热解是在空气中进行，此时热解产物析出后马上会与空气中的氧气发生反应；而在气化或干馏过程中，热解是在热解产物的气氛中进行；如果是为了生产液体产物而采用的加氢干馏过程，热解又是在氢气气氛中进行，这三种热解过程是有一定的差别的。

　　由于热解产物的燃烧会使煤粒本身的温度历程发生变化，因而会影响空气中煤的热解过程。浙江大学曾对煤挥发分析出与含水量的函数关系进行了研究，这主要是针对水煤浆和煤泥的热解过程。研究表明，除了水分蒸发过程影响了颗粒升温速度外，热解产物的析出与初始的含水量没有明显的关系。在氢气气氛中一般热解产率会超过工业分析挥发分含量，因为氢的存在干扰了形成半焦的二次反应，使一次反应生成甲烷，这在燃烧过程中较少遇到，这里不再详述。

## 6.3　热解产物的组成

### 6.3.1　概述

图 6-2 所示为原煤有机结构的一个模型。该类型的煤热解时在其几个薄弱键桥处首先发生断裂，按图 6-9 所示的模型发生热解。结合图 6-2 和图 6-9 可知，原始煤包括羧基（产生 $CO_2$）、羟基（产生水）、醚（产生 CO）、芳香烃、氮和非挥发性的碳，实验已经观察到在挥发分析出过程中产生的焦油与母体煤非常相似，这些焦油的成分往往可以从母体煤中得到识别。

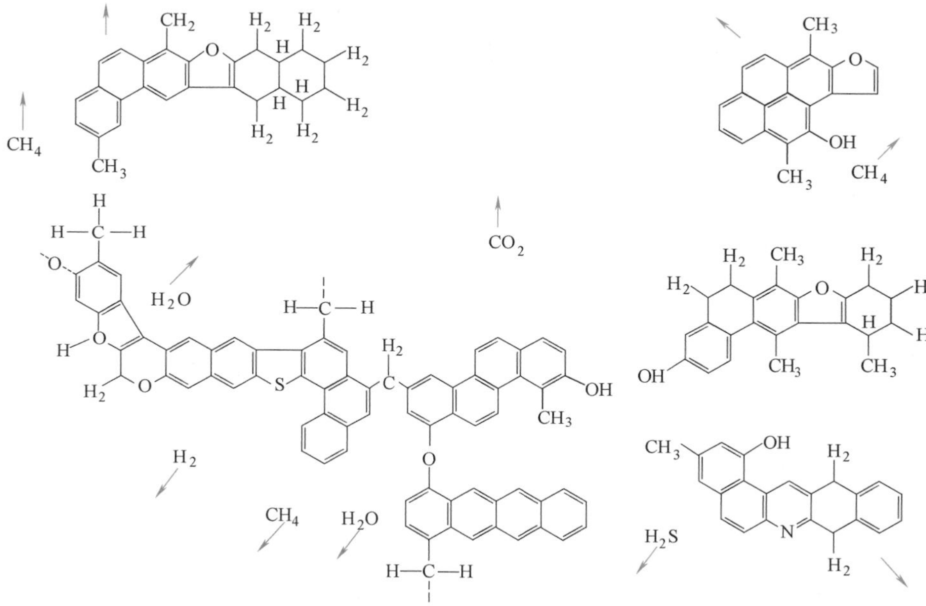

图 6-9　热解时假想的煤大分子的破裂

从图中还可看出，热解产物主要是由焦油及气体所组成。气体成分中，多数情况下甲烷是主要组分，其余为 $CO_2$、CO、$H_2$ 以及轻质烃等。对于热解产物，一个很明显的事实是，煤种明显是一个影响组分的主要因素，而且温度、加热速率等也会对各种成分产生很大的影响。如，温度升高，$CO_2$ 浓度减少，CO 和 $H_2$ 浓度会增加。下面讨论各种影响因素对热解成分的影响。

### 6.3.2　温度的影响

温度是影响煤的热解产物组分的最重要变量。温度影响包括两个基本方面，一个是对煤本身的热解，另一个是对热解产物的二次反应。在不存在二次反应的情况下，某一个挥发物组分产率均随温度升高而增加，即随着产生该组分的分解反应的增强而增加。在存在大量的二次反应时，温度的升高将提高某些组分的产率，而抑制其他组分的产生，当然它反映出由于二次反应相应地引起的某些组分的产生或消耗。温度的影响很明显地与时间的影响有联系。但如果反应速度是化学动力学控制时，则后者相对地只起次要作用。如果考虑到传热或传质因素时，时间因素的重要性将增大。

甲烷的形成可认为包括几个相互重叠的反应，可能两个或四个反应平行进行。氢气可以在比较广的温度范围，甚至在 $1\sim2℃/min$ 的慢速加热下产生。氢气的产生被认为是多个重叠的一级反应结合的产物，这些反应的活化能符合统计分布规律。少量乙烷在温度 $80\sim300℃$ 范围内形成。乙烷的形成是由于在成煤过程中形成的气体被煤吸附而保留在煤中，然后脱附的结果。温度 $380\sim600℃$ 之间出现的第二个乙烷峰可用一级分解反应来解释。热解水、碳的氧化物及氮气系由一系列反应单独形成，氢、一氧化碳，特别是氮气在 $1000℃$ 时仍继续形成，表明氢、氧及氮很强地结合在焦炭结构中。

图 6-10 所示为一种烟煤在慢速加热条件下各种热解组分的析出特性，加热速率为 $0.05℃/s$，试样量为 $50g$。由于样品较多，且粒度较大，这样二次反应的机会就比较多，但很难确定二次反应的程度。从图中可以认为，煤热解过程中存在着上面所讲的大量的重叠反应。

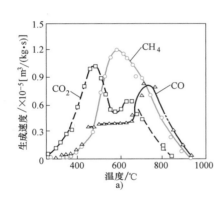
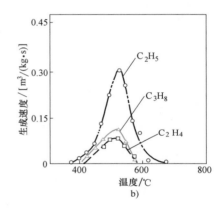

图 6-10　热解组分析出速度随温度的变化规律

图 6-10 给出的是析出速度随温度的变化规律，各组分随温度的变化不是很明显。

图 6-11 所示为热解成分随温度的变化规律。试验结果是在常压下、在惰性气体中、升温速率为 $1000℃/s$、加热至横坐标所注明的不同峰值温度下取得的，当达到峰值温度后，立即进行试样冷却。图中最下面的曲线是固体残留物的收率曲线。很明显，固体残留物随温度的上升而单调下降，说明热解产物（包括液态和气态成分）总体上随温度的上升而增加。最上面的曲线与此时析出速度的差值代表焦油的收率。从图中可以看出，焦油的收率随着温度的增高而增加，但有一个渐近值。图中焦油收率曲线与其上相邻曲线之间的距离代表氢气和气态的全部烷、烃类化合物，这些气态物质温度较高时，产率较大，但对于试验煤种产率却不是很大。其主要的组分为氢气、甲烷、乙烯等，其他诸如乙烷、丙烯、丙

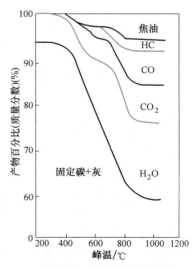

图 6-11　不同峰值温度下
热解产物的组成

烷及苯等很少。从图中可以看出，CO、$CO_2$ 和 $H_2O$ 这三种氧化物的产率均有一个高温渐近线。

应该指出的是，图 6-11 所示的成分仅代表试验煤种。对于不同的煤种，各种组成成分以及热解产物的总量均不同，但各种热解产物随温度的变化趋势却是基本一致的。

### 6.3.3　加热速度的影响

前面已经讨论了加热速度对挥发分析出总量的影响，并指出如果不考虑二次反应的影响，加热速度本身对各种热解产物的影响不大，但会对热解的温度时间历程产生明显的影响。加热速度本身对不同的热解产物的析出影响很小。但如果在不同的试验方法下，为得到不同的加热速率，试样量以及加热速度会有所不同，可能会导致析出的热解产物在煤层中的停留时间产生变化，此时由于二次反应的影响，热解产物成分仍有可能发生变化。

### 6.3.4　压力的影响

对于压力对热解成分各组分的影响目前人们了解得还不是非常透彻。图 6-12 所示为在氮气气氛下压力对热解组分的影响。从图中可以看出，压力越高，热解产生较多的半焦、较少的总的热解产物、较少的焦油、较多的甲烷。

应该指出的是增加压力影响最大的是消耗焦油，增加了半焦和轻质烃的收率。这种现象对于具有相对高的焦油收率的烟煤更显突出，包括裂解和半焦形成的二次反应对产物收率起了作用，甚至在二次反应机会相当小的情况下也是如此。由于薄层煤和挥发物一旦离开煤粒，煤粒与气体没有接触，此时二次反应估计是在煤粒内部发生。而甲烷与氢气的影响是成对的，压力增加，甲烷生成量增加，而氢气量减少，但逸出氢的总和却不随压力的变化而变化，可以认为氢气和甲烷所代表的是包含氢自由基的两个不同反应历程的产物。自由基形成是速度控制步骤。因为这种结合的氢和甲烷逸出的这个特征在所研究的整个温度范围内发生，这个解释意味着氢自由基是由许多反应形成的。

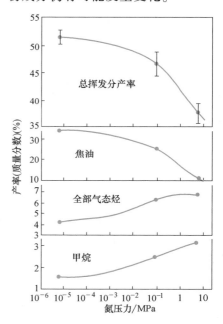

图 6-12　压力对热解产物
各组成生成量的影响

### 6.3.5　颗粒粒度的影响

从动力学的角度来讲，煤的颗粒度对热解是没有什么影响的。但颗粒粒度变化时，由于传热传质的影响，会对煤的热解产生间接的影响。

从传热的角度来讲，颗粒度对热解是有影响的。当煤粒度增大时，从外部向煤粒中心存在着温度差，从而影响煤粒中心处的温度时间历程，这样对热解产物的析出产生影响，粒度越大，各种热解产物的析出减慢。

若从二次反应的角度考虑，当颗粒粒度增大时，总的热解产率析出量略有增加，同时焦油产率下降，而甲烷和碳的氧化物的生成量会增加，当然变化量不是非常大。

## 6.3.6 煤种的影响

煤种对热解产物和组分的影响是很大的，不同的煤种其热解产物的组分可能相差极大。如，煤种从褐煤向无烟煤变化时，对褐煤与无烟煤，其热解产物中气态成分占热解产物的大部分（70%~75%），但对于烟煤类总热解产物中气体仅占有较小部分，而焦油则为主要产物，特别是在热解时避免了大范围的二次反应时尤为如此。因此，煤种对初次反应中的焦油形成及二次反应敏感性的变化具有重要的影响。

## 6.3.7 气氛的影响

气氛的影响主要是通过二次反应从而对热解产物产生影响的。如，采用加氢热解来增加甲烷的产量。不同的气氛对热解产物的影响是不同的。例如，试验表明，由加氢热解主要增加的收率是甲烷，其他烃类也有相当的量。碳的氧化物产率减少是合理的，因为其对水煤气变换反应的逆反应以及其他的水生成反应在热力学上是有利的。从加氢热解得到的乙烯收率低于热解所得到的收率，而得到乙烷的收率则正好相反。

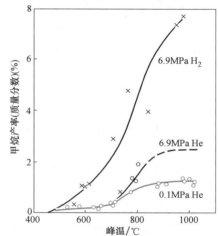

图 6-13 加氢热解和热解的甲烷产率的比较

图 6-13 所示为加氢与在惰性气体中甲烷产率的比较。从图中可以看出，当在 600℃ 以下加氢热解时，甲烷收率的增加是由于煤与外部氢的相互反应所致，而不是由于单独的外部高压所引起的自动加氢作用，加氢热解的甲烷产率远大于未加氢时的产率。

当然在空气中热解时，由于燃烧反应的影响，会对热解的时间-温度历程产生较大的影响，此时也会间接影响这种组分的生成，但影响不是很大。

## 6.4 煤热解反应动力学模型

自从 1970 年贝特诺依克（Badzioch）等提出了最简单的煤热解动力学的单方程模型以来，许多学者相继提出了双方程、多方程、多组分析出、热解机理性、竞争反应以及通用模型等各种经验、半经验以及理论模型，使热解动力学模型有了极大的进步。从目前热解动力学模型发展的趋势来看，发展趋势大致有二，一是向简单的通用模型发展，主要兼顾实用；二是向详细的化学反应机理模型发展，主要考虑从本质上反映热解过程，并从动力学的角度加以描述。本节介绍主要的几种反应动力学模型。

### 6.4.1 单方程模型

最简单的煤热解反应动力学模型是 1970 年由贝特诺依克等提出的单方程模型，即认为煤的热解是在整个煤粒中均匀发生的，其总的全过程可近似为一级分解反应，因而，热解速

度可以表达为

$$\frac{\mathrm{d}V}{\mathrm{d}t} = k(V_\infty - V) \qquad (6\text{-}1)$$

式中　$V$——时间 $t$ 以前所产生挥发物的累积量，以原始煤的质量分数表示；

　　　$k$——速度常数，当 $t \to \infty$，$V \to V_\infty$。

因而 $V_\infty$ 为煤的有效挥发物含量。未知参数 $k$ 和 $V_\infty$ 通常成为动力学研究的焦点。

式（6-1）中的速度常数与温度的关联一般用阿累尼乌斯表达式表达

$$k = k_0 \exp\left(-\frac{E_\mathrm{a}}{RT}\right) \qquad (6\text{-}2)$$

式中　$k_0$——频率因子；

　　　$E_\mathrm{a}$——表观活化能；

　　　$R$——气体常数；

　　　$T$——热力学温度。

根据试验研究结果，对于单方程模型，下列三点结果值得注意：

1）最终挥发分产量 $V_\infty$ 往往超过按工业分析标准得到的挥发分含量 $V_\mathrm{daf}$。

2）比较各类试验数据可看到，活化能 $E_\mathrm{a}$ 和频率因子 $k_0$ 的差异很大，$E_\mathrm{a}$ 值在 16.75～188.4kJ/mol 之间变化，而 $k_0$ 的变化可达几个数量级。

3）$V_\infty$ 在高温下往往会转变成温度的函数，因而该模型仅适合于在中等温度下的热解。

鉴于上述理由，单方程模型只可用于粗略的估算和比较，要进行准确一些的计算，用该模型是不合适的。为此有人试图改进式（6-1）的实用性，认为热解过程可以采用不同时间间隔发生的一系列一级过程表达，即按时间划分几个一级过程，每个均可有不同的活化能和频率因子；另一种方法则是采用 $n$ 级反应式表达，即

$$\frac{\mathrm{d}V}{\mathrm{d}t} = k'(V_\infty - V)^n \qquad (6\text{-}3)$$

式（6-1）与式（6-3）的缺点之一是在终温一段时间之后观测到的表观热解产物的渐近收率，也应是 $V_\infty$ 的表观值仅为终温的函数。然而，这既不能与方程式在机理上保持一致，也经不起数学上的验证。同样，在指定温度下较长时间后所观测到的相对慢的失重速度需要另一组参数，这些参数明显不同于适合短时间失重行为的参数。因为煤的热解显然不是一个单一反应，在等速热解时，反应集中在不同温度间隔的许多重叠的分解过程，而在一般加速热解的情况下，反应集中在不同时间和不同温度间隔的许多重叠的分解过程，对于这些方程式，任何一组参数都不能期望在一个较宽的条件范围内能正确地代表全部数据。

为此，一些研究者沿着同一思路修改了单方程模型，提出了双方程模型。

## 6.4.2　双方程模型

斯廷克勒（Stickler）等在 1975 年提出的双平行反应模型是目前应用比较广泛的热分解模型。他们认为煤粉颗粒的快速热分解是由两个平行的一级反应控制，即

$$
煤
\begin{array}{l}
\xrightarrow{\ k_1\ } \begin{array}{cc} 挥发分V_1 + 残炭C_1 \\ a_1 \qquad\quad 1-a_1 \end{array} \\[2ex]
\xrightarrow{\ k_2\ } \begin{array}{cc} 挥发分V_2 + 残炭C_2 \\ a_2 \qquad\quad 1-a_2 \end{array}
\end{array}
$$

其中，$k_1$、$k_2$ 服从阿累尼乌斯定律，可用下式计算

$$k_i = k_{0i} \exp\left(-\frac{E_i}{RT}\right) \quad (i=1,2) \tag{6-4}$$

在该模型中，$E_2 > E_1$，$k_{02} > k_{01}$，这样在较低温度时，第一个反应起主要作用，在较高温度时，第二个反应起主要作用。总的挥发分析出速率

$$\frac{\mathrm{d}V}{\mathrm{d}t} = \frac{\mathrm{d}V_1}{\mathrm{d}t} + \frac{\mathrm{d}V_2}{\mathrm{d}t} = (a_1 k_1 + a_2 k_2) W \tag{6-5}$$

煤的反应速率

$$\frac{\mathrm{d}W}{\mathrm{d}t} = -W(k_1 + k_2) \tag{6-6}$$

故产生的挥发分质量分数

$$w^* = V/W_0 = \frac{1}{W_0} \int_0^t (a_1 k_1 + a_2 k_2) W \mathrm{d}t$$

$$= \frac{1}{W_0} \int_0^t \left\{ (a_1 k_1 + a_2 k_2) \exp\left[-(k_1 + k_2)t\right] \right\} \mathrm{d}t \tag{6-7}$$

式中　$V$——挥发分析出量；

$W_0$ 和 $W$——分别为初始和挥发分析出时的煤重量。

双方程模型在实际数值模拟中应用极广，其主要原因是由于在数值模拟时其计算比较简单，而计算结果又有一定的准确性。但当要专门进行热解产物的精确描述时，本模型误差仍太大。

### 6.4.3　多方程热解模型

彼德(Pitt)在建立总的挥发分析出模型化方面进一步作了改进，他假定热解遵循一系列平行而相互独立的一组反应模式，也就是，假设煤的热解是由许多独立的代表了煤分子内不同键的断裂的化学反应。因为单一的有机物组分的热分解可以典型地描述为一个不可逆反应，它是残留的未反应物料量的一级反应。起源于煤结构内部特定反应的挥发物释放的速率可用相似于式(6-1)的方式描述，以下标 $i$ 代表一个特定的反应

$$\frac{\mathrm{d}V_i}{\mathrm{d}t} = k_i (V_{i\infty} - V_i) \tag{6-8}$$

如果 $k_i$ 可表达阿累尼乌斯形式，对式(6-8)以等温条件积分可求得已经释放出的挥发物的量，如下式所示

$$V_{i\infty} - V_i = V_{i\infty} \exp\left[-k_{0i} t \exp\left(-\frac{E_{ai}}{RT}\right)\right] \tag{6-9}$$

$k_{0i}$、$E_{ai}$ 和 $V_{i\infty}$ 的值不能事先预测，必须从试验数据估算，计算工作量随假设的反应数目增加而增加。如果假设 $k_i$ 的不同仅在于活化能，即对所有的 $i$、$k_{0i} = k_0$，而且假设反应的数目大到足以使 $E_a$ 可用连续分布函数 $f(E_a)$ 来表示，用 $f(E_a)\mathrm{d}E_a$ 来表示活化能 $E_a$ 和 $E_a + \mathrm{d}E_a$ 之间潜在的挥发物损失 $V$ 占总挥发分析出的体积分数，则问题可以简化，于是 $V_{i\infty}$ 为总的 $V_\infty$ 的微分部分，可写成下式

$$V_{i\infty} = V_{\infty} f(E_a) dE_a \tag{6-10}$$

而

$$\int_0^{\infty} f(E_a) dE_a = 1 \tag{6-11}$$

尚未释放的挥发物总量是由每个反应提供的总和来求得或用式(6-10)中求得的所有 $E_a$ 值对式(6-9)进行积分求得的,由此

$$V(t) = V_{\infty} \int_0^{\infty} \left\{ 1 - \exp\left[ -k_0 t \exp\left( -\frac{E_a}{RT} \right) \right] \right\} f(E_a) dE_a \tag{6-12}$$

式中,当 $t \to \infty$ 时,$V(t) \to V_{\infty}$。解决这一模型的关键在于 $f(E_a)$ 值的确定。彼德根据其对一种高挥发分烟煤的热解失重数据经近似处理后,得出了如图 6-14 中曲线 1 所示的活化能分布曲线。研究表明,图 6-14 中的尖峰(活化能 50 ~ 55kcal/mol)对应于焦油组分的析出。

另外,低活化能部分对应着 $H_2O$ 和 $CO_2$ 的产生,而高活化能部分则对应着 $C_nH_m$ 和 CO 及 $H_2$ 的产生,所以,彼德模型在一定程度上反映了实际热解过程的一些方面。

安东尼(Anthony)等人假定活化能是一个连续的高斯分布形式,即

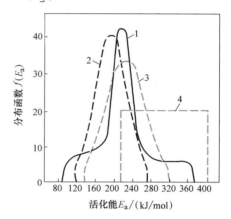

图 6-14　多方程热解模型中的活化能分布

$$f(E_a) = \left[ \sigma (2\pi)^{1/2} \right]^{-1} \exp \frac{-(E_a - E_{a0})^2}{2\sigma^2} \tag{6-13}$$

该分布函数曲线如图 6-14 中曲线 2 和曲线 3 所示,曲线 2 对应 $k_0 = 1.07 \times 10^{10}$,曲线 3 对应 $k_0 = 1.67 \times 10^{13}$。

结合式(6-13)和式(6-12)可知本模型可以用四个参数($V_{\infty}$、$E_{a0}$、$\sigma$、$k_0$)来关联煤的热分解数值。这些参数比前述的单方程模型所需的参数($V_{\infty}$、$E_{a0}$、$k_0$)仅多一个参数,而比双方程模型参数还少,这种用 $E_{a0}$ 和 $\sigma$ 代替 $E_a$ 以及结合用某些更复杂的方程来消除 $V_{\infty}$ 的温度影响,使得对一个给定煤种在不同组实验条件下的数值与一组参数关联。

查明和冯克莱温伦(Charmin & Van Krevelen)从煤热解过程中熔融和塑性化及以半焦释放二次产物出发,采用下式来描述热解产物的析出

$$\frac{dV}{dt} = k_0(V_{\infty} - V) \exp \frac{-E_{amax} - a(V_{\infty} - V)}{RT} \tag{6-14}$$

可以看到式(6-14)是式(6-12)的一个特殊情况,此时 $f(E_a)$ 为均匀分布。于是式(6-10)的积分为

$$V = V_{\infty} t(E_a) \int_{E_{amin}}^{E_a} dE_a \tag{6-15}$$

其中

$$t(E_a) = (E_{amax} - E_{amin})^{-1} \tag{6-16}$$

和

$$a = \frac{E_{amax} - E_{amin}}{V_{\infty}} \tag{6-17}$$

给出
$$E_a = E_{a\max} - a(V_\infty - V) \tag{6-18}$$

采用上述均匀分布的曲线如图6-14中的曲线4，从图中可以看出，假设的均匀分布的形状与彼德的试验结果及安东尼的高斯分布很不相同。此外根据计算，采用均匀分布所预测的热解析出速度与高温区的数据偏差较大。

无论是单方程、双方程还是多方程热解模型，均是考虑总体的热解产物的析出过程。从另一种思路出发的、一种有希望的煤热解模型化方法，是将一级反应模型应用于许多单个化合物或几类化合物的释放过程。从试验数据可以推断，对很多产物不能采用一级反应过程来描述。可是当一个组分的释出仅由很少几个步骤控制，或由累积产率或释放速率与温度关系图上简单形状的几个高峰所控制时，则其动力学可用一个、两个或三个平行的反应（取决于观察到的行为）来很好地描述。步骤的数目可根据性质的复杂性来选择。这种机理的本质是在较为简单的范畴内，一个给定的化合物可由几个不同的反应物或几个不同反应途径产生，而在一个比较复杂的范畴则可由更多个反应物或途径产生。这就是热解产物的组分模型。

### 6.4.4　热解产物的组分模型

在讨论前述的多方程热解模型时，已经提到不同的热解产物对应有不同的反应活化能，热解产物的组分模型是采用许多独立的平行一阶反应来描述一种热解产物即一种化合物或为方便而归并在一起的一类化合物的释放过程，假设反应速度常数 $k_i$ 为

$$k_i = k_{0i}\exp\left(-\frac{E_{ai}}{RT}\right) \tag{6-19}$$

在等温条件下反应对产物的释放速率在时间 $t$ 以前提供的产物释放量为

$$\frac{dV_i}{dt} = (V_{i\infty} - V_i)k_{0i}\exp\left(-\frac{E_{ai}}{RT}\right) \tag{6-20}$$

$$V_i = V_{i\infty}\left\{1 - \exp\left[-k_{0i}t\exp\left(-\frac{E_{ai}}{RT}\right)\right]\right\} \tag{6-21}$$

式中　$V_i$——在时间 $t$ 时从反应 $i$ 释放出的产物量；

$V_{i\infty}$——在 $t \to \infty$ 时的 $V_i$ 值；

$E_{ai}$——反应 $i$ 的活化能。

苏堡（Suuberg）等采用上述方法，用一级反应模型来进行模拟。根据试验研究，煤热解的产物主要由几个组分或几类化合物所构成，所以此时热解就能仅用代表这些关键产物的几个反应来有效地建立模型，最后通过各组分方程的叠加获取总的热解产物的析出特性。对于褐煤，苏堡等提出了一个15个一级反应所构成的方程组，考虑了8种热解产物（$CO_2$、$CO$、$CH_4$、$C_2H_4$、$C_nH_m$、焦油、$H_2O$、$H_2$），其各步骤的动力学参数见表6-4。该模型在描述褐煤热解方面相当成功。但是这组反应方程对于预测其他煤种在不同的实验条件下所得到的气态热解产物误差较大。

值得注意的是，尽管表6-4所列的大部分活化能和频率因子的值与有机化合物分解的相应值大致一致，但由于拟合的频率因子与活化能有密切的关系，如一个特定步骤的活化能数值上只要有10kJ/mol的误差，就有可能导致频率因子有10倍的误差，所以在实际使用中必须十分小心。在应用中，这些动力学参数会随实际煤种的变化而变化，所以使模型的应用受到了极大的限制。

表 6-4　褐煤热解时各热解组分的动力学参数

| 组　分 | 组分析出率 | $\lg k_i / s^{-1}$ | $E_{ai} / (J/mol)$ |
|---|---|---|---|
| $CO_2$ | 5.70 | 11.33 | 151600 |
| $CO_2$ | 2.70 | 13.71 | 29200 |
| $CO_2$ | 1.09 | 6.74 | 175800 |
| $CO$ | 1.77 | 12.26 | 185900 |
| $CO$ | 5.35 | 12.42 | 249000 |
| $CO$ | 2.26 | 9.77 | 244500 |
| $CH_4$ | 0.34 | 14.21 | 216000 |
| $CH_4$ | 0.92 | 14.67 | 290600 |
| $C_2H_4$ | 0.15 | 20.25 | 313200 |
| $C_2H_4$ | 0.41 | 12.85 | 252900 |
| $HC$[①] | 0.95 | 16.23 | 293500 |
| $Tar$ | 2.45 | 11.88 | 156600 |
| $Tar$ | 2.93 | 17.30 | 315300 |
| $H_2O$ | 16.50 | 13.90 | 214800 |
| $H_2$ | 0.50 | 18.20 | 88.8 |

① 除 $CH_4$、$C_2H_4$ 和焦油外的碳氢气体。

### 6.4.5　机理性模型

　　机理性模型是从煤热解的机理性研究出发，考虑煤中的官能团裂解及考虑复杂的中间过程，从而得出挥发分以及焦油产率的模型，比较典型的有乌哥（Urger）和苏堡提出的塑性中间体模型和索罗曼（Solomon）提出的官能团热解模型。

#### 6.4.5.1　塑性中间体模型

　　乌哥和苏堡假定煤是由活性结构和非活性结构组成的，并且热解过程遵循图 6-15 所示的模式反应。

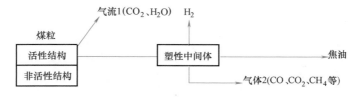

图 6-15　塑性中间体模型示意图

其中，煤的非活性结构部分在热解期间不参与反应。而活性结构部分以下述方式反应：$H_2O$ 和 $CO_2$ 首先按一级反应（速率常数 $K_{i1}$）析出，同时煤粒转变成一种称之为塑性体（metaplast）的中间物，这一过程也按一级反应进行（速率常数 $K_m$）；塑性体一旦形成，即继续进行进一步的反应，第一个反应是大分子的聚合，伴有 $H_2$ 的释放，并通过一系列平行反应形成各种气体产物，如 $CO_2$、$CO$、$CH_4$、$C_2H_4$、$C_2H_6$、$C_3H_8$ 等；最终的步骤是焦油的形成。

　　该模型的特点在于从化学的角度对煤的热解给予了较为明确的阐述，而由于塑性中间体的引入，使模型包含了一定的传质因素。但这方面尚待进一步的研究。本模型的缺点是可调参数太多，实用上有相当的困难，但该模型仍是大有前途的。

### 6.4.5.2 官能团热解模型

考虑到热解产物与原煤中相应官能团的内在联系，索罗曼等提出了一个纯化学过程描述的官能团热解模型，其本意是希望建立一个通用的热解动力学模型。索罗曼提出这一模型是建立在其对煤分子结构及热解动力学试验所进行的长期卓有成效的工作的基础上，他们通过对大量煤种的红外光谱分析，得出了所有煤种在整个红外光谱范围内具有相似的红外吸收特性，进而认为所有煤种的官能团组成不随煤种而变化。这就构成了索罗曼模型的主要假定：

1）尽管煤的总体挥发分析出速率随煤种变化，但煤中各个官能团（即醚族、羟基、焦油等）的反应速率系数与煤种无关。

2）焦油的化学成分实际上就是原煤的有机成分，因此由定量测量煤的成分及有关每一官能团的一套参数（它对所有的煤均是有效的）就可以进行预报。

索罗曼模型描述的煤的热解过程如图 6-16 所示。在索罗曼模型中，假定热解产物为焦油和气体两类，各官能团也分成两类，份额为 $(1-X_0)$ 的非形成焦油部分和份额为 $X_0$ 的形成焦油部分，可参见图 6-16a 水平方向的两个区域。而示于图中左半列的形成气态挥发分对应的各官能团和非挥发性碳的各组分的初始份额记为 $Y_{i,0}$。若把形成焦油部分的官能团也考虑在内，显然所有组分的 $Y_{i,0}$ 之和等于 1，每一组分转变成相应气体析出的过程均假定可按一级反应描述，即

$$Y_i = Y_{i,0}\exp(-k_i t) \tag{6-22}$$

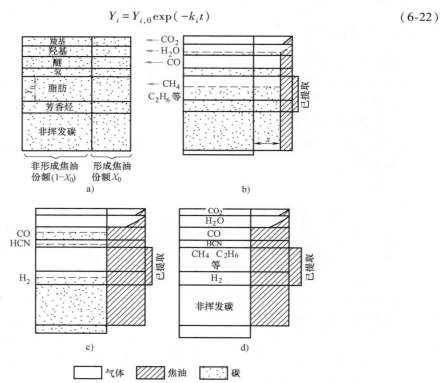

图 6-16 官能团热解模型的热解发展过程

a) 煤中官能团的组成 b) 热解的初始状态 c) 热解的后期 d) 热解结束

在 $X$ 方向上，分为潜在的焦油份额 $X_0$ 和非焦油份额（$1-X_0$）两种，焦油的析出也由一级反应来描述

$$X = X_0 \exp \ (-k_x t) \tag{6-23}$$

上两式中 $k_i$ 和 $k_x$——分别为非形成焦油部分官能团的动力学反应速度常数，可统一用下式计算

$$k_j = A_j \exp \left(-\frac{E_{aj}}{RT}\right) \qquad (j=i, \ x) \tag{6-24}$$

式中 $A_j$、$E_{aj}$——由官能团组分与时间关系的实验数据确定。

这样，由煤中释放出来的某一化学组分（如 $CO$、$OH$ 或 $CH_4$）就通过两个独立的一级反应过程形成——一个正好是这种组分对应的官能团本身的释放过程，另一个是当焦油释放时，焦油也释放这种组分的一部分。

求解索罗曼模型尚需下述数据：①动力学参数（20 余个反应）；②煤中官能团成分；③煤粒在热解过程中的温度变化历程；④试验装置的运行条件。

索罗曼曾对一种次烟煤提出了一组 22 个反应方程的动力学参数。但作为通用的模型，还是有一定的距离的，其反映实验数据的准确程度并不优于独立反应模型。从理论上看，区分 DT 和 DG 两类反应有一定益处，但预先将煤区分为同样组分的焦油形成物质和非焦油形成物质，显然是带有经验性的。

### 6.4.6 考虑二次反应的竞争反应模型

试验研究表明，二次反应会影响热解产物的产率，尽管对于二次反应的机理尚存在争议，但二次反应的程度是受停留时间及与热表面接触的反应组分含量的影响的。为了考虑二次反应对热解产率的影响。安东尼等考虑提出了活性和非活性热解产物的概念。活性产物会产生二次反应，非活性产物在逸出过程中不会发生反应。根据该思想，安东尼等提出了一个描述活性组分的扩散逸出和二次反应之间具有竞争的选择性表达式。

模型考虑了惰性气氛中，煤颗粒中的活性热解产物的物料平衡，并认为煤颗粒具有均匀组成和均匀温度的固定内孔空隙结构。由煤热分解释放的活性组分进入这个指定的体积，经传质进入周围气氛，或因沉积而留下，从而得到下式

$$V_\infty = V_{nr,\infty} + \frac{V'_{r,\infty}}{1+k_1/k_c} \tag{6-25}$$

式中 $V_\infty$——热解产物的最大产生量；

　　$V_{nr,\infty}$——非活性产物的产生量；

　　$V'_{r,\infty}$——热解活性产物一次反应的最大产生量；

　　$k_1$——二次反应的总速度常数，单位为 $1/s$；

　　$k_c$——总传质系数，单位为 $1/s$。

采用式（6-25）可以解释许多参数诸如压力等对热解产物的影响，但对于复杂的传质和二次反应的基本描述是经过高度简化的，机理的细节被隐藏在易得的比值 $k_1/k_c$ 之中。热解产物从颗粒的逸出过程实际上不是简单的扩散而是一个复杂的过程，它包含了在快速热解过程中与时间有关的孔结构的变化和气液流动过程。本模型中一次产物中的活性和非活性组分的产量也是比较难确定的。当然在考虑较大颗粒和环境压力变化时，本模型有较大的优点。

### 6.4.7 热解通用模型

鉴于煤种复杂多样，以及热分解过程与热分解环境条件密切相关，上述热分解模型均有可调参数，它们分别适用于不同的试验条件。所谓通用热分解模型，是力图从煤的固有特性出发，使一些参数与煤种无关，建立简单通用的模型。如傅维标等提出的傅-张模型和索罗曼提出的通用化学模型。

#### 6.4.7.1 傅-张通用热解模型

该通用热解模型的主要思想可简述如下：

1）煤热解化学反应动力学参数 $E_a$ 和 $k_0$ 与煤种无关，只与煤颗粒的终温有关。因而可以用一条通用曲线来描述动力学参数与温度的关系。

2）煤的最终热解产物产量 $V_\infty$ 与煤种、热解的外界条件及煤粒尺寸有关。

3）煤的热解产物析出过程的总体速率仍符合阿累尼乌斯形式。

煤热解化学反应动力学方程为

$$\frac{dV}{dt} = (V_\infty - V)k_0 \exp\left(-\frac{E_a}{RT}\right) \tag{6-26}$$

式中　　$k_0 = k_0(T_\infty)$；

　　　　$E_a = E_a(T_\infty)$；

　　　　$T = T(t)$。

可以看出，$k_0$、$E_a$ 与煤种无关，仅与终温 $T_\infty$ 有关。而挥发分析出总体速率 $dV/dt$ 则与煤种有关。因为式中需要挥发分的最终析出量 $V_\infty$，而 $V_\infty$ 与煤种有关。$V_\infty$ 应根据不同的煤种由试验确定。

煤粒的能量方程为

$$\rho c_p \frac{\partial T}{\partial t} = \lambda \left(\frac{\partial^2 T}{\partial r^2} + \frac{2}{r}\frac{\partial T}{\partial r}\right) \tag{6-27}$$

煤粒的质量方程为

$$\frac{dV}{dt} = -\frac{d(\rho/\rho_0)}{dt} \tag{6-28}$$

式中　　$\rho_0$——煤粒的初始密度。

将式（6-24）、式（6-25）和式（6-26）联立求解，便可解出热解产物的瞬时产量 $V$ 与时间 $t$ 的关系。

上述公式中 $E_a$、$k_0$ 与 $T_\infty$ 的关系可参见表6-5。

表6-5　通用热解动力学参数 $E_a$、$k_0$ 值

| $T_\infty$/K | $k_0$/(1/s) | $E_a$/(J/mol) | $T_\infty$/K | $k_0$/(1/s) | $E_a$/(J/mol) |
|---|---|---|---|---|---|
| 1000 | 1.90E+04 | 61000 | 1200 | 6.10E+04 | 79400 |
| 1050 | 2.35E+04 | 64000 | 1250 | 9.20E+04 | 86400 |
| 1100 | 3.08+04 | 68000 | 1300 | 1.55E+05 | 95000 |
| 1150 | 4.21E+04 | 73000 | 1350 | 2.85E+05 | 105000 |

（续）

| $T_\infty$ /K | $k_0$ /(1/s) | $E_a$ /(J/mol) | $T_\infty$ /K | $k_0$ /(1/s) | $E_a$ /(J/mol) |
|---|---|---|---|---|---|
| 1400 | 6.00E+05 | 117000 | 1800 | 1.30E+10 | 263000 |
| 1450 | 1.45E+06 | 130000 | 1850 | 2.31E+10 | 279700 |
| 1500 | 5.78E+06 | 144500 | 1900 | 3.80E+10 | 292400 |
| 1550 | 1.20E+07 | 160000 | 1950 | 5.40E+10 | 301200 |
| 1600 | 5.70E+07 | 175000 | 2000 | 7.10E+10 | 305900 |
| 1650 | 3.70E+08 | 194000 | 2050 | 8.55E+10 | 308700 |
| 1700 | 1.85E+09 | 215000 | 2100 | 1.00E+11 | 310000 |
| 1750 | 5.70E+09 | 237000 | | | |

在实际的燃烧过程中，如煤粉炉、层燃炉中，炉内气体温度 $T_\infty$ 在空间是变化的，此时可对炉膛进行分区，温度采用分区修改的方法，可使模型具有更大的通用性。

### 6.4.7.2 索罗曼的通用化学模型

索罗曼等人也提出了一个通用化学模型，综合考虑了气体、焦油、焦炭以及吸附的分子的释放过程。该模型综合了其最近提出的两个子模型，即官能团（FG）模型和热解产物析出-蒸发-交联（DVC）模型。FG模型考虑了官能团热分解形成的轻气体产物的一系列平行独立释放过程，官能团则是从形成焦油的煤分子中释放出来的。每一种官能团热分解以及焦油形成的动力学速率是可在进行了广泛的数据比较后确定，并认为它们与煤种无关。但在模型中用了一个可调参数来拟合焦油释放总量。该参数强烈地依赖于试样的温度及温度变化过程、外界压力以及煤粉浓度，因而它随试验条件的不同而变化。

具有上述参数的焦油产量的变化，可以用DVC模型来预测。在DVC模型中，认为焦油的形成过程是聚合与表面蒸发的综合过程。在这个过程中，热分解通过键的断裂使煤分子碎片的质量连续减少，直至这些碎片减少到足以从表面蒸发和扩散掉为止。同时还可能发生交联过程。模型采用了蒙特卡洛（Monte-Carlo）方法来模拟综合的分解、蒸发及交联过程。

将这两个模型结合在一起，就组成了一个通用的化学模型，它可以消除两个模型各自的偏差。DVC模型用来确定焦油产量及焦油和焦炭中的分子分布；FG模型则用来描述气体的析出以及焦油和焦炭的官能团组成。而交联过程则假设与气体的析出有关。根据此模型的预测值与试验的比较，两者基本吻合。

索罗曼通用化学模型从煤的基本化学结构和官能团的组成出发预测分解过程，为人们进一步理解和描述煤的热分解机理提供了良好的数学模型。这无疑是大有前途的。然而，由于模型的复杂性以及获得模型所需基本参数方面的困难，尽管作了十几项假设，但该模型的应用还是受到限制。

### 6.4.8 考虑非动力学控制因素的热解模型

前面讨论的一些热解模型除竞争反应模型外基本上为纯动力学模型，未计及热质传递因素，而以往进行的有关热解特性研究基本上都是对煤粉粒子的，由于粒度很小（<100μm），热质传递阻力相对较小，因此动力学因素比较突出，不少文献报道了采用前述这些模型在用于描述实际粉煤的热解过程方面取得了与实际比较吻合的结果。而对大颗粒，如在流化床燃

烧中所用的数毫米级粒径的煤粒，在受到外部环境高速加热时，颗粒内部将存在显著的温度梯度。在高加热速度下其热解结果已不遵循所谓的一级反应模型，此时决定热解产率的因素除温度外，还显著地依赖于煤粒的尺寸大小。

浙江大学提出了一个综合考虑传热、扩散传质、热解动力学及二次裂解反应的热解模型，在建立综合热解模型时首先考虑传热因素，即整个粒子内部按不等温热解模式处理。从考虑的热解产物组分看，分为焦油和气态挥发分两种，热解动力学遵循图 6-17 所示的反应机理。

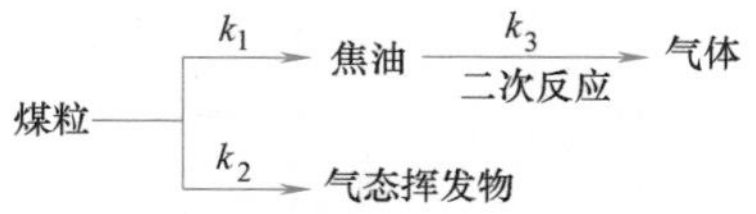

图 6-17　热解反应机理示意

热解的一次产物的形成动力学采用二级反应单方程模型

$$\frac{\mathrm{d}V_i}{\mathrm{d}t} = k_{0i}\exp\left(-\frac{E_{ai}}{kT}\right)(V_{i\infty}-V_i)^2 \tag{6-29}$$

式中　$i=1$——对应焦油组分；

　　　$i=2$——对应的气态热解产物。

对于较大的颗粒，由于焦油产物在逸离颗粒的过程中，在粒子内部会有较长时间的滞留，则此时焦油会按图 6-17 所示的焦油二次反应生成气态产物。焦油二次裂解反应的动力学方程如下

$$\frac{\mathrm{d}[\mathrm{Tar}]}{\mathrm{d}t} = -k_{03}\exp\left(-\frac{E_{a3}}{kT}\right)[\mathrm{Tar}] \tag{6-30}$$

式中　$[\mathrm{Tar}]$——焦油的含量；

　　　$\dfrac{\mathrm{d}[\mathrm{Tar}]}{\mathrm{d}t}$——一次反应形成的焦油由于二次裂解反应消耗的速率。

对于大颗粒煤，宏观上热解产物的析出过程是煤粒内部热解和内部传质因素综合影响的结果，浙江大学的研究团队采用了"含尘气体"理论，记 $N_j$ 为单位时间内通过颗粒内部单位面积的组分 $j$ 的摩尔通量，根据热解产物析出的颗粒内部浓度梯度和压力共存的情形，计及多孔扩散机理和黏滞流机理引起的通量，采用下式表示

$$N_j = N_j^{(0)} + N_j^{(V)} \tag{6-31}$$

式中　$N_j^{(0)}$——多孔扩散通量；

　　　$N_j^{(V)}$——黏滞流通量。

再考虑双组分热解系统中焦油和气态热解产物的质量守恒，再加上能量守恒方程，这样就构成了上述的综合考虑传热、扩散传质、热解动力学及二次裂解反应的热解产物析出模型的基本方程，加上一些辅助方程及初值条件，从而可以进行数值求解，求出热解过程中粒子内部的压力分布，热解产物组分的浓度分布、温度分布以及热解产物组分的通量，并可以计算出热解产物的析出总量和析出速率。模型计算结果与实验结果相符。

## 6.5　热解产物的燃烧

从 20 世纪 60 年代开始，由于对煤的转变过程的详细理论模型的建立，因而对煤热解产物的燃烧问题的研究引起了越来越多的研究者的兴趣，一些研究者提出了煤的反应顺序，这

就使热解产物燃烧的研究更趋深入。

## 6.5.1　概述

6.4 节中已介绍了热解产物主要包括焦油、碳氢化合物气体、$CO_2$、CO、$H_2$、$H_2O$ 以及 HCN 等。其中，焦油就包含了几百种碳氢化合物成分，并且大部分是芳香族，这样复杂的热解产物的燃烧过程主要是热解产物从煤中析出，并在煤附近与氧进行反应使系统的温度上升的过程，同时可能伴随有炭黑的形成。热解产物的析出过程前面已予以介绍，炭黑的形成将在第 9 章中介绍，而热解产物与氧反应产生热量从而再影响热解过程，这个过程主要涉及的传热传质及热解产物的析出已在上节介绍。这样，本节考虑的主要问题为：

1）正在热解的煤粒与空气的宏观混合。

2）热解产物与空气的宏观混合。

3）热解产物氧化为燃烧产物。

实际的热解产物的燃烧过程中，这三个过程都是相互联系或者相互交叉的，在具体的计算中可以忽略其中一个方面，而主要考虑另两个方面。

如气体温度足够高时，可以假设热解产物与氧化学反应速度很快，则热解产物与氧气处于局部的热力学平衡状态。因此，当热解产物离开煤时，它们与当地的气体立即达到平衡，此时决定反应的是混合状况。反之，当混合强烈时，可以认为过程取决于化学反应。当然作为一个精确的数学模型，则应同时考虑传质和热力学的因素。下面分别予以介绍。

## 6.5.2　局部平衡法

西哥（Seeker）等采用全息摄影方法观察了热解产物从煤粒中的释放过程，观察到了热解产物的射流并形成热解产物——云。此时，若气体温度和停留时间合适，则每一个小云均能与氧气结合形成扩散火焰。局部平衡法就从此实验现象出发，当气体温度足够高时，假设热解产物与氧化性气体处于局部热力学平衡状态，此时热解产物的燃烧完全取决于热解产物射流与周围环境的扩散过程。

可以采用类似于第 4 章中湍流扩散火焰的 $k\text{-}\varepsilon\text{-}g$ 模型的方法对此进行计算，可以认为无须考虑动力学参数，而仅考虑热解产物的湍流混合过程。

这样，在不完全清楚所释放的化学组分的情况下，也能估算出燃烧的放热和最终生成物的组分，所需的仅是热解产物的元素组成。

## 6.5.3　总体反应方法

对于热解产物的组分前面已经予以介绍。作为燃烧来讲，热解产物组成中煤焦油的比例是相当大的，作为燃烧过程应考虑这一部分气体组分。而煤焦油的组分十分复杂。为了定量表示这些反应过程，一些研究者提出了通过总体反应描述碳氢化合物的燃烧情况，这种总体反应使各种碳氢化合物变成一氧化碳和其他一些产物，并且同其他的反应一样，允许它们进一步地进行反应。目前采用较多的总体反应方案有以下几类。

第一类是由哈蒙德（Hammond）等提出的方案，假定碳氢化合物燃烧机理可归纳为一个总体反应，该总体反应是快速反应

$$C_nH_m + \left(\frac{1}{2}n + \frac{1}{4}m\right)O_2 \xrightarrow{k} nCO + \left(\frac{1}{2}m\right)H_2O \tag{6-32}$$

式中

$$k = k_0 \exp\left(\frac{E_a}{RT}\right) \tag{6-33}$$

氢气氧化的反应是快速反应，而 CO 的氧化快慢是限制整个反应速率的步骤。

第二类总体反应模型是由埃台曼（Edelman）等提出的，该模型认为总体反应的产物是 CO 和 $H_2$，而不是上述的 CO 和 $H_2O$，总体反应中对于大分子碳氢化合物的燃烧，其反应动力学速率可归纳为如下的总体反应

$$C_nH_m + \frac{1}{2}nO_2 \longrightarrow \frac{1}{2}mH_2 + nCO \tag{6-34}$$

对于长链和环状碳氢化合物可采用如下的反应速率

$$dc_H/dt = -k_0 T p^{0.3}(c_H)^{0.5}(c_O)\exp\left(-\frac{E_a}{RT}\right) \tag{6-35}$$

式中  $T$——温度，单位为 K；

$p$——压力，单位为 Pa；

$c_H$ 和 $c_O$——分别是碳氢化合物和氧的浓度，单位为 $kmol/m^3$；

$t$——时间，单位为 s；

$E_a$——活化能，单位为 kJ/kmol。

表 6-6 给出了这些常数。

表 6-6  碳氢化合物总体反应的参数 ［方程 （6-35）］

| 碳氢化合物 | $k_0$ | $E_a/R$ |
|---|---|---|
| 长　链 | 59.8 | $12.20 \times 10^3$ |
| 环　状 | $2.07 \times 10^4$ | $9.65 \times 10^3$ |

一旦总体方案被选定，则方程 （6-34） 中挥发分的假想分子所用的碳与氢之比必须确定。一种可能的方法是依靠碳的元素分析数据，除碳以外，煤中的所有其他成分都可以组合在一起，并作一简单的物质平衡以确定与氢之比，然后该组的碳与氢之比可用来粗略估算总体反应的化学计量数 $m$ 和 $n$，当焦油是热解产物的主要组分时，这一估算将给出合理的结果。

第三类总体反应是由汉托曼（Hantman）等提出的，该模型提供了 $H_2$、CO、$C_2H_4$ 及烷烃 （主要是丙烷数据） 的总体反应速率

$$C_nH_{2n+2} \longrightarrow \frac{1}{2}nC_2H_4 + H_2 \tag{6-36}$$

$$C_2H_4 + O_2 \longrightarrow 2CO + 2H_2 \tag{6-37}$$

$$CO + \frac{1}{2}O_2 \longrightarrow CO_2 \tag{6-38}$$

$$H_2 + \frac{1}{2}O_2 \longrightarrow H_2O \tag{6-39}$$

对式 （6-36）~式 （6-39） 的反应速率可用以下公式表示

$$\frac{d[C_nH_{2n+2}]}{dt} = -10^{17.32}\exp\left(-\frac{49600}{RT}\right)[C_nH_{2n+2}]^{0.50}[O_2]^{1.07}[C_2H_4]^{0.40} \tag{6-40}$$

$$\frac{d[C_2H_4]}{dt} = -10^{14.70}exp(-50000/RT)[C_2H_4]^{0.90}[O_2]^{1.18}[C_nH_{2n+2}]^{-0.37}$$

$$(6-41)$$

$$\frac{d[CO]}{dt} = 7.93\{-10^{14.6}exp(-40000/RT)[CO]^{1.6}[O_2]^{0.25}[H_2O]^{0.50}\}exp(-2.48\phi)$$

$$(6-42)$$

$$\frac{d[H_2]}{dt} = -10^{13.52}exp(-41000/RT)[H_2]^{0.85}[O_2]^{1.42}[C_2H_2]^{-0.56}$$

$$(6-43)$$

式中    $\phi$——化学计量数。

对于烷烃，在化学计量数为 0.12~2、压力为 0.1~0.9MPa、温度为 960~1540K 的范围内，上述反应次序已证明是可靠的，如果合并式（6-36）和式（6-37），则 $C_2H_{2n+2}$ 的总体反应式为

$$C_nH_{2n+2}+\frac{1}{2}nO_2\longrightarrow nCO+(n+1)H_2$$

$$(6-44)$$

这里不需知道特定的中间碳氢化合物（即 $C_2H_4$），即可知道总体反应的速率。

### 6.5.4　完全反应方法

为了精确描述热解产物的完整燃烧情况，应该把热解产物的每一个组分的反应机理结合在一起，以形成整体的反应机理。但由于目前对热解产物的组成成分了解不够，得到的反应动力学速率数据还不是很可靠，进行全面的计算还不可能。前面已经介绍，焦油中含有几百种碳氢化合物成分，而对于最简单的一个甲烷氧化反应，有的研究者就提出了 322 个反应，所以到目前为止，要想真正描述完全反应是不可能的。但作为第一步，可以以甲烷氧化反应机理为基础，考虑相对较全面的热解产物的氧化反应还是有可能的，因为甲烷是所有研究中一种共同的产物成分。利用甲烷氧化反应作为基础，可以把对燃烧的描述推广到包括其他碳氢化合物和热分解产物在内的燃烧问题中去。在纯甲烷氧化系统中的大部分反应，在其他挥发分的反应中也可以找到。

对于热解产物中诸如 $C_2H_6$、$C_2H_4$、$C_2H_2$、$C_3H_8$ 以及煤焦油等，除前面三种外，对后面的反应机理的研究尚不够深入，对于甲烷（$CH_4$）、乙烷（$C_2H_6$）、乙烯（$C_2H_4$）和乙炔（$C_2H_2$）的反应速率可统一用下式来表示

$$k = 10^A T^N exp\left(-\frac{E_a}{RT}\right)$$

$$(6-45)$$

甲烷的氧化反应机理可参见表 6-7，乙烷、乙烯的反应机理可参见表 6-8，乙炔的氧化反应机理可参见 6-9。

由于缺乏焦油及重碳氢化合物的氧化机理，完全反应模型目前仍难以建立，但可以把完全反应机理与前述的总体反应结合起来，以便对燃烧过程提供一种较好的简化。这可以首先选择上面提到的甲烷氧化反应机理来进行。利用甲烷氧化反应做基础，加上乙烷、乙烯、乙炔的反应机理，做出一个计算费用与所要求精度都有所保证的折中方案。一个总体反应应包括考虑重碳氢化合物煤焦油的氧化反应。在对煤的热解产物氧化反应进行计算时，如果仅需

知道反应时间等，可以利用 CO 的氧化是热解产物氧化的控制步骤来进行估算；在计算煤燃烧过程时，热解产物的燃烧时间很短，实际上常常可以忽略。

表 6-7 甲烷氧化反应机理

| 反 应 | $A$ | $N$ | $E_a/R$ |
|---|---|---|---|
| 1. $CH_4+OH \longrightarrow CH_3+H_2O$ | 10.48 | 0 | 2520 |
| 2. $CH_4+H \longrightarrow CH_3+H_2$ | 11.30 | 0 | 5990 |
| 3. $CH_4+O \longrightarrow CH_3+OH$ | 10.30 | 0 | 3470 |
| 4. $CH_4+M \longrightarrow CH_3+H+M$ | 14.30 | 0 | 44500 |
| 5. $CH_3+O \longrightarrow CH_2O+H$ | 10.85 | 0 | 500 |
| 6. $CH_3+O_2 \longrightarrow CH_2O+OH$ | 10.48 | 0 | 8810 |
| 7. $CH_3+O_2 \longrightarrow CHO+H_2$ | 7.30 | 0 | 0 |
| 8. $CH_3+OH \longrightarrow CH_2+H_2O$ | 7.80 | 0.7 | 1010 |
| 9. $CH_3+OH \longrightarrow CH_2O+H_2$ | 9.60 | 0 | 0 |
| 10. $CH_3+O \longrightarrow CHO+H_2$ | 11.00 | 0 | 0 |
| 11. $CH_3+H \longrightarrow CH_2+H_2$ | 11.2 | -0.3 | 6260 |
| 12. $CH_2O+M \longrightarrow CO+H_2+M$ | 13.30 | 0 | 17620 |
| 13. $CH_2O+M \longrightarrow CHO+H+M$ | 9.60 | 0 | 18500 |
| 14. $CH_2O+OH \longrightarrow CHO+H_2O$ | 10.40 | 0 | 500 |
| 15. $CH_2O+O \longrightarrow CHO+OH$ | 10.48 | 0 | 0 |
| 16. $CH_2O+H \longrightarrow CHO+H_2$ | 10.23 | 0 | 1510 |
| 17. $CHO+M \longrightarrow CO+H+M$ | 9.30 | 0.5 | 14500 |
| 18. $CHO+O_2 \longrightarrow CO+HO_2$ | 10.48 | 0 | 0 |
| 19. $CHO+O_2 \longrightarrow CO_2+OH$ | 8.87 | 0.5 | 0 |
| 20. $CHO+O \longrightarrow CO+OH$ | 8.73 | 0.5 | 0 |
| 21. $CHO+O \longrightarrow CO_2+H$ | 8.73 | 0.5 | 0 |
| 22. $CHO+OH \longrightarrow CO+H_2O$ | 11.00 | 0 | 0 |
| 23. $CHO+H \longrightarrow CO+H_2$ | 11.30 | 0 | 0 |
| 24. $CO+OH \longrightarrow CO_2+H$ | 8.74 | 0 | 540 |
| 25. $CO+O+M \longrightarrow CO_2+M$ | 12.56 | -1.0 | 1260 |
| 26. $CO+O_2 \longrightarrow CO_2+O$ | 10.20 | 0 | 8460 |
| 27. $H+O_2 \longrightarrow OH+O$ | 11.34 | 0 | -500 |
| 28. $H+O_2+M \longrightarrow HO_2+M$ | 13.15 | 0 | 0 |
| 29. $H+OH+H_2O \longrightarrow H_2O+H_2O$ | 17.15 | -2.0 | 0 |
| 30. $H+OH+M \longrightarrow H_2O+M$ | 13.85 | -1.0 | 0 |
| 31. $H+O+M \longrightarrow OH+M$ | 12.60 | -1.0 | 0 |
| 32. $H+H+M \longrightarrow H_2+M$ | 13.30 | -1.0 | 0 |
| 33. $H+HO_2 \longrightarrow OH+OH$ | 11.30 | 0 | 1010 |
| 34. $H_2+O_2 \longrightarrow H+HO_2$ | 10.10 | 0.2 | 29440 |

（续）

| 反　　应 | $A$ | $N$ | $E_a/R$ |
|---|---|---|---|
| 35. $H_2+O_2 \longrightarrow OH+OH$ | 10.23 | 0 | 24230 |
| 36. $H_2+O \longrightarrow H+OH$ | 10.23 | 0 | 4760 |
| 37. $H_2+OH \longrightarrow H_2O+H$ | 10.34 | 0 | 2620 |
| 38. $HO_2+O \longrightarrow O_2+OH$ | 10.40 | 0 | 0 |
| 39. $HO_2+OH \longrightarrow O_2+H_2O$ | 10.40 | 0 | 0 |
| 40. $OH+OH \longrightarrow H_2O+O$ | 9.78 | 0 | 340 |
| 41. $O+O+M \longrightarrow O_2+M$ | 12.60 | -1.0 | 0 |

　　但在对污染物排放进行计算时，须进行详细的反应动力学计算，如 $N_2O$、$NO$、$NO_2$ 等与热解产物的析出及反应过程关系极大，必须考虑上述的动力学参数。

　　应该指出的是，在实际燃烧过程中，气体湍流对热解产物的混合及反应速率均有影响，这样使实际燃烧器中的热解产物的氧化动力学计算更为复杂，这尚有待进一步深入的研究。

表 6-8　乙烷、乙烯氧化反应机理

| 反　　应 | $A$ | $N$ | $E_a/R$ |
|---|---|---|---|
| 1. $CH_3+CH_3+M \longrightarrow C_2H_6+M$ | 7.00 | 0 | 0 |
| 2. $CH_3+C_2H_6 \longrightarrow CH_4+C_2H_5$ | 8.30 | 0 | 5290 |
| 3. $C_2H_5+M \longrightarrow C_2H_4+H+M$ | 10.58 | 0 | 19120 |
| 4. $C_2H_6+O \longrightarrow C_2H_5+OH$ | 10.95 | 0 | 3730 |
| 5. $C_2H_6+H \longrightarrow C_2H_5+H_2$ | 11.30 | 0 | 5410 |
| 6. $C_2H_6+OH \longrightarrow C_2H_5+H_2O$ | 11.19 | 0 | 2890 |
| 7. $C_2H_4+O \longrightarrow CH_3+CHO$ | 9.70 | 0 | 810 |
| 8. $C_2H_4+OH \longrightarrow CH_2+CH_2O$ | 10.00 | 0 | 480 |

表 6-9　乙炔氧化反应机理

| 反　　应 | $A$ | $N$ | $E_a/R$ |
|---|---|---|---|
| 1. $C_2H_2+C_2H_2 \longrightarrow C_4H_2+2H$ | 13.60 | 0 | 20630 |
| 2. $C_2H_2+C_2H_2 \longrightarrow C_4H_3+H$ | 13.98 | 0 | 22300 |
| 3. $C_2H_2+C_4H_2 \longrightarrow C_6H_2+2H$ | 14.04 | 0 | 17110 |
| 4. $C_2H_2+C_6H_2 \longrightarrow C_8H_2+2H$ | 14.18 | 0 | 15350 |
| 5. $C_8H_2+M \longrightarrow C_8+2H+M$ | 14.30 | 0 | 22650 |
| 6. $C_2H_2+H \longrightarrow C_2H+H_2$ | 14.30 | 0 | 9760 |
| 7. $C_2H_2+OH \longrightarrow C_2H+H_2O$ | 12.78 | 0 | 3520 |
| 8. $C_2H_2+M \longrightarrow C_2H+H+M$ | 14.78 | 0 | 40260 |
| 9. $C_2H_2+O_2 \longrightarrow 2CO+2H$ | 14.00 | 0 | 19120 |
| 10. $C_2H_2+O \longrightarrow CO+CH_2$ | 12.70 | 0 | 1260 |
| 11. $C_2H_2+O \longrightarrow C_2H+OH$ | 15.51 | -0.6 | 8560 |
| 12. $C_2H+OH \longrightarrow CO+CH_2$ | 12.78 | 0 | 0 |

（续）

| 反　　应 | $A$ | $N$ | $E_a/R$ |
|---|---|---|---|
| 13. $C_2H+O_2 \longrightarrow CO+CHO$ | 13.00 | 0 | 3520 |
| 14. $C_2H+O \longrightarrow CH+CO$ | 13.70 | 0 | 0 |
| 15. $CH_2+OH \longrightarrow CHO+H_2$ | 13.85 | 0 | 0 |
| 16. $CH_2+O \longrightarrow CHO+H$ | 13.48 | 0 | 0 |
| 17. $CHO+M \longrightarrow CO+H+M$ | 13.85 | 0 | 7550 |

## 思考题与习题

6-1　按照煤岩学的理论，煤中的有机显微组分可分为三大组：镜质组、壳质组和惰质组，且煤的性质将由其显微组分的性质决定。试说明不同的有机显微组分对煤性质的影响情况，如煤的燃烧效率、煤的热解特性等。

6-2　"一般的烟煤主要是由像脂肪烃或环烷烃的衍生物那样的饱和结构所组成"，这种观点对不对？试说明理由。

6-3　试论述煤的热解机理并写出煤的热解过程，即热解—温度历程，尽可能与煤的结构结合起来。

6-4　请判断下列命题是否正确，并论述理由：

1）同样条件下，煤在高原上热解时其热解产物的析出量要多于在平原上热解；

2）同样条件下，煤在加氢干馏过程中的热解产率要低于煤燃烧时的热解产率；

3）同样条件下，煤在900℃时热解产物的析出量要高于600℃时的析出量，且随着温度的提高，热解产物的析出量将进一步增加；

4）同样条件下，褐煤的热解产率要高于无烟煤；

5）同样条件下，平均粒径 $d=5mm$ 的煤粒的热解析出量要高于平均粒径 $d=0.5mm$ 的煤粒；

6）同样条件下，煤快速热解的挥发分产率要高于慢速热解的挥发分产率，但最终的热解产率应趋于一致。

6-5　试分析煤热解过程中温度、加热速率、压力、颗粒粒度、煤种及热解气氛对热解产物组成的影响。

6-6　试分析比较现有几种煤热解反应动力学模型的优缺点。在现有的热解模型中，你认为哪一种更为实用且更为合理可靠一些，并展望热解模型的发展趋势和方向。

6-7　写出你所知道的描述热解产物燃烧的几种方法并比较它们的特点。你认为在目前的研究水平下，哪种方法更能适合于解决实际问题？试说明理由。

6-8　试通过阅读文献，列举出五种以上现有的煤的热解技术，并展望煤热解技术发展的趋势。

6-9　若已知一些所需的热解动力学参数，则如何应用双方程模型求解煤的挥发分产量？试写出求解注意事项以及求解的流程图。

# 第 7 章

# 煤的燃烧理论（碳及焦炭的燃烧）

## 7.1 煤燃烧涉及的物理化学过程

在上一章中，已经详细分析和阐述了煤的热解、挥发分析出问题，并且已经知道在煤脱去挥发分以后，剩下来的结构类似石墨，是由很多晶粒组成的焦炭。煤着火和燃尽均较为困难，由于焦炭无论在煤中的质量百分比和占煤的发热值百分比都是主要的（对典型煤种见表 7-1），因此煤粒的燃烧速度、温度及燃尽时间主要由焦炭决定。这是由于：

1) 在焦炭中所含可燃质的质量占煤的总质量的 55% ~ 97%。焦炭的发热值占煤的总发热值的 60% ~ 95%。

2) 挥发分和焦炭的燃烧时间虽然不能截然分开，但是焦炭的燃烧是煤的燃烧各阶段中最长的阶段。对于粉状燃料，焦炭的燃烧约是全部燃烧所需要时间的 90%。

3) 焦炭的燃烧过程对其他阶段在创造热力条件上具有极为重要的意义。

所以，煤的燃烧过程可以认为主要是焦炭的燃烧过程。本章主要研究焦炭的非均相燃烧。

表 7-1　典型煤种中焦炭的质量百分比和发热值百分比

| 燃料种类 | 焦炭占可燃成分的质量百分比（%） | 焦炭占煤的发热值百分比（%） |
| --- | --- | --- |
| 无烟煤 | 96.5 | 95 |
| 烟煤 | 57 ~ 88 | 59.5 ~ 83.5 |
| 褐煤 | 55 | 60 |
| 泥煤 | 30 | 40.5 |
| 木柴 | 15 | 20 |

### 7.1.1　焦炭反应的控制区及煤燃烧的速率

焦炭粒燃尽所需要的时间是煤反应过程的重要参数，其范围可从 30ms 到 1h 以上，非均相反应过程的复杂性表现在：①煤结构的多变；②反应物的扩散；③不同反应物（$O_2$，

$H_2O$，$CO_2$，$H_2$）的反应；④煤粒尺寸的影响；⑤内孔扩散；⑥灰分的存在；⑦表面积的变化；⑧焦炭的碎裂；⑨随温度和压力的变化；⑩原煤中水分含量；⑪挥发分的析出过程；⑫与湍流的相互作用。

因此，这一过程的理论描述在很大程度上取决于特定煤种和不同试验条件下实验室的速率数据。虽然近年已经有学者开始寻找焦炭燃烧反应的通用规律，但要涵盖上述所有复杂过程的通用规律，在近期是难于实现的。

煤的燃烧是扩散控制还是动力控制是多年来许多学者研究和讨论的问题。

限制焦炭氧化反应速率的主要因素可以是化学的⊖或气态扩散⊖。一些研究者曾假设存在不同温度的区域或存在不同阻力起控制作用的工况。在Ⅰ区⊜中，化学反应是决定速率的关键一步。Ⅱ区的特点是化学反应和内孔扩散都起控制作用。Ⅲ区⊗是以体积中质量传递的限制作用为特征的。图7-1说明了这些区域，并表明了反应速率与煤粒直径及氧化剂浓度的理论关系。任何一个研究者所得的动力学数据都必须根据获得该数据的条件来解释。在Ⅰ区，实验测得的活化能将是真实的活化能，反应级数将是真实的级数，因为化学反应是决定速率的一步。在Ⅱ区，测得的活化能大约是真实值的一半，而测得的或表观的反应级数 $n$ 与真实的级数 $m$ 有如下的关系

$$n = \frac{1}{2}(m+1) \tag{7-1}$$

在Ⅲ区，这时体积气相质量传递的限制作用表现为阻力，其表观活化能将是很小的，一般说来在 20000kJ/kmol 附近。这些结果也概括在图7-1中，图中 $T_e$ 为煤粒温度。

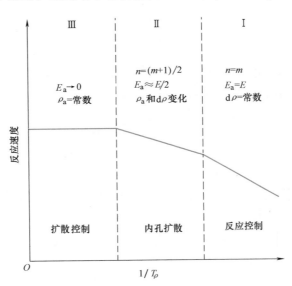

图 7-1　焦炭的非均相氧化速率控制的工况

---

⊖　反应物的吸附，反应、产物的解吸。

⊖　反应物或产物的体积气相扩散或内孔扩散。

⊜　在低温或煤粒很大时出现。

⊗　在高温时出现。

### 7.1.2 碳的形态与结构

碳燃烧是固体和气体之间进行的异相化学反应，它包括了五个连续的步骤：

1）氧扩散到碳表面；

2）扩散的氧被碳表面所吸附；

3）被吸附的氧与碳反应形成被碳表面吸附的产物；

4）产物从碳表面解吸；

5）被解吸的产物扩散离开表面。

这些步骤是连续发生的，所以，其中最慢的一步决定着碳的燃烧速度。这些过程与碳的形态是紧密相关的。因此，在讨论碳的燃烧机理之前，要先讨论一下碳的形态。

固体碳具有两种结晶形态——石墨和金刚石。在金刚石的晶格中，碳原子排列十分紧密，原子间键的结合力很大。金刚石硬度高而活性小，很不容易被氧化。压力越高，金刚石热力学稳定性越好。

石墨的晶格结构如图 7-2 所示，它构成复杂的六角晶格，各个基面相互叠置。在基面内碳原子分布于正六角形的各个顶点上，相距 $1.41\times10^{-10}$ m。石墨晶体基面是互相平行叠置的，各基面间的距离为 $3.345\times10^{-10}$ m。全部偶数和奇数基面都是对称的，偶数基面与奇数基面相错 $1.41\times10^{-10}$ m。因此，偶数基面六角形的几何中心正好位于下层奇数基面的六角形的一个顶点上。

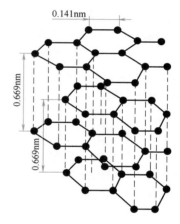

图 7-2 石墨的晶格结构

在常温下，碳晶体表面会吸附一些气体分子，此时，温度不高，属于物理吸附。当外界压力或温度变化时，这些气体分子会被解吸而离开晶格，回复到原有状态，而不会有任何化学反应。

当温度升高时，气体分子可溶于晶体基面之间，使晶格变形，生成了性质很不稳定的固溶物。固溶物也可以分解产生一些气体而逸出，但这些已非原吸附的气体，而是发生了一定的化学变化后生成的新物质。

当温度很高时，物理吸附已很微弱，固溶物也逐渐减少，但化学吸附却占了主导地位。由于晶格基面周界面上的碳原子一般只有 1、2 个价电子与基面内的其他碳原子相结合，尚有多余的自由键，因此活性较大。但由于晶格基面活化能的影响，在低温时并不能表现出强的化学吸附能力，当温度升高时才明显地增加它的活性，产生强的化学吸附。新生气体会自动地或被其他气体分子撞击而解吸，并逸入空间。

碳是由许多晶体组合而成的，晶体表面和边缘处的碳原子的活性总的来讲都是很大的，但因其状况不同，晶格结构不同的碳，其活性是不一样的。

固体可燃矿物质具有复杂的结构。大分子理论证实煤的粒子是巨大的片状分子。这种分子是以石墨晶格的单原子层为基础的、其边缘是化学结合的原子团。在原子团中除碳之外，还有各种以侧链形式存在的氢、氮、硫。在煤的炭化过程中，当其加热至高温时，可发现其原子的排列变得越来越规则，这是因为它是由石墨型的晶格构成的物质。由煤形成的炭的活性与原有煤种性质有关。它们对 $CO_2$ 的还原能力是按下列顺序递减的：泥煤焦炭、木炭、褐煤焦炭、烟煤焦炭、无烟煤焦炭。而且其活性与焦炭的内部疏松程度、表面状况、密度、粒度等关系极大。

### 7.1.3 焦炭燃烧过程中的吸附

如上所述，焦炭燃烧的非均相过程中有一个步骤是吸附过程。

吸附是固体表面的特征之一。这是一种物质的原子或分子附着在另一种物质表面上的现象，或者说是物质在相界表面上浓度自动发生变化的现象。在吸附中，把具有吸附作用的物质（如煤粉颗粒）称为吸附剂，被吸附的物质（如氧气或空气）称为吸附物。

为什么固体具有把气体分子吸附到自由表面上的能力呢？这是由于固体表面质点具有不饱和键，处于力场不平衡的状态，表面具有过剩的能量，即表面能。这些不平衡的力场由于吸附物被吸附而得到某种程度的补偿，从而降低了表面能，所以固体表面可以自动地吸附那些能够降低它的表面能的物质。

吸附按其作用力的性质分为物理吸附和化学吸附两类。

#### 7.1.3.1 物理吸附

固体表面上原子的价已与相邻原子相互作用达到饱和，表面分子和吸附物之间的作用力是分子间的引力，这类吸附称为物理吸附。由于分子间的引力是普遍存在于吸附剂和吸附物之间，故物理吸附没有选择性。但吸附剂和吸附物因其种类不同，分子间的引力大小各异，因此吸附量可因物系不同而相差很大。

#### 7.1.3.2 化学吸附

固体表面上原子的价，未完全与相邻原子相互作用而饱和，还有剩余的成键能力，在吸附剂和吸附物之间有电子转移，生成化学键，这种吸附称为化学吸附。化学吸附是有选择性的，即某一吸附剂只对某些吸附物才发生化学吸附。化学吸附平衡很慢，且不易解吸，当吸附物分子与固体表面分子形成稳定的表面化合物时，就不可能被解吸了。

这两类吸附并不是不相容的，而是随着外界条件变化可以相伴发生。一般地，在低温下进行的吸附主要是物理吸附，而化学吸附常在较高温度下进行。由于这两种吸附都是放热的，所以随温度升高，吸附量均下降。图7-3所示的是在等压下铯对CO的吸附曲线。

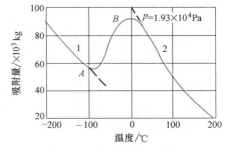

图 7-3　铯对 CO 的吸附曲线
1—物理吸附　2—化学吸附

在温度很低时，化学吸附速度很小，吸附主要是由于分子间的引力，因为过程是放热的，吸附量随温度升高而降低，所以 A 点之前为物理吸附。当温度升高时，吸附量也有所增加，到 B 点化学吸附开始形成吸附平衡。因此，B 点以后的高温区域主要是化学吸附，而 AB 之间的区域则为过渡区。由于化学吸附也是放热的，故 B 点之后随温度升高，吸附量又开始降低。

#### 7.1.3.3 朗缪尔（Langmuir）吸附方程

现在研究一下燃烧过程中氧在碳粒表面的吸附情况。

设 $p$ 为燃烧反应空间的氧的分压力，$\mu$ 为每秒钟内冲击到单位面积碳表面上的氧的物质的量，并假定 $\mu$ 与氧的分压力 $p$ 成正比，即

$$\mu = ap \tag{7-2}$$

式中 $a$——比例系数。

若冲击到碳表面的氧的物质的量中，有 $\alpha$ 份额被吸附，则单位面积碳表面上吸附的氧的物质的量为 $\alpha\mu$。

若假设氧分子所覆盖的表面与总表面积之比为 $\theta$，则未被氧分子覆盖的自由表面份额为 $(1-\theta)$。于是，氧的吸附速度为

$$w_a = (1-\theta)\alpha\mu \tag{7-3}$$

但是，与此同时，将有一部分氧分子脱离碳表面，逸向气体空间。氧分子脱离的速度 $w_b$ 与氧分子覆盖的表面积成正比，即

$$w_b = \nu\theta \tag{7-4}$$

式中 $\nu$——比例系数。

当氧分子被吸附的速度和脱离的速度相等时，达到吸附平衡。此时

$$(1-\theta)\alpha\mu = \nu\theta \tag{7-5}$$

由上式可得

$$\theta = \frac{\alpha\mu}{\nu + \alpha\mu} \tag{7-6}$$

把式 (7-2) 代入式 (7-6)，得

$$\theta = \frac{\alpha ap}{\nu + \alpha ap} \tag{7-7}$$

设 $k_1 = \dfrac{\alpha a}{\nu}$ （称为吸附系数），则上式可写为

$$\theta = \frac{k_1 p}{1 + k_1 p} \tag{7-8}$$

如果碳粒总表面积为 $n\,\mathrm{m}^2$，每单位表面积上所吸附的氧量为 $Y\,\mathrm{kg/m}^2$，则碳表面所吸附的氧的总量

$$x = Yn\theta$$

由此可得

$$x = \frac{Ynk_1 p}{1 + k_1 p} = \frac{k_1 k_2 p}{1 + k_1 p} \tag{7-9}$$

其中

$$k_2 = Yn$$

式 (7-9) 称为朗缪尔等温吸附方程。图7-4所示的是这个方程的图解。

现对式 (7-8) 和式 (7-9) 讨论如下：

1）当碳表面吸附氧的能力很弱，即吸附系数 $k_1 \ll 1$ 时，有

$$x = k_1 k_2 p = k_3 p$$

和

$$\theta = k_1 p$$

即碳表面吸附的氧量与氧的分压力成正比。这个关系就

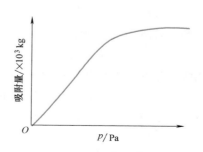

图 7-4 朗缪尔吸附等温线

相应于吸附等温线上与纵坐标原点相交的斜线的起始部分（见图7-4）。

2）当碳表面吸附氧的能力很强，即吸附系数 $k_1 \gg 1$ 时，有

$$x = \frac{k_1 k_2 p}{k_1 p} = k_2$$

和

$$\theta = 1$$

此时表面吸附的氧量已达到极限，以后不能再增大，即整个碳表面已被吸附的氧分子所覆盖。这个关系相应于图7-4上与横坐标平行的一段直线。

因此可以认为，非均相反应的速度与吸附分子所覆盖的固体表面积成正比，即覆盖的表面积越大，吸附量越大，因而反应速度也越快。这可表示为

$$\frac{\mathrm{d}x}{\mathrm{d}t} = k'\theta \qquad (7\text{-}10)$$

当碳的吸附能力很弱时，$\theta = k_1 p$，故

$$\frac{\mathrm{d}x}{\mathrm{d}t} = k'\theta = k'k_1 p$$

或

$$\frac{\mathrm{d}x}{\mathrm{d}t} = kp \qquad (7\text{-}11)$$

即反应速度与氧的分压力的一次方（或浓度的一次方）有关，此种情况即为单分子反应，反应级数为1级。

当碳的吸附能力很强时，$\theta = 1$，这时有

$$\frac{\mathrm{d}x}{\mathrm{d}t} = k'\theta = k' \qquad (7\text{-}12)$$

即反应速度与氧的分压力（或浓度）无关，此时碳氧非均相反应为零级反应。

当反应处于上述两种极端情况之间时，有

$$\frac{\mathrm{d}x}{\mathrm{d}t} = k'p^n \qquad (7\text{-}13)$$

其中

$$n = \frac{1}{m}, \quad m > 1$$

此时碳氧的非均相反应级数为分数，即 $n$ 处于 $0 \sim 1$ 之间。

### 7.1.4 焦炭燃烧过程中的扩散

在进行非均相燃烧时，必须向碳的反应表面供给氧化剂，并且自反应表面导出气态反应产物。碳燃烧过程所需要的氧化剂数量，可以通过自然扩散或强制扩散，来得到供给。

在第5章液体燃料的燃烧中已详细讲述了斯蒂芬流的概念，斯蒂芬流是由扩散作用以及物理化学两个作用共同产生的。

考虑一固态的碳在纯氧环境中的燃烧情况。在碳表面上呈固态的碳原子直接和气体中的氧原子起反应。为了简单起见，假设在表面上只有一个反应

$$C + O_2 \longrightarrow CO_2$$

在空间中混合气由 $O_2$ 及 $CO_2$ 组成，因此有

$$J_{O_2,0} = -D_{O_2}\rho_{O_2}\left(\frac{\partial w_{O_2}^*}{\partial y}\right)_0 \qquad (7\text{-}14)$$

式中　$D$——扩散系数；

　　　$\rho$——密度；

　　$w^*$——相对浓度［质量分数（%）］。

$$J_{CO_2,0} = -D_{CO_2}\rho_{CO_2}\left(\frac{\partial w_{CO_2}^*}{\partial y}\right)_0 \qquad (7\text{-}15)$$

$$w_{O_2}^* + w_{CO_2}^* = 1 \qquad (7\text{-}16)$$

显然，碳表面附近 $CO_2$ 的相对浓度梯度 $\left(\dfrac{\partial w_{CO_2}^*}{\partial y}\right)_0$ 为负值，$O_2$ 的相对浓度梯度 $\left(\dfrac{\partial w_{O_2}^*}{\partial y}\right)_0$ 为正值。两种组分的扩散同时存在，要求这两种分子的扩散流大小相等，方向相反，即

$$-D_{O_2}\rho_{O_2}\left(\frac{\partial w_{O_2}^*}{\partial y}\right)_0 = D_{CO_2}\rho_{CO_2}\left(\frac{\partial w_{CO_2}^*}{\partial y}\right)_0 \qquad (7\text{-}17)$$

或者
$$J_{O_2,0} = -J_{CO_2,0} \qquad (7\text{-}18)$$

另一方面，在表面上的化学反应要求两个组分的物质流之间的比例关系为

$$g_{O_2,0} = -\frac{32}{44}g_{CO_2,0} \qquad (7\text{-}19)$$

显然，纯粹的分子扩散过程是无法实现上述要求的，于是在表面处就出现了斯蒂芬流 $\rho_0 v_0$，氧和二氧化碳的物质流不再仅仅是扩散流，而是

$$g_{O_2,0} = -D_{O_2}\rho_{O_2}\left(\frac{\partial w_{O_2}^*}{\partial y}\right)_0 + w_{O_2}^*\rho_{O_2}v_{O_2} \qquad (7\text{-}20)$$

$$g_{CO_2,0} = -D_{CO_2}\rho_{CO_2}\left(\frac{\partial w_{CO_2}^*}{\partial y}\right)_0 + w_{CO_2}^*\rho_{CO_2}v_{CO_2} \qquad (7\text{-}21)$$

由于
$$\left(\frac{\partial w_{O_2}^*}{\partial y}\right)_0 = -\left(\frac{\partial w_{CO_2}^*}{\partial y}\right)_0$$

故
$$g_0 = g_{O_2,0} + g_{CO_2,0} = \rho_0 v_0 \qquad (7\text{-}22)$$

$$g_0 = g_{O_2,0} - \frac{44}{32}g_{O_2,0} = -\frac{12}{32}g_{O_2,0} = g_C \qquad (7\text{-}23)$$

式（7-23）表明，在碳与氧反应时，任一气体组分的物质流都不为零，也不等于斯蒂芬流，而两个物质流 $g_{O_2,0}$、$g_{CO_2,0}$ 的总和是斯蒂芬流的 $\rho_0 v_0$，斯蒂芬流就是碳烧掉的量，即碳的燃烧速度。

在非均相燃烧中，在相分界面处要发生物理和化学变化，必然要消耗固体物质，引起相分界面的内移。如果用 $v_0''$ 表示固相边界内移速度，$v_0$ 表示分界面处气相物质相对于空间静止坐标系的速度，$v_0'$ 表示气相物质相对于相分界面的速度，$n_1$ 为边界面法向距离，$\rho_0$ 和 $\rho_1$ 分别为分界面处气相和固相的密度，则不管分界面处进行什么物理和化学过程，总有

$$v_0' = v_0 + v_0'', \quad v_0'' = \frac{dn_1}{dt} \tag{7-24}$$

$$\rho_1 v_0'' = \rho_0 v_0' = \rho_0 (v_0 + v_0'') \tag{7-25}$$

一般情况下，固态碳的密度比气态氧的密度大得多，即

$$\rho_1 \gg \rho_0$$

因此有

$$v_0'' \ll v_0'$$

而 $v_0'$ 与 $v_0$ 是近似相等的，因而

$$\rho_1 v_0'' \approx \rho_0 v_0 \tag{7-26}$$

在这种情况下可近似地认为，固定于空间静止的坐标系和固定于分界面上的坐标系是一致的，从而忽略边界内移效应所引起的非定常现象，而把这类问题当作"准定常"来处理，使问题得以简化。但是，当相分界面处的压力高到接近临界压力时，$\rho_1$ 和 $\rho_0$ 十分接近，$v_0'' \ll v_0'$ 的情况已不复存在，这时，准定常概念就与实际情况偏离很大了，就不能做这样的简化处理。

### 7.1.5 先生成一氧化碳还是直接生成二氧化碳

在分析研究燃烧速度的同时，对固体燃料的燃烧机理已进行了研究。碳燃烧机理有四种可能性（见图7-5）。

1）碳在表面完全氧化（图7-5a）

$$C + O_2 \longrightarrow CO_2$$

烧去的碳和氧的摩尔比等于1。

2）碳在表面仅氧化为一氧化碳（图7-5b），即

$$C + \frac{1}{2}O_2 \longrightarrow CO$$

上述摩尔比等于2。

3）碳在表面仅氧化成一氧化碳，然后在离表面很近的气膜中与扩散进来的氧反应生成二氧化碳，称为滞后燃烧（图7-5c）

$$C + \frac{1}{2}O_2 \longrightarrow CO$$

$$CO + \frac{1}{2}O_2 \longrightarrow CO_2$$

4）氧气完全消耗于滞后燃烧，故到不了固体表面。固体表面只有从气相扩散过来的二氧化碳，所以产生还原反应（图7-5d），即

$$C + CO_2 \longrightarrow 2CO$$

CO向外扩散，在颗粒四周的滞后燃烧层燃烧而变成 $CO_2$，即

$$CO + \frac{1}{2}O_2 \longrightarrow CO_2$$

二氧化碳向两个方向即固体表面和外界扩散。碳表面附近，$O_2$、CO和 $CO_2$ 的浓度变化如图7-6所示。

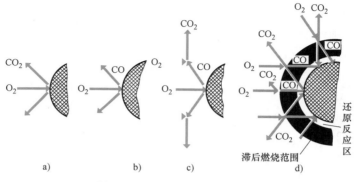

图 7-5 几种可能的煤燃烧机理

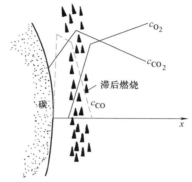

图 7-6 燃烧碳粒附近 CO、$CO_2$ 和 $O_2$ 浓度的假想变化

(假定存在还原反应和滞后燃烧)

## 7.2 碳的动力扩散燃烧特点及燃烧化学反应

### 7.2.1 碳的动力扩散燃烧特点

上一节中已经指出煤的燃烧可以归结为以焦炭燃烧为主的特点，而焦炭的燃烧属于非均相燃烧反应，其特征是物质的化学反应发生在分界表面上。可以说，非均相反应越急剧地进行，如反应温度越高和固体的反应性越强，则反应会很大程度上集中到物体外表面上进行。因此，外部反应表面可以理解为物体的极限反应表面。

非均相反应，如上所述，可以从两个方面来加以分析，一方面是扩散过程，反应分子扩散到表面和生成物从表面扩散离开，这两者是彼此联系着的。另一方面是吸附、反应和解吸附过程，其中反应与解吸附很难分清，通常看作是一个步骤，即分子在表面上进行反应即认为产生气体生成物。

现在以氧与碳的化学反应以及氧气向碳球表面的扩散两个过程来考察上述两个过程，如图 7-7 所示。

根据费克扩散定律，氧气从周围向单位表面积的碳球表面扩散量为

$$g = \beta(c_{O_2,\infty} - c_{O_2,S}) \tag{7-27}$$

另外，设 $f$ 表示每消耗 1kg 氧所烧掉的碳的质量，即

$$f = \frac{\text{所消耗掉碳的质量（kg）}}{\text{消耗 1kg 氧气}} \qquad (7\text{-}28)$$

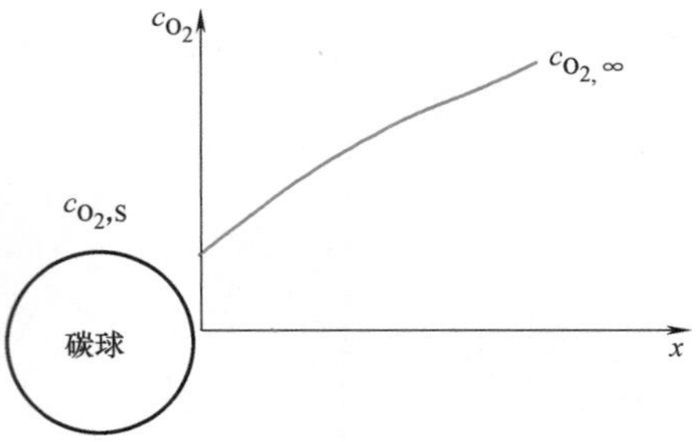

例如，对反应 $\quad C + O_2 \rightarrow CO_2$

$$f = \frac{12}{32} = 0.375 \text{kg/kg}$$

对 $\qquad\qquad 2C + O_2 \rightarrow 2CO$

$$f = \frac{24}{32} = 0.75 \text{kg/kg}$$

对 $\qquad\qquad 4C + 3O_2 \rightarrow 2CO + 2CO_2$

图 7-7 氧向碳球的扩散

$$f = \frac{4 \times 12}{3 \times 32} = 0.5 \text{kg/kg}$$

由于碳的反应总是产生 $CO_2$ 和 $CO$，故 $f$ 值总在 $0.375 \sim 0.75$ 范围，此时在碳表面的反应速度以比燃烧速度 $K_S^C$ 来表示，即单位碳球表面积、单位时间所燃烧掉的碳的量，这样

$$K_S^C = k c_{O_2}^n \qquad (7\text{-}29)$$

式中　　$n$——反应级数；

　　　　$k$——化学反应常数，由阿累尼乌斯定律决定。

$$k = k_0 \exp\left(-\frac{E_a}{RT}\right) \qquad (7\text{-}30)$$

式中　　$E_a$——活化能；

　　　　$k_0$——频率因子常数。

在稳定状态时扩散来的氧量等于碳燃烧所消耗的氧量，即

$$\beta\left(c_{O_2,\infty} - c_{O_2,S}\right) = k c_{O_2,S}^n$$

设 $n = 1$，所以

$$c_{O_2,S} = \frac{1}{1 + \dfrac{k}{\beta}} c_{O_2,\infty} \qquad (7\text{-}31)$$

代入式（7-29），可得碳的比燃烧速度

$$K_S^C = \frac{k c_{O_2,\infty}}{\dfrac{1}{k} + \dfrac{1}{\beta}} \qquad (7\text{-}32)$$

如令 $k_{\text{sup}} = \dfrac{1}{\dfrac{1}{k} + \dfrac{1}{\beta}}$ 表示燃烧反应的表观速度常数，则

$$K_S^C = k k_{\text{sup}} c_{O_2,\infty} \qquad (7\text{-}33)$$

由此可分为动力燃烧工况、扩散燃烧工况和过渡燃烧工况三种，在动力燃烧工况中 $\beta \gg k$，故 $k_{\text{sup}} \approx k$。在扩散燃烧工况中，$\beta \ll k$，$k_{\text{sup}} \approx \beta$，$c_{O_2,S} \rightarrow 0$。温度很高的煤粉燃烧往往属于扩散工况，在过渡燃烧工况中，$k$ 和 $\beta$ 在同一数量级，此时燃烧速度用式（7-32）表示，其典型试验结果如图 7-8 所示，其解释如图 7-9 所示。

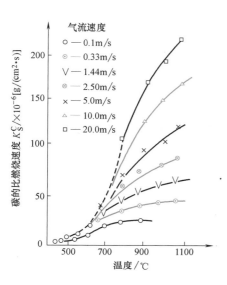

图 7-8 电极碳粒的燃烧

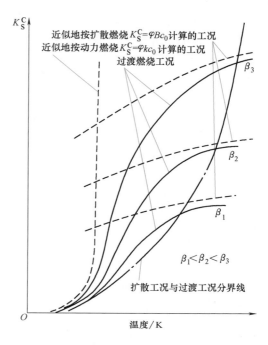

图 7-9 燃烧工况与系统温度的关系

在速度很低时，例如 $w=0.1\mathrm{m/s}$，即 $\beta$ 值很小。

在较低温度下即转入扩散工况，此时的特征是增加温度（即增加化学反应速度）燃烧速度不会再有明显的增加。随着流速的提高，到达扩散工况的温度越高，由此可见，要强化碳的燃烧，首先要根据所处的燃烧工况来采取相应的措施，在动力燃烧工况，主要问题是提高碳的化学反应速度（首先是温度）。在扩散燃烧工况主要是加强氧气扩散到碳粒表面（即主要强化混合过程）。

在过渡燃烧工况则两者均需注意。通常的煤粉火炬燃烧，多属于过渡工况，在温度高时转入扩散工况。

在上述分析中，假设碳的燃烧反应级数为 1 级（即 $n=1$）。实际上随着温度的变化，碳的反应级数在 0~1 级内变动。

根据对电极碳的燃烧实验，碳表面氧浓度 $c_{O_2,s}$ 与气流中氧浓度 $c_{O_2,\infty}$ 之比值（$c_{O_2,s}/c_{O_2,\infty}$）随燃烧温度的上升而减少（见图7-10）。其反应级数随温度的变化经整理如图 7-11 所示，当 $T>1350\mathrm{K}$ 时，反应接近一级；当 $T\approx1130\mathrm{K}$ 时，反应为 0.5 级（即在着火点附近），在这个温度区间内，反应级数近似与温度呈线性关系。因此在燃烧情况下，碳球表面温度 $T_S$ 往往大于 1200K。此时氧气往碳

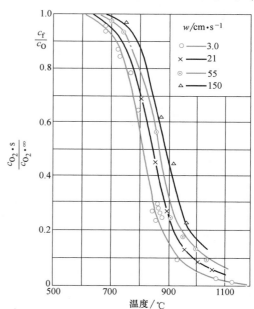

图 7-10 表面氧浓度与燃烧温度的关系

表面的扩散速度将小于在该温度下氧在碳表面上可能达到的反应速度，即 $c_{O_2,S} \ll c_{O_2,\infty}$，整个燃烧速度受扩散阻力控制，反应可看做是一级，因此只需在着火阶段或低温燃烧下才需注意级数 $n<1$ 的影响。

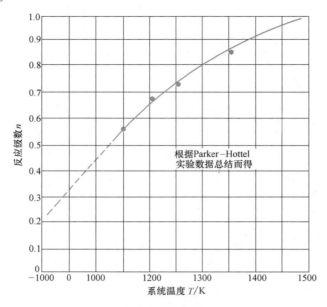

图 7-11  碳的反应级数与温度关系

在稳定工况下，对于 $n$ 级反应，比燃烧速度为

$$K_S^C = \beta(c_{O_2,S} - c_{O_2,\infty}) = K_{CO_2,S}^n$$

根据表 7-1 的三种工况的分界线，在动力和过渡燃烧区的分界线上有 $c_{O_2,S}/c_{O_2,\infty} = 0.9$，则按谢苗诺夫准则

$$Sm = \frac{\beta}{K} = \frac{c_{O_2,S}^n}{c_{O_2,\infty} - c_{O_2,S}} = \frac{\dfrac{c_{O_2,S}}{c_{O_2,\infty}}(c_{O_2,S}^{n-1})}{1 - \dfrac{c_{O_2,S}}{c_{O_2,\infty}}} \quad (7\text{-}34)$$

可见在动力和过渡区分界线的 $Sm$ 值为

$$Sm = 9 \times (0.9 c_{O_2,\infty})^{n-1} \quad (7\text{-}35)$$

在过渡区和扩散区的分界线上，将 $c_{O_2,S}/c_{O_2,\infty} = 0.1$ 代入式（7-34），有

$$Sm = 0.11 \times (0.1 c_{O_2,\infty})^{n-1} \quad (7\text{-}36)$$

### 7.2.2 碳的燃烧化学反应

要确定上述的动力扩散燃烧工况，关键是确定化学反应的活化能和频率因子两个重要的参数。这主要与不同的化学反应有关，在碳的燃烧化学反应中，包含有碳与氧、二氧化碳、水蒸气、氢气的反应及产物在体积中的二次反应，而这些反应的动力特性往往是不同的。关于这些反应，目前已经有了大量的试验研究和理论研究的结果可供应用。

#### 7.2.2.1 总反应

在 7.1.3 节中已经对气体吸附过程进行了描述，一般认为，气体吸附在固体表面上，形成吸附层，经一段时间后分解并反应生成生成物，这一基本论点在过去已经从不同的途径由概念上进行了完善。但是，在碳的起始吸附步骤只有两种真正的不同方式：

1）气体（$O_2$，$CO_2$，$H_2O$，$H_2$，$CO$）分子状态的吸附；

2）这些分子在吸附中离解。

现在的研究已经表明，分子不会发生化学吸附，而所有化学吸附都属离解吸附，即流动吸附。

氧转移的吸附和脱附过程的总反应步骤可以认为是

$$2C_f + O_2 \xrightarrow{k_1} 2C(O) \tag{7-37}$$

$$C_f + CO_2 \underset{-k_2}{\xrightleftharpoons{}} C(O) + CO \tag{7-38}$$

$$C_f + H_2O \underset{-k_3}{\xrightleftharpoons{}} C(O) + H_2 \tag{7-39}$$

$$2C_f + H_2 \underset{-k_4}{\xrightleftharpoons{}} 2C(H) \tag{7-40}$$

$$C(O) \xrightarrow{k_5} CO(+空位) \tag{7-41}$$

$$2C(O) \xrightarrow{k_6} CO_2 + C_f \tag{7-42}$$

式中　$C_f$——表示一个空位；

　　　$C(O)$——表示化学吸附的氧原子；

　　　$k_{1\sim6}$——速度常数。

式（7-37）表示氧的化学吸附，不存在能恢复游离氧的氧化膜分解。与此相反，式（7-40）表示反应可逆向进行，恢复氢气状态。式（7-41）在 CO 吸附可忽略的基础上是不可逆的。式（7-38）的可逆性可由"CO 与吸附的氧反应生成 $CO_2$"得到证明。式（7-42）表示 $CO_2$ 是直接生成的初级产物。

### 7.2.2.2　碳和氧气的反应

碳与氧的反应是固体燃料燃烧的最基本过程。图 7-12 所示是碳燃烧过程的示意图。从图中可以看出，在低温时碳的表面上的化学反应主要是 $C_S + O_2 \rightarrow CO_2$，同时也发生少量的 $2C_S + O_2 \rightarrow 2CO$ 反应。但是，此处产生的 CO，在表面附近马上就被氧化成 $CO_2$。在高温情况下，表面反应 $C_S + CO_2 \rightarrow 2CO$ 生成的 CO，在气相中氧化成 $CO_2$，它一方面向碳表面扩散继续进行表面反应，一方面向外扩散逸入周围环境。

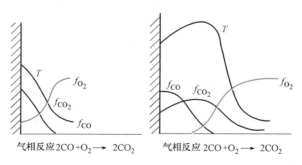

图 7-12　碳的燃烧过程示意图

一般认为碳与氧反应时，CO 和 $CO_2$ 都是其主要产物，而两种产物浓度之比是随温度的

上升而增加的，在 730~1170K 之间，两种产物的比值

$$\frac{CO}{CO_2} = 2500\exp\left(-\frac{6240}{T}\right) \tag{7-43}$$

在普通燃烧温度时，占优势的氧化物似乎还是 CO，一氧化碳在气相中进一步氧化生成为二氧化碳。

在大多数情况下，由实验得到如下形式的反应速率方程

$$r = k_S p^n \tag{7-44}$$

式中　$p$——反应气体分压力；

　　　$n$——反应级数；

　　　$k_S$——速率常数，表示为修正的阿累尼乌斯公式形式

$$k_S = A T^N \exp\left(-\frac{E_a}{RT}\right) \tag{7-45}$$

式中　$N$——指数，大多数研究者取为零。

反应级数 $n$ 和频率因子 $A$ 要由实验方法确定，对于不同的研究者，所取活化能 $E_a$ 的变化范围相当大。表 7-2 概括了几个实验研究所得出的速率数据，得到的反应级数 $n$ 值在 0~1 之间变化。大多数研究者都以一级反应的氧浓度作为整理其实验数据的基础。

对于烟煤和劣质炭的燃烧，推荐用表 7-2 中的数据。给出这些系数数据的基础是从许多不同研究者的实验数据曲线拟合而得到的。对于颗粒温度高达 1650K 的燃烧情况，这些系数是可以应用的。对于更高的温度，预示的速率就太高。对于 $k_S$ 还可用与温度呈线性关系的拟合关系式

$$k_S = -4.84\times10^{-2} + 3.80\times10^{-5} T_S \tag{7-46}$$

这样的拟合关系式得到的数据在 1400~2200K 的温度范围内是很合理的。

表 7-2　碳与氧气反应速率参数，反应方程为 $r = A T^N \exp[-E_a/(RT)] p_{O_2}^n$

| $A/[kg/(m^2 \cdot s \cdot kPa^n \cdot K^n)]$ | $(E_a/R)/K$ | $N$ | 反应级数 $n$ | 煤的种类 | 颗粒尺寸分组 | 尺寸/μm | 温度范围/K |
|---|---|---|---|---|---|---|---|
| $1.32\times10^{-1}$ | 16400 | 0 | 0 | 褐煤炭 | 是 | 22,49,89 | 630~1812 |
| $8.6\times10^2$ | 18000 | 0 | 1 | 各种煤 | 变化的 | 变化的 | 950~1650 |
| — | 20100 | 0 | 0,1[1] | 碳 | 是 | $2.54\times10^4$ | — |
| — | 3000~6000 | 0 | 0,1[2] | 烟煤炭 | 否 | 0~200 | — |
| | 15000~32700 | 1.75~3.5 | 0 | | | | |
| — | 6500~25000 | | 1 | 各种煤 | 是 | 420~1000 | 1100~1500 |
| $9.18\times10^{-1}$ | 8200 | 0 | 0.5 | 褐煤炭 | 是 | 22,49,89 | 630~2200 |
| 2.013 | 9600 | 0 | 1 | 半无烟煤 | 是 | 6,22,49,78 | 1400~2200 |
| 5.428 | 20100 | 0 | 1 | 半无烟煤 | 是 | 6,22,49,78 | 1400~2200 |
| 2.902 | 10300 | 0 | 1 | 烟煤炭 | 是 | 18,35,70 | 800~1700 |

①　$T<1000K$ 时为 0，$T>1000K$ 时为 1。

②　火焰峰之前吸附作用起控制作用时为 1，火焰尾部解吸附作用起控制作用时为 0。

### 7.2.2.3 碳与二氧化碳的反应

$$C + CO_2(g) \longrightarrow 2CO(g) \tag{7-47}$$

对于这一反应所要做的工作主要是确定其反应机理，需利用几乎完全纯的碳、在有限的温度范围内进行确定。不同研究者来拟合反应速率的方程大都为 Langmuir 的等温吸附形式

$$\bar{r} = \frac{k_1 p_{CO_2}}{1 + k_2 p_{CO} + k_3 p_{CO_2}} \tag{7-48}$$

对于构成反应机理的每一步反应来说，$k_S$ 一般是反应速率常数的函数。

还有一些研究者选取如下的公式作为 C 与 $CO_2$ 反应速率的公式

$$r = kp^n \tag{7-49}$$

式中

$$k = -A \exp\left(-\frac{E_a}{RT}\right) \tag{7-50}$$

这可以看作是 Langmuir 方程的形式，即方程（7-48）的一种特殊情况。利用方程（7-49）和式（7-50）形式进行的一些研究所得出的动力学参数概要地列于表7-3。这里速率常数都是基于碳粒的单位外表面积的。

表 7-3  碳与二氧化碳反应的 Arrhenius 因子

| 碳的种类 | $A/[kg/(m^2 \cdot s \cdot kPa^3)]$ | $(E_a/R)/K$ | 反应级数 $n$ | 温度周围/K |
|---|---|---|---|---|
| 石墨 | $1.35 \times 10^{-2}$ | 16300 | 1 | 1123~1223 |
| 石墨 | 6.35 | 19500 | 1 | 1223~1673 |
| — | $1.2 \times 10^{-5}$ | 17600 | 0 | 1013~1133 |
| — | $7.8 \times 10^{-1}$ | 16500 | 1 | 1133~1373 |
| 电极碳 | $7.3 \times 10^{-5}$ | 4990 | 1 | 2200~3200 |
| "气烤碳" | — | 23700 | 1 | 1173~1373 |
| 石墨 | — | 24200 | 1 | 1173~1473 |
| 烟煤炭 | — | 13000 | 1 | 1473~1673 |
| 无烟煤炭 | — | 13900 | 1 | 1373~1773 |

### 7.2.2.4 碳与水蒸气的反应

对于碳与水蒸气的反应，可以用下面的化学当量方程表示

$$C + H_2O = H_2 + CO \tag{7-51}$$

在相对反应速率和反应机理上都表明，它与碳和二氧化碳的反应是类似的。正如研究 C 与 $CO_2$ 反应一样，对于这一反应的研究也强调在反应机理的确定，遗憾的是，还只是做了低温下较纯碳的反应，并且整个温度范围很小。

过去最普遍应用的反应速率方程形式是 Langmuir 的等温吸附形式

$$\bar{r} = \frac{k_1 p_{H_2O}}{1 + k_2 p_{H_2} + k_3 p_{H_2O}} \tag{7-52}$$

式中  $k_1$、$k_2$、$k_3$——每一步反应速率常数的函数。

值得注意的是，这个反应预示着氢将作为一种"抑制剂"，这正如 C 和 $CO_2$ 反应中一氧化碳所起的作用一样。

如同 C 和 $CO_2$ 反应情况，也可以观察到压力和温度条件对所考察的 C 和 $H_2O$ 反应速率的影响，观察到反应级数是 0~1。表 7-4 是一些研究者得到的实验数据，它说明了上述结果。

表 7-4　Langmuir 型速率表示式的碳与蒸汽反应的 Arrhenius 常数[①]

| 碳的类型 | | 温度范围/K | $A_1$/[kg/($m^2 \cdot s \cdot kPa$)] | $(E_{a1}/R)$/K | $A_2$/$kPa^{-1}$ | $(E_{a2}/R)$/K | $A_3$/$kPa^{-1}$ | $(E_{a3}/R)$/K |
|---|---|---|---|---|---|---|---|---|
| 石墨 | 燃烬占 0% | 1135~1211 | $5.8×10^{-2}$ | 16500 | $9.30×10^{-13}$ | −30600 | $6.98×10^{-18}$ | −39900 |
| 石墨 | 燃烬占 1% | 1135~1211 | $4.4×10^{-3}$ | 13100 | $6.40×10^{-13}$ | −31200 | $6.11×10^{-18}$ | −35400 |
| 石墨 | 燃烬占 2% | 1135~1211 | $7.0×10^{-4}$ | 10700 | $4.15×10^{-13}$ | −31800 | $4.7×10^{-18}$ | −40400 |
| 石墨 | 燃烬占 5% | 1135~1511 | $1.2×10^{-4}$ | 8000 | $2.9×10^{-14}$ | −33600 | $2.10×10^{-18}$ | −41700 |
| 石墨 | 燃烬占 7.5% | 1135~1211 | $4.6×10^{-5}$ | 6600 | $3.72×10^{-14}$ | −34800 | $1.93×10^{-18}$ | −41200 |
| 炭煤 | | 957~1013 | $3.12×10^{3}$ | 31400 | $3.3×10^{-1}$ | 0 | $3.22×10^{2}$ | −10400 |

① 方程式是 $r = k_1 p_{H_2O}/(1+k_2 p_{H_2O}+k_3 p_{H_2O})$，$k_1 = A_1 \exp(-E_{a1}/RT)$。

### 7.2.2.5　碳与氢气的反应

碳与氢气的反应通常利用下面的方程来表示

$$C+2H_2 \longrightarrow CH_4 \tag{7-53}$$

当甲烷是 C 和 $H_2$ 反应的主要产物时，可以得到范围很广泛的碳氢化合物。在目前还没有一个满意的方法以预示反应产物的分布情况。

碳与氢气的反应是经过几个阶段完成的。第一阶段称为热分解或者称煤的挥发，继之有蒸汽相的氢化作用。反应速率通常受来自固体的挥发分释放速率限制。第二阶段是氢气与碳短时间快速作用，因此氢的活性变得越来越小。尔后发展到第三阶段，即低活性氢与剩余碳相互反应的时期。第一阶段与第二阶段在很大程度上可以重叠，特别是快速加热到 1000K 以上的条件下更是这样。

最常用的反应速率公式是

$$r = \frac{a p_{H_2}^2}{1+b p_{H_2}} \tag{7-54}$$

式中　$a$，$b$——分别为系数。

式（7-54）意味着随着氢气分压力的增加，反应级数从 2 到 1 变化，也确实已经观察到了这种反应级数的情况。

有实验研究发现，粒径在 1500~2500μm 的炭，在温度为 923~1143K 范围内，氢气压力范围为 500~4000kPa 时，被氢气化的速率可以用下面的一级反应方程很好地表示

$$\bar{r} = k_m p_{H_2} \tag{7-55}$$

其中，$k_m = 0.035 \exp(-17900/T)$，还做了反应物仅是甲烷的简化。

## 7.3　碳球的燃烧速度

通过前面的分析已经知道，煤的燃烧速度主要取决于焦炭的燃烧速度，焦炭燃烧时存在着上述多种化学反应过程，真正从机理上定量确定这些化学反应过程目前尚无法实现。何况，对某些反应由于反应前后分子数目的变化而出现斯蒂芬流，在碳的表面产生的 CO 又会在碳球附近空间燃烧。

$$2CO+O_2 \longrightarrow 2CO_2 \tag{7-56}$$

对任何反应，原则上均可写出其**质量守恒方程式**和**能量守恒方程式**。如果以注脚 $i$ 代表某反应组分，则

$$-4\pi r^2 D_i \rho_m \frac{dc_i}{dr} + 4\pi r^2 v\rho_m c_i + \int_{r_S}^{r} 4\pi r^2 \overline{w_i} dr + 4\pi r_S^2 k_i c_{iS} = 0 \tag{7-57}$$

扩散进来的物质 $i$+斯蒂芬流带动物质 $i$+空间反应的物质 $i$+表面反应物质 $i=0$。

即

$$-4\pi r^2 \lambda_m \frac{dT}{dr} + 4\pi r^2 v\rho_m c_p (T-T_S) - \int_{r_S}^{r} 4\pi r^2 \overline{w_i} Q_{net}^i dr - 4\pi r_S^2 Q_{net}^i k_i c_{iS} = 0 \tag{7-58}$$

式中　下标 $i$，$m$，$S$——分别表示组分 $i$、混合物 m 及在碳球表面的参数；

$D$，$\rho$，$\lambda$，$c$，$Q_{net}$——分别表示扩散系数、密度、热导率、浓度及低位发热量；

$v$——斯蒂芬流速度；

$\overline{w_i}$——组分 $i$ 在空间的气相反应速度；

$k_i$——在碳球表面上的 $i$ 组分反应速度常数，用式（7-30）的阿累尼乌斯定律来表示。

正如上述，目前碳的反应机理尚未完全清楚，而且又有表面反应，又有空间反应，因此方程式（7-57）和式（7-58）目前只可能数值求解，并且是十分复杂的，但已经建立了一些简单的分析求解模型，在本节和下一节中介绍，本节中主要介绍两个考虑仅有一次反应的模型。

### 7.3.1 温度较低或颗粒很小（可略去）时空间气相反应的情况

此时令 $\overline{w_i} \approx 0$，而仅存在下列三种碳表面反应。

① $C+O_2 \xrightarrow{k_1,\ E_{a1}} CO_2$

② $C+\frac{1}{2}O_2 \xrightarrow{k_2,\ E_{a2}} CO$

③ $C+CO_2 \xrightarrow{k_3,\ E_{a3}} 2CO$

至于 $\frac{CO}{CO_2}$ 比例以及相当消耗氧的化学计量数通常由实验确定，在缺少数据时，可用式（7-43）来计算，这样对上述三反应的任意组分 $i$ 的质量守恒方程

$$-4\pi r^2 D_i \rho_m \frac{dc_i}{dr} + 4\pi r^2 v\rho_m c_i + 4\pi r_S^2 k_i c_{iS} = 0 \tag{7-59}$$

设 $g_i = \frac{dG_i}{d\tau}$ 代表参加反应 $i$ 组分的质量流，其单位为 kg/（m² · s）。则这里总共有三种气体成分的质量流：$g_{O_2}$、$g_{CO_2}$、$g_{CO}$，所以碳表面上参加反应的各气体成分以物质的量表示的质量流总代数和就是斯蒂芬流。如代数和为正，则表示向外流，为负值则向内流动，根据化学反应计量数配比关系可以确定。

对反应①　　　　　　$-\frac{1}{32}(g_{O_2,S})_1 = \frac{1}{44}(g_{CO_2,S})_1$

对反应② $\qquad\qquad -\dfrac{1}{32}(g_{O_2,s})_2 = \dfrac{1}{2\times28}(g_{CO,s})_2$

对反应③ $\qquad\qquad -\dfrac{1}{44}(g_{CO_2,s})_3 = \dfrac{1}{2\times28}(g_{CO,s})_3$

碳表面上各成分的质量流之间有如下关系：

由①、②反应式得氧消耗量

$$\frac{1}{32}g_{O_2,s} = \frac{1}{32}(g_{O_2,s})_1 + \frac{1}{32}(g_{O_2,s})_2 = \frac{1}{32}(g_{O_2,s})_1 - \frac{1}{2\times28}(g_{CO_2,s})_2 \qquad (7\text{-}60)$$

由②、③反应式得 CO 生成量

$$\frac{1}{28}g_{CO,s} = \frac{1}{28}(g_{CO,s})_2 + \frac{1}{28}(g_{CO,s})_3 \qquad (7\text{-}61)$$

由①、③反应式得 $CO_2$ 生成量

$$\frac{1}{44}g_{CO_2,s} = \frac{1}{44}(g_{CO_2,s})_1 + \frac{1}{44}(g_{CO_2,s})_3 = -\frac{1}{32}(g_{O_2,s})_1 - \frac{1}{2\times28}(g_{CO_2,s})_2 \qquad (7\text{-}62)$$

各组分以物质的量表示的质量流总和即为斯蒂芬流

$$\frac{1}{32}g_{O_2,s} + \frac{1}{28}g_{CO,s} + \frac{1}{44}g_{CO_2,s} = \frac{1}{2\times28}(g_{CO,s})_2 + \frac{1}{2\times28}(g_{CO,s})_3 = \frac{1}{2}\times\frac{1}{28}g_{CO,s} \qquad (7\text{-}63)$$

若从碳表面产生的斯蒂芬流流速为 $v_S$，混合气体的平均分子质量为 $m$（通常可近似取为空气，$m=28$），则

$$\frac{1}{m}v_S\rho_m = \frac{1}{32}g_{O_2,s} + \frac{1}{28}g_{CO,s} + \frac{1}{44}g_{CO_2,s} = \frac{1}{2}\times\frac{1}{28}g_{CO,s}$$

或 $\qquad\qquad\qquad\qquad v_S\rho_m = \frac{1}{2}\times\frac{1}{28}g_{CO,s} \qquad\qquad\qquad\qquad (7\text{-}64)$

因为 $m=28$，故可近似认为

$$v_S\rho_m \approx \frac{1}{2}g_{CO,s} \qquad (7\text{-}65)$$

由于不存在空间反应。因此在任何半径上的总质量流均应相等

$$4\pi r^2 v\rho_m = 4\pi r_s^2 v_S\rho_m = \frac{1}{2}4\pi r_s^2 g_{CO,s} \qquad (7\text{-}66)$$

以上分析表明，向外扩散的 $CO_2$ 量 $4\pi r_s^2 g_{CO_2,s}$ 正好在分子数上等于相应的流入氧量。因为每形成一个 $CO_2$ 分子，正好用去一个 $O_2$ 分子。所以这部分反应不会因化学反应而引起斯蒂芬流，但碳表面上每产生一个 CO 分子只用去 $\frac{1}{2}$ 个 $O_2$ 分子，所以碳表面上产生 $4\pi r_s^2 g_{CO,s}$ 时，就会向外界流出 $\frac{1}{2}\times4\pi r_s^2 \frac{m}{28}g_{CO,s}$ 的质量流，其数量就等于浓度为 $c_{CO}$、$c_{CO_2}$、$c_{O_2}$ 混合气体的斯蒂芬流。

现在具体写出 CO 的质量守恒方程，考虑 CO 与反应②、③有关，在碳表面生成 CO 的反应率是

$$4\pi r_s^2 g_{CO,s} = 4\pi r_s^2 \frac{2\times28}{32}K_2 c_{CO_2,s} + 4\pi r_s^2 \frac{2\times28}{44}K_3 c_{CO_2,s} \qquad (7\text{-}67)$$

把之代入式（7-59）

$$-4\pi r^2 D_{CO}\rho_m \frac{dc_{CO}}{dr}+4\pi r^2 v\rho_m c_{CO}=4\pi r_S^2 \frac{2\times 28}{32}K_2 c_{O_2,S}+4\pi r_S^2 \frac{2\times 28}{44}K_2 c_{CO_2,S} \qquad (7-68)$$

并把式（7-66）代入，得 CO 的传质方程为

$$-4\pi r^2 D_{CO}\rho_m \frac{dc_{CO}}{dr}+4\pi r^2 v\rho_m c_{CO}=2\times 4\pi r^2 v\rho_m \qquad (7-69)$$

假设各种气体在烟气中的扩散系数相差不远，即 $D_{CO_2}\approx D_{O_2}\approx D$，则同理可写出 $CO_2$ 的传质方程

$$-4\pi r^2 D\rho_m \frac{dc_{CO_2}}{dr}+4\pi r^2 v\rho_m c_{CO_2}=4\pi r_S^2 g_{CO_2,S} \qquad (7-70)$$

$O_2$ 的传质方程

$$-4\pi r^2 D\rho_m \frac{dc_{O_2}}{dr}+4\pi r^2 v\rho_m c_{O_2}=4\pi r_S^2 g_{O_2,S} \qquad (7-71)$$

如果知道 CO 的分布规律，即可由式（7-69）确定碳球燃烧时斯蒂芬流的速度

$$v=-\frac{D}{2-c_{CO}}\frac{dc_{CO}}{dr} \qquad (7-72)$$

在表面处的速度为

$$v_S=-\frac{D}{2-c_{CO,S}}\left(\frac{dc_{CO}}{dr}\right)_S \qquad (7-73)$$

可见，和液体有明显不同，油滴蒸发时其斯蒂芬流就等于油滴的蒸发量，而碳球燃烧只有产生 CO 时才出现式（7-73）的斯蒂芬流。

设 G 为任何半径球面上混合气体的总质量流，并考虑到式（7-66）

$$G=4\pi r^2 v\rho_m=4\pi r_S^2 v_S\rho_m=\frac{1}{2}4\pi r_S^2 g_{CO,S}=\frac{1}{2}G_{CO} \qquad (7-74)$$

代入式（7-73）积分，当碳球和周围气体有相对运动时，类似液滴燃烧，引入折算薄膜半径 $r_{sup}$ 的概念，即积分限由 $r_S$ 至 $r_{sup}$，当碳球在静止气流中反应时，$r_{sup}\rightarrow\infty$，有

$$\int_{r_S}^{r_{sup}} G\frac{1}{4\pi D\rho_m}\frac{dr}{r^2}=-\int_{c_{CO,S}}^0 \frac{dc_{CO}}{2-c_{CO}}$$

即

$$\frac{1}{2}G_{CO}=G=4\pi D\rho_m \frac{1}{\frac{1}{r_S}-\frac{1}{r_{sup}}}\ln\frac{2}{2-c_{CO,S}}=4\pi D\rho_m \frac{1}{\frac{1}{r_S}-\frac{1}{r_{sup}}}\ln\left(1+\frac{\frac{c_{CO,S}}{2}}{1-\frac{c_{CO,S}}{2}}\right) \qquad (7-75)$$

另外，在碳球表面上 $r=r_s$ 可以写出组分的反应速率式

$$g_{CO,S}=\frac{2\times 28}{32}K_2\rho_m c_{O_2,S}+\frac{2\times 28}{44}K_3\rho_m c_{CO_2,S}=\frac{G_{CO}}{4\pi r_S^2} \qquad (7-76)$$

$$g_{CO_2,S}=\frac{44}{32}K_1\rho_m c_{O_2,S}-K_3 c_{CO_2,S}\rho_m \qquad (7-77)$$

$$g_{O_2,S}=-K_1\rho_m c_{O_2,S}-K_2\rho_m c_{O_2,S} \qquad (7-78)$$

通常碳球表面温度 $T_S$ 可用能量平衡方程求出，这样，可根据阿累尼乌斯定律确定 $k_1$、$k_2$、

$k_3$ 值。现在六个方程式式（7-69）、式（7-70）、式（7-71）、式（7-76）、式（7-77）、式（7-78），可以解出六个未知数：$c_{CO}$，$c_{CO_2}$，$c_{O_2}$，$g_{O_2,s}$，$g_{CO,s}$，$g_{CO_2,s}$。这样单位碳球表面比燃烧速度 $K_S^C$ 为

$$K_S^C = \frac{12}{32} k_1 \rho_m c_{O_2,s} + \frac{2 \times 12}{32} k_2 \rho_m c_{O_2,s} + \frac{12}{44} k_3 \rho_m c_{CO_2,s} \tag{7-79}$$

亦可用碳球表面反应物的流出量 $g_{CO_2,s}$、$g_{CO,s}$ 来表示

$$K_S^C = \frac{12}{28} g_{CO,s} - \frac{12}{44} g_{CO_2,s} \tag{7-80}$$

碳球的总燃烧速度为
$$G_C = 4\pi r_S^2 K_C^S \tag{7-81}$$

由此可见，即使不考虑空间反应的碳球燃烧速度计算也是比较复杂的。

## 7.3.2 碳球在高温下的扩散燃烧情况

根据动力扩散燃烧理论，在较高炉温下，碳球表面和附近空间的化学反应速率都很快，温度对碳球的燃烧速度的影响较弱，碳球燃烧速度主要由扩散到碳表面的氧量来决定，为使问题简化，认为此时的反应主要是① $C + O_2 \rightarrow CO_2$ 和② $C + \frac{1}{2} O_2 \rightarrow CO$ 反应，而在碳球周围没有空间气相反应发生，以氧的消耗量写出的质量守恒方程为

$$4\pi r^2 g_{O_2} = 4\pi r^2 D\rho_m \left(\frac{dc_{O_2}}{dr}\right) - 4\pi r^2 f g_{O_2} c_{O_2} \tag{7-82}$$

及
$$f = g_{C,s} / g_{O_2,s} \tag{7-83}$$

和
$$4\pi r^2 g_{O_2} = 4\pi r_S^2 g_{O_2,s} = G_{O_2} = \frac{G_C}{f} \tag{7-84}$$

即
$$G_C \left( c_{O_2} + \frac{1}{f} \right) = 4\pi r^2 D\rho_m \left(\frac{dc_{O_2}}{dr}\right)$$

或
$$G_C \frac{1}{4\pi D\rho_m} \frac{dr}{r^2} = \frac{dc_{O_2}}{c_{O_2} + \frac{1}{f}}$$

当 $r \rightarrow \infty$ 时，$c_{O_2} = c_{O_2,\infty}$，例如对纯氧，$c_{O_2,\infty} = 1$，对空气，$c_{O_2,\infty} = 0.232$，积分可得

$$\ln \left( \frac{c_{O_2} + \frac{1}{f}}{c_{O_2,\infty} + \frac{1}{f}} \right) = -\frac{G_C}{4\pi D\rho_m} \frac{1}{r} \tag{7-85}$$

可见氧浓度在碳球表面是按指数规律变化。

当 $r = r_S$，$c_{O_2} = c_{O_2,s}$ 时，有

$$g_C = \frac{G_C}{4\pi r_S^2} = \frac{D\rho_m}{r_S} \ln \left( \frac{c_{O_2,\infty} + \frac{1}{f}}{c_{O_2,s} + \frac{1}{f}} \right) \tag{7-86}$$

$c_{O_2,s}$ 的确定是比较复杂的，为了简化，设化学反应速度大于 $O_2$ 扩散速度，此时在足够高温

下，可认为 $c_{O_2, s} \to 0$。此时

$$g_C = \frac{D\rho_m}{r_S} \times \ln\left(\frac{c_{O_2, \infty} + \frac{1}{f}}{c_{O_2, s} + \frac{1}{f}}\right) = \frac{D\rho_m}{r_S}\ln(1 + fc_{O_2, \infty}) = \frac{D\rho_m}{r_S}\ln(1 + B) \qquad (7-87)$$

式中 $B$——碳燃烧中氧的传质数，即

$$B = fc_{O_2, \infty} \qquad (7-88)$$

碳球燃烧时通常 $B \approx 0.12$，在空气中相应 $f = 0.52$，即相应反应产生 $\frac{CO_2}{CO} \approx 1$ 的情况。

把式（7-87）代入式（7-85），得氧浓度在空间的分布规律如下

$$c_{O_2} = \frac{(B+1)^{\left(1 - \frac{r_S}{r}\right)} - 1}{f} \qquad (7-89)$$

假定碳球含灰甚少，在燃烧过程中直径不断减少，则有

$$g_C = -\rho_C \frac{d}{d\tau}\left(\frac{\pi}{6}d_S^3\right) = \frac{D\rho_m}{r_S}\ln(1 + B) \qquad (7-90)$$

积分可得碳球完全燃烧所需时间

$$\tau_0 = \frac{\rho_C d_S^2}{8\rho_m D\ln(1 + B)} \qquad (7-91)$$

可见，在简单的扩散燃烧情况下，碳球燃烧时间与直径仍近似成平方关系。因为碳球的 $B$ 值远远小于液体燃料，因此碳球的燃烧速度和时间均长得多。对于直径为 $1\mu m$ 的碳球，应用以上公式计算，其结果列于表 7-5，计算时 $\rho_m D$ 取为 $5 \times 10^{-5}$ kg/(m·s)。比较实测值和计算值表明，在数量级上还是相符的，对于不同直径的碳球，乘上比例系数 $d_S^2$（$\mu m^2$）即可确定燃烧时间，碳球均比液滴燃烧时间长 10 多倍。

表 7-5 直径为 $1\mu m$ 碳球的燃烧时间计算表

| 碳球反应式 | 碳球密度/ (kg/m³) | $f$ | $B$ (在氧中) | $B$ (在氢中) | $1\mu m$ 碳球燃烧时间/$\times 10^{-3}$s | | |
|---|---|---|---|---|---|---|---|
| | | | | | 计算值 | | 实验值 |
| | | | | | 在 $O_2$ 中 | 在空气中 | 在空气中 |
| $C + \frac{1}{2}O_2 \longrightarrow CO$ | 1500 | 0.75 | 0.75 | 0.174 | 0.67 | 2.28 | 1.98 |
| $C + O_2 \longrightarrow CO_2$ | 1500 | 0.375 | 0.375 | 0.087 | 1.16 | 4.16 | — |

为了求得在碳球附近温度的分布规律，可求解能量方程（7-58），不考虑空间反应时

$$4\pi r^2 \lambda_m \frac{dT}{dr} + 4\pi r_S^2 \varepsilon\sigma(T_S^4 - T_0^4) - 4\pi r_S^2 g_{C,S}c_p T = -4\pi r_S^2 g_{C,S}Q_{net} \qquad (7-92a)$$

$$\text{导热} + \text{辐射} - \text{反应物带走} = \text{反应产热值} \qquad (7-92b)$$

为了便于积分，通常略去辐射项（有时这和实际有相当大的误差），即

$$4\pi r^2 \lambda_m \frac{dT}{dr} - 4\pi r_S^2 g_{C,S}c_p T = -4\pi r_S^2 g_{C,S}Q_{net} \qquad (7-93)$$

或
$$4\pi r^2 \rho_m a_m \frac{d(c_p T - Q_{net})}{dr} - 4\pi r_S^2 g_{C,S}(c_p T - Q_{net}) = 0 \tag{7-94}$$

式中　　$a_m$——离开碳球混合物的热扩散率；

　　　　$Q_{net}$——碳球低位发热值，当 $r \to \infty$，$T \to T_0$（周围介质温度），代入积分可得

$$\ln\left(\frac{c_p T - Q_{net}}{c_p T_0 - Q_{net}}\right) = -\frac{g_{C,S} r_S^2}{\rho_m a_m r}$$

和式（7-85）相比可得

$$\frac{c_p T - Q_{net}}{c_p T_0 - Q_{net}} = \left(\frac{c_{O_2} + \frac{1}{f}}{c_{O_2,\infty}}\right)^{\frac{D}{a_m}} = \left(\frac{c_{O_2} + \frac{1}{f}}{c_{O_2,\infty}}\right)^{Le} \tag{7-95}$$

由上式可以确定温度的分布，定义路易斯准则 $Le = \dfrac{a_m}{D} = \dfrac{\lambda_m}{\rho_m D c_p}$。当 $Le = 1$，把式（7-89）、式（7-88）代入得

$$T = \frac{c_p T_0 - Q_{net}}{c_p (1+B)^{\frac{1}{3}}} + \frac{Q_{net}}{c_p} \tag{7-96}$$

当 $r = r_S$，即为碳球表面温度 $T_S$，代入化简得

$$T_S = \frac{c_p T_0 + f c_{O_2,\infty} Q_{net}}{c_p(f c_{O_2,\infty} + 1)} \tag{7-97}$$

当 $T_0 = 293K$ 的空气，$c_{O_2,\infty} \approx 0.232$，若 $C + \frac{1}{2}O_2 \longrightarrow CO$，则 $f = 0.75$，$Q_{net} \approx 8360kJ/kg$，代入计算可得 $T_S = 1303K$。若反应为 $C + O_2 \longrightarrow CO_2$，此时 $f = 0.375$，$Q_{net} \approx 30514kJ/kg$，则 $T_S = 2223K$，当考虑有辐射散热时，$T_S$ 会低得多，由此可见，碳球燃烧与生成物 $\dfrac{CO}{CO_2}$ 比例有十分密切关系。

## 7.4　考虑二次反应的碳球燃烧

以上分析仅考虑一次反应 $C + O_2 \longrightarrow CO_2$ 及 $C + \frac{1}{2}O_2 \longrightarrow CO$，碳燃烧过程中实际上还存在着二次反应 $C + CO_2 \longrightarrow 2CO$ 及 $CO + \frac{1}{2}O_2 \longrightarrow CO_2$，而 CO 是在碳球表面附近燃烧，阻碍了氧气向碳球的扩散，因而使碳球燃烧的模型起了很大变化。

### 7.4.1　考虑二次反应作用的碳球燃烧模型

#### 7.4.1.1　在静止或低雷诺数下（$Re < 100$）碳粒表面附近的燃烧

1）当系统温度较低，$T < 973K$ 时，氧扩散到碳表面，可能同时产生 $CO_2$ 和 CO，但是在

这个温度下，CO 尚未着火，$CO_2$ 和 C 的还原反应几乎还不能进行，所以二次反应的影响很小。

2）当系统温度较高，$T = 1073 \sim 1473K$ 时，一次反应 CO 和 $CO_2$ 比值随系统温度不同而异，但在这个温度范围内，碳的反应速度还不是很快，周围介质中的 $O_2$ 由于扩散可以达到碳的表面。因此，一次反应所产生的 CO 在离开碳表面后便有可能与扩散进来的 $O_2$ 发生二次反应而变成 $CO_2$，使 CO 的浓度自碳表面向外界不断下降，并使 $CO_2$ 的浓度在离开碳表面一定距离处达到最大值，如图 7-13 所示。当然在温度较高的情况下（例如接近 1473K 时）。离开碳表面的 $CO_2$ 也可能再扩散到碳表面，发生二次反应，再度被还原成 CO，但是，在这个温度下 $CO_2$ 的还原速度很低，其量不大。

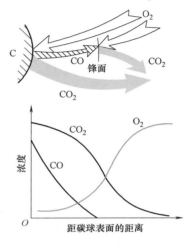

图 7-13　在温度为 $1073 \sim 1473K$ 时静止碳粒附近气体浓度的分布

3）当系统温度很高，$T > 1473 \sim 1573K$ 时，即使周围介质中的 $O_2$ 能够扩散到碳的表面，一次反应的产物基本上也只是 CO。实际上，CO 离开碳表面时和周围扩散进来的 $O_2$ 迅速发生二次反应，形成 $CO_2$，使 $CO_2$ 的浓度在离开碳表面很短距离内便达到最大值。在周围介质中，以及在碳表面上 $CO_2$ 的浓度均较低，由于存在显著的浓度差，所以可以想象 $CO_2$ 自浓度最高的区域同时向碳表面和周围扩散。$CO_2$ 与 C 反应的活化能固然大于 $O_2$ 与 C 反应的活化能，但其在这种高温情况下反应速度已经提高。扩散到碳表面的 $CO_2$，将迅速和碳表面发生反应，因而在碳表面附近形成大量的 CO 向外扩散，这就使得周围介质中的 $O_2$，还来不及扩散到碳表面，便在表面附近和 CO 发生反应，迅速地被消耗掉。所以 CO 和 $O_2$ 的浓度在这里急剧地下降。

这样，当系统达到一定温度以后，碳的气化大体上开始取决于还原反应 $C + CO_2 \rightarrow 2CO$ 的进行速度，还原反应本身则从二次反应变成一次反应，如图 7-14 所示。

综观上述分析，碳的气化与燃烧过程随着温度的上升，不断地发生变化。碳的反应速度与温度的关系，如图 7-15 所示。

在低温时，C 和 $O_2$ 的反应速度较低，不受扩散速度的影响，过程应处在动力工况，如图 7-15 中曲线的 1 段。当温度达到并超过 1273K 时，仍以 $C + O_2$ 的反应为主，反应速度迅速提高，过程速度取决于 $O_2$ 的扩散速度，燃烧反应转入扩散工况，如图中曲线的 2 段。此时，可能出现 $C + CO_2$ 的还原反应，但因温度还不够高，反应速度很低，当温度进一步达到和超过 1573K 以后，一方面由于 $O_2$ 和 CO 在表面附近反应而迅速地消耗掉，使 $O_2$ 不能到达碳表面，因而碳与氧的直接反应基本上停止了；另一方面，由于处在这样高温下，C 和 $CO_2$ 反应已开始显著起来，并且代替了 $O_2$ 与 C 的直接反应，不过此时由于 $CO_2$ 的还原反应活化能较大，过程还只是处在动力工况。至于温度要提高到怎样的水平，$CO_2$ 的还原反应才会自动力工况转入扩散工况，由于实验数据不够，目前还不明确。

如图 7-16 示出了对于无烟煤碳粒燃烧的实验结果，有力地证明了上述理论分析。从图上可以看到，在 1273K 附近曲线发生第一个转折，在 1573K 附近曲线发生第二个转折，至于第三个转折是否存在，目前尚难肯定。

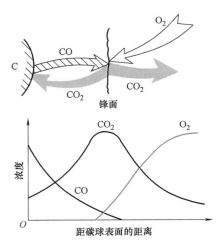

图 7-14　在温度为大于 1473～1573K 时静
止碳粒燃烧时表面附近气体浓度的分布

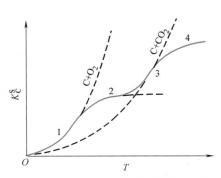

图 7-15　碳粒燃烧工况随温度的变化

### 7.4.1.2　在流动的介质中（$Re > 100$）碳表面附近的燃烧

许多学者通过对球形碳粒燃烧的研究，认为碳粒的燃烧特性与气流的相对速度有很大的关系。当气流速度很低时（$Re < 100$），碳粒的燃烧是均匀地在它的四周进行，因此在燃烧过程中，碳粒仍然保持原有的球形。从实验可见，当碳粒燃烧时，在它的周围有浅蓝色火焰，表明在碳粒周围有 CO 燃烧的现象。当气流速度提高时（$Re > 100$），燃烧情况将有很大的改变，碳粒周围的燃烧变得极不均匀。碳粒迎着气流的部分反应速度很高，而在它的后面却几乎是不反应的，同时在碳

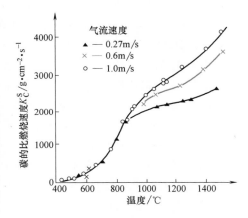

图 7-16　无烟煤碳粒的燃烧

粒的后面拖着很长的蓝色火焰，如图 7-17、图 7-18 所示。这是由于在碳粒正面部分所形成的 CO，来不及烧完便被吹到碳粒后面去和扩散来的 $O_2$ 反应形成 $CO_2$，而在碳粒后面部分由于被 CO 及 $CO_2$ 所包围，使 $O_2$ 无法扩散进去，因此在碳粒后面部分除了 $CO_2 + C \rightarrow 2CO$ 的还原反应外，几乎不存在 $C + O_2$ 的氧化作用，这样燃烧和气化的结果使碳粒不能保持原来的球形。

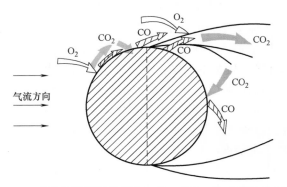

图 7-17　碳粒表面附近的燃烧，$Re > 100$，$T = 1073 \sim 1473K$

图 7-18 静止的球形大碳粒在速度较大的气流中燃烧

在旋风燃烧室中，煤粒和气流的相对速度虽然很高，但是颗粒较小，而且远不是圆球形，实际上在气流中绕自身做高速旋转（$10^4 \sim 10^5 \text{r/min}$），所以反应全面均匀地进行着。

## 7.4.2 有 CO 空间反应时碳球燃烧速度的计算

存在有二次反应时碳球燃烧速度的计算是十分复杂的，考虑到二次反应结果是 $CO_2$ 被 C 还原成 CO，而一次反应本身也会产生 CO，如果已确定所产生 CO 的总数量，则 CO 在碳球附近空间燃烧形成的一个包覆火焰，影响燃烧的产生。这时主要考虑 $CO + \dfrac{1}{2} O_2 \longrightarrow CO_2$，产生 $CO_2$ 后又向碳表面扩散被还原成 CO，即 $CO_2 + C \longrightarrow 2CO$。

按化学计量数配比，假设 $f_C$ kg 碳粒和 1kg $CO_2$ 在碳粒表面反应形成 $(1+f_C)$ kg CO（这里，$f_C = 12/44 = 0.273$），另外 $f_{CO}$ kg CO 和 1kg $O_2$ 反应形成 $(1+f_{CO})$ kg $CO_2$（这里，$f_{CO} = 56/32 = 1.75$）。分别写出 $O_2$ 及 $CO_2$ 的质量守恒微分方程

$$\frac{d}{dr}\left(4\pi r^2 \rho_m D_{O_2} \frac{dc_{O_2}}{dr}\right) - 4\pi r_S^2 g_{C,S} \frac{dc_{O_2}}{dr} + G_{O_2} = 0 \tag{7-98}$$

$$\frac{d}{dr}\left(4\pi r^2 \rho_m D_{CO_2} \frac{dc_{CO_2}}{dr}\right) - 4\pi r_S^2 g_{C,S} \frac{dc_{CO_2}}{dr} + G_{CO_2} = 0 \tag{7-99}$$

这里，$G_{O_2} = 4\pi r^2 g_{O_2}$，由于 $O_2$ 向碳球表面的扩散过程中，不断和空间的 CO 反应，在碳球表面 $c_{O_2,S} \to 0$，因此氧的消耗和 $CO_2$ 的产生可按化学计量数计算

$$G_{O_2} = -\frac{G_{CO_2}}{1+f_{CO}} \tag{7-100}$$

设 $D_{O_2} \approx D_{CO_2}$，以 $\dfrac{1}{1+f_{CO}}$ 乘式（7-99）并和式（7-98）相加，可得

$$\frac{d}{dr}\left(4\pi r^2 \rho_m D \frac{d\bar{c}}{dr} - 4\pi r_S^2 g_{C,S} \bar{c}\right) = 0 \tag{7-101}$$

式中

$$\bar{c} = \frac{c_{O_2} + c_{CO_2}}{1+f_{CO}} \tag{7-102}$$

积分式（7-101）

$$4\pi r^2 \rho_m D \frac{d\bar{c}}{dr} - 4\pi r_S^2 g_{C,S} \bar{c} = C \tag{7-103}$$

很明显，由于 $O_2$ 在向碳球表面扩散时被直接和间接（即被 CO 和 $CO_2 + C$ 所形成的 CO）消耗去，故上式右边的常数即为 $O_2$ 的总消耗速度 $G_{O_2}$。由式（7-100）$-G_{O_2} = \dfrac{G_{CO_2}}{1+f_{CO}}$，而 1kg $CO_2$ 消耗 $f_C$ kg 碳，即

$$G_{CO_2} = \frac{G_C}{f_C} \qquad (7\text{-}104)$$

所以
$$-G_{O_2} = \frac{G_C}{f_C\,(1+f_{CO})} = \frac{4\pi r_s^2 g_{C,s}}{f_C\,(1+f_{CO})} \qquad (7\text{-}105)$$

代入式（7-103）

$$4\pi r^2 \rho_m D \frac{\mathrm{d}\bar{c}}{\mathrm{d}r} - 4\pi r_s^2 g_{C,s}\bar{c} = \frac{4\pi r_s^2 g_{C,s}}{f_c(1+f_{CO})} \qquad (7\text{-}106)$$

由 $r$ 至 $\infty$ 积分上式，当 $r=\infty$，$c_{O_2}=c_{O_2,\infty}$，$c_{CO_2}=c_{CO_2,\infty}=0$，得

$$\ln \frac{\bar{c} + \dfrac{1}{f_C(1+f_{CO})}}{c_{O_2,\infty} + \dfrac{1}{f_C(1+f_{CO})}} = \frac{r_s^2 g_{C,s}}{\rho_m D r} \qquad (7\text{-}107)$$

当 $r=r_s$，$c_{O_2,s}=c_{CO_2,s}=\bar{c}_s=0$，此时碳球的燃烧速度为

$$g_{C,s} = \frac{\rho_m D}{r_s}\ln\left[c_{O_2,\infty}f_C(1+f_{CO})+1\right] \qquad (7\text{-}108)$$

和式（7-88）不同，此时的传质系数

$$\bar{B} = f_C(1+f_{CO})c_{O_2,\infty} \qquad (7\text{-}109)$$

类似式（7-91），可得出有空间反应时碳球燃烧时间为

$$\tau_0 = \frac{\rho_c d_s^2}{8\rho_m D\ln\left[1 + f_C(1+f_{CO})c_{O_2,\infty}\right]} \qquad (7\text{-}110)$$

把 $f_C$、$f_{CO}$ 值代入，此时 $\bar{B}=0.75c_{O_2,\infty}$，实质上用这个方法计算 $\tau_0$ 和碳球直接燃烧成 CO 时的时间一样，因为本方法是氧的总消耗量来计算。

## 7.5 多孔性碳球的燃烧

### 7.5.1 内部反应对碳粒燃烧的影响

在前两节中所述的碳粒燃烧速度是假定化学反应在碳粒表面上进行的情况下来讨论的，这种情况只是对于碳粒表面是平滑的，而且反应气体不能透入内部时，才算是真正的"表面燃烧"（即外部燃烧）。

实际上，一切非均相反应不仅在外表面进行，而且在物质内部进行。碳是多孔性物质，碳的燃烧和气化，在一定的温度条件下在碳粒表面上进行，同时随着反应气体向孔隙内部渗透扩散，反应过程也扩展到碳粒内部。

据估计，木炭内部反应表面积 $S_i = 57 \sim 114\mathrm{cm}^2/\mathrm{cm}^3$，电极炭的为 $S_i = 70 \sim 500\mathrm{cm}^2/\mathrm{cm}^3$，无烟煤的为 $S_i = 100\mathrm{cm}^2/\mathrm{cm}^3$，天然煤的内部反应表面是很小的，但焦炭则有很大的内部反应面，这些资料可以说明表面对反应的影响是不可忽视的。

当内部反应重要时，其定量细节大大依赖于颗粒大小和反应性条件，但其定性模式却具

有共通性，这种模式即是关于多孔固体反应的"三区"概念。

低温下当反应相对较慢时，反应气体扩散进多孔固体内部的速度比反应中能消耗的气体的速度快，扩散和消耗呈平衡时，反应气体已扩散到固体中心，并以一定数量遍布在固体内，即为Ⅰ区。

随着温度上升，消耗速度超过扩散速度，扩散到多孔固体内部的气体在一个反应区域内全部被消耗掉而未能贯穿到中心，留下一个未反应的内芯重新达到平衡，即为Ⅱ区。

温度再高上去，反应退缩至固体外表面（Ⅲ区），此时扩散到固体内部的气体很少，反应速度受边界层扩散速度控制。

在引入内扩散详细动力学之前，首先来研究一下在两平行平面间厚度为 $\xi$ 的物体的内部反应过程，如图 7-19 所示。令 $D_i$ 多孔性物质内部扩散系数，$S_i$—物质单位体积内部孔隙反应表面积，$k$—反应速度常数（对内、外表面相同）。

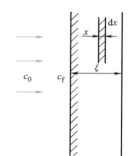

图 7-19　两平行平面间厚度为 $\xi$ 的物体的内部反应过程

在物体内部厚为 $dx$ 的单元层中，进出该层的气体物质的量之差为

$$D_i \frac{dc}{dx} - D_i \frac{d}{dx}\left(c + \frac{dc}{dx}dx\right) = -D_i \frac{d^2c}{dx^2}dx \quad (7-111)$$

在这单元层中反应进行的速度 $S_i$ 及 $c$ 成正比，相应地被化学反应的消耗的物质的量为 $kS_icdx$，在稳定情况下扩散气流之差等于化学反应的物质的量，则得到多孔性物质内进行化学反应的分子扩散微分方程

$$-D_i \frac{d^2c}{dx^2} = kS_ic \quad (7-112)$$

边界条件：

1）$x = 0$，$c = c_f$；

2）$x = \xi$，$\frac{dc}{dx} = 0$。

积分式（7-112），得料层中反应气体浓度的分布规律如图 7-20 所示，有

$$c = c_f\left(\frac{e^{-x/\varepsilon_0}}{1 + e^{-2\xi/\varepsilon_0}} + \frac{e^{-x/\varepsilon_0}}{1 + e^{2\xi/\varepsilon_0}}\right) \quad (7-113)$$

对于无限厚度，第二边界条件改为

$$x = \infty, \quad \frac{dc}{dx} = 0$$

积分之，得

$$c = c_f e^{\frac{-x}{\varepsilon_0}}$$

式中 $\varepsilon_0 = \sqrt{\dfrac{D_i}{kS_ic}}$——有效反应深度。

把总的反应速度，从 $x = 0$ 至 $x = \xi$ 整个厚度加以积

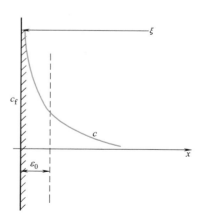

图 7-20　料层中反应气体浓度的分布规律

分，则可看成等于在浓度 $c_f$（壁面浓度）相应深度 $\varepsilon$ 下的反应速度，亦即

$$kS_i\varepsilon c_f = \int_0^{\xi} kS_i c\,\mathrm{d}x$$

当 $\xi/\varepsilon_0$ 很小，亦即板很薄时

$$\varepsilon = \xi$$

此时，可以认为全部体积都参与一样的反应

当 $\dfrac{\xi}{\varepsilon_0}$ 很大，亦即板较厚时

$$\varepsilon = \varepsilon_0 = \sqrt{\dfrac{D_i}{kS_i}} \tag{7-114}$$

此时，反应只在表面附近进行，其有效深度为 $\varepsilon_0$。

从式（7-114）可以看出，对于给定的 $D_i$ 值：

1）温度越低，亦即反应速度常数越小，反应慢，单位体积反应表面越小，则 $\varepsilon_0$ 值越大，反应渗透越深；

2）反之，温度越高，亦即 $k$ 越大，和单位体积内部反应表面积亦越大，反应进行得较快，$\varepsilon_0$ 就越小，反应集中到外表面上进行，所以反应渗透的深度，取决于内部扩散速度与空隙表面上的化学反应速度之比。

在这种情况下，总的有效反应表面积成为一个变数。因为计算总的有效反应表面积是非常困难的，因此，通常把这种燃烧过程，当作是一种纯粹的表面燃烧过程，其所产生的总效应，也认为是纯动力因素所引起的。但是，若用同样方法来解释内部燃烧过程，应用阿累尼乌斯定律就必定得出一些"似是而非"的活化能的数值。

对于 $n$ 级反应，通过外表面深入到内部的反应物质扩散流从理论上可以推导得到

$$g_i = -D_i\frac{\mathrm{d}c}{\mathrm{d}x} = \sqrt{\frac{2}{n+1}D_iS_ikc_f^{n+1}} \tag{7-115}$$

扩散流的速度是物体内部进行的总反应速度，例如，对 $O_2$ 的消耗速度

$$g_{O_2,\,s} = k(1+\varepsilon S_i)c_{O_2,\,s} \tag{7-116}$$

当温度较低或内部反应表面较大时，即 $\varepsilon S_i \approx \varepsilon_0 S_i \gg 1$，此时

$$g_{O_2,\,s} \approx k\varepsilon_0 S_i = kS_i\sqrt{\frac{D_i}{kS_i}} = (DS_ik)^{1/2} \propto \exp\left(-\frac{E_a}{2RT}\right) \tag{7-117}$$

由此可知

1）内部反应的表观级数，一般讲，不同于该反应的级数，而为 $\dfrac{n+1}{2}$ 级，但对于一级反应（$n=1$），总反应的表观级数则仍为一级，此时内部反应不影响反应的级数。

2）在内部反应情况下，反应速度常数 $k=k_0\mathrm{e}^{-E_a/(RT)}$ 放在根号之中，表明内部反应的**表现活化能**（把内部反应当作表面燃烧来处理时观察得到的活化能），为

$$E_b = \frac{E_a}{2} \tag{7-118}$$

必须注意，上述反应速度不是过程的总速度，而只是物体内部的反应速度。

### 7.5.2 总的表观反应速度常数

从外界进入的反应物质，其总的扩散流 $G$ 等于单位时间内在外表面和内表面起反应的全部物质的量，换言之，总的扩散流等于全部反应速度（相对于单位外表面积一级反应而言）。

$$g = D\frac{dc}{dx} = kc_f + D_i\frac{dc}{dx} \quad (x = 0, \ c = c_f) \tag{7-119}$$

式中　右侧第一项——表示外表面上反应速度；

　　　右侧第二项——表示往内部渗透的反应物质扩散流；

　　　注脚 i——表示内部。

引用有效反应深度 $\varepsilon$ 来表示，则 $D_i$

$$D_i\frac{dc}{dx} = kS_i\varepsilon c_f \tag{7-120}$$

代入式（7-119），得

$$g = k_z c_f = k(1 + \varepsilon S_i)c_f \tag{7-121}$$

式中　$k_z = k\ (1+\varepsilon S_i)$。

此时同时考虑了物体外表面和内部孔隙表面的反应，相当于单位外表面的有效反应速度常数。

通常对于煤粉炉里的无烟煤粒

$$k_z \approx (1.2 \sim 1.3)k \tag{7-122}$$

对于球形碳粒，可知

$$g = \beta(c_0 - c_f) = \frac{NuD}{d}(c_0 - c_f) \tag{7-123}$$

从上式及式（7-121）消去 $c_f$ 得总的反应速度

$$k_S^z = \cfrac{1}{\cfrac{1}{k(1 + \varepsilon S_i)} + \cfrac{1}{NuD}} \quad c_0 = \bar{k}_{sup}c_0 \tag{7-124}$$

式中　$\bar{k}_{sup}$——总的表观反应速度常数，即

$$\bar{k}_{sup} = \cfrac{1}{\cfrac{1}{k(1 + \varepsilon S_i)} + \cfrac{d}{NuD}} \tag{7-125}$$

或

$$\cfrac{1}{\bar{k}_{sup}} = \cfrac{1}{k(1 + \varepsilon S_i)} + \cfrac{d}{NuD} \tag{7-126}$$

式中　右侧第一项——表示内外表面的反应阻力（包括内扩散阻力）；

　　　右侧第二项——表示外表面的扩散阻力。

如令

$$k_S^z = k_b(1 + \varepsilon S_i)c_0 \tag{7-127}$$

从式（7-125）与式（7-127）可得

$$\frac{1}{k_b} = \frac{1}{k} + \frac{\varepsilon S_i d}{NuD} + \frac{d}{NuD} \tag{7-128}$$

即　　[反应物质交换总阻力] ＝[化学反应阻力] ＋ [物质内部扩散阻力]

　　　　　　　　＋ [外部扩散阻力]

同时考虑物体外表面和内部反应情况下，从上述总反应速度方程式（7-125）可知，对于不同工作条件，存在四种极限工况。

1）当 $k(1+\varepsilon S_i) \gg \dfrac{NuD}{d}$，即在温度很高的情况下，整个反应过程速度仅取决于反应气体的外部扩散，因而

$$k_S^z \propto \frac{NuD}{d}c_0$$

反应气体总浓度在外表面上以及在孔隙内部都远小于主气流中的浓度，即

$$c \ll c_0$$

这种临界情况称为外部扩散工况。

2）当 $\dfrac{NuD}{d} \gg k(1+\varepsilon S_i)$，并且 $\xi \gg \varepsilon \gg \delta^{\ominus}$，即温度较低、颗粒较大，而孔隙很小的情况下，反应气体在料块外表面上的浓度十分接近主气流中的浓度，即

$$c_f \approx c_0$$

而在孔隙深处的浓度实际上将等于零。所以过程速度取决于内部孔隙的扩散速度与内部表面反应速度的比值，这种工况称为内部扩散工况。

3）当 $\dfrac{NuD}{d} \gg k(1+\varepsilon S_i)$，并且 $\varepsilon \gg \xi$、即温度较低、质量很小时，反应气体的浓度在质点内部孔隙中，在外表面上以及在主气流中都一样，有

$$c_i = c_f = c_0$$

过程的速度仅取决于化学反应的速度，多孔性碳球全部内表面都发生作用，这种工况称为内部动力工况。

4）当 $\dfrac{NuD}{d} \gg k(1+\varepsilon S_i)$，并且 $\delta > \varepsilon$，即温度较低，孔隙尺寸与有效深度相比拟时，这时内部孔隙实际上对过程不再有影响，反应在动力工况中，并集中在颗粒外表面上进行，这种工况称为外部动力工况。

从上述分析可知，系统温度的改变、颗粒大小的改变，以及内部孔隙尺寸的改变，都会使过程所处的工况发生变化。分析多孔性燃料的燃烧过程，掌握过程的控制因素，必须对各种因素全面地加以考虑。应当指出，通常孔内碳除了与 $O_2$ 反应外，在足够高温下，还会与扩散进孔内的 $CO_2$ 进行还原反应。

---

　　⊖　式中　$\xi$——多孔性燃料的厚度；

　　　　　　$\varepsilon$——有效反应深度；

　　　　　　$\delta$——孔隙的平均直径。

## 7.6　各种因素对焦炭燃烧的影响

### 7.6.1　煤中挥发分析出对燃烧的影响

如第6章中所述，由于挥发分能够在低的温度下析出、着火并燃烧，从而为焦炭着火与燃烧创造了极为有利的条件。同时，挥发物的析出，使煤粒膨胀，增大了内部孔隙及外部反应表面积，也有利于提高焦炭的燃烧速度。但是，由于挥发分在焦炭周围燃烧，消耗了周围介质向煤粒表面扩散的部分氧气，以至于扩散到焦炭表面的氧气显著减少，特别在燃烧初期，在挥发分的析出和燃烧速度较大的阶段，这种影响尤为严重，下面分别分析两方面的影响。

#### 7.6.1.1　在炽热的天然固体燃料表面附近的燃烧过程的物理化学现象

从前面关于碳粒表面附近的燃烧过程的物理化学现象的分析可知，碳的最终完全燃尽并不是在碳粒的表面上，而是在碳粒表面附近，$CO$ 与 $O_2$ 成化学计量数配比（即过量空气系数 $\alpha=1$）的区域中完成的，并且在碳粒附近的燃烧边界层中，化学反应过程是很复杂的。

当燃用天然固体燃料时，其燃烧过程将更为复杂。从固体燃料表面析出的水蒸气和可燃气体向四周扩散，周围的介质（包括氧和惰性气体）则向燃料表面扩散，这两股相对的气流在燃料周围形成可燃气体、氧气及惰性气体的复杂浓度场，如图7-21所示。

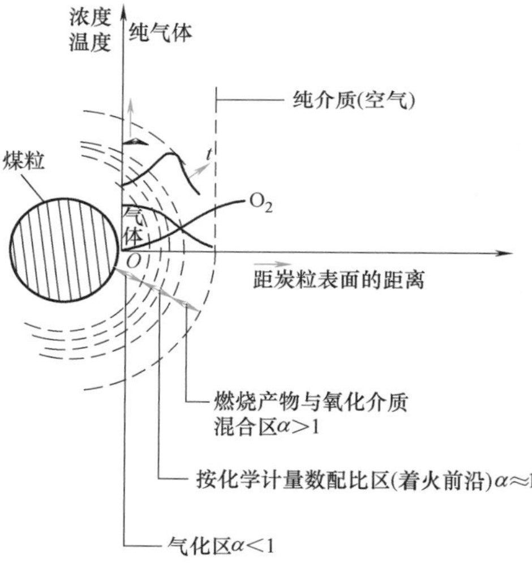

挥发物本身与氧的反应速度很快，它的燃烧速度基本上取决于扩散速度（挥发物与氧的混合速度）。像燃料油滴的蒸发和燃烧一样，从图上可见，这些可燃气体在化学计量数配比区（$\alpha \approx 1$）附近燃尽。在一般情况下，挥发物在煤粒附近的燃烧是不对称的，所以，实际温度场和浓度场还要复杂。

图 7-21　煤粒周围的温度及浓度分布情况

有人在炉温950℃下用摄影方法来估计挥发分含量较大的烟煤颗粒燃烧过程的温度变化，如图7-22所示。估计的温度不够准确，但是曲线的趋向无疑是正确的，第一个最大值为1800℃反映挥发物的燃烧，第一个最小值约1500℃，均系因气相燃烧使局部缺氧的结果所造成。周围介质中氧气向碳表面扩散的结果导致第二个最大值的出现，此后温度缓慢下降和燃烧过程仅受扩散速度的限制相对应，最后温度迅速下降表示熄灭作用。

上述这些物理化学过程对煤粒具有很大的热冲击

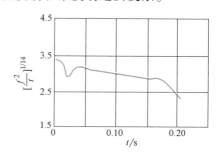

图 7-22　煤粒燃烧过程中的温度变化

注：温度用相对单位，从相对的焦距 $f$ 与曝光时间 $t$ 恰使底片感光来估计

的情况下还是适用的。即使当冷的煤粒瞬间入炉内高温区域内，由于煤粒所含水分及挥发分物质的内部分压迅速提高而造成爆裂现象，使煤粒的形状改变和尺寸变小，但是热裂的煤粒周围仍将按照上述过程形成其温度场及浓度场。

### 7.6.1.2 挥发物的存在对煤粒燃烧速度的影响

挥发物析出过程使焦炭膨胀，增大了内部孔隙及外部反应表面积，有如上述，也有利于提高焦炭的燃烧速度。但是，因为挥发物在焦炭的周围燃烧，消耗周围介质间煤粒表面扩散的部分氧气，使焦炭的燃烧速度下降。下面分析这种影响。

令　$K_S^z$——煤中可燃质的比燃烧速度，单位为 kg/(m²·s)；

　　$K_S^C$——焦炭的比燃烧速度，单位为 kg/(m²·s)；

　　$K_S^V$——挥发物的比燃烧速度，单位为 kg/(m²·s)；

　　$S$——煤粒反应表面积，单位为 m²；

　　$G_0$——煤的总燃尽速度（收到质基），单位为 kg/s；

　　$M_{ar}$——煤中水分（收到质基），表示为%；

　　$A_{ar}$——煤中灰分（收到质基），表示为%。

则单位时间内总燃尽量为

$$K_S^z S = K_S^C S + K_S^V S \tag{7-129}$$

单位时间内焦炭的燃尽量为

$$K_S^C S = \left(\frac{\Delta k}{k}\right) k G_0 \ (1-M_{ar}-A_{ar}) \tag{7-130}$$

单位时间内挥发物的燃尽量为

$$K_S^V S = \left(\frac{\Delta V_{daf}}{V_{daf}}\right) V_{daf} G_0 \ (1-M_{ar}-A_{ar}) \tag{7-131}$$

代入式（7-129）可得

$$
\begin{aligned}
K_S^z S &= \left(\frac{\Delta k}{k}\right) k G_0 \ (1-M_{ar}-A_{ar}) + \left(\frac{\Delta V_{daf}}{V_{daf}}\right) V_{daf} G_0 \ (1-M_{ar}-A_{ar}) \\
&= \left(\frac{\Delta k}{k}\right) k G_0 \ (1-M_{ar}-A_{ar}) \left[1+\left(\frac{\Delta V_{daf}/V_{daf}}{\Delta k/k}\right)\frac{V_{daf}}{k}\right] \\
&= \left(\frac{\Delta k}{k}\right) k G_0 \ (1-M_{ar}-A_{ar}) \left[1+\left(\frac{MV_{daf}}{k}\right)\right] \\
&= K_S^C S \left(1+\frac{MV_{daf}}{k}\right)
\end{aligned}
\tag{7-132}
$$

由于

$$k = 1-V_{daf} \tag{7-133}$$

于是可得

$$K_S^z = K_S^C \left(1+\frac{MV_{daf}}{1-V_{daf}}\right) \tag{7-134}$$

因为

$$K_S^C = f\,k\,(1+\Delta S)\,c_f \tag{7-135}$$

式中　$(1+\Delta S)$——焦炭因挥发物析出使焦炭反应表面积增大的修正系数。

$$K_S^z = f\beta'(c_0 - c_f) = f\,k\,(1+\Delta S)\,c_f\left(1 + \frac{MV_{daf}}{1 - V_{daf}}\right) \tag{7-136}$$

从上式消去 $c_f$，得

$$K_S^z = f\,\cfrac{1}{\cfrac{1}{k\,(1+\Delta S)} + \cfrac{1}{\beta}\left(1 + \cfrac{MV_{daf}}{1 - V_{daf}}\right)}\left(1 + \frac{MV_{daf}}{1 - V_{daf}}\right)c_0 \tag{7-137}$$

式中，$M$ 值在煤种、颗粒尺寸和加热速度不变情况下，仅随燃烧过程的发展而变化，并在初始阶段保持为常量。氧自周围介质扩散到煤粒表面的"物质交换系数" $\beta$ 由于煤粒周围存在挥发物的燃烧，不仅是 $Re$ 值的函数，而且也是挥发物燃烧速度的函数，上述两个参数以及系数（$1+\Delta S$）都只能通过实验来确定。因此，上式需有实验数据支撑，否则不能作为定量的计算。但是可以定性地从此式看出，由于挥发物的燃烧，一方面燃尽速度提高 $\left(1 + \dfrac{MV_{daf}}{1 - V_{daf}}\right)$ 倍；另一方面扩散阻力也增加 $\left(1 + \dfrac{MV_{daf}}{1 - V_{daf}}\right)$ 倍，同时有效反应面积增大 （$1+\Delta S$） 倍，相应地使化学阻力下降 （$1+\Delta S$） 倍。

当挥发物等于零 （$V_{daf}=0$） 时，亦即对于纯碳燃烧情况下，则上式简化成

$$K_S^z = \varphi\,\cfrac{1}{\cfrac{1}{k} + \cfrac{1}{\beta}}c_0 \tag{7-138}$$

### 7.6.2　灰分对燃烧的影响

煤中矿物质的性质，从典型的煤的灰分中识别了多达 35 种元素。在灰分中这些元素的质量分数从很高 （Si、Al、Fe、Ca、K、Na、Mg、Ti、S） 变化到只有微量值，见表 7-6。此外，煤中的灰量变化很大，从占总煤量的百分之几到一半，大量的极不相同的矿物质对煤的燃烧和气化过程有明显的影响。

灰的存在以及灰中固有的矿物质的存在对煤的燃烧具有下列几方面潜在的影响：

（1）热效应　大量的灰改变了煤粒热特性，当灰被加热到高温时，它要消耗能量并发生相变。

（2）辐射特性　灰的辐射特性不同于焦炭或煤的辐射性质；灰的存在给碳的燃尽提供了一个辐射传热的固态介质。

（3）颗粒尺寸　接近燃尽时，焦炭粒往往破裂成更小的碎片，这一破碎过程无疑与焦炭中矿物质的含量和性质有关。

（4）催化效应　焦炭中不同矿物质已证明能使焦炭的反应性增加，尤其是在低温条件下。例如，在 923K 时，当焦炭中钙的质量份额从 0% 变为 13% 时，焦炭的反应性增加 30 倍。

（5）障碍效应　矿物质提供了一个障碍，反应物 （例如氧气） 必须通过这一障碍才能达到焦炭，尤其是接近燃尽时，高矿物质含量将阻碍燃烧。由于矿物质软化和熔化，燃烧会恶化。

以上这些影响直接涉及矿物质对焦炭消耗的影响，矿物质在实际燃烧系统的运行中也起着活跃的作用，这些影响包括在反应器壁及传热管上的积灰和结渣、硫污染物形成、辐射传

热、腐蚀、微量金属的蒸发以及飞灰的形成。

表 7-6  典型煤灰的成分

| A  煤中灰分随煤种的变化 | | | | | | | | | |
|---|---|---|---|---|---|---|---|---|---|
| | $SiO_2$ (%) | $Al_2O_3$ (%) | $Fe_2O_3$ (%) | $TiO_2$ (%) | $CaO$ (%) | $MgO$ (%) | $Na_2O$ (%) | $K_2O$ (%) | $SO_3$ (%) | $P_2O_3$ (%) |
| 无烟煤 | 48~68 | 25~44 | 2~10 | 1.0~2 | 0.2~4 | 0.2~1 | — | — | 0.1~1 | — |
| 烟煤 | 7~68 | 4~39 | 2~44 | 0.5~4 | 0.7~36 | 0.1~4 | 0.2~3 | 0.2~4 | 0.1~32 | |
| 次烟煤 | 17~58 | 4~35 | 3~19 | 0.6~2 | 2.2~52 | 0.5~8 | — | — | 3.0~16 | |
| 褐煤 | 6~40 | 4~26 | 1~34 | 0.0~0.8 | 12.4~52 | 2.8~14 | 0.2~28 | 0.1~0.4 | 8.3~32 | |

| B  煤灰中衡量元素的范围（×10⁻⁶，以灰分为基础） | | | | | |
|---|---|---|---|---|---|
| 元素 | 无烟煤 | 高挥发分烟煤 | 低挥发分烟煤 | 中等挥发分烟煤 | 褐煤次烟煤 |
| Ag | 1 | 1~3 | 1~1.4 | 1 | 1~50 |
| B | 63~130 | 90~2800 | 76~180 | 74~780 | 310~50 |
| Ba | 540~1340 | 210~4660 | 96~2700 | 230~1800 | 550~1900 |
| Be | 6~11 | 4~60 | 6~40 | 4~31 | 1~13900 |
| Co | 10~165 | 12~305 | 26~440 | 10~290 | 11~28 |
| Cr | 210~395 | 740~315 | 120~490 | 36~230 | 11~310 |
| Cu | 96~540 | 30~770 | 76~850 | 130~560 | 58~140 |
| Ga | 30~71 | 17~98 | 10~135 | 10~52 | 10~3020 |
| Ge | 20 | 20~285 | 20 | 20 | 20~100 |
| La | 115~220 | 29~270 | 56~180 | 19~140 | 34~90 |
| Mn | 58~220 | 31~700 | 40~780 | 125~4400 | 310~1030 |
| Ni | 125~320 | 45~610 | 61~350 | 20~440 | 20~420 |
| Pb | 41~120 | 32~1500 | 23~170 | 52~210 | 20~165 |
| Sc | 50~82 | 7~78 | 15~155 | 7~110 | 2~58 |
| Sn | 19~4250 | 10~825 | 10~230 | 29~1600 | 10~660 |
| Sr | 80~340 | 170~9600 | 66~2500 | 40~1600 | 230~8000 |
| V | 210~310 | 60~840 | 115~480 | 170~860 | 20~250 |
| Y | 70~210 | 29~285 | 37~460 | 27~340 | 21~120 |
| Yb | 5~12 | 3~15 | 5~23 | 4~13 | 2~10 |
| Zn | 155~350 | 50~1200 | 62~550 | 50~460 | 50~320 |
| Zr | 370~1200 | 115~1450 | 220~620 | 180~540 | 100~490 |

当煤以煤粉形式燃烧时，先要经过磨制，原始煤块变成 $20 \sim 50 \mu m$，最大的也只是 $200 \mu m$。在这种情况下，构成灰分的各种矿物质可燃质便分离开来，磨制越细，这种分离便越完善。但是对不同煤种，磨制到何等细度才能完全分离，目前还缺乏足够的试验资料，难下定论。煤在磨制之后，灰粒虽经分离，但在集态燃烧过程中（如煤粉火炬）对着火和燃尽，仍然表现出它的影响力。但是，灰粒对各个煤粒（不包含灰分）的燃烧过程、微观分析，已经不存在直接影响，这里将不予讨论。

含有一定灰分的煤颗粒在不同的介质中不同的温度下，灰分对燃烧过程所产生的影响亦不同。

### 7.6.2.1 燃烧温度低于灰的软化温度时的影响

燃烧温度低于灰的软化温度时，燃煤的外表将形成一层灰壳，灰壳随过程的发展而增厚，使氧化介质扩散到可燃核心增加了额外阻力，灰层扩散的大小取决于灰层的厚度、密度等物理因素。

为了近似地估计灰分对燃烧速度的影响，假定：

1）过程为准稳定的。

2）灰在煤中是均匀分布的。

3）燃烧着的含灰煤层的温度是定值，随着过程的发展，灰层在垂直于它的表面增厚。

4）燃烧反应只是在灰壳和原煤的界面上进行，不存在原煤内部燃烧现象。

对一板形煤层，取板厚为 2d 的中心作为坐标原点，如图 7-23 所示，同时令：

$c_{O_2,\infty}$——周围介质中氧浓度；

$c'_{O_2,s}$——灰层表面氧浓度；

$c_{O_2,s}$——碳层表面氧浓度；

$D_a$——气体在灰层中的扩散系数。

在准稳定情况下，单位时间通过单位面积的氧扩散量等于氧与碳反应消耗量，亦即反应速度为

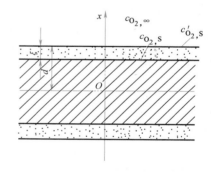

图 7-23　板形煤层灰的形成

$$g_{O_2} = \beta\left(c_{O_2,\infty} - c'_{O_2,s}\right) = D_a \frac{c'_{O_2,s} - c_{O_2,s}}{\xi} = k c_{O_2,s} = k_t c_{O_2,\infty} \qquad (7\text{-}139)$$

从上式消去 $c'_{O_2,s}$ 及 $c_{O_2,s}$，得

$$y_{O_2} = \frac{c_{O_2,\infty}}{\dfrac{1}{\beta} + \dfrac{\xi}{D_a} + \dfrac{1}{k}} \qquad (7\text{-}140)$$

所以

$$\frac{1}{k_t} = \frac{1}{\beta} + \frac{\xi}{D_a} + \frac{1}{k} \qquad (7\text{-}141)$$

也就是说，含灰的煤层燃烧时，反应物质交换总阻力等于反应气体间燃料外表面的扩散阻力、气体通过灰层的扩散阻力与燃烧表面上的化学反应阻力之和。

另一方面氧的扩散速度应正比于碳的燃尽速度，即

$$f \times \frac{c_{O_2, \infty}}{\dfrac{1}{\beta} + \dfrac{\xi}{D_a} + \dfrac{1}{k}} = \rho_C \frac{dc}{dx} \tag{7-142}$$

式中 $\rho_C$——燃料密度；

$$f = \frac{\text{碳单位质量消耗量}}{\text{氧单位质量消耗量}}。$$

边界条件：当 $\tau = 0$ 时，$x = d$；当 $\tau = \tau$ 时，$x = \xi$；当 $\tau = \tau_0$ 时，$x = 0$。积分式（7-142），得

$$\tau = \frac{\rho_C \xi}{f c_{O_2, \infty}} \left( \frac{1}{\beta} + \frac{\xi}{2D_a} + \frac{1}{k} \right) \tag{7-143}$$

完全燃烧时间为

$$\tau_0 = \frac{\rho_C d_S}{f c_{O_2, \infty}} \left( \frac{1}{\beta} + \frac{d_S}{2D_a} + \frac{1}{k} \right) \tag{7-144}$$

式中 $k$、$D_a$、$\beta$——均与燃烧过程无关。

从式（7-143）可知，当灰层达到一定厚度 $\xi$ 后，灰层中扩散阻力远大于外部扩散阻力和化学反应阻力下，过程将处于扩散工况（即燃烧速度取决于灰层中的扩散速度），此时灰层厚度与燃尽时间的平方根（$\sqrt{\tau}$）成正比，但是，在开始燃烧的瞬间，当灰层厚度 $\xi$ 很小、温度较低的情况下，过程处于外部动力工况，化学反应阻力 $\left( \dfrac{1}{k} \right)$ 远大于外部扩散阻力及灰层中扩散阻力，此时灰层的厚度 $\xi$ 正比于燃尽时间 $\tau_0$。在开始燃烧瞬间，如果温度很高，随着时间增加，燃烧会以外部扩散阻力为主转为以灰层内部扩散阻力为主；灰层的厚度亦将从正比于燃尽时间转为正比于燃尽时间的二次方根。

同理，如图 7-24 所示。

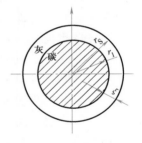

图 7-24 含灰碳球形成碳粒灰层的形成

对于含灰的球形碳粒的比燃烧速度为

$$K_S^C = \frac{c_{O_2, \infty}}{\dfrac{1}{k} + \dfrac{1}{\beta} \left( -\dfrac{r_1}{r_0} \right)^2 + \dfrac{\xi}{D_a} \dfrac{r_1}{r_0}} \tag{7-145}$$

含灰碳球的完全燃尽时间为

$$\tau_0 \approx \frac{\rho_C r_S}{f c_{O_2, \infty}} \left( \frac{1}{k} + \frac{1}{3\beta} + \frac{r_S}{6D_a} \right) \tag{7-146}$$

对于含灰的圆柱形碳粒的比燃烧速度可写成

$$K_S^C = \frac{f c_{O_2, \infty}}{\dfrac{1}{k} + \dfrac{1}{\beta} \dfrac{r_1}{r_0} + \dfrac{r_1}{D_a} \ln \dfrac{r_S}{r_1}} \tag{7-147}$$

含灰碳柱的完全燃尽时间为

$$\tau_0 = \frac{\rho_C r_S}{f c_{O_2,\infty}} \left( \frac{1}{k} + \frac{1}{2\beta} + \frac{r_S}{4D_a} \right) \tag{7-148}$$

如果灰层达到一定厚度 $\xi$，灰层中的扩散阻力远大于化学反应阻力及外部扩散阻力，则式（7-147）可简化成

$$K_S^C = \frac{f D_a c_{O_2,\infty}}{r_1 \ln \dfrac{r_S}{r_1}} \tag{7-149}$$

含灰碳的 $f$ 值可按无灰碳质的 $f_1$ 值计算而得

$$f \approx \frac{f_1}{1 - A_C} \tag{7-150}$$

式中　$A_C$——碳中灰分的质量分数，表示为%。

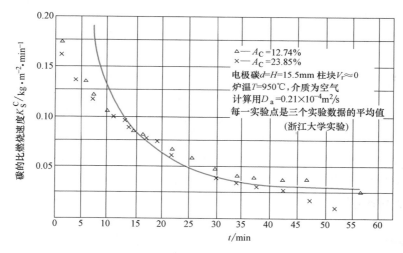

图 7-25　含灰碳粒比燃烧速度与燃尽时间的关系
△，× 试验结果　——按式（7-149）计算结果

浙江大学用电极碳渗煤灰做成高＝直径＝15.5mm 的圆柱形，炉温维持 950℃ 下进行实验，实验结果和理论计算结果［按式（7-140）计算］同时示于图 7-25 中。从图中可以看到实验结果和理论曲线在燃烧开始 5～10min 之后基本上是符合的，根据实验燃烧开始 5min 后，灰层厚度只有 0.325mm。也就是，在燃烧最初阶段，灰层很薄，灰层中的扩散阻力还不很大，因此化学反应阻力和外部阻力是允许忽略的，这很可能就是实验点偏离理论曲线的原因。

有学者用木炭渗灰和褐煤做成直径为 10～20mm 的圆柱在炉温 950℃ 进行实验得到相似的结果，同时还决定了灰层的扩散系数 $D_a$ 与含灰量的关系，如图 7-26 所示，灰分越多，形成的灰层密度越大，因而通过灰层的扩散系数越小。

在灰分不熔化的条件下，可燃质燃烧之后，灰层基本上保持初始煤块的形状（仅略有缩小），与含灰量多少无关。

实际上，随着燃烧的进展，灰层逐渐露出，一般用压制煤柱在不同燃烧瞬间进行剖析所得灰层的析出规律，如图 7-27 所示。根据如图 7-25、图 7-27 所示的实验规律，代入式（7-147），可以用三个实验点代入，消去未知的化学反应速度常数 $k$ 及外部扩散系数 $\beta$，从

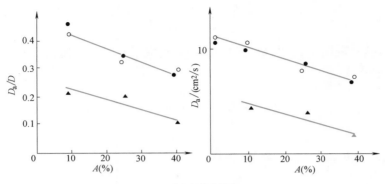

○ 木炭直径与高度均为10mm
● 木炭直径与高度均为20mm
▲ 褐煤直径与高度均为20mm

图 7-26　灰层的扩散系数

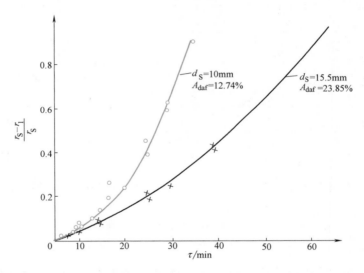

图 7-27　燃烧过程中灰层析出的规律

注：实验条件如图 7-25 所示

而求出灰层内部扩散系数 $D_a$，其结果如图 7-28 所示。实验温度下氧气在空气的扩散系数 $D_0$ = 2.38cm²/s。可以发现随着灰层的深化，$D_a$ 值逐渐降低，对于本实验煤种不大于 $D_0$ 的 14%。这是因为，如同上节中所讨论的多孔碳燃烧情况一样，在 $O_2$ 往内渗透的同时，还有 $C+O_2$ 在内孔的动力和扩散非均相反应问题，因此这里 $D_a$ 实际上是一个综合的系数值。

### 7.6.2.2　燃烧温度高于灰熔化温度时的影响

燃烧系统温度高于灰的熔化温度时，情况就完全不同。相同试样在 1200℃ 的炉温下进行实验，发现对于 10mm 以上的褐煤圆柱，其表面形成一些熔渣的小黑点，然后聚集成为较大的熔渣点，由小点变成大点，渐渐汇集为底座，煤柱便处在这底座上，同时暴露出它的反应表面来，如图 7-29 所示。所以，在实验过程，灰分含量自 10%（质量分数）增加到 40%，燃烧速度不但没有降低，反而不断提高，最后高达无灰时的情况。

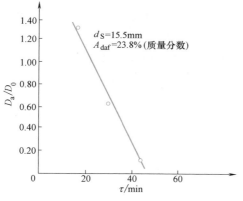

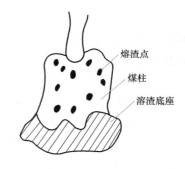

图 7-28 燃烧过程中"灰层扩散系数"的变化　　图 7-29 高温下燃烧时熔渣汇聚情况

对于 5mm 的褐煤圆柱,灰分变化对燃料的阻碍作用难以觉察,可能是因为熔渣的绝对量少,表面张力与黏性力大于重力,所以不能形成渣滴,而仍稳附在煤柱上。

在高温时煤块燃烧时自动脱渣的情况是容易觉察的。对孤立的煤块燃烧,影响虽不大,但在聚集状态下(如层燃炉)燃烧时,汇集的熔渣将堵塞通风孔隙,形成严重的气体交换阻力,恶化燃烧。

## 7.7 煤燃烧过程数学模型方法简介

### 7.7.1 燃烧过程模化的一般研究

目前,研究人员对燃烧过程的模化予以很大重视,已有商业化应用程度的程序。现有的模型方法的发展已开始走向实际的应用。

正如上一章及本章前面所指出,煤的燃烧过程是一个复杂的物理和化学过程。因此,人们在开发燃烧通用商业化程序时,将重点放在了其涉及的煤燃烧过程的机理研究方面,各种机理模型更加接近实际的应用要求。

近些年来,煤的固定床燃烧、流化床燃烧和煤粉燃烧过程的模化都有了长足的发展,最成熟的是煤粉燃烧过程的模化,如斯穆特(L. D. Smoot)等发展的一维、二维及三维煤气化和燃烧模型,洛克任德等(F. C. Lockwood)发展的多维煤粉燃烧模型。最近已有三维计算的商业化程序出现。国内各高等院校和研究所都已进行了多年的研究工作,并已有各种计算模型的发展。这些研究几乎对煤燃烧过程的所有问题进行了模化,包括气相湍流、颗粒加热、挥发分析出、焦炭燃烧、气相反应、辐射传热、颗粒扩散等方面。

发展煤燃烧模型的关键在于:

1)能否广泛应用已通过实验研究的单颗煤粒的特性数据预示出整个颗粒群的特性。

2)有限的、稳态的试验数据是否可用于非稳态或准稳态过程的特性。

3)煤的燃烧过程的主要控制因素是各个环节的速率,只要对这些速率控制过程进行描述就可对整个过程做出描述。

4)对简单的计算系统作了估计的数值方法可用于复杂系统,尽管精度尚需提高,但仍能得到有益的结果。

5）由于程序的广泛性，不可能对各个子模型给出充分、完整的评价，但其总体参数的评价仍是可靠的。

从另一个角度看，虽然燃烧过程包含着复杂的微观过程，但其宏观特性却呈现出明显的规律性，包括宏观的温度场、速度场、浓度场、传热、传质、流动等特性，这表明用数学方法来描述这种过程是可能的。

从长远的角度，模型方法可以涉及很广的应用范围，并给出定量的结果，并能获得实验方法无法得到的信息，其中可能包括：

1）确定炉膛、燃烧器的总的基本特性。

2）解释和进行测量结果的分析。

3）确定敏感的变量。

4）确定速率控制过程。

5）确定需要深入研究的区域。

6）控制燃烧过程。

7）进行设计和优化。

8）帮助进行比例放大的工程设计。

然而，对于实际研究过程的兴趣不同，目前尚无能完成上述所有过程的程序的出现，但是根据不同应用要求，局部进行的定性、定量分析已经获得以下明确的应用。

1）求出燃烧室中的温度分布和壁面热流分布，分析其热工况；

2）求解气相流场，分析流动工况（各股气流的混合、流速、湍流和回流情况）；

3）求出煤颗粒的反应经历、分析积灰、结渣和磨损过程；

4）求出颗粒的反应经历，合理组织气流流动；

5）求解气相组分分析，分析合理的反应混合情况；

6）辅助燃烧器的设计；

7）对低 $NO_x$ 控制的指导；

8）了解燃料变化对锅炉总体运行的影响；

9）进行数值试验，估计实验结果，帮助进行按比例放大的工程设计。

## 7.7.2 煤燃烧的基本过程

前面对煤的燃烧的过程进行了详细分析，实际上，煤燃烧涉及更一般的流动、传热、化学反应和多相流问题，这些基本过程更具一般性，必须对其进行模化，从而获得较完整的了解。

如图 7-30 所示，煤在炉内燃烧时所涉及的典型燃烧基本过程。表 7-7 列出了这些基本过程及其子模型。

对于一个完整的模型，应对这些方面中的每一个过程建立适当的子模型。

一个综合的煤燃烧过程的系统模型的基础有三个方面：

1）气相湍流运动的研究方法，这一方面的研究由于基于湍流模型的发展，人们对各种场合应用双方程或多方程的湍流模型，获得了可靠的结果。这方面研究的成果为进一步研究整个燃烧过程打下了基础。

表 7-7　煤燃烧主要物理、化学现象及其子模型

| 物理化学现象 | 子模型 |
| --- | --- |
| 颗粒扩散 | 两相流湍流扩散 |
| 液滴蒸发 | 水分蒸发 |
| 气相湍流 | 气相湍流 |
| 气相回流 | 气相湍流、旋转流场 |
| 气-滴、颗粒导热(传热) | 对流传热 |
| 气-滴、气-周围辐射传热 | 辐射传热 |
| 液滴-颗粒相互作用 | 相间传输 |
| 颗粒挥发分析出 | 挥发分析出 |
| 颗粒焦-氧,蒸汽反应 | 异相反应 |
| 煤的结团与破碎 | 煤粒形态变化 |
| 气体-挥发物反应 | 湍流燃烧模型 |
| 污染物形成 | $NO_x$、$SO_2$、炭黑、飞灰生成模型 |
| 灰渣形成 | 灰渣形成 |
| 结灰、除渣、磨损 | 灰、颗粒/壁面相互作用 |

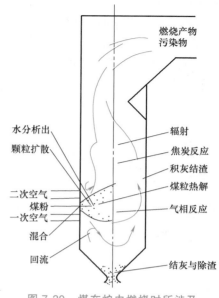

图 7-30　煤在炉内燃烧时所涉及
的典型燃烧基本过程

2) 湍流和其他物理现象的相互作用，发展的颗粒湍流扩散随机方法的出现，使得液滴、颗粒流的扩散问题获得了令人满意的结果。反映湍流-气相反应的湍流燃烧模型近年也得到了相当的发展。

3) 煤粉燃烧动力学研究和煤粉燃烧形态学方面的发展，为煤粉颗粒本身的模化打下了基础。如煤的加热热解（挥发物析出），焦炭反应过程中煤的形态，如结团、破碎、膨胀、收缩等研究。

由于这三方面的进展，使得发展一个煤燃烧的综合模型成为可能，随着对各个子模型研究进一步深入，这一综合模型可以不断得到完善。

如表 7-7 所示的各子模型中，湍流燃烧模型、挥发分析出、煤燃烧过程的异相反应等过程已在前面的章节中详细描述，可以应用有关的模型内容。$NO_x$、$SO_2$ 及污染物生成模型将在后面 2 章中详细描述。其他的子模型都涉及流体力学、多相流动和传热的过程。燃烧过程的数值模化的详细描述可以参考有关的文献，这里，就湍流、多相流动和辐射传热模型做一简单的介绍。

## 7.7.3　流动基本方程及湍流模型

### 7.7.3.1　流动基本方程

#### 1. 连续性方程

连续性方程是流体力学中质量守恒的表达式。对于任何一个化学组分 $K$，其组分连续性方程为

$$\frac{\partial}{\partial t}\left(\rho w_K^*\right) + \frac{\partial}{\partial x_j}\left(\rho v_j w_K^*\right) = \frac{\partial}{\partial x_j}\left(I_K'\frac{\partial w_K^*}{\partial x_j}\right) + R_K \qquad (7\text{-}151)$$

式中 $w_K^*$——组分 $K$ 的质量分数，定义式见式（7-152）；

　　$R_K$——由于化学反应引起的组分 $K$ 的产生（或消耗）率以及非均相反应产生的本组分的质量源；

　　$I_K'$——化学组分 $K$ 的输运系数，计算式见式（7-153）。

$$w_K^* = \frac{\rho_K}{\sum\limits_K \rho_K} \tag{7-152}$$

$$I_K' = \rho D_K \tag{7-153}$$

式中 $D_K$——化学组分 $K$ 对应混合气体的扩散系数。

将式（7-151）对整个 $K$ 进行相加即得到整个流体的连续性方程

$$\frac{\partial \rho}{\partial t} + \frac{\partial}{\partial x_j}(\rho v_j) = \sum_K R_K \tag{7-154}$$

式中 $\sum\limits_K R_K$——颗粒反应引起的质量总源项，当无颗粒相反应时有式（7-156）。

其中

$$\rho = \sum_K \rho_K \tag{7-155}$$

$$\sum_K R_K = 0 \tag{7-156}$$

**2. 动量方程**（Navior-Stokes 方程）

动量方程的一般形式可写为

$$\frac{\partial \rho v_i}{\partial t} + \frac{\partial}{\partial x_j}(\rho v_j v_i) = -\frac{\partial \sigma_{ij}}{\partial x_i} + S_{v_i} \tag{7-157}$$

其中

$$\sigma_{ij} = \rho \delta_{ij} - \mu \left( \frac{\partial v_i}{\partial x_j} + \frac{\partial v_j}{\partial x_i} \right) + \frac{2}{3} \mu \frac{\partial v_i}{\partial x_j} \delta_{ij} \tag{7-158}$$

而 $\delta_{ij}$ 为罗内克-$\delta$ 函数

$$\delta_{ij} = \begin{cases} 0 & (i \neq j) \\ 1 & (i = j) \end{cases} \tag{7-159}$$

而 $S_{vi}$ 则包括了各种体积力与阻力在 $i$ 方向的分量。在考虑多相流动时，多相流动间的作用力也反映在此项中。

**3. 能量方程**

流体的能量方程可写为

$$\frac{\partial}{\partial t}(\rho h) + \frac{\partial}{\partial x_i}(\rho v_i h) = \frac{\partial}{\partial x_i}\left( \lambda \frac{\partial T}{\partial x_i} + \tau_{ij} v_j \right) + \rho q_r + \overline{F^\omega} \overline{V^\omega} \tag{7-160}$$

式中 方程左边——表示单位时间内单位质量流体总能量对时间的变化率；

方程右边第一项——热传导引起的单位体积能量变化；

　　右边第二项——作用在表面上的力（正应力和切应力）在单位时间内单位质量流体的功；

　　右边第三项——外界用热辐射、化学反应或其他方式传入的热量；

　　右边第四项——外力（如体积力）等做功。

对于现在所涉及的燃烧问题，流体为气体，还将涉及气体的状态方程

$$\rho = \rho(p, T) \tag{7-161}$$

对于上面的方程，未知数与方程数相等，应该说该方程组是封闭的。只要适当地描述边

界条件和初始条件，应能求得任何流动的解。但是，在实际的自然界和工程装置中，流动往往是湍流流动，而湍流是在一个很小的湍流尺度上进行的。因此，求解这样一组方程就必须在湍流尺度的网格尺寸内进行，尚有一定的困难，直接求解湍流 Navior-Stokes 方程必须从其他方面寻求进一步的方法，这就是所说的湍流模型的方法。

### 7.7.3.2 湍流模型

如上所述，虽然流体力学的基本方程从形式上讲已经封闭而不必引入新的方程，但由于计算网络的限制，直接求解 N-S 方程是不可能的，因此人们依据对湍流的物理性质的研究采用了湍流模型的方法。

#### 1. 时均湍流运动方程的导出

为了求解 N-S 方程，将方程中的任一物理量用平均量和脉动量之和的形式来表示。并对上节的方程组进行时均，就获得了一组时均方程式，即

（1）时均连续性方程

$$\frac{\partial}{\partial t}\left(\overline{\rho m_K}+\overline{\rho' m'_K}\right)+\frac{\partial}{\partial x_j}\left(\overline{\rho}\,\overline{v_j}\,\overline{m_K}+\overline{\rho}\,\overline{v'_j m'_K}+\overline{v_j}\,\overline{\rho' m'_K}+\overline{m_K}\,\overline{\rho' v'_j}+\overline{\rho' v'_j m'_K}\right)$$

$$=\frac{\partial}{\partial x_j}\left(P_K\frac{\overline{\partial m_K}}{\partial x_i}\right)+\overline{R}_K \tag{7-162}$$

总连续性方程为

$$\frac{\partial \overline{\rho}}{\partial t}+\frac{\partial}{\partial x_j}\left(\overline{\rho v_j}+\overline{\rho' v'_j}\right)=\sum_K \overline{R}_K \tag{7-163}$$

（2）时均动量方程

$$\frac{\partial}{\partial t}\left(\overline{\rho v_i}+\overline{\rho' v'_i}\right)+\frac{\partial}{\partial x_j}\left(\overline{\rho v_j v_i}+\overline{\rho}\,\overline{v'_j v'_i}+\overline{v_i}\,\overline{\rho' v_j}+\overline{v_j}\,\overline{\rho' v_i}+\overline{\rho' v'_j v'_i}\right)$$

$$=\frac{\partial}{\partial x_j}\left(\overline{\sigma}_{ij}\right)+\overline{S}_{v_i} \tag{7-164}$$

其中，$\overline{\sigma}_{ij}=\overline{p}\delta_{ij}-\overline{\mu}\left(\frac{\partial \overline{v_i}}{\partial x_j}+\frac{\partial \overline{v_j}}{\partial x_i}\right)+\frac{2}{3}\overline{\mu}\frac{\partial \overline{v_i}}{\partial x_j}\delta_{ij}+\frac{2}{3}\overline{\mu'\frac{\partial v_i}{\partial x_j}}\delta_{ij}-\overline{\mu'\left(\frac{\partial v_i}{\partial x_j}+\frac{\partial v_i}{\partial x_i}\right)} \tag{7-165}$

（3）时均能量方程

$$\frac{\partial}{\partial t}\left(\overline{\rho}\,\overline{h}+\overline{\rho' h'}\right)+\frac{\partial}{\partial x_j}\left(\overline{\rho h v_j}+\overline{\rho}\,\overline{v'_j h'}+\overline{v_j}\,\overline{\rho' h'}+\overline{v_j}\,\overline{\rho' v'_j}+\overline{h'\rho' v'_j}\right)$$

$$=\frac{\partial}{\partial x_j}\left(k\frac{\partial \overline{T}}{\partial x_j}+\sum_K P_K\overline{h}_K\frac{\partial \overline{m}_K}{\partial x_j}\right)+\overline{S}_h \tag{7-166}$$

这样得到的时均方程可用以 $\varphi$ 为标量参数的统一形式，即

$$\frac{\partial}{\partial t}\left(\overline{\rho}\,\overline{\varphi}+\overline{\rho'\varphi'}\right)+\frac{\partial}{\partial x_j}\left(\overline{\rho}\,\overline{v_j}\,\overline{\varphi}+\overline{\rho}\,\overline{v'_j\varphi'}+\overline{v_j}\,\overline{\rho'\varphi'}+\overline{\varphi}\,\overline{\rho' v'_j}+\overline{\rho' v'_j\varphi'}\right)$$

$$=\frac{\partial}{\partial x_j}\left(P_K\frac{\partial \overline{\varphi}}{\partial x_j}\right)+\overline{S}_\varphi \tag{7-167}$$

此方程的求解，就必须对脉动量的乘积的平均量进行模化，从而获得方程的封闭，获得

可解的微分方程，不同的湍流模型或湍流封闭模型都是对这些脉动量乘积的模拟。

2. 混合长度模型

Boussinesq 建议把湍流切应力$-\rho\,\overline{v_i'v_j'}$表示为

$$\tau_T = -\rho\,\overline{v_i'v_j'} = \mu_T\left(\frac{\partial \overline{v_i}}{\partial x_j} + \frac{\partial \overline{v_j}}{\partial x_i}\right) \tag{7-168}$$

式中 $\mu_T$——称为湍流的动力黏度，是引入的一个新概念。

这个概念类似于层流中的动力黏度$\mu$，是反映流场中各点的湍流状态的参数，但建议者没有提出求解$\mu_T$公式，直到1925年普朗特提出混合长度模型，他假定

$$\mu_T = \frac{\tau_T}{\partial \overline{u}/\partial y} = \rho l_m v_T \tag{7-169}$$

式中 $l_m$ 和 $v_T$——分别代表混合长度和脉动速度，并定义

$$v_T = l_m\left|\frac{\partial \overline{u}}{\partial y}\right| \tag{7-170}$$

则有

$$\tau_T = \rho l_m^2\left|\frac{\partial \overline{u}}{\partial y}\right|\frac{\partial \overline{u}}{\partial y} \tag{7-171}$$

这样，只要求解$l_m$，即可解决湍流流动的求解问题。对于$l_m$，可用代数方程的方法来确定其值，这种方法对于边界层问题获得了成功的应用。

3. 单微分方程模型

代数方程方法的特点是简单，不必求解微分方程。但缺点是对有回流流动的情况并不成功，并且，当速度梯度为零的地方，按混合长度模型结论有$\mu_T = 0$，这与实际不符。为此，普朗特于1945年提出了针对方程（7-169）中的$v_T \propto k^{1/2}$

即

$$\mu_T = C_\mu\,\rho k^{1/2}l \tag{7-172}$$

脉动动能

$$k = \frac{1}{2}\left(\overline{v_1'}^2 + \overline{v_2'}^2 + \overline{v_3'}^2\right) \tag{7-173}$$

问题的封闭就归结于确定$k$值问题，建立$k$的微分方程式，并求解$k$，下面是一典型的方程形式

$$\frac{\partial}{\partial t}\left(\overline{\rho}\,\overline{k}\right) + \frac{\partial}{\partial x_i}\left(\overline{\rho}\,\overline{v_i}k\right) =$$

$$\frac{\partial}{\partial x_i}\left(\frac{\rho\,\overline{v_i'v_j'}}{2} + \overline{\rho'v_i'} - \mu\frac{\partial kK}{\partial x_i}\right) - \rho\,\overline{v_i'v_j'}\frac{\partial \overline{v_j}}{\partial x_i} + \beta\rho g_i\,\overline{Tv_i'} - \mu\left(\frac{\partial v_j'}{\partial x_i}\right)^2 \tag{7-174}$$

这个方程还不封闭，进行封闭后得

$$\frac{\partial}{\partial t}\left(\overline{\rho}\,\overline{k}\right) + \frac{\partial}{\partial x_i}\left(\overline{\rho v_i}\,k\right) = \frac{\partial}{\partial x_i}\left(\frac{\mu_e}{\sigma_k}\frac{\partial kK}{\partial x_i}\right) + G_i + G_b - c_D\rho k K^{1/2}l \tag{7-175}$$

其中

$$\mu_e = \mu + \mu_T, \qquad \mu_T = C_\mu\rho k^{1/c}l \tag{7-176}$$

$$G_i = \mu_T\left(\frac{\partial v_i}{\partial x_j} + \frac{\partial v_j}{\partial x_i}\right)\frac{\partial v_j}{\partial x_i} \tag{7-177}$$

$$G_b = -\beta g_k \frac{\mu_T}{\sigma_T} \frac{\partial T}{\partial x_i} \tag{7-178}$$

单方程模型克服了代数模型的缺陷，在速度梯度为零的地方 $\mu_T$ 不为零，但用单方程模型封闭，必须预选给定 $l$ 的代数表达式，对于复杂流动，给出适当的 $l$ 表达式不是一件容易的事。

### 4. $k$-$\varepsilon$ 双方程模型

从湍流的物理特性研究出发，湍流是由不同大小的涡团构成的，大涡团是脉动动能的主要涡团，小涡团则是用于耗散，对于混合长度 $l$，人们也导出了其守恒方程

$$\frac{\partial}{\partial t}(\rho l) + \frac{\partial}{\partial x_i}(\rho v_i l) = \frac{\partial}{\partial x_i}\left(\frac{\mu_T}{\sigma_T}\frac{\partial l}{\partial x_i}\right) + S_l \tag{7-179}$$

周培源等提出了脉动耗散能 $\varepsilon = k^{3/2}/l$ 的概念，导出了 $k$-$\varepsilon$ 双方程模型，应用最广。

封闭后的 $\varepsilon$ 方程为

$$\frac{\partial}{\partial t}(\rho \varepsilon) + \frac{\partial}{\partial x_i}(\rho v_i \varepsilon) = \frac{\partial}{\partial x_i}\left(\frac{\mu_T}{\sigma_T}\frac{\partial \varepsilon}{\partial x_i}\right) + \frac{\varepsilon}{k}(c_1 G_k - c_2 \rho \varepsilon) \tag{7-180}$$

式（7-175）和式（7-180）组成的方程组，称之为 $k$-$\varepsilon$ 双方程模型。

$k$-$\varepsilon$ 方程成功地表示了许多流动过程，但尚存在一些问题，首先是强旋流问题的模拟不准确，这对于存在强旋流的许多燃烧问题的模拟方面显出其不足，原因在于模型对湍流各向同性的假设。为了使 $k$-$\varepsilon$ 模型计算结果更近实际，许多作者都对 $k$-$\varepsilon$ 模型进行修正。但这些改进只能用于特定的环境，对于炉内旋流流动则要用雷诺应力模型来代替 $k$-$\varepsilon$ 模型。

### 5. 雷诺应力模型

直接对雷诺应力 $\tau_t = -\rho \overline{v_i' v_j'}$ 进行建模，推出其输运方程

$$\frac{\partial}{\partial t}(\rho \overline{v_i' v_j'}) + \frac{\partial}{\partial x_k}(\rho v_k \overline{v_i' v_j'}) = \frac{\partial}{\partial x_k}\left(C_\varepsilon \rho \frac{k}{\varepsilon} v_k' v_l' \frac{\partial \overline{v_i' v_j'}}{\partial x_l}\right) -$$

$$C_1 \frac{\varepsilon}{K}\left(\overline{v_i' v_j'} - \frac{2}{3}\delta_{ij} k\right) - C_2\left(p_{ij} - \frac{2}{3}\delta_{ij} G_k\right) - C_3\left(G_{ij} - \frac{2}{3}\delta_{ij} G_b\right) - \frac{2}{3}\delta_{ij}\rho\varepsilon + p_{ij} + G_{ij} \tag{7-181}$$

相应还可导出 $\overline{v_i' T'}$，$\overline{T'^2}$ 等输运方程。

对雷诺应力的直接求解，目前应用越来越多，但其耗费也大大增加了。而且计算内存与时间的大规模增加，式中常数项的增加都大大限制了其应用推广。

### 6. 代数应力模型

$k$-$\varepsilon$ 模型与 Reynolds 应力方程模型比较，形式简单，但通用性差。而 Reynolds 应力方程模型则过于复杂，经济性差，人们开始寻求两者的折中方式，即所谓的代数应力模型，最早由罗迪（Rodi）提出，其思路是将应力的微分方程简化为代数表达式，简化的基本思路是将含导数的对流和扩散项线性地正比于湍流动能 $k$ 的生成和耗散，则消去微分部分而得到代数关系式，后来，他又提出了一种平衡近似，即假定应力的产生与耗散达到局部平衡，即对流+扩散=零。即能获得整套封闭的方程组

$$\frac{\partial}{\partial t}(\rho \overline{k}) + \frac{\partial}{\partial x_i}(\rho \overline{v}_k k) = \frac{\partial}{\partial x_k}\left(\rho C_\varepsilon \frac{k}{\varepsilon} v_k' v_i' \frac{\partial kK}{\partial x_k}\right) + G_k + G_b - \rho\varepsilon \tag{7-182}$$

$$\frac{\partial}{\partial t}(\rho\varepsilon)+\frac{\partial}{\partial x_k}(\rho v_k\varepsilon)=\frac{\partial}{\partial x_k}\left(\rho C_\varepsilon\frac{k}{\varepsilon}\overline{v_k' v_i'}\frac{\partial\varepsilon}{\partial x_k}\right)+$$

$$C_{\varepsilon 1}\frac{\varepsilon}{k}(G_k+G_b)(1+C_{\varepsilon 3}R_f)-C_{\varepsilon 2}\rho\varepsilon^3/k \tag{7-183}$$

$$\overline{v_i' v_j'}=(1-\lambda)\frac{2}{3}\delta_{ij}k-\lambda\frac{k}{\varepsilon}\left(\overline{v_i' v_k'}\frac{\partial v_i}{\partial x_k}\right)+\beta(g_i\overline{v_i' T'}+g_i\overline{v_j' T'}) \tag{7-184}$$

$$\overline{v_i' T'}=\frac{k}{C_{1T}\varepsilon}\left[(\overline{v_i' v_{1c}'})\frac{\partial T}{\partial x_k}+(1-C_{2T})\overline{v_k' T'}\frac{\partial v_i}{\partial x_k}+(1-C_{3T})\beta g_i\overline{T'^2}\right] \tag{7-185}$$

$$\overline{T'^2}=-2R\frac{k}{\varepsilon}\overline{v_k' T'}\frac{\partial k}{\partial x_k} \tag{7-186}$$

这个方程组保留了湍流各向异性的基本物理特征，方程数也大量下降。这种方法已日益受到重视。当然还有待于更多的计算和验证。

目前工程上应用最广的仍然是 $k\text{-}\varepsilon$ 模型。

### 7.7.4　两相流及颗粒湍流扩散

#### 7.7.4.1　两相流动的基本描述方法

煤的燃烧的所有过程几乎都涉及复杂的两相流动问题，两相流动描述的正确与否直接影响燃烧过程的描述的正确性。

对于两相流动的模拟方法，主要分成两大类，一类是拉格朗日方法，一类是欧拉方法，最早进行两相流研究的是拉格朗日方法。但由于用确定性轨道方法，很多物理现象，特别是颗粒在气流中的扩散问题得不到解决，而开始引人们走向欧拉方法和对拉格朗日方法的改进。

欧拉法把颗粒相和连续相都作为连续流体来处理，即颗粒相与连续相之间作为互相贯穿的连续介质。当颗粒相的特性可以用某种流体相来描述时，这种模型提供了一种简洁的方法。但对于尺寸分布广泛的问题，就必须引入多个"流体"相，以计入颗粒相不同历史的影响。而发现耗时和耗内存的大大增加，对于颗粒的湍流扩散问题，采取了气相相同的处理方法只是对不同的颗粒相采用了扩散系数的修改。

欧拉方法的连续介质假设本身就是一种考验，用于现在的过程还有不少问题。为解决拉格朗日方法不能考虑湍流扩散的问题，Tchen，Hinze 等在 20 世纪 60 年代即探讨了颗粒湍流扩散问题。20 世纪 70 年代中期以来，对于颗粒的湍流扩散问题由于 $k\text{-}\varepsilon$ 模型的进一步改进而获得了更好的发展，典型的方法有三种：①采用加入"湍流漂移速度"或"漂移力"的方法；②用 Monter-Carlo 的统计随机涡的方法；③岑可法等发展起来的 FSRT 法，在实践中都获得了成功。

拉格朗日法的引入在数值计算上困难不大，在物理上更易考虑颗粒相与连续相间的物理作用（传热、传质和阻力等），显示了其优越性。

拉格朗日法的一个缺点是其结果无法直接与实验比较，为了得到平均的空间特性，必须引入大量颗粒分组而使计算量大大增加。

欧拉法与拉格朗日法对处理湍流扩散方面有同样的困难，而在数学上拉格朗日法显示了其优越性，在考虑相间相互作用方面也显得概念清楚，模型直观上也更接近物理实际。

一般地，可以对稀相流动过程提出以下假设：

1）$V_p/V_g < 1\%$。

2）颗粒碰撞不频繁。

3）单个颗粒的传热、传质、阻力系数不直接受邻近颗粒影响。

4）颗粒的传质、传热和阻力系数与颗粒相体积份额和体积无关。

值得指出的是，这些假定并不意味着可以看作颗粒是单颗进入"环境"，因为"环境"受到颗粒群总体影响而改变了连续相的整个结构。

除了上面提出的颗粒的湍流扩散，颗粒群与湍流的相互作用还有重要的一个方面是分散相的存在对湍流特性的修正和影响。

用拉格朗日方法处理稀相问题，对气相场采用欧拉法，对相间传输采用有限的传输特性，在气相方程的源项中加入颗粒的源项。

最早进行气-固两相问题的完整尝试可以追溯到1967年给出的 PSIC 法，PSIC 的主要思想是：

首先解无颗粒存在时的气相场，在此场中求解各组颗粒的轨迹，沿轨迹求颗粒尺寸、速度、温度等经历变化，在气相单元边界上记录质量，动量和能量，组分，提供气相求解的源项，再解气相场，反复直到收敛。

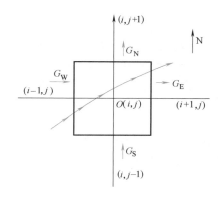

图 7-31 PSIC 法示意图

颗粒源项的求法以连续方程为例，如图 7-31 所示，对单元 $(i, j)$ 取质量平衡有

$$G_N - G_S + G_E - G_W + \Delta m_p = 0 \tag{7-187}$$

式中 $\Delta m_p$——由 PSIC 法求得颗粒质量源项。

$$\Delta m_p = \sum_{i=1}^{l} \Delta m_{p,i} \tag{7-188}$$

$$\Delta m_{p,i} = n_i \left( m_{di,out} - m_{di,in} \right) \tag{7-189}$$

式中 $\Delta m_{p,i}$——用每个颗粒的进出单元的质量差全部相加而得；

$l$——初始尺寸组数；

$n_i$——第 $i$ 组具有的颗粒数。

对于动量、能量方程，得到的方法类似。

### 7.7.4.2 颗粒的湍流扩散研究的背景

颗粒相与湍流的相互作用表现在下列三个方面：

1）离散相本身的湍流输运（湍流扩散）。

2）由于离散相存在的输运特性对连续相湍流特性的修正。

3）湍流脉动引起的相间传输率特性的修正。

对于颗粒相的湍流扩散，最早相间的传输看作线性，用 Stokes 阻力规律来表示，颗粒在运动中保持在流体微团中，方法明显的缺点是：

1）实际流动 Re 是 $10^2$ 量级，与 Stokes 假定不符合。

2）颗粒与流体有相对速度并不随微团一起行动，即颗粒与湍流涡团作用只在一定时间内，而且轨迹不同。

为了考虑这样一种颗粒扩散，Jurewicz 提出了一种方法，在离散相的拉格朗日方法上加上了一个"有效扩散速度"或"扩散力"，扩散速度用经验的湍流扩散系数与颗粒相的浓度梯度相关联

$$v_p = v_{pJ} + v_{pd} \tag{7-190}$$

式中　$v_{pd}$——扩散速度，其计算式为

$$v_{pd} = P_{p,T} \nabla \rho_p \tag{7-191}$$

式中　$\rho_p$——堆积密度，而不是颗粒的真密度；

　　　$P_{p,T}$——颗粒的湍流扩散系数。

定义

$$P_{p,T} = \frac{\nu_{p,T}}{\sigma_{p,T}} \tag{7-192}$$

式中　$\nu_{p,T}$——颗粒湍流运动黏度；

　　　$\sigma_{p,T}$——颗粒湍流 Schmidt 数。

建立 $\nu_{p,T}$ 与 $\nu_{g,T}$ 的关系，有

$$\nu_{p,T} = \frac{\nu_{g,T}}{1 + (t_p/t_T)} \tag{7-193}$$

式中　$t_p$——颗粒的松弛时间；

　　　$t_T$——湍流的时间尺度，其计算式为

$$t_T = \frac{1.5 C_\mu k}{\varepsilon} \tag{7-194}$$

上面方法中，引入了一些经验的系数，如 $\sigma_{p,T}$ 的确定，带有人为性，另外为了求得 $\nu_{pd}$，还必须知道颗粒的体积密度 $\rho_p$，可由欧拉方法求解的方法，即

$$\rho_p = \alpha_p \overline{n_p} \tag{7-195}$$

式中　$\overline{n_p}$——颗粒的数密度，则有

$$\overline{\nabla v_j} \; \overline{n_j} - \overline{\nabla p_j} \; \overline{\nabla n_j} = 0 \tag{7-196}$$

这就又回到了欧拉方法，人们开始为寻求更简易的方法来处理这一问题而努力。各种随机方法的出现就是这种努力的结果。

分散项中的颗粒在流场中运动，与一连续不断的"湍流涡"相互作用，用随机步长来计算，在一个特殊"涡"内特性认为是平均的，但随不同涡而变化，涡的特性由连续相获得。理论上讲，这种方法只要能充分描述场的特性，是严格正确的，问题是对连续相的描述仍需要模化。

目前对于颗粒相的处理也有了深入的研究，提出了许多描述多相流动的理论模型，如无滑移连续介质模型，小滑移连续介质模型，滑移-扩散连续介质模型，分散颗粒群随机轨道模型，分散颗粒群脉动频谱随机模型等等。表 7-8 是这些模型的思想方法。

表 7-8　两相模型

| 名　　称 | 主要思想方法 |
| --- | --- |
| 无滑移模型 | 颗粒相类似于流体相的组分 SIMPLE 法 |
| 小滑移连续介质模型 | 颗粒相为连续介质，颗粒与流体间存在湍流扩散 SIMPLE 法 |
| 滑移-扩散连续介质模型 | 颗粒相为连续介质，颗粒与流体间存在相对运动和湍流扩散，IPSA 法 |

（续）

| 名　　称 | 主要思想方法 |
|---|---|
| 分散颗粒群轨道模型 | 单独考察颗粒的运动轨迹,无湍流扩散 PSIC 法 |
| 分散颗粒群漂移速度和漂移力修正模型 | 以漂移速度或漂移力对湍流扩散进行修正,从而修正颗粒轨迹,欧拉法结合拉格朗日法 |
| 用随机的方法确定初始轨道并考虑扩散,欧拉法+拉格朗日法+随机法 | 以傅里叶级数来模拟气流的湍流脉动,考虑了相对运动、脉动频谱、湍流扩散和随机轨道 |

### 7.7.4.3　模型描述

#### 1. 随机方法

涉及湍流与离散项的相互作用,首先碰到的问题是湍流涡团的大小确定,目前普遍用 $k$-$\varepsilon$ 模型的值来确定。

涡的尺寸
$$l_m = \frac{C_\mu^{3/4} k^{3/2}}{\varepsilon} \tag{7-197}$$

涡的寿命
$$t_m = \frac{l_m}{\sqrt{2k/3}} \tag{7-198}$$

以上 $l_m$ 和 $t_m$ 的选取显然是十分武断的,对于湍流与离散相的相互作用的这一问题,应当建立在对湍流涡团的进一步了解上,流场中的气体湍流脉动速度平均值,则从 $k$-$\varepsilon$ 出发,有

$$\sqrt{\overline{u'^2}} = \sqrt{2/3k} \tag{7-199}$$

任意方向的气流瞬时速度

$$u_g = \overline{u_g} + \sqrt{\overline{u'^2}}\,\xi \tag{7-200}$$

式中　$\xi$——随机数,计算包括某个尺寸 $d_i$ 的颗粒具有 $l_m$ 尺寸;

$u'$——速度。

$t_m$ 的生存时间内的作用,作用的可能是 $d_i$ 在 $t_m$ 内穿越了 $l_m$,则作用时间按穿越时间确定,如果 $t_m$ 时间内 $d_i$ 颗粒一直在 $l_m$ 内,则以涡的寿命 $t_m$ 为作用时间,颗粒的穿越时间为

$$t_r = -t_m \ln\left(1 - \frac{l_m}{t_m \mid v_g - v_p \mid}\right) \tag{7-201}$$

当 $l_m > t_m \mid v_g - v_p \mid$ 时,上式无解,则意味着颗粒不能穿越涡团,则随机步长取为 $t_m$。

#### 2. 脉动频谱随机方法（FSRT 模型）

上面的方法用涡团的湍流脉动速度,涡团尺寸和涡团的寿命来描述一个湍流场,并以此与颗粒的相互作用来考虑颗粒的湍流扩散,取得了一定的成功,但是对于气流场的描述由于受到湍流模型的发展的影响使对涡团特性的选取带有武断性。

岑可法等基于对湍流的分析,提出了 FSRT 模型（Fluctation-Spectrum-Random-Trajectory Model）,称为脉动频谱随机轨道模型。

该方法认为:湍流实际上是由具有各种不同周期、振幅和方向的三元脉动随机地组合在一起的结果,每一个湍流涡团有着不同的脉动频率、频谱、振幅和方向等。以周期性脉动气流近似的代替湍流,研究颗粒在这种气流中的行为发现,在不同脉动频率下,同一尺寸的颗粒运动轨道随着脉动频率的增加而上下脉动次数也随着增加,但脉动幅度减少。若脉动的相

对振幅增加，则颗粒脉动幅度也随着增加，在一定的脉动频率和脉动振幅的气流中，小尺寸的颗粒（$d_p < 5\mu m$）将随气流脉动飘扬，但随着颗粒直径的增加，颗粒脉动将受到惯性力的作用而衰减，当颗粒尺寸较大时（$d_p > 100\mu m$），基本上颗粒将不随气流脉动或脉动很小而很快衰减。这些分析可见，不同尺寸的颗粒在湍流脉动气流中扩散运动的情况是不同的。同时湍流的结构（如脉动频率、频谱、振幅和方向等）对颗粒的湍流扩散将有很大的影响。FSRT 模型正是基于这样的分析而提出的模型，模型对气相湍流场还是用 $k$-$\varepsilon$ 方程来求解，并用随机的傅里叶级数来模拟气流的湍流脉动速度，这种随机的模拟方法考虑到气流湍流脉动频谱和频率的影响，而且还考虑到方向的随机性。此时的气流瞬时速度

$$v_g = \overline{v_g} + v_g'  \tag{7-202}$$

$v_g'$ 即可用傅里叶级数来表示，对于一个二维问题，有

$$u_g' = \sum_{}^{n} R_1 u_i \cos(i\omega_i t - R_2 \alpha_{i,\ \text{I}})  \tag{7-203}$$

$$v_g' = \sum_{}^{n} R_3 v_i \cos(i\omega_i t - R_4 \alpha_{i,\ \text{II}})  \tag{7-204}$$

式中　$R_1$，$R_2$，$R_3$，$R_4$——四个随机数；

　　　$\alpha_{i,\text{I}}$、$\alpha_{i,\text{II}}$——脉动相对角；

　　　$u_i$，$v_i$——$\omega_i$ 下的湍流脉动幅值，可由 $\omega_i$ 角频率下的湍流脉动能量分布百分比 $K_i$ 来定出。

$$u_i^2 = K_i \overline{u'^2}  \tag{7-205}$$

$$v_i^2 = K_i \overline{v'^2}  \tag{7-206}$$

式中　$\overline{u'^2}$、$\overline{v'^2}$——可由湍流模型确定。

积分步长仍用随机模型所述方法所确定，即有

$$\Delta t = \min(t_m,\ t_r)  \tag{7-207}$$

### 7.7.5　炉内辐射

要了解燃烧室内的流动，燃烧过程，很重要的目的仍然是其传热特性。借助计算机进行燃烧室的火焰传热过程的数值，所用到的能量方程为

$$\frac{\partial}{\partial t}(\rho h) + \frac{\partial}{\partial x_j}(\rho v_i h) = \frac{\partial}{\partial x_j}\left(\lambda \frac{\partial T}{\partial x_i} + \tau_{ij} v_j\right) + \rho(q_r + q_c) + FV  \tag{7-208}$$

式中　$q_c$——化学反应率，通过湍流燃烧模型方法可以确定；

　　　$q_r$——辐射换热率，则是本书讨论求解的值，在煤燃烧过程中，其火焰传热过程中，辐射换热占有相当大的比例。

#### 7.7.5.1　燃烧室中的热辐射

火焰热辐射性质，主要与介质的吸收和散射能力相关联。在燃烧室中的**辐射介质**主要是气相、颗粒相、非发光和发光颗粒。

气体辐射主要由 $CO_2$ 和 $H_2O$ 等三原子气体组成，其他一些组分对目前的研究是不重要的，在常用的温度范围，气体的吸收系数可表示为

$$K_\alpha = \left[\frac{0.78 + 1.6 p_{H_2O}/p_g}{(p_{H_2O} + p_{CO_2})/p_g} - 0.1\right] \times (1 - 0.37)\frac{T_g}{1000}(p_{H_2O} + p_{CO_2})  \tag{7-209}$$

式中　　$p_g$——气体静压；

　　　　$T_g$——气体温度；

$p_{H_2O}$、$p_{CO_2}$——分别为 $H_2O$、$CO_2$ 气体分压。

气体的散射系数为 $K_s \approx 0$。

对于颗粒相的辐射就要复杂得多，一般用一个总的吸收系数 $K_a$ 和散射系数 $K_s$ 来表示

$$K_a = Q_a a_\Sigma \tag{7-210}$$

$$K_s = Q_s a_\Sigma \tag{7-211}$$

式中　$Q_a$、$Q_s$——分别为吸收衰减系数和散射衰减系数，由灰粒和焦炭的实验研究确定。

　　　　在本模型中取

$$Q_{a,a} = 0.57, \qquad Q_{a,C} = 0.84$$

$$Q_{s,a} = 0.09, \qquad Q_{s,C} = 0.16$$

　　　$a_\Sigma$——单位体积介质中所有颗粒在射线方向的总投影面积，当在单位体积内的颗粒尺寸可用单一的尺寸 $d$ 来表示时，则有

$$a_\Sigma = w^* \frac{\rho_g}{\rho_p} \frac{1.5}{d} \tag{7-212}$$

式中　$\rho_g$——气体的密度，单位为 $kg/m^3$；

　　　$\rho_p$——颗粒的密度，单位为 $kg/m^3$；

　　　$w^*$——颗粒在气体中的质量分数（%）；

　　　$d$——颗粒尺寸，单位为 m。

对于真实的燃烧室模型困难在于获得正确的 $w^*$ 和 $d$ 的数据，这涉及复杂的两相流运动和燃烧。

已知 $K_a$、$K_s$，即可得到 $I_\lambda$ 在所求方向 $S$ 的变化

$$\frac{dI_\lambda}{dS} = -(K_{a,\lambda} + K_{s,\lambda})I_\lambda + K_{a,\lambda}I_{b,\lambda} + \frac{K_{s,\lambda}}{4\pi}\int_0^{4\pi} I_\lambda d\Omega \tag{7-213}$$

对于 $\lambda$ 和 $\Omega$ 上积分有

$$q_x^+ = \int_0^\infty \int_0^{2\pi} I_\lambda \cos\theta d\Omega d\lambda \tag{7-214}$$

由于体积在 $S$ 方向的辐射热流

$$q_r = -\left(\frac{dq_x^+}{dS} - \frac{dq_x^-}{dS}\right) \tag{7-215}$$

式中

$$\frac{dq_x^+}{dS} = -(K_a + K_s)\ q_x^+ + K_a E_b + \frac{K_s}{2}(|q_x^+| + |q_x^-|) \tag{7-216}$$

$$\frac{dq_x^-}{dS} = +(K_a + K_s)\ q_x^- - K_a E_b - \frac{K_s}{2}(|q_x^+| + |q_x^-|) \tag{7-217}$$

注意到 $q_x^+$ 是一个定积分，因此能量方程（7-208）就成了一个复杂的微分积分方程，增加了求解的难度。

目前常用的求解方法包括霍特尔区域法，热流法和概率模拟法。

#### 7.7.5.2  辐射传热的模型

目前，有三种辐射传热模型比较流行。热流法（Heat flux）、区域分析法（Zone Analysis）和蒙特卡洛法（Monte-Carlo），这三种模型各有特点。热流法计算辐射换热较为简便，它回避了辐射换热的空间积分运算，转化成为单一的微分运算，把微元体和周围的复杂辐射换热简化为几个沿坐标轴方向的辐射热流。这种方法虽然便于把燃烧室划分为很多个微元体来进行运算，但是在辐射换热的简化原理上不够完善，会引起相当大的误差。用区域法计算辐射换热，实际上是解复杂的积分方程组，考虑了各区域在周围各方向都有辐射能射来并进行辐射换热。该方法在原理上是较好的，但由于计算工作量很大，为节约时间，实际上只能把燃烧室分为几个较大的区域，每个区域中的温度事实上是相当不均匀的，这就会引起误差。所以区域法应用于燃烧室内传热过程的工程计算工作量较大。

为了既能反映微元体和周围各方向都进行辐射换热的实质，又不必做复杂多重积分运算，辐射换热率模拟的计算方法——蒙特卡洛法应运而生。用概率模拟法来计算重积分项，就是采用概率方法来统计燃烧室内所有微元体，它们离散发射 $N$ 根能束并被某一个微元所吸收的辐射能量，从而最终能够了解整个系统的辐射传热分布。使用概率模拟法的另一个突出优点就是网格数相同时，概率模拟比区域法所需的计算工作量要小得多。

##### 1. 热流法

热流法的特点是将复杂的、不均匀的、多向的界面辐射热流 $q_x^+$ 和 $q_x^-$ 用均匀的界面辐射热流来代替，并取其平均值，有

$$q_x = \frac{|q_x^+| + |q_x^-|}{2} \tag{7-218}$$

则辐射换流为

$$q_x = -2K_a \ (q_x - E_b) \tag{7-219}$$

对于二、三维问题，则有四热流法、六热流法，即有

$$\frac{\mathrm{d}}{\mathrm{d}x}\left(\frac{1}{K_a + K_s}\frac{\mathrm{d}q_x}{\mathrm{d}x}\right) = K_a \ (q_x - E_b) \tag{7-220}$$

$$\frac{\mathrm{d}}{\mathrm{d}y}\left(\frac{1}{K_a + K_s}\frac{\mathrm{d}q_y}{\mathrm{d}y}\right) = K_a \ (q_y - E_b) \tag{7-221}$$

$$\frac{\mathrm{d}}{\mathrm{d}z}\left(\frac{1}{K_a + K_s}\frac{\mathrm{d}q_z}{\mathrm{d}z}\right) = K_a \ (q_z - E_b) \tag{7-222}$$

热流法的特点是简单而且计算量少，但对于具有强烈辐射的区域，热流法的假设明显存在与事实不合之处而引起较大的误差。

##### 2. 区域法

最早由霍特尔等提出的区域法，将整个燃烧室划分成若干个区域，把壁面划分成面积区，假定在区域内的温度和物性都是均匀的，按照各区域直接和周围进行空间辐射换热来计算。

由于区域法考虑了一个区与其他所有区域的辐射换热关系，从原理上讲显然有其正确性，特别是当将区域划分足够小的时候。

但是因为区域法需要求解各个区域间的辐射交换面积，等于是直接求解多个重积分，占用了大量时间，所以对于只可能分成少数区域的时候，才有较好的实用意义。

### 3. Monte-Carlo 概率模拟法

热流法忽略了空间运算而获得方程的简化，但降低了计算精度，而区域法则直接计算积分，工作量大。

概率模拟法是建立在离散发射法的基础上，所谓的离散发射法即是把每一个微元体向周围发射的辐射能量按空间角分为若干等分（如 $N_i$ 个），则每一个空间角大小为 $4\pi/N_i$，将全部燃烧室划分为 $M_x$ 个体积微元和 $M_s$ 个面积微元（壁面），则就可以在体积和面积上对所有的微元发射出的辐射能量进行"吸收"，从而获得每个微元的能量方程辐射换热项。概率模拟法在上面的基础上，在所有方向上"发射"并进行跟踪，当 $N_i$ 取得一定大，则模拟可以相当的正确。它的特点是具灵活性、通用性、准确性（可以随 $N$ 增加而与区域法相匹配），而且对于复杂几何形状的燃烧室适应性也很强，因此越来越受到重视，缺点是为了获得足够的精度，仍需要大量的计算次数，而经济性不如热流法。

## 7.7.6　煤粉火焰模型求解

由于燃烧通用模型提出的各基本方程和模型具有不同的守恒特性，必须采用不同的计算方法。这样就要求采用结构化的程序设计方法，对于相关的方程组，采用相同的数值解法进行求解，组成程序模块，在不同的程序模块之间采用公用的程序块进行连接。

这种方法可以允许进行新的子模型和改进的子模型的试验，这只需要更换指定的模型块或增加新的模型块即可。在某些应用中，不需要所有的模型块，而这可用简单的办法消除该模块即可。该方法被用于发展通用模型中，并且获得了许多有用的结构。如，由流动和湍流燃烧组成的程序，可以解决气相燃烧问题；流动加上颗粒轨道组成的程序，是充分耦合的两相流的计算程序；流动和辐射传热构成的程序，可以试验各种不同传热的模型和参数；最后在所需程序中，可以用来试验和计算感兴趣的各种量。

所有的因变量和有用的参数都合理地存放于公用程序中，以便供全部模型块使用。模型的基本原则是：最新算出的值保留在公用程序块中，以备需要时调用。

图 7-32 示出了求解流程框图，在流场计算，两相流计算，气相湍流燃烧和辐射传热几个方面的计算组成在一起。从流程看，首先作流场解，其中的速度分量、压力、有效气体黏度、湍流能量及其耗散率方程用流动模型解

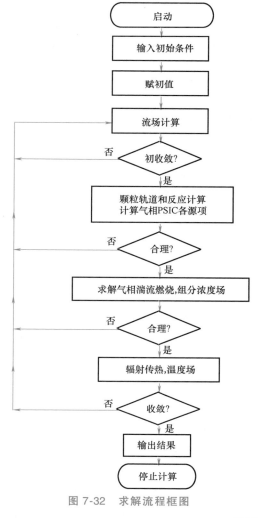

图 7-32　求解流程框图

出，使用初始赋予的密度（或混合物相对分子质量和温度），而不考虑与固体煤粒的相互作用问题。所有描述颗粒质量及动量耦合的源项由 PSIC 置初值为 0，并且保留该值直至 PSIC 被调用为止。这些部分解仅是试探解，后面还要反复修正。在开始时，不花费很多时间去获得一次解，而让全部变量慢慢地向完全解的方向移动，这是非常重要的。

在给定一个合理的、收敛的流场，调用颗粒两相流的计算，首先只考虑动量耦合，而不考虑燃烧和反应，这个耦合通常是很微弱的。但是，若在入口处煤与气之间存在着很大的速度差，则在流动与两相流动之间迭代几次，再加上颗粒反应，这时再调用气相湍流燃烧、修正气体温度、化学组成，混合物相对分子质量及流体质量密度。在开始使用气相湍流燃烧程序时，可以根据进气是预混的还是未混合的来选择两种不同的方法。迭代直接开始去计算需要的平衡态解或化学动力学解。这样迭代计算，如果收敛且计算结果合理，则可将辐射换热加入到循环之中，最后，要利用各个模型的最精确的公式，得到满足全部方程及边界条件的最终稳定解。

## 思考题与习题

7-1 有两颗 $50\mu m$ 和 $200\mu m$ 的焦炭粒（为烟煤）在空气中燃烧，空气温度为 1473K，压力为 0.1MPa，燃尽需要多长时间？是扩散还是动力燃烧？

7-2 有两颗 $50\mu m$ 和 $200\mu m$ 的无烟煤焦炭粒（为无烟煤）在空气中燃烧，空气温度为 1473K，压力为 0.1MPa，会有何变化？这种变化说明什么？

7-3 一个是 $50\mu m$ 的碳粒，条件是在空气中、0.1MPa、1773K（1500℃）；另一个是 $5000\mu m$ 的碳粒，条件是在空气中、0.1MPa、1123K（850℃）。问：各自燃烧所需的时间。

7-4 两颗质量相同、孔隙率不同的碳球在相同的条件下燃烧，一个是 $50\mu m$ 直径、孔隙度为 0，另一个是 $150\mu m$、高孔隙度，哪一个燃尽得更快些？

7-5 试写出一维煤粉燃烧过程模型的基本方程。

7-6 试解释为什么相同煤制成的水煤浆和煤粉着火温度不同。

7-7 含质量分数为 40% 水的褐煤在相同的条件下燃烧，燃烧前进行干燥和不干燥有什么区别？

# 第 8 章
# 燃烧过程中氮氧化物的生成及分解机理

氮氧化物 $NO_x$ 是大气的主要污染物之一，已知的氮氧化物有氧化亚氮 $N_2O$、一氧化氮 $NO$、二氧化氮 $NO_2$、三氧化二氮 $N_2O_3$、四氧化二氮 $N_2O_4$ 和五氧化二氮 $N_2O_5$ 等。据国际能源署（IEA）统计，人类活动产生的 $NO_x$ 每年约 $1.07 \times 10^8$ t，且多集中于城市、工业区等人口密集地区；2015 年，中国氮氧化物排放总量达到 1851.9 万 t。人类活动产生的 $NO_x$ 中，由燃料燃烧产生的占 90% 以上，在燃烧过程中排放的 $NO_x$ 主要是 $NO$（约占 95%），其次是 $NO_2$（约占 5%）。如无特殊说明，本书中的氮氧化物 $NO_x$ 仅指 $NO$ 与 $NO_2$。

## 8.1 燃烧过程中氮氧化物的生成及危害

### 8.1.1 氮氧化物的危害

燃烧过程中产生的 $NO$ 排入大气后，逐渐与大气中的氧或臭氧结合生成 $NO_2$。大气中氮氧化物的含量始终处于变动之中，且对人类及其生存的自然环境有很大的影响，主要体现在以下几个方面：

（1）对人类健康的影响：人通过呼吸将 $NO_x$ 吸入体内，会对呼吸器官和内脏产生损害；$NO_2$ 参与光化学烟雾的形成，其毒性会进一步增强，且具有致癌作用；（2）对作物生长的影响：大气中的氮氧化物可破坏作物和树根系统的营养循环，引起农作物和森林树木枯黄，农作物产量降低；（3）对大气环境的影响：$NO_x$ 和 $CO_2$ 一样，会引起温室效应，造成全球气候异常；$N_2O$ 在光合作用下释放出氮原子，而氮原子会参与臭氧的循环，破坏臭氧分子，导致臭氧层的破坏。

### 8.1.2 $NO_x$ 均相反应的动力学参数

要正确研究 $NO_x$ 的生成及抑制机理必须考虑多种 $NO_x$ 反应，有的学者在均相模型中考虑了 200 多种基元反应，如德累克（Drake）和勃林托（Blint）在分析热力和快速 $NO_x$ 时考虑了 212 种反应，即便是较为简单的均相模型也考虑了 86 种反应。部分形成 $NO_x$ 和 $N_2O$ 的均相化学反应的动力学参数见附录 D。

### 8.1.3 $NO_x$ 生成的机理

尽管上述均相反应方程式可以很好地模拟 $NO_x$ 和 $N_2O$ 的生成，但在实际应用过程中，仅有上述方程是不够的，如液体燃料和固体燃料燃烧时会涉及非均相反应，气体燃料燃烧时还可能涉及其他燃料的反应方程式，而且上述方程计算过程繁杂，在分析时较难阐明各种组分对 $NO_x$ 和 $N_2O$ 生成的影响；在实际处理过程中一般把 $NO_x$ 的生成分成热力 $NO_x$（$T\text{-}NO_x$）、快速 $NO_x$（$P\text{-}NO_x$）和燃料 $NO_x$（$F\text{-}NO_x$）。下面具体介绍这几种 $NO_x$ 的生成机理。

## 8.2　热力 $NO_x$ 的生成

### 8.2.1　热力 $NO_x$ 的生成机理

热力 $NO_x$ 是指燃烧用空气中的 $N_2$ 在高温下氧化而生成的氮氧化物，在研究其生成时不能只考虑化学热力学因素，还必须考虑反应的中间过程，用化学热力学的理论来进行研究。

热力 $NO_x$ 的生成机理是由苏联科学家捷里道维奇（Zeldovich）提出来的，因此，它又称为捷里道维奇机理。按照这一机理，空气中的 $N_2$ 在高温下氧化，是通过如下一组不分支的链式反应进行的，即

$$N_2 + O \underset{k_{-1}}{\overset{k_1}{\rightleftharpoons}} N + NO \tag{8-1}$$

$E_1 = 314\text{kJ/mol}$，$E_{-1} = 0$

$$O_2 + N \underset{k_{-2}}{\overset{k_2}{\rightleftharpoons}} NO + O \tag{8-2}$$

$E_2 = 29\text{kJ/mol}$，$E_{-2} = 165\text{kJ/mol}$

按照化学反应动力学，可以写出

$$\frac{\mathrm{d}c_{NO}}{\mathrm{d}t} = k_1 c_{N_2} c_O - k_{-1} c_{NO} c_N + k_2 c_N c_{O_2} - k_{-2} c_{NO} c_O \tag{8-3}$$

N 原子是中间产物。在短时间内，可假定其增长与消失速度相等，即其浓度不变

$$\frac{\mathrm{d}c_N}{\mathrm{d}t} = 0 \tag{8-4}$$

由式（8-1）和式（8-2）可得

$$\frac{\mathrm{d}c_{NO}}{\mathrm{d}t} = k_1 c_{N_2} c_O - k_{-1} c_{NO} c_N + k_2 c_N c_{O_2} - k_{-2} c_{NO} c_O = 0 \tag{8-5}$$

因此，有
$$c_N = \frac{k_1 c_{N_2} c_O + k_{-2} c_{NO} c_O}{k_{-1} c_{NO} + k_2 c_{O_3}} \tag{8-6}$$

将式（8-6）代入式（8-3），整理后可得

$$\frac{\mathrm{d}c_{NO}}{\mathrm{d}t} = 2 \frac{k_1 k_2 c_O c_{O_2} c_{N_2} + k_{-1} K_{-2} c_{NO}^2 c_O}{k_2 c_{O_3} + k_{-1} c_{NO}} \tag{8-7}$$

与 $c_{NO}$ 相比，$c_{O_2}$ 很大，而且 $k_2$ 和 $k_{-1}$ 属同一数量级，因此可以认为 $k_{-1} c_{NO} \ll k_2 c_{O_2}$。这

样，式（8-7）可简化为

$$\frac{dc_{NO}}{dt} = 2k_1 c_{N_2} c_O \tag{8-8}$$

如果认为氧气的离解反应处于平衡状态，即 $O_2 \underset{k_{-3}}{\overset{k_3}{\rightleftharpoons}} O+O$ 则可得 $c_O = k_0 C_{O_2}^{1/2}$。其中，$k_0 = \frac{k_3}{k_{-3}}$ 代入式（8-8），可得

$$\frac{dc_{NO}}{dt} = 2k_0 k_1 c_{N_2} c_{O_2}^{1/2} \tag{8-9}$$

式中 $2k_0 k_1$——按捷里道维奇的实验结果可得，则 $K = 2k_0 k_1 = 3\times10^{14} \exp(-542000/RT)$。

最后可得

$$\frac{dc_{NO}}{dt} = 3\times10^{14} c_{N_2} c_{O_2}^{1/2} \exp\left(-\frac{542000}{RT}\right) \tag{8-10}$$

式中 $c_{O_2}$、$c_{N_2}$、$c_{NO}$——分别为 $O_2$、$N_2$、NO 的浓度，单位为 $mol/cm^3$；

$T$——热力学温度，单位为 K；

$t$——时间，单位为 s；

$R$——摩尔气体常数，单位为 $J/(mol \cdot K)$。

式（8-9）和式（8-10）就是捷里道维奇机理的 NO 生成速度表达式。对氧气浓度大、燃料少的贫燃预混燃烧火焰，用这一表达式计算 NO 生成量，其计算结果与试验结果相吻合。但是，当燃料过浓时，还需要考虑下式所示反应，即

$$N+OH \longleftrightarrow NO+H \tag{8-11}$$

式（8-1）、式（8-2）和式（8-11）一起，称为扩大的捷里道维奇机理。从工程应用角度来看，上述的捷里道维奇机理已能充分说明问题。

式（8-9）的意义是很简单的。由于氮分子的分解所需的活化能较大，故该反应必须在高温下才能进行。正因如此，整个链式反应速度就取决于最慢的反应式（8-1）。

由式（8-1）和式（8-2）可知，一个氧原子 O 首先和氮分子 $N_2$ 反应，生成一个 NO 和一个 N；接着 N 立即与 $O_2$ 反应，生成另一个 NO。氧原子在这整个链式反应中起着活化链的作用，它来源于 $O_2$ 的高温分解，或被 H 原子撞击分解而生成。因而，$k_0 c_{O_2}^{1/2} = c_O$。这样，NO 生成速度可由式（8-9）表示。

由式（8-10）可以看出，生成 NO 的活化能很大。其原因在于式（8-1）中 O 与 $N_2$ 的反应比较困难。通常，氧原子与燃料中可燃成分之间反应的活化能较小，反应较快。这一情况表明，NO 不会在火焰面上生成，而是在火焰的下游区域生成。

## 8.2.2 影响热力 $NO_x$ 生成的因素

### 8.2.2.1 温度的影响

温度对热力 $NO_x$ 的影响是非常明显的，这从 $NO_x$ 生成速率计算式（8-11）中可以看出。当燃烧温度低于 1800K 时，热力 $NO_x$ 生成极少；当温度高于 1800K 时，反应逐渐明显，而且随着温度的升高，$NO_x$ 的生成量急剧升高。图 8-1 示出了 $NO_x$ 生成量与温度的关系曲线，

从图中可以看出，温度在 1800K 左右时，温度每升高 100K，反应速度将增大 6~7 倍。

在实际燃烧过程中，由于燃烧室内的温度分布是不均匀的，如果有局部的高温区，则在这些区域会生成较多的 $NO_x$，它可能会对整个燃烧室内 $NO_x$ 的生成起关键性的作用，在实际过程中应尽量避免局部高温区的生成。

### 8.2.2.2 过量空气系数的影响

过量空气系数对热力 $NO_x$ 的影响也是非常明显的，从式（8-9）可以看出，热力 $NO_x$ 生成量与氧浓度的平方根成正比，即氧浓度增大，使热力 $NO_x$ 的生成量增加。但实际过程中过量空气系数的增加一方面会增加氧浓度，另一方面会使火焰温度降低。从总的趋势来看，随着过量空气系数的增加，$NO_x$ 生成量先增加，到一个极值后会下降。图 8-2 给出了不同种类火焰下 $NO_x$ 生成量随过量空气系数的变化规律。

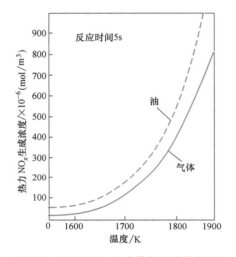

图 8-1 热力 $NO_x$ 生成量与温度的关系

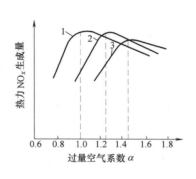

图 8-2 过量空气系数对热力 $NO_x$ 生成量的影响

从图中可以看出，对于预混火焰，$\alpha<1$ 时，氧浓度增加，热力 $NO_x$ 增加。此时，如果氧气浓度再增加，将使 $NO_x$ 稀释，并使燃烧温度降低，因而使 $NO_x$ 含量降低，并且这种降低要比氧浓度增加而使 $NO_x$ 增加的影响大。所以，这时总的 $NO_x$ 生成量是减少的，如图 8-2 中曲线 1 所示。在扩散火焰的情况下，燃料与空气边混合、边燃烧，由于混合不良，$NO_x$ 的最大值要移至 $\alpha>1$ 的区域，而且，因扩散燃烧时的温度较预混火焰低，$NO_x$ 最大值要降低，如图 8-2 中的曲线 2 和曲线 3 所示。显然，如果燃料与空气混合越差，$NO_x$ 最大值的位置越向右推移，$NO_x$ 最大值也将有所降低。

### 8.2.2.3 停留时间的影响

气体在高温区域的停留时间对热力 $NO_x$ 生成的影响主要是由于 $NO_x$ 生成反应还没有达到化学平衡而造成的。从图 8-3 中可以看出，气体在高温区停留时间增大或提高燃烧温度，$NO_x$ 生成量迅速增加，达到其化学平衡浓度。

图 8-4 所示是热力 $NO_x$ 浓度与过量空气系数、停留时间的关系。从图中同样可以看出，在高温区停留时间越长，则热力 $NO_x$ 浓度就越高。同一过量空气系数下，热力 $NO_x$ 浓度随着停留时间的增加而增大；当停留时间达到一定值后，停留时间的增加对 $NO_x$ 浓度不再有影响。

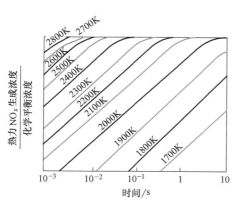

图 8-3 不同温度和停留时间下热力 $NO_x$
生成量与其化学平衡浓度的关系

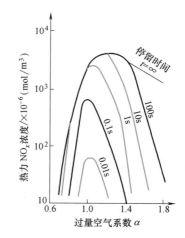

图 8-4 热力 $NO_x$ 生成浓度与过量
空气系数和停留时间的关系

#### 8.2.2.4 燃料种类的影响

燃料种类对 $NO_x$ 生成的影响非常大，但对于热力 $NO_x$ 其影响却不是很大，主要是通过影响燃料 $NO_x$ 和快速 $NO_x$ 来影响总的 $NO_x$ 的生成。

#### 8.2.2.5 其他影响因素

由式（8-10）中看出，热力 $NO_x$ 的生成速率与压力的 1.5 次方成正比。

研究表明，湍流对热力 $NO_x$ 生成量有一定的间接影响。因为湍流状况的改变，使燃烧速度和燃气的放热状况也随之改变，故燃气的温度与压力的时间历程不同，对 $NO_x$ 的生成产生影响。目前，湍流强度对 $NO_x$ 生成的影响的研究甚少，需进一步的探索。

## 8.3 快速 $NO_x$ 的生成

### 8.3.1 快速 $NO_x$ 生成机理

快速 $NO_x$ 的生成机理目前尚有争议，其基本的现象是碳氢系燃料在 $\alpha<1$ 的情况下，在火焰面内急剧生成大量的 $NO_x$。对于 $\alpha>1$ 的情况，即使是碳氢化合物，$NO_x$ 生成速度也可用前述的热力 $NO_x$ 生成速度描述。

有人认为热力 $NO_x$ 和快速 $NO_x$ 都是由空气中的氮在高温下氧化而成，故把这两种途径生成的 $NO_x$ 统称为热力 $NO_x$，而把式（8-1）、式（8-2）反应生成的 $NO_x$ 称为狭义的热力 $NO_x$。

弗尼莫尔等人认为由于氧离解反应不是平衡态，在过量空气系数 $\alpha=1$ 附近是平衡值的 10 倍左右，不能用扩大的捷尔道维奇机理说明，并提出快速 $NO_x$ 的生成机理与燃料 $NO_x$ 的生成机理类同，HCN 是快速 $NO_x$ 生成的重要中间产物。

弗尼莫尔等研究了减压甲烷火焰内 HCN 等浓度和温度的变化规律（图 8-5）。从图中可以看出，随着燃烧温度的上升，首先出现 HCN，并且在火焰面内达到最大值，然后再下降。

在 HCN 浓度降低的同时，$NO_x$ 浓度急剧上升。因此，快速 $NO_x$ 的生成机理是碳氢化合物燃烧分解生成 CH、$CH_2$ 和 $C_2$ 等基团，并破坏了空气中的 $N_2$ 分子键。其反应式如下：

$$CH+N_2 \rightleftharpoons HCN+N \quad (8-12)$$

$$CH_2+N_2 \rightleftharpoons HCN+NH \quad (8-13)$$

$$C_2+N_2 \rightleftharpoons 2CN \quad (8-14)$$

上述反应的活化能很小，故反应速度很快。同时，火焰中生成大量的 O、OH 等原子基团，它们与上述反应的中间产物 HCN、NH、N 等反应生成 NO，其反应式如下：

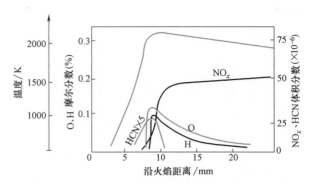

图 8-5　减压甲烷火焰内的温度及气体成分分布

$$HCN+OH \rightleftharpoons CN+H_2O \quad (8-15)$$

$$CN+O_2 \rightleftharpoons CO+NO \quad (8-16)$$

$$CN+O \rightleftharpoons CO+N \quad (8-17)$$

$$NH+OH \rightleftharpoons N+H_2O \quad (8-18)$$

$$NH+O \rightleftharpoons NO+H \quad (8-19)$$

$$N+OH \rightleftharpoons NO+H \quad (8-20)$$

$$N+O_2 \rightleftharpoons NO+O \quad (8-21)$$

## 8.3.2　影响快速 $NO_x$ 生成的几个因素

### 8.3.2.1　燃料种类对快速 $NO_x$ 生成的影响

燃料的种类对快速 $NO_x$ 生成的影响是很大的，如图 8-6 所示，综合考虑了碳氢系燃料火焰和 $CO/H_2$ 火焰对快速 $NO_x$ 生成的影响。当 $\alpha<1$ 时，碳氢系燃料火焰快速 $NO_x$ 生成量随着 $\alpha$ 的增大而增大。若用扩大的捷里道维奇机理去解释这种瞬时的 $NO_x$ 生成机理，则需氧原子浓度应达到平衡浓度的 400 倍左右。因此，对烃类燃料必须考虑快速 $NO_x$ 的生成。$\alpha>1$ 时，$NO_x$ 主要在火焰带的后端生成，其生成速度可根据扩大的捷里道维奇原理加以说明，此时生成的是热力 $NO_x$。

燃料可分成含氮燃料、碳氢类燃料和非碳氢类燃料。对于含氮燃料除考虑热力 $NO_x$ 外，还需考虑燃料 $NO_x$ 的生成（见 8.4 节）。对于碳氢类燃料应考虑快速 $NO_x$ 的生成。对于非碳氢类燃料则仅考虑热力 $NO_x$ 即可。

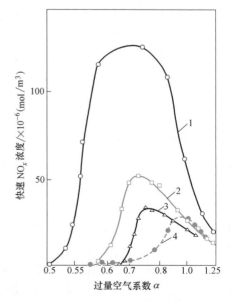

图 8-6　燃料性质对快速 $NO_x$ 生成的影响

1—乙炔，0.7ms　2—乙烯，0.7ms

3—丙烷，1ms　4—$CO/H_2$，1ms

### 8.3.2.2　过量空气系数对快速 $NO_x$ 生成的影响

从快速 $NO_x$ 生成机理就可以知道，过量空气系

数对快速 $NO_x$ 的生成有很大的影响。对于预混火焰，根据 $NO_x$ 的生成动态和与过量空气系数的关系，可以把过量空气系数 $\alpha$ 的影响分成三个区域，第一个区域 $\alpha \geqslant 1$，基本上不生成快速 $NO_x$，大部分 $NO_x$ 都是在火焰带的后端生成的；第二个区域 $0.7 \leqslant \alpha \leqslant 1$，有相当数量的快速 $NO_x$ 生成，$NO_x$ 在火焰带后端的高温区域内生成；第三个区域 $\alpha < 0.7$，快速 $NO_x$ 的生成浓度与火焰最高温度时的平衡浓度大致相等，在火焰带的后方，已经几乎看不到 $NO_x$ 的生成。在第三个区域里，由于随着 $\alpha$ 的减少而使平衡浓度减少，故快速 $NO_x$ 的生成量也减少。

上述数据是对 $C_3H_8/O_2$+空气火焰而言的，对一般情况这个具体的 $\alpha$ 值不一定是 0.7，但在任何温度下，快速 $NO_x$ 的生成量在某一过量空气系数时有一个最大值。对于这种倾向，在许多种预混火焰中都是相同的。其原因在于，当 $\alpha$ 进一步下降后，虽然增加了碳氢化合物的浓度，提高了反应速度，增加了中间氮化合物的生成量，使快速 $NO_x$ 生成量向增加方向发展；但同时，氧浓度减少，有利于 HCN 向 $N_2$ 转变，而使快速 $NO_x$ 生成量又向减少方向发展。

### 8.3.2.3 温度对快速 $NO_x$ 生成的影响

快速 $NO_x$ 的生成受温度的影响不是很大。只要达到一定温度，快速 $NO_x$ 的生成主要取决于过剩空气量。图 8-7 所示是对 $C_3H_8$/空气火焰进行的试验，从图中可以看出在试验段温度下快速 $NO_x$ 受温度的影响不大。

### 8.3.2.4 压力对快速 $NO_x$ 生成的影响

弗尼莫尔等研究了压力对快速 $NO_x$ 生成的影响，试验结果示于图 8-8。从图中还是可以看出压力增大快速 $NO_x$ 的浓度略有增大，而且在 $\alpha > 0.7$ 的区域内，$\alpha$ 增大，快速 $NO_x$ 下降的趋势变缓，但快速 $NO_x$ 的最大值位置都没有变化。

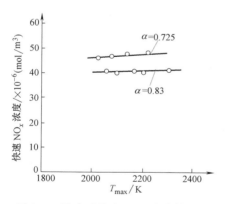

图 8-7 温度对快速 $NO_x$ 生成的影响

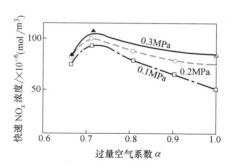

图 8-8 压力对快速 $NO_x$ 生成的影响

### 8.3.2.5 湍流脉动对快速 $NO_x$ 生成的影响

湍流脉动对快速 $NO_x$ 影响研究的文献报道不是很多，西莫森（Simoson）等研究了湍流火焰中的快速 $NO_x$ 生成特性。一般认为，火焰带附近的快速 $NO_x$ 浓度会因湍流强度的增加而变大。其原因是在反应带附近，O、OH 原子团浓度将因未燃气体和已燃气体的快速混合而增加，从而使快速 $NO_x$ 增加。但湍流强度对快速 $NO_x$ 生成量的直接影响与前述的过剩空气量、燃料种类的影响相比，在多数情况下处于次要的地位。湍流强度对快速 $NO_x$ 生成的影响尚有待进一步深入的研究。

有关快速 $NO_x$ 的生成，采用弗尼莫尔提出的规律是比较合适的，一般可以认为：

1）快速 $NO_x$ 只有在碳氢燃料燃烧，且富燃料的情况下发生。一般快速 $NO_x$ 生成在5%（体积分数）以下。它的生成速度快，就在火焰面上形成。

2）快速 $NO_x$ 的生成机理与燃料 NO 的生成机理相近，与温度的关系不大。

3）要降低快速 $NO_x$ 的生成量，只要供给足够的氧气，减少中间产物 HCN、$NH_x$ 等的生成。

## 8.4 燃料 $NO_x$ 的生成

### 8.4.1 燃料 $NO_x$ 的生成途径

燃料氮形成的 $NO_x$ 占流化床燃烧方式 $NO_x$ 总排放的95%（体积分数）以上，对其他燃烧方式也占很大的比例。无论是挥发分燃烧还是焦炭燃烧都形成了大量的 $NO_x$，燃烧过程中燃料氮平衡关系可用图8-9表示。

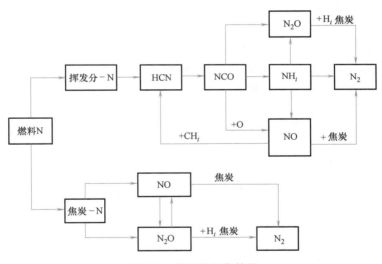

图 8-9 燃料氮平衡简图

上述反应中的反应动力学参数可参见附录 D。从图中可看出 HCN 是由燃料氮与碳氢化合物分解的中间生成物快速反应生成的。$NH_2$ 的一部分转化为 HCN，HCN 的分解按 HCN→HCO→NH 的路线进行。如果在着火阶段供氧不足，则燃料中的氮大部分在燃料过浓区域分解，生成 HCN 和 $NH_i$ 等中间生成物，然后进一步转换为 $N_2$ 和 $NO_x$。

### 8.4.2 温度对燃料 $NO_x$ 生成的影响

从燃料 $NO_x$ 的形成途径看，由于燃料氮通常是有机氮和低分子氮，燃烧时的杂环氮化物受热分解与挥发分一起析出。李绚天等研究表明，燃料 $NO_x$ 的瞬时析出速度或析出浓度与燃烧速度或耗氧速度成正比。当燃料氮与芳香环结合时，则析出时以 HCN 为主要中间产物；当燃料氮以胺的形式存在，则析出时以 NH 为主要中间形态，中间产物 HCN、$NH_3$ 再通过复杂的均相反应形成 NO。残存在焦炭中的燃料氮则在焦炭燃烧时被氧化为 $NO_x$。燃料氮的转化率主要受温度、过量空气系数和燃料含氮量的影响，一般在 10%~45% 的范围内。

随着燃烧温度的升高，燃料氮转化率不断升高，但这主要发生在 700~800℃ 温区内，因为燃料 $NO_x$ 既可通过均相反应，也可通过非均相反应生成。燃烧温度较低时，绝大部分氮留在焦炭中，而温度很高时，70%~90% 的氮以挥发分形式析出。岑可法等的研究表明，850℃ 时，70% 以上的 $NO_x$ 来自焦炭燃烧，而 1150℃ 时，这一比例降至约 50%，这与杜林（Tullin）等的结果一致。由于非均相反应的限速机理在高温时可能向扩散控制方向转变，故温度超过 900℃ 后，燃料氮的转化率只有少量升高。

### 8.4.3　氧浓度对燃料 $NO_x$ 生成的影响

图 8-10a 表明了燃料 $NO_x$ 转化率与过量空气系数的关系。随着过量空气系数降低，尤其当过量空气系数 $\alpha < 1.0$ 时，其生成量和转化率急剧降低；而 HCN 和 $NH_3$ 转化率增加，见图 8-10b，图中点画线表示 NO+HCN+$NH_3$ 的全转化率。由图可见，全转化率在过量空气系数为 0.7 附近达到一极小值，表明这时的燃料氮主要转变成 $N_2$。

在扩散燃烧火焰中，由于扩散混合不可能均匀，虽就整体来说，过量空气系数大于 1.0，但火焰中心仍有还原性区域存在，因而总的燃料氮转化率较预混燃烧低。预混和扩散燃烧的燃料 $NO_x$ 生成特性有所不同，$\alpha < 1.0$ 时，预混燃烧的转化率为一常数。而扩散燃烧时，转化率随 $\alpha$ 的增大而变大。

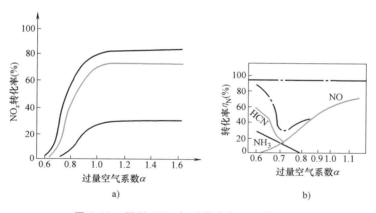

图 8-10　燃料 $NO_x$ 与过量空气系数的关系

研究还表明挥发分氮向 $NO_x$ 的转化对当地氧浓度很敏感，通过造成区域还原性气氛，可以有效地降低 $NO_x$ 生成量；而焦炭中的氮对氧浓度不敏感，因此，存在着一个不能用还原性气氛消除的 $NO_x$ 的生成量的下限。

### 8.4.4　燃料性质对燃料 $NO_x$ 生成的影响

燃料性质对氮氧化物排放的影响是非常重要的，这种影响是各种因素联合作用的结果，如总的 $NO_x$ 排放量，燃料氮的转化率，对温度、脱硫剂、环境氧浓度的敏感性等。科林斯（Collings）等试图从燃料化学分析数据中找出其来源，表 8-1 示出了燃料性质对 $NO_x$-$T$ 关系曲线的影响，尽管这里还存在许多不确定因素，但已能给出一个大致的趋势。

在各种影响因素中，只有 N 和 H 的影响比较确定一些。从表中可以看出，当 N 和 H 的含量增加时，$NO_x$-$T$ 的截距及斜率均增大，而其他一些因素均是一增一减，下面对一些主要的影响因素进行讨论。

表 8-1 燃料性质对 $NO_x$-$T$ 关系曲线形态的影响

| | 工业分析 | 符号 | 对截距的影响 | 对斜率的影响 |
|---|---|---|---|---|
| 1. | 灰分 | $A$ | - | + |
| | 水分 | $H_2O$ | + | - |
| | 固定碳 | FC | + | - |
| | 挥发分 | $V$ | - | + |
| | 热值 | KJ | + | - |
| | **元素分析** | **符号** | **对截距的影响** | **对斜率的影响** |
| 2. | 碳 | C | -(?) | + |
| | 氢 | H | - | +(?) |
| | 氮 | N | + | - |
| | 氧 | O | - | + |
| | 硫 | S | +(?) | -(?) |
| | **灰成分** | **符号** | **对截距的影响** | **对斜率的影响** |
| 3. | 氧化镁 | MgO | - | +(?) |
| | 氧化钙 | CaO | - | + |
| | 三氧化二铁 | $Fe_2O_3$ | ? | +(?) |
| | **焦炭成分** | **符号** | **对截距的影响** | **对斜率的影响** |
| 4. | 碳 | Cc | + | - |
| | 氢 | Hc | + | + |
| | 氮 | Nc | + | - |
| | 比表面积 | SA | - | + |
| | 焦炭与固定碳的摩尔比 | Nc/FC | - | + |
| | **挥发分成分** | **符号** | **对截距的影响** | **对斜率的影响** |
| 5. | 碳 | $C_v$ | -(?) | + |
| | 氢 | $H_v$ | | +(?) |
| | 氮 | $N_v$ | + | - |
| | 挥发分氮/挥发分 | $N_v/V$ | -(?) | + |

#### 8.4.4.1 燃料氮存在形式的影响

化石燃料中氮存在形式的差别是很大的，而且这种存在形式的差异会影响燃料 $NO_x$ 的形成。石油系燃料所含的氮化物为多种环状化合物，而煤炭中氮化物的构造尚无统一的说法，一般认为可以看成是复杂碳连接起来的多个环状结合体或锁状结合体。

化石燃料中的氮化物，其氮原子的结合力比氮气中的氮的结合力脆弱，故在燃烧过程中

容易释放出氮 $NH_i$（$i=1$，2，3）、HCN 等化学成分，这些成分即使在较低温度下亦容易生成 $NO_x$。

爱玛特（Amand）等指出，燃用褐煤、页岩、石油焦、烟煤和无烟煤等不同燃料时，燃料氮生成 NO 和 $N_2O$ 的转化率是不同的。希尔吞纳（Hiltunen）认为，褐煤、页岩、木材等劣质燃料中胺是燃料氮的主要形态，故 $NO_x$ 排放较多，而 $N_2O$ 很少，与此相反，烟煤、无烟煤的 $N_2O$ 排放则较高。从元素分析数据仍不能确定各种氮氧化物的生成特性，还必须就燃料氮的存在形态及各种形态所占的份额进行确定。

### 8.4.4.2 燃料氮含量的影响

燃料中氮的含量因燃料的种类和产地的不同而异，即使燃料中含氮量相同，但不同的氮存在形式和不同燃烧形式，其生成 $NO_x$ 的量可能会有差异。但总体而言，燃料氮含量较高，则 $NO_x$ 排放量越高（图 8-11）。

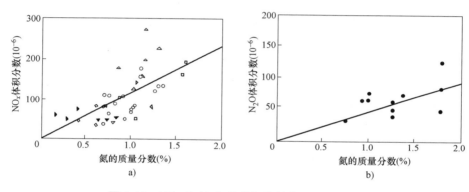

图 8-11　$NO_x$ 和 $N_2O$ 排放与燃料含氮量的关系

（850℃，$\alpha=1.2\sim1.5$）

即使是同一种燃料氮结构，燃料氮向 $NO_x$ 的转化量亦是不同的。图 8-12 给出了 $CH_4$ 和空气的预混平面火焰中添加 $NH_3$，以模拟燃料氮对 $NO_x$ 生成的影响。由图可知，当 $\alpha=1.3$ 时，$NO_x$ 生成量随燃料含氮量的增加而增加，但是转变率 $\eta_N$ 下降。其原因是燃料含氮量增加时，燃料氮及 $NH_3$ 的分解产物 $NH_2$、NH 等与 $NO_x$ 的反应也会加强，将已生成的 $NO_x$ 又还原成 $N_2$，转变率 $\eta_N$ 减小。而对于 $\alpha=0.8$ 的燃料过量情况，氧气含量减少，即含氧化合物减少。因此，当燃料含氮量增加时，$NO_x$ 生成量不再增加，呈现饱和现象，因而转化率 $\eta_N$ 降低。

上述结果表明，燃料含氮量越高，$NO_x$ 的排放量亦越高，而此时转化率是下降的，但其定量值并不是一种普适的结果。

### 8.4.4.3 燃料含氧量的影响

燃料 $NO_x$ 中氧的来源按照是燃料携有、还是由燃烧空气提供，可分内外两种。内部氧可分为燃料内部结合的氧和表面吸附氧两种。前者对某燃料来说是给定的，后者与燃料的比表面积成正比。

李绚天等曾对 0~80%（体积分数）氧含量范围的 $NO_x$ 生成量进行了试验，其实验结果如图 8-13 所示，图中阴影部分表示吸附氧的贡献。实验发现，试样若无预热，在载氧含量低于 5%（体积分数）之后，NO 下降的势头减缓，而预热（解吸）之后，曲线中保持了预期的下降趋势，尽管 NO 不会由于化学结合氧的作用降至 0。这种差异从很大程度上来自颗粒吸附氧的影响。

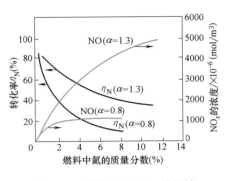

图 8-12　燃料氮对 $NO_x$ 的影响

（$CH_4+NH_3+$空气）

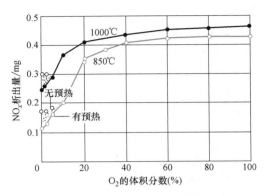

图 8-13　氧含量对 $NO_x$ 生成的影响

从图中还可以发现，除去吸附氧的影响后，燃料氮生成 $NO_x$ 在外界氧含量较低时与燃料本身所携带的氧量有关。

#### 8.4.4.4　煤中挥发分含量及挥发分中的元素的影响

以挥发分含量作为标准衡量燃料氮向 NO 和 $N_2O$ 的最终转化率在目前是一种较常见的方法，它比以劣质煤和优质煤的简单区分显然要合理。但就现有数据看，由于挥发分含量没有包含焦炭的特性，尤其是焦炭的比表面积等活性参数，因此不能预计焦炭对 NO 和 $N_2O$ 的还原特性。而流化床内的残焦对 $NO_x$ 的还原十分有利，残焦浓度对 $N_2O$ 排放的影响就小得多，至少在焦炭分解 $NO_x$ 的过程中不会生成较多的 $N_2O$。这样，用挥发分含量来预测 $N_2O$ 排放的适用性优于对 NO 排放的情形。爱玛特和希尔吞纳等比较了各种煤燃烧的 NO 和 $N_2O$ 排放的次序（以燃料氮的转化率从高到低为序），发现：

对 NO：褐煤>烟煤>石油焦

对 $N_2O$：石油焦>无烟煤、贫煤>烟煤>褐煤>木材

煤，尤其是其挥发分中的各种元素比（摩尔比）（如 O 与 N、H 与 C）等对了解这一问题也有所帮助。研究表明，煤中 O/N 比越大，则 $NO_x$ 排放越多，$N_2O$ 排放量越低。这可能是因反应 $N_2O+O \rightarrow 2NO$ 和 $N_2O+O \rightarrow N_2+O_2$ 所致，对煤的分析可以看到，褐煤和烟煤中 O/N 比一般高于无烟煤和贫煤，故前者的 $N_2O$ 排放低于后者。研究还表明，H/C 比较高的煤 NO 排放较高而 $N_2O$ 排放较低，这与上述分析也是一致的，S/N 比也可能会影响各自的排放水平，因为生成 $SO_2$ 与 NO 时对氧是竞争的，但 $SO_2$ 和 $N_2O$ 的生成对外部氧的竞争性不强，故 $SO_2$ 排放越高则 $NO_x$ 越低，而 $N_2O$ 则可能持平或上升，电厂运行实践也支持了这种观点。

### 8.4.5　流化床锅炉床料中金属氧化物的作用

床料的成分主要由煤、石灰石或砂等因素决定，床料中的 $Fe_3O_4$、$Fe_2O_3$、CaO 和 MgO 都会促进 $N_2O$ 的分解，$Al_2O_3$ 和非金属氧化物 $SiO_2$ 也有微弱的作用。但降低 $N_2O$ 的机理不一定相同，$Fe_3O_4$ 与 $N_2O$ 间进行的是氧化-还原反应，其中黑色的 $Fe_3O_4$ 被氧化为红色的 $Fe_2O_3$，而其他杂质成分则对 $N_2O$ 的热分解起催化作用。无论其机制如何，就其降低 $N_2O$ 的能力而言，存在如下次序（从强到弱）：

$$Fe_3O_4>Fe_2O_3>CaO>MgO>Al_2O_3>CaSO_4>MgSO_4>SiO_2$$

由于原煤中 Fe 更多以黄铁矿形式存在，因此 $Fe_3O_4$ 可视为高温且氧含量不太高时黄铁矿的分解产物。从这种因素来看，提高床温、降低过剩空气量无疑将为 $N_2O$ 的降低提供新的反应途径。

### 8.4.6　水分的影响

水分对燃料 $NO_x$ 生成的影响有两重性：由于较低水分时形成的弱还原气氛能促进挥发分析出，而更高水分时的水煤气反应会将已形成的 $NO_x$ 还原为 $N_2$，故在不同阶段 $NO_x$ 变化的趋势是不同的。李绚天等曾对此进行了实验研究，实验结果表明，水分小于 10% ~ 12%（质量分数）时，水分会促进 $NO_x$ 生成，而水分大于 15%（质量分数）后，$NO_x$ 生成量一直是减小的。在 900℃ 左右燃烧时，低水分时，$NO_x$ 的增长较多；而温度低于 700℃ 时，水分的多少对 $NO_x$ 的生成几乎没有什么明显的影响。

## 8.5　气体燃料燃烧时 $NO_x$ 的生成

在实际的燃烧过程中，即使是最简单的气体燃料的燃烧，也要经历燃料和空气相混合，燃烧产生烟气，直到最后离开炉膛。炉膛的温度，燃料和空气的混合程度，烟气在炉内的停留时间等对 $NO_x$ 排放有较大影响的参数均处于不断的变化之中。

燃料和空气混合物进入炉膛后，受到周围高温烟气的对流和辐射加热，混合物气流达到着火温度 $T_i$ 时开始燃烧，这时，温度急剧上升到接近绝热温度水平 $T_k$。同样，由于烟气与周围介质间的对流与辐射换热，温度逐渐降低，直到与周围介质温度相同。由此可见，炉内的火焰温度分布实际上是不均匀的，如图 8-14 所示。这一阴影部分就表明了炉内存在有局部高温区，该区的温度要比炉内平均温度水平高得多。显然，它对 $NO_x$ 生成量有很大的影响，温度越高，$NO_x$ 生成量越多。

由图 8-14 可知，从燃料着火、升温到温度降低至周围介质温度（燃烧器区域平均火焰温度），这一段时间通常为 0.01 ~ 0.05s。要减少 $NO_x$ 生成量，应尽可能缩短这段时间。而影响这段时间的主要因素是炉膛的冷却能力，它通常以炉膛外形系数 $S/V$ 来表示，其中，$S$ 代表炉膛壁面积，$V$ 代表炉膛体积。$S/V$ 值大，燃烧器区域壁面热负荷小，炉膛冷却能力大，火焰温度低，在高温区内停留时间短，因而 $NO_x$ 生成量少。反之，如 $S/V$ 值小，则 $NO_x$ 增加。

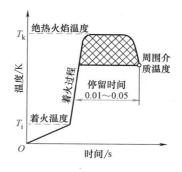

图 8-14　气体燃料燃烧过程中的温度变化规律

燃料在炉内的燃烧过程，大多属于扩散燃烧，是一个复杂的物理化学过程。研究表明，在这种情况下，$NO_x$ 生成量不仅与过量空气系数有关，而且在同样的过量空气系数条件下，还与混合特性有关，如果混合特性不同，则 $NO_x$ 生成量也不同。

由于炉内不可能混合均匀，各个区域的过量空气系数不同，因而各区域中 $NO_x$ 生成速度和生成量都不可能是相同的。实验研究表明，当过量空气系数 $\alpha=1$ 时，若混合均匀，则火焰中各处的空气与燃料混合摩尔比均为 1，此时火焰温度最高，所以 $NO_x$ 生成量最大。反之，若混合不良，局部区域的化学计量配比数将高于或低于平均化学计量配比数，使 $NO_x$ 生成量降低。当平均过量空气系数 $\alpha = 1.25$ 或 $1.67$ 时，若混合良好，则因各处过剩空气量都接近于平均过剩空气量，$NO_x$ 生成量将降低；反之，若混合不良，局部区域会高于平均过量空气系数而接近于 $1.0$，因而 $NO_x$ 生成量增大。

　　燃料与空气扩散混合好坏也会影响到局部高温和烟气在高温区的停留时间，因而影响 $NO_x$ 生成量。例如图 8-15 中的温度工况 1，燃料着火后，燃料与空气很快混合，温度很快上升到绝热火焰温度。然后，由于对流与辐射换热较强，烟温降低，烟气在高温区停留时间缩短，因而 $NO_x$ 生成量降低。温度工况 3，由于烟气在高温区内的停留时间长，$NO_x$ 生成量较大。然而由于混合延缓，温度峰值和温度水平降低，当温度降低到一定温度以下时，同样会使 $NO_x$ 生成量减少。

　　炉内的气流流动为强烈的湍流流动。湍流会引起炉内气体组分的脉动和扩散混合，因而引起燃烧温度的脉动。研究发现，$NO_x$ 的生成速度与温度的脉动值有很大的关系。

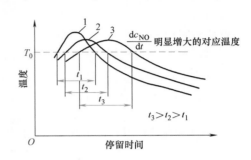

图 8-15　混合对局部高温和停留时间的影响

　　如果用 $T'$ 表示温度的脉动值，$\overline{T}$ 表示平均温度，则当 $\overline{T} = 2000K$，$\sqrt{\overline{T'^2}}/\overline{T} = 0.1$ 时，考虑温度脉动的 $NO_x$ 生成速度几乎是不考虑温度脉动时的 5 倍。当平均温度降低而脉动值增加时，其倍数也增加，这表明湍流引起的温度脉动对 $NO_x$ 的生成速度有很大的影响。

## 8.6　液体燃料燃烧时 $NO_x$ 的生成

　　液体燃料的燃烧一般采用两种形式，最常见的是喷雾燃烧的形式，第二种是预蒸发、预混合的燃烧形式。

　　喷雾燃烧方式广泛应用在锅炉、燃气轮机、压燃式发动机等流体燃料燃烧装置中，对于这类广泛应用的喷雾燃烧形式，弄清伴随燃烧的 $NO_x$ 生成过程，具有重大的意义。要实现喷雾燃烧，必须使燃料从油滴状蒸发成蒸气状。燃料蒸气与氧化剂混合并形成火焰的形式通常有两种，一种是在油滴的周围形成火焰，这时油滴沿着所谓的包膜火焰飞行；另一种是油滴单纯蒸发，燃料蒸气在从离开油滴的地方，以湍流状态进行扩散燃烧。一般认为，前者在油滴比较稀疏、氧含量和气体温度较高，油滴和气体的相对速度小的场合发生；而后者则在油滴密集、氧含量和气体温度较低和油滴气体相对速度大的场合发生，这类火焰与湍流气体扩散火焰相类似。

　　对于预蒸发、预混合火焰，由于与气体燃料预混火焰的情况相类似，可以采用过浓或稀薄混合气进行燃烧从而降低 $NO_x$ 生成，这种方法正作为液体燃料的低 $NO_x$ 燃烧方法而受到重视。

### 8.6.1　喷雾燃烧时 $NO_x$ 的生成

　　图 8-16 和图 8-17 给出了空气雾化火焰在喷雾射流中的轴上以及横截面上 $NO_x$ 及其他气体成分、温度以及气体流速的分布。图中 $x$ 表示离开喷嘴的距离，HC 表示碳原子数在 3 以

下的低碳烃。从图 8-16 中可以看出，在火焰中心轴上，$NO_x$ 的含量（摩尔分数）分布与温度分布相类似，最大摩尔分数点沿火焰后方与最高温度点稍有偏离。从图 8-17 可以看出，横截面上的 $NO_x$ 含量（摩尔分数）呈马鞍形分布，同样与温度分布相仿，且它们的最大值位置也大致相同。

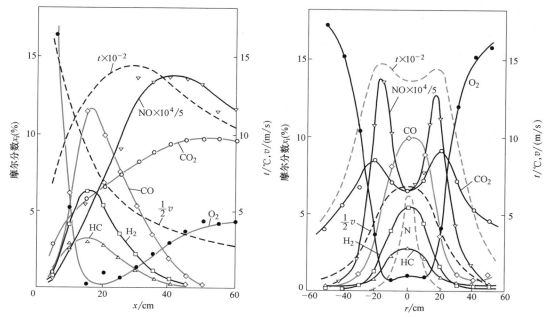

图 8-16　火焰中心轴上 $NO_x$ 及其他气体成分分布　　图 8-17　横截面积上的 $NO_x$ 其他气体成分分布
（煤油同轴流喷雾火焰）　　　　　　　　　（煤油同轴流喷雾火焰，$x = 20cm$）

由上述实验可知，空气雾化喷雾火焰的 NO 排放特性与气体扩散火焰大致相同。若燃烧的空气与从喷嘴流出的流体具有相同的动能，则可用气体扩散火焰代替喷雾火焰来进行研究。当然，这不过是根据上述两个实验而得到的结果，若要下定论，尚需进行多种条件下的实验研究。

对于压力雾化火焰，由油滴蒸发出的燃料蒸气在湍流场中同样进行着扩散燃烧。实验表明，其 $NO_x$ 生成量与气体湍流扩散火焰差别不大。

### 8.6.2　预蒸发、预混合火焰的 $NO_x$ 生成

喷雾燃烧 $NO_x$ 的排放量与平均过量空气系数及混合状态均有关系。在完全预混合燃烧的场合，$NO_x$ 的生成与过量空气系数有着密切的关系，其结果与喷雾燃烧相同。不过，实际燃烧时常常只处于部分预蒸发或部分预混合状态，这时 $NO_x$ 的排放量与过量空气系数的定性关系如图 8-18 所示。当然，若设法促进蒸发、混合，使之接近完全预混合的状态，则可以采用增加平均过剩空气量的方法，来抑制 $NO_x$ 的生成。

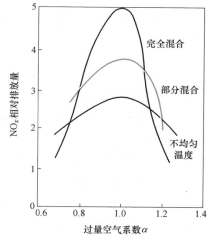

图 8-18　$NO_x$ 排放量与过量
空气系数的关系

有许多研究者对预蒸发、预混合燃烧火焰进行了研究，实验表明燃料和空气的混合程度对 $NO_x$ 的排放有极大的影响，提高混合程度可降低 $NO_x$ 的生成，但此时需延长混合时间，这样自然着火的危险会增加。另外化学计量数的范围还受到回火界限的限制，当然稀薄燃烧还不失为一种好方法。对于具体计算，此时预蒸发、预混合火焰可以看作是类似于气体预混火焰。

## 8.7 煤燃烧时 $NO_x$ 生成机理

煤燃烧时的 $NO_x$ 生成特性与气体及液体燃料燃烧不同，它既有挥发分的均相燃烧，又有残焦的非均相燃烧。图 8-9 已给出了燃料氮的平衡简图。但从应用的角度看，燃料 $NO_x$ 的来源可分为挥发分中氮生成的 $NO_x$ 和焦炭中的氮生成的 $NO_x$ 两部分。对这两个生成过程可以采用下面的模型来描述。

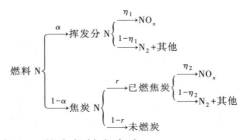

因此，煤中的氮转变为 $NO_x$ 的全部转变率为

$$\eta_n = \alpha\eta_1 + (1-\alpha)r\eta_2 \tag{8-22}$$

式中　　　　　　　$\alpha$——燃料氮释放到挥发分中的份额；

　　　$(1-\alpha)$——燃料氮在焦炭中的份额；

　　　$\eta_1$——挥发分中的氮向 $NO_x$ 的转化率；

　　　$r$——已燃焦炭占总焦炭量的份额；

　　　$r\eta_2$——焦炭中的氮向 $NO_x$ 的转化率；

等号右边的第一项——燃料氮通过挥发分中的氮向 $NO_x$ 的转化率；

等号右边第二项——燃料氮通过焦炭中的氮向 $NO_x$ 的转化率。

### 8.7.1 挥发分 $NO_x$

煤中的氮以氮化合物的形式存在。氮以原子状态与各种碳氢化合物相结合，当煤热解时，氮便释放出来，但比挥发分释放得晚些，剩下的部分氮则残留在焦炭内，在焦炭燃烧过程中缓慢地释放出来。

煤中的氮以挥发分氮还是焦炭氮的形式出现与煤种、热解速度等有关。实验表明，当煤中挥发分含量增加，热解温度和加热速度提高时，氮的释放量增加，即挥发分氮增加，焦炭氮相应减少，这与过量空气系数等无关。

挥发分氮主要以 HCN 和 $NH_i$ 等氮化合物的形式出现，按附录 D 的反应式进行反应。这些氮化合物既是 $NO_x$ 的生成源，又是 $NO_x$ 的还原剂。同时，氮化合物之间进行复合反应生成 $N_2$，因而 $NO_x$ 减少。这样，实际上只有一部分挥发分氮转化为 $NO_x$，例如在典型的煤粉燃烧工况下（如过量空气系数 $\alpha = 1.4$，温度 $T = 1670 \sim 1770K$，挥发分 $NO_x$ 约占燃料 $NO_x$ 的 $60\% \sim 80\%$，最终挥发分 $NO_x$ 的多少，将具体取决于下述三个因素。

1）着火区挥发分的析出量。挥发分析出量越大，挥发分氮含量越大，生成的挥发分 $NO_x$ 量也越大。由于挥发分析出量与煤种及热解温度有关，煤的挥发分越高，热解温度越高，挥发分析出量就越大，因而挥发分 $NO_x$ 也越高。

2）着火区中的氧含量。氮化合物只有经过氧化反应才能生成 $NO_x$，因此，着火区中的氧含量增加，挥发分 $NO_x$ 就增加；反之，当 $\alpha$ 值下降时，挥发分氮不易转化为 $NO_x$，挥发分氮的相互复合反应以及对 $NO_x$ 的还原反应增强，从而使挥发分 $NO_x$ 减少。

3）在着火区的停留时间。在空气较多的情况下，若可燃组分在着火段中停留时间较长，则生成的 $NO_x$ 增加；在富燃工况下，挥发分氮化合物的还原分解或相互复合反应增强，所以着火区中停留时间长，使 $NO_x$ 和 HCN、NH 等充分反应，挥发分 $NO_x$ 减少。

### 8.7.2 焦炭 $NO_x$

焦炭中氮的释放与煤的组织结构有关。如果煤的温度不超过热解的峰值温度，则焦炭氮就不再进一步挥发，此时，焦炭氮发生非均相反应，焦炭的氧化速率与焦炭燃烧速度成正比，于是可得

$$\frac{dW_N}{d\tau} = \frac{W_N}{W_C} \frac{dW_C}{d\tau} \tag{8-23}$$

式中　$W_N$、$W_C$——分别表示焦炭中氮和碳的重量，单位为 N；

　　　　$dW_C/d\tau$——表示焦炭燃烧速度。

如果煤的温度高于挥发分析出的峰值温度，那么可能会同时出现氮的非均相反应和含氮挥发分的释放，此时的焦炭氮析出速率不仅与焦炭燃尽速度成正比，而且与温度有关。图 8-19 表示了这种关系。图中认为焦炭中的氮析出量随焦炭燃尽率的增加而增加，燃烧结束时如果残焦未燃尽，则焦炭氮仍会有一部分残留在未燃尽焦炭中，当温度提高时，焦炭析氮量增加。这样总的残焦中含氮量的比例 $\beta$ 可表达为

$$\beta = 1 - \eta_C^n \tag{8-24}$$

式中　$\eta_C$——焦炭燃尽率；

　　　　$n$——指数，随温度而变，可由表 8-2 得到

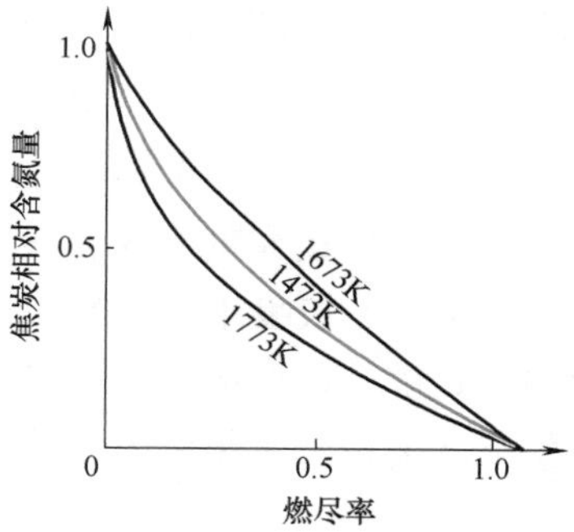

图 8-19　残焦中的氮随燃尽率的变化

表 8-2　$n$ 值随温度的变化关系

| $T/K$ | 1473 | 1673 | 1773 |
|---|---|---|---|
| $n$ | 0.787 | 0.514 | 0.413 |

焦炭中的氮析出仅是形成燃料 $NO_x$ 的一个因素，实际的焦炭 $NO_x$ 生成取决于两个主要因素，第一个是焦炭中的氮向 $NO_x$ 的转化，第二个是焦炭表面和 CO 对已生成的 $NO_x$ 进行的还原反应。下面具体讨论这两个过程。

焦炭中的氮向 $NO_x$ 的转化，随焦炭中的氮含量和氧含量的增加而增加，但与挥发分相

比，其变化不大。而当温度增高时，虽然焦炭中的氮向 $NO_x$ 的转化率减小，但由于此时焦炭燃尽率增大，因而焦炭 $NO_x$ 是增加的。

焦炭表面和 CO 会对已生成的 $NO_x$ 产生还原分解作用，使 $NO_x$ 直接减少，其反应式如下

$$NO+\alpha(-C) \longrightarrow 0.5N_2+(2\alpha-1)CO+(1-\alpha)CO_2 \tag{8-25}$$

式中的 $\alpha$ 值与温度和碳粒种类有关。式（8-25）的反应机理是，在两个碳原子位置上吸附 NO 分子而进行反应，一个碳原子化学吸附氧原子而生成 O—C，而另一碳原子化学吸附氮原子能力却较弱，即形成

$$\left.\begin{matrix} |-C \\ |-C \end{matrix}\right|+NO \longrightarrow \left.\begin{matrix} |-C-O \\ |-C\cdots N \end{matrix}\right. \tag{8-26}$$

随后快速扩散，N 原子重新结合生成 $N_2$，即

$$2(-C\cdots N) \longrightarrow 2(-C)+N_2 \tag{8-27}$$

如果有还原性气体（$H_2$ 和 CO），它将与 O—C 反应生成 $H_2O$ 或 $CO_2$，而使 $NO_x$ 减少。同时，氢原子或氢分子直接与 $NO_x$ 反应，或间接地生成中间产物 $NH_3$ 和 HCN，然后它们再与 $NO_x$ 反应而生成 $N_2$，因而 $NO_x$ 而减少，即

$$NO+H_2 \longrightarrow NH_3 \begin{cases} +NH_3\ \text{或}\ NO \longrightarrow N_2 \\ +CO \longrightarrow HCN \xrightarrow{+HCN\ \text{或}\ NO} N_2 \end{cases} \tag{8-28}$$

研究表明，在煤粉炉内，前一种路线即通过直接还原分解而使 $NO_x$ 减少的路线是主要的。这种还原分解反应的速率与 $NO_x$ 分压力、焦炭反应表面积 $A$ 以及温度 $T$ 等因素有关，里夫（Levy）等人测量了 $1250 \sim 1750K$ 温度范围内粒子表面上 $NO_x$ 还原的有效速率，由于内表面积不可能精确测得，计算式中统一采用外表面积，则可得到如下的反应速率表达式

$$\frac{dc_{NO}}{d\tau} = 4.8 \times 10^4 \exp(-34.7/RT)Ap_{NO} \tag{8-29}$$

这样，可以认为焦炭 $NO_x$ 的生成过程是，焦炭氮在析出过程中，会与氧气反应，一部分生成 $NO_x$，一般发生在焦炭粒子表面的一个薄层中，生成的 $NO_x$ 一部分向外扩散，一部分向内部扩散，向内部扩散的这一部分 $NO_x$，由于无氧气而在焦炭的内或外表面被焦炭或灰还原生成 $NO_x$，此时焦炭内部的孔隙度起很大的作用。

## 8.7.3 煤粉炉内燃烧时 $NO_x$ 的生成

### 8.7.3.1 炉内 $NO_x$ 的生成

在实际煤粉炉内燃烧过程中，$NO_x$ 的生成主要分三部分，即燃料 $NO_x$、热力 $NO_x$ 和快速 $NO_x$。

对于快速 $NO_x$，即使煤粉炉处于 $\alpha>1$ 的燃烧工况，在局部区域由于混合不一定均匀，也可能出现富燃料区域（$\alpha<1$），在该区域内还会有快速 $NO_x$ 的生成，由于其生成时间极短，所以其生成量仅是 $NO_x$ 总量的 5%（体积分数）以下，基本上可以忽略。

有许多因素会影响燃料 $NO_x$ 和热力 $NO_x$ 的生成，如炉内混合状况、温度、氧含量、煤种、炉内传热情况等。一般来说，在煤粉火焰中，温度等对其生成有较大的影响。

燃料 $NO_x$ 又可分为挥发分 $NO_x$ 和焦炭 $NO_x$，在这两部分中，对高挥发性煤其挥发

分 $NO_x$ 是主要部分，它在燃烧初始阶段形成，运行工况对其影响很大，而焦炭 $NO_x$ 受运行工况的影响较小。

从上述讨论可以得到煤粉燃烧时 $NO_x$ 的生成机理图（图 8-20），图中左侧是热力、快速 $NO_x$，中间是挥发分 $NO_x$，右边是焦炭 $NO_x$。

图 8-21 给出了煤粉炉内沿火焰方向的 $NO_x$ 生成量，从图中可以看出 $NO_x$ 的生成可以分成三个阶段，这三个阶段可能对应于煤粉炉内燃烧的初始阶段，挥发分燃烧和焦炭燃烧阶段。从图中可以看出，在第一阶段 $NO_x$ 的生成量很小，此时温度也非常低；第二阶段，温度很高，氧含量（体积分数）很高，$NO_x$ 的生成（热力和挥发分 $NO_x$）反应很快，$NO_x$ 体积分数急剧增加，当炉温达到最高值附近时，$NO_x$ 体积分数也达到最大值；在第三阶段，温度和氧含量均下降，此时虽然不断生成焦炭 $NO_x$，但是，已经生成的 $NO_x$ 会被焦炭还原分解而逐渐减少，总体上 $NO_x$ 基本不变或略有下降。

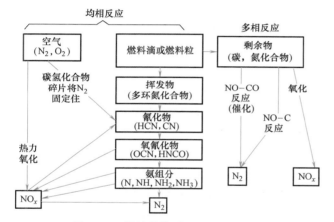

图 8-20 煤粉燃烧时 $NO_x$ 生成机理

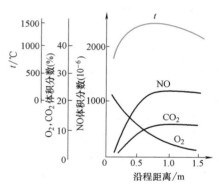

图 8-21 煤粉炉内 $NO_x$ 的生成过程

#### 8.7.3.2 炉温对 $NO_x$ 生成的影响

炉温主要影响热力 $NO_x$ 的生成量，从而影响总的 $NO_x$ 的生成量。由图 8-22 可以看出，当 $T_{max} < 1500K$ 时，以燃料 $NO_x$ 为主；当 $T_{max} > 1900K$ 时，燃料 $NO_x$ 的比例减小；当 $T_{max} > （2200 \sim 2300）K$ 时，燃料氮对 $NO_x$ 已无影响了。

#### 8.7.3.3 过量空气系数对 $NO_x$ 生成的影响

过量空气系数对燃料 $NO_x$、热力 $NO_x$ 和快速 $NO_x$ 均有影响，图 8-23 给出了炉内燃料 $NO_x$、热力 $NO_x$ 和总 $NO_x$ 随过量空气系数变化的规律。从图中可以看出，当 $\alpha$ 值从 0.8 开始增加时，热力 $NO_x$ 增加，当 $\alpha > 1.1$ 时，

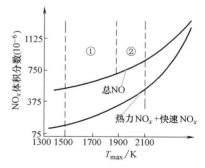

图 8-22 锅炉炉内 $NO_x$ 的生成与炉温的关系

由于炉温降低，燃料 $NO_x$ 趋于下降；但是，燃料 $NO_x$ 则随 $\alpha$ 的增大而继续上升。因此，总的 $NO_x$ 随 $\alpha$ 的增加而增加，而后渐趋平缓。这种情况表明，从降低 $NO_x$ 的观点来说，最好是 $\alpha$ 接近于 1.0 的条件下燃烧，但此时排烟中有毒物质（苯、芘化合物等）增加。因此，合理降低 $\alpha$ 应以排出有害物质最少为原则。

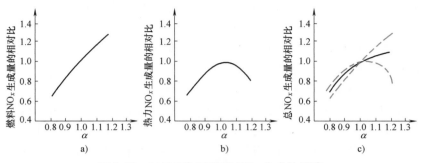

图 8-23　过量空气系数对 $NO_x$ 生成的影响

#### 8.7.3.4　预热空气温度对 $NO_x$ 生成的影响

研究表明，如果提高空气预热温度，则煤粉着火提早，这样可提高炉内的温度水平，使热力 $NO_x$ 增加，而且由于提高了燃烧初始区的温度水平，促使挥发分的大量析出，因而挥发分 $NO_x$ 大量增加。所以，空气温度越高，总的 $NO_x$ 是增加的。

#### 8.7.3.5　燃料性质对 $NO_x$ 生成的影响

燃料性质对 $NO_x$ 生成产生影响的主要是挥发分含量、含氮量和燃料水分。当燃煤挥发分增加时，由于着火提早，温度峰值和平均温度均会有所提高，热力 $NO_x$ 增加；又由于前述燃料 $NO_x$ 中挥发分含量提高燃料 $NO_x$ 亦略有提高，则总的 $NO_x$ 随挥发分的增加而增加。

燃料含氮量对 $NO_x$ 的影响是非常明确的，含氮量增加，总的 $NO_x$ 含量大致呈线性增加。

当燃煤中水分增加时，着火延迟。这样，一方面因挥发分燃烧前燃料与空气之间的混合增加，着火处的氧浓度增加，而且燃料中的氮在着火段的停留时间增加，使 $NO_x$ 的反应比较充分，故燃料 $NO_x$ 增加。另一方面，燃煤水分增加，煤的发热量降低，炉内温度水平与温度峰值降低，故热力 $NO_x$ 减少。通常，前者的影响较后者大，所以总的 $NO_x$ 是随燃煤水分的增加而增加的。

#### 8.7.3.6　煤粉细度对 $NO_x$ 生成的影响

在不考虑低 $NO_x$ 燃烧的情况下，煤粉越细 $NO_x$ 越高，其原因为煤粉变细，燃烧加快，因而炉内温度峰值和温度水平提高，热力 $NO_x$ 增加。另外，煤粉加热快、温度峰值高，则释出的挥发分多，煤的燃尽度高，燃料 $NO_x$ 增加。所以煤粉细度增加，总的 $NO_x$ 是增加的。

### 8.7.4　流化床燃烧时 $NO_x$ 的析出

流化床锅炉一个很大的优点是可以有效地控制 $NO_x$ 的排放。从热力 $NO_x$ 生成的机理可知，在流化床燃烧的工作温度区域（850~920℃），热力 $NO_x$ 是很低的，此时生成的主要是燃料 $NO_x$，而温度较低时燃料氮向 $NO_x$ 的转化率也较低，这样总的 $NO_x$ 就较煤粉炉低得多。

流化床特别是循环流化床锅炉，其氮氧化物排放最主要的特性是其对燃料性质、床温和空气量的敏感性。在实际过程中，还会受到设计和运行因素的某种程度的影响。此外，由于燃烧装置设计结构、容量各不相同，即使燃用同一煤种，$NO_x$ 的排放水平也不会相同。

#### 8.7.4.1　温度对 $NO_x$ 生成的影响

在流化床锅炉运行工作范围内，$NO_x$ 排放量随温度升高而升高的原因主要是挥发分氮的析出增多。这意味着，可以通过降低床温来控制 $NO_x$ 排放量。另一方面，运行床温的控制还受载荷及燃烧效率制约，床温过低则 CO 浓度很高，这尽管有利于 $NO_x$ 的还原，却带来了化学不完全燃烧损失，而且 $N_2O$ 的排放量亦可能增大。

### 8.7.4.2　过量空气系数对 $NO_x$ 生成的影响

在流化床锅炉的工作参数范围内，过量空气系数降低时，$NO_x$ 和 $N_2O$ 排放都下降（图 8-24）。另一方面，过量空气系数很大时，对 $NO_x$ 和 $N_2O$ 排放的影响大大减弱，因为 $\alpha$ 很小或很大时，CO 浓度会升高，这对 NO 和 $N_2O$ 的还原和分解都有利。低氧燃烧可减少 50% ~ 75% 的氮氧化物排放。

分段燃烧对降低氮氧化合物排放很有好处。一般地，二次风从床面上一定距离给入较好，二次风过低引入则对氮氧化物排放影响甚小。随着二次风率增大，或一次风率减小，$NO_x$ 生成量也随之下降，并在某一分配下达到最低点。值得注意的是，实施分段燃烧时 $SO_2$ 和 CO 排放也将不同程度地下降。

### 8.7.4.3　脱硫剂对 $NO_x$ 生成的影响

加石灰石等脱硫剂可降低 $SO_2$ 排放，然而它却对 $NO_x$ 排放有明显影响，造成 NO 上升。究其原因，可归结为未反应石灰石对 $NO_x$ 生成的催化作用，其反应物是床内的 $NH_3$。许多研究者对床料对氮氧化物排放的作用做了大量研究，这些结果可归纳为：

1）纯 $CaSO_4$ 和硫酸盐化产物 $CaSO_4$ 对 $NO_x$ 的生成没有明显作用；

2）富余 CaO 是燃料和注氨中的氮转化为 $NO_x$ 和 $N_2$ 的强催化剂，也是 CO、$H_2$ 还原 $NO_x$ 的强催化剂。

### 8.7.4.4　循环倍率对 $NO_x$ 生成的影响

提高循环倍率对脱硫和降低 $NO_x$ 排放都有帮助，因为提高循环倍率可以增加悬浮段的焦炭浓度，在两个竞争反应式（8-30）和式（8-31）的作用下，$NO_x$ 排放量将降低，而 $N_2O$ 排放量升高（图 8-25），但该过程对 $N_2O$ 的选择性并不很强。故总的来看，$N_2O$ 的升高还是有限的，而且在很高的循环倍率下，NO 下降和 $N_2O$ 升高的势头将会大大减弱甚至消失。

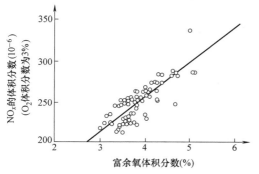

图 8-24　循环流化床中过剩空气量对 $NO_x$ 排放量的影响

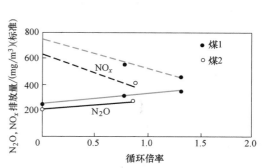

图 8-25　循环倍率对 $NO_x$ 排放的影响

（$t = 825℃$，$\alpha = 1.2$，摩尔比 $n_{Ca}/n_s = 1.5$）

$$C + NO \longrightarrow \frac{1}{2}N_2 + CO \tag{8-30}$$

$$C + 2NO \longrightarrow N_2O + CO \tag{8-31}$$

### 8.7.4.5　其他因素对 $NO_x$ 生成的影响

燃料性质对流化床中 $NO_x$ 生成及排放的影响是非常大的，8.4 节中已对此进行了较详细的讨论，该节中的主要结论可以适用于流化床燃烧。

载荷变化客观上可能改变 $NO_x$ 及 $N_2O$ 的排放水平，因为它同时改变了床温、燃烧效率和 CO 浓度，以及循环物料量和气固停留时间，这是一种综合性的影响。由图 8-26 可知，载荷上升时，也伴随着 $NO_x$ 排放的提高。

在各种给煤方式中，前墙和返料回路密封器对半给煤时 $NO_x$ 排放量最低，全部从回路密封器给入次之，全部从前墙给入时最高，而负压给煤时 $NO_x$ 排放处于适中水平。

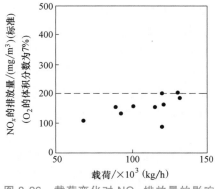

图 8-26　载荷变化对 $NO_x$ 排放量的影响

# 8.8　降低 $NO_x$ 排放的措施

根据前面几节的介绍可知，降低 $NO_x$ 的生成及排放有许多方法，主要的方法有：

1）减少燃料周围的氧浓度。包括：减少炉内过量空气系数以减少炉内空气总量；或减少一次风量和减少挥发分燃尽前燃料与二次风的掺混，以减少着火区段的氧浓度。

2）在氧浓度较低的条件下，维持足够的停留时间，使燃料中的氮不易生成 $NO_x$，而且使已生成的 $NO_x$ 经过均相或非均相反应而被还原分解。

3）在空气过剩的条件下，降低温度峰值，减少热力 $NO_x$，如采用降低热风温度和烟气再循环等。

4）加入还原剂，使还原剂生成 CO、$NH_3$ 和 HCN，它们可将 $NO_x$ 还原分解。

实际应用中，$NO_x$ 的控制技术主要分为低 $NO_x$ 燃烧技术（源头控制）和烟气脱硝技术（尾部控制）两大类。其中低 $NO_x$ 燃烧技术的研究开展的较早，其目标是通过多种手段抑制燃烧过程中的 $NO_x$ 生成；烟气脱硝技术则是通过处理电厂排出的烟气，降低其 $NO_x$ 排放量。

## 8.8.1　低 $NO_x$ 燃烧技术

### 8.8.1.1　空气分级降低 $NO_x$ 排放

空气分级燃烧降低 $NO_x$ 排放的基本设想是避免 $NO_x$ 生成区中温度过高及过量空气系数处于较高的区域，以降低 $NO_x$ 生成。

分级燃烧的原理如图 8-27 所示。

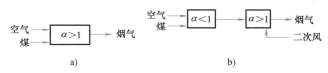

图 8-27　分级燃烧原理

将燃烧用的空气分两阶段送入。首先，将理论空气量的一定比例从燃烧器送入，使燃料先在缺氧的条件下燃烧，燃料的燃烧速度的燃烧温度降低，燃烧生成 CO；而且燃料中氮将分解生成大量的 HN、HCN、CN、$NH_3$ 和 $NH_2$ 等，它们相互复合，即

$$x\mathrm{N} + x\mathrm{N} \longrightarrow \mathrm{N}_2 + \cdots \tag{8-32}$$

$$N+N \longrightarrow N_2 \tag{8-33}$$

或将已有的 $NO_x$ 还原分解，因而抑制了燃料 $NO_x$ 的生成。然后，将燃烧用空气的剩余部分以二次风形式送入，使燃料进入空气过剩区域（作为第二级）燃尽。虽然这时空气过量，但由于火焰温度较低，所以，在第二级内也不会生成较多的 $NO_x$，因而总的 $NO_x$ 生成量是降低的。

含燃料氮的燃料采用空气分级燃烧时，单相及非均相催化也是很重要的。CO 的存在将导致 NO 的快速减少，这可能是由于催化增强的非均相反应所致。有效活性表面上，NO 系统由于氧原子的化学吸附而被还原，并按下述方程反应：

$$CO+NO \longrightarrow CO_2+\frac{1}{2}N_2 \tag{8-34}$$

$$CO+C(O) \longrightarrow CO_2+C_f \tag{8-35}$$

上述反应实际按下述方程进行：

$$NO+C_f \longrightarrow C(O)+\frac{1}{2}N_2 \tag{8-36}$$

式中　$C_f$ 和 $C(O)$——分别表示碳表面和吸附氧的碳表面。

高温时，非均相催化反应作用显著减弱，这很可能是由于氧的吸附能力减弱而造成的。

$$C(O) \longrightarrow CO \tag{8-37}$$

非均相催化的 NO 还原作用取决于灰的含量和灰的成分，随种类的不同而不同。采用空气分级一般有两类，一类是燃烧室内的分级燃烧，另一类是单个燃烧器的分级燃烧。在流化床锅炉中肯定采用燃烧室内的分级燃烧，而且燃烧分级中一、二次风的比例可高达 50%∶50%，而悬浮燃烧方式二者均可采用，但一般空气分级系数较小，一、二次风的比例一般为 80%∶20% 左右。

图 8-28 给出了空气分级燃烧时降低 $NO_x$ 的排放效果测试值。由图可见，在燃烧所用空气量保持一定，第一级过量空气系数 $\alpha_1$ 降低时，$NO_x$ 生成量是随之降低的。$\alpha_1=0.8$ 时，其 $NO_x$ 生成量比一般燃烧工况约降低 50%，而这时燃烧仍很稳定。

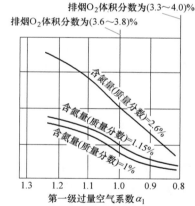

图 8-28　空气分级降低 $NO_x$ 排放

### 8.8.1.2　燃烧分级降低 $NO_x$ 排放

燃烧分级是把燃烧分成两股或多股燃烧流，送入后面有燃尽区的三个燃烧区。第二燃烧区通常称为再燃区，是 NO 的还原区，按 $\alpha<1$ 运行。$NO_x$ 的还原作用受过剩空气量、还原区温度以及在第一燃烧区中停留时间的影响，其原理如图 8-29 所示。

在一次燃烧区生成物中有 NO、$CO_2$、$H_2O$、$SO_2$、灰和 $O_2$。在再燃烧区中生成的碳氢基团 CH 与燃烧区生成的 NO 的反应为

$$CH+NO \longrightarrow xH(NH_3+NO+HCN) \tag{8-38}$$

$$xN+NO \longrightarrow N_2+xN \tag{8-39}$$

例如 $C_nH_m$：

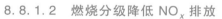

图 8-29　燃烧分级示意图

$$C_nH_m + NO \longrightarrow C'_nH'_m + N_2 + H_2 + CO \tag{8-40}$$

或
$$C_nH_m + NO \longrightarrow C'_nH'_m + NH_i + H_2O + CO_2 \tag{8-41}$$

这一情况表明，在还原区中，可以将 NO 还原成 $N_2$，此外，也产生了像 $NH_i$ 的氮化合物。但前者的作用是主要的，$NO_x$ 有 70%～90% 被还原成 $N_2$。

在燃尽区中，$x$N 被氧化成 NO 或 $N_2$。例如

$$C'_nH'_m + O_2 \longrightarrow H_2O + CO_2 \tag{8-42}$$
$$CO + O_2 \longrightarrow CO_2 \tag{8-43}$$
$$NH_i + O_2 \longrightarrow N_2 + H_2O \tag{8-44}$$
$$NH_i + O_2 \longrightarrow NO + H_2O \tag{8-45}$$

由此可以看出，在燃尽区，仍有一部分还原区产物又被氧化成 NO。综合上述效果，这种方法可使 NO 减少 50% 或更低。

图 8-30 是采用甲烷作为再燃燃料时，燃料分级降低 $NO_x$ 排放的示意图。从图中可以看出，当在第二段中加入 $CH_4$ 后，$NO_x$ 大大减少。进入燃尽区后，$NO_x$ 稍有增加，但与不采用再燃烧法相比 $NO_x$ 明显降低了。其中，还原区对降低 $NO_x$ 起了重要的作用。还原区中还原作用与反应温度、初始 NO 浓度、反应时间以及还原区内过量空气系数等因素有关。

若比较空气分级和燃料分级这两种降低 $NO_x$ 的有效手段，一般认为空气分级是一种非

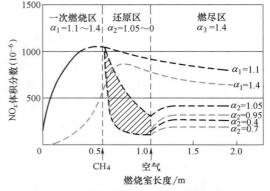

图 8-30  燃料分级降低 $NO_x$ 排放示意图

常简单易行的方法，但要难以达到很低的 $NO_x$ 排放量，因为焦炭氮会从第一级携带到燃尽段。而燃料分级由于在第一段中以空气过量燃烧能导致第一级中燃料的燃尽，因此具有一种减少 $NO_x$ 排放量的较大的综合潜力，其效果非常明显。

### 8.8.1.3  低氧燃烧降低 $NO_x$ 排放

低氧燃烧是在炉内总体过量空气系数 $\alpha$ 较低的工况下运行的。实际锅炉采用低氧燃烧法时，不仅降低 $NO_x$ 排放，而且锅炉排烟热损失减少，对提高锅炉热效率有利；但是，CO、$C_nH_m$ 和炭黑等有害物质也相应增加，飞灰中可燃物质也可能增加，使燃烧效率降低。因此在确定低 $\alpha$ 范围时，必须兼顾燃烧效率，锅炉效率较高和 $NO_x$ 等有害物质最少的要求。

组织低氧燃烧时，必须组织好炉内的空气动力场，使燃料和空气均匀分配，充分混合，若锅炉运行中保证排烟过量空气系数在 1.25～1.30 则 CO 浓度亦不会太高，$NO_x$ 排放亦较低。

### 8.8.1.4  烟气再循环降低 $NO_x$ 排放

将部分低温烟气直接送入炉内，或与空气（一次风或二次风）混合后送入炉内。因烟气吸热和稀释了氧浓度，使燃烧速度和炉内温度降低，因而热力 $NO_x$ 减少。因此，烟气再循环法特别适用于燃用含氮量少的燃料。对于燃气锅炉，$NO_x$ 降低最显著，可减少 20%～70%；对于燃油燃煤锅炉效果要差些。燃用油时，$NO_x$ 减少 10%～50%，液态排渣煤粉炉降低 10%～25%，固态排渣煤粉炉 $NO_x$ 的降低量在 15% 以下。在燃用着火困难的煤时，受到炉温

降低和燃烧稳定性降低的限制，故不宜采用。

采用燃料分级燃烧时，烟气再循环一般用于输送二次燃料。烟气再循环的缺点是，由于大量烟气流过炉膛，缩短了烟气在炉内的停留时间。此外，电耗增加也会影响经济性。

烟气再循环的效果不仅与燃烧种类有关，而且与再循环烟气量有关。再循环烟气量一般以烟气再循环率 $r$ 来表示，它是再循环烟气量与无再循环时的烟气量的比值，即

$$r=\frac{再循环烟气量}{无再循环时烟气量}\times100(\%) \tag{8-46}$$

图 8-31 所示为不同燃料的 $NO_x$ 降低率与烟气再循环率，$r$ 的关系。可以看出，当 $r$ 增加时，$NO_x$ 减少，其减少程度与燃料和炉型有关系。$r$ 值太大，炉温降低太多，燃烧不稳定，化学与机械不完全燃烧热损失增加。因此，烟气再循环率 $r$ 般不超过30%，一般大型锅炉限制在 10%～20%，这时 $NO_x$ 降低 25%～35%。

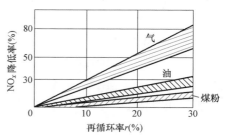

图 8-31　再循环率与 $NO_x$ 降低的关系

### 8.8.1.5　浓淡偏差燃烧

浓淡偏差燃烧是基于过量空气系数 $\alpha$ 对 $NO_x$ 的变化关系，使部分燃料在空气不足下燃烧，即燃料过浓燃烧，另一部分燃料在空气过剩下燃烧，即燃料过淡燃烧。

燃料过浓部分，因氧气不足燃烧温度不高，所以燃料 $NO_x$ 和热力 $NO_x$ 值均不高。燃料过淡部分，因空气量很大，燃烧温度降低，使热力 $NO_x$ 降低。

因此，这种方法只要在总风量不变时，调整上下喷口的燃料与空气的比例，然后保证浓淡两部分充分混合并燃尽。方法较简单，$NO_x$ 也会显著减少。

## 8.8.2　烟气脱硝技术

一般情况下，低 $NO_x$ 燃烧技术只能降低 $NO_x$ 排放的 50%，而随着对 $NO_x$ 排放的限制越来越严格，要进一步降低 $NO_x$ 的排放，必须采用烟气脱硝技术。常用的烟气脱硝技术主要是还原法脱硝，该技术一般是向锅炉（炉膛或尾部受热面）喷射还原剂，将 $NO_x$ 还原为 $N_2$，主要包括选择性催化还原（SCR）烟气脱硝技术、选择性非催化还原（SNCR）烟气脱硝技术及 SNCR-SCR 耦合技术等。

### 8.8.2.1　选择性催化还原（SCR）技术

SCR 烟气脱硝技术是目前世界上应用最多、最为成熟且脱硝效率最高的一种烟气脱硝技术。目前，SCR 已用于大型燃煤电站锅炉。该方法采用还原剂（如 $NH_3$ 等）将 $NO_x$ 还原为 $N_2$。$NH_3$ 有选择性，它只与 NO 作用，而不与烟气中的氧反应。如采用其他还原剂（如 $CH_4$、CO 和 $H_2$），它们会与氧反应，增加还原剂消耗量。SCR 的反应机理比较复杂。一般认为：在典型的 SCR 条件下，SCR 反应的化学计量关系如下：

$$4NH_3+4NO+O_2 \longrightarrow 4N_2+6H_2O \tag{8-47}$$

利用同位素标记反应物法，已经证实在基于钒的氧化物催化剂上的 SCR 反应，$N_2$ 分子的两个 N 原子一个来自 NO，一个来自 $NH_3$。

当空气中有少量氧的条件下，$NH_3$ 也会与 $NO_2$ 反应。反应式如下：

$$4NH_3+NO_2+O_2 \longrightarrow 3N_2+6H_2O \tag{8-48}$$

在缺氧的情况下，反应的化学计量关系变为：

$$4NH_3+6NO \longrightarrow 5N_2+6H_2O \tag{8-49}$$

$$6NH_3+8NO_2 \longrightarrow 7N_2+12H_2O \tag{8-50}$$

一般认为在 SCR 反应过程中，$NH_3$ 可以有选择性地和 $NO_x$ 反应生成 $N_2$ 和 $H_2O$，而不是被 $O_2$ 氧化，因此反应具有"选择性"。反应原理如图 8-32 所示。无催化剂时，这个反应的最佳温度为 900~1000℃；采用催化剂时，相当于将 $NH_3$ 喷入锅炉省煤器与空气预热器之间的烟气中，此时可得到 80%~90% 的脱硝率。

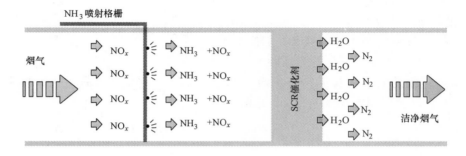

图 8-32 SCR 反应原理

SCR 技术的关键在于催化剂。SCR 催化剂是由基材、载体和活性组分构成的。催化剂按活性组分不同可分为金属氧化物、碳基催化剂、金属离子交换分子筛、贵重金属等。目前，燃煤电厂中多数是以金属氧化物催化剂为主，代表性的 SCR 催化剂载体是 $TiO_2$，活性成分是 $V_2O_5$；碳基催化剂用于烟气同时脱硫脱氮技术也得到发展。

在 $T<300℃$ 时，烟气中的 $SO_3$ 和 $NH_3$ 反应生成硝酸铵，沉积和积聚在催化剂的表面上，造成催化剂的失活。为防止硫铵盐的沉积，催化剂的最低工作温度应在 300℃ 以上。此外，硫铵盐还会沉积在 SCR 反应器的下游设备（如空气预热器）。由于处理的烟气量大，硫铵盐沉积会引起设备腐蚀、压降增大等问题。因此，SCR 过程使用的催化剂对于 $SO_2$ 的氧化应该是具有高度选择性的。在 $T<200℃$ 时，$NO_2$ 和 $NH_3$ 反应生成的硝酸铵会以固态或液态的形式沉积。因此，在实际工程应用中应合理选择喷氨量。如果 $NH_3$ 太少，不能达到预期的脱硝效果；$NH_3$ 太多则会造成 $NH_3$ 逃逸。

### 8.8.2.2 选择性非催化还原（SNCR）技术

SNCR 脱硝技术是在无催化剂条件下，利用雾化喷枪将氨（$NH_3$）、尿素 $[(CO(NH_2)_2]$ 或氢氨酸（$HCNO_3$）作为还原剂雾化成液滴喷入炉膛或高温烟道，还原剂液滴受热，其水分蒸发后热分解生成气态 $NH_3$，在合适的温度窗口区域 $NH_3$ 与 $NO_x$ 进行选择性非催化还原反应，将 $NO_x$ 还原成 $N_2$ 与 $H_2O$。采用 $NH_3$ 做还原剂时，$NH_3$ 还原 NO 的总反应方程如下：

$$4NH_3+4NO+O_2 \longrightarrow 4N_2+6H_2O \tag{8-51}$$

$$4NH_3+2NO+2O_2 \longrightarrow 3N_2+6H_2O \tag{8-52}$$

$$8NH_3+6NO_2 \longrightarrow 7N_2+12H_2O \tag{8-53}$$

当烟气温度高于 SNCR 温度窗口上限时，$NH_3$ 的氧化反应开始起主导作用，大量的 $NH_3$ 被氧化为 NO：

$$4NH_3 + 5O_2 \longrightarrow 4NO + 6H_2O \tag{8-54}$$

虽然 SNCR 脱硝效率在电站锅炉应用中只有 40%~60%，但由于该方法不用催化剂，故设备的投资小、运行费用较少，但还原剂消耗量较大，多作为低 $NO_x$ 燃烧技术的补充手段。影响 SNCR 脱硝反应的因素主要包括温度、氨氮摩尔比、停留时间、还原剂种类、添加剂和烟气组分等。

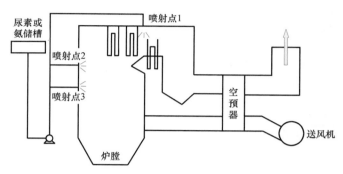

图 8-33　SNCR 烟气脱硝技术工艺流程简图

## 8.9　燃烧过程中 $N_2O$ 的生成及控制

近年来，燃烧过程中氧化亚氮（$N_2O$）的排放引起了较大的重视，这是由于 $N_2O$ 对大气环境的破坏作用日益为人们所了解。$N_2O$ 会破坏臭氧层，造成温室效应，在对流层相当稳定（存活期达 150 年以上），因此不能像 $NO_x$ 那样通过降雨返回地面，形成对流层的氮循环。虽然 $N_2O$ 对人体没有很大的危害，也不会伤害作物，但它的主要问题是对环境的直接作用或间接影响。

### 8.9.1　$N_2O$ 的危害

#### 8.9.1.1　各种燃烧过程中 $N_2O$ 的排放

表 8-3 所示为各种燃烧过程中的 $N_2O$ 排放量，从表中可以看出，煤粉燃烧、燃油锅炉、天然气锅炉、燃气透平、木材及废料燃烧中 $N_2O$ 排放都较少。然而，流化床燃烧中，无论是鼓泡流化床、循环流化床还是增压流化床，$N_2O$ 排放都较高。

燃煤流化床中 $N_2O$ 的排放似乎与煤种有关。燃烧泥煤、油页岩或褐煤时，排放稍高；而燃烧烟煤时，排放则相当高。

表中还表示出了 $NO_x$ 控制措施对 $N_2O$ 排放的影响。低 $NO_x$ 燃烧器中 $N_2O$ 排放几乎无变化；用氨的选择性催化还原（SCR）对 $N_2O$ 排放也无影响。用氨的选择非催化还原（SNR）则使 $N_2O$ 含量（体积分数）稍有增加，约为 $5 \times 10^{-6}$；而用尿素或氢氨酸的选择性非催化还原剂时 $N_2O$ 大大增加。

#### 8.9.1.2　$N_2O$ 的危害

1. $N_2O$ 对温室效应的影响

测试表明，近一个世纪以来，地球温度升高约 0.6℃，而且大气中 $CO_2$、$N_2O$、$CH_4$ 浓度一直在上升（$CO_2$ 增长率：0.5%/年，$N_2O$ 增长率：0.3%/年，$CH_4$ 增长率：1.0%/年）。最近的预测表明，如果 $CO_2$ 浓度增加为目前的两倍，地表平均温度将上升 $1.5 \sim 4.5℃$，这将引起南极冰山的融化，淹没大片陆地。

表 8-3　各种燃烧装置中的 $N_2O$ 排放量

| 燃烧装置 | | $N_2O$ 排放范围（$10^{-6}$） |
| --- | --- | --- |
| 煤粉燃烧锅炉 | | $0 \sim 5$ |
| 燃油锅炉 | | $0 \sim 5$ |
| 天然气锅炉或燃气透平 | | $0 \sim 2$ |
| 流化床炉 | 木材或废料 | $0 \sim 20$ |
| | 泥煤，油页岩或褐煤 | $20 \sim 50$ |
| | 烟煤 | $30 \sim 150$ |
| | 链条炉 | $0 \sim 20$ |
| $NO_x$ 控制措施 | | $N_2O$ 减排变化量（$10^{-6}$） |
| 低 $NO_x$ 喷燃烧器（油炉或煤粉炉） | | 很小 |
| SCR（油炉或煤粉炉） | | $\pm 4$ |
| SNCR（喷氨） | | $+5 \sim 15$ |
| SNCR（喷尿素或氢氨酸） | | $+10 \sim 16$ |
| 再燃 | | $+0 \sim 3$ |
| 空气分级 | | $+0 \sim 5$ |

表 8-4 所示为各种气体对温室效应的影响程度、发生源及削减目标。尽管 $N_2O$ 的影响程度远小于 $CO_2$ 的影响程度，但是 $N_2O$ 吸收红外线（如在 $7.8\mu m$ 波长）的能力是 $CO_2$ 的 250 倍，因而 $N_2O$ 的浓度轻微增加就可能造成很大的影响。

表 8-4　各种气体对温室效应的影响份额

| 气体 | 影响份额 | 来源 | 应削减目标 |
| --- | --- | --- | --- |
| $CO_2$ | 49% | 化石燃料燃烧，生物焚烧 | $80\% \sim 95\%$ |
| $CH_4$ | 18% | 农业 | 45% |
| CFC9-12 | 14% | 化学工业 | $75\% \sim 100\%$ |
| $N_2O$ | 6% | 肥料，生物焚烧，化石燃料燃烧 | $80\% \sim 85\%$ |
| 其他（如 $O_3$） | 13% | 臭氧 | — |

2. $N_2O$ 对臭氧层破坏的影响

大气层中的臭氧层对保护地球的生命圈是十分重要的。臭氧一般通过四种途径减少：

（1）紫外线照射下的分解反应；

（2）氮元素与其反应；

（3）NO 与其反应；

（4）OH 及 $HO_2$ 与 $O_3$ 的反应。

其中，约有70%的 $O_3$ 通过第三种途径与 NO 的反应而减少。而在同温层中的 NO 有相当一部分是通过对流层的 $N_2O$ 由以下反应产生：

$$O_3 + h\nu(\lambda < 310nm) \longrightarrow c_O + O_2 \qquad (8\text{-}55)$$

$$c_O + N_2O \longrightarrow 2NO \qquad (8\text{-}56)$$

显然，同温层中 $N_2O$ 浓度的增加将引起臭氧层中 NO 浓度增加，从而使臭氧层变薄加速。

### 8.9.2 $N_2O$ 的生成及分解机理

#### 8.9.2.1 $N_2O$ 的均相生成

在燃烧过程中 $N_2O$ 的均相生成主要是 HCN 和 $NH_3$ 的氧化，如果采用降低 $NO_x$ 技术时，可能采用喷尿素、氰氨酸等，这些物质也会通过均相反应的途径生成 $N_2O$。

$NH_3$ 氧化为 $NO_x$ 的途径为 $NH_3 \rightarrow NH_2 \rightarrow NH \rightarrow N_2O$，控制因素是最后一步，即反应

$$NH+NO =\!=\!= HNNO \tag{8-57}$$

$$HNNO =\!=\!= N_2O+H \tag{8-58}$$

研究表明，在低温下 HCN 氧化生成 $N_2O$ 的过程为

$$NCO+NO =\!=\!= N_2O+CO \tag{8-59}$$

在 1200K 以下，反应式（8-59）使 NO 被还原为 $N_2O$，而在更高的温度下 NCO 被氧化为 NO 更多。例如，NCO 与 O 或 OH 原子的反应，高温下更可能的反应为：

$$NCO+O \longrightarrow NO+CO \tag{8-60}$$

$$NCO+OH \longrightarrow NO+CO+H \tag{8-61}$$

这样在 1200K 左右，NO 和 $N_2O$ 同时出现一峰值。

#### 8.9.2.2 $N_2O$ 的均相分解

在高温火焰中 $N_2O$ 由下列反应迅速分解：

$$N_2O+H \longrightarrow N_2+OH \tag{8-62}$$

$$N_2O+OH \longrightarrow N_2+HO_2 \tag{8-63}$$

在原子浓度低的地方，与其他物质的碰撞反应可能很重要：

$$N_2O+M \longrightarrow N_2+O+M \tag{8-64}$$

反应式（8-62）~式（8-64）都生成 $N_2$。少量的 NO 可由反应式（8-59）的逆向反应或由以下反应生成：

$$N_2O+O \longrightarrow 2NO \tag{8-65}$$

所有 $N_2O$ 分解反应式的反应速率都随温度升高而加快，表明 $N_2O$ 对温度的敏感性。这解释了 FBC 中 $N_2O$ 排放随温度升高而减少，以及随煤粉火焰的燃尽 $N_2O$ 排放减少的原因。

#### 8.9.2.3 $N_2O$ 非均相生成机理

$N_2O$ 非均相生成是 $N_2O$ 生成的一个重要途径，$N_2O$ 非均相生成与分解的主要过程有：

1）由燃料氮在焦炭燃烧过程中生成 $N_2O$。

2）NO 由催化非催化还原生成 $N_2O$。

3）$N_2O$ 由催化或非催化反应生成 NO 或 $N_2$。

图 8-34 所示为焦炭燃烧过程中碳消耗率与焦炭氮向 $NO_x$ 和 $N_2O$ 转化率的关系。由图可见，焦炭氮向 $NO_x$ 和 $N_2O$ 的转化率与碳消耗率几乎成正比。这说明焦炭燃烧过程中，其氮反应速率 $K_N$，或者说氮转化为 $NO_x$ 和 $N_2O$ 的速率与其碳反应速率 $K_C$ 成正比，即

$$K_N = -\left(\frac{N}{C}\right)K_C \tag{8-66}$$

将一定含量的 NO 通过煤焦反应器后，会产生一定量的 $N_2O$。在煤焦燃烧时情况也是同

样。图 8-35 所示为在燃烧焦炭时，在反应气体中加入一定含量的 NO（$242×10^{-6}$），检测到的 $N_2O$ 含量比不加入 NO 时大得多。这表明 $N_2O$ 可以是通过 NO 的反应而生成的。在这种反应机理中，温度和氧量有至关重要的作用。在低温低氧下，产生的 $N_2O$ 量很少，而且加入 NO 与不加入 NO 的差别不大，在温度升高后，加入 NO 比不加入 NO 产生的 $N_2O$ 却大得多，这表明温度升高这种反应会加快。试验还表明，当氧量较高时，$N_2O$ 的含量大大高于氧量较低时的 $N_2O$ 含量，这说明含氧量对 $N_2O$ 的生成是相当重要的。

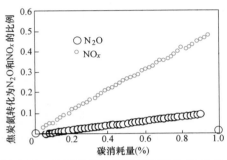

图 8-34　焦炭燃烧中焦炭氮转化为 $N_2O$ 和 $NO_x$ 的比例与碳消耗量的关系

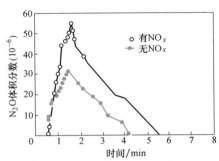

图 8-35　NO 浓度对 $N_2O$ 生成的影响

### 8.9.2.4　$N_2O$ 的非均相分解

根据前述的 $N_2O$ 均相或非均相生成机理，$N_2O$ 的生成量会远远大于测得的量。实际上，$N_2O$ 会在焦炭或其他固态物质的表面分解，称为非均相分解。

$N_2O$ 分解和焦炭氧化的主要产物包括 $N_2$、HCN 和 NO。在低于 1100K 的温度下，NO 和 HCN 的生成量很小。$N_2O$ 通过以下反应分解：

$$N_2O+(-C)\longrightarrow N_2+(-CO) \tag{8-67}$$

这个反应是一次反应。不同焦炭的差别是由于灰的组成不同。

尽管已有许多研究对燃烧过程中 $N_2O$ 的生成与分解机理进行了大量深入的研究，但在 $N_2O$ 生成的动力学参数，以及 $N_2O$ 生成的定量计算上，尚有待于进一步的深入研究。

### 8.9.3　燃烧过程中降低 $N_2O$ 的方法

减少燃烧过程特别是流化床燃烧中 $N_2O$ 排放的措施，是目前煤燃烧研究的热点之一，这里简单介绍几种可能的方法。

#### 8.9.3.1　改变运行温度

前面已经讲到，提高燃烧温度特别是流化床运行的温度，会减少 $N_2O$ 的排放，但是提高温度可能会同时带来 $NO_x$ 排放升高及脱硫效果降低的问题。

根据以上分析，为达到同时降低 $SO_2$、$NO_x$ 和 $N_2O$ 排放的目的，提高运行温度必须遵循两个原则：其一，温度不能升得太高，以免 $NO_x$ 生成太多；其二，石灰石脱硫效率必须得到保证。这样在升温的同时，必须采用分级燃烧等方法降低 $NO_x$ 排放；必须采用高温脱硫剂。许多研究者对高温脱硫剂方面进行了研究，其意义不只是提高燃烧效率，对于减少 $N_2O$ 排放也是有利的。

在我国现有条件下，提高运行温度是一个很方便的措施。对于难燃的无烟煤，升高温度可以提高燃烧效率。如果其含硫量低，就不用考虑硫化物排放的问题。如果其含硫量高，就可以向高温脱硫剂方面考虑，辅之以分级燃烧技术。

### 8.9.3.2　低氧燃烧

实验研究表明，降低过剩氧量可以减少 $N_2O$ 排放，特别是在接近理论空气量时效果更佳。这样，同时采用降低过剩氧量或分段燃烧在理论上可以同时减少 $N_2O$ 和 $NO_x$，但降低过剩氧量必须有较高的运行控制手段。

### 8.9.3.3　再燃烧法

再燃烧法是指在燃烧室之后将烟气温度提高，利用 $N_2O$ 的高温分解特性来降低 $N_2O$ 的方法。古特伐生（Gustvasson）等研究了将天然气喷入循环流化床的旋风分离器中，提高烟气的温度以减少 $N_2O$ 的排放。理论计算表明，升温到 900℃ 可将 $N_2O$ 排放减少为原来的 10%，而实验发现，减少的量与喷入的气体量和分离器的温度有关。

这种方法的优点在于，在减少 $N_2O$ 的同时，其 NO 和 CO 的量不仅不会增加，反而有所降低，CO 的量略有增加。在喷入较多的天然气时，如不喷入空气，则 CO 的量会大大增加。

### 8.9.3.4　催化反应降低 $N_2O$

从 8.8 节的介绍可知，流化床中的固态物质均对 $N_2O$ 的热分解有一定的催化作用，这暗示着有可能找到一种或几种对 $N_2O$ 具有强烈分解作用的催化剂。但是目前这些催化剂离工业化应用尚需一段时间。

除通常的 SCR 用的催化剂外，以金属作为载体的催化剂可在 450℃ 以上将 $N_2O$ 分解。以 Cu、Co 等金属为载体的催化剂在较低的温度下即可将 $N_2O$ 分解。催化剂对 $N_2O$ 的分解非常有效，但是要考虑其失活及其运行温度问题。工业运用要求在 300℃ 时即可将大部分 $N_2O$ 分解。

这说明，在一定条件下，$NH_3$ 可以促进 $N_2O$ 的分解。也就是说，$NH_3$ 对 $N_2O$ 生成和分解的双生作用是与 $NH_3$ 对 $NO_x$ 生成和分解的双生作用相类似的。由此推断，在燃煤烟气中喷入氨气不仅可以降低 $NO_x$ 的排放量，同时也可以降低 $N_2O$ 的排放量。

在燃煤锅炉中喷氨同时脱除 $NO_x$ 和 $N_2O$ 是一个非常好的设想，尽管从机理上已进行了一些工作，但尚缺乏有力验证，特别是工业性装置上的试验，这些均有待于进一步的深入研究。

## 思考题与习题

8-1　一般把 $NO_x$ 的生成分为热力 $NO_x$、快速 $NO_x$ 和燃料 $NO_x$。试分别阐述这三种 $NO_x$ 的物理概念，并对它们的生成机理进行比较。

8-2　无论是热力 $NO_x$、快速 $NO_x$ 和燃料 $NO_x$，它们的生成都会受到温度、过量空气系数等因素的影响。试分别比较温度、过量空气系数对这三种 $NO_x$ 生成过程的影响情况。

8-3　试论述在气体燃料燃烧时如何采取一些切实可行的措施降低 $NO_x$ 的生成。

8-4　试论述煤粉炉燃烧过程中 $NO_x$ 的生成机理，并分析影响这一过程中 $NO_x$ 生成的一些因素及其各自的影响趋势。以这些为基础，试列举出四种以上目前煤粉炉中降低 $NO_x$ 的技术，并指出它们的理论依据。

8-5　由表 8-1 可知，在不采用 $NO_x$ 控制技术时，常压流化床的 $NO_x$ 排放量为 200～400mg/m³（标准）（体积分数为 6%$O_2$），在各种燃烧方式中最低。试从流化床锅炉本身的运行特点分析说明流化床锅炉能有

效控制 $NO_x$ 排放的原因。

8-6 煤燃烧过程中，其挥发分中各种元素之比会影响到氮氧化物的排放。试分析煤中的摩尔比 $n_O/n_N$ 对 $NO_x$ 和 $N_2O$ 的生成和排放各有什么影响，并分析造成影响差异的原因。

8-7 在液体燃料尤其是重柴油燃烧时，经常采取加水乳化燃烧的方法来控制 $NO_x$ 的排放。试分析这一做法的理论基础（至少列出三条）。

8-8 简述 SCR、SNCR 脱硝技术的基本原理，并分析其技术影响因素和技术难点。

8-9 燃烧过程中 $N_2O$ 的均相生成主要是 HCN 和 $NH_3$ 的氧化，试分析 HCN 和 $NH_3$ 均相氧化的机理，以及床料对 HCN 和 $NH_3$ 转化的影响情况。

8-10 流化床锅炉的 $N_2O$ 的排放量一般较高（通常体积分数在 $100 \times 10^{-4}\%$ 以上），试从 $N_2O$ 的生成机理上分析流化床 $N_2O$ 排放高的原因。

8-11 试分别比较燃烧过程中，温度和氧浓度对 $NO_x$ 和 $N_2O$ 排放特性影响的异同，并论述燃烧过程中如何合理调节这两个运行参数以有效控制 $NO_x$ 和 $N_2O$ 排放。

# 第 9 章

# 燃烧过程中硫氧化物、颗粒物及其他污染物的生成及脱除机理

2017 全年能源消费总量 44.9 亿 t 标准煤，煤炭等化石燃料的消费量占能源消费总量的85%以上，其中煤炭消费占能源消费的总量达到 60%以上。煤炭等化石燃料直接燃烧不仅产生大量 $NO_x$，同时也会产生大量有害的污染物：二氧化硫（$SO_2$）、炭黑、烟尘、重金属汞等污染物。上述污染物也是形成大气中 $PM_{2.5}$ 的重要前体物，实现上述污染物的高效脱除是解决大气灰霾问题的重要手段。

本章重点讲述燃烧过程中硫氧化物、炭黑、细颗粒物以及重金属（Hg）等污染物的生成与脱除。

## 9.1 燃烧过程中硫氧化物的生成与脱除机理

### 9.1.1 燃料中硫的存在形态

燃料中的硫根据其存在形态，通常分为有机硫和无机硫两大类。有机硫是指与燃料有机结构相结合的硫；而无机硫则是以无机物形态存在的硫。另外，在有些煤和油中还有少量以单质状态存在的单质硫。

#### 9.1.1.1 有机硫

由于燃料的有机质化学结构十分复杂，因此燃料中有机硫的组成也极为复杂，至今对煤中有机硫的认识还不够充分，但大体上测定出煤中有机硫六种结构的能团存于各种燃料中（见表 9-1）。表中 R 和 R′表示烷基或芳香基。图 9-1 表示燃料中有机硫分的结构形态。

表 9-1　有机硫的种类

| 种类 | 硫化物 | 硫醇类 | 硫酸类 | 噻吩类 | 硫醌类 | 硫蒽类 |
|---|---|---|---|---|---|---|
| 形态 | $CS_2$ 和 COS 等 | R-SH | R-S-R′ | 噻吩、苯并噻吩、二苯并噻吩等 | 对硫醌 | RSSR 和硫蒽等 |

在这些含硫官能团中，硫醇基团和二硫化物可能是次生物，因为它们对热是不稳定的，在燃料生成过程中不可能保留下来；相反，噻吩类硫结构是非常稳定的，即使在高温时也能与有机质缩聚成高分子硫化合物。另外，在噻吩类有机硫中，二苯并噻吩分解最困难，其次

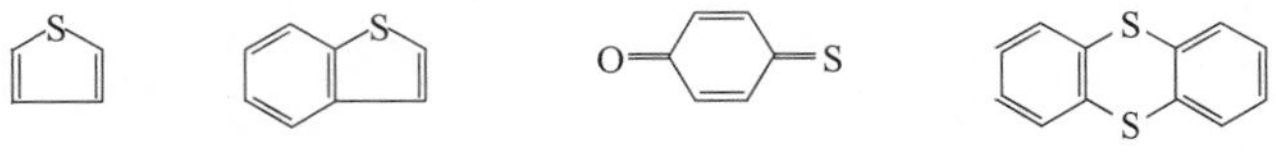

|噻吩|苯并噻吩|对硫醌|硫蒽|

图 9-1　燃料中有机硫分的几种形态

是噻吩、苯并噻吩等。

### 9.1.1.2　无机硫

燃料中的无机硫来自矿物质中的各种含硫化合物，主要以硫化物形式存在，还有少量硫酸盐。无机硫在气体燃料中以硫化氢的形式存在，在液体燃料中无机硫以硫化氢和单质硫的形态存在。在煤中无机含硫矿物质以黄铁矿（$FeS_2$）为主，有时有少量的白铁矿（$FeS_2$）、砷黄铁矿（$FeA_sS$）、石膏（$CaSO_4 \cdot 2H_2O$）、绿矾（$FeSO_4 \cdot 7H_2O$）、方铅矿（$PbS$）、闪锌矿（$ZnS$）等。煤中黄铁矿和白铁矿从组成上来说都是 $FeS_2$。$FeS_2$ 以结核、晶粒分散在煤中或煤的裂隙表面，所不同的是晶格结构，黄铁矿为等轴晶系，相对密度 5.0，温度超过700℃时会很快分解；而白铁矿为斜方晶系，相对密度为 4.87。相比较而言黄铁矿非常稳定，反应性比白铁矿差。白铁矿加热到450℃就能缓慢地转化成化学反应性较小的黄铁矿。而且在任何温度下，这种变化都是不可逆的，但这两种硫化铁矿的化学性质是相似的。

### 9.1.1.3　在不同燃料中硫存在形态的特点

在气体、液体和固体三种不同类型燃料中，硫的存在形态具有不同特点。

气体燃料中的硫分95%（质量分数）左右是无机硫，主要以 $H_2S$ 形式存在，少量的有机硫包括二硫化碳（$CS_2$）、硫氧化碳（$COS$）、硫醇（$CH_3SH$）类、噻吩（$C_4H_4S$）、硫醚（$CH_2SCH_3$）等。

石油中的硫主要以硫化氢、单质硫和各种有机硫化物的形式存在。有机硫存在于一些官能团中，包括噻吩（硫茂）类、硫醇类 R-SH、硫醚等，以噻吩类居多。按含硫质量的多少，油可分为低硫（Sar<0.5%）、中硫（Sar＝0.5%～2.0%）和高硫（Sar>2.0%）三种。

固体燃料如煤中各种形态硫的总和叫作全硫，记作 $S_t$。也就是说，全硫通常就是煤中的硫酸盐硫（记作 $S_s$）、硫铁矿硫（记作 $S_p$）、单质硫（记作 $S_e$）和有机硫（记作 $S_o$）的总和，即

$$S_t = S_s + S_p + S_e + S_o \tag{9-1}$$

从我国煤质分析的统计结果来看，我国煤中硫的分布形态具有一定规律性。对于全硫含量 0.5%（质量分数）以下的煤来说，多数以有机硫为主，主要来自原始植物中的蛋白质。对于全硫大于 2% 的高硫煤来说，绝大多数煤中硫的赋存形态都以无机硫为主，而且绝大部分是以黄铁矿硫的形态存在，也有少数是以白铁矿硫的形态存在。有 60%～70% 为硫铁矿硫，30%～40% 属有机硫，只有少数特殊的高硫煤中的硫是以有机硫为主。

## 9.1.2　硫燃烧转化的总体特性

### 9.1.2.1　含硫燃料 $SO_2$ 的生成特征

含硫燃料燃烧火焰的特征是火焰呈淡蓝色，这种颜色是由反应式（9-2）形成，即

$$SO+O \longrightarrow SO_2 \tag{9-2}$$

由于不同燃料的含硫量不同，因而 $SO_2$ 的排放量也不同。煤和重油含硫量高，前者为

0.7%～5.0%（质量分数），后者为 0.5%～5.0%；气体燃料含硫量最低。

### 9.1.2.2　煤中硫分析出的动态过程

煤中硫燃烧转化为 $SO_2$ 具有阶段性。前一阶段是由挥发分析出着火引起部分不稳定的有机硫分解而形成，其出现时间会因温度升高而不断前移；后一阶段是对应稳定性较高的有机硫和无机硫分解形成 $SO_2$。图 9-2 给出了在 800℃ 和 1000℃ 炉温条件下 $SO_2$ 的析出特性，图中析出体积分数的双峰代表硫燃烧转化为 $SO_2$ 的两个阶段。在实际燃烧过程中，$SO_2$ 的析出受温度、气氛、停留时间、加热速度、煤物理特性等众多因素的影响。温度对 $SO_2$ 析出的影响显著，由图 9-2 可见，温度提高，$SO_2$ 的析出量和速度均有提高，在 800℃ 时煤中硫的析出率仅为 50%，当炉温升至 1000℃ 时硫析出率达到 90% 左右。有关燃烧气氛对 $SO_2$ 析出的影响研究表明，在还原性气氛下黄铁矿的分解速度会减慢，从而导致 $SO_2$ 生成量减少，$H_2S$ 和 $FeS$ 生成量增大；但氧化性气氛有利于 $SO_2$ 的生成。煤在炉内停留时间延长，硫的析出率也会增加，由图 9-2 可见，停留时间超过某一值后 $SO_2$ 析出率随停留时间延长的增幅下降，当煤在加热速率较低的情况下慢速热解（如 5℃/min）时，热不稳定的有机硫析出温度范围为 500～560℃，而黄铁矿硫的析出温度范围为 630～700℃。研究表明，煤的粒度越大，含硫量越高，$SO_2$ 析出的时间也越长。

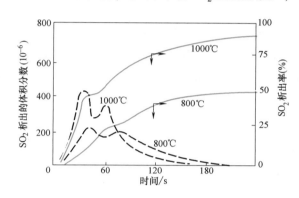

图 9-2　$SO_2$ 析出特性

### 9.1.2.3　$SO_2$ 析出率的计算

#### 1. 理论析出率的计算

燃烧过程中，煤中的硫分将析出而形成 $SO_2$，如果所有硫分完全以 $SO_2$ 形式析出，则干烟气中的理论 $SO_2$ 浓度可用下式计算

$$c_{0,SO_2} = \frac{2 \times 10^4 S_{ar}}{V_d} \tag{9-3}$$

式中　$c_{0,SO_2}$——烟气中的理论 $SO_2$ 浓度，单位为 $mol/m^3$；

$S_{ar}$——煤的收到基含硫的质量分数；

$V_d$——干烟气摩尔体积，单位为 $m^3/mol$，可根据煤的元素分析数据计算。

在估算 $SO_2$ 浓度时还可采用如下的近似公式

$$c_{0,SO_2} = \frac{2S_{eq}}{[\alpha - (K_1 - 1)]K_0} \times 10^3 \tag{9-4}$$

式中　$S_{eq}$——折算含硫量，单位为 kg/J，$S_{eq} = S_{eq}/LHV$；

$K_0$、$K_1$——经验常数，对无烟煤和贫煤，$K_0 = 0.265 \sim 0.285$，$K_1 = 1.04 \sim 1.06$；对烟煤，$K_0 = 0.265 \sim 0.285$，$K_1 = 1.08 \sim 1.10$；对褐煤，$K_0 = 0.275 \sim 0.285$，$K_1 = 1.2$；

LHV——煤的收到基低位发热量，单位为 J/kg；

$\alpha$——过量空气系数。

#### 2. 实际析出率的计算

由于硫的不完全析出和煤的自身脱硫因素，实际的 $SO_2$ 浓度与理论值间存在较大差别。

煤的自身固硫是因为煤本身所含有的 CaO 等矿物质的固硫作用，它表现为对 $SO_2$ 析出的抑制，使 $SO_2$ 析出浓度低于理论值。对于 $SO_2$ 的实际析出浓度为

$$c_{SO_2} = K c_{0,SO_2} \tag{9-5}$$

式中　$K$——煤中硫的排放系数，对于燃油硫，排放系数 $K$ 平均为 0.89；对于燃气硫，排放系数平均为 0.92。

对于燃煤硫的释放率，国内尚无统一办法，大多通过实验得出部分数据，用数学手段处理这些数据后得到一些统计规律，燃煤硫的排放系数主要处于 0.70～0.90 范围内。对于锅炉的燃煤硫的排放系数，一般的取值范围定为 0.80～0.90。对于普通煤，$K$ 一般取 0.80～0.85，而对高钙含量的神府东胜煤、铁法煤和神木煤自身固硫率可达 30% 左右，因而对于这些煤 $K$ 取值约为 0.70。

### 9.1.2.4 $SO_2$ 生成的反应动力学

煤燃烧时，硫分的析出是一个很复杂的过程，硫分的析出速率和析出量与很多因素有关，而且假定的析出机理不同，得到的动力学参数也不同。因此，得到的结论只适用于某种特定的条件。硫分析出最简单的机理是不考虑硫的存在形态，认为煤中的硫分直接转化为气态硫产物。假定反应是一级反应，气态硫产物的生成速率可表示为

$$-\frac{dw_s^*}{d\tau} = k w_s^* \tag{9-6}$$

$$k = A \exp\left(-\frac{E_a}{RT}\right) \tag{9-7}$$

式中　$w_s^*$——煤中硫的质量分数；

　　　$k$——反应速率常数，单位为 $m^3/(mol \cdot s)$。

对于快速热解（1000K/s），不考虑 $H_2S$ 与碳反应，在硫析出阶段，温度（$T$）范围为 973～1223K，活化能（$E_a$）为 20～100kJ/mol。

## 9.1.3　燃烧过程中 $SO_3$ 的生成

### 9.1.3.1　$SO_3$ 的生成机理

由前述可知，燃料中硫通过燃烧反应主要转化成 $SO_2$，但如果燃烧区内含有富余氧分，也有少量的 $SO_2$ 被氧化为 $SO_3$，这一反应可表达为两个基元反应，即

$$O_2 \longrightarrow O + O \tag{9-8}$$

$$SO_2 + O \longrightarrow SO_3 \tag{9-9}$$

图 9-3 给出了火焰中 $SO_2$ 转化为 $SO_3$ 的转化率。由图可见，尽管在火焰燃烧气体中所得到的 $SO_3$ 的体积分数很小，但却比平衡计算所得的体积分数要大，实际上在大型燃烧器中，例如燃用含硫燃料的工业炉中，也出现过这种同样的现象。

这种 $SO_3$ 浓度超平衡现象受初始氧的体积分数的影响很大。图 9-4 给出了烃火焰过

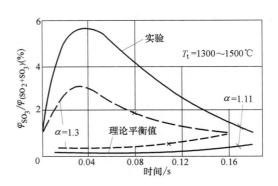

图 9-3　火焰中 $SO_2$ 转化为 $SO_3$ 的转化率

量空气系数对 $SO_3$ 生成的影响。由图可见，在富燃料 $\alpha \leq 1$ 的状态，实际上没有 $SO_3$。当转到过量空气系数为 1.01 的状态时，$SO_2$ 向 $SO_3$ 的转化急剧增加；但进一步增加空气只能引起上述转化很少的增加。而且在火焰中生成的 $SO_3$ 在火焰温度下是不稳定的，大部分在 0.1s 内又分解成 $SO_2$ 和 $O_2$。

$$SO_3 \longrightarrow SO_2 + \frac{1}{2}O_2 \tag{9-10}$$

由图 9-3 可清楚地看到 $SO_3$ 生成和分解过程的进程。

对于 $SO_3$ 浓度的超平衡生成机理的解释还未定论，但已有的证据说明，这种超平衡状态受到物质的催化作用。研究发现，燃用含硫燃料，或把浓度小的含硫燃料加到烃中，或把 $SO_2$ 加到烃中等都可得到这类超平衡的状态。图 9-5 给出了 $V_2O_5$、$Fe_2O_3$ 和 $SiO_2$ 等对 $SO_3$ 生成的催化作用。由图可见，$Fe_2O_3$ 的催化作用在 610℃ 左右最大，$V_2O_5$ 在 540℃ 左右时出现最大值，$SiO_2$ 在 950℃ 左右出现最大值。$SO_2$ 被氧化为 $SO_3$，其中，$V_2O_5$ 的催化作用最强。此外，$Al_2O_3$ 和 $Na_2O$ 也对 $SO_2$ 的氧化具有催化作用。

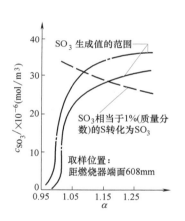

图 9-4　烃火焰中过量空气系数对 $SO_3$ 生成的影响

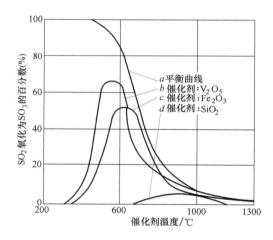

图 9-5　催化剂作用下 $SO_2$ 转化为 $SO_3$ 的转化率

温度是影响 $SO_3$ 生成的重要因素。温度越高，氧的离解反应速度越快，使 $SO_3$ 生成含量提高。但是，$SO_2$ 的氧化是放热反应，其热效应为 95.6kJ/mol，故温度升高虽能增加反应速率，却会使转化率下降，这种情形在图 9-6 中可以清楚地看见。由图可见，温度在 1700℃ 以下时，$SO_3$ 生成含量基本上与温度成正比，而在更高的温度下，$SO_3$ 含量趋于一个定值，流体动力和混合状况决定 $SO_3$ 的生成。

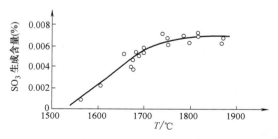

图 9-6　燃烧区温度对于 $SO_3$ 生成的影响

最后，还应指出若燃烧室局部处于还原性气氛，对已生成的 $SO_3$ 具有还原作用，即

$$SO_3 + CO \longrightarrow SO_2 + CO_2 \tag{9-11}$$

#### 9.1.3.2 SO₃生成的反应动力学

SO₃生成的主导反应是反应式（9-8）、式（9-9），可合并成

$$SO_2+O_2 \longrightarrow SO_3+O \tag{9-12}$$

勃德特（Burdett）等人给出了在900~1350K温区内，反应式（9-12）的速度常数为

$$k=(2.6\pm1.3)\times10^6 \exp\left[(-2300\pm1200)/T\right] \tag{9-13}$$

由于反应式（9-12）是二级反应，因而$k$的单位是$m^3/(mol \cdot s)$。计算结果表明，在常压下，反应区氧的体积分数为5%和10%时，SO₃的平衡浓度可分别达$8\times10^{-6}mol/m^3$和$20\times10^{-6}mol/m^3$。布德特等人在试验中有意识地采用高氧含量，并加入水蒸气，以检验如下反应

$$SO_2+OH \longrightarrow SO_3+H \tag{9-14}$$

结果发现，通过反应式（9-14）而生成的SO₃的量值是可以忽略的，从而验证了反应机理的正确性，则SO₃生成浓度的控制方程为

$$\frac{dc_{SO_3}}{d\tau}=kc_{SO_2}c_{O_2} \tag{9-15}$$

式中 $c_{SO_3}$、$c_{SO_2}$、$c_{O_2}$——分别表示SO₃、SO₂和O₂的浓度，单位为$mol/m^3$。

### 9.1.4 石灰石燃烧固硫的基本过程

石灰石（$CaCO_3$）燃烧固硫反应是典型的气固两相反应，主要包括石灰石煅烧形成多孔CaO颗粒和CaO颗粒固硫两个过程。图9-7显示了石灰石在氧化气氛下燃烧固硫的基本过程。

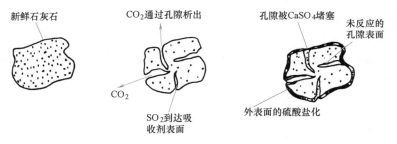

图 9-7 石灰石燃烧固硫过程

石灰石燃烧过程是指石灰石在进入炉内后，首先在800℃以上的温度区进行煅烧反应，生成多孔的CaO颗粒和$CO_2$气体。

$$CaCO_3 \longrightarrow CaO+CO_2-183kJ/mol \tag{9-16}$$

CaO颗粒固硫过程是指煅烧后的CaO颗粒在炉内富燃料区（还原性气氛下）与$H_2S$、COS的反应以及在贫燃料区（氧化性气氛下）与$SO_2$进行固硫反应。

在炉内富燃料区（还原性气氛下），煤中已析出一部分硫，主要以$H_2S$和COS的状态存在。CaO与$H_2S$和COS反应生成CaS。

$$CaO+H_2S \longrightarrow CaS+H_2O \tag{9-17}$$

$$CaO+COS \longrightarrow CaS+CO_2 \tag{9-18}$$

在炉内贫燃料区（氧化性气氛下）的固硫反应是$SO_2$和CaO的反应。

$$CaO+SO_2+\frac{1}{2}O_2 \longrightarrow CaSO_4 \tag{9-19}$$

对于反应式（9-19）的硫酸盐化过程，反应速率主要受$SO_2$（或$O_2$）在CaO颗粒中的孔隙扩散控制。$SO_2$（或$O_2$）通过吸收剂颗粒中的多孔扩散和$CaSO_4$产物层的离子扩散与CaO反应。由于高温下$CaSO_4$的摩尔体积是CaO的2.72倍，因此脱硫反应时CaO微核膨胀。随着这些组成多孔吸收剂颗粒的微核膨胀、颗粒孔隙的减少和产物层的增厚，阻碍了$SO_2$的进一步扩散，从而减缓了硫酸盐化速率。可见，多孔结构和产物层的离子扩散对脱硫反应影响很大。由于多孔结构包括比表面积和孔径两个方面，因此在理论上吸收剂的比表面积越大，孔径越大，产物层的离子扩散速率越大，硫酸盐化（脱硫反应）就越理想。

从图9-8可以发现，温度对$SO_2$平衡浓度影响很大。当温度低于1100℃时，$SO_2$化学平衡浓度低，化学转化率高。但温度超过1100℃后，$SO_2$化学平衡浓度急剧上升；到了1200℃，$CaSO_4$开始分解，$SO_2$化学平衡浓度已经非常高，进行脱硫反应已很困难。在理论上，温度低时脱硫反应率高，但温度低反应速度太慢。研究发现，最佳燃烧固硫反应区域一般在800~1100℃之间。机理性试验表明，在流化床内脱硫过程的限速机制有两种，即$SO_2$与石灰石的接触过程和硫盐化，或可分为化学反应动力学和传质控制两个方面。热力学过程在正常条件下不会对脱硫造成实质

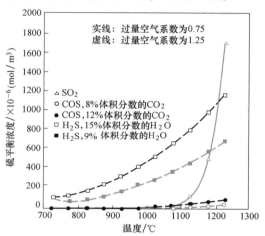

图9-8　硫化反应的平衡浓度

性影响，仅在高温、低氧条件下才可能制约脱硫过程。表9-2给出了常见的各种脱硫反应物和生成物的摩尔体积。

表9-2　各种脱硫反应物和生成物的摩尔体积

| 反应物 | $CaCO_3$ | CaO | MgO | ZnO |
|---|---|---|---|---|
| 摩尔体积/($cm^3$/mol) | 36.9 | 16.9 | 11.05 | 15.51 |
| 生成物 | $CaSO_4$ | CaS | $MgSO_4$ | $ZnSO_4$ |
| 摩尔体积/($cm^3$/mol) | 46.0~52.22 | 28.9 | 44.2 | 45.56 |

因为CaS的摩尔体积（28.9$cm^3$/mol）小于CaO母体$CaCO_3$（36.9$cm^3$/mol）的摩尔体积，硫化反应时，孔隙不易堵塞，因此钙利用率只与含硫气体的浓度有关，含硫气体浓度越大，钙利用率越高。可见，在燃烧过程中的富燃料区非常有利于硫化反应，固硫率较高。但随着燃烧过程空气的加入，进入贫燃料区后，CaS与$O_2$进行下列反应。

$$CaS+2O_2 \longrightarrow CaSO_4 \tag{9-20}$$

$$CaS+3O_2 \longrightarrow CaO+SO_2 \tag{9-21}$$

从图9-8中可以发现，当温度大于750℃后，$H_2S$和COS平衡浓度随温度升高而逐渐增大，尤其是$H_2S$；并且$H_2S$的平衡浓度随水分的增大而增大；COS随$CO_2$浓度增大其平衡浓度亦增大。这说明CaO在高温下的硫化反应将受到平衡浓度的限制。

### 9.1.5　煅烧石灰石的固硫反应动力学

由前述可知，煅烧石灰石的固硫反应主要包括在炉内富燃料区与 $H_2S$ 和 COS 的固硫反应以及在贫燃料区与 $SO_2$ 的固硫反应。反应是典型的气固两相反应，由扩散、吸附和反应三个过程组成。

#### 9.1.5.1　在富燃料区的固硫反应动力学

在富燃料区的固硫反应主要是 $H_2S$ 和 COS 与 CaO 的反应。相对于 $H_2S$、COS 的浓度，固硫反应是一级反应，反应速率可表示为

$$w = kc_{H_2S}S_{CaO} \tag{9-22}$$

$$w = kc_{COS}S_{CaO} \tag{9-23}$$

式中　$c_{H_2S}$ 和 $c_{COS}$——分别是环境中 $H_2S$ 与 COS 的浓度，单位为 $mol/m^3$；

　　　$S_{CaO}$——单位体积 CaO 的表面积，单位为 $m^2/m^3$；

　　　$k$——反应速度常数，单位为 $m/s$；

　　　$w$——反应速度，单位为 $mol/(m^3 \cdot s)$。

$k$ 显然应由化学动力学和颗粒内外传质因素联合确定，即

$$\frac{1}{k} = \left[ \frac{1}{k_s} + \frac{1}{k_m} + \frac{\Delta r}{D_e} \right]^{-1} \tag{9-24}$$

式中　$k_s$——硫盐化反应的本征反应速度常数，单位为 $m/s$；

　　　$k_m$——颗粒外表面的气膜传质系数，单位为 $m/s$；

　　　$D_e$——内孔有效扩散系数，单位为 $m^2/s$；

　　　$\Delta r$——反应界面至颗粒表面的距离，单位为 $m$。

$k_m$ 表示为

$$k_m = \frac{ShD_{AB}}{xd_p} \tag{9-25}$$

式中　$Sh$——薛伍德数，$Sh = 0.332Re^{1/2}Sc^{1/3}$；

　　　$d_p$——颗粒直径，单位为 $m$；

　　　$x$——气体反应物中气体所占的摩尔分数；

　　　$D_{AB}$——气体二元扩散系数，单位为 $m^2/s$。

对于循环流化床 $k_m$ 的值为 $20 \sim 200 m/s$。

式（9-24）中第三项表示内孔扩散阻力。随着反应进行，反应界面向颗粒内部延伸，$\Delta r$ 随时间不断增加，故该项阻力随反应时间的延长而增加。

$k_s$ 可写成阿累尼乌斯公式的形式，表 9-3 列出了 $H_2S$ 和 COS 与 CaO 反应的活化能。

表 9-3　$H_2S$ 和 COS 与 CaO 反应的活化能数据

| 反应物 | 研究者 | 研究温度区域 | 活化能 $E_a$/(kJ/mol) |
|---|---|---|---|
| $H_2S$ | 魏斯特莫莱德（Westmoreland） | 700~900℃ | 21.57 |
| | 卡玛斯（Kamath）等 | 700~900℃ | 15.05 |
| | 斯考勒斯（Squires）等 | 475~700℃ | 125.4 |
| | 阿塔和杜皮斯（Attar and Dupius） | 560~670℃ | 154.6 |
| COS | 卡玛斯等 | 300~900℃ | 16.30 |
| | 杨和陈（Yang R. T. and Chen J. M.） | 300~900℃ | 17.97 |

#### 9.1.5.2 在贫燃料区的固硫反应动力学

在贫燃料区的固硫是最常见的硫酸盐化反应。一般认为，硫酸盐化反应相对于 $SO_2$ 浓度，反应是一级反应，而与 $O_2$ 浓度基本无关，因此反应速度可表示为

$$w = kc_{SO_2}S_{CaO} \tag{9-26}$$

式中 $k$——反应速度常数，单位为 m/s;

$c_{SO_2}$——环境中的 $SO_2$ 浓度，单位为 $mol/m^3$。

对 $SO_2$ 与 CaO 的固硫反应速率常数可写成式（9-24）的形式，表 9-4 给出了本征化学反应常数 $k_s$ 的频率因子和活化能。不同研究者用不同方法测出的指前因子 $A$ 及活化能 $E_a$ 有很大差异，一般 $A$ 为 0.01~2.0m/s，文献报道的活化能数据一般在 34~78kJ/mol 之间。在式（9-24）中 $De$ 由于随反应进行孔隙的不断堵塞而减少，使在贫燃料区的固硫反应 [反应式（9-19）中] $\frac{\Delta r}{De}$ 项的阻力增加速度比富燃料区的固硫反应 [反应式（9-17）和式（9-18）] 要快得多。对于反应式（9-19）中 $\frac{\Delta r}{D_e}$ 项的阻力是限制反应速度的主要因素。

表 9-4 部分研究者测得的 CaO 硫酸盐化反应速度常数的指前因子和活化能

| 研究者 | 实验条件 | $A/(m/s)$ | $E_a/(kJ/mol)$ |
|---|---|---|---|
| 巴梯厄（Bhatia）等（1981） | 不详 | | 73.0 |
| 勃德特（1983） | FB,973~1273K | | 31.03 |
| 德尼勒（Deniell）等（1987） | FB,1073~1273K | 0.31±0.1 | 52.11 |
| 西蒙斯（Simons）等（1987） | <1320K | 0.3 | 9.05+8.0exp(−5.412X) |
| 张洪（1992） | 1073~1323K | 2.27 | 37.7 |
| | 1073~1323K[2] | 37.7exp(−11.07X) | 2.12exp(−24X) |

对煅烧石灰石的硫酸盐化反应过程中，反应生成物将围绕着单个孔隙形成一层致密的产物层，在产物层中扩散主要为离子扩散，扩散系数 $D_p$ 表示为

$$D_p = A_p \exp\left(-\frac{E_{ap}}{RT}\right) \tag{9-27}$$

式中 $D_p$——产物层离子扩散系数，单位为 $m^2/s$;

$A_p$——指前因子，单位为 $m^2/s$;

$E_{ap}$——产物层扩散活化能，单位为 kJ/mol。表 9-5 给出了有关产物层扩散参数的研究结果。

表 9-5 产物层扩散参数

| 研究者 | 样品 | 产物层扩散参数 | |
|---|---|---|---|
| | | 指前因子 $A_p/(m^2/s)$ | 活化能 $E_{ap}/(kJ/mol)$ |
| 李绚天 | $CaCO_3$ | $6.46×10^{-7}$ | 139.0±10.0 |
| 陆永琪 | CaO | $3.10×10^{-6}$ | 144.92 |
| 陆永琪 | $CaCO_3$ | $4.20×10^{-7}$ | 118.76 |

根据试验研究结果，在流化床运行的正常温区（800~950℃）和风速下，气膜传质系数

一般在 10~100m/s 数量级，表观速度常数 $k$ 在 $(3.0~9.0)\times10^{-2}$ m/s 之间。图 9-9 给出了 850℃ 时，石灰石（$d_\mathrm{p}=1.764$mm）脱硫的不同阶段中各种阻力在总阻力所占的份额。可以肯定的是，气膜传质阻力所占份额从未超过 10%，化学反应阻力在转化率大于 18% 后已不占主导地位，而让位于内孔扩散阻力。此外，晶粒越小，气膜传质阻力越小，内孔扩散阻力也越小。因此，在石灰石晶粒小于 0.25mm 时，可以认为脱硫反应是由反应动力学控制的，而直径大于 2mm 的颗粒则主要受内孔扩散控制，尤其是在反应后期。

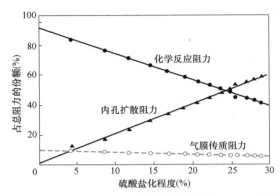

图 9-9　石灰石脱硫的不同阶段中各种阻力在总阻力中的相对份额

### 9.1.6　多孔介质内部气体扩散的数学模型

石灰石燃烧固硫反应属于非催化气固反应，不是单纯的表面化学反应，而是由反应气体在石灰石内孔扩散、反应气体在产物层内的扩散和表面化学反应三个过程耦合组成。在多孔介质内部的气体扩散是石灰石燃烧固硫模型建立的基础。

多孔介质内部的扩散特性通常以有效扩散系数 $De$ 来表征。目前，多孔介质内部气体扩散模型可分为连续介质模型和离散统计模型两类。连续介质模型是假定气体通过颗粒内部煅烧孔隙处处相交联实现扩散。离散统计模型是以颗粒内部的孔隙率作为考虑对象，将孔隙率作为气体能否进入颗粒内部某一点的概率。

#### 9.1.6.1　连续介质模型

毛细孔模型是常见的连续介质模型，在毛细孔模型中，孔隙空间被视为由一种或多种半径的无限长孔隙组成的相互交联孔隙网络。考虑气相组分 A 和 B 间的等摩尔逆向扩散，组分 A 在一个半径为 $r$ 的毛细孔中的流率可以很好地用下式近似表达为

$$n_\mathrm{A}=-D(r)\frac{\mathrm{d}c_\mathrm{A}}{\mathrm{d}l} \tag{9-28}$$

式中　$D(r)$——组分 A 在半径为 $r$ 的毛细孔中的扩散系数，单位为 $\mathrm{m^2/s}$；

　　　　$l$——沿毛细孔轴向的位置，单位为 m。

毛细孔的扩散系数可写为

$$D(r)=\left[\frac{1}{D_\mathrm{AB}}+\frac{1}{D_\mathrm{Kn}}\right]^{-1} \tag{9-29}$$

式中　$D_\mathrm{AB}$、$D_\mathrm{Kn}$——分别代表二元分子扩散系数和克努森（Knudsen）扩散系数（$\mathrm{m^2/s}$）。

努森扩散是指当毛细管直径与气体分子平均自由程接近，并且气体分子通过毛细管时分

子与管壁相碰撞时的扩散。

在连续介质模型中有效扩散系数的计算方法有两种,即光滑场渐近法(SFA)和有效介质渐近法(EMA)。

光滑场渐近法(SFA)假设宏观的浓度场在颗粒内部是空间位置的光滑函数,SFA 不考虑孔隙交联处扩散分子流之间的相互作用,这样,该交联处就有可能不满足质量平衡。这说明,SFA 理论上只在对无限长、无重叠的直毛细管才是严格适用的。当所考虑的多孔介质是各向同性的,对所有方向的毛细管进行积分,得

$$J_A = \left[ \frac{1}{\xi} \int D(r) f(r) \, dr \right] \frac{dc_A}{dx} = D_e \frac{dc_A}{dx} \tag{9-30}$$

式中 $\xi$——弯曲因数,对于三维孔隙网络理论值是 3,对二维系统理论值是 2;

$f(r)$——孔径分布密度函数;

$x$——浓度梯度向上的位置。

SFA 虽然对周期性孔隙网格是不精确的,但对常见多孔介质其误差一般不超过 20%。

有效介质渐近法(EMA)是用于非均质介质中随机交联的孔隙网络上的稳态和非稳态扩散过程扩散系数的计算。有效介质渐近法(EMA)是对光滑场渐近法(SFA)的进一步发展。科尔科帕特瑞科(Kirkpatrick)用 EMA 得出如下关系

$$\int h(g) \frac{g - \sigma_e}{g + A\sigma_e} \, dg = 0 \tag{9-31}$$

式中 $A = Z/2 - 1$;

$g$——孔隙的某种传递特性;

$h(g)$——孔隙传递特性分布函数。

对 $d$ 维网格 $A = d - 1$ 的情况,可得出同样的结论。如果有孔径分布 $f(r)$ 数据,则可将其与 $h(g)$ 关联起来

$$g \propto r^r \tag{9-32}$$

$$h(g) \, dg = f(r) \, dr \tag{9-33}$$

表 9-6 给出了不同条件下的 $r$ 值。

表 9-6 不同条件下的 $r$ 值

| 孔隙维数 | 分子扩散 | 努森扩散 | 黏性层流 |
| --- | --- | --- | --- |
| $d = 1$(狭缝) | 1 | 2 | 3 |
| $d = 2$(狭缝) | 2 | 3 | 4 |

#### 9.1.6.2 离散统计模型

逾渗模型是典型的离散统计模型。逾渗是指流体在多孔颗粒中从不能穿透整个颗粒到能穿透所完成的一次状态突变。逾渗模型认为如果一个孔隙不能与一个通向颗粒表面的孔隙集团连接的话,气体也无法进入这一点。因此,就整个颗粒而言,必存在这样一个参数 $p(\phi)$,表示有多大份额的孔隙属于这种跨越整个颗粒的孔隙集团,即

$$p(\phi) = \phi_A / \phi \propto (\phi - \phi_c)^\beta \tag{9-34}$$

式中 $\phi_A$——可用孔隙率;

$\propto$——表示"相当于"和"正比于";

$\beta$——临界指数；

$\phi_c$——逾渗阈值，它是由多孔介质的结构唯一决定的，对维诺（Voronoi）堆砌（见图9-10），$\phi_c$ 为 0.145 左右。

逾渗理论还证明，这种跨越整个颗粒的孔隙集团只有一个。对前述的 Voronoi 堆砌颗粒结构模型，脱硫反应的内孔扩散可转化为一个逾渗问题（见图9-11）。在图9-11中，假定黑点代表孔隙，其余表示 CaO 固体；图9-11a 中孔隙率为 0.25，此时孔隙间连通性不强，彼此孤立，故只有气体能进入位于边界上的孔隙；图9-11b 中孔隙率为 0.6，此时出现孔隙跨越群，气体可进入几乎所有的孔隙；图9-11c 中孔隙率为 0.75，孔隙率继续增大，气体进入所有孔隙的阻力更小。

所有可用孔隙都是化学反应的载体，但并非所有可用孔隙都对内孔扩散系数有贡献。只有跨越孔隙集团的主干部分才对扩散有贡献，它所占的份额为：

$$\phi^{\beta} \sim \phi(\phi - \phi_c)^{\beta_B} \qquad (9\text{-}35)$$

对维诺堆砌，$\beta$ 和 $\beta_B$ 分别为 0.43 和 1.05。在逾渗阈值附近，即 $\phi \to \phi_c$ 时，$\phi_A$ 和 $\phi_B$ 的变化情况如图9-12所示，图中 $\phi_1$ 表示与外界隔绝的不参加化学反应和内孔扩散的有限孔团所占的份额。由图可见，随颗粒孔隙力增加，可用孔隙 $\phi_A$ 和对内孔扩散系数有贡献的孔隙率 $\phi_B$ 均增大，而与外界隔绝不参加化学反应和内孔扩散的孔隙所占份额 $\phi_1$ 降低。

这样，在整个反应和孔隙堵塞的过程中，随着孔隙率的变互换性，颗粒的有效扩散系数可用如下标度律表达，即

$$D_e = \begin{cases} 9.544 D_0 (\phi - \phi_c)^{2.02} & \phi_c < \phi < \phi_c + 0.1 \\ D_0 (\phi - 0.167)/(1 - 0.167) & \phi_c \geqslant \phi_c + 0.1 \end{cases}$$
$$(9\text{-}36)$$

式中 $D_0$——常数；

0.167——由 EMA 法得出的临界孔隙率。

$D_0$ 可写为阿累尼乌斯公式的形式

$$D_0 = B \exp[-E_{al}/(RT)] \qquad (9\text{-}37)$$

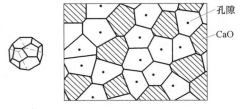

图 9-10 维诺堆砌示意图

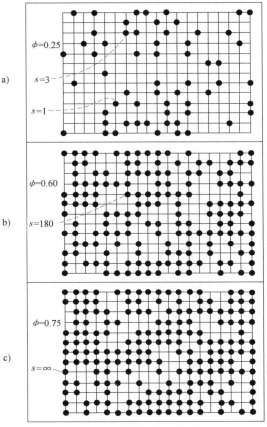

图 9-11 逾渗现象示意图

注：图中黑点代表孔隙，其余代表 CaO 固体。

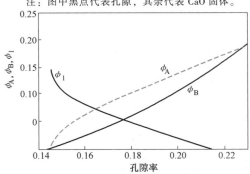

图 9-12 临界区域内各种逾渗参数的变化情况

式中　$B = 0.468 \times 10^{-2} \, \text{m}^2/\text{s}$；

$E_{\text{al}} = 35.8 \pm 4.0 \, \text{kJ/mol}$。

### 9.1.7　燃烧固硫总体模型

燃烧固硫总体模型一般将反应器分为若干小区。例如，图 9-13 给出了循环流化床锅炉区段划分示意图，对于各区段颗粒浓度可通过固体颗粒质量平衡方程求得。对于各小区 $SO_2$ 质量平衡方程为

$$U_{\text{g},i} \frac{\text{d}c_{SO_2,i}}{\text{d}Z} = G_{SO_2,i}^1 - G_{SO_2,i}^2 \quad (9\text{-}38)$$

式中　$U_{\text{g},i}$——$i$ 区域内的气体流速，

单位为 m/s；

$c_{SO_2,i}$——$i$ 区域内 $SO_2$ 的浓度，

单位为 $\text{mol/m}^3$；

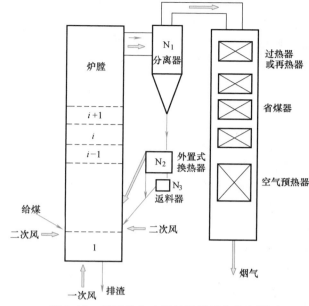

图 9-13　循环流化床锅炉区段划分示意图

$G_{SO_2,i}^1$、$G_{SO_2,i}^2$——分别是 $i$ 区域内 $SO_2$ 的

析出率和被 $CaCO_3$ 的吸收率，单位为 $\text{mol/m}^3 \cdot \text{s}$。

$i$ 区域内 $SO_2$ 的析出率可根据在该区域煤的燃烧份额近似求得

$$G_{SO_2,i}^1 = X_S(i) c_S \frac{\text{d}c_c}{\text{d}\tau} \quad (9\text{-}39)$$

式中　$c_S$——煤中硫含量；

$X_S(i)$——区域内硫的析出份额，$X_S(i) = kX_c(i)$；

$X_c(i)$——$i$ 区域内的燃烧份额；

$k$——排放系数，$k$ 可取 $0.8 \sim 0.9$；

$c_c$——$i$ 区域内碳的浓度，单位为 $\text{mol/m}^3$。

$i$ 区域 $SO_2$ 的被吸收剂吸收率为

$$G_{SO_2,i}^2 = k_{\text{g}} c_{SO_2,i} S'_{\text{CaO}} \quad (9\text{-}40)$$

式中　$k_{\text{g}}$——$SO_2$ 向颗粒的传质系数，单位为 m/s；

$S'_{\text{CaO}}$——单位体积 CaO 的表面积，单位为 $\text{m}^2/\text{m}^3$。

通过对式（9-38）的求解，可计算循环流化床锅炉出口的 $SO_2$ 浓度 $c_{\text{out}}$，即可获得循环流化床的燃烧脱硫效率：

$$\eta_{SO_2} = \left(1 - \frac{c_{\text{out}}}{c_{\text{p}}}\right) \times 100\% \quad (9\text{-}41)$$

式中　$c_{\text{p}}$——根据燃料中含硫量计算而得的 $SO_2$ 排放浓度，单位为 $\text{mol/m}^3$；

$c_{\text{out}}$——实际锅炉出口 $SO_2$ 浓度，单位为 $\text{mol/m}^3$。

对于其他各种燃烧固硫反应器，均可通过以上类似的方法计算。

图 9-14 给出了对循环流化床锅炉的模型计算结果，计算结果与相应的试验结果符合得

较好。在模型中，对单个吸收剂颗粒的固硫特性采用逾渗模型。由图可见，随着吸收剂投料量的增加，脱硫效率持续上升，但 Ca/S≥3.0 后，增长幅度很小。

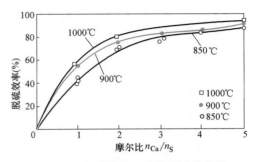

图 9-14　锅炉燃烧固硫模型计算结果

### 9.1.8　燃烧脱硫技术

**燃烧脱硫技术**是指在燃烧过程中利用碱性脱硫剂对煤中产生的 $SO_2$、$SO_3$ 进行脱硫反应。常用的脱硫剂主要有石灰石、白云石等钙基脱硫剂。脱硫剂一般利用炉内较高温度进行自身煅烧，煅烧产物（主要有 CaO、MgO 等）与煤燃烧过程中产生的 $SO_2$、$SO_3$ 发生反应，生成硫酸盐和亚硫酸盐，以灰渣的形式排出炉外，减少 $SO_2$、$SO_3$ 向大气的排放，达到脱硫目的。燃烧过程中脱硫反应温度较高，一般在 800~1100℃ 的范围内，并且对不同脱硫剂及燃烧方式存在一个最优的燃烧脱硫温度范围。当温度过高时，不但脱硫剂 CaO 中的小孔被烧结，而且固硫生成的 $CaSO_4$ 被分解成 $SO_2$。对于钙基脱硫剂的燃烧固硫，其反应历程可用以下两段化学反应式来表示：

（1）脱硫剂的分解反应

石灰石

$$CaCO_3 = CaO + CO_2 \tag{9-42}$$

消石灰

$$Ca(OH)_2 = CaO + H_2O \tag{9-43}$$

白云石

$$CaCO_3 \cdot MgCO_3 = CaO + MgO + 2CO_2 \tag{9-44}$$

（2）硫化反应

$$CaO + SO_2 = CaSO_3 \tag{9-45}$$

进而

$$CaSO_3 + \frac{1}{2}O_2 = CaSO_4 \tag{9-46}$$

或者

$$CaO + SO_2 + \frac{1}{2}O_2 = CaSO_4 \tag{9-47}$$

少量 $SO_3$ 也会与 CaO 直接反应生成 $CaSO_4$。

$$CaO + SO_3 = CaSO_4 \tag{9-48}$$

目前常见的燃烧固硫技术主要有煤粉炉内直接喷钙脱硫技术和循环流化床燃烧脱硫技术。

#### 9.1.8.1　炉内直接喷钙脱硫技术

世界上第一次报道炉内喷钙脱硫技术是在 20 世纪 50 年代。到了 20 世纪 60 年代，美国、日本和欧洲一些国家相继在实验室以及在电站锅炉上进行了炉内喷钙脱硫，但其效率仅有 20% 左右。后来采取各种措施，使脱硫率达到了 50%。由于脱硫效率低，20 世纪 70 年代初人们一度放弃了对炉内喷钙技术的研究，而湿式脱硫系统成为控制 $SO_2$ 研究工作的中心。到了 20 世纪 70 年代中期，随着环保标准的要求越来越高，炉内喷钙技术的研究又重新兴起。许多研究人员在基础试验、半工业性试验以及工业应用方面都做了大量的工作，取得了显著的成绩。目前，最典型的炉内喷钙脱硫技术是芬兰的炉内喷石灰石及氧化钙活化反应（LIFAC）技术。

LIFAC 法又称炉内喷钙尾部增湿活化法（Limestone Injection into the Furnace and Calcium Oxide Activation），由芬兰 IVO 公司和 TAMPELLA 公司联合开发，首台脱硫装置于 1986 年投入商业性运行。此法是将石灰石于锅炉的 850~1150℃ 部位喷入，起到部分固硫的作用。在尾部烟道的适当部位（空气预热器和除尘器间）加装了一个活化反应器，并喷水增湿，使炉内未反应的 CaO 和水合成 $Ca(OH)_2$，进一步吸收 $SO_2$，使最终的脱硫效率达到 60%~85%。

整个脱硫过程是炉内喷钙脱硫和尾部增湿活化脱硫共同作用的结果。脱硫的反应如下：

（1）炉内反应

$$CaCO_3 \longrightarrow CaO + CO_2 \tag{9-49}$$

$$CaO + SO_2 + \frac{1}{2}O_2 \longrightarrow CaSO_4 \tag{9-50}$$

（2）活化反应器内反应

$$CaO + H_2O \longrightarrow Ca(OH)_2 \tag{9-51}$$

$$Ca(OH)_2 + SO_2 \longrightarrow CaSO_3 + H_2O \tag{9-52}$$

$$CaSO_3 + \frac{1}{2}O_2 \longrightarrow CaSO_4 \tag{9-53}$$

整个脱硫系统如图 9-15 所示。

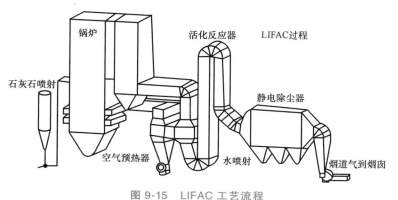

图 9-15 LIFAC 工艺流程

整个 LIFAC 工艺系统的脱硫率 $\eta$ 为炉膛脱硫率 $\eta_1$ 和活化器脱硫率 $\eta_2$ 之和，即

$$\eta = \eta_1 + (1 - \eta_1)\eta_2 \tag{9-54}$$

一般 $\eta$ 为 60%~85%。

由于活化反应器出口烟气中还含有一部分可利用的钙化物，为提高钙的利用率，可以将电除尘器收集下来的粉尘返回一部分到活化反应器中再利用，即脱硫灰再循环。

活化反应器出口烟温因雾化水的蒸发而降低，为避免出现烟温低于露点温度的情况发生，可采用烟气再加热的方法将烟气温度提高到露点以上 10~15℃，加热工质可用蒸汽或热空气，也可用未经活化反应器的烟气。

### 9.1.8.2 循环流化床燃烧脱硫技术

循环流化床燃烧脱硫技术是 20 世纪 80 年代发展起来的低污染燃烧技术。它具有和煤粉炉相当的燃烧效率，并且由于其燃烧温度较低（850~950℃），正处于炉内脱硫的最佳温度段，因而在不需增加设备和较低的运行费用下就能清洁地利用高硫煤。特别是飞灰分离再循环技术的应用，相当于提高了脱硫剂在床内的停留时间，也提高了床内脱硫剂浓度，同时床料间床料与床壁间的磨损、撞击使脱硫剂表面产物层变薄或使脱硫剂分裂，有效地增加了脱硫剂的反应比表面积，使脱硫剂的利用率得到相应的提高。稳定运行时的循环流化床的燃烧脱硫技术脱硫效率可达90%以上。典型的循环流化床锅炉结构如图9-16所示。

循环流化床燃烧过程中最常用的脱硫剂是钙基脱硫剂，如石灰石（$CaCO_3$）、白云石（$CaCO_3 \cdot MgCO_3$）等。研究表明，大部分石灰石与白云石的孔隙率很低，范围为0.3%~12%，但经过高温煅烧后CaO的孔隙率可以高达50%。石灰石加入循环流化床锅炉后，将发生两步高温气固反应：煅烧分解反应与硫盐化反应。

$$CaCO_3 == CaO + CO_2, -183kJ/mol \qquad (9-55)$$

$$CaO + SO_2 + \frac{1}{2}O_2 \longrightarrow CaSO_4, +486kJ/mol \qquad (9-56)$$

在800~900℃的温度下，石灰石发生煅烧反应，被煅烧成多孔性石灰颗粒，CaO与$SO_2$和$O_2$接触后发生硫盐化反应，形成固硫产物$CaSO_4$。由于炉内强烈的湍流混合与颗粒的冲刷摩擦，使得气固传质和接触吸收反应效率很高，可以获得满意的脱硫效率。

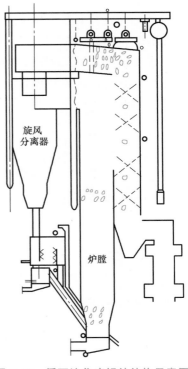

旋风分离器

炉膛

图9-16 循环流化床锅炉结构示意图

### 9.1.9 烟气脱硫技术

随着锅炉$SO_2$排放标准的日益严格，仅采用燃烧中脱硫的方式还不足以达到排放标准，此时必须对锅炉进行烟气脱硫。烟气脱硫技术（FGD）是目前应用最广、效率最高的脱硫技术，是控制$SO_2$排放的一个重要手段。对燃煤电厂而言，在今后一个相当长的时期内，烟气脱硫仍将是控制$SO_2$的主要方法。

按照脱硫剂和脱硫产物在反应过程中的形态特点，烟气脱硫一般可分为湿法、干法和半干法。

截至2014年年底，根据中电联的统计数据，各种脱硫工艺市场占比中，石灰石-石膏法占92.46%（含电石渣法），海水法占2.67%，烟气循环流化床法占1.93%，氨法占1.94%，其他脱硫工艺占1.0%。

#### 9.1.9.1 湿法烟气脱硫技术

目前，世界上运行着的烟气脱硫装置中90%以上（按机组容量计）为湿法脱硫工艺。发达国家大型燃煤锅炉几乎都配备有效率在95%以上的湿法脱硫设备，中小锅炉也采取了经济可行的脱硫措施。湿法脱硫工艺包括用钙基、钠基、镁基、海水和氨作为吸收剂，其中石灰石（石灰）-石膏湿法脱硫是目前使用最广泛的脱硫技术。

**1. 石灰石-石膏湿法脱硫技术**

石灰石-石膏湿法脱硫技术采用吸收塔，以石灰石浆液为吸收剂，雾化洗涤烟气中的$SO_2$、HF和HCl等酸性气体，其中$SO_2$与石灰石反应形成亚硫酸钙，再鼓入空气强制氧化，最后生成石膏，从而达到脱除$SO_2$的目的，脱硫净烟气经除雾器除雾后进入烟囱排放。

石灰石-石膏湿法烟气脱硫工艺流程示意图如图 9-17 所示。

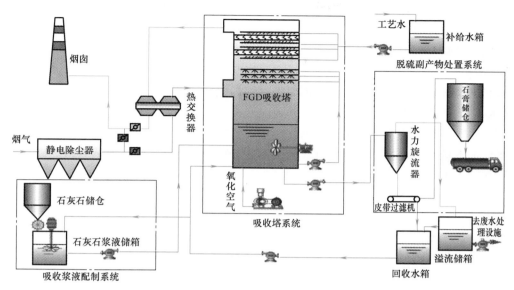

图 9-17　石灰石-石膏湿法烟气脱硫工艺流程示意图

反应原理如下：

吸收
$$SO_2(g) \longrightarrow SO_2(aq) \tag{9-57}$$
$$SO_2(aq) + H_2O \longrightarrow H_2SO_3(aq) \tag{9-58}$$
$$H_2SO_3(aq) \longrightarrow HSO_3^-(aq) + H^+(aq) \tag{9-59}$$
$$HSO_3^-(aq) \longrightarrow SO_3^{2-}(aq) + H^+(aq) \tag{9-60}$$

溶解
$$CaCO_3(s) \longrightarrow CaCO_3(aq) \tag{9-61}$$
$$CaCO_3(aq) \longrightarrow Ca^{2+}(aq) + CO_3^{2-}(aq) \tag{9-62}$$
$$CO_3^{2-}(aq) + H^+(aq) \longrightarrow HCO_3^-(aq) \tag{9-63}$$
$$HCO_3^-(aq) + H^+(aq) \longrightarrow CO_2(g) + H_2O \tag{9-64}$$

氧化
$$HSO_3^-(aq) + \frac{1}{2}O_2 \longrightarrow SO_4^{2-}(aq) + H^+(aq) \tag{9-65}$$
$$SO_3^{2-}(aq) + \frac{1}{2}O_2 \longrightarrow SO_4^{2-}(aq) \tag{9-66}$$

结晶
$$Ca^{2+}(aq) + SO_4^{2-}(aq) + 2H_2O \longrightarrow CaSO_4 \cdot 2H_2O(s) \tag{9-67}$$

近年来，基于传统石灰石-石膏湿法脱硫技术，人们开发了各类提效技术，利用流场均化、匹配组合喷淋，提高吸收塔有效液气比、pH 值分区调控，并通过强化传质提效等技术，形成了多维度耦合脱硫提效 $SO_2$ 超低排放技术。这些提效技术能够提高对载荷与复杂工况的适应性，解决脱硫设施可靠、稳定及经济运行问题，脱硫效率不低于 98%，可实现超低排放，$SO_2$ 排放浓度小于 $35mg/m^3$。

### 2. 氨法脱硫技术

氨法空塔脱硫工艺以碱性氨为吸收剂与 $SO_2$ 发生中和反应，实现烟气脱硫，副产品硫酸铵是重要的化肥原料，具有较高的利用价值。由于氨水碱性强于石灰石，故脱硫系统可在较小液气比实现98%以上的脱硫效率，且循环浆液量小，系统能耗低。氨法脱硫普遍应用于制酸行业的硫回收，在中小电厂的烟气脱硫应用也已成熟。相比石灰石-石膏法，氨法更易于实现副产品的资源化利用。但是，氨法对于运行条件要求高，并存在设备腐蚀及伴生废水难以处理的弊端，在一定程度上限制了其资源化的效益。

### 3. 海水脱硫技术

海水烟气脱硫是利用海水的天然碱性吸收烟气中$SO_2$的一种脱硫工艺。天然海水含有大量$HCO_3^-$、$CO_3^{2-}$等离子，碱度为$1.2 \sim 2.5 mmol/L$，$pH \approx 8.0$，具有较强的$SO_2$吸收和酸碱缓冲能力。海水法烟气脱硫工艺简洁可靠，利用天然碱性海水替代石灰石进行烟气脱硫，其建设与运行成本低，运行维护简便，且能满足$SO_2$超低排放要求，但有地域限制，仅适用于拥有较好海域扩散条件的滨海火电厂，平均燃煤含硫率宜不高于1%。

### 4. 镁法脱硫技术

镁法脱硫技术的脱硫原理和石灰石-石膏法脱硫技术一致，其脱硫剂为$MgO$或$Mg(OH)_2$，其脱硫终产物为$MgSO_4$溶液，可作为副产物资源化回收。镁法脱硫塔出口的烟气温度较低，烟气可以直接通过湿烟囱排放，系统较石灰石-石膏法简单很多，占地面积相应减少很多。因此，这种技术初投资低，脱硫效率高（一般在95%左右），在日本、欧洲等地的中小型电站已有较多应用，在我国氧化镁资源丰富的区域也已有应用。

### 9.1.9.2 干法/半干法烟气脱硫技术

干法烟气脱硫（DFGD）采用粉状吸收剂、吸附剂或催化剂在干态下与燃煤产生的$SO_2$反应，去除烟气中的$SO_2$。干法烟气脱硫技术的特点是反应完全在干态下进行，反应产物也为干粉状，不存在腐蚀、结露等问题。另外，活性炭吸附法和氧化铜法等干法脱硫技术在欧美和日本也有工业应用。

半干法烟气脱硫技术兼有湿法与干法的一些特点，反应在气、固、液三相中进行，利用烟气显热蒸发吸收液中的水分，使最终产物为干粉状。半干法烟气脱硫工艺具有系统简单、投资费用低、占地面积小等优点。半干法烟气脱硫主要有以下几种典型工艺。

### 1. 烟气循环流化床脱硫技术（CFB-FGD）

烟气循环流化床脱硫技术是以循环流化床原理为基础，通过吸收剂的多次再循环，延长了吸收剂与烟气接触的次数和时间，大大提高了吸收剂的利用率和脱硫效率，在钙硫比为$1.2 \sim 1.5$时，脱硫效率可达93%～95%，接近湿法烟气脱硫工艺的水平。但由于工艺的需要，其压力降一般较高。浙江大学发展了基于半干法的高效脱硫、脱硫除尘一体化、多种污染物协同脱除等关键技术，在燃煤电厂、工业锅炉、垃圾焚烧等重点行业实现了应用，关键技术已经出口美国。

### 2. 旋转喷雾干燥法（SDA）

旋转喷雾干燥法的基本原理如下：未处理的热烟气通过气体分布器进入喷雾干燥吸收塔，与细小的石灰浆液/吸收剂液滴（平均液滴直径约$50\mu m$）接触。烟气中的酸性组分迅速被细小的碱性液滴中和，同时，其中的水分也被蒸发。合理控制烟气分布、浆液流量和液滴尺寸，以确保液滴在接触喷雾干燥吸收塔塔壁之前被干燥。一部分干燥产物，包括飞灰和吸收反应产物，落入吸收塔底部，进入粉尘输送系统。处理后的烟气进入颗粒收集器（袋式除尘器或电除尘器），固体颗粒被收集下来。从颗粒收集器出来的烟气通过引风机送入烟囱排放。

由于 SDA 吸收塔直径偏大，因而不适合一些场地偏小的老厂改造项目；由于受到吸收塔出口烟气温度等条件的限制，烟气中能够容纳的吸收浆液量也有限。因此，SDA 系统同其他干法/半干法脱硫工艺一样，不适合高硫煤烟气脱硫。所以目前 SDA 脱硫大多用于中低硫煤的中小容量机组上。

### 3. 增湿灰循环脱硫技术（NID）

增湿灰循环脱硫法是将消石灰粉与除尘器收集的循环灰在混合增湿器内混合，并加水增湿至 5% 的含水量，然后导入烟道反应器内发生脱硫反应。它借鉴了旋转喷雾干燥法的原理，又克服了其使用制浆系统和喷浆系统而产生的种种弊端（如粘壁，结垢等），既具有干法简单价廉等优点，又有湿法的高效率。

## 9.2 燃烧过程中炭黑的形成与控制机理

燃料燃烧时会排放出细颗粒，它主要可分成两类，第一类是含灰燃料燃烧时排放的灰分，由碳、碳氢化合物、硫化物和含金属元素的灰分等组成；第二类是燃烧过程中产生的，其中最大的部分为炭黑粒子。炭黑粒子在形成过程中会经历成核、表面增长和凝聚、集聚和氧化等一系列阶段，生成的炭黑粒子若不能在燃烧系统中完全氧化掉，则最终排入大气。

虽然对不同形式的燃烧系统所排出的炭黑粒子均规定了限制值，但这些炭黑粒子在工作过程中能起到有利和有害两种作用。在燃气轮机中，这些粒子的存在可能会严重影响透平叶片的寿命，然而在一些工业燃烧炉中，炭黑粒子的存在会加强辐射传热，因而明显地增加了换热效率。为了满足环境保护的要求，这些炭黑粒子希望在燃烧的后期与多余空气结合燃尽，这样既能提高换热效率，又不造成对环境的污染。

本节主要介绍炭黑的生成机理与控制措施。

### 9.2.1 燃烧过程中炭黑形成的类型及性质

对于碳氢类燃料燃烧时生成的炭黑，按其生成机理及其特殊形式，有气相析出型炭黑、剩余型炭黑、雪片型炭黑等几种形式。

#### 9.2.1.1 炭黑的类型

##### 1. 气相析出型炭黑

气相析出型炭黑是气体燃料、已蒸发了的液体燃料气和固体燃料的挥发分气体，在空气不足的高温条件下热分解所生成的固体颗粒，其尺寸很小（$0.02\sim0.05\mu m$），只有聚集成链时才可以用电子显微镜观察到。当火焰中有这种炭黑后，其辐射力增强，发出亮光，形成发光火焰。

气相析出型炭黑的形成过程是非常复杂的。一般认为气相析出型炭黑是经过一系列脱氢聚合反应而生成的，对于乙烯还有可能通过生成芳烃的过程析出炭黑，在温度刚超过 500℃时，主要经过芳烃的中间阶段而产生炭黑，当达到 900~1100℃ 以上时，则主要经过乙炔的中间阶段而产生炭黑。

由此看出，在热分解时，首先是烃类脱氢生成烯烃，烯烃进而转变为环烷烃，环烷烃脱氢成为芳香烃，芳香烃缩合形成多环芳烃。随着温度的升高，反应时间延长，多环芳香烃继续缩合。在缩合反应中，不断从分子中释放出氢，缩合物的相对分子质量逐渐增大，其中氢含量相应减少，碳含量相对增加，形成高分子炭黑物质。

研究表明，开始形成的炭黑细粒成为"核心"，然后，一方面是气相组分向核心表面移附，另一方面是核心细粒之间的碰撞凝聚，因而使核心不断长大。如果它们穿过火焰面，则会被氧化，燃烧生成 CO 或 $CO_2$，没有氧化掉的粒子集结成絮凝体悬浮在空气中。

### 2. 剩余型炭黑

剩余型炭黑是液体燃料燃烧所剩余下来的固体颗粒，通常也称之为油灰或烟炱。

这是因为，燃烧时油滴被炉内高温和油滴周围的火焰面加热，在产生燃料蒸气的同时，发生聚缩反应，一面激烈地发泡，一面固化，从而生成孔隙率高的絮状空心微珠，尺寸很大（10~300μm），外形近似球状。一般会在重油或渣油燃烧时形成，而对于汽油或柴油等燃烧时不易产生。

### 3. 雪片型炭黑

雪片型炭黑一般是以炭黑为核心，在烟气温度接近露点温度时，吸收烟气中的硫酸（$H_2SO_4$），长大成为雪片形状的烟尘，又称为酸性烟尘。其颗粒尺寸较大，常常会沉落在烟囱附近。

研究认为，炭黑粒子，且主要是粒径小于 1μm 的气相析出型炭黑，因其表面积很大，给硫酸蒸气的凝结提供了良好的核心，此外，还由于烟尘粒子中有大量的可燃碳，它们是很好的吸附剂。碳对 $SO_2$ 和 $SO_3$ 具有很高的亲和力，而且对 $SO_2$ 进一步氧化成 $SO_3$ 的过程有催化作用。当低于露点温度时，将同时发生粒子的聚合长大过程，这是因为粒子相互碰撞或粒子碰到壁面上即被粘着而形成大颗粒的缘故。

#### 9.2.1.2 炭黑的特性

炭黑粒子通常呈黑色，主要由碳元素组成，其表面往往凝结或吸附有未燃烃，对炭黑粒子进行电镜分析可以看到，它们由大致相同的基本炭黑粒子所构成，图 9-18 所示的是炭黑粒子的结构层次。首先，直径 20~40nm 的近似球状的基本炭黑粒子相互集聚成链状结构的炭黑粒子（图 9-18a）。基本炭黑粒子中有 $10^5$~$10^6$ 个碳原子及数量约为碳原子十分之一的氢原子，基本炭黑粒子由 $10^3$~$10^4$ 个晶粒组成，晶粒在中心区的排列很不规则，但在中心区周围呈大致规则的涡旋状排列（图 9-18b）。大小为 1.7~3nm 的晶粒又由一层层晶片叠成，通常，每个晶粒有 2~10 层晶片，最多可达 20 层，它们的堆叠并不规则，有层间位移，晶片间距离约 0.355nm（图 9-18c），每层晶片约有 100 个碳原子，它们构成 30~40 个六角形点阵，有的碳原子旁还键接着氢原子。

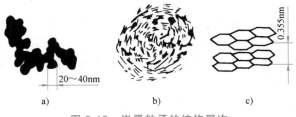

图 9-18 炭黑粒子的结构层次

### 1. 炭黑的直径

对于不同种类的炭黑，其直径是不相同的，前面已经介绍，剩余型炭黑一般尺寸为 10~300μm，气相析出型炭黑尺寸较小，一般为 150nm 以下，多为 10~30nm，且燃料种类与火焰形状对其尺寸影响不大。

### 2. 炭黑的元素组成

炭黑的元素组成是比较复杂的，随燃料种类、火焰的形式及位置的不同而不同，它包含种类极不相同的多种有机化合物和无机化合物。如柴油燃烧生成的炭黑中所包含的化学元素有碳、氢、氧、氮、硫；微量金属元素有钙、铁、锌、铅、锰、铬、镉、钒、镁、钾、钠、铜、镍、钡、铝；其他非金属元素有磷、硅、氯、溴等，已经测出的化学元素就达24种左右，还有相当的微量元素未被测出。

### 3. 炭黑的燃烧速度

从前面的讨论可知，可以认为炭黑的物理结构与无烟煤、石墨相差不多，当炭黑形成后，其燃烧在固体表面上进行，其燃烧速度取决于氧化剂扩散到固体表面上的扩散速度，以及固体表面上进行的化学反应速度，这两个过程对燃烧速度的影响取决于温度和粒径大小。图9-19所示是炭黑粒子燃烧速度与表面温度的关系，可以看出，如果燃烧室内烟气温度为 1500~1600K 时，对炭黑和粒径小的焦块等，化学反应速度是主要因素；然而对粒径大的焦块和空心微珠等固体物质，氧化剂扩散速度的影响不能忽略，甚至是主要的燃烧速度控制因素。以单一的球形固体粒子为例，设其初始半径为 $r_0$，半径为 $r$，密度为 $\rho$，烟气中的氧气的分压力为 $p_0$，研究发现，当氧含量低时，炭黑燃烧速度与氧气分压力成一次幂关系，因而可用下式表示

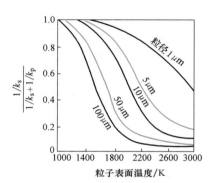

图 9-19 炭黑粒子燃烧速度与
表面温度的关系

$k_s$—化学反应速度常数

$k_p$—扩散速度常数

$$-\rho\left(\frac{\mathrm{d}r}{\mathrm{d}t}\right) = kp_0 \tag{9-68}$$

式中 $k$——比例系数。

若假定在反应期间，炭黑粒子的表面温度和氧气分压力保持不变，则颗粒燃尽所需的时间 $t_b$ 可用下式表达

$$t_b = \frac{r_0\rho}{kp_0} = \frac{d_0\rho}{2kp_0} \tag{9-69}$$

式中 $d_0$——粒子的初始粒径。

由上式可见，粒子的燃尽时间与粒子初始直径、粒子表面温度和氧气分压力有关，即要使炭黑在离开燃烧室前燃尽，以控制烟尘排放浓度，就必须保证足够的温度、氧气分压力和停留时间。

烟气中氧气含量对炭黑燃尽的影响是很大的，因此必须保证足够的空气量（即过量空气系数）以及燃料与空气的良好混合。过量空气系数不能太低，特别当燃用重质油时，因其油中残炭增多，且黏度大，雾化粒径较大，故需要较多的空气。当然，过量空气系数也不能太高，以免降低炉温，反而使炭黑生成量增加。

研究表明，在燃烧过程中生成的炭黑，大部分会在该燃烧过程中被烧掉，只有小部分的炭黑排出燃烧室外。对于液体燃料，保证良好的雾化细度可降低排向大气的炭黑，这可以采用提高油温的方法，以降低油的黏度，同时要求喷嘴设计得当，也可对空气进行预热。在尾部必须加强混合，使产生的炭黑及时氧化。综上所述，无论是在锅炉还是在发动机中，炭黑

的生成总是伴随着氧化过程，只要很好地控制燃烧器内的温度、氧气分压力和湍流度等参数，总是可以将排放的炭黑控制在一个较低的水平上。

## 9.2.2　气体燃料燃烧时炭黑的生成

气体燃料燃烧时炭黑的生成是其他几种炭黑生成的基础，但其生成机理十分复杂，到目前为止，尚未有统一的定论，特别是在不同的火焰中可能会有不同的控制机理。

### 9.2.2.1　预混合火焰中炭黑的生成机理

各种火焰中，预混合火焰的形状最为简单，关于该火焰的炭黑生成机理，迄今为止虽有许多人做过实验研究和理论分析，但还有许多问题尚未弄清。从气态烃到 10nm 以上的炭黑微粒出现的过程，一般经历三个阶段，第一阶段是最复杂且目前争论最大的所谓的核化过程，在该过程中，发生气相反应并产生凝聚相固体粒子；第二阶段就是在这些核表面上发生一些非均质反应，由于游离价的存在，这些核表面在催化反应中是很活泼的；最后一个阶段是一种聚团过程或凝聚过程，它比其他两个阶段缓慢。因此，要具体弄清炭黑的生成机理，关键是要先弄清在产生炭黑核的第一阶段中，从热分解生成的低分子不饱和烃到炭黑核产生期间生成的、在炭黑核的成长过程中起着主要作用的中间物质。就目前的研究进展而言，中间体物质假说大致上有多环芳香烃（PAH）中间体说、乙炔中间体说和烃离子中间体说三种。

炭黑粒子的石墨状构造与带苯环的多环芳香烃相似，且芳香烃系的燃料易生成炭黑，而烯烃类在热分解时生成苯，由此提出了多环芳香烃中间体说。在炭黑生成时，乙炔起着重要的作用，为此波特（Porter）提出了乙炔中间体学说，他设想炭黑的生成途径为：燃料→乙炔→脱氢，然后再经高分子化而生成炭黑。霍华德（Howard）便以烃离子中间体说取代多环芳香烃中间体说和乙炔中间体说，认为存在于火焰反应带中的 $C_3H_3^+$、$CHO^+$ 等烃的阳离子，是形成炭黑核的基本物质。目前这 3 种假说都很不完善，有很多问题值得商榷，还有待进一步验证。

从前面的讨论显然可以得出，燃料的分子结构是影响炭黑生成的主导因素，但是否出现炭黑主要取决于这个核化步骤和氧化这些中间体的那些反应速率是否较快，不管是研究扩散火焰还是研究预混火焰，都会有不同排列次序的分子结构。扩散火焰的任一平面都存在一个从富燃料到贫燃料的广泛的燃料/氧化剂摩尔比，因此扩散火焰中总会在靠近火焰处存在着一个高温，并具有高碳/氧摩尔比的区域。扩散火焰的这种特性就是它总是具有一定的发光度和相当容易产生炭黑的原因，预混火焰必须具有很高的燃料氧摩尔比才能发光和产生炭黑，扩散火焰中总是首先在顶部出现炭黑，这一观察结果表明，在燃烧器出口必定会产生聚集活化中间体并由此流向火焰顶部。

### 9.2.2.2　预混火焰中炭黑生成的影响因素

限制炭黑生成的临界过量空气系数，是表示预混合火焰的炭黑特性的重要参数之一。根据热力学平衡理论，临界过量空气系数相当于摩尔比 $n_O/n_C$ 为 1 时的过量空气系数。实际上，由于还要考虑反应速度方面的因素，故临界过量空气系数的数值将更大。表 9-7 表示斯特里特（Street）使用本生火焰时所得到的抑制炭黑产生的临界过量空气系数和 $n_O/n_C$。此外，还有赖特（Wright）使用均匀搅拌燃烧器所得到的结果。从整个变化倾向看来，在使用均匀搅拌燃烧器时，由于气体在高温区的滞留时间长，且接近于平衡状态，故临界过量空气系数变小。

对于所有的火焰，压力越低则析出炭黑的趋势就越小，这种受压敏感性与核化过程中所有反应速率的下降是一致的，另一方面，气体预热温度对临界 $n_O/n_C$ 的影响为：随着预热温度的升高, 临界 $n_O/n_C$ 降低。

表 9-7 抑制炭黑产生的临界过量空气系数和 $n_O/n_C$

| 燃料 | 分子式 | 预热温度/℃ | 本生火焰 过量空气系数 ($n_O/n_C$) | 均匀搅拌燃料器 过量空气系数 ($n_O/n_C$) |
|---|---|---|---|---|
| 乙烯 | $C_2H_4$ | 180 | 0.56(1.67) | 0.48(1.43) |
| 丙烯 | $C_3H_6$ | 180 | 0.06(1.79) | 0.47(1.40) |
| 丁烯 | $C_4H_8$ | 250 | 0.69(2.08) | 0.49(1.48) |
| 丁二烯 | $C_4H_6$ | 230 | — | 0.49(1.35) |
| 苯 | $C_6H_6$ | 230 | 0.70(1.75) | 0.70(1.75) |
| 甲苯 | $C_9H_{12}$ | 230 | 0.75(2.08) | 0.67(1.71) |
| 二甲苯 | $C_9H_{12}$ | 230 | 0.78(1.92) | 0.62(1.71) |
| 萘满 | $C_{10}H_{12}$ | 230 | 0.87(2.27) | 0.70(1.80) |
| 萘烷 | $C_{10}H_{18}$ | 190 | 0.79(2.30) | — |
| 一甲基萘 | $C_{11}H_{10}$ | 200 | 0.79(2.38) | 0.66(1.62) |
| 苯胺 | $C_6H_5NH_2$ | 235 | 0.79(2.30) | — |
| 丙酮 | $(CH_3)_2CO$ | 245 | 1.42(1.42) | — |

采用燃料中碳转化成炭黑的百分比 (%) 表示来自预混合火焰的炭黑生成量, 以研究 $n_O/n_C$ 和压力对炭黑生成量的影响, 所得的结果分别如图 9-20a、b 所示。所研究的燃烧系统, 分别采用正已烷和苯的湍流预混合火焰。在本生火焰中, $n_O/n_C$ 对炭黑生成比例的影响特别显著。$n_O/n_C$ 越低, 炭黑的生成比例越大。对正已烷系的火焰, 在临界 $n_O/n_C$ 附近, 也出现同样的趋势。

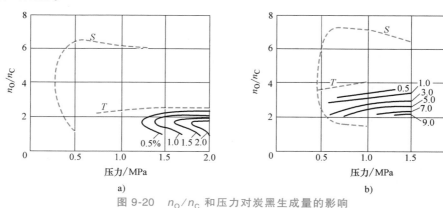

图 9-20 $n_O/n_C$ 和压力对炭黑生成量的影响

T—炭黑发生点　S—火焰稳定界限

在预混火焰中, 从分子结构来看, 生成炭黑的趋势是不同的, 其炭黑生成量大小的顺序为:

萘>苯>醇>烷>烯>醛>炔

### 9.2.2.3　扩散型火焰中炭黑的生成机理

在扩散型火焰中炭黑的生成量大小按下列顺序变化, 即

萘>苯>炔>双烯>单烯>烷

或按更一般的次序减少

芳香烃>炔烃>烯烃>烷烃

这种次序完全与所描述的生成机理一致。

### 1. 层流扩散火焰

层流扩散火焰的特征之一是，在火焰面的内侧氧含量极低且存在着高温区，故在燃烧前期，燃料容易发生分解。由于燃料的热分解发生在炭黑形成过程的第一阶段，因此，影响热分解速度的因素，也影响到层流扩散火焰中炭黑的生成。

舒拉（Schalla）等研究了压力对扩散火焰中产生炭黑的临界燃料流量的影响，实验结果如图 9-21 所示。从图中可以看出，临界燃料流量随着压力的升高而降低，大致上成反比关系。至于预热温度对炭黑生成量的影响，虽然有人曾做过若干关于芳香烃混合气的实验，但由于火焰温度因预热而上升的情况会受到炭黑生成速度和再燃烧速度的双重影响，故其变化趋热尚未明确。

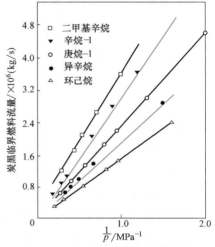

图 9-21 压力对产生炭黑的临界
燃料流量的影响

### 2. 湍流扩散火焰

湍流扩散火焰中炭黑的生成特性与火焰的湍流特性密切相关。采用光散射法研究湍流火焰中炭黑浓度变化所得的结果表明，在湍流火焰中，炭黑是断续出现的。由此可以推知，炭黑生成于湍流涡中，并在湍流涡的四周独立存在。图 9-22 给出了炭黑浓度的频谱分析结果，发现在高湍流区域炭黑浓度与湍流强度成 $-5/3$ 次方关系。毫无疑问，在湍流扩散火焰中，高强度的湍流可以迅速地使燃料与氧化剂混合，并增强炭黑初级粒子的氧化，同样，湍流预混火焰也有类似的趋势。

表征浮力影响的理查森数 $\left(R_{if}=\dfrac{\pi}{4}\dfrac{g\rho\infty L^3}{G_0}\right)$ 是描述湍流火焰的空气动力参数之一，它与丙烷空气火焰中心轴上炭黑最大浓度的关系如图 9-23 所示。在 $R_{if}\to 0$ 的强制对流区的尽头，炭黑的浓度

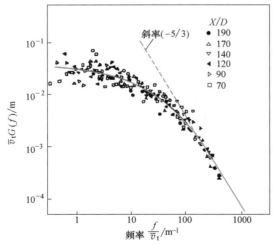

图 9-22 炭黑浓度的频谱分析结果

$\bar{v}_t$—轴向平均速度　$G(f)$—功率谱密度

$X/D$—到燃烧器中心轴的距离与燃烧器喷嘴直径之比

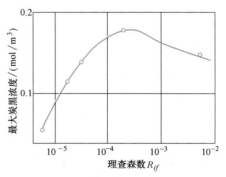

图 9-23 丙烷火焰中心轴上理查森数
对炭黑最大浓度的影响

变得很低，而在 $R_{if}\rightarrow\infty$ 的自然对流区的尽头，炭黑的浓度则趋于 $\bar{c}\approx 0.15\times 10^{-13}\,mol/m^3$。可见，参数 $R_{if}$ 对炭黑的产生有着重大的影响。

#### 9.2.2.4　降低气体燃料炭黑排放的措施

前面已经提到有许多方法可以降低炭黑的生成，如提高湍流度，加强一次生成炭黑的氧化和采用烟气再循环以及通入二次风等。也可以采用活性添加剂来降低炭黑的生成，在扩散火焰中，三氧化硫、气态氢、镍及碱土金属盐往往都会稍微抑制炭黑的生成。通过研究福吉尔（Feugier）就金属添加剂对富乙烯-氧-氮预混火焰中生成炭黑的作用所得到的某些实验结果可以用来解释这些影响。

福吉尔发现，轻微炭黑火焰生成的炭黑量随着加入钠盐、钾盐及铯盐而显著增大，金属的电离电位越低，则产生炭黑的趋势越大，这些实测结果显然符合于温伯格的正离子是核长大的良好部位的观点。他还发现锂盐、钡盐、锶盐及钙盐有强烈抑制炭黑的作用，一般地说，金属添加剂百分比越高，炭黑的减少量也越多。要注意钡盐是一种例外，当它减少到最小量时，炭黑生成的趋势还会上升，在钡盐量相当大的情况下，也会出现比不加任何添加剂的情况下还要大的炭黑量。研究初级炭黑粒子氧化和它们这些核化反应之间的竞争可以解释锂盐和碱土金属盐的抑制作用。

加入金属锂盐后主要进行如下反应：

$$Li+H_2O\longrightarrow LiOH+H \tag{9-70}$$

很容易生成氢氧化锂，同样，碱土金属按如下反应次序

$$M+H_2O\longrightarrow MOH+H \tag{9-71}$$

$$MOH+H_2O\longrightarrow M(OH)_2+H \tag{9-72}$$

也生成它们的氢氧化物，反应式中，M 表示碱土金属，其次假定在这些反应中生成的 H 基对水分子起化学作用后产生羟基：

$$H+H_2O\longrightarrow OH+H \tag{9-73}$$

由于所有反应系统或是富燃料或是缺氧的，因此不能通过这些 H 基对氧分子的化学作用生成羟基，于是就假定，这些羟基有易于使炭黑初级粒子氧化以防止碳核化的作用。

### 9.2.3　油燃烧时炭黑的生成

#### 9.2.3.1　油燃烧时炭黑的生成机理

##### 1. 喷雾燃烧系统中炭黑的生成

液体燃料燃烧时与气体燃烧过程有类似之处也有区别，许多液体燃料燃烧首先是燃料蒸发，变成气相燃烧。除重质油燃烧时可能会产生残炭型炭黑外，液体燃料燃烧时形成炭黑过程与气相燃料相同，也要经过核化及长大过程以及生成后的氧化过程。由于氧化过程在前面已予以介绍，这里主要介绍炭黑生成的前面两个阶段。

卡克拉波梯和郎格认为燃烧液体燃料时炭黑的形成过程如图 9-24 所示，并指

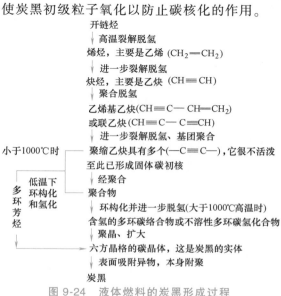

图 9-24　液体燃料的炭黑形成过程

出柴油机中炭黑的核心亦是以多环（例如十环以上）芳烃为主体的六角片状晶体。其组分绝大部分为碳，含少量的氢。柴油的氢碳摩尔比 H/C 为 1.75~1.85，而脱氢聚合后生成的炭黑，其氢碳摩尔比 H/C 为 0.1~0.35。

由于炭黑的生成过程的复杂性，目前尚未有一个确切的数学表达式可以用于描述其全过程。克恩（Khan）提出对于柴油发动机炭黑的生成反应速率与未燃混合气的燃料空气化学计量数比 $\phi$ 的 3 次方成正比，活化能约 167kJ/mol，而炭黑氧化速率与局部氧化区氧分压 $p_{O_2}$ 成正比，其活化能为 164kJ/mol，则炭黑的生成反应速率为

$$\frac{\mathrm{d}s}{\mathrm{d}t} \propto \phi^3 \exp\left(-\frac{20000}{T_f}\right) \tag{9-74}$$

炭黑的氧化反应速率为

$$-\frac{\mathrm{d}s}{\mathrm{d}t} \propto p_{O_2} \exp\left(-\frac{19650}{T_f}\right) \tag{9-75}$$

在此基础上克恩提出了下列炭黑生成的综合生成反应速率方程，即

$$\frac{\mathrm{d}s}{\mathrm{d}t} = C_s \frac{V_f}{V_{NTP}} \phi^n p_f e^{-\frac{E_{as}}{RT_f}} \tag{9-76}$$

式中　　$s$——单位标准状态体积中炭黑的生成量，单位为 $g/m^3$；

　　　　$C_s$——炭黑生成率（标准状态下）系数，单位为 $mg/(m^3 \cdot s)$；

$V_{NTP}$、$V_f$——燃烧室和炭黑生成区的体积，单位为 $m^3$；

　$p_f$，$p_{O_2}$——未燃燃料气及氧分压，单位为 kPa；

　　　　$E_{as}$——炭黑生成综合反应活化能，$E_{as} = 167.36$kJ/mol；

　　　　$\phi$——燃料空气化学计量数比。

### 2. 残炭型炭黑

许多种类的重质油燃烧时，残炭型炭黑与气相析出型炭黑同时产生，与气相析出型炭黑相比，残炭型炭黑的生成过程比较单纯。可以认为，重质油的喷雾燃烧分两个阶段进行，第一阶段称为液滴燃烧，喷雾过程初期产生的微小液滴，由于处在周围的高温环境而蒸发燃烧；第二阶段是固体燃烧阶段，通常，由于残炭的燃烧速度较慢，故当残炭在炉内停留时间较短或者炉内温度较低时，未燃的炭将从燃烧室出口处排出，这就是所谓的残炭型炭黑。佐贺井通过解析单一液滴的两段燃烧过程，并根据喷雾初期液滴粒径的分布导出了最终炭黑粒径的分布。若已知液滴燃烧终了的时间、固体燃烧速度常数和残留炭黑所占的比例，则当气体流形近似于活塞流时，佐贺井的研究结果基本上与实测值相等。

若设 $K_1$ 为液滴燃烧速度，$K_s$ 为残留炭黑的燃烧速度，$\tau$ 为颗粒停留时间，$a$ 为标准粒径油的炭化率，则液滴初始粒径 $D_p$ 和所产生的炭黑粒径 $D_s$ 关系为

$$D_p = K(D_s^2 + K_s\tau)^{\frac{1}{2}} \tag{9-77}$$

其中

$$K = \left(\frac{K_1}{K_s + K_1 a^2}\right)^{\frac{1}{2}} \tag{9-78}$$

因此，当液滴的初始粒径 $D_p$ 超过 $K\sqrt{K_s\tau}$ 时，便产生炭黑。

由此可知，残炭型炭黑的生成与气相析出型不同，它受喷雾液滴初始粒径的影响很大。

### 9.2.3.2 液体燃料燃烧时炭黑生成的影响因素

液体燃料燃烧时会有许多因素影响炭黑的生成，如燃油的品质、燃烧系统的压力、氧浓度、温度、燃烧室内气流运动结构以及燃烧室和燃烧器的结构。本小节主要介绍上述影响因素对燃烧室内炭黑生成的影响，最后一小节介绍上述影响因素对积炭型炭黑生成的影响。

#### 1. 燃料特性的影响

液体燃料燃烧时，影响炭黑生成的因素，首先是 C/H 质量比、沸点等燃料本身的特征。一般来说，不同的燃油如果在同样的情况下燃烧，则含芳香烃量越多的油其炭黑生成量也越大，因为馏分越重，则其高分子的烃越多，燃烧时蒸发、混合和燃烧均较困难。

#### 2. 压力的影响

许多研究者研究了压力对炭黑的影响，证明这种影响具有独特的形式。图 9-25 给出了压力对炭黑生成量的影响，实验采用正庚烷液滴在空气中燃烧的形式。从图中可以看出，当燃烧室内压力很低时，炭黑的生成量很低，在 0.8~1MPa 以下时，随着压力的升高，炭黑的生成量几乎呈线性上升，到 0.8~1MPa 时有一个转折区，超过此值以后，压力再升高时，炭黑的生成量增加很少。

应该指出的是上述情况是在液滴单独燃烧时得出的，与实际燃烧室的情况不相同，例如在柴油机燃烧时，情况略有不同。

#### 3. 氧含量的影响

单滴燃烧是喷雾燃烧的基础，但与实际的喷雾情况可能会有差别，上述压力对炭黑的形成中已谈到了二者之间的差别，图 9-26 所示是单滴燃烧时氧含量（体积分数）对炭黑生成量的影响。从图中可以看出，氧含量对液滴燃烧的影响不是单调的，氧的体积分数为 18%附近处，炭黑的生成量最大，一般认为，这是由于氧含量增加时，随着火焰温度的上升，一方面促进炭黑的生成，另一方面又促进炭黑的再燃烧，然而炭黑生成的增加量更多，从而产生上述的结果。

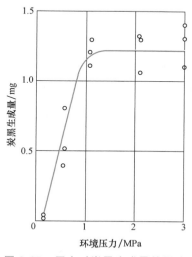

图 9-25 压力对炭黑生成量的影响

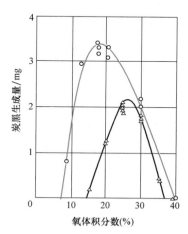

图 9-26 氧含量对炭黑生成量的影响

在实际的喷雾燃烧过程中，由于氧含量是不断变化着的，而且炭黑总是受生成和氧化的综合影响，所以影响炭黑生成和排放最根本的因素是过量空气系数。由于生成炭黑的基本条件是高温、高压和缺氧，缺氧就是表观的或局部的过量空气系数太小，烃类在缺氧时就有部分不完全燃烧或只能不完全燃烧，而烃类中氢是活泼元素，它很容易燃烧，因而经常是氢首先被燃烧掉，剩下的就是碳，或基本上是碳。

对煤油与重油的喷雾燃烧的实验结果表明，在过量空气系数小于1的燃料过浓区，炭黑生成量急剧增加，就炭黑而言，这主要是由于炭黑的燃烧区缺氧所致。

### 4. 温度的影响

炭黑的生成条件是高温和缺氧，所以火焰温度（或局部火焰温度）对炭黑的生成率和氧化率都有明显的影响。燃烧温度对炭黑的影响是分区段的。温度较低时，炭黑生成较少，氧化掉的亦少，并且炭黑随温度的升高而增加，炭黑生成量大于氧化量，当温度大于临界温度值（在不同燃料不同的火焰中是不同的）时，炭黑的氧化量会大于生成量，从而使炭黑的总量随温度的升高而减少。应当指出的是，这里的温度不仅仅是指空间平均温度，而更重要的是局部区域的火焰温度。

### 5. 燃烧室内气流运动结构的影响

在气体燃料炭黑的形成中已提到，湍流强度的增加会降低炭黑的生成量。与此类似，对于液体燃料的燃烧，燃烧室内的涡流和湍流运动能减少炭黑的生成量，加速已有炭黑的氧化。强烈的湍流运动能帮助燃油的蒸发、混合和燃烧，可以减少局部的高温和局部缺氧，因而降低炭黑的生成量。

在燃烧过程中组织适当的气流运动能使混合气加速并均匀混合，根据实验研究，对于单个液滴的燃烧，可以有如下两种形式：

1）扩散燃烧型：从液滴表面蒸发出来的燃料与从周围扩散过来的空气在液滴周围形成扩散火焰。

2）预混燃烧型：从液滴表面蒸发出来的燃料与从周围扩散过来的空气充分混合，然后在液滴下游燃烧。

对于扩散型燃烧，在火焰面内侧，热分解往往在燃烧之前进行，所以易于产生炭黑；而对于预混燃烧型，由于其火焰接近于预混火焰，所以炭黑难以产生。

### 9.2.3.3 液体燃料燃烧时炭黑排放量的控制

与燃用气体燃料时相同，燃用液体燃料时有许多方法可以降低炭黑的生成量，如提高过剩空气量、组织良好的燃烧室内的气流结构、采用烟气再循环、增加气流的湍流度和加入添加剂等。

### 1. 提高过量空气系数

炭黑生成的根本条件是缺氧和高温，提高燃烧的过量空气系数 $\alpha$，则基本上消除了缺氧这一根本条件（当然局部缺氧还会存在，但亦会显著减少）。同时，$\alpha$ 的增加还在一定程度上降低了燃烧温度，这也有利于降低炭黑的生成。

当 $\alpha<4$ 时，增加过量空气系数 $\alpha$ 时，炭黑生成量会急剧下降；当 $\alpha>4$ 时，继续增加 $\alpha$ 时，炭黑生成量基本上保持不变，但此时炭黑生成量已经很低了。

### 2. 合理组织燃烧室内的气流结构

前面已经谈到，在燃烧室中组织合理的气流运动（包括涡流和湍流等）能加速气体的混合并使混合气均匀分布。扩散燃烧的速率取决于混合气形成的速率，如能快速而均匀地形成混合气，则扩散燃烧接近于预混燃烧，从而使炭黑的生成量减少。适当的气流运动的另一作用是使燃烧成为湍流燃烧，使火焰处于湍流运动状态，从而尽量避免形成局部高温和局部缺氧。

在内燃机燃烧过程中,其根本特点之一是混合气的不均匀,这样火焰及温度亦不均匀,这种温差可达 1000K 以上。燃烧室中温度和浓度的局部性(局部高温、局部低温、局部过浓和局部过稀)是形成炭黑的重要条件和原因。而组织适当的气流运动是减少温度和浓度的局部性以及快速氧化的有效方法之一。

### 3. 烟气再循环

根据实验研究,在锅炉中液体燃料燃烧时,供燃烧用的 $O_2$ 含量越低,燃烧从扩散燃烧型转化为预混燃烧型的气液相对速度也越小。特别是采用氮气稀释时,若 $O_2$ 在 14%～16%(体积分数)的范围内,则从扩散燃烧型转化为预混燃烧型的气液相对速度将等于零。可以采用烟气再循环等方法,使供燃烧用的空气中的氧含量降低,从而抑制炭黑的生成。根据实验研究,若氧含量(体积分数)降至 17%,且过量空气系数接近于低值 1.0,则几乎可以完全遏制炭黑的产生。

### 4. 采用添加剂降低炭黑

与前面谈到的气体燃料燃烧相同,在液体燃料燃烧时,加入添加剂确实能够降低炭黑的生成,但对它的功能机理,目前的研究结果尚未统一。而且,降低炭黑生成的添加剂的成分也是多种多样的,其功能和机理也不尽相同。降低炭黑生成率的添加剂的主要成分很多,但是,降低炭黑的生成量效果较好,从经济角度还可以接受的,首推碱土金属,其中特别是钡盐添加剂。

## 9.2.4　煤燃烧时炭黑的生成

煤是一种非常复杂的混合物,如果燃烧条件非常理想,煤就可以完全燃烧,即完全氧化。如果燃烧条件不够理想,特别是在挥发分析出阶段,供氧不足时,热解产生的挥发分会形成多环化合物,最终形成炭黑。在煤燃烧过程中生成的炭黑中含有芘、蒽、菲、晕苯、苯并芘、苯并蒽等成分,这些物质对人体的危害很大,其中不少是强致癌物质。

由于导致煤基炭黑生成的组分非常复杂,生成过程也十分复杂,目前很难对其进行全面的描述,炭黑的生成过程与煤种、挥发分析出过程中所处的氧含量、燃烧室内的混合情况及湍流流动状况、颗粒停留时间和温度等有很大的关系,而且煤基的炭黑形成的研究尚比较缺乏。实际上,由于挥发分中本身包含相对分子质量约为 350 的芳香族组分,这样煤中炭黑的形成与纯气体燃料诸如甲烷和乙炔等燃烧时炭黑的形成有所不同,一般认为这些燃料燃烧时首先需形成芳香烃,然后脱氢形成炭黑。

煤种对炭黑形成的影响极大,煤中的挥发分含量和挥发分的成分对炭黑的形成起重大的作用。根据研究,综合炭黑生成(指生成和氧化的综合结果)少的煤种,顺序依次为:无烟煤→焦炭→褐煤→低挥发分烟煤→高挥发分烟煤。

在挥发分析出和燃烧过程中的氧气含量对于炭黑的形成是一个重要的影响因素,一般认为在这一阶段只要提供一定量的氧就可以抑制炭黑的生成,而这个氧量低于理论氧气量(指挥发分燃烧的理论空气量)。有文献报道,在挥发分析出阶段只需提供理论氧气量的75%(质量分数)即可抑制炭黑的生成。

即使提供充分的氧量,但若燃烧室内混合不均匀,在局部区域还可能造成氧含量过低,从而造成该区域炭黑生成量较大,所以要降低炭黑的生成必须组织良好的燃烧室内的流体动力场。与气体燃料燃烧时类似，湍流强度较大时由于湍流扩散的作用，会使炭黑生成量降低。

图 9-27 给出了炭黑生成率随颗粒停留时间的变化关系，从图中可以看出，炭黑生成量随颗粒停留时间的增加而上升，实验还表明，初始炭黑直径约为 25nm，而在 130ms 内团聚到直径为 200~800nm 的炭黑团。

图 9-28 给出了炭黑生成率与热解温度之间的关系，从图中可以看出，温度升高时炭黑生成量也随之升高，但炭黑和焦油的总量却保持不变，要降低炭黑的生成量就必须控制热解时的温度。

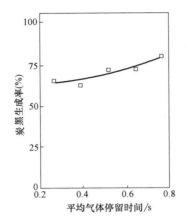

图 9-27 炭黑生成率与停留时间的关系曲线
（温度为 1375K）

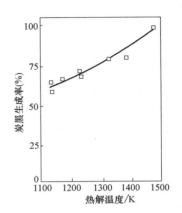

图 9-28 炭黑生成率与热解温度的关系

炭黑除了排入大气造成污染外，在火焰中的炭黑会强化火焰的热辐射作用，从而降低火焰温度。一般由于燃烧室的壁面温度低于火焰温度，炭黑的存在甚至可能会使火焰温度下降数百度，这与炭黑的浓度很有关系。

根据上面的讨论可知，要降低煤燃烧时炭黑的生成量，首先要在挥发分析出区域供给充分的氧气，并组织良好的炉内流场，使析出的挥发分与氧气混合均匀，使炉内流动具有一定的湍流度，在挥发分析出区域防止温度过高及颗粒停留时间过长，这些均可以在一定程度上减少炭黑的生成。

## 9.3 煤燃烧过程中颗粒物的生成与脱除机理

### 9.3.1 煤燃烧过程中颗粒物的形成机理

煤燃烧过程中生成的颗粒物粒径范围很广，可以跨越几个数量级，从几毫米到几纳米。其中的亚微米级颗粒空气动力学直径在 $0.1\mu m$ 附近，一般小于 $0.4\mu m$，最大不超过 $1\mu m$，占飞灰总量的 $0.2\% \sim 2.2\%$，主要是由无机矿物的气化-凝结过程形成；空气动力学直径大于 $1\mu m$ 的颗粒，是燃烧完成后残留下来的固体物质，主要来源于矿物质的破碎以及细颗粒凝聚。

煤燃烧过程中颗粒物的形成过程是一个复杂的物理化学过程，受诸多因素的共同影响。国内外研究结果表明，煤灰颗粒形成主要有以下途径：1）外在矿物质破碎；2）焦炭破碎；3）内在矿物质凝聚和聚结；4）无机矿物质的气化-凝结。煤燃烧过程中通过上述机理形成颗粒物的具体过程如图 9-29 所示。不同机理形成的颗粒粒径范围并不同，通常前三种机理主要形成粗颗粒，外在矿物质的破碎产生直径大于 $1\mu m$ 的灰粒；焦炭破碎产生的颗粒直径一般为几个微米；内在矿物质的聚结产生的灰颗粒直径大部分大于 $1\mu m$。气化-凝结机理包括矿物质的气化、成核，蒸气在亚微米颗粒上的凝结及亚微米颗粒的凝聚等过程，主要形成亚微米颗粒。

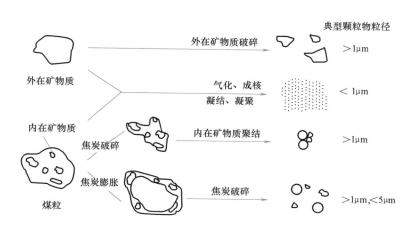

图 9-29　不同粒径颗粒物的形成机理

### 9.3.1.1　外在矿物质的破碎

煤粉燃烧过程中，外在矿物质在很高的加热速率条件下迅速升温，高温热冲击及内部气体析出所产生的应力会导致外在矿物质的破碎。矿物质碎片是热冲击和气体演化的结果，而且颗粒越大，温度梯度越明显，发生破碎的可能性也就越大。由于外在矿物质自身特性的影响，不同矿物质的破碎程度差别很大。拉斯克（Raask）研究并总结了不同的矿物质在快速加热过程中的破碎现象，得到的结果包括：1）硅酸盐矿物质、石英、伊利石和白云母不会发生破碎现象。但是，在快速加热至 2000K 的情况下，硅酸盐矿物质会产生大量的亚微米粒子；2）硫铁矿粒子可能由于硫气体的剧烈演化而破碎；3）碳酸盐，如菱铁矿、白云石和方解石在快速加热过程中由于二氧化碳的释放，破碎产生的颗粒粒径分布很广泛。山下（Yamashita）等人的研究表明，外在矿物质的破碎过程有很强的随机性，通常以随机的泊松函数或平均破碎的碎片来描述外在矿物的破碎行为。

### 9.3.1.2　焦炭破碎

焦炭破碎过程包括两个步骤：第一步，焦炭的膨胀；第二步，焦炭的破碎，又称为二次破碎。图 9-30 所示为焦炭破碎的示意图。发生二次破碎的主要原因是，由于脱挥发分阶段煤粒膨胀而造成的煤焦结构和反应的不均匀性。燃烧完全后，理论上单焦颗粒形成单个灰颗粒，但在实际的燃烧过程要复杂得多。

#### 1. 焦炭膨胀

煤颗粒在初始的加热阶段，在一个温度范围煤颗粒表现为塑性的特性，这段时间内，颗粒的孔隙结构在中间塑性体张力的作用下被分解，而挥发性成分被包裹在内，新生的挥发性成分无法从颗粒中逸出，使得颗粒内压力迅速上升，颗粒在内压力的作用下膨胀，从而使得颗粒粒径变大。这会显著影响煤的孔隙结构，如煤焦的孔隙率和煤焦的大小，导致煤焦在燃烧过程中很容易发生破碎，从而影响飞灰的形成。

### 2. 二次破碎

煤粉燃烧后期的焦炭破碎，是由于焦炭的消耗使得焦炭颗粒发生结构性破坏或表面灰粒脱落而引起的。在炉内高温热应力的作用下，煤粒内部各元素之间的化学键力被削弱，焦炭内部的连接处断裂，不规则晶体之间的连接骨架被燃尽，发生大量破碎。二次破碎对燃尽情况以及燃烧过程中产生的细颗粒的尺寸分布影

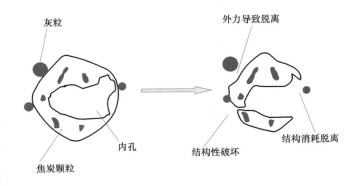

图 9-30 煤焦的破碎

响很大。大量试验结果显示，破碎的程度与煤质成分有很大的关系，烟煤燃烧比褐煤燃烧破碎产生的细颗粒物更多，同时，影响破碎的因素还包括原煤粒径、燃烧时间、燃烧温度、孔隙结构、燃烧气氛等。

#### 9.3.1.3　内在矿物质的凝聚和聚结

内在矿物质为包含在煤中较细小的矿物颗粒，当焦炭颗粒被加热燃烧时，不断放热，因此内在矿物质达到的温度比环境温度高得多。例如 $80\mu m$ 的焦炭颗粒在 $1450℃$ 气氛中的温度可以达到 $2000℃$ 甚至更高，因此颗粒表面或接近表面的区域会进行孔隙扩散燃烧，此时焦炭颗粒以近似的"缩球模式"燃烧，颗粒中包含的矿物微团逐渐裸露出来。在煤燃烧产生的高温下，绝大多数内在矿物质都呈现熔融状态，且随着焦炭的不断燃烧，内在矿物质之间的距离不断缩小，并且粘连在一起，由于黏性及表面张力的作用，它们就会凝聚或聚结形成灰粒，如图 9-31 所示。

图 9-31　内在矿物质的凝聚和聚结

凝聚或聚结过程依赖于颗粒的黏性。焦炭表面的高温和还原性气氛，使得大多数灰粒的黏性较低，接触时能够聚合在一起。反应初期，聚合速度较快，同时，凝聚或聚结过程还使表面灰粒之间的距离增大，再次聚合发生的概率减小，因此反应中期聚合速度减缓，此时灰粒粒径增长主要是内部矿物质进入表面灰而被吞并的结果，灰粒粒径增长减缓。直到反应后期，由于焦炭粒径迅速减小，表面灰的粒径的距离也越来越近，聚合作用十分强烈，表面灰的粒径增长也较快。

内在矿物质的凝聚或聚结不仅影响灰粒的尺寸分布，而且更为重要的是改变了灰粒的组成，使之有别于煤中原始矿物的组成。大多数煤都含有大量的石英和黏土，但通过凝聚或聚结生成的颗粒多为熔融态的硅铝酸盐。实验表明，在煤燃烧过程中，内在矿物质的凝聚或聚结是最为重要的成灰机理之一。值得指出的是，矿物质聚合生成的颗粒物尺寸一般相对较大，因此一般认为对 $PM_{2.5}$ 的生成贡献很小。

#### 9.3.1.4 无机矿物质的气化-凝结

亚微米颗粒的形成是一个十分复杂的物理化学过程，目前的研究主要认为煤中无机矿物质的气化-凝结是亚微米颗粒的最重要形成机理。虽然它只占总灰质量份额的很少部分，但是占有较大的数目份额和比表面积。

煤粉在高温燃烧室内经历挥发分挥发、焦炭颗粒的着火燃烧等过程中，首先，在高温和局部还原性气氛下，煤中某些沸点温度低于燃烧温度的易挥发成分和原子态无机质开始气化并形成蒸汽，气化产物在向焦炭颗粒外部环境扩散的过程中遇氧发生反应生成对应的氧化物。当燃烧烟气中的无机蒸汽达到过饱和状态时，会通过均相成核形成大量细小微粒（$<0.01\mu m$）。这些细小微粒通过两种途径逐渐长大，一种途径是微粒与微粒之间因相互碰撞、凝并，合而为一，形成较大颗粒，其体积和组成由发生碰撞的微粒所决定；另一途径就是无机蒸汽在已经形成的微粒表面发生非均相凝结，使颗粒体积增加。当烟气温度降低时，颗粒增长逐渐减缓，发生碰撞的颗粒烧结在一起形成空气动力学直径大于 $0.36\mu m$ 的团聚物。由此可见，无机物的气化和随后的重新凝结是亚微米颗粒形成中 2 个十分重要的过程。有研究证明，K、Na 和 S 等在亚微米颗粒上明显富集，而在超微米颗粒上含量相对较少，Si、Al 和 Ca 在亚微米颗粒上含量相对较少，而在超微米颗粒上含量相对较多。而在 MIT 的一系列研究证明了无机矿物质的气化-凝结机理可以很好地解释 Na、K 等易气化元素在亚微米颗粒上的明显富集，以及 Si、Al、Fe、Ca 和 Mg 等较难气化元素在亚微米颗粒中的含量相对较少，因此无机物的气化-凝结是亚微米颗粒最主要的形成机理。

在煤粉燃烧过程中，随着温度的升高，首先碱金属、痕量元素及其氧化物在较低的温度下便可以从煤粒中挥发出来，当温度高于 1800K 时，颗粒表面的碳氧化速率很快，导致颗粒内部的氧浓度很低甚至形成局部还原气氛。煤中一些金属化合物（如硫酸盐、碳酸盐、硝酸盐等）在高温下分解生成的一部分难熔性氧化物，如 $SiO_2$、$Al_2O_3$、$CaO$、$MgO$、$FeO$ 等，会通过化学反应生成易挥发的次氧化物（$SiO$、$AlO$）或金属单质蒸汽（$Fe$、$Ca$、$Mg$），这些次氧化物或单质蒸气通过煤中孔隙不断向外扩散。由此过程可以看出，焦炭颗粒的燃烧温度和颗粒内的气氛是影响亚微米颗粒生成的重要因素。而且焦炭周围的气体温度比焦炭颗粒温度低很多，于是这些气相物质会在焦炭周围遇氧发生反应，通过均相成核形成纳米级颗粒（$<0.01\mu m$），这些颗粒通过凝结、凝聚等过程长大，形成过程如图 9-32 所示。

凝聚和聚结是两个不同的过程，发生的条件略有不同，最终颗粒物的形态也存在差异。凝聚是发生碰撞的一次颗粒合而为一，形成一个较大的颗粒，体积和组成是所有碰撞粒子体积和组成的累加，因此组成较为均匀。聚结在较低温度下发生，相互碰撞的一次颗粒不能凝并成为一颗灰粒，而是彼此烧结、缠绕在一起，形成具有不规则外形的凝结灰。如上所述，赫布尔（Helble）通过实验详细探讨了均相成核和凝聚生长发生的区域问题，发现对于难熔氧化物蒸汽（Mg、Fe 以及 Si 等），其均相成核和凝并生长均发生在紧邻焦炭颗粒的边界区域内。在此高温环境中，亚微米颗粒的生长主要通过布朗碰撞和凝并过程，假设凝聚在颗粒碰撞时发生，则碰撞速率决定了颗粒的生长速率。

综上所述，无机矿物质的凝结，主要有以下几个过程：矿物质蒸气均相成核形成纳米级颗粒；气相物质在周围颗粒上的凝结；纳米级颗粒的凝聚；纳米级颗粒在粗颗粒上的凝聚。在煤燃烧的复杂环境下，这几种机理几乎能够同时发生作用，共同促使颗粒物的形成和长大，形成亚微米颗粒物。

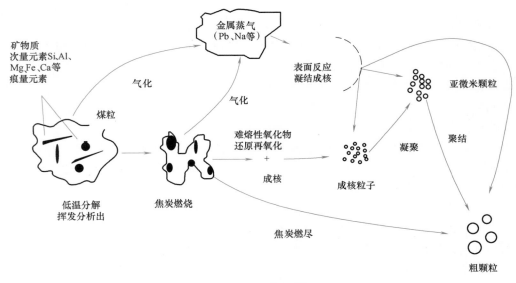

图 9-32　燃煤过程中灰颗粒的形成过程

## 9.3.2　煤燃烧过程中生成的颗粒物特性

### 9.3.2.1　颗粒物的化学组成

燃煤烟气中颗粒物的主要成分是 Al、Si、Ca、Mg、Fe、Na、K 和 Ti 等；根据煤的性质，S 和 P 也可能存在；同时，多环芳烃（PAHs）、痕量元素、颗粒元素碳（PEC）也可能存在。

浙江大学针对燃煤电厂飞灰特性进行了测试研究，煤种、燃烧方式的不同会导致其飞灰的颗粒化学组分不同。典型除尘器灰斗中采样得到的飞灰样品主要化学元素含量见表 9-8，各元素均以其氧化物质量百分比的形式表示。飞灰中 $SiO_2$、$Al_2O_3$、$Fe_2O_3$、$CaO$、$MgO$、$K_2O$、$Na_2O$ 含量较高，$Li_2O$ 含量相对较低。燃煤电站及热电锅炉飞灰以 $SiO_2$、$Al_2O_3$ 为主，$SiO_2$ 含量达到 35%~55%，$Al_2O_3$ 含量在 10%~45% 之间，$Fe_2O_3$ 含量大多数位于 2%~10% 之间，也有少数燃煤电站 $Fe_2O_3$ 含量超过 10%，与其燃用煤种有关，$CaO$ 含量大多处于 3%~15% 之间。

表 9-8　飞灰样品主要化学成分质量分数及粒径分布

| 粉尘来源 | $SiO_2$<br>（%） | $Al_2O_3$<br>（%） | $Fe_2O_3$<br>（%） | $CaO$<br>（%） | $MgO$<br>（%） | $K_2O$<br>（%） | $Na_2O$<br>（%） | $Li_2O$<br>（%） | $D(0.1)/$<br>μm | $D(0.5)/$<br>μm | $D(0.9)/$<br>μm |
|---|---|---|---|---|---|---|---|---|---|---|---|
| 燃煤电站 1 | 45.04 | 23.57 | 8.99 | 12.84 | 1.39 | 1.44 | 1.1 | 0.045 | 3.029 | 20.223 | 93.515 |
| 燃煤电站 2 | 46.65 | 23.89 | 8.07 | 12.86 | 1.43 | 1.49 | 1.12 | 0.045 | 1.851 | 27.353 | 119.038 |
| 燃煤电站 3 | 42.33 | 24.65 | 8.99 | 12.79 | 1.45 | 1.43 | 1.09 | 0.045 | 0.752 | 2.423 | 15.968 |
| 燃煤电站 4 | 43.9 | 28.3 | 5.34 | 5.56 | 0.631 | 1.3 | 0.57 | 0.0423 | 2.078 | 16.746 | 87.105 |
| 燃煤电站 5 | 45.84 | 17.76 | 8.09 | 8.99 | 6.13 | 1.41 | 2.17 | 0.046 | 2.078 | 16.746 | 87.105 |
| 燃煤电站 6 | 43.73 | 35.5 | 1.29 | 4.18 | 1.63 | 0.6 | 0.44 | 0.043 | 2.078 | 16.746 | 87.105 |
| 燃煤电站 7 | 41.32 | 21.54 | 10.54 | 16.64 | 1.31 | 1.4 | 1.45 | 0.0241 | 1.869 | 19.601 | 90.909 |

（续）

| 粉尘来源 | SiO₂<br>（%） | Al₂O₃<br>（%） | Fe₂O₃<br>（%） | CaO<br>（%） | MgO<br>（%） | K₂O<br>（%） | Na₂O<br>（%） | Li₂O<br>（%） | D(0.1)/<br>μm | D(0.5)/<br>μm | D(0.9)/<br>μm |
|---|---|---|---|---|---|---|---|---|---|---|---|
| 燃煤电站 8 | 56.4 | 29.38 | 4.34 | 2.74 | 2.23 | 1.62 | 0.976 | 0.0187 | 4.635 | 38.371 | 158.348 |
| 燃煤电站 9 | 15.27 | 12.27 | 31.48 | 9.1 | 2.41 | 0.715 | 2.89 | 0.0107 | 7.568 | 53.878 | 185.302 |
| 燃煤电站 10 | 51.09 | 34.76 | 4.86 | 4.88 | 2.19 | 0.32 | 0.25 | 0.0096 | 7.779 | 47.704 | 141.973 |
| 燃煤电站 11 | 43.56 | 27.31 | 6.19 | 10.91 | 6.86 | 1.02 | 1.59 | 0.0214 | 2.369 | 25.851 | 124.256 |
| 燃煤电站 12 | 35.06 | 19.95 | 13.92 | 17.9 | 4.47 | 1.57 | 1.57 | 0.0241 | 1.040 | 7.508 | 49.602 |
| 燃煤电站 13 | 45.56 | 41.96 | 3.02 | 4.09 | 1.32 | 0.834 | 0.54 | 0.0348 | 22.308 | 110.774 | 268.362 |
| 燃煤电站 14 | 41.32 | 34.36 | 6.33 | 7.35 | 1.17 | 1.47 | 0.732 | 0.0536 | 2.446 | 20.096 | 81.095 |
| 燃煤电站 15 | 48.05 | 37.17 | 3.16 | 4.93 | 1.78 | 1.18 | 0.729 | 0.0375 | 5.180 | 53.358 | 197.657 |
| 燃煤电站 16 | 50.14 | 37.26 | 3.1 | 4.72 | 1.14 | 0.68 | 0.552 | 0.0348 | 31.646 | 91.209 | 214.406 |
| 燃煤电站 17 | 50.16 | 36.29 | 3.55 | 5.08 | 1.2 | 0.735 | 0.601 | 0.0321 | 50.135 | 124.663 | 264.806 |
| 燃煤电站 18 | 50.96 | 27.65 | 7.64 | 4.16 | 1.04 | 1.95 | 1.03 | 0.0268 | 4.760 | 30.327 | 95.439 |
| 燃煤电站 19 | 53.29 | 33.96 | 3.12 | 2.05 | 1.47 | 1.08 | 1.01 | 0.0268 | 2.671 | 21.756 | 101.284 |
| 燃煤电站 20 | 14.65 | 10.87 | 6.51 | 54.62 | 1.82 | 0.322 | 1.43 | 0.0123 | 7.009 | 28.098 | 77.974 |
| 燃煤电站 21 | 37.56 | 35.24 | 5.23 | 14.02 | 1.26 | 0.407 | 0.854 | 0.0429 | 3.066 | 22.334 | 97.817 |
| 燃煤电站 22 | 44.53 | 43.33 | 3.8 | 3.64 | 0.939 | 0.536 | 0.339 | 0.0509 | 3.013 | 28.587 | 107.368 |
| 燃煤电站 23 | 44.53 | 43.33 | 3.8 | 3.64 | 0.939 | 0.536 | 0.339 | 0.0509 | 2.733 | 28.132 | 127.172 |
| 燃煤电站 24 | 44.53 | 43.33 | 3.8 | 3.64 | 0.939 | 0.536 | 0.339 | 0.0509 | 1.631 | 12.553 | 53.600 |
| 燃煤电站 25 | 44.53 | 43.33 | 3.8 | 3.64 | 0.939 | 0.536 | 0.339 | 0.0509 | 1.548 | 12.436 | 58.175 |
| 燃煤电站 26 | 44.53 | 43.33 | 3.8 | 3.64 | 0.939 | 0.536 | 0.339 | 0.0509 | 1.566 | 12.206 | 56.741 |
| 燃煤电站 27 | 55.05 | 34.33 | 2.96 | 2.34 | 1.26 | 1.18 | 0.787 | 0.0262 | 5.534 | 41.881 | 152.054 |
| 燃煤电站 28 | 52.13 | 19 | 5.75 | 5.36 | 7.2 | 1.15 | 5.78 | 0.0059 | 2.928 | 16.324 | 56.624 |
| 燃煤电站 29 | 42.55 | 21.97 | 9.77 | 6.47 | 8.12 | 0.987 | 4.67 | 0.0091 | 1.958 | 9.304 | 42.641 |
| 燃煤电站 30 | 51.02 | 21.87 | 5.29 | 13.0 | 1.8 | 1.32 | 2.07 | 0.0102 | 10.351 | 46.204 | 130.419 |
| 燃煤电站 31 | 37.35 | 28.14 | 4.05 | 19.99 | 2.48 | 0.53 | 2.08 | 0.0386 | 3.149 | 23.716 | 83.226 |
| 燃煤电站 32 | 18.08 | 11.84 | 7.62 | 48.25 | 5.12 | 0.281 | 1.53 | 0.0059 | 2.962 | 29.982 | 85.060 |
| 燃煤电站 33 | 44.95 | 29.54 | 3.22 | 13.6 | 1.34 | 0.738 | 0.918 | 0.0289 | 2.474 | 16.556 | 54.396 |
| 燃煤电站 34 | 53.65 | 20.33 | 6.98 | 4.79 | 3.85 | 1.52 | 6.03 | 0.0112 | 7.473 | 50.338 | 182.360 |
| 燃煤电站 35 | 41.99 | 27.47 | 3.51 | 16.62 | 1.76 | 0.53 | 0.623 | 0.0402 | 2.959 | 16.782 | 53.319 |
| 燃煤电站 36 | 36.85 | 32.87 | 3 | 17.9 | 1.67 | 0.347 | 0.575 | 0.0605 | 2.872 | 19.605 | 74.176 |

　　煤中含有多种重金属元素，比如铅、铬、钡、锶、镍、锌、钛和汞等。这些元素在煤粉火焰温度下，部分或全部挥发气化，当烟气冷却时，它们将在微粒和烟道壁面上凝结下来。因为亚微米尘粒的比表面积大，所以这些元素首先在亚微米尘粒上凝结下来。这些元素在微粒中的浓度要比它们在其他燃烧产物中的浓度大，所以称为富集。重金属元素在锅炉炉膛内气化，当烟气流经炉膛、过热器、空气预热器、静电除尘器等换热设备时，烟气温度可由1600℃降低到120℃，在这个烟气冷却过程中，某些痕量元素的化合物可能达到露点并开始

凝结，凝结通常发生在飞灰颗粒表面。对同粒径的金属颗粒物的测量表明，Pb、Zn、As、Se 和 Sb 主要分布在粒径小于 2.0μm 的颗粒物上，为燃烧污染源。一般粒径越小的颗粒物中的重金属含量越高，且在 1μm 左右有大幅度的增加，各种重金属含量一般为 $10^{-4}$% 级。

诸多学者对不同粒径飞灰颗粒上痕量元素的富集规律提出了相应的数学模型。纳图施（Natusch）等人采用方程（9-79）来描述适用于气化-凝结机理的痕量元素的富集规律。Tomeczek 采用方程（9-80）来描述痕量元素的富集规律，对实验数据拟合的相关性系数也相当高。

$$c = a + \frac{b}{d_p} \tag{9-79}$$

$$c = a + \frac{b}{d_p^2} \tag{9-80}$$

式中　$c$——重金属元素在颗粒中的浓度，单位为 μg/g；

　　$a$，$b$——方程系数，单位分别为 μg/g 和 μg·μm²/g。

### 9.3.2.2　颗粒的粒径分布

一般认为，粉煤灰颗粒具有双峰质量分布。该模式以 0.1μm 为中心（也称为亚微米模式、超细模式、蒸发模式、缩合模式等），而粗模式通常大于 1μm（也称为超光模式、粗模式、剩余模式等）。也有研究表明，粉煤灰可能是三模态分布的。麦克尔罗伊（McElroy）等人在燃煤工业锅炉中发现的灰颗粒通常是双向分布的，但大尺寸模式的复杂结构表明，不止一种离散粒子模式叠加在一起。康（Kang S. G.）首次描述了从煤粉燃烧（PCC）中产生的灰粒子会呈现三模态分布，除了一种明显的超细模式外，在 >1μm 大小范围内总是存在两种截然不同的模式，中央模式接近 4μm，最大的模式以大约 8μm 为中心，康等人发展了一种蒙特卡罗模型来模拟残余灰分粒径的双峰分布模式。

浙江大学测量了典型的燃煤电厂静电除尘器/布袋除尘器灰斗中的飞灰粒径分布，见表 9-8，选取具有代表性的粒径 $D(0.1)$、$D(0.5)$ 和 $D(0.9)$ 作为特征量来描述不同飞灰的粒径分布情况。$D(0.1)$、$D(0.5)$ 和 $D(0.9)$ 分别表示所有飞灰颗粒中有 10%、50% 和 90% 的颗粒粒径小于此粒径值。对比各飞灰样品粒径分布，结果表明，燃煤电站飞灰粒径波动范围大，$D(0.5)$ 最小值为 2.42μm，最大值高达 124.66μm，这与飞灰颗粒形成机制及多种影响因素有关。

### 9.3.2.3　颗粒物的形貌特征

除了颗粒大小和成分外，颗粒形态也是一个重要的参数，应该受到更大的关注。颗粒形态影响阻力，进而影响其迁移特性。

颗粒的形貌特征取决于它们的形成过程。残余的灰颗粒是通过固-粒子过程形成的，温度是控制其形态的关键因素。在 PCC 或高温气化过程中，残余的灰颗粒主要呈球形，而且表面光滑，这是由于颗粒完全熔化又凝固导致的。这类粒子的典型形态如图 9-33 所示。而在流化床燃烧

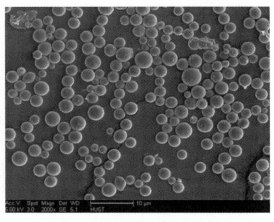

图 9-33　典型粗模粒子的形态

（FBC）或低温气化过程中，残留的灰颗粒大多是聚集在一起的，颗粒形状不规则，这是由于低温燃烧而导致的烧结或不完全熔化所造成的。

相比之下，在不同的燃烧系统中发现蒸发冷凝形成的灰颗粒的形态没有显著差异。来自PCC的蒸发冷凝形成的颗粒可以是单个球体（图9-34a）。但它们中的大多数通常以链状或聚类聚集而成，其中包括直径 10~50nm 的初级气溶胶（图9-34b）。

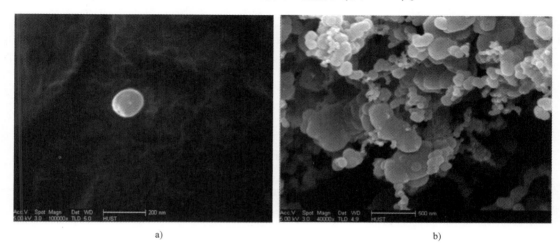

a)                                      b)

图9-34 典型的蒸发冷凝颗粒的形态

### 9.3.3 燃煤颗粒物生成的影响因素

#### 9.3.3.1 燃烧方式对燃煤颗粒物生成的影响

固体燃料燃烧时的飞灰浓度随燃烧方式（层燃、煤粉燃烧、沸腾燃烧）不同而有较大的差异。研究表明，在低 $NO_x$ 燃烧条件下（还原性气氛），由于燃烧温度较低，时间较长会减少破碎的发生，且增加了聚合，因而飞灰颗粒的粒径有一定的增加。燃料与空气混合的完善程度对烟尘的产生有很大影响。由于工业燃烧装置多采用扩散燃烧，混合过程快慢以及完善程度决定了扩散燃烧的快慢和完成程度，加强燃料和空气的混合可使烟尘中不完全燃烧的成分降低。除此之外，氧浓度的主要影响在于 Na 气化减弱、Mg 等气化增强。氧浓度对 $PM_{0.3}$~$PM_{10}$ 影响强烈，高氧浓度可以促进煤粒破碎及粗颗粒生成。随着氧气浓度的增大，细颗粒物成分中有机/无机的比例增高，如图9-35所示。

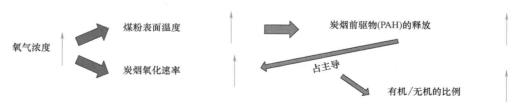

图9-35 氧含量对颗粒物生成的影响

#### 9.3.3.2 燃料粒径对燃煤颗粒物生成的影响

焦炭破碎对聚合的影响很大。如果焦炭不发生破碎，一个焦炭颗粒内的所有矿物将聚合成一个较大的灰粒；如果焦炭在燃烧过程中发生破碎，那么包含矿物的每个碎片将会独立演化，形成粒径较小的灰粒。可以说，灰粒尺寸的分布是矿物聚合与焦炭破碎竞争的结果。焦炭破碎程度越高，矿物聚合就会越低，残灰的粒径将会越小；反之则越大。同样，煤粉的初始粒径会影响其后生成的飞灰颗粒的粒径分布，如图9-36所示，煤炭初始粒径越小，生成的细颗粒越多。

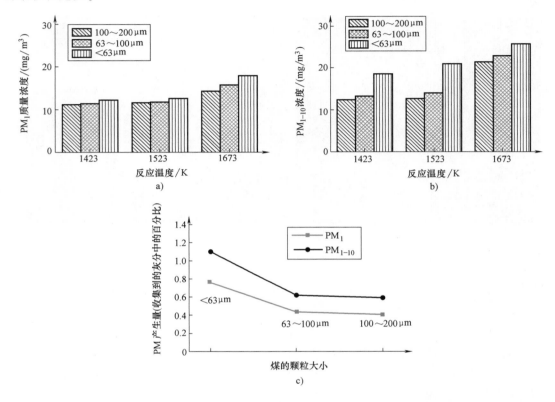

图9-36 反应温度和煤的颗粒大小对$PM_1$、$PM_{1-10}$的浓度和权重的影响

### 9.3.3.3 燃料成分对燃煤颗粒物生成的影响

内在矿物质的聚合不仅影响灰粒的尺寸分布，而且更为重要的是改变了颗粒的组成，使之有别于煤中原始矿物的组成。大多数煤都含有大量的石英和黏土，但是在矿物聚合的过程会生成熔融态的硅铝酸盐。实验表明，在煤燃烧过程中，内部矿物的聚合是最为重要的成灰机理之一。煤组分中影响亚微米颗粒物生成量的主要元素有S、Si、Na、P等。尽管研究表明燃煤中这些元素比例对颗粒物中元素比例没有明显影响，然而实验研究表明燃煤中硫分的增加也会使亚微米级颗粒物的生成比例提高。

### 9.3.4 燃煤过程的颗粒物控制

燃煤细微颗粒物的控制手段主要分为燃烧中控制以及燃烧后控制。其中燃烧过程中控制颗粒物生成的途径包括优化煤质和燃烧条件，炉内喷添加剂，混煤燃烧以及煤与生物质、污泥混烧等。燃烧后烟气中颗粒物的脱除主要通过除尘装置实现。

煤粉粒径与煤粉在炉膛内的燃烧效率紧密相关，其对 $PM_{2.5}$ 的生成具有重要影响。从 $PM_{2.5}$ 的排放控制来看，煤粉粒径越小越不利于 $PM_{2.5}$ 的控制。煤粉越细，矿物颗粒随之变细，将促进细微矿物颗粒向中间模态颗粒物的直接转化。另外，煤粉粒径减小，煤的着火温度随之降低，燃烧速度加快，使得颗粒的温度有所升高，因此会增强矿物质的气化，进而增加超细颗粒物的生成。另一方面，较小的煤粉颗粒形成的焦炭孔隙更丰富，内部矿物质蒸气向外扩散的路径也随之缩短，这些都会减弱蒸气析出的阻力，也会增加超细颗粒物的生成。在优化煤质特性的前提下，改善炉内燃烧条件也是控制颗粒物生成的一个重要手段。燃烧温度以及燃烧气氛是影响粒径分布的关键。低 $NO_x$ 燃烧条件下，总悬浮颗粒（TSP）和 $PM_{10}$ 含量增加，而 $PM_{2.5}$ 和 $PM_1$ 的含量降低，原因在于火焰温度明显降低，导致无机元素气化量明显减少。而氧浓度的主要影响在于 Na 气化减弱、Mg 等气化增强。氧浓度对 $PM_{0.3} \sim PM_{10}$ 的影响强烈，高氧浓度会促进煤粒破碎及粗颗粒生成。

炉内喷添加剂，一般具有较大的比表面积、高温下性能稳定、具有一定的空间层状结构，从化学成分上能与燃煤生成的易气化无机元素发生作用，通过对易气化元素 Na、K 和 S 等的吸附作用，促进了超细颗粒团聚，从而控制超细颗粒物的浓度。研究表明，高温下对这些元素具有吸附能力的物质有高岭土、石灰石、硅藻土、矾土等，其中，对高岭土、石灰石的研究最为广泛，其对 $PM_1$ 的控制作用如图 9-37 所示。

混煤燃烧以及煤与生物质、污泥混烧等均可能控制颗粒物的生成。在褐煤与半焦混烧中，褐煤半焦促进了燃烧生成灰颗粒之间的团聚粘结，从而使得细颗粒减少。同时，褐煤释放的 Ca/Mg/Na 等在半焦表面的异相沉积是 $PM_{0.1}$ 减少的主要原因。燃煤与生物质按合适比例混烧可显著减少细颗粒物的生成，主要原因是混烧后两燃料的矿物之间发生了交互反应，导致 Na、Mg、S（来源于煤）和 K、Cl、P（来源于生物质）等易气化元素与混配燃烧的矿物发生反应而被转移至大颗粒中。沃尔斯基

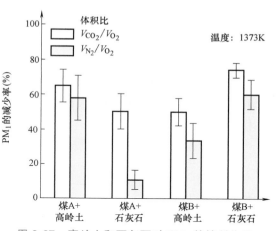

图 9-37　高岭土和石灰石对 $PM_1$ 的控制作用

（Wolski）等的研究表明，煤与污泥混烧亦可以降低颗粒物的排放量，但西宫（Ninomiya）等进一步的研究表明，煤与污泥混烧能否减少颗粒物的生成量与二者中矿物的内外在存在形式相关，当煤与污泥的矿物质都以外在矿物为主时，由于这些矿物质能够为易气化元素提供更多的凝结面，因此可减少颗粒物的生成。污泥与煤混烧时矿物间的相互作用如图 9-38 所示。

需要强调的是，不同学者在研究不同的燃料混烧时，燃料的矿物类型以及存在形式并不完全相同，这也是造成众多学者研究结果有差异的重要原因之一。但是，矿物与矿物之间的交互作用对颗粒物生成的影响仍是指导减少燃料混烧中 $PM_{2.5}$ 生成的重要依据。

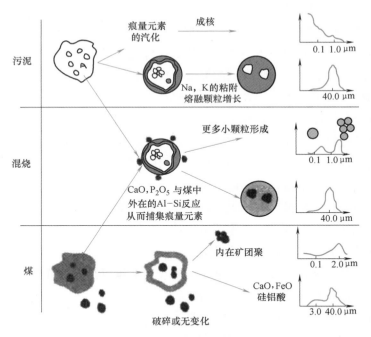

图 9-38　污泥与煤混烧时重矿物相互作用示意图

## 9.3.5　燃烧后颗粒物的脱除

一般而言，燃烧后烟气中颗粒物的脱除主要通过除尘装置实现。除尘装置通过重力、惯性力、电场力等外力使颗粒获得与气流方向不同的速度分量，从而将其与气流分离。基于颗粒的捕集机制不同，颗粒控制技术可分为 4 类，分别为机械除尘、湿式除尘、静电除尘和过滤除尘，如图 9-39 所示。

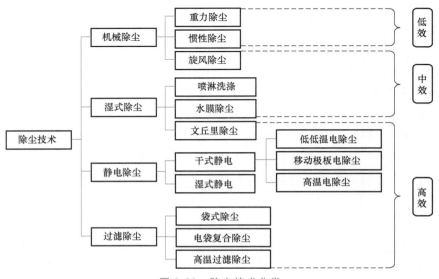

图 9-39　除尘技术分类

机械式除尘器是利用重力、惯性力或离心力等机械力净化含尘气体的装置，具有结构简单、占地面积小等优点，主要包括重力除尘器、惯性除尘器和旋风除尘器。

　　湿式除尘器是利用惯性碰撞、凝聚等拦截机制净化含尘气体的装置，具有阻力小、对大颗粒除尘效率较高等优点，但耗水量大，适用于易燃、易爆和有害气体场所，如冶金、化工等行业烟气净化。

　　袋式除尘技术是当前的高效除尘技术之一，是钢铁行业、水泥厂、垃圾焚烧等工业行业常用的除尘技术。当含尘气体进入布袋除尘器的进口烟道后，在引风机的负压作用下穿过滤袋，颗粒被拦截在滤袋表面而气体在得到净化后排出。该技术具有对细颗粒物脱除效率高（一般达99%以上），不因颗粒的比电阻等性质而影响除尘效率，适应的烟尘浓度范围广等特点。然而存在阻力大、过滤材料长期使用易破损等问题。

　　静电除尘技术是燃煤烟气颗粒物控制的主流技术，"十二五"期间我国电力行业中静电除尘器的使用比例约为80%。其基本原理是：通过高压放电，引起气体电离，并沿着电场线运动，在运动中与颗粒相碰，使颗粒荷电，荷电后的颗粒在电场力的作用下向接地极运动，最终沉积在接地极板并被脱除。静电除尘技术的特点有：除尘效率高、设备阻力小、能处理大烟气量的高温烟气、维护简单、安全可靠、长期运行费用低等。由于亚微米级颗粒物的荷电量较低、驱进速度较小，传统电除尘设备对其脱除效率不到90%，因此为了达到更加严格的排放要求，需进一步提高静电除尘器对细颗粒物的脱除效率，必须采取相应的增效技术。近年来发展了预荷电技术、颗粒凝并技术、移动电极电除尘器、低低温电除尘器、电袋复合除尘器和湿式电除尘器等技术和设备。

　　湿式静电除尘器作为终端净化设施，性能稳定可靠、效率高，能够显著降低粉尘、液滴等的排放浓度，并有效解决湿法脱硫系统浆液夹带问题，是燃煤电厂实现烟尘超低排放的重要发展方向。

　　对运用最广泛的除尘器类别的技术特征进行汇总，见表9-9。

表 9-9　主要除尘技术特征

| 设备 | 旋风除尘器 | 洗涤塔 | 布袋除尘器 | 静电除尘器 | 湿式静电除尘器 |
|---|---|---|---|---|---|
| 捕集机制 | 离心力 | 惯性碰撞、凝聚等拦截机制 | 惯性碰撞、扩散拦截等 | 静电力 | 静电力、液滴捕集等 |
| 捕集粒径 | $>10\mu m$ | $>0.02\mu m$ | $>0.01\mu m$（由料孔径决定） | $>0.01\mu m$ | $\geqslant 0.01\mu m$ |
| 脱除效率 | 85%~95% | 60%~95% | 90%~99.9% | 90%~99.9% | 可达90%以上 |
| 排放浓度 | 可达$100mg/m^3$ | 可达$30mg/m^3$ | 可达$20mg/m^3$ | 可达$20mg/m^3$ | 可达$5mg/m^3$ |
| 气体流速 | 20~30m/s | 1~2m/s | 过滤速度0.6~1.2m/min | 0.8~1.5m/s | 2.5~4m/s |
| 阻力 | 300~800Pa | 300~1000Pa | 800~1500Pa | 100~300Pa | 100~300Pa |
| 主要特点 | 结构简单、大颗粒除尘效率较高 | 阻力小、对大颗粒除尘效率较高、耗水量大 | 除尘效率高，对细颗粒物的脱除效率较高，设备阻力高，滤袋需定期更换 | 除尘效率高、设备阻力小、处理烟气量大 | |

（续）

| 设备 | 旋风除尘器 | 洗涤塔 | 布袋除尘器 | 静电除尘器 | 湿式静电除尘器 |
|---|---|---|---|---|---|
| 应用领域 | 广泛应用于小型工业锅炉及部分钢铁企业,多作为多级除尘的预除尘 | 适用于易燃、易爆和有害气体场所,如冶金、化工等行业烟气净化 | 广泛应用于电力、冶金、水泥、陶瓷等多个行业 | 广泛应用于电力、钢铁、水泥、冶金等多个行业 | |

## 9.4 燃烧过程中重金属的生成与脱除机理

在煤燃烧过程中,有害痕量重金属元素及其化合物排放到环境中不能被降解,而在环境中长期积累,对生物体产生严重危害,已引起高度重视。尤其是重金属汞,由于其毒性、易迁移性及生物富集性,其排放和控制受到广泛关注。中国于 2016 年正式成为(旨在全球范围内削减和控制汞排放的)《关于汞的水俣公约》(简称《汞公约》)的批约国,在《汞公约》的约束下,燃煤电厂将执行更严格的汞排放限值要求。

### 9.4.1 煤中汞含量的特征

中国煤炭储量丰富,不同地区煤中汞的含量存在差异。郑刘根等通过对全国范围内不同矿区共 1699 个煤样进行分析,得到中国典型煤种中汞含量的分布特征,如图 9-40 所示。

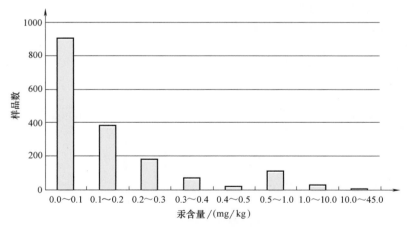

图 9-40 中国典型煤种中汞含量的分布特征

中国煤中汞含量的分布范围较广,分布在 0~45.0mg/kg 的区间内,平均值为 0.19mg/kg。在 1699 个煤样中,1468 个煤样的汞含量分布在 0~0.3mg/kg,约占样品总数的 86%,另外,38 个样品中汞含量高于 1.0mg/kg,仅为所有样品总数的 2.2%。

中国的煤中汞含量在不同地区分布不均匀,西北地区及中部地区的煤中汞含量相对较低,而东北部分地区及西南地区的煤中汞的含量相对较高。黑龙江、辽宁、内蒙古、新疆、山西、江苏、四川、湖南、江西以及河北 10 个省(自治区)的煤中汞含量平均值低于 0.2mg/kg;而吉林、北京、河北、山东、陕西、安徽、重庆及云南 8 个省市的煤中汞含量的平均值相对较高，在 $0.2 \sim 1.0 mg/kg$ 的范围内；贵州省的煤中汞含量在所分析的煤样中最高。

### 9.4.2 燃煤烟气中汞的形态转化

燃煤烟气中汞主要有三种形态：单质态汞（$Hg^0$）、氧化态汞（$Hg^+$、$Hg^{2+}$）和颗粒态汞（$Hg^P$）。

燃煤电站中，原煤首先进入制粉系统，在破碎过程中会产生热量，少量汞会在吸热后从煤中挥发出来。

煤中的汞在高温下燃烧时会经历一系列复杂的物理化学变化，最终进入气相和气溶胶。烟气中汞的形态分布受到多种因素的影响，包括煤种、烟气温度、反应条件、气体成分、飞灰成分等。煤中汞在燃烧过程和烟气中的可能转化途径如图 9-41 所示。

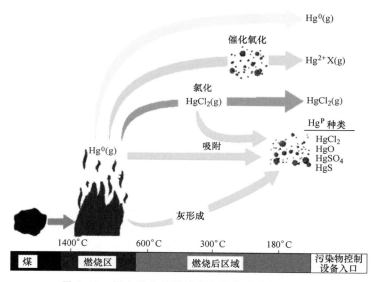

图 9-41 煤中汞在燃烧过程和烟气中的转化途径

在温度高于 800℃ 的锅炉炉膛内，随着煤中黄铁矿和朱砂（HgS）等含汞物质的分解，几乎所有的汞都转化为 $Hg^0$ 存在于烟气中，极少部分汞存留于灰渣中。

烟气流出炉膛，经过换热设备，温度降低，汞的形态继续变化。一部分 $Hg^0$ 通过物理吸附、化学吸附和化学反应，被残留的碳颗粒或其他飞灰颗粒吸收，形成 $Hg^P$；一部分 $Hg^0$ 在烟气温度降到一定范围时，与烟气中的含氯物质、$O_2$ 和 $NO_2$ 等发生均相反应，形成氧化态汞（$Hg^+$、$Hg^{2+}$）的化合物；另一部分 $Hg^0$ 在烟气中颗粒物的作用下，在颗粒物表面和烟气组分之间发生非均相反应生成 $Hg^{2+}$。由于 $Hg^+$ 化学性质不稳定，目前还没有检测技术可以直接精确鉴别氧化态汞的具体形态，一般认为，烟气中的氧化态汞为 $Hg^{2+}$。气态 $Hg^{2+}$ 化合物中一部分保持气态，随烟气排出；一部分被飞灰颗粒吸收形成 $Hg^P$。烟气中剩余的气态 $Hg^0$ 形态不变，随烟气排出。

燃煤烟气中汞的形态与控制的难易程度密切相关。$Hg^P$ 和 $Hg^{2+}$ 较易脱除，而 $Hg^0$ 较难去除。大部分 $Hg^P$ 可在除尘设备中去除，如静电除尘器（ESP）和布袋除尘器（FF）。$Hg^{2+}$ 容易被吸附，可溶于多种水溶液，因此大部分在烟气除尘或湿法烟气脱硫系统（WFGD）中去除，而小部分排到大气后，很快沉降在排放源附近。$Hg^0$挥发性较高，而水溶性较低，难以被烟气净化设备去除，经大气长距离运输、迁移，最后经过一系列物理化学过程沉降在陆地和水体，形成全球性汞污染。

### 9.4.3 燃煤烟气中汞的氧化

烟气中汞的氧化主要受煤中汞含量、燃烧温度、烟气成分、烟气温度、冷却速率、飞灰量与组成、飞灰碳含量、烟气污染物脱除装置等因素影响。

一般认为烟气中汞的氧化主要是含氯物质（如 $Cl_2$、HCl、Cl）与汞作用的结果，因此，烟气中汞的氧化态物质主要是 $HgCl_2$。氯元素在烟气中主要以 HCl 的形式存在，HCl 可以促进 $Hg^0$ 向 $Hg^{2+}$ 的转化，HCl 的浓度越大，$Hg^0$ 向 $Hg^{2+}$ 的转化率越大。反应机理为：

$$Hg^0(g) + 2HCl(g) \longrightarrow HgCl_2(g) + H_2(g) \tag{9-81}$$

该反应具有很高的能垒，在较低温度下（<600K），$Hg^0(g)$ 与 HCl 的直接反应受到限制；而在较高的温度下通过中间反应产生 $Cl_2$ 和 Cl 原子，反应快速进行。燃煤烟气中 $HgCl_2$ 的形成，关键在于 Cl 原子，Cl 原子可在烟气任何温度下快速氧化 $Hg^0(g)$。可能的反应步骤如下：

$$2Hg^0(g) + 4HCl(g) + O_2(g) \longrightarrow 2HgCl_2(g,s) + 2H_2O(g) \tag{9-82}$$

$$Hg^0(g) + HCl(g) \longrightarrow HgCl(g) + H \tag{9-83}$$

$$HCl(g) \longrightarrow Cl(g) + H \tag{9-84}$$

$$Hg^0(g) + Cl_2(g) \longrightarrow HgCl_2(g,s) \tag{9-85}$$

$$Hg^0(g) + Cl_2(g) \longrightarrow HgCl(g) + Cl \tag{9-86}$$

$$Hg^0(g) + Cl(g) \longrightarrow HgCl(g) \tag{9-87}$$

$$2Cl(g) \longrightarrow Cl_2(g) \tag{9-88}$$

$$HgCl(g) + Cl_2(g) \longrightarrow HgCl_2(g) + Cl \tag{9-89}$$

$$HgCl(g) + Cl(g) \longrightarrow HgCl_2(g) \tag{9-90}$$

$$HgCl(g) + HCl(g) \longrightarrow HgCl_2(g) + H \tag{9-91}$$

在实际燃煤过程中，煤中氯元素含量高时，烟气中的汞主要为 $HgCl_2$，因此氯元素可以大大增强煤中汞的蒸发，延迟汞的凝结，使汞以 $HgCl_2(g)$ 的形式停留于气相中。$HgCl_2(g)$ 容易被吸附剂吸附，可溶于水，可在烟气除尘或 WFGD 中去除，有利于控制汞的排放。

汞能与 $O_2$ 发生化学反应，在较低的温度下生成氧化汞的气、固混合物，当温度升高到 500K 左右时，HgO(s, g) 开始分解：

$$Hg(g) + \frac{1}{2}O_2(g) \longrightarrow HgO(s,g) \tag{9-92}$$

$$HgO(s,g) \longrightarrow Hg(g) + \frac{1}{2}O_2(g) \tag{9-93}$$

$O_2$ 还可以与 HCl、$SO_2$ 及 $NO_x$ 共同作用，促进汞的氧化，但与 HCl 相比，$O_2$ 对汞的氧化促进效果较差，只有大幅度增加烟气中的 $O_2$ 浓度，才会有明显的促进效果，对于实际运行的燃煤锅炉难以实现。

烟气中同时存在 $SO_2$ 和 $O_2$ 时，$SO_2$ 能将 $Hg^0(g)$ 氧化为 $HgSO_4$。先通过反应式（9-92）将 $Hg^0(g)$ 氧化为 $HgO(s,g)$，再通过反应式（9-94）将 $HgO(s,g)$ 转化为 $HgSO_4(s,g)$：

$$2SO_2(g)+2HgO(s,g)+O_2(g)\longrightarrow 2HgSO_4(s,g) \tag{9-94}$$

$HgSO_4$ 稳定性好于 $HgO$，较难分解。因此在各反应温度下，无 $HCl$ 时，含 $SO_2$ 的烟气体系中 $Hg^{2+}$ 的量总大于不含 $SO_2$ 的体系，此时 $Hg^{2+}$ 主要形式为 $HgSO_4$。在较低温度下，$Hg^0$（g）氧化为 $HgSO_4$ 的速率随温度升高而加快；当温度升至 600K 以上时，以分解反应为主，转化率下降，式（9-95）生成的 $HgO$（s，g）通过式（9-93）分解为 $Hg^0(g)$ 和 $O_2$。

$$HgSO_4(g,s)\longrightarrow HgO(s,g)+SO_3(g) \tag{9-95}$$

在含 $HCl$ 的烟气中，$SO_2$ 可以抑制汞的氧化。$SO_2$ 的加入会抑制烟气中 $Cl$ 和 $Cl_2$ 的形成，尤其对反应活性较大的 $Cl$，烟气中存在 $SO_2$ 时，$Cl$ 含量会大大降低，从而反应式（9-85）的 $HgCl_2(g,s)$ 生成量及反应式（9-87）的 $HgCl(g)$ 生成量降低，抑制了汞的氧化：

$$Cl_2(g)+SO_2(g)+H_2O(g)\longrightarrow 2HCl(g)+SO_3(g) \tag{9-96}$$

$$2Cl(g)+SO_2(g)+H_2O(g)\longrightarrow 2HCl(g)+SO_3(g) \tag{9-97}$$

$Hg^0(g)$ 可与 $NO_2(g)$ 缓慢反应，反应发生在 500~700℃ 的温度范围，但反应速率远低于 $Hg^0$ 和 $HCl$、$Cl_2$ 的反应速率。

在不含 $HCl$ 的烟气中加入 $NO$ 后，随着反应温度的升高，$Hg^0$ 向 $Hg^{2+}$ 的转化率先升高后降低。$O_2$ 存在时，汞能与 $NO$ 发生化学反应，在较低的温度下生成 $HgO(s,g)$，随温度升高反应速率加快：

$$NO(g)+O_2(g)\longrightarrow NO_2(g)+O \tag{9-98}$$

$$Hg(g)+O\longrightarrow HgO(s,g) \tag{9-99}$$

$$Hg(g)+NO_2(g)\longrightarrow HgO(s,g)+NO(g) \tag{9-100}$$

$$Hg(g,s)+NO(g)\longrightarrow HgO(s,g)+N_2O(g) \tag{9-101}$$

当温度升高到 500K 左右时，$HgO$（s，g）开始分解（式（9-93）），因此 $Hg^0$ 向 $Hg^{2+}$ 转变的转化率开始逐渐降低。

$NO$ 对 $Hg^0$ 的氧化作用与 $NO$ 的浓度相关。低浓度时以反应式（9-98）为主，促进 $Hg^0$ 的氧化；高浓度时以反应式（9-100）的逆反应为主，阻碍 $Hg^0$ 的氧化。

如图 9-42 所示，当烟气中含 $HCl$ 气体时，含 $NO$ 的烟气体系汞的转化率高于不含 $NO$ 的体系，烟气中的 $NO$ 可以促进汞的氧化。加入 $NO$ 后会产生活性 $O$ 原子，活性 $O$ 原子与 $HCl$ 反应产生 $HOCl$，从而提高 $HgCl_2$ 的生成量，可能的机理如下：

$$HCl(g)+O(g)\longrightarrow HOCl(g) \tag{9-102}$$

$$Hg(g)+HOCl(g)\longrightarrow HgCl(s,g)+OH(g) \tag{9-103}$$

$$HgCl(s,g)+HOCl(g)\longrightarrow HgCl_2(s,g)+OH(g) \tag{9-104}$$

此外，烟气中的水蒸气也会降低 $Hg^0$ 被其他气体氧化为 $Hg^{2+}$ 的转化率。

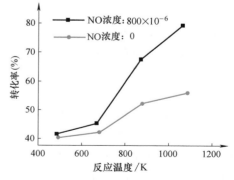

图 9-42　NO 对燃煤烟气（含 HCl）中汞形态分布的影响

### 9.4.4 燃煤过程中的汞控制技术

燃煤电厂汞控制技术可分为燃烧前脱汞、燃烧中脱汞和燃烧后脱汞，如图9-43所示。

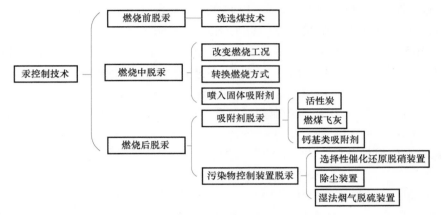

图 9-43 燃煤电厂脱汞技术分类

#### 9.4.4.1 燃烧前脱汞

在煤进入锅炉燃烧之前进行常规洗选过程是减少汞排放的最简单而有效的方法之一。洗选煤技术实质是将污染物汞转移到了煤洗废物中，但任何减少煤中汞含量的技术都有利于减少燃煤烟气汞的排放。

传统的物理洗选煤技术，如利用比重不同分离杂质的淘汰技术、重介质分流技术和旋流器等，还有利用表面物理化学性质不同的浮选煤技术、絮凝技术等，在洗选煤的过程中都可除去原煤中的一部分汞，可有效控制煤粉燃烧过程中汞的生成。如浮选法建立在煤粉中有机物与无机物的密度及有机亲和性不同的基础上，一般而言，浮选法的汞去除率为21%~37%，与煤的种类、清洗方式、分选技术及原煤中汞含量有关，即使是同一个煤层中的煤样经过煤洗选后汞的去除率变化范围也很大。

传统的洗选煤方法可洗去不燃性矿物原料中的一部分汞，但是不能洗去与煤中有机碳结构结合的汞。美国能源部（DOE）研究开发了先进的洗选煤技术，使煤在进入锅炉之前就得到进一步的清洁，如浮选柱、选择性油团聚和重液旋流器等，在提高煤的除汞率方面很有潜力。采用先进的化学物理洗选煤技术，原煤中汞去除率为40%~82%，平均去除率可达到64.5%。洗选煤技术存在的问题在于洗煤后产生的废浆的处理，目前还没有足够的数据评价废浆中汞的释放及其对环境的污染。另外对一些汞含量较高的煤种，其燃烧后还需再应用其他脱汞技术。

#### 9.4.4.2 燃烧中脱汞

目前，燃烧中脱汞主要是转换燃烧方式和添加剂燃烧。

循环流化床中燃烧有助于降低燃煤的汞排放，燃烧高氯烟煤时，最终排放进入大气的汞可小于煤中汞含量的5%，即其汞脱除效率可达95%以上。分析其原因有以下几个方面：①较长的炉内停留时间致使微颗粒吸附汞的概率增加，对于气态汞的沉降更为有效；②流化床燃烧温度较低，导致烟气中 $Hg^{2+}$ 含量的增加，同时抑制了 $Hg^{2+}$ 重新转化成 $Hg^0$；③氯元素的存在大大促进了汞的氧化。

低 $NO_x$ 燃烧器不仅可降低 $NO_x$ 排放，同时由于其燃烧区域温度较低，烟气中 $Hg^{2+}$ 的比例增加，对烟道尾部汞的脱除非常有利。另外，低 $NO_x$ 燃烧技术可增加飞灰中未燃尽碳的含量，进而促进汞的吸附。

燃烧中脱汞的另一种方式是往煤中掺入添加剂，添加剂随煤在炉内燃烧，烟气温度降低后可改变汞的形态。目前主要采用的添加剂为溴化添加剂，通过溴离子氧化 $Hg^0$，生成 $Hg^{2+}$。现场应用研究表明，在煤里加入 $4×10^{-4}$% 的溴，总汞的脱除效率可达 80%。

### 9.4.4.3 燃烧后脱汞

燃烧后脱汞主要是指对燃煤烟气中的汞进行脱除达到排放控制的目的，主要有以下两种：利用吸附剂吸附脱除汞；利用燃煤电站现有的污染物控制装置实现烟气汞的控制。

#### 1. 吸附剂脱汞

吸附剂脱汞主要是通过活性炭或其他吸附剂的吸附作用除去烟气中的汞。使用较多的吸附剂主要有活性炭、燃煤飞灰、钙基类吸附剂、沸石等。

1）活性炭。活性炭吸附法是利用活性炭去除烟气中的汞，主要有两种方式：一是在颗粒脱除装置前喷入粉末状活性炭，吸附了汞的活性炭颗粒经过除尘器时随颗粒一并去除；另一种是将烟气通过活性炭吸附床，但若活性炭颗粒太小会引起较大的压降。向燃煤烟气中喷入粉末状活性炭吸附汞，是最简单成熟的控制燃煤烟气中汞排放的方法。该技术具有投资成本低、设备改造容易、煤种适应性强等优点，而且使用布袋除尘器时在较低的活性炭喷射速率下，汞脱除效率可达 90% 以上。但是该技术也存在成本高、吸附产物在高温下稳定性差等缺点，活性炭喷入后随飞灰一并脱除，影响飞灰的综合利用。所以需积极开发新型、高效、廉价的吸附剂以替代活性炭。

2）燃煤飞灰。燃煤飞灰具有一定的汞吸附能力，一般认为，吸附过程发生在飞灰的表面，主要通过物理吸附、化学吸附及化学反应三者结合的方式。飞灰汞吸附主要受温度、飞灰粒径、碳含量、烟气组分以及飞灰组分等因素影响。较低温度对飞灰的吸附更有利；飞灰中的汞含量随着粒径的减小而增大；飞灰炭表面的氧化官能团和卤素可以提高汞的吸附能力；燃烧烟煤比燃烧亚烟煤或褐煤产生的汞更易被捕获；含碳量高的飞灰有利于汞的吸附，但电阻率低，会降低 ESP 的除尘效率。除了对汞有吸附作用外，飞灰还能促进汞的氧化。多种金属氧化物，如 $CuO$、$TiO_2$ 及 $Fe_2O_3$ 等对 $Hg^0$ 的氧化有影响。

利用飞灰吸附脱除汞可减少 80% 的活性炭使用量，但飞灰中碳含量过高（>1%）会限制飞灰作为混凝土添加剂的商业应用，这一点不利于飞灰再注入技术的发展。

3）钙基类吸附剂。钙基类吸附剂 [$CaO$、$Ca(OH)_2$、$CaCO_3$、$CaSO_4·2H_2O$] 对汞具有一定的吸附作用。在燃煤烟气中喷入钙基类吸附剂，其平均汞脱除效率可达 80%。然而钙基类吸附剂的汞脱除效率与烟气中的汞形态有较大的关系。钙基类吸附剂对 $Hg^{2+}$ 具有较高的吸附效率，可达 85%，而对 $Hg^0$ 的吸附效率却很低。有学者认为酸性的 $Hg^{2+}$（主要是 $HgCl_2$）与碱性颗粒之间的反应是吸收 $HgCl_2$ 的重要机理。钙基类吸附剂容易获取，价格低廉，同时又可有效脱除烟气中 $SO_2/SO_3$，因而是一种潜在的多种污染物协同脱除技术。但钙基类吸附剂的脱除效率受到烟气中汞形态的限制，因而研究燃煤烟气汞形态的转化技术和增强钙基类吸附剂对 $Hg^0$ 的吸附效率成为应用钙基类吸附剂脱汞的关键。

#### 2. 污染物控制装置脱汞

目前，专门针对烟气汞排放控制的技术还较少应用于燃煤电站。利用燃煤电站现有污物控制装置进行烟气汞排放控制，可提高设备利用率，降低控制成本。燃煤电站现有的污染物控制装置主要包括：除尘装置（ESP 或 FF）、烟气脱硝装置（SCR）和烟气脱硫装置（FGD）。典型的燃煤电站现有的污染物控制装置如图 9-44 所示。利用现有污染物控制装置进行汞的脱除，可实现汞和 PM、$SO_2$、$NO_x$ 等污染物的联合控制。如利用除尘设备在除尘时同时脱除烟气中的 $Hg^P$；提高 FGD 的汞脱除能力；利用 SCR 脱硝技术使烟气中的 $Hg^0$ 转化为 $Hg^{2+}$ 等。

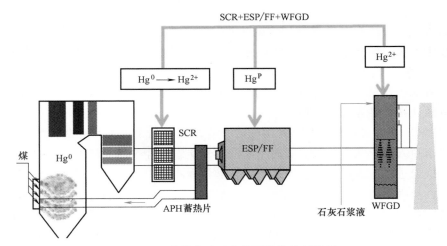

图 9-44 燃煤电站现有的污染物控制装置

利用燃煤电站现有污染物控制装置进行烟气汞排放控制的最大优点在于无须另外增加脱除设备，然而现有污染物控制设备对汞的脱除能力主要依赖于烟气中汞的形态分布，而汞的形态分布又跟煤种密切相关，要确定煤种与现有污染物汞脱除效率的关系十分困难。根据美国环保署信息收集中心（ICR）的研究数据显示：不同燃煤电站向大气的汞排放量相差较大，可变范围占燃煤中总汞含量的 10%~90%。确定不同煤种、炉型、烟气参数、污染物控制装备等对汞的协同脱除效果及实现脱汞产物的稳定化是未来研究的重要方向。

## 思考题与习题

9-1 普通煤元素分析如下：

Car（碳）：65.2%，Har（氢）：3.2%，Oar（氧）：2.3%，Nar（氮）：0.5%，Sar（硫）：1.7%，Aar（灰）：18.1%，Mar（水）：9.0%。

1）已知 $SO_2$ 排放系数为 0.85，过量空气系数 $\alpha = 1.2$，计算燃烧烟气中 $SO_2$ 的浓度。

2）已知用流化床燃烧技术加石灰石脱硫，石灰石纯度为 90%。当 Ca/S 摩尔比为 2.5 时，计算每吨燃煤石灰石的加入量。

9-2 已知反应 $SO_2 + O_2 \longrightarrow SO_3 + O$ 的速度常数为 $k = 2.9 \times 10^6 \exp(-24000/T)$，计算在 900℃烟温且不加脱硫剂时，上题烟气中 $SO_3$ 的最大浓度。

9-3 什么是炭黑？燃烧过程中的炭黑有哪几种类型？炭黑对环境和人类有哪些危害？

9-4 就烷、烯、炔和苯这四种燃料来看，在预混火焰中，其炭黑生成量大小的顺序为：苯>烷>烯>炔；而在扩散型火焰中，其炭黑生成量大小的顺序则为：苯>炔>烯>烷。请说明为什么会呈现这样的排列顺序，并论述在不同种火焰中排列顺序不一致的原因。

9-5 试分析气体扩散火焰中影响炭黑生成的各种因素，并提出降低扩散火焰炭黑生成的有效措施。

9-6 钙盐和钡盐都能强烈抑制气体预混火焰中炭黑的生成，但对钙盐而言，金属添加剂百分比越高，炭黑的减少量越多；而对钡盐，当它减少到最小量时，炭黑生成的趋势还会上升，在钡盐量相当大时，也会出现比不加任何添加剂的情况下还要大的炭黑量。如何解释这两者的异同？

9-7 试分析液体燃料燃烧时影响炭黑生成的各种因素，及控制液体燃料燃烧时炭黑排放量的各种措施。

9-8 煤种对炭黑的形成有很大的影响。根据研究，炭黑的综合生成量（指生成和氧化的综合结果）按下列煤种顺序逐渐减少：无烟煤→褐煤→烟煤，试分析其原因。

9-9 煤粉炉中炭黑的生成对燃烧过程有什么影响？如何采取有效措施降低煤粉炉中炭黑的生成？

9-10 简述燃煤过程形成亚微米细颗粒物的机理。

9-11 简述如何实现燃煤电厂重金属的高效低成本控制。

# 第 10 章

# 燃烧技术的新进展

燃烧的新技术主要与清洁及低碳相关，如富氧燃烧、化学链燃烧、催化燃烧和超焓燃烧等，本章主要简要介绍这些燃烧新技术的进展。

## 10.1　富氧燃烧（Oxy-fuel Combustion）

### 10.1.1　富氧燃烧概述

富氧燃烧技术由 Abraham 在 1982 年首次提出，主要利用 $O_2/CO_2$ 的燃烧方式得到 $CO_2$ 浓度较高的烟气，从而可以对燃烧产生的 $CO_2$ 进行封存或利用。近年来，由于人类发展需要，社会对能源的消耗量急剧增加，温室气体 $CO_2$ 的排放量不断上升，导致环境和气候压力剧增，$CO_2$ 排放问题在全球范围内受重视程度不断增加。富氧燃烧作为极具潜力的有效减排 $CO_2$ 的新型燃烧技术，有助于实现高浓度 $CO_2$ 的捕集与封存，缩减 $CO_2$ 的排放，改善温室气体造成的气候变化问题，因此受到了各国政府和研究人员的广泛关注。

富氧燃烧技术（又称为 $O_2/CO_2$ 燃烧技术）就是通过烟气再循环利用的方式，将空气分离获得的纯氧和部分锅炉烟气构成的混合气代替空气作为燃烧氧化剂，以提高燃烧排烟中的 $CO_2$ 浓度。与传统空气作氧化剂的燃烧方式相比，富氧燃烧具有以下明显的特点：

1）减少燃烧后的排气量。由于富氧燃烧采用了烟气再循环技术，锅炉的排烟量大幅减小，使得锅炉的排烟损失减小。此外，锅炉引风机、防尘设备及脱硫设备的容量及电耗也相应下降，不仅使锅炉的炉后布置更紧凑，同时还节约了工厂用电。

2）提高尾部烟气中的 $CO_2$ 浓度。富氧燃烧技术可以提高烟气中 $CO_2$ 的浓度，目前在实验室中富氧燃烧试验烟气 $CO_2$ 浓度可达 95% 以上，这不仅有利于 $CO_2$ 的捕集和脱除，还使布置 $CO_2$ 处理设备所需的空间更小，降低设备及材料的投资成本。

3）提高火焰温度。火焰温度随燃烧空气中氧气比例的增加而显著提高，但富氧浓度不宜过高。研究表明，富氧浓度在 28% 左右为最佳，因为氧浓度较高时，火焰温度增加较少。实践证明：当氧浓度小于 27% 时，火焰温度增加迅速；当氧浓度大于 27% 时，火焰温度上升幅度下降。

4）增强炉膛传热。锅炉中的换热以辐射换热为主。气体辐射中，三原子和多原子气体具有辐射能力，单原子或双原子气体几乎无辐射能力。在常规空气助燃系统中，$N_2$所占比例高，致使烟气黑度偏低，在富氧燃烧系统中，由于$N_2$的减少，火焰温度和黑度将随含氧量的增加而提高，进而提高火焰辐射强度和强化炉膛辐射传热。理论计算表明，富氧燃烧的辐射换热量是常规燃烧的1.353倍。

5）降低污染排放。由于富氧燃烧烟气中氮含量减少，可降低包含$NO_x$等污染物的排放总量。研究发现，在$O_2/CO_2$燃烧气氛下，$NO_x$的排放量明显降低，同时，烟气量的减少也相应地提高了烟气中$SO_2$的浓度，有利于后期的烟气脱硫。

由于在$CO_2$捕集方面的突出优势，富氧燃烧技术得到了美国、加拿大、澳大利亚、英国、荷兰、瑞典、日本等多国政府的重视，主要的研究机构包括：美国的EERC、ANL、B&W、Air Product，以及Alstom美国分公司，日本的IHI、Hitachi，加拿大的CANMET，荷兰的IFRF，澳大利亚的BHP、Newcastle大学、CS Energy，西班牙的CIUDEN，法国的Alstom，英国的Doosan Babcock，以及瑞典的Vattenfall电力等。

目前大部分研究机构纷纷加快了富氧燃烧的基础研究和中试研究，并制定了中等规模的富氧燃烧技术的研究和示范计划，一些国家不仅进入了富氧燃烧项目工业示范阶段，而且还将商业规模（300~600MW）的富氧燃烧项目提上了日程。国内关于富氧燃烧的基础研究早在20世纪90年代中期就已经开始，浙江大学、清华大学、华中科技大学、华北电力大学、东南大学等在国内最早关注富氧燃烧的燃烧特性、污染物的排放和脱除机理等。2010年，浙江大学和法国液化空气集团联合共建了富氧燃烧实验室，并对富氧燃烧特性与控制以及富氧燃烧过程中的污染物排放进行了一系列的基础及应用研究。

## 10.1.2 富氧燃烧技术及其应用

### 10.1.2.1 富氧燃烧技术的关键因素

目前，电站锅炉采用的富氧燃烧技术主要是$O_2/CO_2$富氧燃烧技术，其技术原理示意图如图10-1所示。该技术的主要流程为：先通过空气分离装置从空气中分离制取高纯氧气，然后将获得的氧气与尾部烟气以一定的比例混合，得到$O_2/CO_2$混合气并送入炉膛作为燃料的助燃剂，燃烧生成的高浓度$CO_2$烟气经除尘器净化后一部分作为助燃剂配风再循环利用，一部分被收集利用或封存，实现对$CO_2$的集中处理以降低$CO_2$排放量。富氧燃烧的关键因素包括空气分离制氧技术，$O_2/CO_2$气氛下燃料燃烧特性，烟气再循环系统以及污染物释放特性。

#### 1. 空气分离制氧技术

与常规的燃烧技术相比，富氧燃烧技术增加了空气分离制氧系统。为了满足富氧燃烧系统载荷变化要求，空气分离制氧系统需要具备较宽的载荷调节范围以及较强的变载荷调节能力。因此，能耗低、动态响应快的空气分离制氧技术对降低富氧燃烧电站的能耗并提高其载荷

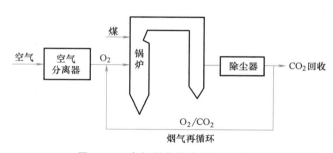

图10-1 富氧燃烧技术原理示意图

调节能力至关重要。根据空气分离方法的不同，目前空气分离制氧技术主要包括变压吸附技术，膜分离技术，深冷技术等。

变压吸附技术利用吸附剂对不同气体的吸附能力随压力变化的差异性来实现混合物中不同组分的分离。吸附剂有对不同组分选择性吸收的特性，加压吸附混合物中易吸附的组分，之后进行减压处理，解吸这些吸附的气体组分，从而实现吸附剂的再生。该方法具有技术流程简单、操作方便、运行成本低、产品产出快等优点，但是该技术目前主要受制于吸附剂的性能，分离得到的氧气浓度一般不高于96%，难以提取更高纯度的氧气，同时受制于吸附剂吸附容量，变压吸附技术的生产规模一般不高，不适用于大型的空分装置。

膜分离技术是基于分子渗透原理，利用混合气体中不同组分通过膜时扩散速度存在差异的原理来实现不同气体组分的分离。该技术具有效率高、能耗低、设备简单、运行元件及易损件少、无需再生的特点。需要指出的是，该技术对膜性能的依赖很强，而且产品纯度较低，只能生产纯度为40%~50%的富氧气体，因此，膜分离法不适用于大规模的氧气生产，其工业应用还有待进一步研究。

深冷技术又称为低温蒸馏技术，主要是利用空气组分中氧、氮的沸点不同，使空气液化，然后通过连续多次的部分蒸发和部分冷凝，将空气中各组分分离的过程。深冷技术生产规模大，单套设备生产能力已超过 $100000m^3/h$，制氧纯度高，氧气纯度可达99.6%以上，技术成熟，在大型、特大型用氧场合具有优势，是目前唯一能够满足富氧燃烧大规模用氧需求的空气分离技术。

### 2. $CO_2/O_2$ 气氛下富氧燃烧换热特性

由于 $CO_2$ 比热容、扩散系数与 $N_2$ 的差异，富氧燃烧与空气燃烧的煤粉颗粒的着火和燃烧特性之间存在显著的差异，富氧条件下 $CO_2$ 的大量存在，导致燃烧室内部气体比热容上升，使得煤粒的着火时间延长，同时高浓度 $CO_2$ 还能让煤粒以及氧气的扩散速度降低，从而影响煤粒挥发分的燃尽。

锅炉燃烧炉内传热主要是通过辐射换热和对流进行，辐射换热特性主要受到 $CO_2$、水、煤焦粒、煤烟和飞灰等物质的影响。与常规空气气氛下的煤粉燃烧相比，富氧燃烧具有更强的炉内辐射特性，这主要是因为：1）烟气容积减少提高了固体颗粒的浓度；2）烟气中三原子气体浓度增加，富氧燃烧产生的 $CO_2$ 与水等主要的三原子气体一般占到烟气体积总量的90%以上；3）减少烟气体积也就提高了煤烟的浓度。由于炉内辐射强度的增加，富氧燃烧温度在低于空气燃烧温度的情况下能够达到和空气燃烧相同的换热效果，对应的氧化剂中氧气浓度要求可比绝热火焰温度所需氧气浓度低2%~3%。

富氧气氛下燃烧炉内对流换热特性与空气燃烧也有所差异，富氧燃烧较空气燃烧的烟气具有更强的换热能力，同时富氧燃烧比空气燃烧产生的烟气量更少，富氧燃烧需要的换热面积就更少，节省材料，而且烟气较强的换热能力还能降低炉内水冷壁因烟气扰流造成的换热不均。

### 3. 烟气再循环系统

富氧燃烧烟气再循环系统采用部分再循环的方式，将烟气作为 $N_2$ 的替代物来稀释 $O_2$，并对燃烧温度进行调节。根据实际运行需要，烟气可以在省煤器烟气出口之后的不同位置进入循环系统，循环可以分为干烟气循环和湿烟气循环。出于能源利用效率考虑，一般烟气再循环系统一次风需干燥除水并加热到250~300℃以脱除煤粉中的水，而二次风可以在较高的温度下进入循环且不需要干燥，以便减少冷却和再热的能量损失。此外，由于富氧燃烧比空气燃烧的烟气含硫量高出了 2~3 倍，对于含硫量较高的煤，其燃烧产生的烟气进入一次风循环系统前必须进行脱硫处理，以防止对磨煤机和烟气循环管道的腐蚀。

4. 富氧燃烧污染物释放特性

富氧条件下污染物的生成特性以及燃料中矿物质的转化也与常规空气燃烧有较大的差异。富氧燃烧比空气燃烧的 $NO_x$ 排放量减少了 2/3 以上，$NO_x$ 的大幅减少主要可能是由于以下几个原因引起：

1）富氧燃烧的氧化剂为 $O_2/CO_2$ 混合气，几乎不含 $N_2$，燃烧生成的热力型 $NO_x$ 和快速型 $NO_x$ 的数量非常少。

2）富氧燃烧比空气燃烧的气氛中 $CO_2$ 含量要高出很多，导致煤粉周围的烟气成分和辐射特性也发生了变化，从而影响了 $NO_x$ 的生成。

富氧燃烧由于烟气再循环导致烟气中 $SO_x$ 含量升高，比空气燃烧高出了 3 倍左右，但是富氧燃烧的 $SO_x$ 排放量与空气燃烧的排放量差别不大。

由此可见，富氧燃烧过程由于烟气量的减少以及烟气再循环导致烟气中 $NO_x$ 和 $SO_x$ 含量均高于空气燃烧时的浓度，这将导致烟气露点更高，对烟气管道和烟气再循环管道造成腐蚀的风险也更大。因此，富氧燃烧系统中需要增加脱硫设备。

此外，富氧燃烧条件下炉内钙基脱硫效率也较常规空气气氛下高，这主要是由于高 $CO_2$ 浓度抑制了碳酸钙分解，使其直接脱硫效率得到大幅提高。富氧气氛下高 $CO_2$ 浓度使得煤粒脱挥发分过程中生成的半焦颗粒更小，导致半焦燃烧后产生的细灰增加，富氧气氛还能在一定程度上抑制痕量元素的蒸发，富氧气氛中 $CO_2$ 还能抑制痕量元素向单质的转化。

## 10.1.2.2　富氧燃烧技术的应用

从 20 世纪 80 年代开始，富氧燃烧技术经历了实验室研究、中等规模试验研究阶段，到现在工业示范项目广泛开展。目前，美国、欧盟、加拿大、澳大利亚、日本以及中国等对富氧燃烧项目迅猛推进，已经建成并投运了部分燃煤富氧燃烧的发电工业示范项目。

德国黑泵富氧燃烧示范项目是世界上第一个 30MW 全流程富氧燃烧技术示范工程，它位于德国东北部勃兰登堡州的施普伦贝格，建在 2×800MW 电站厂区内。项目于 2006 年 5 月动工建设，2008 年 9 月开始试运行，其试验装置集成了空气分离装置、蒸汽锅炉、二氧化碳净化和压缩等核心单元。建立示范工程的目的是对 600MW 富氧燃烧商业化运行电站进行技术可行性验证和准备，关注点在于探索和优化富氧燃烧中的烟气再循环问题，研究主要设备和部件的可行性。项目设计为在空气燃烧和富氧燃烧两种模式下都可以满负荷运行，可燃烧褐煤和烟煤。示范工程的锅炉是下行燃烧炉，由 Alstom 公司提供；对 3 台富氧燃烧器进行了测试，其中 2 台 Alstom 燃烧器，1 台 Hitachi 燃烧器；空气分离装置由德国林德公司提供；有两套压缩纯化系统在进行试验，分别是林德和美国 AirProduct 公司；电站和示范工程由瑞典 Vattenfall 公司运营。黑泵示范工程的工艺流程如图 10-2 所示。运行经验表明：氧气体积浓度和系统总过氧系数共同影响着火和稳定燃烧，当氧气体积浓度大于 28% 时，较小的过氧系数也可以保证较好的燃烧特性；如果运行时间大于 5 天，需要定期排放精馏塔主冷器中的液氧，防止烃类累积产生安全隐患；富氧模式下烟气的高 $CO_2$ 浓度对湿法脱硫设备影响不大，$SO_2$ 脱除率大于 99.5%，经过湿法脱硫和烟气冷凝两个设备，$SO_2$ 脱除率可达 99.9%；HCl 脱除率为 99.69%，HF 脱除率为 98.26%。研究获得如下结论：富氧燃烧技术的示范规模可放大到工业级，燃烧可获得高纯度 $CO_2$。

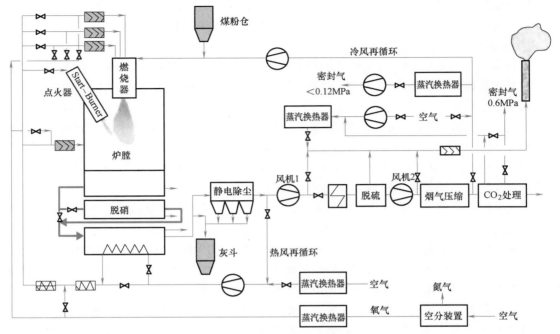

图 10-2  黑泵示范工程的工艺流程

英国斗山电站（Doosan）位于苏格兰格拉斯哥（Glasgow）郊区，于 2009 年 7 月 24 日正式投运，规模为 40MW，是当时世界上最大的富氧燃烧示范项目。该项目是非全流程示范，以间歇性富氧燃烧试验研究为主，未连续运行，主要关注全尺寸富氧燃烧器的研究，除了进行点火、熄火、空气燃烧与富氧燃烧模式切换以外，还研究了燃烧稳定性、燃烧效率、污染物排放、火焰形状、氧浓度及循环烟气量对传热的影响等。锅炉是由卧式炉改造完成，燃烧器为水平布置的墙式燃烧器，采用斗山公司生产的全尺寸 Oxycoal™ 燃烧器，采用重质燃料油点火。富氧燃烧器的设计是基于已有低 $NO_x$ 空气燃烧器技术及应用经验，在现有低 $NO_x$ 轴流燃烧器的基础上设计改造的。烟气循环率的选择要综合考虑绝热火焰温度和炉内传热特性。$CO_2$ 压缩纯化技术的示范还在准备阶段。该研究获得如下成果：确定了适合全尺寸试验和商业化的富氧燃烧器设计方案；富氧燃烧下火焰形状可调整到与空气燃烧类似；富氧燃烧装置规模可放大到工业级；空气燃烧到富氧燃烧模式切换顺利；富氧燃烧模式下，燃烧器载荷可降至额定载荷的 40%；富氧燃烧烟气中的 $NO_x$、$SO_2$ 浓度比空气燃烧明显降低（以 mg/MJ 为单位）；省煤器出口可获得最高浓度为 85% 的 $CO_2$。

西班牙恩德萨示范电站是世界上第一个富氧 CFB 示范电站，其工艺流程简图如图 10-3 所示。它位于西班牙西北部蓬费拉达的恩德萨国家电力公司旗下 Compostilla 电厂旁，由非盈利协作研究机构——城市能源基金会（CIUDEN）牵头，并联合多家企业共同推进，规模为 30MW。CIUDEN 项目的特点是同时在煤粉炉和循环流化床锅炉（CFB）上进行 $CO_2$ 捕集技术的示范；$CO_2$ 的处理包括压缩纯化和化学吸收法。CIUDEN 项目以无烟煤、烟煤、次烟煤、石油焦、生物质等为燃料，同时进行了小型炉内燃烧器相互影响试验。CIUDEN 项目共分为两个阶段：第一阶段从 2005 年初步设计开始到 2014 年，目标是验证从燃料制备到 $CO_2$

提纯的整个工艺流程，以及收集锅炉、脱硫、压缩纯化技术放大所需的数据；第二阶段从 2014 年开始，研发目标是利用掺烧生物质、提高蒸汽参数、降低空气分离能耗的方法提升 $CO_2$ 捕集能力，以及对化学链燃烧、燃烧后捕集技术的研究。项目第一阶段总投资 1 亿欧元，年运行费用 800 万欧元，占地面积 $65000m^2$。CIUDEN 项目中煤粉炉设计前墙布置有 4 台 5MWth 旋流燃烧器，炉拱布置 2 台 2.5MWth 燃烧器。CFB 锅炉由福斯特惠勒公司提供技术。从已进行的 CFB 试验研究中发现：可实现空气燃烧与富氧燃烧的顺利切换，空气燃烧到富氧燃烧切换时间约 40min，富氧燃烧到空气燃烧切换时间约 20min；可获得超过 3h 的富氧燃烧稳定运行工况，尾部烟气 $CO_2$ 浓度超过 80%；尾部烟气 $NO_x$ 浓度在空气燃烧时超过 $300mg/Nm^3$，在富氧燃烧时可维持在 $120\sim140mg/Nm^3$ 之间。

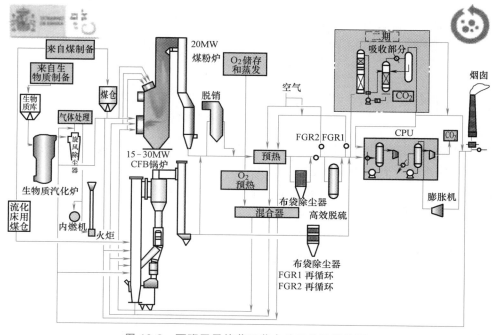

图 10-3　西班牙恩德萨示范电站工艺流程简图

位于澳大利亚东海岸布里斯班以北的卡利德电厂（Callide）A 厂，是世界上第一个电厂改造富氧燃烧项目。该项目对卡利德电厂 20 世纪 60 年代投产的一台 30MWe 煤粉炉及其系统进行改造，于 2011 年 3 月完成富氧改造，2011 年 4 月进行改造后的首次空气燃烧试验，2012 年 3 月进行首次全富氧燃烧模式运行，2012 年 12 月首次得到液态 $CO_2$。该项目以当地的高灰分高水分低硫煤为燃料，锅炉入口氧浓度为 27%，烟气循环倍率约为 66.8%。锅炉为Π形炉，前墙布置 6 台燃烧器，4 用 2 备。项目的实施为传统锅炉富氧燃烧改造进行了有益的探索。主要改造有：增加了空分系统和压缩纯化系统；将炉膛中部 2 台常规煤粉燃烧器更换为 IHI 新设计的富氧燃烧器；增加了额外的循环烟气预热器；增加了烟气冷却装置和烟气干燥设备（用于干燥输煤烟气）；对锅炉通风系统进行了改造，增大了鼓风机和引风机的压头；对部分烟气管道进行了材料更换或耐腐蚀处理；对炉膛和尾部烟道易漏风处进行了防漏风处理。卡利德电厂改造前后系统简图如图 10-4 所示。

卡利德示范项目的运行证明了富氧燃烧技术应用于燃煤发电锅炉改造的可行性；富氧燃

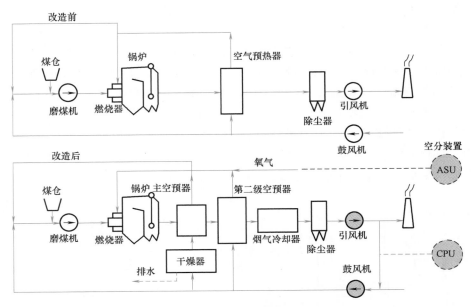

图 10-4 卡利德电厂改造前后系统简图

烧与空气燃烧间的相互切换时间控制在 60min 以内；验证了不同工艺流程、不同燃料下的富氧燃烧可行性；研究了压缩纯化工艺对污染物脱除和 $CO_2$ 提纯的工艺特征。下一步还计划进行富氧燃烧锅炉最小载荷试验、载荷变化频率研究；对 $CO_2$ 进行公路货车运输和地质埋存，目标是 4 年封存超过 10 万 $tCO_2$。

中国建立的首个富氧燃烧工业示范工程——35MWth 富氧燃烧示范工程（图 10-5）是由华中科技大学牵头，联合东方锅炉、四川空分、国华电力、久大盐业共同承担完成的国家科技支撑计划项目。它于 2012 年 12 月 31 日在湖北应城开工建设，2014 年底完成主体工程建设，2015 年 1 月 28 日开始点火试验。此示范工程是富氧燃烧 $CO_2$ 规模捕获技术走向商业化运营过程（0.4MWth→3MWth→35MWth→200MWe→600MWe）中非常关键的一环。项目的整体方案和技术特点是：兼顾"空气燃烧"和"富氧燃烧"两种运行方式；兼具有"干循环"和"湿循环"两种烟气循环方式；控制锅炉微正压运行，保证烟气中 $CO_2$ 的高浓度富集；实现多种污染物的综合脱除，降低运行成本；设计新型燃烧器，确保着火的稳定性和良好的后期混合。项目完成后，已实现烟气中 $CO_2$ 浓度高于 80%、$CO_2$ 捕获率高于 90% 的 $CO_2$ 富集和捕获目标，同时富氧燃烧也实现了 $NO_x$ 排放量降低约 62%，脱硫效率达到 95% 以上。此外，200MWe 富氧燃烧发电工业示范工程预可研报告也已于 2015 年上半年完成，预计 2020 年实现示范工程运行。

目前富氧燃烧技术商业推广面临的最大阻力是空气分离系统成本过高和设备长期运行后出现腐蚀等问题，下一步应更加关注系统长期运行的安全性、稳定性问题，以及各子系统优化组合，尤其是空气分离系统的合理配置对电厂经济性的影响等方面。此外，由于 $CO_2$ 的辐射吸收性较强，富氧燃烧时锅炉炉膛内的辐射传热特性也和空气气氛下不同，炉膛内部的换热参数以及参数优化不能照搬传统锅炉的经验，必须通过实验重新获得，锅炉燃烧器的燃烧特性和相关燃烧特征数也还需要专门研究和优化设计。

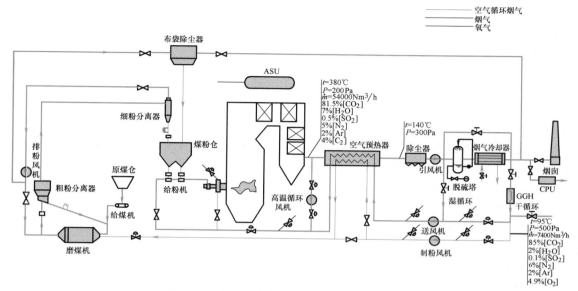

图 10-5　应城富氧燃烧示范电站工艺流程简图

## 10.2　化学链燃烧

### 10.2.1　化学链燃烧概述

化学链燃烧（Chemical-Looping Combustion，CLC）针对的燃料一般是气体燃料，于 1983 年由 Ritcher 等首次提出，基本原理是将传统的燃料与空气直接接触反应的燃烧借助于载氧体的作用分解为 2 个气固反应，燃料与空气无需直接接触，由载氧体将空气中的氧传递到燃料中。

化学链燃烧系统由空气反应器（即氧化反应器）、燃料反应器（即还原反应器）和载氧体组成，如图 10-6 所示。

在空气反应器中，空气中的氧气与载氧体发生反应，使载氧体被氧化；然后被氧化的载氧体被输送到燃料反应器中，燃料再与载氧体反应，载氧体被还原，燃料被氧化。

下面以金属氧化物载氧体（$Me_xO_y$）为例，在燃料反应器内金属氧化物（$Me_xO_y$）与燃料气体发生还原反应：

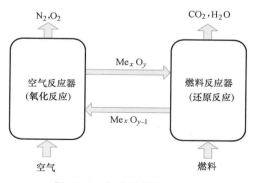

图 10-6　化学链燃烧示意图

$$(2n+m)Me_xO_y+C_nH_{2m}\longrightarrow(2n+m)Me_xO_{y-1}+mH_2O+nCO_2 \tag{10-1}$$

在燃料反应器内被还原的颗粒（$Me_xO_{y-1}$）回到空气反应器并与空气中的氧气发生氧化反应：

$$2Me_xO_{y-1}+O_2\longrightarrow2Me_xO_y \tag{10-2}$$

式（10-1）与式（10-2）相加即为传统燃烧反应，有

$$C_nH_{2m}+(n+m/2)O_2 \longrightarrow mH_2O+nCO_2+H_c \qquad (10\text{-}3)$$

载氧体的还原反应是放热还是吸热，取决于载氧体及燃料的种类；载氧体的氧化反应是放热反应。反应式（10-1）和式（10-2）的反应热总和就是反应式（10-3）的反应热，即燃料进行传统燃烧时的放热量。

燃料的化学链燃烧方式与传统燃烧方式相比，有相同的总反应方程式，并且在整个放热过程中放出的热量也相同。但是，化学链燃烧方式有以下许多特点：

首先，燃料与氧化剂不直接接触，由载氧体将空气侧的氧及生成的热量传递到燃料侧。这样燃料反应器中的燃烧产物（主要是 $CO_2$ 和水蒸气）不会被空气中的 $N_2$ 稀释从而浓度极高，通过简单冷凝即可得到几乎纯的 $CO_2$，不需要额外的能量和常规的分离装置。因此，实现了在低能耗的前提下，对 $CO_2$ 进行分离和捕集，使 $CO_2$ 得到有效的控制。

其次，化学链燃烧方式是无焰燃烧，并且由原来的单一反应分解成了 2 个气固反应。与吸热反应有机结合的能量释放方式，减小了燃料化学能转化为物理能过程的品位损失，热力系统向外界可提供的热㶲增加。因此，实现了化学能品位梯级利用，具有更高的能量利用效率。

最后，一方面，化学链燃烧方式中燃料不与空气直接接触，空气侧反应不产生燃料型 $NO_x$；另一方面，无火焰的气-固反应温度远低于常规的燃烧温度，因而可控制热力型 $NO_x$ 的生成。因此，化学链燃烧方式限制了 $NO_x$ 的生成，使 $NO_x$ 得到有效的控制。

### 10.2.2　载氧体

载氧体在 2 个反应器中循环，通过在空气反应器的氧化反应为燃料反应器的还原反应提供了所需要的氧；将空气反应器的氧化反应产生的热量传递给燃烧反应器。因此，载氧体的化学及物理性能直接影响着整个化学链燃烧系统的运行，最近对载氧体的研究越来越多。

1）载氧体是由金属氧化物与惰性载体组成的。金属氧化物是真正参与反应传递氧的物质，是载氧体中的活性成分。常见的载氧体有以下几种：金属载氧体有 Fe、Ni、Co、Mn、Cd 等的氧化物；非金属载氧体有 $CaSO_4$。而载体是用来承载金属氧化物并提高化学反应特性的物质。由于高温下纯金属氧化物的反应特性较差，所以一般与其他化合物混合使用，这些化合物并不参与氧化还原反应，称为惰性载体。一方面它们作为金属氧化物的惰性载体，使颗粒具有更高的比表面积，提高机械强度以增强循环性能；另一方面作为热载体，传递和存储热量；还可以减少活性成分的用量。常用的惰性载体包括：$Al_2O_3$、$SiO_2$、$TiO_2$、$ZrO_2$、MgO、YSZ（Yttria-stabilized Zirconia）、海泡石（Sepiolite）、高岭土（Kaolin）、斑脱土（Bentonite）和六价铝酸盐（Hexaaluminate）等。

2）要评价载氧体的好坏，就要有评价标准。化学链燃烧反应过程中，评价载氧体的指标主要有：载氧能力、反应性（即进行还原反应、氧化反应的反应能力）、机械强度（抗破碎能力、磨损能力等）、持续循环能力（即寿命）、能承受的最高反应温度、抗烧结和团聚能力、抗积炭能力等。

a. 载氧率即为在氧的传递过程中可被利用的氧所占的质量分数，计算式为

$$R_0 = \frac{m_{ox}-m_{red}}{m_{ox}} \qquad (10\text{-}4)$$

式中　$R_0$——载氧率；

$m_{ox}$——氧载体完全氧化后的质量；

$m_{red}$——氧载体还原形式的质量。

不同金属氧化物系统及载氧体的载氧率不同，载氧率高有利于减小载氧体的循环速率及床料量，可以降低能耗，是影响化学链燃烧反应器设计的一个重要因素。随着惰性载体质量分数的增加，$R_0$显著下降。相同的载氧体在不同温度下发生的反应可能不同，如对于 Fe 基载氧体，$Fe_2O_3$ 可以还原为 $Fe_3O_4$、$FeO$ 和 $Fe$ 三种不同的产物，由它们算得的载氧率会有数倍差异。

b. 反应性的两个指标为反应的转化率和反应速率。影响反应性的因素有很多，包括载氧体活性成分、选择的载体和载体的制备方法。除此之外，载氧体制备时混合比例不同、煅烧温度不同都可能影响反应性。研究最多的 4 种载氧体按反应性排序为：$NiO>CuO>Fe_2O_3>Mn_2O_3$。

c. 物理性能是指载氧体的抗团聚能力、抗烧结能力、抗磨损和抗破损能力、多次循环后载氧体晶体结构等。破碎强度一般随烧结温度升高而升高，但反应性会降低。

d. 循环反应性是指载氧体经过多次循环反应后氧化还原的反应性，如果载氧体易发生团聚和烧结，或易磨损和破碎，会导致其持续循环能力相对较低。Fe 基载氧体在固定床反应器中于 993K/1073K 时，其寿命超过 $1.8×10^6$ 次循环。

e. 最高氧化反应温度。如果将空气反应器中形成的高温气体送入气体涡轮机，为了达到较高的能量转化效率，一般要求其扩张器进口温度达到 1200℃ 左右。如果空气反应器中温度过高，可能导致载氧体烧结、孔隙率变小和凝聚等，高温有利于增强载氧体的反应性。颗粒的最高温度主要与颗粒尺度、反应速率和外部热阻等相关，而与载氧体孔隙率、活化能、惰性载体类型和金属氧化物含量等的关系要小一些。

f. 载氧体积炭问题。积炭会随载氧体转移到空气反应器中并被氧化为 $CO_2$，导致 $CO_2$ 捕集率降低，燃料转化率降低。同时，积炭会导致载氧体反应性能和寿命降低，使得载氧体物理强度降低。因此，要注意预防积炭。研究表明，燃料气体里 $H_2O$ 和 $CO_2$ 的存在可以在一定程度上阻止碳的沉积，气体中 $H_2O$ 的摩尔分数越大，碳的沉积率越低。

3）载氧体的制备也是研究载氧体的重要内容。载氧体的制备方法主要有：溶胶-凝胶法、机械混合法、喷雾干燥法、共沉淀法、活化剂法、冷冻颗粒化法、浸渍法。研究表明：不同的金属氧化物与不同的载体混合以及不同的混合比例、不同的制备方法都会对载氧体的性能产生较大影响。一般来说，冷冻成粒法和浸渍法是制备载氧体最常用的 2 种方法。

4）载氧体的研究现状见表 10-1。

表 10-1 化学链燃烧中金属载氧体的研究现状

| 研究者（年份） | 载氧体/载体 | Red 气体 | Red 温度/℃ | 设备 | 主要研究内容 |
| --- | --- | --- | --- | --- | --- |
| Ishida，Jin（1994） | NiO/YSZ | $H_2$ | 600 | TGA | 对载气体进行性能测定 |
| Hatanaka（1997） | NiO | $CH_4$ | 400～700 | 固定床 | Ni/NiO 在固定床上的反应性，用气相测生成气体组分 |
| Jin（1998） | NiO-CoO/YSZ | $CH_4$ | 600 | TGA | 复合载氧体特性 |
| Jin，Okamoto（1999） | NiO，CoO，$Fe_2O_3$ 载体 MgO，$NiAl_2O_4$ | $CH_4/H_2O$ | 800，900 | TGA | 抑制积炭 |

（续）

| 研究者（年份） | 载氧体/载体 | Red 气体 | Red 温度/℃ | 设备 | 主要研究内容 |
|---|---|---|---|---|---|
| Jin，Ishida（2001） | NiO，NiO/YSZ，NiO/NiAl$_2$O$_4$ | H$_2$/H$_2$O | 600 | TGA，固定床 | NiO/NiAl$_2$O$_4$是以氢气为燃料的 CLC 中非常适合的材料 |
| Mattisson，Lyngfelt（2001） | Fe$_2$O$_3$/Al$_2$O$_3$ | CH$_4$ | 950 | 固定床 | 载氧体的反应特性 |
| Mattisson（2004） | CuO，NiO，Fe$_2$O$_3$，Mn$_3$O$_4$ | CH$_4$/H$_2$O | 950,850 | 流化床 | 载氧体种类对反应的影响，颗粒团聚特性 |
| 郑瑛等（2006） | CaSO$_4$ | CH$_4$ | 800~1400 | TGA | CaSO$_4$是否可以作为载体 |

从中我们可以得到以下结论：

a. 大多数对载氧体性能的研究采用的还是 TGA（热天平），采用热重分析仪得到不同气氛下载氧体颗粒的失重（与燃料发生还原反应）速率和增重（与氧气发生氧化反应）速率，以此初步评价载氧体的反应性。但为了能更好地研究载氧体的可持续循环能力、抗破碎能力等，就需要搭建固定床和流化床反应器。通过气体分析仪测定气体产物的成分和浓度，以研究详细的化学反应动力学和载氧体的反应性、寿命、碳沉积等。

b. 在化学链燃烧过程中，由于金属及其氧化物的熔点、颗粒机械强度等的限制，反应温度大多低于 900℃。但是为了能够更好地和其他系统（如燃气轮机，余热锅炉等）进行耦合使用，提高燃料利用率，就需要寻找能够适应高温运行的载氧体。

c. 载氧体在还原反应器内发生反应时，还原性气体大部分使用的是 H$_2$、CH$_4$。从我国的能源结构来看，煤炭占主导地位，所以应大力发展煤气化，利用合成气作为化学链燃烧中的还原性气体，实现煤炭的高效、清洁使用。所以，找到适合煤气化合成气的金属载氧体是当务之急。

总之，载氧体的选择和优化是整个化学链燃烧系统的关键技术，载氧体还有待进一步的研究和测评，研究方向主要集中在改进制备工艺、开发综合性能优良的载氧体；开发适合于固体燃料的高性能载氧体（这对于以煤炭为主要能源的中国意义重大）；发展理论模型，描述载氧体/燃料在复杂气氛下，颗粒表面和微孔内部的物理变化、扩散规律和热值交换过程；研究载氧体化学反应性能的衰减规律，以及避免载氧体的中毒；研究非金属载氧体等。

### 10.2.3　化学链燃烧技术及其应用

#### 1. 反应器

2001 年，由 Lyngfelt 等设计成型，由 2 个相互联通的流化床组成的化学链燃烧串行流化床系统，快速床作为空气反应器，鼓泡床作为燃料反应器，如图 10-7 所示。

载氧体在 2 个流化床之间循环，在空气反应器中载氧体被空气氧化，然后经过旋风分离器被传递到燃料反应器，载氧体在其中被还原，燃料则被

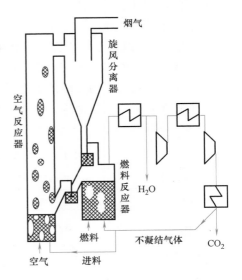

图 10-7　化学链燃烧串行流化床系统示意图

氧化。

2004 年，Lyngfelt 等发表了在 10kW 化学链燃烧反应器原型中的试验结果。在该研究中使用基于 NiO 的载氧体，并以天然气作为燃料，反应系统连续运行了 100h，燃料的转化效率达 99.5%，并且试验过程中没有发现 $CO_2$ 泄漏进入空气反应器。该反应器的优点主要是能够使得气体和固体在提升管中有强烈的混合接触，并且提升管中的气流能够为载氧体在 2 个流化床中的循环提供足够的推动力，保证 2 个流化床之间循环的载氧体能够满足过程的需要。

2005 年，在此基础上，Lyngfelt 等搭建了世界上第一台连续运行的 10kW 化学链燃烧系统（如图 10-8 所示），完成了 100h 连续运行试验，载氧体采用 $NiO/Al_2O_3$，燃料天然气的转化率达 99.5%，无气体泄漏现象，载氧体活性基本不变，载氧体磨损率也很低。该试验的完成标志着化学链燃烧研究的重要进展。最近，Linderholm 等在改进载氧体制备方法的基础上，实现了 160h 连续运行试验。

2005 年，Kronberger B 等人设计了一套热功率为 5～10kW 的化学链燃烧系统（如图 10-9 所示）。在此系统中采用了一个帽子形颗粒分离装置来分离从空气反应

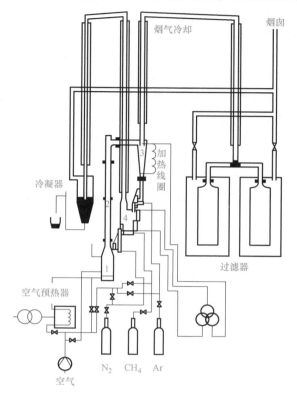

图 10-8　10kW 的化学链燃烧试验装置
1—空气反应器　2—上升管
3—旋风分离器　4—燃料反应器

器出来的气流，该分离装置是基于沉降室原理设计的，目的是为了降低固体流的出口效应，从而可使回落到提升管的颗粒减少，固体流量增加，并且对于给定的固体流量可以减少压降损失。由于速度的降低，颗粒与壁面间的摩擦也会减小，这对于旋风分离器来说是一大优点。另外，由于分离器的压降损失减小，鼓风机的功率也相应减小。但是，这种设计的缺点就是颗粒的分离效果相对较差。对于这个缺点，可以设计较窄的载氧剂颗粒的尺寸范围，减小载氧剂碎屑的含量。

### 2. 固体燃料的化学链燃烧

化学链燃烧技术提出以后，大部分研究的燃料为 CO、$H_2$、$CH_4$ 等气体燃料，对固体燃料的化学链燃烧技术研究很少。但就我国的国情来看，$CH_4$ 和天然气资源不能够完全满足国家电力的长远供给，相比之下蕴藏丰富的煤炭资源则有巨大的吸引力。研究固体燃料如煤、生物质等的化学链燃烧

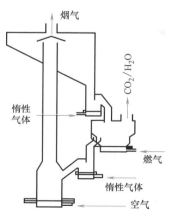

图 10-9　热功率为 5～10kW
的化学链燃烧系统

技术的实现，有利于实现固体燃料特别是煤资源的经济、高效、清洁的利用。基本的途径有以下三种。

第一种途径需要引入一个单独的固体燃料气化过程。这个过程需要用 $O_2$ 或者是 $O_2$+蒸汽气化固体燃料，使其生成气体燃料（主要是 CO 和 $H_2$），然后气体燃料再与载氧体发生还原反应。这种方法的缺点是由于气化过程难度很大并且需要高耗能的空气分离器，气化反应器的布置使系统成本增加。

第二种途径将固体燃料直接引入燃料反应器，燃料的气化以及之后与载氧体的反应在燃料反应器中同时进行。这一途径又有两种不同的实现方案：固体燃料与载氧体进行直接接触反应，以及固体燃料气化后的气体产物与载氧体进行反应。第一种方案的问题是固体-固体混合不充分，反应速率受到限制。第二种方案的问题是固体燃料较低的气化速率限制了燃料的燃烧过程。第二种途径在越来越多的研究中得到应用，并证明了其可行性与优势。

第三种途径称为化学链氧解耦燃烧（CLOU），即载氧体在燃料反应器中释放气相氧与固体燃料燃烧，这个过程主要有以下三步反应：

a. 空气反应器中，载氧体获得气相氧

$$O_2 + Me_xO_{y-2} \longrightarrow Me_xO_y \tag{10-5}$$

b. 燃料反应器中，载氧体释放氧

$$Me_xO_y \longrightarrow O_2 + Me_xO_{y-2} \tag{10-6}$$

c. 燃料反应器中，燃料与气相氧反应

$$C_nH_{2m} + (n+m/2)O_2 \longrightarrow nCO_2 + mH_2O \tag{10-7}$$

这种途径中固体燃料不与载氧体直接反应而无需气化过程，系统所需的载氧体量减少，同时也减小了反应器尺寸和系统成本。CLOU 中要求载氧体在高温下与气相氧的反应是可逆的，既能在燃料反应器中释放气相氧，又能在空气反应器中被氧气氧化，这一点与常规 CLC 中的载氧体要求是不同的。Mattisson 和 Leion 等研究证明了 CLOU 的可行性，并指出 CuO/$Cu_2O$、$Mn_2O_3$/$Mn_3O_4$、$Co_3O_4$/CoO、$CaMn_{0.875}Ti_{0.125}O_3$ 等是 CLOU 合适的载氧体。

固体燃料化学链燃烧技术的实现途径各有优缺点，在研究过程中存在和需要解决的关键问题包括：固体燃料的转化率；燃料反应器内的气体转化率；$CO_2$ 收集率；载氧体特性以及防止颗粒结焦；载氧体颗粒如何从未燃尽的碳和飞灰中分离；防止氧化过程中出现未燃尽碳以及系统的能量分布等。

总的说来，优化与设计适合固体燃料的反应器、寻找高性能载氧体、实现长期运行试验仍将是固体燃料 CLC 今后研究的重点。

目前已经建立的固体燃料的化学链燃烧实验装置主要有以下几种。

Lyngfelt 等人对图 10-8 所示的系统进行了改进，主要对燃料反应器进行改进，并增添 1 个颗粒循环回路。燃烧反应器分为三部分，即低速鼓泡流化区（燃料挥发分析出，燃料气化，产气与载氧体反应）、分离未反应碳区（未反应碳从载氧体颗粒中分离）和高速流化区（载氧体进入空气反应器，未反应 1h），如图 10-10 所示。

东南大学沈来宏等根据置换燃烧（即化学链燃烧）原理，提出了燃煤串行流化床置换燃烧分离 $CO_2$ 方法（如图 10-11 所示），整个反应装置由循环流化床（空气反应器）、旋风分离器以及鼓泡流化床（燃料反应器）串联组成。循环流化床的床料为金属氧化物颗粒，流化介质为空气；鼓泡流化床的床料为金属/金属氧化物颗粒，采用水蒸气流化。从 2 个反应器之间的质量和能量平衡关系角度，对煤置换燃烧的反应机理和热力学特性以及技术参数展开研究，为煤置换燃烧试验研究提供理论指导。

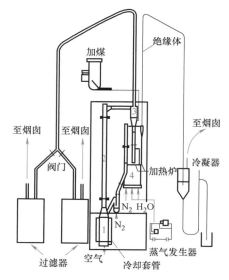

图 10-10　10kW 固体燃料化学链燃烧装置

1—空气反应器　2—上升管
3—旋风分离器　4—燃料反应器

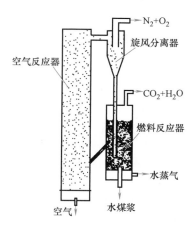

图 10-11　10kW 级串行流化床生物质
化学链燃烧系统示意图

### 3. 化学链燃烧系统

目前，国内外已经有许多学者开展了化学链燃烧系统设计与分析方面的研究，其中关于系统分析方面的研究主要有三个方向。第一，研究与不同的能源系统耦合的可行性，拓展化学链燃烧的应用范围。例如，中国科学院金红光等利用化学链燃烧技术开拓出了第三代能源环境动力系统，该系统在高温段应用化学链燃烧技术，在中、低温段采用高效的空气湿化方法，从而把工程热力学和环境学这两个学科有机地结合起来，提出高效、低污染、新颖的化学链燃烧与空气湿化燃气轮机联合循环（CLSA），使热力系统的研究从热力循环的复合化走向学科领域的复合化。另外，他还提出并探索了低温太阳热能与清洁合成燃料甲醇-三氧化二铁化学链燃烧相结合的控制 $CO_2$ 分离的新能源动力系统，利用图像的分析方法，指出了甲醇化学链燃烧能量释放过程燃烧损失减小和低温太阳热能品味提升的机理。国外的 GE-EER 公司将化学链燃烧与传统的天然气、柴油、煤或生物质水蒸气重整制氢结合起来，从而有效地解决了重整过程热量来源的问题。第二，研究化学链燃烧本身的能量转换效率以及提高整体系统效率的途径。第三，对化学链燃烧系统进行能量分析。如 Anheden 等采用 Grassmann 图（格拉斯曼图）对化学链燃烧系统进行分析，并采用 Aspen Plus 对其进行仿真。O. Bolland 等对 GT-CLC 系统的分析表明，不可逆损失的减少将使化学链燃烧系统的最优效率达到 55.9%。Wolf 等则利用 Aspen Plus 软件进行了化学链燃烧系统的过程模拟和化学平衡计算，认为 NGCC-CLC 系统有望达到 52%~53% 的热效率，氢/电/热三联产的扩展使化学链燃烧系统有望达到 50% 的热效率。

总体上讲，作为第二代的富氧燃烧，化学链燃烧具有无需空气分离制氧设备、二氧化碳富集深度高以及可以与其他系统结合形成能源梯级利用等优点，并得到了重视，但该技术还存在系统复杂、载氧体寿命等问题，目前也是燃烧技术的研究热点之一。

## 10.3 催化燃烧

催化燃烧是指石油、煤、天然气等燃料在催化剂的作用下可在低温下进行完全氧化燃烧。与传统燃烧相比，催化燃烧具有提高燃烧效率、减少 $NO_x$ 排放、有较大氧浓度适用范围、无二次污染的优点，且燃烧缓和，运转费用少，噪声低。因此，催化燃烧不但可以使燃料得到充分利用，而且是一种环境友好的燃烧方式，所以催化燃烧技术得到了越来越多的重视。

### 10.3.1 催化作用机理

#### 10.3.1.1 催化反应及其机理

化学反应速率不仅取决于反应物的性质及其所处的外界条件（如压力、温度及容器体积等），而且还与加入反应混合物的一些其他物质有关。有些物质能够增大化学反应速率，而它本身的化学组成和数量在反应前后并未改变，这种物质称为催化剂。

催化反应可以分为单相催化和多相催化，催化剂与反应物都在一个相里为单相催化，或称为均相催化；若催化剂与反应物处于不同的物相时发生的催化则称为多相催化，或称为非均相催化。多相催化中气-固相催化应用最广，而催化燃烧是一种典型的气-固相催化反应。化学反应的发生，主要是化学键的断裂和形成过程，要实现这个过程，反应物分子就必须要获得活化能。催化剂的作用就是降低反应的活化能。在催化燃烧过程中，由于活化能的降低，使燃料在较低的起燃温度 $200 \sim 300℃$ 下进行无焰燃烧，同时反应物分子富集在固体催化剂表面，提高了反应速率，产生 $CO_2$ 和 $H_2O$ 并释放大量热量。

加入催化剂可以使反应加快，其主要原因是催化剂与反应物生成不稳定的中间产物，使化学反应沿着一条活化能较低的途径进行，从而降低了表观活化能，或增大了表观频率因子。

假设催化剂 K 能加速反应 $A+B \rightarrow AB$，其机理可表示为

$$A+K \underset{k_2}{\overset{k_1}{\rightleftharpoons}} AK \tag{10-8}$$

$$AK+B \xrightarrow{k_3} AB+K \tag{10-9}$$

如果第一个反应达到平衡，则

$$\frac{k_1}{k_2} = K_C = \frac{C_{AK}}{C_A C_K} \tag{10-10}$$

总反应速率为

$$\frac{dC_{AB}}{dt} = k_3 C_{AK} C_B = k_3 \frac{k_1}{k_2} C_K C_A C_B = k C_A C_B \tag{10-11}$$

将上式中各个基元反应的速率常数 $k_i$ 用阿雷尼乌斯公式表示，则有

$$k = k_{03} \frac{k_{01}}{k_{02}} C_K \exp\left(\frac{E_1 - E_2 + E_3}{RT}\right) = k_0 C_K \exp\left(\frac{E}{RT}\right) \tag{10-12}$$

式中　$k_0$、$k_{01}$、$k_{02}$、$k_{03}$——表观频率因子，$k_0 = k_{01}k_{03}/k_{02}$；

　　　　$E$、$E_1$、$E_2$、$E_3$——表观活化能，$E = E_1 - E_2 + E_3$。

上述机理可用活化能变化示意图表示。在图10-12中，非催化反应要克服一个高活化能 $E_0$ 的能峰，在催化剂 K 的作用下，反应途径改变，只需要克服两个小能峰，这两个小能峰的总表观活化能 $E$ 为 $E_1$、$E_2$ 和 $E_3$ 的代数和，可见催化反应的表观活化能 $E$ 要小于非催化反应的活化能 $E_0$，这就是说催化剂可改变反应途径，降低活化能，从而加快了化学反应速率。

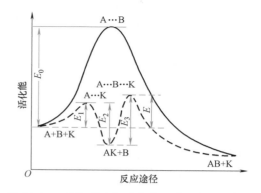

图 10-12　催化反应与非催化反应活化能的变化

### 10.3.1.2　催化燃烧的物理化学过程

催化燃烧的实质是空气中的氧气被催化剂中的活性组分所活化，降低了活化能，当活性氧与反应物分子接触时发生了能量的传递，反应物分子随之被活化，从而加快了氧化反应的速率。催化燃烧一般需经以下步骤：

1）反应物分子由气相扩散到催化剂表面；

2）反应物分子从催化剂外表面通过微孔向催化剂内表面扩散；

3）反应物分子被催化剂表面化学吸附；

4）被活化的吸附物与另一种活化的吸附物或物理吸附物或直接来自气相之间的反应物在催化剂表面进行化学反应；

5）反应产物从催化剂表面上脱附；

6）燃烧产物从催化剂表面向空间扩散。

其中1）、2）、6）三个步骤完全是物理扩散过程，通常称通过边界层的扩散为外扩散，而在催化剂内部微孔内的扩散则称为内扩散。其余三个步骤都是与表面化学反应有关的，因而统称为化学动力学过程。上述六个步骤对于单个反应分子来说是依次进行的，在催化剂外表面上发生化学反应的分子则没有内扩散过程。而从整个反应过程来说，这六个步骤就如运行链上的各个环节，是同时进行的。整个过程的反应速度，视各个步骤阻力的大小，由其中阻力最大的一步所决定。阻力最大的一步就称为控制步骤。因而在整个传质过程中控制步骤所需的推动力最大，整个过程的推动力几乎都用来克服它的阻力。对于给定的反应方式和催化剂，速率控制步骤随反应温度、流速、气体组成及催化剂的几何形态变化而不同。研究表明，多数工业气相反应总速率都受催化剂内扩散或催化剂与流体之间的传热速率所控制。但是在低温起始反应时，催化剂无疑起了关键作用。

## 10.3.2　催化剂

### 10.3.2.1　催化剂的组成

燃烧催化剂的结构如图10-13所示。

由图可以看出，与一般的催化剂一样，燃烧催化剂主要由催化剂活性组分、助催化剂和载体三部分构成。催化剂活性组分是催化剂中起主要作用的部分，但并不是所有的活性组分都在催化反应中起作用，反应只是发生在催化剂的特定部位上。这样的部位称为活性位或活性中心（Active Site）。助催化剂是以各种浓度加入的非活性组分，目的在于改善催化剂的催化性能。载体（Support）是活性组分的基底或黏合剂，它在催化剂中的主要作用有：1）改善催化剂的强度；2）改善导热和热稳定性；3）增大活性组分表面积和提供适宜的孔道结构；4）减少催化剂用量；5）为提供活性中心做出贡献；6）与活性组分发生强相互作用。

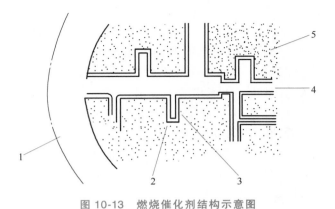

图 10-13　燃烧催化剂结构示意图
1—物料气膜层　2—助催化剂　3—活性组分　4—孔道　5—载体

#### 10.3.2.2　催化剂的性能指标

在工业生产和实验室中，对催化剂的主要评价指标是催化活性、选择性和稳定性。一个好的催化剂必须具备高活性、高选择性和高稳定性才能符合工业实用催化剂的要求。

**1. 催化活性**

催化活性（Catalytic Activity）可以反映转化反应物能力的大小，转化反应物的能力大，则活性高；反之，则活性就低。表示催化活性最常用的指标是转化率 $x$，它可定义为

$$x = \frac{\text{反应物转化量}}{\text{引入体系的反应物总量}} \times 100\% \tag{10-13}$$

此外，还可用达到相同转化率所需的温度高低来表示催化活性的大小，如达到某一转化率所需的最低反应温度高，表明催化剂的活性低，反之，则活性高。

**2. 选择性**

选择性（Selectivity）定义为

$$S = \frac{\text{所得目的产物的物质的量}}{\text{已转化的某一反应物的物质的量}} \times 100\% \tag{10-14}$$

从某种意义上说，选择性比催化活性更为重要。在催化活性和选择性之间取舍时，往往要考虑原料的价格、产物分离的难易等。

如果反应中有物质的量的变化，则必须加以系数校正，例如，有反应

$$a\text{A} + b\text{B} \longrightarrow e\text{E} + f\text{F} \tag{10-15}$$

则

$$S_E = \frac{M_E/e}{(M_{A0} - M_A)/a} \times 100\% = \frac{aM_E}{e(M_{A0} - M_A)} \times 100\% \tag{10-16}$$

**3. 稳定性**

催化剂的稳定性（Stability）通常是用寿命来表示，寿命是指在维持工业要求的良好活性和选择性条件下催化剂的使用时间。通常其使用时间长，说明其稳定性好；反之，则稳定性差。此外，在一定的反应条件下，催化反应的转化率常常随着反应运行的时间延长而逐渐下降，此现象称为催化剂失活（Deactivation），导致催化剂丧失活性的原因有很多，主要有结焦、金属污染、毒物吸附、烧结、结污等。

### 10.3.2.3 催化剂的制备方法

**1. 浸渍法**

浸渍法（Impregnation）通常是将载体浸入可溶性而又易于分解的盐溶液（如硝酸盐、醋酸盐或铵盐）中进行浸渍，然后进行干燥和焙烧。由于盐类的分解和还原，沉积在载体上的就是催化剂的活性组分。

**2. 沉淀法**

沉淀法（Depositing）借助于沉淀反应，用沉淀剂将可溶性的催化剂组分转变为难溶化合物，经过分离、洗涤、干燥和焙烧成型或还原等步骤制成催化剂。这也是常用于制备高含量非贵金属、金属氧化物、金属盐催化剂的一种方法。共沉淀法是催化剂所需的两个或两个以上的组分同时沉淀的一种方法，可以一次同时获得几个活性组分且分布较为均匀。为了避免各个组分的分步沉淀，各金属盐的浓度、沉淀剂的浓度、介质的 pH 值以及其他条件必须同时满足各个组分一起沉淀的要求。为得到更加均匀的催化剂还可采用均匀沉淀法，该方法首先将沉淀的溶液与沉淀剂母体充分混合，形成一个均匀的体系，然后调节温度，逐渐升高 pH 值或在体系中逐渐生成沉淀剂，创造形成沉淀的条件，使沉淀作用缓慢地进行。

**3. 混合法**

混合法（Mixing）是将一定比例的各组分配成浆料后成型干燥，再经活化处理制成催化剂。

催化剂的制备除了以上方法外，还有沥滤法、热熔融法、电解法和离子交换法等。

### 10.3.2.4 催化燃烧中使用的催化剂

催化燃烧对催化剂的基本要求是：既能抑制烧结、保持活性物质具有较大的比表面积及良好的热稳定性，又要具有一定的活性，可起到催化剂活性组分的作用。这两个要求在某种程度上是相互矛盾的，很难同时满足。另外，还需有好的力学性能以及对燃料中所含的毒素有良好的耐腐蚀性。

目前国内外主要研究的催化剂基本上有两大类：一类为贵金属催化剂；另一类为非金属催化剂，主要集中在过渡金属氧化物催化剂和复氧化物催化剂（钙钛矿型复氧化物和尖晶石型复氧化物）。

**1. 贵金属催化剂**

Pt、Ru 等贵金属对烃类及其衍生物的氧化都具有很高的催化活性和抗中毒能力，使用寿命长，适用范围广，易于回收，因而是最常用的废气燃烧催化剂。但由于其资源稀少，价格昂贵，加上热稳定性相对较差，在高温下会发生烧结，导致催化剂活性降低，使其应用受到一定限制。因此，人们一直在努力寻找替代品，尽量减少其用量。目前一般不把贵金属催化剂直接用于高温催化，而是用于催化燃烧的起燃阶段，作为点火器使用；或者用于低温或中温燃烧装置，如无焰加热器、催化炉、尾气净化器。

**2. 非金属催化剂**

（1）过渡金属氧化物催化剂　要取代贵金属催化剂，可采用氧化性较强的金属氧化物，此种催化剂对 $CH_4$ 等烃类和 CO 亦具有较高的活性，同时催化剂原料便宜又易得到，还可抑制 $NO_x$ 的生成，催化活性接近贵金属，热稳定性更高，有望在将来部分甚至完全取代贵金属催化剂。

（2）复氧化物催化剂　一般认为，复氧化物之间由于存在结构或电子调变等相互作用，活性比相应的单一氧化物要高，主要有钙钛矿型复氧化物和尖晶石型复氧化物。此类催化剂具有价格便宜、原料易得、耐高温性能好等优势，特别是高温下具有较好的稳定性。因此，在天然气高温催化燃烧应用方面具有良好的发展前景。

### 10.3.3　催化燃烧技术及其应用

催化燃烧技术是由美国的 Pfefferle 在 20 世纪 70 年代提出的，随后又做了大量的研究工作。目前催化燃烧研究主要集中在气体燃料、液体燃料和纯碳的燃烧中，对于复杂多元的煤则研究得较少。催化燃烧按温度范围可以分成低温、中温及高温催化燃烧，低温催化燃烧典型的是防止一氧化碳中毒的呼吸器（防毒面具），中温催化燃烧可用于控制氮氧化物的生成，高温催化燃烧主要应用于高效燃烧。下面介绍几种典型的催化燃烧技术。

#### 10.3.3.1　有机废气催化燃烧技术

有机废气是石油化工、轻工、塑料、印刷、涂料等行业的常见排放污染物，有机废气中常含有烃类化合物，含氧有机化合物，含氮、硫、卤素及含磷有机化合物等。如果对这些废气不加处理、直接排入大气，将会对环境造成严重污染，危害人体健康。传统的有机废气净化方法包括吸附法、冷凝法和直接燃烧法等，这些方法常容易产生二次污染、能耗大、易受有机废气浓度和温度限制等缺点。而催化燃烧技术则为有机废气的处理提供了一条有效的途径。

在利用催化燃烧处理有机废气的工艺中，根据废气预热方式及富集方式，可以将其分为三种：

**1. 预热式**

预热式催化燃烧流程如图 10-14 所示，这是催化燃烧的最基本流程形式。有机废气温度在 100℃ 以下，浓度也较低，热量不能自给，因此在进入反应器前需要在预热室加热升温。燃烧净化后气体在热交换器内与未处理废气进行热交换，以回收部分热量。该工艺通常采用煤气或电加热升温至催化反应所需的起燃温度。

**2. 自身热平衡式**

当有机废气排出温度高于起燃温度（在 300℃ 左右）且有机物含量较高时，热交换器回收部分净化气体所产生的热量，在正常操作下能够维持热平衡，无需补充热量，通常只需要在催化燃烧反应器中设置电加热器供起燃时使用，如图 10-15 所示。

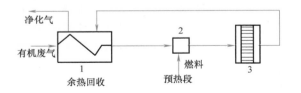

图 10-14　预热式催化燃烧流程
1—热交换器　2—燃烧室　3—催化反应器

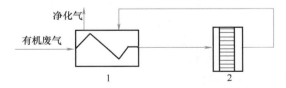

图 10-15　自身热平衡催化燃烧流程
1—热交换器　2—催化燃烧室

**3. 吸附-催化燃烧**

当有机废气的流量大、浓度低、温度低，采用催化燃烧需消耗大量燃料时，可先采用吸附手段将有机废气吸附于吸附剂上进行浓缩，然后通过热空气吹扫，使有机废气脱附成为浓缩了的高浓度有机废气（可浓缩 10 倍以上），再进行催化燃烧。此时，不需要补充热量，就可维持正常运行，如图 10-16 所示。

对有机废气催化燃烧工艺的选择主要取决于燃烧过程的放热量、起燃温度和热量回收率等。当回收热量超过预热所需热量时，可实现自身热平衡运转，无需外界补充热源，这是最经济的。

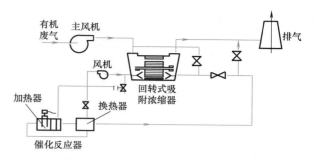

图 10-16　吸附-催化燃烧工艺流程

### 10.3.3.2　汽车尾气的催化燃烧

随着国民经济的迅速发展，汽车数量也大大增加，汽车尾气排放对大气污染的影响也越来越大。控制这种污染源的主要措施是改善发动机的燃烧工况和尾气净化。

为了净化尾气，使尾气中的 CO 及 HC 能利用尾气中剩余的空气在较低的温度（约 300℃）下以较高的反应速率进行氧化反应，可采用氧化催化反应器。常用的催化反应器如图 10-17 所示，它是在氧化铝等的颗粒状或蜂窝状载体中充填铂、钯等贵金属或铜、镍、铬以及这些金属合金的催化剂，在催化剂作用时可促使 CO 及 HC 在较低的温度下被氧化。当催化反应开始后，因氧化反应放热，催化剂便自动保持较高的温度，使 CO 及 HC 的氧化过程能正常进行。

由于氧化催化剂不能使 $NO_x$ 减少，因此为了对尾气中的 CO、HC 及 $NO_x$ 进行综合处理，三元催化反应器是一种理想的净化装置，除了具有上述的氧化作用外，还同时具有还原功能。在三元催化反应器中，

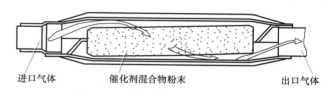

图 10-17　常用的催化反应器示意图

在氧化铝等的颗粒状或蜂窝状载体中充填铂-铑系催化剂，在催化剂作用下，利用其中的 CO、HC 与 $H_2$ 作为还原剂将 NO 还原为 $N_2$。

对于柴油机排气处理，开发能够同时去除 CO、HC、$NO_x$ 和微粒的四元催化体系的四元催化剂将是比较有前途的柴油车排气后处理技术。

目前内燃机特别是汽油机的发展目标是，既要增加动力，又要降低油耗，同时还要减少有害物质排放。采用催化剂进行废气后处理，虽然可以进一步减少有害气体的排放量，却不能降低油耗。在内燃机燃烧室表面涂催化剂，可使燃烧的物理、化学过程加快，从而提高燃烧速度和燃烧效率，实现稀薄燃烧，同时也可降低燃烧产物中的有害成分。

### 10.3.3.3　煤的催化燃烧

煤的燃烧过程包括挥发分析出、燃烧及焦炭燃烧，焦炭燃烧时间占全部煤的燃烧时间的 90%，因此煤的催化燃烧可分成挥发分和固定碳催化燃烧两部分，其中焦炭催化燃烧占有重要地位。

煤的催化燃烧是指在煤中加入适当的催化剂，如碱金属盐和碱土金属盐（$K_2CO_3$、$Na_2CO_3$、$CaCO_3$）、过渡金属化合物（$CuO$、$ZnCl_2$、$CuSO_4$、$ZnO$）等，使煤的燃烧状况改变，火焰稳定，并提高效率。国内外的研究者对此进行了研究，认为煤催化燃烧的机理是：碱金属盐催化剂在煤的催化燃烧过程中使煤的活化能降低，将有利于煤的热解，可以加速挥

发分的析出，提高挥发分产量，改变了挥发分的组分，使 $H_2$ 的含量提高；缩短了挥发分着火时间，降低了其着火温度，促进燃烧，缩短其燃烧时间，降低了煤的气相着火温度；破坏碳环或碳链，有利于煤的燃烧。同时催化剂还充当了氧的活化载体，促进氧的扩散率，使固定碳着火温度降低，从而促进煤的燃烧。

因此，采用催化燃烧技术可以促进劣质煤替代优质煤，减少高耗能行业（如水泥行业）的能耗，同时由于大大减少了 $CO$、$SO_2$ 和 $NO_x$ 的排放，因而同时具有显著的环保效益。

## 10.4 超焓燃烧

### 10.4.1 超焓燃烧的概念

绝热燃烧是指无论在稳定燃烧还是间歇燃烧过程中没有热量损失的理想燃烧。绝热燃烧可达到的燃烧气体的温度称为理论燃烧温度，又称绝热火焰温度，它是在指定的初始温度和压力下，封闭系统中给定的可燃混合物通过等压、绝热过程而达到化学平衡后的系统温度，是表征燃料燃烧的重要参数。

超焓指的是在原有混合气所具有的焓值基础上又添加了部分焓值之后的状态。超焓燃烧是将燃烧产生的热能及排放的高温余热实现热反馈，用于预热反应区上游的预混合气，从而达到增强燃烧反应的目的。在忽略对外热损失的情况下，火焰温度远高于未经预热的混合气状态相应的绝热火焰温度，因此，超焓燃烧又称为超绝热燃烧。

超焓燃烧概念图如图 10-18 所示，自由空间燃烧系统（虚线）由于存在热量损失，温度很难达到绝热火焰温度，烟气温度较高，难以实现烟气余热的回收；超焓燃烧系统通过热量回流加热新鲜预混气体，热量损失大大降低，使燃烧过程所具有的热量超过了燃气本身燃烧所放出的热量，并降低了排烟温度。

与传统自由燃烧相比，超焓燃烧在燃烧速度、节能环保以及污染物控制等方面具有很大的优势，由于超焓燃烧是一种与导热、对流以及辐射耦合在一起的复杂换热，几十年来国内外学者不断对其研究。超焓燃烧的想法在 40 多年前便由 Alfred Egerton 提出，后来 Weinberg 和 Fateev 又重申了该想法，即如果用燃烧产生的热量预热反应物，系统中的燃烧温度会高于理论上的绝热温度。

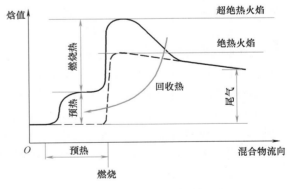

图 10-18 超焓燃烧概念图

英国帝国理工学院的 Weinberg 等人给出了超焓燃烧的概念，并通过理论分析和实验研究证明了超焓燃烧实现的可能性，即热量如果能从热的产物循环回冷的反应物流中，超焓燃烧就有可能实现。

如果给出了能量的增加值，那么最终温度 $T_f$ 可以从下式计算得出，即

$$\int_{T_0}^{T_f} C_p \mathrm{d}T = Q_c + Q_a = H_f - H_0 \tag{10-17}$$

式中   $T_0$——初始温度;

    $T_f$——最终温度;

    $Q_c$——化学能转换释放的热量;

    $Q_a$——增加的能量;

    $H_0$——初始阶段的焓值;

    $H_f$——最终阶段的焓值。

  燃料燃烧产生的热能又进入燃烧过程实现循环,来增加燃烧温度,从而使得反应区的焓值高于传统燃烧水平,因此提出了"超焓燃烧"这一概念。但当时为了产生"超焓",使用的是体积复杂庞大的热交换器,即早期的蓄热燃烧技术。热量在反应区外进行循环,燃烧温度有所提高,但火焰结构并未改变。

  在传统的燃烧装置中,常把火焰温度和燃料的热值以及初始燃料/空气混合比联系起来。若给定混合物质量,则可知最终绝热火焰温度,计算公式为

$$\int_{T_i}^{T_b} C_p \mathrm{d}T = H_b - H_i = Q_c \tag{10-18}$$

式中   下标 $i$ 和 $b$——分别为初始状态以及燃烧状态,后者等同于 $T_m$(最大温度)以及 $T_f$
       (最终温度);

    $Q_c$——燃烧热;

    $C_p$——在恒压下的比热容。在不添加额外能量的情况下,为了达到更高的最
      大火焰温度 $T_m$,可以通过逆流式热交换器或采用辐射反馈将一部分产
      物的焓循环回到未燃烧气体,如图 10-19 所示。

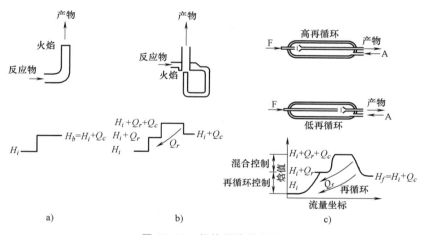

图 10-19 超焓燃烧的原理

  图 10-19a、b 和 c 中燃烧器的一个共同特征是 $H_f = H_i + Q_c$(等于图 10-19a 中的 $H_b$),因为在稳定状态并且没有热损失的情况下,出口焓必须对应于总能量输入。由于主要目的是将燃烧能量的输入达到最低值,因此为了接下来的研究,可以放宽零热损失的条件。考虑到热量损失时,Weinberg 等人提出了如图 10-20 所示的理论模型,其中 $Q_L$ 代表热量损失,$Q_r$ 代表再循环至反应物的热量。

  Weinberg 等人的研究具体证明了超焓燃烧在拓宽可燃极限、提高燃烧速度、抑制污染

物生成以及节约燃料等方面的积极意义。

随后，Takeno T 和 Sato K 等人提出了一种更简单直接的方法，即通过将高热导率的多孔固体插入一维火焰区，改变火焰内部结构来产生超焓火焰，采用的火焰模型示意图如图 10-21 所示。

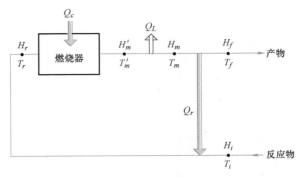

图 10-20　超焓燃烧的理论模型

热量从下游高温区域通过固体内部再循环至上游低温区域，并且在初始反应区域产生大量焓，为产生超焓火焰提供了必要的能量反馈。如果固体的热导率足够高（像普通金属那样），则热量会穿过火焰区域内部的固体从下游高温区域循环到上游低温区域。这样就会在上游低温区域产生过量的焓，可能会带来有利的火焰特性。产生的过量焓可以通过固体的孔隙率以改变固体和气体之间的传热系数来控制。固体材料的温度限制可能并不重要，因为最终的燃烧气体温度可以通过降低混合物的焓而得以降低。Takeno T 和 Sato K 等人在简化的一维火焰理论的基础上分析了火焰的几个比较显著的特征，有希望在简单的燃烧系统中燃烧低热量的混合物。

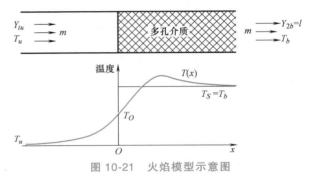

图 10-21　火焰模型示意图

Takeno T 和 Sato K 等人的结论如下：

1）随着质量流率的增加，多孔介质中火焰特性更加复杂，但可实现超焓燃烧，火焰的区域更加集中。

2）排放物如 $NO_x$ 等生成量很少，因为其在高温区的停留时间短。

3）超焓量有极限值，在更复杂的模型中会出现，多孔介质的孔隙率对火焰结构影响很大。

4）可燃性极限的考虑（散热损失的影响）。

5）未包括异相化学反应。

6）指出了如何减小多孔介质反应器的热损失是重点。

目前国外对于多孔介质超焓燃烧理论研究主要是基于 DOM 法（离散坐标法）的带有辐射的二维多孔介质热传输特性，而国内对于多孔介质超焓燃烧的研究起步较晚。近年来，国内学者们不断意识到超焓燃烧的节能环保作用，并逐渐发现其广阔应用前景，因此国内关于超焓燃烧的研究也掀起了热潮。电子科技大学王关晴以及浙江大学程乐鸣等人对稀薄低热值气体在往复式热循环多孔介质燃烧系统的超焓燃烧特性进行了研究。往复式热循环多孔介质燃烧系统如图 10-22 所示。在模型验证的基础上，他们阐明了系统超焓燃烧的产生机理，着重指出超焓燃烧在燃气热值较低（$H_0 < 3.48$）时才能产生，且随着燃气热值降低，超焓现象越发明显。稳定燃烧时，燃烧效率受各参数影响相对较小，基本保持在非常高的水平，验证了多孔介质燃烧的高效性。

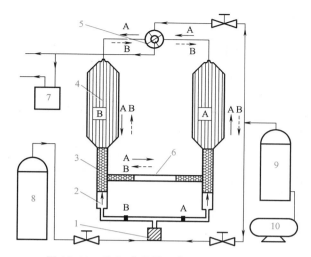

图10-22 往复式热循环多孔介质燃烧系统

1—预混室 2—风室 3—多孔介质燃烧器 4—多孔介质蓄热器 5—换向控制阀 6—中间横管
7—烟气储罐 8—天然气储罐 9—空气罐 10—空压机

### 10.4.2 超焓过程的实现

Weinberg在提出"超焓火焰"概念之后指出，无需借助于外部热源，只需要采用常规的工业炉窑燃烧所使用的热的再循环，就可以维持超稀薄混合气的稳定燃烧。热的再循环成功与否取决于换热方法是否合适以及燃烧装置的热损失是否很低。换热方法主要分间接（外部）热的再循环以及直接（内部）热的再循环两类。

#### 1. 间接（外部）热的再循环

间接（外部）热的再循环在本质上不会改变火焰结构，热量会在火焰区外进行循环，该换热方法又可以分为两种，一种是以热传导为主的方法，另一种是以热辐射为主的方法。辐射换热的方法主要是在燃烧室中安装多孔性固体壁，将流过固体壁的烟气显热高效地转换为辐射热，用来预热未燃的混合气，实现超焓燃烧。这种利用热的再循环的燃烧方式扩大了混合气的可燃界限，除了点火以外，不需要额外热源，最终的排烟温度比较低。日本学者吸收了Weinberg的思想，对多孔性固体壁的传热和蓄热性能、热的再循环促进燃烧过程的机理以及在工业炉窑上的应用等进行了研究。其研究成果使得日本工业界在工业炉窑的节能降耗、低品位低热值燃料的燃烧以及新能源开发方面取得了进步。

#### 2. 直接（内部）热的再循环

直接（内部）热的再循环指的是在火焰区中插入高热导率的多孔金属，使得热量能够从烟气侧直接传导到未燃气侧，提高了层流火焰速率，改变了火焰内部结构，从而形成"超焓火焰"。该换热方法典型的燃烧器是多孔材料燃烧器，特点是燃烧区向预混气体进行热量反馈，如图10-23所示。对预混气进行预热来稳定火焰，燃烧区经过热传导以及辐射把热量传递给预热区多孔体，从而使得预热区升温，提高层流火焰速率，实现高的容积释热率和有效火焰速率（湍流火焰是层流火焰的叠加）。当预混气流经过预热区时，通过对流加热，即预混气流经预热区的过程就是气流预热的过程。预混气预热后进入燃烧区，一边流动一边燃烧，完成化学反应以及能量的释放。相比于自由空间的燃烧，该燃烧方式具有高热效率、高燃烧效率、高贫燃极限（低热值燃料可以燃烧）、均匀的燃烧温度、较大的燃烧当量比以及极低的污染物排放等优势。

在超焓燃烧产生机理以及实现方式上，浙江大学分析了超焓燃烧的产生机理，并对低热值稀薄气体超焓燃烧特性进行了研究，认为多孔介质自身导热和辐射，二次风逆向流动将燃烧器区域中的热量不断向燃烧区上游传递，预热新鲜燃气，成为系统产生超焓燃烧的重要条件。

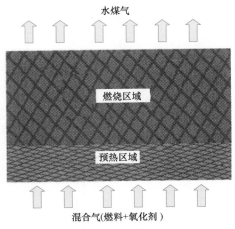

图 10-23　多孔材料燃烧器的工作原理

### 10.4.3　超焓燃烧技术及应用

与传统的本生灯式燃烧相比，超焓燃烧具有很多优势：高热效率、高燃烧速度、高贫燃极限、高辐射输出、均匀燃烧温度、低污染物的排放、较大的燃烧当量比等。具体如下：

1）减小了排烟热损失。显而易见，超焓燃烧中进行了烟气再循环，与预混气换热，从而降低了排烟温度，提高了热效率。

2）高燃烧速度。由于预混气经过了预热，所以燃烧速度大大加快，且燃烧稳定性极好。

3）高贫焰极限，即低热值燃料可燃烧。如垃圾或低浓度煤层气燃烧发电，由于经过预热，低热值燃料更容易点火燃烧，可利用率大大提高。

4）均匀的燃烧温度。由于超焓燃烧具有很强的辐射输出，有利于温度场的均一，温度场的均一对锅炉的稳定运行具有极其重要的作用，还有利于后期的尾气处理。

5）较大的燃烧当量比，平均温度高，燃烧速度快，气流速度较大，烟气在炉内停留时间短，因此较常规燃烧 $NO_x$ 生成量会极大降低。

由于以上优势，超焓燃烧具有很好的经济效益和社会效益，因此得到了广泛的应用。

#### 1. 在高温空气燃烧技术上的应用

高温空气燃烧技术（High Temperature Air Combustion，HTAC）是蓄热燃烧技术的完善，达到节能和低 $NO_x$ 排放的目的，在冶金、建材等领域得到了广泛应用。HTAC 能够最大限度地回收废气的余热，将助燃空气预热到较高的温度，达到燃料自燃点以上，扩大燃料的可燃范围。利用燃烧烟气回流等措施降低燃烧区的含氧体积浓度，使燃料在低氧气氛下仍可保证稳定燃烧。高温与低氧是两个不可分割的重要条件，是实现高温空气燃烧的前提。高温条件扩展了可燃范围，保证了稳定燃烧；低氧条件则抑制了高温燃烧带来的高 $NO_x$ 生成量。图10-24 所示为高温空气燃烧系统示意图，在燃烧后的烟气通道上放置陶瓷蓄热体，不改变火焰结构，该系统由成对的烧嘴和蓄热体组成。烧嘴 A 燃烧时，B 侧做排烟装置，高温烟气流过的时候，将废气中的显热转变成蓄热体的辐射能，换向后，冷空气从 B 侧进入，蓄热体中的辐射能传递给冷空气，冷空气被预热后与燃料混合燃烧，循环将绝大多数烟气余热回收，从而实现超焓燃烧。

### 2. 在多孔介质燃烧上的应用

多孔介质预混燃烧机理如图 10-25 所示。燃烧时，放出的热量以对流和少量气体辐射的方式传递给多孔介质基体，位于燃烧区域的多孔介质通过本身导热和辐射将热量向上游区域传递，加热未燃烧燃气，形成热回流；位于燃烧区域下游的多孔介质通过本身的蓄热能力吸收烟气中的余热。

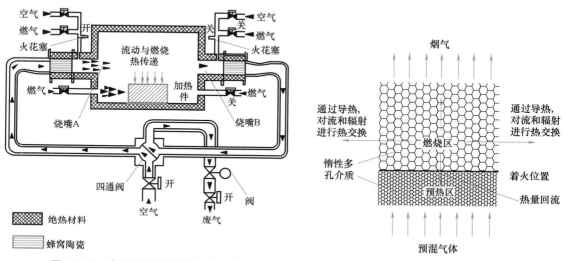

图 10-24　高温空气燃烧系统示意图

图 10-25　多孔介质预混燃烧机理

多孔介质燃烧技术作为一种新型燃烧技术，与传统自由空间燃烧相比，是一种完全不同的、独特新颖的燃烧方式，是预混气体燃料在既耐高温、又具有良好导热和辐射性能的多孔介质中燃烧的方式，其优点主要有以下几个方面：①燃烧区域拓宽，温度分布均匀；②燃烧强度高，拓展贫燃极限；③燃烧速度和效率高，污染物排放低；④载荷调节比大，稳定性强；⑤体积小，结构紧凑。

多孔介质燃烧又分为单向燃烧和往复式燃烧两种：单向燃烧预混气体流动方向始终相同，燃烧器结构简单，控制操作简捷，设备体积小；往复式燃烧预混气体流动方向周期性改变，预热效果更好，能源利用效率更高，高温区域分布更广，贫燃极限进一步拓宽，但是需要更复杂的自动控制系统。

图 10-26 所示为往复式多孔介质燃烧原理图，实线为前半周期内燃气的流动方向，虚线则代表后半周期内燃气的流动方向。每过半个周期，预混气进出燃烧室的方向互换一次，预热区和余热回收区也会互换，这样可以充分回收烟气余热，最大限度地利用上半周期多孔介质存储的热量来预热新鲜燃气。

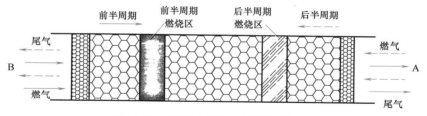

图 10-26　往复式多孔介质燃烧原理图

往复式多孔介质燃烧技术与常规多孔介质燃烧技术相比，具有以下优势：燃烧区域拓宽，温度分布更加均匀；相对消除燃烧波传播现象；进一步拓宽贫燃极限。

## 思考题与习题

10-1　什么是富氧燃烧？富氧燃烧的特点有哪些？

10-2　请简述电站锅炉富氧燃烧的主要流程。

10-3　空气分离制氧技术有哪些？各自的优缺点有哪些？请分别说明。

10-4　与常规空气燃烧相比，富氧燃烧的炉内辐射换热特性有哪些？

10-5　化学链燃烧与传统燃烧方式相比都有哪些特点，请简述之。

10-6　化学链燃烧方式中载氧体的评价指标有哪些？

10-7　载氧体的制备方法有哪些？其中最常用的方法是哪几种？

10-8　请简要说明固体燃料的化学链燃烧技术都有哪些。

10-9　请简述催化燃烧的燃烧过程。

10-10　对于催化剂而言，催化剂载体的作用都有哪些？

10-11　催化剂都有哪些性能考核指标？请列举之。

10-12　催化剂的制备方法都有哪些？请说明。

10-13　请简述什么是超焓燃烧。

10-14　请列举超焓燃烧都有哪些优点。

10-15　请简述超焓燃烧有哪些优点。

10-16　请分别简述什么是间接（外部）热的再循环和直接（内部）热的再循环。

# 附 录

## 附录 A　17 种反应及其标准平衡常数

（1）$SO_2 + \dfrac{1}{2}O_2 = SO_3$ 　　　　　　（2）$\dfrac{1}{2}O_2 + \dfrac{1}{2}N_2 = NO$

（3）$\dfrac{1}{2}O_2 = O$ 　　　　　　　　　　（4）$\dfrac{1}{2}H_2 = H$

（5）$\dfrac{1}{2}N_2 + \dfrac{3}{2}H_2 = NH_3$ 　　　　　（6）$\dfrac{1}{2}N_2 = N$

（7）$NO = N + O$ 　　　　　　　　　　（8）$H_2O = H_2 + \dfrac{1}{2}O_2$

（9）$H_2O = \dfrac{1}{2}H_2 + OH$ 　　　　　　（10）$CO_2 + H_2 = CO + H_2O$

（11）$CO_2 + C = 2CO$ 　　　　　　　（12）$CO_2 = CO + \dfrac{1}{2}O_2$

（13）$2C + H_2 = C_2H_2$ 　　　　　　　（14）$H_2 + CO = C + H_2O$

（15）$C + 2H_2 = CH_4$ 　　　　　　　（16）$CO + 2H_2 = CH_3OH$

（17）$CO + 3H_2 = CH_4 + H_2O$

17 种气体反应的标准平衡常数

| | 下列反应的 $\ln K^\ominus$ 值 | | | | | | | | |
|---|---|---|---|---|---|---|---|---|---|
| $T/K$ | 1 | 2 | 3 | 4 | 5 | 6 | 7 | 8 | 9 |
| 298.2 | 11.91 | −15.04 | | | 3.70 | | | | |
| 400 | 7.68 | −11.07 | | | 1.07 | | | | |
| 500 | 5.21 | −8.74 | | | −0.45 | | | | |
| 600 | 3.57 | −7.20 | | | −1.41 | | | | |
| 700 | 2.37 | −6.07 | | | −2.11 | | | −15.76 | −16.60 |

（续）

| T/K | 1 | 2 | 3 | 4 | 5 | 6 | 7 | 8 | 9 |
|---|---|---|---|---|---|---|---|---|---|
| 800 | 1.47 | -5.11 |  |  | -2.63 | -20.40 |  | -14.06 | -14.06 |
| 900 | 0.78 | -4.58 | -11.06 | -9.95 | -3.05 | -17.70 |  | -12.07 | -12.07 |
| 1000 | 0.22 | -4.06 | -9.67 | -8.65 | -3.39 | -15.59 | -21.15 | -10.01 | -10.50 |
| 1100 | -0.23 | -3.62 | -8.45 | -7.55 | -3.64 | -13.80 | -18.60 | -8.82 | -9.22 |
| 1200 | -0.59 | -3.29 | -7.46 | -6.66 | -3.86 | -12.44 | -16.52 | -7.85 | -8.14 |
| 1300 | -0.92 | -2.99 | -6.60 | -5.90 | -4.05 | -11.10 | -14.75 | -6.98 | -7.22 |
| 1400 | -1.19 | -2.71 | -5.91 | -5.25 | -4.21 | -10.06 | -13.29 | -6.27 | -6.45 |
| 1500 | -1.42 | -2.47 | -5.29 | -4.69 | -4.35 | -9.18 | -11.98 | -5.68 | -5.78 |
| 1600 | -1.61 | -2.27 | -4.75 | -4.19 | -4.47 | -8.37 | -10.81 | -5.14 | -5.20 |
| 1700 | -1.81 | -2.09 | -4.25 | -3.75 | -4.59 | -7.67 | -9.79 | -4.67 | -4.66 |
| 1800 | -1.98 | -1.94 | -3.83 | -3.37 | -4.68 | -7.06 | -8.93 | -4.25 | -4.21 |
| 1900 | -2.11 | -1.82 | -3.44 | -3.02 | -4.76 | -6.49 | -8.11 | -3.87 | -3.79 |
| 2000 | -2.25 | -1.70 | -3.10 | -2.74 | -4.83 | -5.98 | -7.10 | -3.52 | -3.49 |
| 2100 | -2.37 | -1.58 | -2.78 | -2.44 | -4.89 | -5.52 | -6.73 | -3.20 | -3.07 |
| 2200 | -2.48 | -1.47 | -2.53 | -2.20 | -4.95 | -5.10 | -6.12 | -2.92 | -2.79 |
| 2300 | -2.57 | -1.38 | -2.29 | -1.97 | -5.01 | -4.72 | -5.57 | -2.67 | -2.52 |
| 2400 | -2.66 | -1.29 | -2.06 | -1.75 | -5.07 | -4.38 | -5.07 | -2.45 | -2.27 |
| 2500 | -2.75 | -1.21 | -1.21 | -1.55 | -5.12 | -4.06 | -4.62 | -2.25 | -2.03 |

下列反应的 $\ln K^{\ominus}$ 值

| T/K | 10 | 11 | 12 | 13 | 14 | 15 | 16 | 17 |
|---|---|---|---|---|---|---|---|---|
| 298.2 | -1.50 | -20.52 |  |  | 16.02 | 11.00 | 14.62 | 27.02 |
| 400 | -2.90 | -13.02 |  |  | 10.12 | 6.64 | 10.35 | 16.77 |
| 500 | -2.02 | -8.61 |  |  | 6.62 | 4.08 | -2.15 | 10.70 |
| 600 | -1.43 | -5.69 | -20.11 |  | 4.26 | 2.36 | -3.81 | 6.60 |
| 700 | -1.00 | -3.59 | -16.59 | -13.73 | 2.59 | 1.12 | -5.02 | 3.71 |
| 800 | -0.67 | -1.98 | -13.93 | -11.63 | 1.31 | 0.20 | -5.92 | 1.51 |
| 900 | -0.41 | -0.74 | -11.86 | -10.02 | 0.33 | -0.53 | -6.63 | -0.20 |
| 1000 | -0.22 | 0.26 | -10.23 | -8.72 | 0.48 | -1.05 | -7.20 | -1.58 |
| 1100 | -0.07 | 1.08 | -8.89 | -7.67 | -1.15 | -1.49 | -7.63 | -2.64 |
| 1200 | 0.06 | 1.74 | -7.79 | -6.78 | -1.68 | -1.91 | -8.02 | -3.59 |
| 1300 | 0.17 | 2.30 | -6.81 | -6.02 | -2.13 | -2.24 | -8.37 | -4.37 |
| 1400 | 0.27 | 2.77 | -6.01 | -5.40 | -2.50 | -2.54 | -8.64 | -5.06 |
| 1500 | 0.35 | 3.18 | -5.33 | -4.84 | -2.83 | -2.79 | -8.87 | -5.04 |
| 1600 | 0.42 | 3.56 | -4.73 | -4.35 | -8.14 | -3.01 | -9.08 | -6.15 |
| 1700 | 0.48 | 3.89 | -4.19 | -3.94 | -3.41 | -3.20 | -9.27 | -6.61 |

（续）

| 下列反应的 ln$K^\ominus$ 值 | | | | | | | |
|---|---|---|---|---|---|---|---|
| $T/K$ | 10 | 11 | 12 | 13 | 14 | 15 | 16 | 17 |
| 1800 | 0.54 | 4.18 | −3.71 | −3.56 | −3.64 | −3.36 | −9.44 | −7.00 |
| 1900 | 0.59 | 4.45 | −3.27 | −3.20 | −3.86 | −3.51 | −9.59 | −7.37 |
| 2000 | 0.61 | 4.69 | −2.88 | −2.88 | −4.05 | −3.64 | −9.72 | −7.69 |
| 2100 | 0.69 | 4.94 | −2.54 | −2.61 | −4.22 | −3.75 | −9.84 | −7.97 |
| 2200 | 0.73 | 5.10 | −2.24 | −2.87 | −4.37 | −3.86 | −9.95 | −8.23 |
| 2300 | 0.76 | 5.27 | −1.96 | −2.14 | −4.51 | −3.96 | −10.05 | −8.47 |
| 2400 | 0.79 | 5.43 | −1.69 | −1.92 | −4.61 | −4.06 | −10.14 | −8.70 |
| 2500 | 0.82 | 5.58 | −1.43 | −1.72 | −4.76 | −4.15 | −10.22 | −8.91 |

## 附录 B 几种物质的标准摩尔生成焓

| 物　质 | 分子式 | 状态 | 标准摩尔生成焓/(kJ/mol) | 温度/℃ |
|---|---|---|---|---|
| 一氧化碳 | $CO$ | g | −110.54 | 25 |
| 二氧化碳 | $CO_2$ | g | −393.51 | 25 |
| 甲烷 | $CH_4$ | g | −74.85 | 25 |
| 乙炔 | $C_2H_2$ | g | 226.90 | 25 |
| 乙烯 | $C_2H_4$ | g | 52.55 | 25 |
| 苯 | $C_6H_6$ | l | 82.93 | 25 |
| 苯 | $C_6H_6$ | g | 49.04 | 25 |
| 辛烷 | $C_8H_{18}$ | l | −208.45 | 25 |
| n-辛烷 | $C_8H_{18}$ | g | −249.95 | 25 |
| 氧化钙 | $CaO$ | 晶体 | −635.13 | 25 |
| 碳酸钙 | $CaCO_3$ | 晶体 | −1211.27 | 25 |
| 氧 | $O_2$ | g | 0 | 25 |
| 氮 | $N_2$ | g | 0 | 25 |
| 碳（石墨） | $C$ | 晶体 | 0 | 25 |
| 碳（金刚石） | $C$ | 晶体 | 1.88 | 25 |
| 水 | $H_2O$ | g | −241.84 | 25 |
| 水 | $H_2O$ | l | −285.85 | 25 |
| 乙烷 | $C_2H_6$ | g | −84.68 | 25 |
| 丙烷 | $C_3H_8$ | g | −103.85 | 25 |
| n-丁烷 | $C_4H_{10}$ | g | −124.73 | 25 |
| i-丁烷 | $C_4H_{10}$ | g | −131.59 | 25 |
| n-戊烷 | $C_5H_{12}$ | g | −146.44 | 25 |

（续）

| 物 质 | 分子式 | 状态 | 标准摩尔生成焓/(kJ/mol) | 温度/℃ |
|---|---|---|---|---|
| n-己烷 | $C_6H_{14}$ | g | -167.17 | 25 |
| n-庚烷 | $C_7H_{16}$ | g | -187.82 | 25 |
| 丙烯 | $C_3H_6$ | g | 20.42 | 25 |
| 甲醛 | $CH_2O$ | g | -115.90 | 25 |
| 乙醛 | $C_2H_4O$ | g | -166.36 | 25 |
| 甲醇 | $CH_3OH$ | l | -238.57 | 25 |
| 乙醇 | $C_2H_6O$ | l | -277.65 | 25 |
| 甲酸 | $CH_2O_2$ | l | -409.20 | 25 |
| 醋酸 | $C_2H_4O_2$ | l | -487.02 | 25 |
| 乙二酸 | $C_2H_2O_4$ | l | -826.76 | 25 |
| 四氯化碳 | $CCl_4$ | l | -139.33 | 25 |
| 氨基乙酸 | $C_2H_5O_2N$ | s | -528.56 | 25 |
| 氨 | $NH_3$ | g | -46.02 | 18 |
| 溴化氢 | $HBr$ | g | -35.98 | 18 |
| 碘化氢 | $HI$ | g | 25.10 | 18 |

## 附录 C   25℃时的标准摩尔燃烧焓 [产物 $N_2$、$H_2O$（l）和 $CO_2$]

| 物质名称 | 状态 | 分子式 | $\Delta_c H_m^{\ominus}$/(kJ/mol) |
|---|---|---|---|
| 碳（石墨） | s | C | -392.88 |
| 氢 | g | $H_2$ | -285.77 |
| 一氧化碳 | g | CO | -282.84 |
| 甲烷 | g | $CH_4$ | -881.99 |
| 乙烷 | g | $C_2H_6$ | -1541.39 |
| 丙烷 | g | $C_3H_8$ | -2202.04 |
| 丁烷 | l | $C_4H_{10}$ | -2870.64 |
| 戊烷 | l | $C_5H_{12}$ | -3486.95 |
| 庚烷 | l | $C_7H_{16}$ | -4811.18 |
| 辛烷 | l | $C_8H_{18}$ | -5450.50 |
| 十二烷 | l | $C_{12}H_{26}$ | -8132.44 |
| 十六烷 | l | $C_{16}H_{34}$ | -10707.27 |
| 乙烯 | s | $C_2H_4$ | -1411.26 |
| 乙醇 | g | $C_2H_5OH$ | -1370.68 |
| 甲醇 | l | $CH_3OH$ | -715.05 |
| 苯 | l | $C_6H_6$ | -3273.14 |

（续）

| 物质名称 | 状态 | 分子式 | $\Delta_c H_m^{\ominus}$/ ( kJ/mol) |
|---|---|---|---|
| 环庚烷 | l | $C_7H_{14}$ | -4549.26 |
| 环戊烷 | l | $C_5H_{10}$ | -3278.58 |
| 醛酸 | l | $C_2H_4O_2$ | -876.13 |
| 苯酸 | s | $C_7H_6O_2$ | -3226.70 |
| 乙基醋酸盐 | l | $C_4H_8O_2$ | -2246.39 |
| 萘 | s | $C_{10}H_8$ | -5156.78 |
| 蔗糖 | s | $C_{12}H_{22}O_{11}$ | -5646.73 |
| 2-茨酮 | s | $C_{10}H_{16}$ | 5903.62 |
| 甲苯 | l | $C_7H_8$ | -3908.70 |

# 附录 D　部分形成 $NO_x$ 和 $N_2O$ 的均相化学反应的动力学参数

Arrhenius 公式：$k = AT^n \exp(-E_a/RT)$

| 序号 | 反应 | 热量/( kJ/mol) | $AT^n$ | $E_a$/( kJ/mol) |
|---|---|---|---|---|
| 1 | $OH+H_2 = H+H_2O$ | | $20E9T^{1.3}$<br>$1.0 E8T^{1.6}$<br>$1.58E14$ | 15.20<br>13.80<br>41.80 |
| 2 | $OH+O = H+O_2$ | 71.18 | $4.0 E14T^{-0.5}$ | 0 |
| 3 | $OH+H = O+H_2$ | 8.37 | $5.0 E4T^{2.67}$<br>$1.8 E10T$ | 26.31<br>36.97 |
| 4 | $OH+OH = O+H_2O$ | 71.18 | $6.0 E8T^{1.3}$<br>$1.5 E9T^{1.14}$ | 0<br>0.42 |
| 5 | $H+H+M = H_2+M$ | 431.26 | $1.0 E18T^{-1}$ | 0 |
| 6 | $H+H+H_2 = H_2+H_2$ | | $9.2 E16T^{-0.6}$ | 0 |
| 7 | $H+H+H_2O = H_2+H_2O$ | | $6.0 E19T^{-1.25}$ | 0 |
| 8 | $H+H+CO_2 = H_2+CO_2$ | | $5.5 E20T^{-2}$ | 0 |
| 9 | $O_2+M = O+O+M$ | -494.07 | $1.90E12T^{0.5}$ | 400.11 |
| 10 | $O+H_2 = OH+H$ | | $1.8 E10T$ | 36.97 |
| 11 | $H_2O+M = OH+H+M$ | -494.07 | $7.50E23T^{-2.6}$<br>$2.2 E22T^{-2.0}$ | 0<br>0 |
| 12 | $O+H+M = OH+M$ | 422.89 | $1.44E13$ | 0 |
| 13 | $OH+OH = H_2+O_2$ | 79.55 | $1.70E13$ | 199.95 |
| 14 | $H+HO_2 = H_2+O_2$ | 234.47 | $2.50E13$<br>$4.3 E13$ | 2.93<br>5.90 |
| 15 | $H+O_2 = OH+O$ | | $5.10E16T^{-0.82}$ | 69.13 |
| 16 | $H+O_2+M = HO_2+M$ | 196.79 | $2.10E18T^{-1}$<br>$6.9 E17T^{-0.8}$ | 0<br>0 |

（续）

| 序号 | 反应 | 热量/(kJ/mol) | $AT^n$ | $E_a$/(kJ/mol) |
|---|---|---|---|---|
| 17 | $HO_2+H=OH+OH$ | 154.92 | 2.5 E14<br>1.7 E14 | 7.96<br>3.66 |
| 18 | $HO_2+H=H_2+O_2$ | | 2.5 E13 | 2.93 |
| 19 | $HO_2+O=O_2+OH$ | 226.10 | 4.8 E13<br>3.2E13 | 4.18<br>0 |
| 20 | $HO_2+OH=O_2+H_2O$ | 297.22 | 5.0 E13<br>2.9 E13 | 4.19<br>2.08 |
| 21 | $HO_2+H=H_2O+O$ | 226.10 | 6.0 E11 | 0 |
| 22 | $OH+H_2O_2=HO_2+H_2O$ | 129.80 | 1.0 E13 | 7.54 |
| 23 | $H+H_2O_2=H_2O+OH$ | 276.34 | 7.05E12 | 17.59 |
| 24 | $OH+OH+M=H_2O_2+M$ | 209.35 | 1.2 E17 | 190.51 |
| 25 | $O+H_2O_2=O_2+H_2O$ | 177.95 | 2.8 E13 | 26.80 |
| 26 | $O+H_2O_2=HO_2+OH$ | 58.62 | 2.8 E13 | 26.80 |
| 27 | $H+O_2+O_2=HO_2+O_2$ | | $6.7 E19 T^{-1.42}$ | 0 |
| 28 | $H+O_2+N_2=HO_2+N_2$ | | $6.7 E19 T^{-1.42}$ | 0 |
| 29 | $H_2O_2+H=H_2+HO_2$ | 66.99 | 1.7 E12 | 15.70 |
| 30 | $H_2O_2+OH=H_2O+HO_2$ | | 1.0 E13 | 7.54 |
| 31 | $HO_2+HO_2=H_2O_2+O_2$ | 167.48 | 2.0 E12 | 0 |
| 32 | $CO+OH=CO_2+H$ | 108.86 | $4.4 E6 T^{1.5}$<br>$1.5 E7 T^{1.3}$<br>1.26E13 | $-3.08$<br>$-3.18$<br>29.30 |
| 33 | $OH+C_2H_6=H_2O+C_2H_5$ | | 1.26E14 | 23.00 |
| 34 | $CO+HO_2=CO_2+OH$ | 259.59 | 5.8 E13 | 95.94 |
| 35 | $NH_2+H+M=NH_3+M$ | 435.45 | $3.2 E8 T$ | $-62.81$ |
| 36 | $NH_2+H=NH+H_2$ | | 6.9 E13<br>4.0 E13 | 15.28<br>30.3 |
| 37 | $NH_2+O=NH+OH$ | | 6.8 E12<br>7.0 E12 | 0<br>0 |
| 38 | $NH_2+N=N_2+H+H$ | | 7.2 E13 | 0 |
| 39 | $NH_2+HO_2=NH_3+O_2$ | 236.57 | 2.5 E11 | $-5.86$ |
| 40 | $NH_3+O=NH_2+OH$ | 10.47 | 2.10E13<br>$1.1E6 T^{2.1}$ | 37.68<br>21.62 |
| 41 | $NH_2+OH=NH+H_2O$ | | 4.5 E12<br>$4.0 E6 T^{2.0}$ | 9.21<br>4.16 |
| 42 | $NH_2+O_2=HNO+OH$ | | 4.5 E12 | 104.76 |
| 43 | $NH_2+O=HNO+H$ | 104.68 | $6.6 E14 T^{-0.5}$ | 0 |
| 44 | $NH_2+NO=N_2+H_2O$ | 502.44 | $3.8 E15 T^{-1.25}$<br>$6.2 E15 T^{-1.25}$ | 0<br>0 |

（续）

| 序号 | 反应 | 热量/（kJ/mol） | $AT^n$ | $E_a$/（kJ/mol） |
|---|---|---|---|---|
| 45 | $NH_2+NO=NNH+OH$ | | $6.4E15T^{-1.25}$ <br> $8.8E15T^{-1.25}$ | 0 <br> 0 |
| 46 | $NH_2+NO=N_2O+H_2$ | | $5.01E13$ | 103.08 |
| 47 | $NH_2+NH_2=NH_3+NH$ | 62.81 | $6.0E13$ | 41.87 |
| 48 | $NH_2+HNO=NH_3+NO$ | | $2.3E13$ | 4.16 |
| 49 | $NH_2+NH=NH_3+N$ | 87.93 | $6.0E13$ | 16.70 |
| 50 | $NH_2+NH=N_2H_2+H$ | | $5.0E13$ | 0 |
| 51 | $NH_3+OH=NH_2+H_2O$ | 60.71 | $3.2E12$ | 7.7 |
| 52 | $NH_3+H=NH_2+H_2$ | 0 | $1.26E14$ <br> $6.4E5T^{2.39}$ <br> $7.0E6T^{2.39}$ | 89.98 <br> 42.48 <br> 42.59 |
| 53 | $NH_3+M=NH_2+H+M$ | | $1.40E16$ <br> $2.2E16$ <br> $1.4E16T^{0.06}$ | 379.34 <br> 391.09 <br> 379.34 |
| 54 | $NH_3+OH=NH_2+H_2O$ | | $2.04E6T^{2.04}$ <br> $4.7E6T^{1.90}$ | 2.37 <br> 2.08 |
| 55 | $HNO+OH=NO+H_2O$ | 288.90 | $3.6E13$ | 0 |
| 56 | $NH+NO=N_2+OH$ | 389.39 | $1.0E12$ | 0 |
| 57 | $HNO+O=NO+OH$ | 217.72 | $6.0E12$ | 0 |
| 58 | $HNO+N=NH+NO$ | | $1.0E13$ | 8.33 |
| 59 | $NH+O_2=NO+OH$ | 209.35 | $5.1E9$ | 0 |
| 60 | $NH+OH=NO+H_2$ | 288.90 | $1.6E11T^{0.56}$ | 6.28 |
| 61 | $NH+H=N+H_2$ | 83.74 | $3.0E13$ <br> $3.2E13$ | 0 <br> 1.36 |
| 62 | $NH+O=N+OH$ | 75.37 | $6.0E13$ | 20.94 |
| 63 | $NH+O=NO+H$ | | $7.8E13$ <br> $2.0E13$ | 0 <br> 0 |
| 64 | $NH+OH=HNO+H$ | | $2.0E13$ | 0 |
| 65 | $NH+OH=N+H_2O$ | | $5.0E11T^{0.5}$ | 8.37 |
| 66 | $NH+O_2=HNO+O$ | | $1.0E13$ <br> $3.7E16$ | 50.24 <br> 74.83 |
| 67 | $NH+O_2=NO+OH$ | | $7.6E13$ <br> $1.4E11$ | 6.40 <br> 8.37 |
| 68 | $NH+N=N_2+H$ | | $3.0E13$ | 0 |
| 69 | $NH+NO=N_2O+H$ | | $4.3E14T^{-0.5}$ | 0 |
| 70 | $HNO+M=H+NO+M$ | | $1.5E15$ | 0 |
| 71 | $HNO+H=NO+H_2$ | 230.29 | $5.0E12$ | 0 |
| 72 | $NH+NH=NH_2+N$ | 26.38 | $6.0E13$ | 33.15 |
| 73 | $N+OH=NO+H$ | 205.16 | $3.8E13$ | 0 |

（续）

| 序号 | 反应 | 热量/(kJ/mol) | $AT^n$ | $E_a$/(kJ/mol) |
|---|---|---|---|---|
| 74 | $N+O_2=NO+O$ | 133.98 | $6.4E9T$ | 26.29 |
| 75 | $N+NO=O+N_2$ | 314.03 | $3.3E12T^{0.3}$ | 0 |
| 76 | $NNH+M=N_2+H+M$ | | $2.00E14$ | 83.73 |
| 77 | $NNH=N_2+H$ | | $1.0E4$ | 0 |
| 78 | $NNH+H=N_2+H_2$ | | $3.7E13$<br>$1.0E14$ | 12.56<br>0 |
| 79 | $NNH+O=N_2O+H$ | | $1.0E14$ | 0 |
| 80 | $NNH+OH=N_2+H_2O$ | | $5.0E13$ | 0 |
| 81 | $NNH+NO=N_2+HNO$ | | $5.0E13$ | 0 |
| 82 | $N_2H_2+M=NNH+H+M$ | | $5.0E16$ | 209.35 |
| 83 | $N_2H_2+H=NNH+H_2$ | | $5.0E13$ | 4.19 |
| 84 | $N_2H_4+H=NH_2+NH_3$ | | $1.0E13$ | 29.00 |
| 85 | $C+NO=CN+O$ | | $6.6E13$ | 0 |
| 86 | $C+N_2O=CN+NO$ | | $1.0E13$ | 0 |
| 87 | $CH+NH=HCN+H$ | | $5.0E13$ | 0 |
| 88 | $CH+NH_2=HCN+H+H$ | | $3.0E13$ | 0 |
| 89 | $CH+N=CN+H$ | | $1.3E13$ | 0 |
| 90 | $CH+N_2=HCN+N$ | | $1.9E11$<br>$4.2E12$ | 56.94<br>85.41 |
| 91 | $CH_2+N=HCN+H$ | | $5.0E13$ | 0 |
| 92 | $CH_2+NH=HCN+H_2$ | 489.88 | $6.0E13$ | 0 |
| 93 | $CH_2+N_2=HCN+NH$ | | $1.0E13$ | 309.84 |
| 94 | $CH_2+NO=HCNO+H$ | | $1.4E12$ | −4.61 |
| 95 | $CH_3+N=HCN+H_2$ | 494.07 | $6.0E13$ | 0 |
| 96 | $CH_3+N=HCN+H+H$ | | $5.0E13$ | 0 |
| 97 | $CH_4+N=NH+CH_3$ | | $1.0E13$ | 100.49 |
| 98 | $CH+NH_2=HCN+H_2$ | 640.61 | $6.0E12$ | 0 |
| 99 | $CN+H+M=HCN+M$ | 510.81 | $1.83E9T$ | −39.36 |
| 100 | $CN+H_2O=HCN+OH$ | 6.65 | $8.0E12$ | 31.18 |
| 101 | $CN+H_2=HCN+H$ | 79.55 | $3.0E5T^{2.45}$ | 9.39 |
| 102 | $HCN+O=CN+OH$ | 87.93 | $2.7E9T^{1.58}$ | 122.22 |
| 103 | $CN+O_2=CO+NO$ | 443.82 | $6.0E12$ | 0 |
| 104 | $CN+O=CO+N$ | 309.83 | $1.8E13$ | 0 |
| 105 | $CN+OH=NCO+H$ | | $6.0E13$ | 0 |
| 106 | $CN+O_2=NCO+O$ | | $2.6E14T^{-0.5}$<br>$5.6E12$ | 0<br>0 |
| 107 | $CN+NO=CO+N_2$ | 623.86 | $7.2E10$ | 0 |

（续）

| 序号 | 反应 | 热量/(kJ/mol) | $AT^n$ | $E_a$/(kJ/mol) |
|------|------|---------------|--------|----------------|
| 108 | $CN+NO_2=NCO+NO$ | | 3.0 E13 | 0 |
| 109 | $CN+N_2O=NCO+N_2$ | | 1.0 E13 | 0 |
| 110 | $CN+OH=CO+NH$ | 238.66 | 6.0 E12 | 0 |
| 111 | $CN+NH_3=HCN+NH_2$ | 77.46 | 6.0 E12 | 28.89 |
| 112 | $C_2N_2+O=NCO+CN$ | | 4.6 E12 | 37.18 |
| 113 | $C_2N_2+OH=HOCN+CN$ | | 1.9 E11 | 12.14 |
| 114 | $N+HCCO=HCN+CO$ | | 5.0 E13 | 0 |
| 115 | $NO+HO_2=NO_2+OH$ | 33.50 | 2.10E12<br>2.14E12 | −2.01<br>−2.00 |
| 116 | $HNO+OH=NO+H_2O$ | | 3.6 E13 | 0 |
| 117 | $NO+O+M=NO_2+M$ | 301.46 | 5.8 E7$T$ | −36.00 |
| 118 | $NO+NO+O_2=NO_2+NO_2$ | 108.86 | 4.9E3$T$ | −2.51 |
| 119 | $NO+NO_3=NO_2+NO_2$ | 96.30 | 1.5 E10 | 5.44 |
| 120 | $NO+O_2+M=NO_3+M$ | 12.56 | 7.65E3$T$ | −7.11 |
| 121 | $NO+N=N_2+O$ | 314.03 | 3.3 E12$T^{0.3}$ | 0 |
| 122 | $NO+NO=N_2+O_2$ | 180.04 | 1.41E15 | 355.90 |
| 123 | $NO+CH=HCN+O$ | | 1.1 E14 | 0 |
| 124 | $NO+CH_3=CH_3NO$ | | 2.00E11 | 0 |
| 125 | $NO_2+M=NO+O+M$ | | 1.1 E16 | 276.02 |
| 126 | $NO_2+H=NO+OH$ | 121.42 | 3.5 E14 | 6.28 |
| 127 | $NO_2+O=NO+O_2$ | 192.60 | 1.0 E13 | 2.51 |
| 128 | $NO_2+O+M=NO_3+M$ | 205.16 | 2.8 E10$T$ | −32.66 |
| 129 | $HNO_3+M=NO_2+OH+M$ | 200.98 | 6.0 E14 | 126.03 |
| 130 | $NO_2+CH_3=CH_3O+NO$ | 75.37 | 1.3 E13 | 0 |
| 131 | $NO_2+NO_2=N_2O_4$ | | 5.01E11 | 0 |
| 132 | $N_2O+M=N_2+O+M$ | | 6.9 E23$T^{-2.5}$<br>1.6 E14 | 271.99<br>215.91 |
| 133 | $N_2O=N_2+O$<br>0.1 $1.0132×10^5$Pa<br>1.0 $1.0132×10^5$Pa<br>10.0 $1.0132×10^5$Pa<br>20.0 $1.0132×10^5$Pa | | 7.14E20$T^{-3.48}$<br>1.18E21$T^{-3.313}$<br>3.86E18$T^{-2.30}$<br>2.82E16$T^{-1.63}$ | 273.83<br>272.99<br>266.29<br>260.14 |
| 134 | $N_2O+H=N_2+OH$ | | 7.6 E13 | 63.64 |
| 135 | $N_2O+O=NO+NO$ | | 6.9 E13<br>1.0 E14 | 111.42<br>118.06 |
| 136 | $N_2O+O=N_2+O_2$ | | 1.0 E14 | 117.24 |
| 137 | $N_2O+OH=N_2+HO_2$ | | 6.0 E11<br>2.0 E12 | 31.40<br>41.57 |

（续）

| 序号 | 反应 | 热量/(kJ/mol) | $AT^n$ | $E_a$/(kJ/mol) |
|---|---|---|---|---|
| 138 | $N_2O_5 = N_2O_4 + O$ | | 5.01E16 | 103.30 |
| 139 | $HCN + O = NCO + H$ | | $1.4 E4 T^{2.64}$ | 20.79 |
| 140 | $HCN + O = NH + CO$ | | $3.5 E3 T^{2.64}$ | 20.79 |
| 141 | $HCN + OH = HOCN + H$ | | $5.9 E4^{2.4}$ <br> 9.2 E12 | 52.34 <br> 62.81 |
| 142 | $HCN + OH = HNCO + H$ | | $2.0 E{-}3 T^{4.0}$ <br> 4.8 E11 | 4.16 <br> 46.06 |
| 143 | $HNO + M = H + NO + M$ | | 1.5 E16 | 203.82 |
| 144 | $HCN + CN = C_2N_2 + H$ | | 2.0 E13 | 0 |
| 145 | $HCN + NH = CH_2 + N_2$ | 125.61 | 6.8 E11 | 0 |
| 146 | $HCN + N = CH + N_2$ | 8.37 | 7.2 E12 | 38.94 |
| 147 | $HCN + OH = NH_2 + CO$ | 100.49 | 6.0 E11 | 25.12 |
| 148 | $NCO + M = N + CO + M$ | | $3.1 E16 T^{-0.5}$ | 199.54 |
| 149 | $NCO + H = NH + CO$ | | 5.0 E13 | 0 |
| 150 | $NCO + O = NO + CO$ | | 2.0 E13 <br> 5.6 E13 | 0 <br> 0 |
| 151 | $NCO + OH = NO + CO + H$ | | 1.0 E13 | 0 |
| 152 | $NCO + H_2 = HNCO + H$ | | 8.6 E12 | 37.41 |
| 153 | $NCO + N = N_2 + CO$ | | 2.0 E13 | 0 |
| 154 | $NCO + NO = N_2O + CO$ | | 1.0 E13 | −1.66 |
| 155 | $HCNO + H = HCN + OH$ | | 1.0 E14 <br> 5.0 E13 | 49.88 <br> 50.24 |
| 156 | $HOCN + H = HNCO + H$ | | 1.0 E13 | 0 |
| 157 | $HNCO + H = NH_2 + CO$ | | 1.1 E14 <br> 2.0 E13 | 53.21 <br> 12.56 |
| 158 | $HNCO + O = NCO + OH$ | | 3.2 E12 | 43.23 |
| 159 | $HNCO + OH = NCO + H_2O$ | | 2.6 E12 | 23.28 |
| 160 | $H_2CN + M = HCN + H + M$ | | 3.0 E14 | 91.45 |
| 161 | $CO + O + M = CO_2 + M$ | | 6.1 E14 <br> 3.2 E13 | 12.47 <br> −17.59 |
| 162 | $CO + O_2 = CO_2 + O$ | | 2.5 E12 | 199.54 |
| 163 | $CO + N_2O = CO_2 + N_2$ | | 2.5 E14 | 192.47 |
| 164 | $CO_2 + N = NO + CO$ | | 8.6 E22 | 9.23 |
| 165 | $CO_2 + CN = NCO + CO$ | | 4.0 E14 | 159.63 |
| 166 | $OH + HNO_3 = NO_3 + H_2O$ | 75.37 | 5.4 E10 | 0 |

# 参 考 文 献

[1] 山冈望. 化学史传 [M]. 北京：商务印书馆，1995.

[2] 岑可法. 燃烧理论 [M]. 杭州：浙江大学出版社，1984.

[3] LAUNDER B E, SPALDING D B. Mathematical Models of Turbulence [M]. London：Academic Press，1972.

[4] HARLOW F H, NAKAYAMA P. T. Turbulence Transport Equations [J]. Physics of fluids，1967，10（11）：2323-2332.

[5] CHOU P Y. Pressure Flow of a Turbulent Fluid Between Two Infinite Parallel Plane [J]. Quart Math，1945，3（3）：198.

[6] 岑可法，樊建人. 工程气固多相流动的理论与计算 [M]. 杭州：浙江大学出版社，1992.

[7] 王应时，范维澄，周力行，等. 燃烧过程的数值计算 [M]. 北京：科学出版社，1986.

[8] 张平. 燃烧诊断学 [M]. 北京：兵器工业出版社，1988.

[9] 金松寿. 化学动力学 [M]. 上海：上海科学技术出版社，1959.

[10] 岑可法，樊建人. 燃烧流体力学 [M]. 北京：水利电力出版社，1991.

[11] 岑可法，樊建人，池作和，等. 锅炉和热交换器的积灰、结渣、磨损和腐蚀的防止原理和计算 [M]. 北京：北京科学技术出版社，1994.

[12] 岑可法，倪明江，骆仲泱，等. 循环流化床锅炉理论设计与运行 [M]. 北京：中国电力出版社，1998.

[13] 岑可法，姚强，曹欣玉，等. 煤浆燃烧、流动、传热与气化的理论与应用技术 [M]. 杭州：浙江大学出版社，1997.

[14] WILLIAMS F A. Combustion Theory [M]. 2nd ed. New York：The Benjamin Cummings Publishing Company，1985.

[15] 徐旭常. 燃烧理论与燃烧设备 [M]. 北京：机械工业出版社，1990.

[16] 傅维标. 燃烧学 [M]. 北京：高等教育出版社，1989.

[17] 周力行. 燃烧理论和化学流体力学 [M]. 北京：科学出版社，1986.

[18] 傅维标，卫景彬. 燃烧物理学基础 [M]. 北京：机械工业出版社，1984.

[19] IRVIN G. Combustion [M]. New York：Academic Press，1977.

[20] SPALDING D B. Combustion and Mass Transfer [M]. New York：Pergaman Press，1979.

[21] KHALIL E E. Modeling of Furnaces and Combustors [M]. Kent：Abacus Press，1982.

[22] 张松寿. 工程燃烧学 [M]. 上海：上海交通大学出版社，1987.

[23] 许晋源. 燃烧学 [M]. 北京：机械工业出版社，1990.

[24] 张斌全. 燃烧理论基础 [M]. 北京：北京航空航天大学出版社，1990.

[25] 曲作家. 燃烧理论基础 [M]. 北京：国防工业出版社，1989.

[26] 王致均. 锅炉燃烧过程 [M]. 重庆：重庆大学出版社，1987.

[27] 金国栋. 内燃机燃烧学 [M]. 武汉：华中理工大学出版社，1991.

[28] 何学良，李疏松. 内燃机燃烧学 [M]. 北京：机械工业出版社，1990.

[29] 周力行. 湍流两相流动与燃烧的数值模拟 [M]. 北京：清华大学出版社，1991.

[30] 王致均. 炉内空气动力学译文集 [M]. 北京：水利电力出版社，1984.

[31] 宁晃，高歌. 燃烧室气动力学 [M]. 北京：科学出版社，1987.

[32] 范维澄，万侯鹏. 流动与燃烧的模型与计算 [M]. 合肥：中国科学技术大学出版社，1992.

[33] 骆仲泱，方梦祥，李明远，等. 二氧化碳捕集封存和利用技术 [M]. 北京：中国电力出版社，2012.

[34] 岑可法，姚强，骆仲泱，等. 高等燃烧学 [M]. 杭州：浙江大学出版社，2002.